U0244701

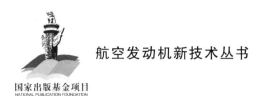

航空发动机新技术丛书

国家出版基金项目
NATIONAL PUBLICATION FOUNDATION

航空涡扇发动机
先进部件和系统技术

Advanced Technologies for Turbofan
Engine Components and Systems

李宏新　徐朋飞　郝燕平　等　著

北京航空航天大学出版社

内 容 简 介

航空发动机结构复杂,涉及学科众多,研制难度大、周期长,是技术领域最新成果的集大成者,被誉为现代工业"皇冠上的明珠"。本书是一本面向航空发动机设计领域的专业书籍,重点介绍了航空涡扇发动机各部件和系统的最新技术成果,内容包括航空涡扇发动机技术的原理及优势、发展历史及现状、先进技术设计要点等,全书共含绪论、风扇和压气机、主燃烧室、涡轮、加力燃烧室、喷管、控制系统、机械系统等8个部分。

本书可作为从事航空发动机设计和技术研究的专业技术人员的参考用书,也可作为航空发动机相关专业的硕士、博士研究生培养的教材。

图书在版编目(CIP)数据

航空涡扇发动机先进部件和系统技术 / 李宏新等著
. -- 北京 : 北京航空航天大学出版社,2024.2
ISBN 978 - 7 - 5124 - 4365 - 5

Ⅰ. ①航… Ⅱ. ①李… Ⅲ. ①航空发动机－透平风扇发动机－系统设计 Ⅳ. ①V235.13

中国国家版本馆 CIP 数据核字(2024)第 052567 号

航空涡扇发动机先进部件和系统技术
李宏新　徐朋飞　郝燕平　等 著
策划编辑 龚 雪 陈守平　责任编辑 刘晓明
*
北京航空航天大学出版社出版发行
北京市海淀区学院路 37 号(邮编 100191)　http://www.buaapress.com.cn
发行部电话:(010)82317024　传真:(010)82328026
读者信箱: goodtextbook@126.com　邮购电话:(010)82316936
保定市中画美凯印刷有限公司印装　各地书店经销
*
开本:710×1 000　1/16　印张:38　字数:810 千字
2024 年 3 月第 1 版　2024 年 3 月第 1 次印刷
ISBN 978 - 7 - 5124 - 4365 - 5　定价:249.00 元

前　言

　　航空发动机结构复杂、工作环境苛刻，一台发动机拥有上万个零组件，需要在高温、高压、高转速和交变负荷的极端恶劣条件下长时间可靠工作，其涉及气动热力学、燃烧学、结构学、力学、控制理论、材料学、制造等众多基础学科和工程科学技术领域。航空发动机技术是一个国家科技水平、工业水平和综合国力的重要标志，被誉为"皇冠上的明珠"。

　　我国于 20 世纪 50 年代起步开展航空发动机的研制，经历了从测绘仿制到自主发展的过程，目前已建立了相对完整的发动机研制生产体系，具备了涡桨、涡喷、涡扇、涡轴等各类发动机系列的研制生产能力，并向世界先进水平迈进。作者在综合国内外先进航空涡扇发动机研制技术研究和实践成果的基础上，编写出这本航空涡扇发动机先进部件和系统技术方面的专著，对从事航空发动机自主研制的技术人员及具有一定航空发动机相关专业基础的学生系统掌握航空发动机的设计技术具有重要的意义。

　　本书为"航空发动机新技术丛书"之一，在内容选取和编排方面，特别注重以"新"为特色，厘清技术发展脉络，突出技术发展方向，反映近年来最新技术的进展；注重从设计实践角度出发，吸取技术研究和产品研制中积累的丰富的工程设计经验和科研成果，力求具有系统性、先进性及实效性，可作为从事航空发动机设计的专业技术人员的参考用书，也可作为航空发动机相关专业的硕士、博士研究生培养的教材。

　　本书分章节对航空涡扇发动机的各个部件的先进技术进行论述，对先进技术的发展现状、需考虑的技术问题以及涉及的关键技术展开讨论。书中内容涉及气动、结构、强度、材料、工艺等，较为系统、完整，涵盖大、小涵道比涡扇发动机，包括基本原理、设计方法、参数选择等多方面的内容，并介绍了一定的设计应用实例。

　　本书共分为 8 章，第 1 章为绪论，概述了航空涡扇发动机设计技术发展，介绍了第三代、第四代以及国内外先进发动机的技术特点，各部件的技术发展及主要关键技术；第 2 章为风扇和压气机，概述了不同类型发动机风扇和压气机的设计特点、设计中需要考虑的主要问题，并详细阐述了先进风扇压气机设计中主要关键技术的研究现状及应用经验；第 3 章为主燃烧室，系统阐述了燃烧组织、扩压、火焰筒冷却及热防护、燃油喷嘴热防护四个方面的关键技术；第 4 章为涡轮，介绍了先进涡轮构型及先进涡轮设计中精细化损失控制、新颖结构、涡轮冷却叶片设计三个方面的主要技术；第 5 章为加力燃烧室，阐述了混合扩压、燃油浓度分布、火焰稳定与传播、点火、传热与冷却、振荡燃烧抑制与预测方面的主要先进技术；第 6 章为喷管，按照功能类型对可调式收扩喷管、机械式矢量喷管、流体控制矢量喷管、红外隐身、雷达隐身方面的技术进行分析说明，并介绍了新材料、新工艺在喷管部件中的应用；第 7 章为控制系统，概述了控制系统的发展历史及趋势，对分布式控制、飞推综合控制、多变量控制、控制系统故障诊断与隔离、燃油系统热管理几个方面的先进技术进行了论述，并对先进的执行机构、传感器、点火系统、高可靠性控制器进行了介绍；第 8 章为机械系统，概述了机械系统的功能及发展趋势，分传动系统、滑油系统、轴承、密封四个维度对机械系统所涉及的先进技术进行了阐述。

本书由李宏新主编，由徐朋飞、郝燕平、梁春华等人共同编写。参与本书编写的人员均是来自科研院所的技术专家，他们都有丰富的工程设计经验，了解先进航空发动机的设计需求，掌握国内外先进航空发动机的设计技术，保障了本书内容的完整性和实用性。

参与本书编写工作的主要人员还有：第 1 章弓升、李惠莲；第 2 章韩方军、丁拳、孟德君；第 3 章马宏宇、朱宇、张宏达；第 4 章王雷、陈云、韦文涛；第 5 章高家春、蒋联友；第 6 章邵万仁、贾东兵；第 7 章李军、郝彬彬；第 8 章信琦、史妍妍。

在本书的编写过程中还得到了印雪梅、王咏梅、严冬梅、李坚、李丽丽、王华、姜永强、杨琳、尹海宝、尹松、高山、侯睿炜、纪福森、司艳丽、刘德龙、袁森、马晓健、潘若痴、赵勇、万斌、程明、张志强、杨养花、吴向宇、傅依顺、尤宏德、姜宁、马广健、李鑫、左铭、杨利宁、万发君、谭思博、赵大勇、蒋首民、那振喆、鞠文莹、吴伟龙、曾令玉、程瑞罡、乔迈、刘宝、李娜、刘燕燕、姜雨、王建培、刘伟琛、徐兴平、孙雨超、荣莉、刘严严、左伟、杨璐、曲涛、郭红霞、毛福荣、孔德龙、胡广阳、郑凯等人的大力帮助，他们为本书提供了相关资料或参与了部分章节初稿的编写。李惠莲高工和李维琴高工为本书的编写做了大量的协调工作。同时感谢北京航空航天大学出版社编辑的辛苦付出。

因作者理论和实践经验所限，书中可能存在错误和不妥之处，敬请读者谅解并批评指正。

作 者

2023 年 6 月 30 日于沈阳

目　录

第 1 章

绪 论

航空涡扇发动机产业作为战略性高科技产业，产业链很长，覆盖面十分广泛，其上游涉及机械、冶金、材料、化工、能源、电子、信息等诸多工业部门，本身涉及气动热力学、燃烧学、结构、力学、控制理论、材料、制造等众多基础学科和工程科学技术领域；下游除在军、民用航空领域的应用之外，在其基础上改型发展的轻型燃气轮机还可为舰船、坦克、车辆、电站、泵站提供优良动力，并为地面重型燃气轮机的发展提供技术支持。航空涡扇发动机研制技术难度大、耗资多、周期长，是世界公认的复杂的多学科综合性系统工程，对国防建设和国民经济的发展具有战略带动和促进作用。

1957 年，英国 RR(罗尔斯·罗伊斯)公司研制成功 RB80(康维)发动机，标志着涡扇发动机时代的开启。尽管早在 1936 年，燃气涡轮发动机的先驱惠特尔就提出过涡扇发动机的方案，但限于当时的技术水平，他没能把设想变为现实。康维发动机推力为 57.3 kN，涵道比有 0.3 和 0.6 两种，耗油率比同时期的涡喷发动机低 10%～20%，其被用于麦道 DC－8 和波音 B707 客机，从而让民航飞机进入涡扇时代。美国 PW(普惠)公司则在 J57 双转子民用型涡喷发动机 JT3C 的基础上改型研制成功 JT3D 涡扇发动机，JT3D 发动机于 1959 年实现首飞，其推力超过 77 kN，涵道比为 1.4，经过改型分别用于 B707 和 DC－8 以及军用运输机。PW 公司研制并于 20 世纪 60 年代投入量产的 TF30 发动机是世界上第一型加力式小涵道比涡扇发动机，其最初的 TF30－P－1 及其改进型 TF30－P－412 分别配装于 F111A 战斗轰炸机和 F14A 战斗机上，标志着涡扇发动机开始在军用作战飞机上的应用。美国 GE(通用电气)公司同期在 J79 单转子涡喷发动机基础上发展了涡轮后风扇的发动机 CJ805－21，其涵道比为 1.56，在以 $Ma=0.8\sim0.9$ 巡航时，耗油率下降 8%～12%，噪声下降了将近 10 dB。

几乎与英美国家同期，苏联也开始了涡扇发动机的研制，早期的代表型号有Д20П 和 NK8 等发动机。我国沈阳发动机研究所也于 20 世纪 60 年代开始研制涡扇发动机，早期的型号包括在涡喷－6 发动机的基础上发展的涡扇发动机涡扇－5；全新研制的加力式涡扇发动机涡扇－6 于 1968 年 6 月开始台架试验，1982 年 10 月完成飞行前规定试车。

20 世纪 50 年代末 60 年代初诞生的第一代涡扇发动机的特点是综合性能好,起飞和巡航耗油率低,中低速性能较好。但是在军机中,与其热力循环参数和推力等级大体相同的涡喷发动机相比,其加力性能较差,加力耗油率高,加力推重比也不占优势,如 TF30 和斯贝 MK202 发动机的推重比分别为 5.04 和 5.05,而涡喷发动机的推重比可达 6.5~7.0。在民机中,其噪声虽然比涡喷发动机的低,但仍不理想,如配装在三叉戟上的斯贝 MK512 发动机的噪声仍超标,达不到低于 108 dB 的标准。

随着第二次世界大战后世界经济的快速恢复和发展,世界范围的客、货运量剧增,对大型和超大型洲际或越洋(航程超过 8 000~10 000 km)民航机,即宽体客机的需求非常强烈,这就要求研制低油耗、低噪声、大推力的发动机,意味着涡扇发动机热力循环参数必须追求高增压比、高涡轮前温度和高涵道比。而军用作战飞机,尤其是歼击机则要求其发动机尺寸小、质量轻、推力大,因此需要发展先进小涵道比加力式涡扇发动机。世界主要的发动机公司均围绕这两条产品主线开展了新技术的研究。

航空发动机技术的发展,需要大量的资金投入,单纯依靠各发动机公司自主投入是远远不够的。由于航空发动机在保证国家安全和经济社会发展方面的重要作用,以英法和美国为代表的欧美主要研制国家长期在国家层面投入巨资,安排专门的技术研究计划来持续支持航空发动机技术的发展,苏联也投入大量资金用于航空发动机的发展。这使得涡扇发动机相关技术得以快速取得突破,并以这些技术为基础,民用大涵道比涡扇发动机和军用小涵道比涡扇发动机型号发展也走上快车道。其中著名的大涵道比涡扇发动机有推力在 20 000 daN 级的 GE 公司的 CF6、PW 公司的 JT9D、RR 公司的 RB211 和苏联的 D-18T,推力在 10 000~12 000 daN 级国际合作研制的 V2500 和 CFM56 发动机等。对于军用涡扇发动机而言,具有代表性的发动机是美国 F15/F16 战斗机配装的 PW 公司的 F100 和 GE 公司的 F110,配装欧洲战斗机"狂风"的是由英、德、意三国合作研制的 RB199 三转子涡扇发动机,以及法国的 M53 和苏联的 AL-31F 和 RD-33。

目前已投入使用的 F119、F135 发动机代表了当今小涵道比涡扇发动机的最高水平,涵道比为 0.2~0.5;总增压比为 26~35;风扇压比为 4.0 左右;涡轮进口温度为 1 850~2 000 K,空中温度允许增量为 100~120 K;加力温度超过 2 200 K。表 1.1 总结了典型军用小涵道比涡扇发动机的性能参数和各部件、系统的主要技术特征。

表 1.1 典型战斗机用小涵道比涡扇发动机性能参数及主要技术特征

年 代		1965 年	1985 年	1999 年
发动机		斯贝 MK202	F110	F119
主要参数	总增压比	21	25~32	26~35
	涡轮进口温度/K	1 300~1 500	1 650~1 750	1 850~2 000

续表 1.1

年　代		1965 年	1985 年	1999 年
发动机		斯贝 MK202	F110	F119
部件系统技术特征	风　扇	鼓筒式转子、整体铝合金机匣	损伤容限设计、整体叶盘风扇、钛合金宽弦实心风扇叶片	宽弦无凸肩空心风扇叶片、弓形静子叶片、扩散连接/超塑成型工艺整体叶盘转子
	高压压气机	盘鼓式压气机、盘榫连接、可调叶片	耐高温镍基金盘、钛合金化学铣外涵机匣	高负荷实心宽弦叶片、整体叶盘压气机转子、弓形静子、高强度阻燃钛合金静子
	燃烧室	环管式燃烧室、双油路燃油喷嘴	短环形燃烧室、大直径气动雾化喷嘴、电容放电式点火	高紊流度强旋流结构、浮动壁燃烧室、粉末合金盘
	涡　轮	气冷式涡轮叶片、盘榫连接、镍基合金叶片、整体钢制机匣	定向凝固镍基合金、单晶合金	对转低压涡轮、气膜加多通道对流的复合冷却技术、PW 公司第 3 代单晶材料叶片、由 MCrAlY 底层和氧化锆陶瓷面层组成的新型热障涂层
	加力燃烧室	内外涵混合后加力燃烧室、V 形火焰稳定器和催化点火器	环形混合器的短扩压器	3 区供油的整体式加力燃烧室
	喷　管	引射式喷管，由全程无级调节的收敛喷管（即主喷管）和可前后移动的扩张型引射罩（即副喷管）组成，6 个液压作动筒驱动引射罩的前后移动并同步调节收敛喷管出口面积，其中收敛喷管的调节片和密封片采用了高温合金材料，液压作动筒筒体采用了钛合金	收扩喷管，采用一套液压作动筒同步调节喷管喉道面积和出口面积（即液压作动筒通过圆弧凸轮运动机构调节 A_8，并通过四连杆运动机构使 A_9 随 A_8 的变化而产生——对应的改变）	圆转方二元矢量喷管，在俯仰方向可做 $\pm 20°$ 偏转，主要结构采用了阻燃钛合金和陶瓷基复合材料，并采用了雷达隐身和红外隐身的技术措施
	控制系统	机械液压控制系统	电子模拟和主液压机械控制后采用全权限数字式电子控制系统	第 3 代双-双余度（2 个 FADEC 同时受控）全功能数字式电子控制系统

续表 1.1

年 代	1965 年	1985 年	1999 年
发动机	斯贝 MK202	F110	F119
当代典型飞机	米格-21 和 F-104	F-15/F-16、F-18、狂风、幻影 2000、SU-27	F-22

用于客货运输的大涵道比涡扇发动机则更关注发动机全寿命期成本以及可靠性、环保性和舒适性。目前世界上最新投入使用的 CFM 公司的 Leap-X、PW 公司的 PW1000G 以及通用电气公司的 GE9X 等大涵道涡扇发动机,涵道比达到 10 一级,总增压比达到 40～50,与 CFM56 发动机相比,耗油率下降 8%～20%,噪声下降 6～20 dB,NO_x 污染物排放减少 40%～80%(相对 CAEP2 标准),运行成本降低 15%～30%,空中停车率降至 0.002～0.005 次/1 000 飞行小时,返修率达到 0.01～0.06 次/1 000 飞行小时,在役不拆换的工作时间普遍达到 16 000 h,最长超过 40 000 h。表 1.2 总结了运输机用大涵道比涡扇发动机性能参数及各部件、系统的主要技术特征。

表 1.2 运输机用大涵道比涡扇发动机性能参数及主要技术特征

	年 代	1969 年	1983 年	1994 年	2020 年
	发动机	JT9D	PW4000	GE90	GE9X
主要参数	涵道比	4～5	5～6	8.4	10
	总增压比	21～27	27.5～31.5	35～40	约 60
	涡轮进口温度/K	1 300～1 500	1 600～1 700	1 650～1 850	
部件系统技术特征	风 扇	46 个钛合金转子叶片	38 个钛合金宽弦厚凸台风扇叶片	22 片无凸肩复合材料宽弦风扇片、轻质三辐板轮盘	16 片碳纤维复合材料风扇、复合材料风扇机匣
	压气机	转子为钛合金燕尾形榫槽;静子材料为镍基合金	可控扩散度叶型、主动间隙控制、粉末冶金镍钢合金盘	间隙控制技术、整体铸造的钛轮毂机匣	全三维设计、整体叶盘,后几级轮盘采用第四代粉末冶金材料
	燃烧室	镍合金环形燃烧室、双路压力雾化喷嘴与短锥形涡流器	环形燃烧室、镍合金短环形双通路冷却滚压成型火焰筒、气动雾化防积炭燃油喷嘴	双环腔燃烧室和多斜孔冷却火焰筒	双环预混旋流燃烧室、陶瓷基燃烧室内外衬套、增材制造燃油喷嘴

续表 1.2

年　代		1969 年	1983 年	1994 年	2020 年
发动机		JT9D	PW4000	GE90	GE9X
部件系统技术特征	涡　轮	高镍合金气冷叶片和涡轮盘、枞树形榫头	空心气冷叶片、PW1480 单晶合金、热等静压镍基合金轮盘、主动控制间隙	单晶镍基合金铸造涡轮叶片、粉末高温合金轮盘、无螺栓挡板、多孔冷却和被动间隙控制技术	第四代粉末冶金高压涡轮盘、陶瓷基涡轮叶片、3D 打印增强钛铝金属间化合物低压涡轮叶片
	喷　管	由带尾锥的内涵喷管和外涵喷管组成的分开式喷管,内涵喷管和外涵喷管面积固定,采用 Inconel 材料制成	由带尾锥的内涵喷管和外涵喷管组成的分开式喷管,内涵喷管和外涵喷管面积固定,采用 Inconel 材料制成	由带尾锥的内涵喷管和外涵喷管组成的分开式喷管,内涵喷管和外涵喷管面积固定	由带尾锥的内涵喷管和外涵喷管组成的分开式喷管,内涵喷管和外涵喷管面积固定
	控制系统	液压机械调节器	全权限数字式电子控制器（FA-DEC）	全权限数字式电子控制器（FA-DEC）	
当代典型飞机		B747、B767、A300、A310	B747、B767、A310、A300	A300、A310、B747、B767 和 MD－11 等	B777－8、B777－9 等

　　飞得更高、更快、更加舒适是人类对航空器设计制造领域永恒的追求,唯有航空动力技术水平的不断提升才能为这一目标的达成提供可能。涡扇发动机诞生近80 年以来,通过科研人员的不断探索,涌现出许多新技术,使得发动机部件和系统的能力水平持续提升,技术边界不断拓展,从而推动了航空涡扇发动机综合水平的不断提升和军民用飞机的跨代发展。显然,发动机性能的不断提升,是发动机各部件、系统的技术进步和不断创新的结果。因此,本书聚焦于航空涡扇发动机各部件、系统的技术发展和进步,站在发动机设计师的角度,从第 2 章开始,逐一对发动机各主要部件和系统的技术进展进行综合分析,并对与其技术进步密切相关的先进技术进展和应用情况、设计经验进行介绍,以期为读者了解航空涡扇发动机各部件、系统的技术方向和未来发展提供参考。

　　第 2 章介绍了风扇和压气机的新技术。风扇/压气机作为航空发动机的关键部件,不仅对发动机的推重比、耗油率等性能起关键作用,而且对整机稳定性、可靠性也有重大影响。几十年来,风扇/压气机气动上一直向高压、高速、高效、高稳定性的方向发展,结构上则向紧凑、轻质、高可靠性的方向发展。在此过程中,出现了多种不同的压缩系统构型和大量先进设计技术。不同类型发动机的设计技术出现了明显的分化。其中,军用战斗机发动机大多采用小涵道比涡扇发动机,主要追求高的推重比,其压缩部件通常包括风扇和高压压气机;客、货用民机和军用运输机则主要采用大涵道比涡扇发动机,更多追求经济性、安全可靠性和环保性等,其压缩部件通常包括风扇/增压级和高压压气机。另外,为了应对飞机短距/垂直起降,提高发动机在不同飞行状态下与飞机的组合性能,降低作战飞机发动机燃油消耗等需求,又出现了升力风扇、具有变循环特征的压缩系统等新型压缩部件。风扇/压气机设计技术的突破对于发动机整体推重比或功重比的增大起着关键的作用。在风扇/压气机向着高压、高速、高效、高稳定性方向发展的历程中,发展了大量先进的设计技术。如采用先进的宽弦叶片、弯掠叶片、大小叶片和吸附叶片等设计技术,来提高单排叶片的加功能力,降低损失;采用先进的结构设计技术,如空心叶片、复合材料叶片、整体叶盘、复合材料增强整体叶环、机匣包容、防钛火、盘腔减涡技术等来满足高载荷、轻质、高可靠性以及低泄漏损失等设计需求;另外,发展了与之相匹配的先进的材料、加工、焊接等成型工艺。采用以上技术有效地减轻了发动机的质量,保证了高的气动性能以及结构承载能力需求。为满足发动机使用包线不断拓宽的需求,对压气机的效率、喘振裕度以及工作范围均提出了更高的要求,不但在叶型设计时应用弯、掠全三维流动控制技术,还需要采用非对称端壁、端区沟槽和涡流发生器等端壁流动控制技术等来改善端区流动,提高效率和喘振裕度。采用处理机匣来提高喘振裕度,采用叶片调节技术尤其是多级联调技术来实现不同转速、不同角度的气动状态,同时采用放气调节技术实现气动的高低压流量匹配。

第3章介绍了主燃烧室领域新技术的发展。军民用航空涡扇发动机对高推重比、高热效率的追求,使得主燃烧室温升水平不断提高,从 600 K 提升至 1 200 K 以上;同时民用航空涡扇发动机领域,国际民航组织推出了日益严苛的排放法规,促使主燃烧室向低污染方向不断发展。先进主燃烧室既要满足点火迅速可靠、燃烧稳定安全、流动损失小、出口温度场品质好、排气污染小等要求,又要满足结构紧凑、质量轻、寿命长、可靠性高等要求。其发展体现在先进部件技术方面,主要包括以下 4 点:一是通过不断发展的燃烧组织技术,一方面逐步消除了燃烧产物中的碳烟粒子,使得发动机排气冒烟数降至可视范围之下(通常小于 25),同时燃烧产物中的未燃碳氢、一氧化碳和氮氧化物也逐步降低,主燃烧室出口温度场品质提升;另一方面,在保持高工况燃烧效率接近 100% 的条件下,低工况的燃烧效率显著改善,从低于 90% 提升至 95%~98%,当前先进主燃烧室更是达到了 99% 以上。二是为了减小轴承跨距,主燃烧室的轴向长度大幅缩短,扩压器进口气流马赫数显著提高(马赫数从 0.2 提升至 0.3 以上),驱动了扩压技术的快速发展,要求扩压器在最短的距离内实现减速,同时具备最小的总压损失和均匀稳定的出口流场。三是主燃烧室温升不断提高,要求参与燃烧的空气量增大,而可用于冷却的空气量不断减小,火焰筒冷却设计难度增大,但与此同时火焰筒的寿命需求不降反升,促使设计者对火焰筒冷却技术进行深度发掘。如今主燃烧室火焰筒从简单钣金气膜结构逐步发展为精密机加气膜结构,乃至更先进的发散式冷却结构和层板冷却结构等,冷却效率从 40%~60% 提升至 80%以上。在不断提升冷却空气效用的同时,也发展了热障涂层以及可以耐受更高温度的陶瓷基复合材料等先进材料工艺技术,与火焰筒自身冷却技术相结合,使得火焰筒寿命较早期提升了 100 倍。四是随着发动机总压比的逐步提升,主燃烧室进口的气流温度也随之升高,受高温气流的烘烤,燃油喷嘴内部流道中的燃油结焦积炭变得严重,甚至堵塞喷口,使得燃油喷嘴性能恶化,成为制约燃油喷嘴使用寿命最关键的因素,因此燃油喷嘴的热防护技术越来越受到人们的重视。随着该领域的技术进步,燃油喷嘴中的结焦积炭逐步被消除,耐久性也从数百小时提升到了数千乃至上万小时。为适应针对主燃烧室发展的各项需求,开发和验证的主燃烧室先进技术有:双旋流燃烧组织技术、多级旋流燃烧组织技术、双环腔燃烧组织技术、同心分级燃烧组织技术、RQL 燃烧组织技术、多点喷射旋流燃烧组织技术、驻涡燃烧组织技术、单通道/多通道/分配式/涡控扩压技术、附面层分离抑制技术、火焰筒气膜冷却/冲击冷却/发散小孔冷却/层板冷却技术、热障涂层技术、陶瓷基复合材料火焰筒技术、燃油喷嘴热防护等设计技术。

第 4 章介绍的是涡轮部件的先进技术。涡轮作为航空发动机的核心部件之一,是决定发动机整机性能水平的关键因素,其技术水平特别是涡轮进口温度水平也是衡量发动机先进性的重要标志。伴随着新型冷却技术以及先进材料、精密制造技术和结构综合优化技术的发展,航空发动机的涡轮前温度已从 20 世纪 40 年代涡轮喷气发动机出现时的 900 K 左右,提升至 2 000 K 以上。为了确保涡轮在尽可能高的进口温度下长期安全、可靠地工作,除了当前较为成熟的复合冷却技术和涡轮叶片热障涂层技术外,还发展了以更好的冷却效果为目标的层板冷却技术,并对涡轮叶片表面附着物防护技术、涡轮叶片冷却空气预冷等冷却叶片之外的上下游技术环节进行了深入研究,使得涡轮前温度达到 2 200 K 甚至更高成为可能。国际先进小涵道比大推力发动机的单级高压涡轮效率已经达到 0.9 左右,而广泛用于大中涵道比涡扇发动机的双级高压涡轮甚至达到了 0.93 以上的高效率水平。面对如此高的效率指标要求,单纯基于涡轮叶型的气动设计技术已经难以实现目标,必须进行涡轮部件相关的精细化设计,例如低损失过渡流道设计技术、涡轮激波损失控制技术,以及叶顶泄漏损失控制技术、容腔泄漏损失控制技术和端壁流动损失控制技术等,这些技术的研究与应用极大拓展了涡轮气动性能设计边界,将涡轮性能设计的着眼点从单纯的气动叶型设计领域延伸至气动与结构深度交叉的领域。在先进军用飞机技术发展的牵引下,为了追求极致的推力、推重比和耗油量指标,变循环发动机、自适应发动机等全新设计思想随之被提出,由此,不同于常规构型的新构型涡轮也应运而生,例如以高效率、低重量、小尺寸为设计目标的对转涡轮技术,以宽工况、大工作包线为设计目标的变几何涡轮技术,以及将二者相融合的变几何、有/无导叶对转涡轮技术;同时,为了确保新构型涡轮的结构可实现性,还提出了双材料整体叶盘、双辐板涡轮盘等全新涡轮结构技术。以上技术的集中应用,体现了当前最先进的涡轮气动和结构设计水准。

第 5 章介绍的是加力燃烧室的新技术。加力燃烧室因可短时大幅增加发动机推力,而获得了广泛的应用,成为军用航空涡扇发动机的重要部件之一。加力燃烧室的工作条件比主燃烧室恶劣,针对的是高温、高速、贫氧等典型工作环境。涡扇发动机加力燃烧室的投入使用,标志着进入了涡扇发动机加力燃烧室的发展时期,至今已出现四代发动机并仍在不断发展中,始终在追求提高加力温度、燃烧效率、燃烧稳定性、减少流体损失,减轻质量,提高可靠性和响应能力。相比最初的涡扇发动机加力燃烧室,现在的加力燃烧室的体积已减小为原来的 1/2,加力燃烧效率由不到 0.8 提高到 0.9 以上,加力温度由 1 500 K 左右提高到 2 000 K 以上,加力总余气系数由 2.0 降低到 1.1 以下。近年来,低损失掺混、高紧凑一体化设计、高能量点火、高效燃烧组织、高效冷却已成为加力燃烧室领域的主要研究技术热点。先进加力燃烧室研制中主要涉及的技术有:混合扩压技术、燃油浓度分布技术、火焰稳定与传播技术、点火技术、传热与冷却技术、振荡燃烧抑制与预测技术等。

第 6 章介绍了喷管新技术。喷管的主要功能是使流经发动机的气流合理地膨胀到外界环境压力,提高发动机喷流速度,将空气流经发动机获得的热能尽可能多地转化为喷流动能,使发动机产生尽可能大的向前推力,并可以通过调节喷管喉道面积来保证发动机正常工作所需要的流通能力,与发动机的各种工作状态匹配,以便发动机获得最优的性能。此外,随着航空技术的发展以及飞机需求的变化,喷管的功能不断扩展,可根据需要具备推力矢量、降低发动机后向红外辐射及雷达散射等特殊功能。从 20 世纪 80 年代开始,以二元喷管为代表的部分喷管红外隐身技术和雷达隐身技术成果陆续在 F-117A、B-2A、F-22A、F-35 等美国作战飞机上得到应用。随着航空技术的发展,飞机和发动机对喷管提出了越来越高的要求,喷管类型也由简单的单一功能喷管逐步发展到复杂的多功能喷管;由固定式喷管发展到可调式收敛喷管,再到可调式收扩喷管;由轴对称收扩喷管发展到轴对称矢量喷管和升力喷管,再到低可探测性的二元矢量喷管和塞式矢量喷管;由机械式矢量喷管的研制转向流体控制矢量喷管的研发。喷管未来的发展方向是多功能、轻质量、高效率、长寿命,需要开发和验证的主要先进技术有:可调式收扩喷管技术、机械式矢量喷管技术、流体控制矢量喷管技术、红外隐身技术、雷达隐身技术、新材料新工艺应用技术等。

第 7 章介绍了控制系统领域的技术发展。控制系统是发动机的“大脑”和“神经”系统,是发动机的重要组成部分。控制系统对传感器测量到的发动机工作参数信息进行采集和处理,按照发动机在不同工作状态下的控制计划形成控制指令,并将控制指令传输到相应的执行机构,通过执行机构完成发动机控制工作。航空发动机研制初期,发动机采用的是机械液压式控制系统。由于飞机的飞行速度不高,发动机推力不大,这时发动机根据测量的发动机出口压力调节燃油流量,保持发动机转速基本不变的开环控制方案,控制精度较低。20 世纪 50 年代初,随着发动机性能要求的提高及经典控制理论的发展,航空发动机开始采用闭环控制方案,大幅度提升了控制精度和动态特性,发动机性能有了较大的提高。20 世纪 70 年代以来,电子技术获得了迅速发展,发动机开始从机械液压式控制系统逐渐过渡到全权限数字式电子控制系统(FADEC)。采用 FADEC 来改善发动机工作稳定性、增大发动机推力、缩短加速时间、降低油耗、扩大点火范围、改善空中点火性能及放宽对加力燃烧室的工作限制,可进一步提升发动机性能。当前 FADEC 多采用余度设计技术、重构技术、自检测技术、故障诊断与隔离技术等提升系统可靠性和维护性;采用多变量设计技术提升综合控制品质;采用推力矢量综合控制提升发动机的机动性;采用先进数字计算机提升控制装置的性能,控制变量可多达 16～22 个。输入/输出量几乎增加 3 倍,达到了130 个/58 个,系统的复杂度进一步提升,对系统的可靠性提出了更高的要求。未来航空发动机面临高性能、高可靠性、小型化和综合化的需求,控制系统将在多变量自适应控制技术、分布式控制技术、飞推综合控制技术、故障诊断与隔离技术等方向进一步发展。同时,针对未来飞机提出的高温介质和环境温度需求,需要对发动机燃油系统进行综合热管理设计,发展仿真验证技术、系统热防护技术、系统热匹配技术以及系统热管理验证技术;针对主动间隙控制需求,发展叶尖间隙测量与高频响执行机构技术。

第 8 章介绍了机械系统领域的技术发展。航空发动机机械系统是发动机的一个重要组成部分,包括传动系统、润滑系统、密封系统和轴承。随着航空发动机推重比的不断提高,发动机机械系统向可靠性高、寿命长、体积小、质量轻的方向发展。主要表现为,传动链整体结构趋于简化,附件机匣与附件趋于集成化,而且传动系统的功率密度、可靠性和视情维护能力大幅提高。相应地,附件传动系统主要发展的先进技术,包括传动链布局技术、附件机匣集成技术、膜盘联轴器技术等。此外,随着齿轮驱动风扇发动机(Geared Turbo Fan,GTF)的发展,风扇减速器技术又成为传动系统发展的一项重要的先进技术。上述先进技术发展中,综合考虑了材料、设计、制造、试验、维护等多方面因素,在技术先进性、可获得性及持续发展等方面实现了均衡发展。未来先进航空发动机已呈现出高推重比、宽包线等方面的显著发展趋势,高温、高速、高载荷的航空发动机势必对滑油系统提出先进设计技术研究与应用需求,例如滑油系统流路特性分析、腔压及通风量分析、油气两相流分析以及高精度热分析等仿真分析技术,滑油系统工作状态检测、屑末检测、油品检测以及检测多项目综合分析等健康管理技术,适应滑油系统高热负荷的超高温润滑油黏温特性、材料相容性以及安全性的研究及应用技术,滑油系统部件高效率、高转速、高维护性、轻质以及集成化等设计技术。上述滑油系统先进设计技术的研究与应用,将提高系统设计工作效率,提升系统工作可靠性、环境适应性,满足航空发动机发展需求。就轴承而言,高推重比、宽包线等方面的显著发展趋势意味着高温、高速、高载荷的工况环境。同时,轴承作为发动机转子和传动齿轮轴的支撑结构,其工作可靠性对发动机的工作安全有着重要影响,为适应未来先进航空发动机的发展趋势,轴承技术发展趋势是向着高速化、高可靠性方向发展,主要发展方向是高速轴承结构设计技术、高速轴承减磨技术、高速轴承适应宽包线工况技术、先进轴承材料及表面处理技术等。此外,陶瓷滚动体复合轴承结构是适应未来高温、高速、高载荷工况环境的一项重要先进技术。上述先进技术发展中,综合考虑了材料、设计、制造、试验、维护等多方面因素,在技术先进性、可获得性及持续发展等方面实现了均衡发展。近年来的航空发动机研究进展表明,先进的密封技术可以在满足航空发动机燃料消耗、推重比、排放、耐用性和运行成本等特定目标上起到重要作用。而对于下一代涡扇发动机,为了减轻发动机质量、提升性能,必然要提高发动机压比和循环温度。因此先进航空发动机密封技术的研究主要集中在为发动机提供能承受更高温度、更高压力和更高转速的新型密封上,例如刷式密封、指尖密封、气膜密封等。这些密封同时还被要求具有更宽的工况适用范围、更高的可靠性和更长的寿命。同时,以上述要求为目标,对石墨圆周密封、机械端面密封、唇密封等传统密封形式的优化与改进也是研究重点,而进行材料、加工、结构、机理等多方面的开创性设计变革以及先进设计分析技术的开发则是开展优化与改进的主要途径。

经过 80 余年的发展,涡轮喷气发动机实现了诸多技术突破并推动了行业变革,特别是当今普遍使用的涡扇发动机已经达到了相当高的技术水平,成为航空装备领域的主要动力装置。当前,混合动力、核能、太阳能电池、燃料电池、锂电池等新型航空动力概念不断涌现,但受限于能量密度、技术水平以及应用场景等因素,这些新型航空动力离实用化、规模化发展应用还有很长的路要走,在未来相当长的一段时间内,涡扇发动机仍将是各类飞行器,特别是作为主战飞机和各类大型运输类飞机的主要动力装置,具有不可替代的重要地位。

第 2 章
风扇和压气机

压气机是一种以连续流动的空气为工质、以叶片为主要工作元件,实现机械能向流体的动能、势能转化,并且伴随有热能提高的叶轮机械。压气机按空气流动形式可分为轴流压气机、离心压气机和斜流压气机,其中轴流压气机具有迎风面积小、总增压比和效率高、单位面积空气流量大等优点,在相同外廓尺寸条件下,可以使发动机的推力大、耗油率低,所以在目前的大、中推力发动机上,几乎普遍采用轴流式压气机。

在航空发动机领域,当低压压气机部分出口动能直接用于产生外涵推力时,就将"低压压气机"称为风扇。

风扇/压气机作为航空发动机的关键部件,不仅对发动机的推重比、耗油率等性能起关键作用,而且对整机稳定性、可靠性也有重大影响。几十年来,风扇/压气机气动上一直沿着高压、高速、高效、高稳定性的方向发展,结构上则向紧凑、轻质、高可靠性的方向发展。在此过程中,出现了多种不同的压缩系统构型和大量先进设计技术。

本章主要介绍风扇/压气机各种不同的构型和先进设计技术。

| 2.1   风扇/压气机构型 |

随着航发发动机技术的不断进步,不同类型发动机的设计技术出现了明显的分化。其中,军用战斗机的发动机大多采用小涵道比涡扇发动机,主要追求高的推重比,其压缩部件通常包括风扇和高压压气机;客、货民机和军用运输机则主要采用大涵道比涡扇发动机,更多追求经济性、安全可靠性和环保性等,其压缩部件通常包括风扇/增压级和高压压气机。

另外,为了应对飞机短距/垂直起降,提高发动机在不同飞行状态下与飞机的组合性能,降低作战飞机发动机燃油消耗等,又出现了升力风扇,以及变循环、自适应等新型压缩部件。

本节主要介绍不同构型压缩部件的发展现状、关键参数及设计中需要考虑的关键问题和主要关键技术。

2.1.1 小涵道比风扇/压气机

涡扇发动机较好地解决了高单位推力和低巡航耗油率之间的矛盾,所以从 20 世纪 70 年代开始,新设计的军用战斗机采用小涵道比加力涡扇类型的发动机已成为不可抗拒的历史潮流。

涡扇发动机时代大约开始于 20 世纪 60 年代,这一时期战斗机涡扇发动机的典型代表是美国 PW 公司的 TF30、英国 RR 公司的斯贝、瑞典沃尔伏公司的 RM8、法国 SNECMA 公司的 M53 等。这时的发动机涵道比大多在 0.35~1.0,压缩系统总增压比在 9.8~19.8,推重比在 5~6。

20 世纪 70—80 年代,战斗机用涡扇发动机经历了一轮更新,典型代表有美国 PW 公司的 F100、GE 公司的 F404 和 F110、苏联的 AЛ-31Ф 等,此时发动机的推重比达到 7.5~8.0(称为推重比 8 一级发动机),涵道比为 0.34~1.0,总增压比为 23~30。

进入 20 世纪 90 年代,为了满足新一代战斗机的需要,涡扇发动机的推重比进一步提高,并且这一代发动机把寿命期费用作为衡量发动机品质的重要指标,在性能与可靠性、耐久性之间进行了全面权衡。这一代发动机的代表主要有美国的 F119(见图 2.1)、F120,欧洲四国的 EJ200 和法国的 M88 等。这几个型号发动机的推重比在 9~10(称为推重比 10 一级发动机),涵道比为 0.3~0.5,总增压比为 24~30。

图 2.1 小涵道比涡轮风扇发动机 F119

随着航空发动机进入涡扇时代,小涵道比发动机超跨声速风扇和高压压气机的设计水平得到了极大提高,其发展趋势主要表现在转子叶片叶尖切线速度、级压比和效率的提高,展弦比降低,以及叶片造型技术的进步等方面。

最早的涡扇发动机风扇第一级转子叶片叶尖切线速度在 400 m/s 左右。当前在役的推重比 8 一级发动机风扇,其第一级转子叶片叶尖的切线速度在 430~500 m/s

之间,如 AЛ‑31Φ 和 F110 发动机分别约为 470 m/s、440 m/s,见表 2.1。因受叶片材料强度限制和对发动机可靠性要求的提高,推重比 10 一级发动机风扇的叶尖切线速度提高不大,如 F119、F120 发动机均在 500 m/s 左右。

表 2.1　现役军机典型风扇性能对比

型　号	总增压比	级　数	平均级压比	叶尖切线速度/(m·s^{-1})	负荷系数
AЛ‑31Φ	3.62	4	1.379	470	0.172
F110	3.2	3	1.474	440	0.234
F119	～5	3	1.710	～500	～0.300
F120	3.2	2	1.789	500	0.300

风扇和压气机的平均级压比总体上是不断提高的,特别是推重比 8～10 一级发动机风扇和压气机的平均级压比提高较为明显。现役的推重比 8 一级军用涡扇发动机风扇的平均级压比一般在 1.5 以下,高压压气机平均级压比一般为 1.25～1.30;推重比 10 一级涡扇发动机风扇的平均级压比可达到 1.7 以上,高压压气机平均级压比则为 1.35～1.40。如:AЛ‑31Φ 发动机 4 级风扇总增压比为 3.62,平均级压比为 1.379;F110 发动机 3 级风扇总增压比为 3.2,平均级压比为 1.474;F119 发动机 3 级风扇总增压比约为 5.0,平均级压比为 1.710;F120 发动机 2 级风扇总增压比为 3.2,平均级压比为 1.789。

风扇和高压压气机的展弦比一直在不断降低,现代小涵道比高负荷风扇、压气机均采用小展弦比设计。目前最先进的推重比 10 一级发动机风扇,其转子叶片展弦比为 1.0～1.5,为了避免风扇长度过长,质量过重,静子叶片展弦比大于转子叶片展弦比。小展弦比设计的叶片排具备高效、高稳定裕度等特点,已得到了业内的广泛认可。

风扇和高压压气机的流量、增压比、效率和喘振裕度等参数对小涵道比涡扇发动机的性能有着至关重要的影响。

图 2.2 给出了不同风扇流量、增压比情况下推力和涡轮前温度变化的情况。在保持核心机工作点不变的情况下,风扇流量越大,发动机的推力越大;风扇增压比提高,发动机的推力增加较多,但涡轮前温度升高也较多。在风扇流量增加的同时,增压比也同步提高,可使发动机推力有较大提高,但核心机工作点不变,风扇增压比的提高会导致涡轮前温度快速升高、涵道比减小、压气机转速提高等,影响方案的可实现性和耗油率等性能参数。因此,在实际方案的选择中需要考虑核心机工作点的变化。

表 2.2 给出了相同推力条件下风扇效率变化对性能的影响。在相同换算推力条件下,风扇效率降低对推力造成的损失需要通过提高燃油消耗来弥补,所以会造成发动机排气温度升高;同时,因燃烧室出口温度升高将导致发动机推力增大,所以为了保持发动机推力不变,低压转子转速应该稍微降低,此状态下,高压转子换算转速应稍有增加,所以发动机转差增大。

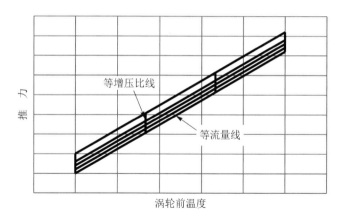

图 2.2　推力和涡轮前温度随风扇流量、增压比的变化

表 2.2　风扇效率变化对性能的影响(相同换算推力条件下)

风扇效率 变化量/%	高压换算转速 变化量/%	风扇换算转速 变化量/%	耗油率 变化量/%	排气温度 变化量/K
	0.19	−0.30	0.43	3.39
−1	0.21	−0.20	0.52	4.13
	0.23	−0.10	0.61	4.87
	0.46	−0.40	1.02	9.96
−2	0.48	−0.30	1.12	9.74
	0.50	−0.20	1.22	9.52
	0.75	−0.60	1.57	14.70
−3	0.73	−0.50	1.70	14.27
	0.71	−0.40	1.83	13.84

　　先进航空发动机的设计除了要求性能好、可靠性高之外,还要求在整个飞行包线范围内发动机均能稳定工作,而风扇和压气机的喘振裕度是保证航空发动机在飞行包线范围内稳定工作的主要因素。推重比 10 一级发动机需要满足超机动飞行、短距离起降、过失速飞行隐身等作战需求,这对风扇和压气机的喘振裕度提出了更高的要求。

　　影响风扇和压气机喘振裕度的主要因素包括:总压、总温畸变,包线内不同状态的雷诺数变化,加减速过程中工作点的变化,接通、断开加力过程中的脉动,燃烧脉动,发动机生产、装配偏差、长时间工作造成的性能恶化,变几何控制容差等。推重比 10 一级发动机一般要求风扇和压气机各转速有 20%～30% 的喘振裕度。

　　小涵道比发动机风扇/压气机设计中需要考虑以下问题。

(1) 流道设计

流道是控制气体在风扇、压气机内流动的核心要素之一,流道设计是风扇、压气机设计中的基础性工作,它构成了风扇、压气机的基本轮廓。合理的流道设计能有效控制气体在各叶排的扩散度,降低根尖的负荷水平,对抑制气流的分离、降低流动损失均起到重要的作用。

流道的基本形式可以分为三种:等外径、等中径和等内径。小涵道比风扇设计通常采用近似等中径或近似等外径形式的流道(见图2.3),高压压气机则通常选用等中径或等内径形式的流道。

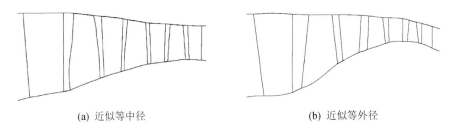

(a) 近似等中径   (b) 近似等外径

图2.3 小涵道比风扇流道形式示意图

流道设计的几个要素如下:

- 进、出口轮毂比;
- 进、出口平均轴向速度或平均马赫数;
- 沿轴向各排叶片的收缩程度。

以上要素构成了风扇、压气机流道的基本框架,各要素选取可根据一维设计和总体结构尺寸限制并综合参考国内外各机种。

风扇进口轮毂比选择既要考虑气动设计的要求,也要考虑结构强度设计的需要。由于风扇处于发动机进口,为了降低迎风阻力,一般会对其外廓尺寸进行严格控制。在外廓尺寸受限的情况下,减小风扇进口轮毂比可以增加有效流通面积,降低其单位环面面积流量。但轮毂比的降低会增大结构强度的设计难度,如转子榫头的排布困难或无法满足强度要求等。现代小涵道比风扇的涵道比大多在0.3~0.4之间。风扇的出口轮毂比主要与其流道形式、总压比水平等相关,一般没有明确的范围,但轮毂比如果太大会造成中介机匣转接的困难,需要根据具体情况进行分析。

高压压气机轮毂比的选择范围较广,其影响因素主要包括:上游风扇和中介机匣流道形式、涵道比,以及高压压气机的转速、负荷水平、功分配等,高压压气机的进口轮毂比通常在0.5~0.7之间。

风扇进口轴向马赫数或单位环面流量的大小,主要取决于发动机的设计流量和风扇外径尺寸,选取较高的进口轴向马赫数可以减小风扇的外径尺寸,减轻风扇质量;但进口轴向马赫数过高则会增大风扇设计难度,不利于取得良好性能,因此进口轴向马赫数并不是越大越好,存在最佳取值范围。计算显示,发动机推力会随着风扇进口马赫数的增大而先增大后减小,当进口轴向马赫数大于 0.7 时,发动机推力开始降低。因而,军用小涵道比风扇进口轴向马赫数不可大于 0.70(单位环面流量为 220.5 kg/(s·m²))。如无特殊需求,通常风扇进口轴向马赫数取在 0.6～0.65 之间,即单位环面流量在 203.0～212.5 kg/(s·m²)之间。

高压压气机的进口马赫数(单位环面流量)要小于风扇,一般控制在 0.45～0.55 之间。

风扇、压气机的出口马赫数一般根据中介机匣或燃烧室扩压器的设计需要进行控制,风扇的出口马赫数一般应控制在 0.4～0.5 之间,压气机的出口马赫数一般控制在 0.25～0.35 之间。

(2) 转速或转子叶尖切线速度的选择

转速的选择既要考虑气动设计上的需要,也要考虑强度是否允许,还要与涡轮协调。从气动特性上考虑,更直接的参数是转子叶尖的切线速度(通常指进口级转子的叶尖切线速度),实际上它关系着风扇、压气机的整体加功能力,也与负荷紧密相关。

在风扇、压气机气动设计中,叶尖切线速度是调整叶片负荷最有效的手段,因而可以用负荷水平来选择切线速度或转速的大小,当然同时还要考虑由切线速度引起的转子叶尖相对马赫数大小和强度能否满足要求等问题。

目前,风扇技术发展的主流是追求高速高负荷设计,随着单级压比的不断攀升,所要求的切线速度也在不断提高,而随之其马赫数也在不断提高。图 2.4 给出了一些风扇平均级压比与切线速度的关系,可以看出,大多数风扇的平均级压比与切线速度的关系都可以回归在某一曲线附近,这表明一台风扇的设计级压比需有相应的切线速度来保障,位于此线右上方的几台风扇设计是近年来具有更高负荷水平的新设计。

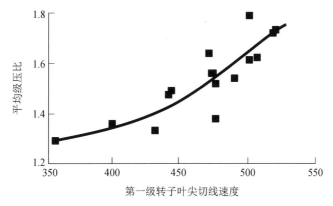

图 2.4　平均级压比与一级转子叶尖切线速度的关系曲线

对于一台新风扇的设计,可以根据要求的总增压比在图中的曲线上初选常规设计所需的切线速度,再按照给定的其他要求和设计的先进性进行调整。如受强度限制或有提高设计先进性的要求时,所选切线速度可适当降低;如果要降低设计难度,也可对其作适量的提高。

高压压气机由于位于风扇之后,进口温度较高,所以其换算的切线速度一般不高。为了满足长期可靠运转的需求,高压压气机第一级转子的物理切线速度一般控制在 500 m/s 以下。

(3) 各级的功(增压比)分配

风扇、压气机各级的功(增压比)分配是一个很复杂的级匹配问题,需要综合考虑和协调多种因素的影响,这里只进行定性的讨论,在设计中对各种影响因素考虑如何加权和平衡时,需要"具体问题具体分析"。

风扇的第一级由于进口温度低、切线速度高,通常可选择较高的功,从前向后各级功应呈逐级减小的趋势(见图 2.5),只是有的风扇第一级到第二级的功减小得较少,有的则是第一、二、三级的功均匀减小,有的则是第三级的功快速减小。

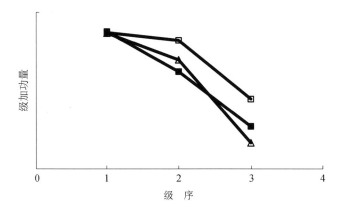

图 2.5 风扇各级负荷系数分配示意图

许多文献和设计都推荐多级压气机的功分布应采用两头小、中间大的趋势,这是考虑前面级要接受进口场的"畸变",后面级黏性强、设计失真大之故。但近代高压压气机前面级多采用跨声速,加上需较高的功,并且采用可调叶片来缓解中、低转速时的前喘后堵,所以其功分配大多呈逐级减小的趋势,这样的功分布将使前面级压比占总增压比较大的比例。

(4) 级匹配问题

级匹配是在多级风扇、压气机气动设计中经常会提及的概念,匹配不当会直接影响气动性能。

级匹配问题可分为两个方面:一是对各级压比的控制。如果风扇、压气机实际工作时,级的流通能力过大或过小,均会造成各级的压比偏离设计值,甚至严重影响风扇、压气机的效率和喘振裕度。二是内部流场的匹配,即前一级出口流场是否与后一级进口流场匹配,其中包括总温、总压、速度方向场等气动热力参数的匹配。如果某一排叶片出口场,如总压沿叶高的分布偏离设计值,有的径向位置已达到设计要求,有的径向位置偏离设计要求,将对下一排叶片形成径向畸变。总压高的位置,流速加大,减小下一排叶片攻角;总压低的位置,增大下一排叶片的攻角。流场的严重偏离将会明显影响风扇、压气机的性能。

在风扇、压气机流场、造型设计中,损失或效率、落后角应接近于真实流场,这是保证级匹配的必要条件,在三维计算分析中也要关注各级压比的分配情况。

（5）端壁角区流动的合理控制

在叶片与轮毂或机匣形成的角区,由于环壁边界层和叶片表面边界层之间的相互阻滞作用,角区内边界层相比其他地方的边界层会更容易堆积增厚,使得角区附近更容易发生分离,引起损失的增大。GE 公司曾总结了高压压气机中典型损失的组成情况,其中端壁二次流损失占总损失的 50%～70%。各国学者对高负荷压气机角区处的流动均进行了重点研究,基本已达成共识:高负荷情况下,角区的流动更容易发生分离,并与端壁区的各种间隙泄漏流相互作用,使得损失大大增加,同时角区分离流会发展扩散,形成角涡或大的通道涡,最终严重影响压气机的效率和裕度。如何合理控制端区复杂流动,始终是压气机设计最富挑战性的问题。

解决以上关键问题涉及的主要技术有以下几点。

（1）高马赫数叶型设计技术

随着叶尖切线速度的提高,风扇转子叶尖的马赫数提高到 1.5～1.7 的范围,某些预研项目甚至达到 2.0。因此超声叶型设计的目标是合理控制槽道内的激波结构,尽量减小激波前的马赫数,以减小激波损失。这类叶型的主要特点如下:

前平后弯的中线,由于超声来流通过有正弯度的型面要加速,因而波前的马赫数会高于来流马赫数。相反,叶型的前段如果设计成无弯角（平）或负弯度（预压叶型）,波前马赫数就会低于来流马赫数,减弱激波强度,从而减小激波损失。对于有高马赫数的转子尖部,由于总弯角通常都不大,因而也有条件在后段转过所有的弯度。

最大厚度位置后移,减小了前段的厚度,也减弱了激波强度。

小的前缘厚度（小圆或椭圆）或小的前缘楔角有利于激波附着,延后激波脱体。

高马赫数叶型的主要缺点是其最佳攻角范围小。这造成在较低的转速或攻角变化较大的工况下,会有较大的损失和提前失速;另外,尖、薄的叶片前缘也有强度上的隐患。

（2）高反力度设计技术

Tony Dichens 和 Ivor Day 通过 CFD 程序计算不同级负荷水平下、不同进口气流角的单级环境中的转静子损失,如图 2.6[1]所示。计算结果表明,负荷增加超过传统设计值后,静子中的损失增加明显,且根部出现大的分离区;但若增大级反力度,静子的损失迅速下降,而转子由于不断有能量加入,它的承载能力高于静子叶片的承载能力,负荷增大后,转子的损失虽然有增加,但相比静子明显缓和很多,且没有表现出失速特征。因此可以通过增大级的反力度来减小静子负荷,将负荷转移到转子上。

从图 2.7 可以看到,负荷系数增大,转静子的 Dehaller 数会减小,从图 2.8 可以看到静子 Dehaller 数减小到 0.64,损失增加明显,若 Dehaller 数进一步降低到 0.6,

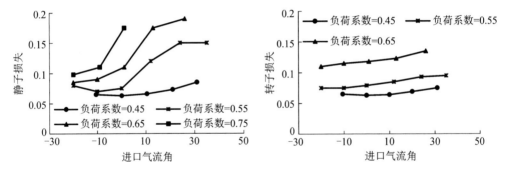

图 2.6　不同负荷系数下进口气流角对转静子损失的影响

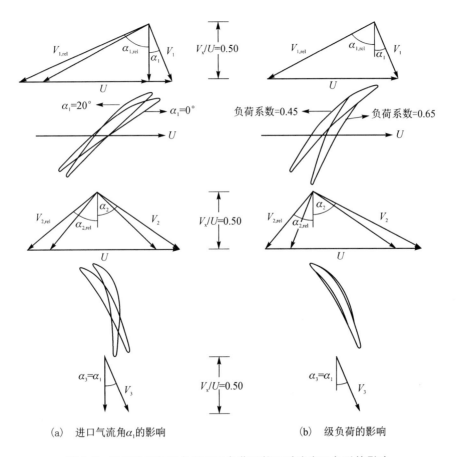

（a）　进口气流角 α_1 的影响　　　　（b）　级负荷的影响

图 2.7　不同进口气流角和不同负荷系数下对速度三角形的影响

就会导致大的角区分离,采用现有技术措施已经无法控制这个角区分离。从图 2.8 可以很容易理解,同一负荷下,减小进口气流角,静子 Dehaller 数会有所增大,会让静子的设计变得相对容易。虽然进口气流角减小后,转子的 Dehaller 数会降低,转子轮毂处也会出现角区分离,但是只要不低于 0.53,转子的损失并不像静子那样急剧增大。这主要是由于转子边界层受离心力的作用,分离区会转移到其他地方,使得吸力面边界层趋于稳态流动。

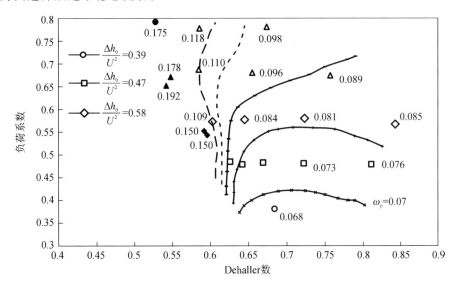

图 2.8　级负荷和 Dehaller 数对静子损失系数 ω_p 的影响

虽然采用高反力度技术避免了静子的大分离,提高了高负荷风扇、压气机的效率和裕度,但是,转子的进口马赫数增大会额外增加转子的激波损失。因此,即使在最优的进口气流角下,高负荷风扇、压气机的效率也不可避免地会比常规负荷压气机低。设计实践表明,负荷系数从 0.45 增大到 0.55,级效率下降 0.9%;若继续从 0.55 增大到 0.65,则级效率进一步下降 2.5%。Whittle 试验室测试了负荷系数 0.45 和 0.65 的单级压气机,效率降幅达 3.9%。

因此,高负荷压气机虽然通过增加级负荷来减少级数,以缩短压气机尺寸,减少零件数,减轻质量,但不可避免地会影响压气机部件的性能。设计者必须谨慎确定压气机负荷水平,一味地追求负荷高并不能带来很好的收益,甚至适得其反。

(3) 小展弦比设计技术

小展弦比的设计优点和缺点可归纳为以下几个方面:

优点:

- 减小了叶排内的扩散度或最大当量扩散角,因而减小了损失,更重要的是延迟了分离,为高负荷设计端振裕度的达标作出了决定性的贡献;
- 采用小展弦比设计有利于防颤,通常可以在风扇转子叶片上去掉凸肩,这会有效提升风扇的效率;
- 小展弦比可以减少叶片数,降低加工成本。

缺点:

- 小展弦比设计必然会增加单级的轴向长度,需要通过增加单级的负荷,减少级数才能弥补。
- 高的单级负荷对有些性能也有不利的影响,例如进口级负荷的提高会造成风扇抗畸变能力的下降。

(4) 弯掠设计技术

弯掠设计技术是近年来高速高负荷设计中最重要的技术,在几乎所有新的发动机中都可以看到弯掠设计的踪影。

弯掠设计的基本思想是通过调整各叶型截面在沿弦线方向和垂直于弦线方向的相互位置关系,改变通道内的激波结构、附面层的径向迁移以及间隙泄漏流动等,从而获得综合性能更好的风扇和压气机部件。

(5) 处理机匣设计技术

处理机匣改善性能的机理虽然也有多种说法,但有一点是相同的,即转子出口的经加功的高能流体通过处理机匣"回流"到转子进口,激励了此处的低能流体,"破坏"了激波与附面层的干涉和附面层的增长,延迟或减缓了分离;如果此处即为该转速的失速源,处理机匣即可延迟失速,改善该转速的喘振裕度。

处理机匣增加了质量,并通常会使高转速的效率降低,所以如果采用实壁机匣可以满足各转速对喘振裕度的要求,就没有必要采用处理机匣。

(6) 波浪壁设计技术

当叶片负荷高时,因来流马赫数较高和气流折转角大,叶片根部气流容易发生分离,采用流路波浪形设计技术可以有效降低峰值马赫数,降低根部的逆压梯度,减小根部分离的可能性。

(7) 先进设计工具

虽然气动负荷增大给设计带来了很多困难,但随着 CFD 技术的发展,设计人员通过数值模拟手段对压气机的内部流场有了更深刻的认识和理解,并逐渐改善传统设计理念,挖掘出新方法来获取更高增压比、更高效率和更宽工作范围,比如通过全三维反问题设计实现更精细的目标流场控制。

2.1.2 大涵道比风扇/增压级和高压压气机

大涵道比发动机是当前民用发动机普遍采用的构型,欧美国家的 GE、PW、RR、SAFRAN 等公司在大涵道比发动机技术上处于领先地位。

民用航空发动机为了追求经济性指标,即低的高空巡航耗油率,因此大涵道比发动机在发展历程中经历了几次大的变革,从表 2.3 所列的不同年代发动机总体参数来看,大涵道比发动机的涵道比越来越大,总增压比不断攀高,结果就是油耗逐步降低。

表 2.3　典型大涵道比涡扇发动机循环参数发展历程

取证时间	1977—1992 年	1993—2007 年	2008 年以后
典型发动机	RB211、PW4000、CFM56、V2500、PW2037、JT9D、CF6‑80C2/E1	Trent800、PW4084、GE90、Trent900、GP7200	GEnx、Trent1000、PW8000
涵道比	4～6	6～9	10～15
风扇压比	1.7	1.5～1.6	1.3～1.4
总增压比	25～30	38～45	40～50
巡航耗油率/$[kg \cdot (daN \cdot h)]^{-1}$	0.58～0.70	0.56～0.60	0.50～0.55

图 2.9 给出了大涵道比发动机总增压比发展趋势。总增压比由 20 世纪 80—90 年代的 25～30 逐步提高到目前的 50～60，GE 公司下一代民机发动机 GE9x 的总增压比将超过 60。

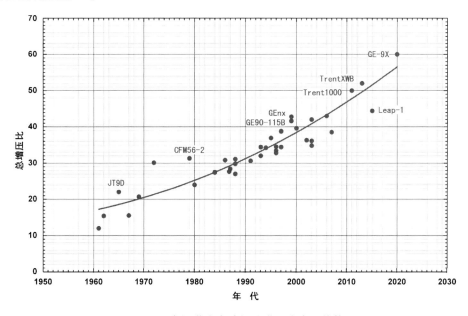

图 2.9　大涵道比发动机总增压比发展趋势

同时，通过发动机的最佳循环参数匹配，风扇部件的增压比逐步降低，选取的切线速度越来越低，使得发动机的噪声水平逐步下降，如图 2.10 所示。

为了实现大涵道比发动机总增压比提高的需求，高压压气机增压比也日趋提高，如 GE9x 压气机的增压比将达到 27。表 2.4 给出了若干民机发动机压气机的增压比和级数等基本参数。自 GE 公司 20 世纪 80 年代成功研制 E3 压气机以来，世界上较为先进的在研或在役的大涵道比涡扇发动机压气机的增压比均在 20 以上，级数为10 级左右。

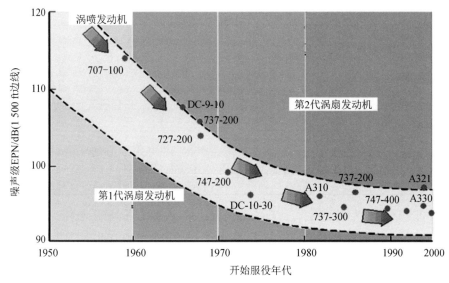

1 ft=0.304 8 m。

图 2.10　飞机发动机噪声水平对比

表 2.4　大涵道比发动机高压压气机主要参数

型　　别	研制单位	增压比	级　　数	平均级压比	年　　代
F101/F110/F118 CFM56 系列	GE	12	9	1.318	1960
PW4000 系列	PW	10	11	1.233	1980
GE90 系列	GE	23	10	1.368	1980
V2500	RR	16	10	1.320	1980
Leap - 1	GE	22	10	1.362	2000
Leap - X	GE	16	8	1.414	2000
E3E	RR	22	9	1.410	2000
GE9X	GE	27	11	1.349	2010

　　先进大涵道比发动机风扇/增压级部件的特点包括以下 3 个方面。一是较大的涵道比,目前先进发动机的涵道比已经达到 8～12 甚至更高的量级;二是更低的风扇增压比,或者说较低的切线速度,先进风扇部件的增压比目前在 1.3～1.5 的水平;三是较高的风扇效率,先进风扇的效率已达到外涵 0.92～0.93、内涵 0.90～0.91 的水平。

　　为了达到以上目标,先进大涵道比发动机风扇/增压级部件在气动、结构设计和材料应用上均采取了先进技术措施,包括小展弦比的宽弦设计、三维弯掠造型、复合材料风扇叶片、钛合金空心风扇叶片、圆弧榫头叶片等。例如 GE 公司的 GEnx 发动机风扇部件在气动设计上采用新一代三元流技术(见图 2.11),叶片数由 GE90 的

22 片减为 18 片,在结构设计上采用第 3 代复合材料,减轻了质量,该结构叶片在 B777 上经受过严格考验(10 年中更换过 3 次)。同时,为了减轻包容机匣质量,广泛应用复合材料风扇机匣替代金属机匣,如 GEnx 发动机风扇机匣采用复合材料条带编织结构形式,其包容性能、强度优于金属机匣,而质量大大减轻(比金属机匣轻 154 kg),并且复合材料机匣还有不易腐蚀、便于维护等优点。图 2.12 为 GEnx 风扇机匣包容结构设计。

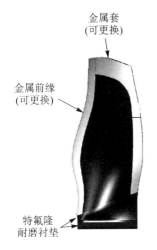

图 2.11　GEnx 风扇技术

图 2.12　GEnx 风扇机匣包容结构设计

风扇/增压级和高压压气机对大涵道比涡扇发动机性能有着重要影响的关键设计参数主要包括增压比、涵道比、流量、效率、噪声等。

从发动机的热力循环参数来看,评价航空发动机总体性能的主要指标参数就是推力和耗油率。推力和耗油率的计算公式如下:

推力:
$$F = m(V_e - V_0) + A_9(p_9 - p_0)$$

式中　m——发动机进气口质量流量;

　　　V_e——发动机尾喷口出口排气速度;

　　　V_0——发动机远前方自由流速度;

　　　A_9——发动机尾喷口出口面积;

　　　p_9——发动机尾喷口出口压力;

　　　p_0——发动机远前方自由流压力。

耗油率是热效率和推进效率的函数:

$$SFC \sim f\left(\frac{1}{\eta_{th} \times \eta_p}\right)$$

热效率:
$$\eta_{th} = 1 - \frac{1}{\left(1 + \dfrac{k-1}{2}Ma_0^2\right) \times (\pi_k)^K}$$

推进效率：
$$\eta_{\mathrm{p}} = \frac{2}{1 + \dfrac{V_{\mathrm{e}}}{V_{0}}}$$

式中　k——比热容比；

　　　Ma_0——发动机飞行马赫数；

　　　π_k——循环总增压比；

　　　K——$K = \dfrac{k-1}{k}$。

要想获得低的耗油率，需要提高发动机的热效率和推进效率。推进效率提高的方式就是要降低排气速度，当排气速度降低到接近飞行速度时，推进效率最高；而排气速度降低则意味着发动机的单位推力下降，因此为了保持推力，就需要增大进口空气流量。

大涵道比发动机就是要将大量空气压缩、膨胀到较低的排气速度以满足推进效率和总推力的综合要求。图 2.13 清晰地说明了发动机循环参数对发动机总性能的影响。从图中可以明显看出，发动机涵道比的增加是提高推进效率、降低耗油率的有效手段，因此大涵道比发动机不断地追求更高的涵道比和更大的流量。当前先进的大涵道比发动机其涵道比已经达到了 10 的量级，各大公司正在研制涵道比达到12～15 量级的发动机。

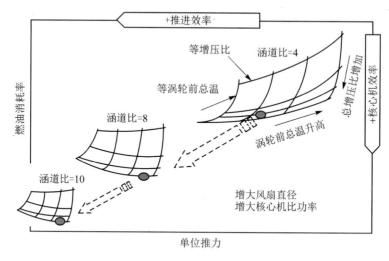

图 2.13　主要循环参数对发动机总性能的影响[3]

增大风扇进口流量势必带来风扇尺寸的增大，进而带来发动机进口尺寸的增大，导致安装损失增大、质量增大。为此，在风扇设计时，追求在同样尺寸下尽量增大流量，即单位迎风面积流量的不断增大[2]。

从发动机巡航耗油率考虑，总增压比增加，耗油率先降低后增高，存在最经济增压比。计算表明，在部件效率、风扇增压比和涡轮前温度不变时，总增压比从 20 增加到 30,巡航耗油率大约减少 7%。同时随着发动机总增压比的提高,核心机热效率明显提高(见图 2.14)。根据目前发动机的水平,总增压比还未达到最经济增压比,因此在能够满足发动机推力的情况下,为追求更高的经济性,民机发动机总是选择高的总增压比。

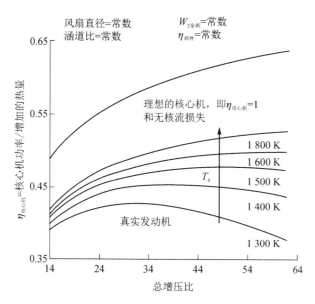

图 2.14　总增压比对核心机效率的影响

风扇效率对发动机的影响主要体现在耗油率上,其效率的高低也是其设计水平的重要标志之一。图 2.15 给出了 LEAP - X 采用第三代三维设计技术的风扇叶片,不仅使流量增大,效率提高,而且噪声水平也进一步降低。该风扇叶片的数量只有 18 片,直径 1.8 m,复合材料叶片采用三维编织树脂成型技术制造,进气边缘采用钛合金包边,18 个叶片总质量为 76 kg。

高压压气机和高压涡轮的性能对发动机性能影响的权重要高于低压部件,高压压气机效率每下降一个百分点,就会导致高压涡轮进口温度升高 10~20 ℃。

图 2.15　LEAP - X 复合弯掠风扇叶片[4]

风扇部件的噪声水平对发动机的噪声影响很大。图 2.16 给出了飞机在起飞和着陆阶段发动机各部件的噪声水平,可以看出,无论起飞还是着陆,风扇噪声都是发动机噪声的重要来源,因此噪声水平也是风扇设计的关键参数。为了降低噪声,GE 公司不但大量采用声衬,而且在气动设计上采取大量措施,包括进一步降低风扇转子叶尖切线速度,采用子午后倾、弯掠等三维造型的出口导叶设计。大涵道比发动机风扇的降噪技术已经成为发动机气动设计技术的一个重要组成部分。

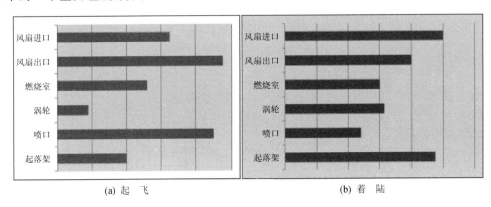

(a) 起 飞　　　　　　　　　　　　　　　(b) 着 陆

图 2.16　飞机噪声的主要来源[5]

大涵道比发动机风扇/压气机设计中需要考虑如下问题。

(1) 转速和转子叶尖切线速度

大涵道比风扇转子设计转速的选取主要取决于风扇/增压级内、外涵的负荷水平,同时兼顾降噪及发动机可靠性(抗外物损伤)等要求,是一个非常重要的设计参数。图 2.17 示出了国外几型现役发动机风扇转子叶尖切线速度和绝热效率之间的关系曲线。从图中可以看出,CFM56 - 5B/5C 风扇转子叶尖切线速度在 440～450 m/s,CFM56 - 7 在 400 m/s 左右。从民机的发展趋势来看,为降噪考虑,随着涵

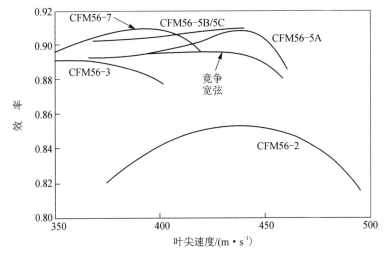

图 2.17　CFM56 系列风扇转子叶尖速度与效率关系曲线

道比的加大、外涵压比的降低、小展弦比无凸肩风扇转子掠型设计技术的采用,风扇转子的切线速度有降低的趋势,但转速的降低不利于低压涡轮的设计,需与涡轮设计进行协调。

高压压气机转子的叶尖切线速度水平,不仅影响着气动设计的性能参数,同时也受结构强度的制约。在选取高压压气机进口级转子叶尖切线速度时,应考虑其对(受)以下因素和性能参数的影响。

1) 对气动负荷的影响

在流量、增压比、级数一定的情况下,第一级转子叶尖切线速度决定了压气机的总体负荷水平,切线速度越低,负荷越重。

如图 2.18 所示,随着转子叶尖切线速度的降低,转静子的扩散因子均呈上升趋势,代表着该叶片排的负荷水平上升。负荷的提高,会使喘振裕度有一定的下降,而设计风险也相应提高。

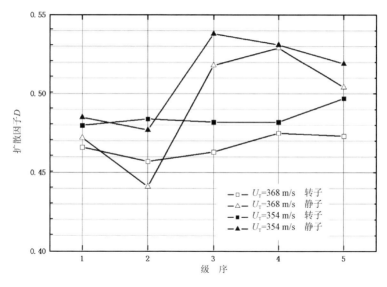

图 2.18　某压气机不同切线速度流场扩散因子对比

2) 对效率的影响

叶尖切线速度对压气机效率的影响是显而易见的,作为转子叶尖相对进口马赫数重要的速度分量,它决定了转子叶尖进口相对马赫数的大小,即决定了转子叶尖激波的有无和强度。一般意义上来说,进口马赫数越低,转子效率越容易做高,也较易得到较大的流量裕度。

3) 受结构强度的限制

叶尖切线速度高,会加大叶片表面应力、降低寿命,甚至因重大强度问题而导致事故的发生,因此强度因素在压气机气动设计中具有一票否决的权力。对于高压压气机而言,在换算转速条件下设计时应充分考虑发动机物理转速的限制。

对于现代民用大涵道比发动机,高压压气机可以选择较高的进口级转子叶尖切线速度,可以大于 400 m/s,甚至如 E3 发动机那样达到 450 m/s。

(2) 高压压气机进(出)口轮毂比

一般来说,高压压气机进口轮毂比选得比较大,不仅有利于降低根部负荷,也有利于高低压流路的转接,典型的高压压气机进口轮毂比一般在 0.7 左右,但也不乏采用较低进口轮毂比的案例,如美国 GE 公司的 E3 发动机高压压气机采取了 0.5 的进口轮毂比。提高轮毂比可以凭借较高的根部切线速度来降低根部负荷,但由此带来的叶根马赫数提高也会造成效率下降。E3 高压压气机采用 0.5 的进口轮毂比,其主要目的就是追求高的效率。因此在设计中轮毂比的选取需要在降低负荷和提高效率之间平衡利弊、优化选择。

出口轮毂比实际上确定了出口级的流路径向高度,由于受限于前面级流路的走势,出口轮毂比不是任意选择的参数,但要适当调整该参数以满足以下需求:

① 控制出口级根部负荷。与进口轮毂比相同,出口轮毂比越高,出口级叶片负荷越轻。

② 控制出口级叶片径向高度。不同于风扇的设计,由于高压压气机流量小,流路通道高度小,附面层在流路中占的比例较大,因此要尽量控制叶片高度,以避免叶片通道高度太小,使得附面层堵塞流路,降低效率,甚至对喘振裕度也产生负面影响。一般出口级的叶片高度控制在 20 mm 以上,但随着民机涵道比和高压压气机增压比的增大,高压压气机出口叶片高度已经很难控制在 20 mm 以上,因此,国外有资料显示,该参数可以放宽到 17 mm,甚至 14 mm。

③ 控制出口级转子的根部切线速度。随着发动机风扇/压气机系统总增压比的增大,高压压气机出口级作为压缩系统的出口级承受着很高的温度和压力,因此在气动设计时有必要考虑控制其根部切线速度,以保证转子、榫头和盘的强度寿命需求。

(3) 静子出口预旋的选取

静子出口预旋的选取,其实就是转静子间载荷的再分配,表现在流场参数上就是级的反力度。反力度代表转子叶片排用于压力势能转换的能量和整个级用于压力势能转换的能量的比值。反力度越大,则压气机级中转子叶片减速扩压任务越重,当反力度大到一定程度时,会导致转子效率的下降,从而导致级效率下降;反之,反力度越小,则压气机级中转子叶片的减速扩压任务逐渐转移给静子,反力度小到一定程度,会导致静子由于减速扩压任务艰巨而损失升高,同样会使级效率下降。

静子出口预旋的改变,直接影响着后面级的反力度变化,同时也影响着自身静子叶片排的负荷水平。

(4) 风扇/增压级流路

为减小风扇转子外径尺寸,风扇转子进口采用小轮毂比设计,轮毂比大致在 0.3,轮毂锥角在 22°～30°。采用大的轮毂锥角可以降低风扇转子根部负荷,但更重要的是可以提高后面增压级的外径,从而获得高的切线速度,降低增压级负荷。增压级第 1 级基本上为等外径设计,后面级尖部流路开始下压,以尽量减少与中介机匣的转接,这样做使后面级转、静子均处于倾斜安装状态,增大了设计难度,但这已是民机设计的普遍规律。

(5) 进气帽罩

帽罩型面的设计要有较好的防冰能力,并且利于将外物甩到外涵中。通常全锥形进气锥具有较好的防冰能力,但是砂石、雨水和碎冰等外物易于进入核心机,CFM56 - 3 出现过几次飞机遇到大雨造成空中停车事件,后经研究发现,如果前锥做成椭圆形,有利于将外物甩向外涵道。目前,这两种形式的前锥同时在现役民用发动机中存在。

(6) 风扇转子与分流环轴向间距

按照航空适航管理要求,发动机在获取适航证时,要进行吞水试验,吞水后要求发动机能够安全加速和减速,而加大风扇叶片与分流环轴向间距就是解决发动机吞水问题的主要措施之一。CFM56 - 3 型发动机曾出现过 4 次飞机着陆过程中遇到特大雨/雹使发动机丧失推力的事故,因此在 CFM56 - 3 之后发展的发动机,均加大了风扇叶片与分流环之间的距离,如 CFM56 - 7、GE90 - 115B、RB211 - 535E4 等,但二者间距的加大也增大了风扇/增压级部件的长度和质量,加大了摩擦损失,需综合权衡考虑。

(7) 风扇转子支承结构

风扇转子支承结构设计主要考虑支承风扇转子的载荷如何传递、如何避免零件失效带来严重的二次损伤等问题。随着发动机的研制水平和对发动机认识水平的不断提高,以及设计关注点的不同,风扇转子支撑的轴承布局将会有所变化。

解决以上关键问题涉及的主要技术有以下几点。

(1) 高压压气机的多级匹配技术

对于压气机设计而言,永恒不变的主题就是压气机的效率和喘振裕度。而实现压气机性能的技术都围绕着这两个主题展开,承载这些技术的主体一直是"叶型"和"叶片",一般来说脱离不了低损失/大攻角范围叶型的设计技术、叶片的三维弯掠设计技术和多级压气机的级间匹配设计技术。

压气机叶型设计和叶片三维优化设计技术的提高可以带来压气机性能的提升,但压气机设计技术发展到今天,叶型和叶片优化带来的性能收益在多级压气机设计中已不甚明显;对于多级高压压气机设计而言,最难且起到决定性作用的就是多级压气机的级间匹配技术。"多级匹配"一般认为是多级压气机设计的"老生常谈"但又不可规避的一项关键技术。

最理想的多级匹配就是各级压气机拥有几乎相同的"流量系数-压升系数"特性,在压气机的等转速特性线上,各级压气机在各自的特性线上同时由工作点随着压气机反压条件的变化同步运行到近喘点,这样就可以最大化地发挥各级压气机的性能和喘振裕度,使整台压气机达到某一个转速的性能最优。但是,这种最理想的匹配形式在现实中受种种因素的限制其实是难以实现的。

首先,由于多级压气机各级转子叶尖的换算切线速度从前至后逐渐下降,尤其对于跨声速压气机,前面级为跨声级,后面级为亚声级,这就导致多级压气机各级的"流量系数-压升系数"特性形状无法保持一致。在这种情况下,多级匹配设计其实就是通过流量连续原理,在设计点保持各排叶片(尤其是各级转子叶片)的流通能力相当,以保证各级叶片工作在流场设计要求的工作点上。

其次,多级压气机在设计工况的部分转速工作时存在前端后堵的工作特点,即由于压气机转速的下降,前面级工作点更接近于该级自身特性的喘点,而后面级工作点更接近于该级自身特性的堵点。往往由于这个原因,导致多级压气机在中低转速喘振裕度不足,甚至无法运行至设计工况,而随着压气机总压比的增大,这种前端后堵的趋势越来越严重。为了缓解这一现象,往往需要增强后面级的流通能力,即在设计工况使后面级工作在靠近喘点处,使前面级匹配在靠近堵点处。这样的选择,势必会牺牲设计转速的性能。

因此,压气机的多级匹配问题其实就是各项设计参数的折中平衡的过程,根据压气机性能需求的不同,折中平衡的目标就不同。

(2) "复合弯掠"风扇转子技术

三维掠型设计是 20 世纪 90 年代兴起的一项先进设计技术,经过几十年的发展,已趋于成熟,目前国外军、民用发动机设计中普遍采用三维弯掠设计,其优势不仅体现在好的气动性能上,同时还可降低噪声水平。如图 2.19 和图 2.20 所示,GE 公司的 GE90-115B 发动机掠型风扇具有世界级的流量和效率,同时掠型后风扇转子噪声降低 3 dB。

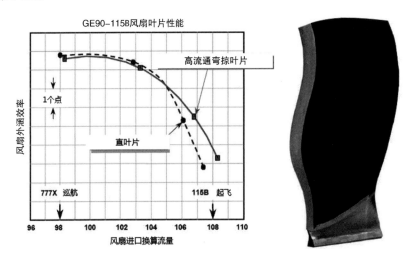

图 2.19　GE90-115B 高流通能力掠型风扇

三种风扇叶片的噪声验证

直叶片　　前掠　　　高流通
　　　　　叶片　　　掠型叶片

图 2.20　GE90 - 115B 声学试验

三维弯掠设计是民用大涵道比发动机研制必须掌握的一项关键技术,为满足国际民航组织 FAA 日益严格的噪声指标,目前大涵道比风扇转子的"弯掠"设计已不仅满足于获得高的气动性能,更多的是向低噪声设计方向发展。

(3) 宽弦叶片技术

大涵道比风扇转子叶片从 20 世纪 70—80 年代窄弦、带凸肩设计发展到目前宽弦、无凸肩、掠型设计,是风扇转子设计技术的一大进步,采用宽弦、无凸肩设计可避免凸肩所带来的气流损失,同时可提高风扇气动、声学性能及叶片抗外物损伤能力,是大涵道比发动机追求高效、低成本、低噪声发展的必然结果。

但去除凸肩增大了风扇转子叶片发生自激振动的风险。典型情况是颤振,颤振属于气动弹性范畴,为流体诱发的自激振动,与风扇的工作状态有关。颤振产生的机理复杂,预测难度较大,并且颤振带来的危害较大,国内外各大公司及研究机构均给予了足够的重视,进行过深入研究,积累了许多设计经验并制定了相关规范。

(4) 低噪声设计技术

随着国际民航机构对民机噪声辐射的限制越来越高,西方各大公司对降噪技术给予了更多的关注。风扇作为民用发动机的主要噪声源,其降噪的主要措施是从气动设计上控制风扇转子以及转、静子之间所产生的噪声;从结构设计上,采用先进的吸音声衬控制噪声向前、向后的传播。

(5) 空心叶片技术

随着风扇尺寸的不断增大,以及宽弦复合弯掠风扇叶片设计技术的大量采用,叶片的质量大幅度增加,这对轮盘的离心负荷、机匣的包容能力,以及发动机转子动力学等问题都带来了难以接受的影响。因此,以 RR 公司为代表的民用发动机公司,采用了空心叶片设计技术来减轻风扇叶片的质量,解决以上问题,如:RR 公司的TRENT1000,采用了扩散连接/超塑成型加工方法制造的空心叶片。

(6) 复合材料叶片技术

复合材料叶片具有比空心叶片更轻的质量、比传统钛合金空心叶片更高的强度。以 GE 公司为代表,在复合材料风扇叶片方面开展了大量的技术研究,并取得了商业上的成功。如 GE90 风扇叶片采用碳纤维复合材料,预浸料热压成型,以数百层经树脂浸渍的预浸纱布带从叶根向叶尖以渐薄方式进行铺放模压而成。为了改善风扇叶片前后缘的抗冲蚀能力,采用前后缘金属包边的形式,解决应用受限问题。

(7) 风扇转子支撑技术

低压转子跨距较长,风扇转子支承结构设计需提高转子纵向刚性,减少变形造成的转子与机匣碰磨,引起性能恶化,为此大涵道比发动机风扇转子一般支承在一个滚珠轴承和一个滚棒轴承的两个支点上。

风扇转子支承结构设计需采取措施防止风扇轴断裂后带叶片的风扇轮盘甩出发动机,为此紧靠风扇轮盘后端的 1 号支点采用滚珠轴承,2 号支点采用滚棒轴承,当传动轴折断后风扇轮盘会被滚珠轴承留在原位而不会甩出发动机,如 PW4000 发动机风扇转子支承结构(见图 2.21)。

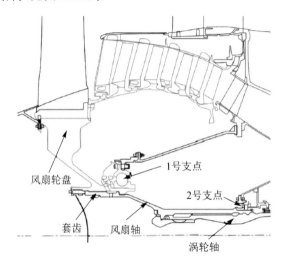

图 2.21　PW4000 风扇转子支承结构

对于大尺寸宽弦风扇叶片,由于其质量较重,当风扇叶片从叶根处断裂甩出时,对风扇转子会产生较大的不平衡力和力矩。为减少对发动机产生的不利影响,1 号支点采用滚棒轴承,以提高轴承的径向承载能力,如 GE90 - 115B 发动机的风扇支承结构(见图 2.22)。[1]

另外,在进行风扇转子支承结构设计时,需避免 1 号轴承工作不正常时将所产生的热量传给风扇轴,使风扇轴失去足够的强度而折断,可以将 1 号轴承不直接装在传扭的风扇轴上,而是装在风扇盘后轴的末端,传扭的套齿在其前面,如 PW4000 发动机风扇转子支承结构;也可将轴承套在风扇轴上,但轴承内环内径与风扇轴外径间加装一个供油衬套,滑油喷嘴对供油衬套供油,滑油流入衬套后经过径向小孔流入轴承内环,进行环下供油,阻挡因轴承不正常工作时向风扇轴传送过多热量,如 CFM56 - 5B 风扇支承结构(见图 2.23)。[1]

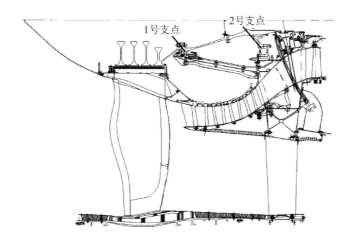

图 2.22　GE90 - 115B 风扇支承结构

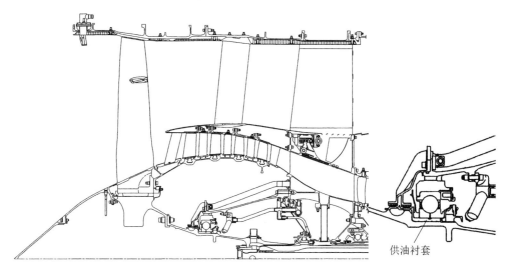

图 2.23　CFM56 - 5B 风扇支承结构

2.1.3　变循环压缩系统

变循环发动机(Variable Cycle Engines)是指通过改变发动机某些部件的几何形状、位置来改变发动机热力循环以达到提高不同飞行状态下燃气涡轮发动机综合性能的目的。自适应发动机(Adaptive Cycle Engine)是变循环发动机的发展和延伸。发动机根据飞机不同任务需求,采用自适应控制技术改变多个可调几何机构位置,自动改变风扇、核心机流量和增压比,从而达到包线内飞机不同速度、高度点的发动机综合性能最优。和常规循环发动机相比,变循环发动机压缩系统具有布局形式多变、涵道增加匹配关系更为复杂、流量和增压比宽范围调节等新的特点。

国外自适应/变循环发动机的研制从 20 世纪 60 年代开始,各大发动机公司都不同程度地投入了研发力量,开展了相关的工作,至今已经研制了至少十几种类型的变循环发动机,如 PW 公司的变流路控制发动机、RR 公司的可选择放气变循环发动机以及欧洲航空公司的同心发动机(CE)和串列式风扇发动机(TDF)。其中,GE 公司是在变循环发动机方面投入力量最大、研制时间最长的一家公司,其变循环发动机的概念几经演变,最终确立了双外涵变循环发动机的研制发展路线,并在此基础上,通过 YJ101、GE21 等验证平台的不断积累,最终形成了 F120 发动机的研制,完成了整机地面验证和飞行验证,达到了良好的性能水平并积累了宝贵的研制经验[7]。

自适应发动机的概念源于美国[8]。2007 年,美国空军选择 GE 和 RR 公司开始了自适应多用途发动机技术(ADVENT)的研究,目标是要证实高增压比核心机和自适应风扇、可变涵道、低压系统技术能提高作战飞机发动机燃油效率达 25%。2013 年,GE 公司完成了 ADVENT 计划发动机的核心机试验,2014 年 12 月完成了自适应循环发动机的整机试验。作为 ADVENT 的延续,2013 年,美国空军联合 GE 和 PW 公司启动了为期 4 年的自适应循环发动机技术研究(AETD)项目,重点是为超声速战斗机提供动力,目标是节油 25%,增加航程 30%。

2016 年 6 月 30 日美国空军寿命循环管理中心推进部向美国 GE 公司和 PW 公司同时授予"自适应发动机转化项目"(AETP)合同,其中 GE 公司 9.195 亿美元,PW 公司 8.732 亿美元,合同均为成本加奖励的形式(最高额度可达 10.1 亿美元),用于设计、研发和试验下一代自适应循环发动机原型机(指技术发展阶段的雏型),并为 2020 年后开展工程研制项目竞争做好准备。

AETP 是"自适应发动机技术发展"(AETD)项目的后续,项目将发展用于美国空、海军第六代战斗机的 200 kN 级自适应发动机,同时也可用于 F-35 战斗机的中期换发选项,标志着自适应发动机技术从研究阶段正式转入工程发展阶段。该项目为期 5 年,计划到 2021 年完成发动机的试车[9]。

涵道比是变循环压缩系统对发动机性能最为关键的影响参数,各种类型的变循环压缩系统布局的探索,目的都在于根据发动机工作的需要来调整涵道比。

典型的双涵道变循环发动机工作原理如图 2.24 所示[10],它是以核心机驱动风扇(CDFS)级为核心,配合一系列选择阀门来实现发动机涵道比的变化:在单涵道模式下,获得较高的单位推力;在双涵道模式下,获得较低的单位耗油率。

变循环发动机风扇/压气机设计中需要考虑如下问题。

(1) 变循环压缩系统布局方案

由于目前自适应变循环压缩系统的布局形式多种多样,不同布局形式的设计难度和性能特点不同,对发动机整机构型的影响重大,因此压缩系统布局的选择尤为重要。

自适应发动机压缩系统从结构上看具有三涵道或三外涵特征,目前可见的主要自适应压气机的布局形式有三种。

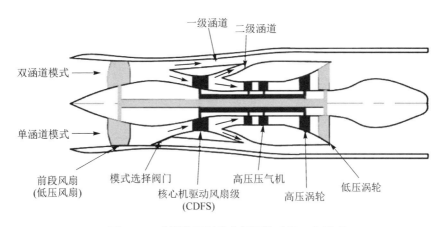

图 2.24　典型的双涵道变循环发动机工作原理

第一种布局：三涵道风扇＋核心机驱动风扇级（CDFS）＋高压压气机（HPC）布局。代表样机为 GE 公司的 Advent 发动机。

Advent 发动机模型如图 2.25 所示[11]，其压缩系统由两级自适应风扇、核心驱动风扇和高压压气机组成，由于该自适应风扇由两级分别带进出口静子的单级风扇组成，故将其称为串列风扇特征的自适应风扇。压缩系统流路如图 2.26 所示。

图 2.25　Advent 发动机

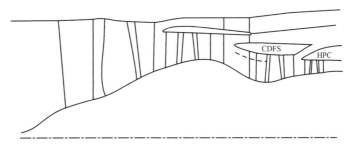

图 2.26　串列风扇特征的自适应压缩系统流路

自适应风扇各级进出口均有一排叶片,如果各级静子叶片有一排可调,则既可重新调整两级风扇的负荷分配,从而改变风扇的总增压比,又可起到调节涵道比的作用。如需实现更大范围的涵道比调节,可在第三外涵进口设置模式选择结构来实现。

　　从尾喷管结构模型看,第三外涵的冷气流围绕着流经涡轮的高温气流,在尾喷管几何喉道后与高温气流掺混,有效降低排气温度,起到抑制红外信号的作用,提高隐身性能,同时将气流排出发动机而产生推力。

　　总的来看,Advent 发动机布局形式具有三外涵道特征,实现红外隐身、可变涵道比和变风扇增压比的能力,但由于第一级风扇需要承受或实现较宽的流量调节范围,才能具备消除进气道溢流阻力的能力,因此需要解决在全包线内获得较优的安装性能的难题。

　　第二种布局:Flade 风扇＋CDFS＋HPC 布局。

　　Flade(Fan on Blade)意为叶尖风扇,其结构形式为叶尖风扇通过一圈叶环与主风扇刚性连接。2003—2005 年期间,GE 公司申请了大量 Flade 风扇的专利,图 2.27 给出具有 Flade 特性自适应发动机的基本布局形式,在其他专利中还有许多衍生型。图 2.28 为一种具有 Flade 特性的自适应压缩系统流路,由两级自适应风扇、核心驱动风扇和高压压气机组成。

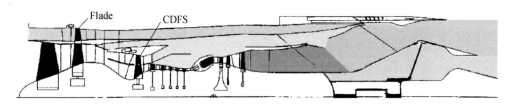

图 2.27　具有 Flade 特性自适应发动机的基本布局形式

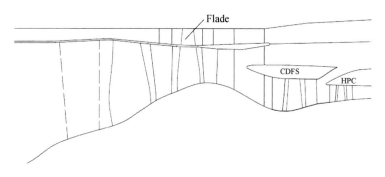

图 2.28　具有 Flade 特性的自适应压缩系统流路

　　Flade 风扇外涵流量调节方式可以采用可调叶片或涵道出口可调面积喷管。流量调节范围受转子转速和第三外涵气流用途的限制,第三外涵不能完全关闭,允许的最小流量和压力与第三外涵气流是否用于冷却、红外隐身以及内涵掺混有关。

　　Flade 风扇涵道气流可有多种排出途径。第一种是分排模式,气流经过 Flade 风扇增压后直接排入大气产生推力;第二种是外混排模式,在第三外涵出口设置涵道引射器使气流与内涵掺混,降低内涵气流外围的红外信号(与掺混位置有关);第三种是内混排模式,气流经过 Flade 风扇增压后,通过涡轮后支板流入发动机内涵尾椎,在内部高速喷出并与内涵混合,减小红外信号。若追求隐身性的要求,同时采取后两种模式是比较理想的选择。

总的来看,Flade 风扇自适应布局形式具有三外涵特征、较好的红外隐身、可变涵道比和第三外涵宽广的流量调节能力,但由于 Flade 风扇位于主风扇外侧,尺寸较大,会带来严重的强度问题和气动损失;同时,由于 Flade 风扇涵道气流排出模式的差异,在有些情况下可能只会产生很小的推力,主要还是实现涵道比的调节、消除溢流阻力和抑制红外信号;对军用战斗机而言,Flade 风扇经常作为负担而存在,因此,需综合考虑全飞行包线内的收益和代价来选择 Flade 风扇的布局形式。图 2.29 所示为专利中的 Flade 风扇转子。

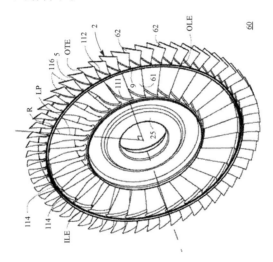

图 2.29 专利中的 Flade 风扇转子[12]

第三种布局:三涵道风扇+HPC 布局。代表样机为目前 GE 公司官方网站宣传片给出的自适应发动机布局。该宣传片中的自适应发动机由三级风扇、七级高压压气机、两级高压涡轮和两级低压涡轮组成,需要注意的是,没有出现其他资料中提到的核心机驱动风扇(CDFS),涡轮级数多说明压气机负荷很重,如图 2.30 和图 2.31所示。

图 2.32 为根据上述宣传片整理的自适应压缩系统流路,主要特点是第三级风扇转静子均放置于下压流路,三个涵道的分流分别在二级静子后和三级转子后完成,三级风扇与下游中介机匣的过渡非常紧凑,分流环已延伸到第三级静子。该布局形式与常规涡扇发动机相比,仅增加了一个外涵,布局非常简洁。在如此紧凑的结构布局下还无法确定如何实现外涵道和中涵道流量的调节。

图 2.30　三级风扇部件

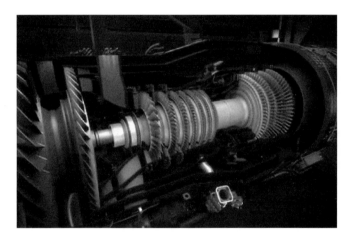

图 2.31　自适应发动机核心机和分流结构

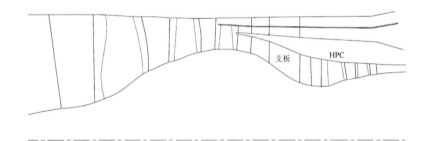

图 2.32　自适应压缩系统流路

(2) 自适应风扇多模式工作问题

自适应风扇是自适应发动机实现自适应循环功能的核心部件,其相对传统的变循环风扇有着更大的设计难度。首先,由于增加了可以调节流量的第三涵道,其结构和流路更加复杂,工作模式多;其次,在不同的工作模式变换过程中各级风扇的工作状态变化大,需要兼顾各个工作状态下的流量和压比指标,在设计过程中需要细致、周全地考虑。

(3) 核心机驱动风扇(CDFS)宽流量调节及多工况优化设计问题

对于 CDFS 来说,由于具有调整核心机流量以满足整机涵道比变化的要求,因此其流量的调节范围必将大幅变化,远远超过常规风扇的流量变化范围,因此给其设计带来了巨大的挑战。

从气动设计的角度来讲,CDFS 设计时只针对某一状态,而当其进口流量大幅度变化时,进口轴向速度必然发生大幅变化;而当转速相对变化较小时,其进口攻角必然发生较大变化。尤其是当 CDFS 流量主要靠进口导向器来调整时,其预旋沿径向的分布在叶尖区域和叶根区域会产生相反的变化趋势,给设计带来了更大的技术难度。CDFS 要在流量大范围调节的情况下,保持足够的稳定裕度和较高的效率,是设计时需要考虑的重要问题。

(4) 核心机驱动风扇(CDFS)与压气机之间的匹配问题

由于 CDFS 和压气机之间保持了同一物理转速,两者之间的距离又较为接近,CDFS 出口的流场品质直接影响压气机的进口流场品质,使得两者之间的气动耦合程度远远高于常规的风扇和压气机之间相互影响的程度,尤其是在为了有效地缩短压气机长度而取消其进口导向器的情况下,CDFS 和压气机之间的耦合就更为强烈,进一步加大了其设计难度,需要在设计阶段就把二者作为统一的部件开展设计。

解决以上关键问题涉及的主要技术有以下几点。

(1) 全展向超声 Flade 设计技术

通流分析表明,设计点处在转子全展向超声临界点,且静子根部绝对马赫数超声,从而导致效率较低且设计转速高效率区间非常小。因此,如何进一步降低叶根的相对马赫数和改善效率是 Flade 风扇需要重点解决的关键技术。

(2) Flade 结构强度设计技术

Flade 的结构为非常规结构,其切线速度很大,直径也很大,这对强度和振动将带来很大的挑战。

(3) 适应自适应发动机需求的高负荷、高效率、宽调节范围压气机设计技术

自适应发动机对各部件的需求尚难明确,但对高负荷、高效率、宽调节的需求很强烈,是目前压气机设计技术发展的重点方向。

(4) 压缩系统的一体化设计技术

压缩系统包括风扇、CDFS、压气机、中介机匣、涵道引射器等,多状态各部件间的相互影响需明确,在部件设计中应权衡考虑,追求整体性能的最优化。

2.1.4 升力风扇

随着对作战飞机战术和战略要求的不断提高,希望作战飞机能兼具固定翼和旋翼飞机的优点,既有较强的攻击能力,同时又具有短距起飞/垂直降落(Short Takeoff and Vertical Landing,STOVL)的能力,各国航空研究中心已开始进行短距起飞/垂直降落战机的研究。

第一架短距垂直短矩起飞/垂直降落的飞机是 ATV,采用美国 J44 发动机改型而来的转喷口涡喷发动机。后经过 50 多年的研究,又出现了一系列的 STOVL 飞机。其中发动机如英国的"飞马"、RB191 和苏联 P27、P79 转喷口(推力转向)发动机,英国 RB162 和苏联 РД36(雅克 36)升力发动机,以及苏联的 РД41 推力换向升力发动机。这些飞机均是采用矢量喷管,利用其向下喷射产生的升力,但其在满载时只能实现短距起飞,不是真正的垂直起飞飞机。

为了能够实现垂直起飞/降落,各国最初提出 4 套垂直起降飞机方案,其中轴传动升力风扇发动机的方案最被看好,波音公司和洛克希德·马丁公司交付的为美国海军陆战队设计的短距垂直起飞/降落飞机的试验结果也证明了这一点,其构型如图 2.33 所示。

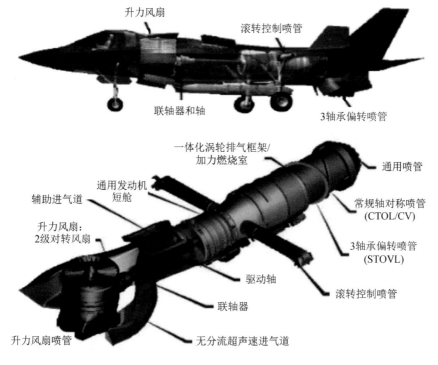

图 2.33 F-35B 飞机及某型升力风扇

RR 公司设计的轴传动升力风扇又被称作双风扇动力系统,包括升力风扇、驱动轴、轻质离合器和斜齿轮箱、滚转姿态控制喷管、可转动的发动机矢量推力尾喷管、蛤壳式尾喷管舱门。该升力风扇从发动机驱动轴中提取了约 21.6 MW 的功率,产生 9 000 kgf(1 kgf=9.8 N)的升力,几乎占飞机所需总升力的一半,比单独发动机产生的升力多出 918 kgf。

F-35B 是目前国际上最先进的具有大作战半径、高性能、大载弹量和操作简单的短距垂直起飞/降落的第五代战斗机,其完美的平稳垂直起降主要依靠升力风扇、尾喷管和机翼根部两个滚转喷管的相互作用来完成,其中升力风扇所提供的升力为总升力的 50%左右,尾喷管产生的升力大约为 40%,滚动喷管产生 9%的升力。

飞机在垂直起降时,升力风扇传动轴与主发动机的低压轴相连接,升力风扇进、出口打开,升力风扇进口导叶关闭,减小流量,主发动机通过调节尾喷管喉道、外涵出口和低压涡轮导向器喉部面积,平衡高低压涡轮的功率分配,从而带动升力风扇做功,升力风扇进口导叶按调节规律进行调整,主发动机的尾喷管偏转为向下 90°。升力风扇在与传动轴连接后,通过对转齿轮箱将转速从 0 逐渐升至所需的转速,产生足够的升力,同时通过两侧机翼下方的滚转控制喷管调整飞机的平衡和姿态,完成起飞动作。

飞机在悬停模式时,升力风扇与尾喷管提供全机所需升力。进入转换飞行模式后,升力风扇逐渐卸载,转速逐渐减小;尾喷管逐渐从向下的 90°转为水平方向,这一过程中尾喷管提供向上和向前的分力来平衡重力和全机阻力。随着飞行速度的增大,尾喷管拉力的向上分量减小,但前向分量始终增大,升力风扇完全停转卸载后,升力风扇进出口关闭,飞机进入常规的巡航模式。

因此,对于飞机垂直起降稳定性要求,需要选取 3 种飞行模式下 4 个平衡状态点,分别为悬停、转换模式初期、转换模式末期和常规巡航模式。

与以往发动机对压缩部件提出流量、压比、效率、裕度等性能指标要求不同,短距垂直起降发动机对升力风扇单元体提出的性能指标是功率和升力,即升力风扇在一定提取功率下产生所需的升力,再由部件将总体指标进一步分解为常规的流量、压比、效率指标。图 2.34 给出某型升力风扇在给定功率提取条件下,流量-压比、升力关系曲线。

升力风扇设计中需要考虑如下问题。

(1) 升力风扇进口设计

如图 2.35 所示,升力风扇的进气门有多种形式。F-35B 早期的试验研究中,设计人员主要关注的是升力风扇进口转子叶片的高应力疲劳问题,进气门选择了对开式。但在试验过程中对开式门出现了不良的工作状态,因此洛克西德·马丁公司重新设计了带尾部铰链的升力风扇进气门,解决了高周疲劳问题,并保证了高的失速裕度。

由此可见,合理的升力风扇进气门设计能够减小进口畸变,提高升力风扇的裕

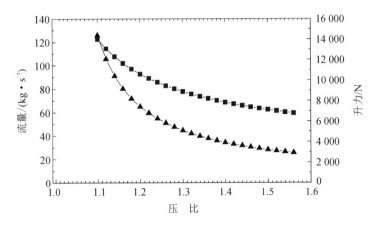

图 2.34　给定功率情况下升力风扇的流量-压比、升力关系曲线

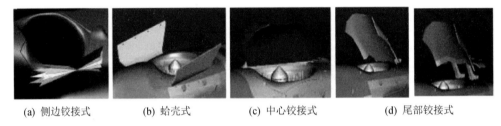

(a) 侧边铰接式　　　(b) 蛤壳式　　　(c) 中心铰接式　　　(d) 尾部铰接式

图 2.35　进气门各种打开方式[13]

度。图 2.36 给出了 F-35B 从对开式门改为尾部铰链式门的总压分布对比,可见修改后总压分布更加均匀。由于升力风扇安装在飞机驾驶员座舱后,其后又有辅助进气结构,进气门在向前飞行时进口流场受到多方面条件的影响,在设计前期的 CFD 计算建模中,也需要加入座舱的几何结构进行计算。目前比较有效的试验方法是流管测试法,这种方法可以更加准确地模拟向前飞行时,进口蛤式门打开不同角度对升

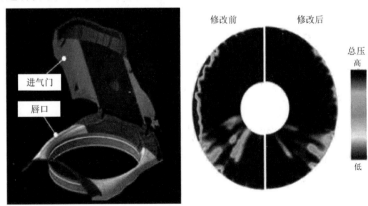

图 2.36　F-35B 进气门及唇口修改前后计算获得进口总压分布对比

力风扇进口的影响。

(2) 对转风扇设计

F-35B 飞机升力风扇主要是由进口导流叶片和两级对转风扇组成的,如图 2.37 所示。两级对转风扇设计可以最大限度地抵消转子的陀螺力矩,无须增加其他削减力矩的部件结构。

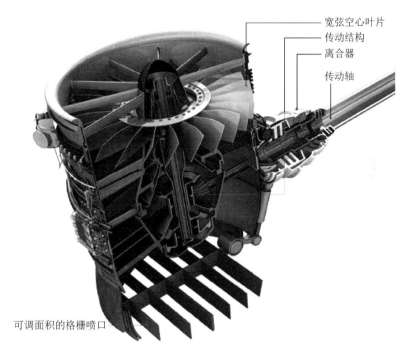

图 2.37 F-35B 飞机升力风扇剖视图

对转风扇的第一级转子采用整体叶盘结构,叶片为空心叶片,两级转子后均带有静子,通过第一级静子的调节,使不同的工况下第二级转子进口攻角接近设计状态,从而保证风扇稳定工作。第一级静子的存在,也降低了第二级转子的进口马赫数,从而减弱了激波强度和向前传递的激振力,提高了前排转子的可靠性。出口静子则起到了传递支撑力的作用,并且可以将出口气流方向变为轴向,降低喷管的流动损失。

(3) 盒式喷管设计

喷管是升力风扇的重要组成部分,其作用是使经过升力风扇增压后的气流进一步加速产生推力,并且通过调节机构实现在一定角度范围内自由调节矢量推力。

F135 发动机早期升力风扇排气系统采用的是 D 型可伸缩矢量喷管(见图 2.38(a))。该型喷管最初在 1994—1995 年间就进行了全尺寸验证试验。该型喷管通过两侧壁面伸缩量的不同来调节喷管出口的方向,从而实现推力矢量的调节。虽然 D 型可伸缩矢量喷管的矢量特性好,但是质量过大。

为了充分减重,第二代升力风扇喷管最终采用了可调面积叶栅盒式喷管(Variable-Area Vane-Box Nozzle,VAVBN),如图 2.38(b)所示。其中升力风扇的出口需要经过一段圆转方过渡段与横截面为矩形的 VAVBN 连接,并且在 VAVBN 中通过调节叶栅的角度,来实现矢量推力。与 D 型可伸缩矢量喷管相比,虽然 VAVBN 损失了一些升力矢量特性,但可以充分减重,而且 VAVBN 也能通过独立受控叶栅来调整升力风扇出口截面面积,能在短时间内实现最大 64°的气流矢量角的调节。配合机身腹部升力风扇出口活门开度,还可以实现左右各 10°的推力矢量。

(a) D 型可伸缩矢量喷管   (b) 可调面积叶栅盒式喷管

图 2.38　升力风扇矢量喷管

(4) 驱动系统设计

升力风扇本身没有动力来源,需要通过传动轴和离合器与主发动机相连接来获得动力。进入垂直起降模式时,离合器接通,主发动机输出(近一半的功)的动力带动升力风扇转动,退出垂直起降模式时离合器断开。设计上,传动轴既要轻,又要有足够的刚性来传递动力,这本身就是挑战;而且还要考虑到安装容差、部件的热胀冷缩等对转动轴尺寸的影响。

离合器也有很多设计难点,如:采用了摩擦片材料的干式离合器,传送功率巨大,在 3~7 s 的啮合过程中,要产生约 13 000 kJ 的热量,由此带来的冷却问题对传热设计要求十分苛刻。

解决以上关键问题涉及的主要技术有以下几点。

(1) 低总压畸变度、低总压损失进气门仿真技术

升力风扇垂直安装于机身内,进气方向与飞行方向垂直,因此气流必须经过约90°偏转后才能进入升力风扇系统。大的气流偏转会导致升力风扇系统面临严重的进气畸变问题,而大的进气畸变会造成进气部分总压的损失,这样在主发动机提供的输出功率一定的情况下,升力风扇系统产生的升力就会不足;或者在总体要求的升力指标下,需要主发动机提供更大的输出功率,给主发动机造成额外的负担。另外,对转风扇和排气系统已经占用了大部分空间,给进气门设计所留空间十分有限。因此需要对升力风扇低总压畸变度、低总压损失进气门设计技术进行深入研究,以获得进气流场、总压损失满足要求的进气系统。

(2) 对转升力风扇技术

升力风扇采用两级对转构型,受驱动齿轮箱限制,设计中要严格控制前后两级风扇的功率分配。在总驱动功率不变的情况下,综合尺寸空间限制、重量等需求,平衡前后风扇的功率分配。

(3) 低流量变化范围可调面积盒式喷管技术

可调面积盒式喷管的气动性能影响升力风扇系统的工作点,进而影响整个短垂系统的升力平衡。其重量在飞机平飞状态时成为飞机的"死重",应在满足其功能的前提下最大限度地减轻重量。另外,盒式喷管还要满足对气流的矢量调节要求。因此对低流量变化范围可调面积盒式喷管开展研究,掌握其设计及试验技术,对短垂系统的研制具有重要的意义。

2.2　叶片技术

风扇/压气机的功用就是在低流阻损失情况下对所流过的气流加功以提高其压力,而常规的风扇/压气机的功用是靠叶片来完成的,所以,在风扇/压气机向着高压、高速、高效、高稳定性方向发展的历程中,发展了大量先进的叶片设计技术。一方面是先进叶片气动设计技术,提高单排叶片的加功能力(气动负荷),降低损失(气动效率),包括宽弦叶片、弯掠叶片、大小叶片和吸附叶片等;另一方面是先进叶片结构设计技术,包括空心叶片和复合材料叶片等。

本节重点阐述以上提及的先进叶片气动设计和结构设计关键技术的发展与应用前景。

2.2.1　宽弦叶片技术

在风扇/压气机的设计历程中,对展弦比的认识大致经历了大展弦比、中展弦比、小展弦比的过程。20 世纪 50 年代压气机大多采用大展弦比,典型代表为 J79 发动机的压气机,展弦比为 4.0～5.0。至 60 年代,为减轻质量、提高发动机的推重比,压气机仍采用大展弦比设计,但设计没有得到预期效果,并且付出了叶片数量增加、可靠性降低、生产成本高的代价。从 70—80 年代开始,风扇/压气机设计回到中等展弦比,甚至小展弦比的设计思路,并取得了较好的效果。

50 年代压气机的级压比很低,气动负荷不大,可采用大展弦比气动设计;到了 60 年代压气机的级压比相对提高,仍采用大展弦比设计,便遇到喘振裕度不足的问题,导致了美国 4 个研究计划失败,其间使用了几十台试验压气机,前后经历了大约

10 年时间。美国各大航空发动机公司在这段时间处于束手无策的困境中,压气机设计处于低谷状态。与此相反,苏联图曼斯基设计局的发展完全独立于美国 NASA 的早期研究,走自己的路,在压气机设计中采用平均展弦比大约 1.5 的设计,设计了增压比 8.9、级数为 6 级的压气机,在当时该设计领先于其他国家。但苏联其他发动机设计局,在 50—60 年代曾仿效美国人的做法,结果吃了大亏。

从 ДD33 四级风扇(压比 3.2)和 AЛ-31Φ 四级风扇(压比 3.5)设计仍可看到大展弦比设计的影子,为了达到满意的设计目标,ДD33 风扇和 AЛ-31Φ 风扇不得不以四级而不是三级作为代价,如图 2.39、图 2.40 所示。为了解决大展弦比叶片的颤振问题,AЛ-31Φ 风扇前三级转子叶片均采用了防振凸肩。在起飞过程中,该风扇叶片因弦长小、叶片薄,出现了叶片易被外物打伤,返修率高等问题。

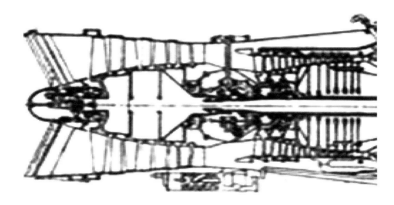

图 2.39　ДD33 四级风扇

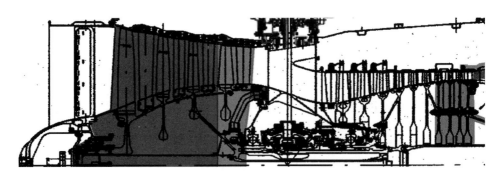

图 2.40　AЛ-31Φ 四级风扇

1970 年前后,美国开始针对压气机稳定裕度小的问题,进行了新一轮的研究,设计方向由大展弦比转向中等或小展弦比。

现代高负荷风扇/压气机设计,均采用小展弦比设计,如 EJ200、F135、F136、F119、Tech56。为了避免风扇/压气机长度过长、质量过重,静子叶片展弦比大于转子叶片展弦比。风扇转子叶片的小展弦比设计还易于实施空心叶片的结构设计。

JT60 压气机叶片和现代高负荷风扇/压气机比较如图 2.41 所示。

(a) JT60 压气机叶片　　　　　　(b) 现代高负荷风扇/压气机叶片

图 2.41　JT60 压气机叶片和现代高负荷风扇/压气机叶片比较

小展弦比设计的扩稳原理本质上是通过减小叶片排的扩散角,提高叶片排的承载能力,使其具备高效、高稳定裕度的特点。

至今,小展弦比设计已得到了业内人士的认可,成为风扇/压气机气动设计的历史性结论。AL–31Φ 发动机深度改进至 AL–31Φ–M3–1 型时,四级风扇改成三级宽弦无凸肩风扇,增压比从 3.5 提高到 4.2。至 AL–31Φ–M3–2 型时,9 级高压改成 6 级,成为具有四代发动机特征的高性能发动机。

采用中等的展弦比设计 F404 三级风扇,用于推重比 8 一级的发动机,增压比在 3.8 左右,切线速度在 472 m/s 左右。发展到 F414 时,切线速度提高到 518 m/s,加宽了弦长,增压比提高了 15%,效率提高了 3 个百分点,裕度保持在 20%～30% 之间。

事实上,最早发现叶片展弦比对压气机气动性能影响的是俄罗斯。早在 1946 年,苏联茹可夫斯基(Zhukovsky)中央流体力学研究院的 A. V. Stefanovsky,在压气机历史上第一次做了有关叶片展弦比对压气机气动性能影响的试验研究,得出非常重要的结论,试验结果如图 2.42 所示。

图 2.42 中横坐标为流量系数 ϕ,纵坐标为绝热效率 η 和压升系数 ψ。由图可见,在稠度不变的条件下,随着叶片数从 60 减少到 20,展弦比减小,失速点增压比提高,失速点流量减小,失速裕度得到大幅改善。1955 年 A. N. Sherstuk 在俄文版的书中,提到了这个试验结果,但当时没有得到业内足够重视。16 年之后,1971 年 Wright–Pattern 才把它翻译成英文,试验结果公布于世。

Wennerstrom 指出,直到 20 世纪 70 年代中期才真正认识到小展弦比的优势,同时他指出现代风扇/压气机的展弦比为 0.6～2.4。叶片展弦比随年代的变化趋势如图 2.43 所示,注意该图只统计到 1985 年,1985 年后展弦比仍有下降的趋势。

1980 年左右,NASA 同时与 GE 和 WP 公司签订了研究展弦比对压气机效率影

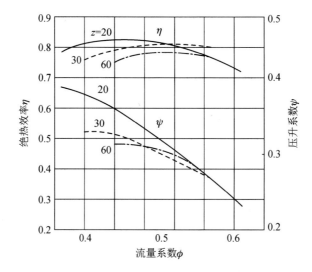

图 2.42　叶片展弦比对压气机气动性能的影响[14]

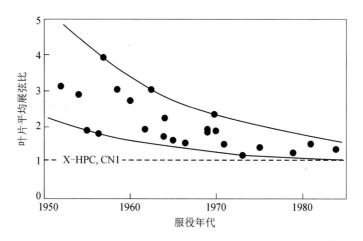

图 2.43　叶片平均展弦比随年代的变化趋势(1985 年以前)[15]

响的合同,Melvin J. Hartmann 于 1983 年发表研究结果。图 2.44 展示了叶片展弦比对单级压气机性能影响的试验结果,实线表示叶片展弦比为 0.81,虚线表示叶片展弦比为 1.22。研究表明,小展弦比使压气机喘振裕度大幅度提高,效率持平。

　　Wennestrom 推荐现代风扇/压气机叶片的展弦比在 0.6~2.4 之间,其大小视气动负荷高低而定。高负荷风扇/压气机趋于采用较小的展弦比,为了减轻多级高负荷风扇的质量,风扇/压气机的长度不至于过长,静子叶片展弦比取得比转子叶片大一点。为了减轻质量,同时还易于实施空心风扇叶片结构设计,现代风扇第一级转子叶片展弦比常在 1.0~1.5 之间,极高负荷风扇转子叶片展弦比小于 1.0。压气机前几级展弦比一般大于后面级,后面级转子叶片展弦比均在 1.0 左右。正如前面已经分析过的,小展弦比提高喘振裕度的机理是叶片槽道当量扩散角的减小。

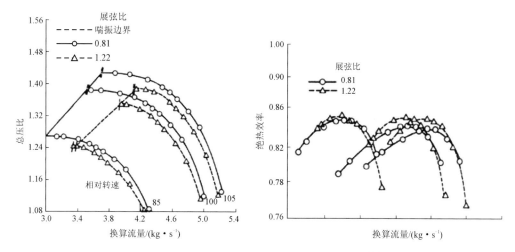

图 2.44　叶片展弦比对单级压气机性能的影响[16]

宽弦设计技术在大、中、小涵道比风扇/压气机中得到了广泛应用,是提高压缩部件气动性能、减少级数、提高负荷水平的关键技术之一。无论是小涵道比军用涡扇发动机,还是大涵道比军、民用发动机,宽弦设计技术往往还要配合弯掠设计综合使用,只有采用宽弦设计,才能通过控制转子槽道激波,有效地实施三维弯掠设计,提升风扇和高压压气机转子的性能。

以国内某三级风扇设计为例,原三级风扇第一、二级转子采用大展弦比、窄弦设计,由于防颤需要,第一、二级转子布置有防振凸肩。为进一步提高该型号发动机性能,解决发动机实际飞行中排气温度超标问题,设计人员提出了风扇改进设计需求。改进设计中的一项主要措施就是采用了宽弦设计技术。采用宽弦设计,一方面使得第二级转子采用去凸肩设计成为可能,从而去除凸肩带来的损失;另一方面,采用宽弦设计可以降低单位弦长上的负荷,提高转子的承载能力,从而提高风扇部件的效率和喘振裕度。

在气动设计方面,宽弦设计技术可以提高压缩部件效率和喘振裕度,是现代压缩部件气动设计广为采用的设计技术。

在抗外物损伤方面,宽弦风扇叶片增加了弦长,改进了抗疲劳特性,这已经在大型民用涡扇发动机和军用发动机上的试验和使用中得到了充分验证。

宽弦空心风扇叶片因其气动效率高、抗外物损伤能力强、质量轻等特点,加之掠形叶片、整体叶盘结构的成熟和应用,已广泛地应用到了大涵道比涡扇发动机(如 RB211-535E4、RB211-524G/H、V2500、TRENT700、TRENT800、PW4084 等发动机)上,近来又陆续应用到高推重比、小涵道比涡扇发动机(如 F119、F135、F136、IHPTET 验证发动机)上,还准备用于改进现役 EJ200、F110 等小涵道比涡扇发动机上。宽弦设计技术必将在现役大、小涵道比涡扇发动机的改进和改型,以及未来推重比为 12～20 的发动机上得到广泛应用。

2.2.2　弯掠叶片技术

弯掠设计技术已发展成熟,普遍应用于国外现役的风扇和压气机设计中。其现已成为一项重要的关键技术来优化气动负荷沿展向的分布,进而有针对性地改善风扇和压气机的气动性能。该项技术的发展历史可以分为 4 个阶段[17]。

第一阶段(1950—1970 年),对弯掠概念的初始研究。受后掠机翼减小激波强度进而减小激波损失的启发,在这一阶段主要对后掠叶片进行了尝试性的研究,结果效率没有得到提高。但 Smith 和 Yeh[18]基于进气方向提出弯和掠的概念,明确了弯角和掠角的定义,其定义在造型时较为复杂。为了便于研究,Denton 和 Xu[19]采用的是另一种定义方法,即掠是指沿弦线方向移动截面,向上游移动为前掠,向下游移动为后掠;弯是指沿垂直于弦线的方向移动截面,使端壁与吸力面成钝角为正弯,成锐角为负弯,如图 2.45 所示。这样定义的掠不引入展向的叶片力,而弯则引入展向叶片力。相比之下,Denton 和 Xu 的提法在叶片造型时较容易实现。

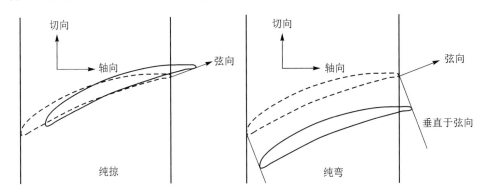

图 2.45　弯和掠的定义示意图[19]

第二阶段(1970—1990 年),对后掠进行了系统的研究。在这一阶段发现后掠会减小喘振裕度,对效率的影响却不确定,唯一的收益就是减小噪声。同时认识到了掠型在机翼和轴流压气机中应用的不同,主要有两方面:一方面,在跨声或超声叶栅中存在弓形激波和通道激波,前缘掠型主要影响的是弓形激波的强度,而叶栅的损失主要是由通道激波造成的,所以压气机叶片掠型不会像机翼掠型那样效果显著;另一方面,在压气机转子中存在离心力,这会造成叶片表面附面层的径向迁移,而机翼中却不存在这种力及由此引起的附面层径向迁移的现象。

第三阶段(1990 年以后),基于对航空发动机推力、可维修性、耐久性更高的要求,Wadia 等对小展弦比跨声风扇进行了系统的研究。其中一项就是研究掠型对小展弦比跨声风扇性能的影响[20]。研究结果表明,前掠不仅可以提高喘振裕度,还可以提高效率,并揭示了产生这种收益的内在原因。Denton 和 Xu[19]通过三维数值模拟对前掠、后掠、正弯和负弯进行了研究,进一步印证了前掠对喘振裕度的积极影响。

第四阶段(几乎与第三阶段在同一时期),弯掠设计技术同样在高压压气机中取得了进展。对于高压压气机的跨声级,采用掠型设计的思想与风扇一致。对于高压压气机的亚声级,不存在激波,所以通过掠型减小激波损失的设计思想不再适用。1984 年 Breugelmans 等发现,正弯可以减小亚声轴流压气机端区的流动损失[21]。Sasaki 等的工作指出,弯掠都可以对二次流产生影响,可减轻端区负荷,推迟角区失速的发生[22]。之后 Gallimore 等在 Trent800 发动机高压压气机端区应用弯掠设计技术,结果表明,可以在不影响喘振裕度的条件下使高压压气机效率提高一个百分点左右[23]。弯掠设计技术被广泛地应用在高压压气设计中,支持了 GE 公司的 GE90 系列发动机和 RR 公司的 Trent 系列发动机高压压气机的发展。

通过对弯掠发展历史的简单回顾,可以大致掌握该技术发展的脉络。经过这半个多世纪的发展,弯掠设计技术已发展成熟,并已广泛应用在工程实践中。

掠型对跨声风扇效率的影响:掠型的方向与效率的变化方向没有必然的联系。后掠加剧了叶片表面附面层的径向迁移,使上半叶高的激波增强,激波后附面层流动恶化,从而降低了上半叶高的效率。由于低能流体的迁出使下半叶高的激波减弱,激波后附面层流动得到改善,从而提高了下半叶高的效率。前掠则相反。可见要使整个转子的效率得到提高,就必须兼顾好展向各截面的效率。

掠型对跨声风扇喘振裕度的影响:掠型的方向与喘振裕度的变化方向存在明确的关系,前掠提高喘振裕度,后掠则降低喘振裕度。掠型改变了附面层的径向迁移的程度,从而改变了负荷沿径向的分布。后掠使上下半叶高的负荷分布变得不均匀,使高负荷作用于弱端壁流动,在其他叶高还没有充分发挥负荷潜力的情况下,尖部就已经达到了负荷极限,发生失速,减小了喘振裕度。前掠则相反,使上下半叶高的负荷分配更加均匀,充分发挥了各展向截面的负荷潜力,从而提高了喘振裕度。

掠型对跨声风扇流量的影响:掠型主要通过改变风扇叶栅的三维喉道面积来影响流通能力。由于掠型的引入,各截面二维叶栅喉道所处的环形面积发生改变,其总的效果就是改变了叶栅的三维喉道面积。在收缩通道中,前掠使三维喉道面积增大,流通能力增强;后掠使三维喉道面积减小,流通能力减弱。

目前掠型在风扇转子中并不单纯地使用前掠和后掠,而是根据不同的目的在不同的叶高范围采用不同的掠型,在一个叶片的设计中充分发挥前掠和后掠各自的优点。其核心思想是:通过不同截面的掠型设计控制激波的形态,以及附面层的径向迁移、平衡负荷沿展性的分布,从而改善风扇的气动性能;掠型设计同时还需考虑其对噪声及强度的影响。近些年来在国内外的多个发动机中,尤其是在大涵道比的民机发动机中普遍采用了复杂的掠型设计。随着负荷水平的提高及对弯掠设计技术的掌握,设计上也更为大胆,掠型幅度不断增大。如图 2.46 所示,从 GE90 – 94B 的"直"叶片到后来的反"S"掠型,掠型设计越来越复杂。

高压压气机中应用弯掠设计的基本思想是在近端壁区引入弯或掠,抑制二次流的发生发展,减小二次流损失,提高效率。研究表明,端部正弯和前掠都可以抑制角

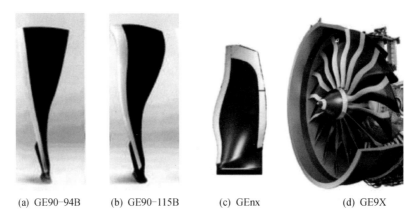

|(a) GE90-94B|(b) GE90-115B|(c) GEnx|(d) GE9X|

图 2.46　GE90-94B、GE90-115B、GEnx 和 GE9X 发动机风扇叶片

涡的发展,减小叶栅损失。通过对叶片表面静压分布的研究发现:前掠使端区吸力面静压极值向下游移动,减轻了叶型前半程的负荷,增加了后半程负荷,同时二次流将端区的低速流体输运到叶中,改变了负荷沿展向的分配。正弯由于引入了径向叶片力,使端区吸力面静压极值增大,减轻了端区截面整个叶栅通道的负荷,同时增大了吸力面沿展向的压力梯度,将端区的低速流体推向叶中,同样改变了负荷沿展向的分配。前掠和正弯都可以减小端区负荷,增大叶中负荷,从而改善端区流动。

在高压压气机设计中,前面级跨声转子的掠型设计与大涵道比民机风扇的设计思想基本相同,不同的是高压压气机的叶片高度较小,掠型设计相对简单。在亚声叶片中包括转静子,采用弯掠设计技术的主要目的是减小端区的二次流损失,提高高压压气机的效率。Gallimore 等采用弯掠设计技术对在役的 Trent800 发动机的六级高压压气机叶片进行了改进,并取得了可观的效果[23]。改进设计分为两步,第一步对静子进行修改,第二步对静子和转子都进行了修改。从图 2.47 可以看出,端区的负速度区进一步缩小。从试验结果上看,采用弯掠静子使峰值效率提高了 0.7%,进一步采用弯掠转子使峰值效率又提高了 0.2%。

弯掠设计技术为设计者提供了一个设计的自由度,从 20 世纪 90 年代兴起并得到广泛关注,至今已经足足发展了 20 多年,无论是在小涵道军用风扇和高压压气机设计上,还是在大涵道比风扇上,技术都趋于成熟,是解决工程实际问题的有效设计方法。

需要说明的是,如果仅从气动设计的角度来说,弯掠的幅度越大,气动性能上获得的收益也往往越大;但从工程使用的角度来说,弯掠的幅度要受到叶片的应力水平的限制,还要综合考虑叶片变形、抗外物损伤、稳定性等因素。对于民用大涵道比风扇转子来说,还要考虑低噪声的设计,因此弯掠设计技术是一个跨学科、多专业的综合设计技术。未来弯掠设计技术应向气动、强度、振动、噪声一体化设计方向发展,完善并简化设计流程,形成设计准则和设计方法,充分发挥弯掠对风扇和压气机气动性能的改善作用。

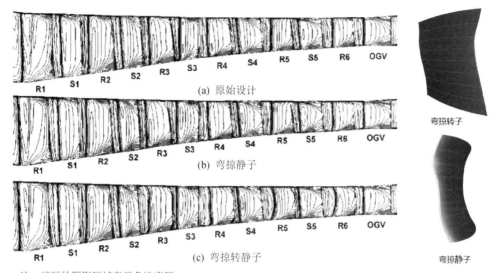

注：端区的阴影区域表示负速度区。

图 2.47 原始设计、弯掠静子、弯掠转静子在设计转速工作点吸力面负速度区[23]

2.2.3 大小叶片技术

大小叶片最早源于在迎风面积较小的离心压气机叶轮中应用的分流叶片（英文称为 splitter），如图 2.48 所示。其早期应用在高增压比离心压气机中，用以降低叶片后部（或径向部分）的负荷。在离心压气机叶轮通道中增加分流叶片（小叶片），可以在不阻塞流量的条件下，增强对流动的控制，改善压气机性能。例如，T800-LHT-800 涡轴发动机的 2 级非径向大后掠（47°）的带大小叶片的离心压气机，依靠短小而紧凑的结构取得了很高的性能。由于轴流压气机级增压比的不断提高，研究人员开始考虑将大小叶片用于轮毂半径沿轴向变化大的高负荷轴流压气机上或混合流压气机上。

图 2.48 离心压气机中的大小叶片

在 20 世纪 70 年代,Wennerstorm[24-26] 在设计增压比高于 3.0 的高负荷轴流压气机时,为解决高负荷常规转子由于叶片吸力面存在剧烈扩散,导致落后角较大,压气机性能恶化的问题,在流道中增加小叶片,希望可以通过小叶片来控制大叶片吸力面气流分离,同时避免由于增加全弦长叶片导致的流量下降、损失和压气机质量的增大。试验结果表明,当时的设计并未取得预期的效果,且叶片压力分布形式较差,如图 2.49 所示。究其原因,大小叶片压气机性能不高主要是由于转子通道中存在强烈的激波-附面层干扰。解决这一问题的前提是对叶片通道流场进行详细的分析,但是由于当时缺乏有效的流场分析手段,因而对大小叶片技术的研究一度停顿。

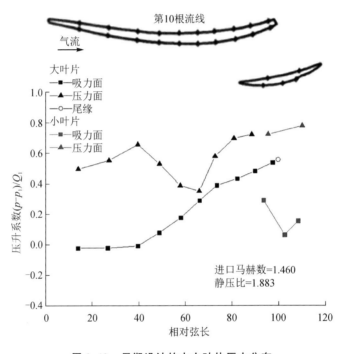

图 2.49　早期设计的大小叶片压力分布

经过约 20 年的沉寂,在计算机资源和全三维数值模拟程序有了长足进展后,20 世纪 90 年代初,美国 Textron Lycoming 公司以 IHPTET 计划为契机,才对大小叶片气动布局重新开始了研究。据 2000 年左右发表的美国 IHPTET 计划"十年进展"[27]称,一系列大小叶片压气机转子的标准台架试验已经完成,试验效果相当令人满意。单级大小叶片压气机已达到 F100-PW-220 三级风扇的增压比,并具有很高的效率;该项技术用在先进联合涡轮燃气发生器(JTAGG)上,使得联信公司在 IHPTET 计划中承担的中小型涡桨/涡轴发动机研究轻松地超过了项目第二阶段预定的目标。在 IHPTET 计划的第三阶段将用二级风扇和四级压气机组合,达到与 F100 发动机三级风扇和十级压气机组合同样的性能。

在国内,20 世纪 90 年代开始进行大小叶片技术的相关研究,北京航空航天大学

（简称北航）陈懋章院士领导的大小叶片课题研究组在全三维数值模拟分析、大小叶片气动设计等方面进行了大量的研究工作。严明对比分析了常规跨声压气机转子和大小叶片跨声压气机转子的流场与性能[28]；张永新通过对大小叶片二维叶栅的计算，对小叶片周向位置、小叶片弦长、弯角以及最大厚度位置对性能的影响进行了初步研究[29]。同时，在该团队的技术支持下，国内多个项目开展了大小叶片技术的应用，改进效果显著。

大小叶片技术对压气机性能的影响包括以下几点。

1）提高叶片排气动性能

为了应对叶片排气动负荷的提升，需要采用更多数量的叶片和更宽的叶型，而这样会对气动性能产生不利影响。基于叶片排内的气动负荷主要位于叶片的后半段，采用不改变叶片排前段叶片数量，在两个叶片之间增加一个小叶片，提高叶片排后段叶片数量的方法，既不增大叶片排前段的损失，又能控制后段的气流分离，提高叶片排的气流转折角，进而提升叶片排做功或者增压的能力。

严明[28]等采用全三维黏性数值模拟手段，通过与常规设计转子对比的方法，分析研究了大小叶片轴流压气机转子流动特性。分析结果表明：

① 大小叶片转子在叶根亚声速流动区的气流流通能力提高，堵塞减少；在叶中、叶尖跨声速流动区，可产生更有利的激波体系，减小由激波造成的损失。

② 在设计状态下，小叶片可以有效地控制大叶片吸力面气流的扩散，提高负荷，减小逆压梯度，减少流动分离。

③ 在设计负荷较高的情况下，大小叶片转子在保持喘振裕度不降低的条件下，可以在更高的负荷、更高的效率和更大的流量下工作。

2）减小叶片排出口气流落后角

大小叶片与常规叶片方案相比，在保持高效率和高加功增压能力基础上，为获得高的级负荷，可以采取增加压气机稠度或降低展弦比的措施，但过低的展弦比会增加轴向长度，而靠增加叶片数来增加稠度将引起效率下降、堵塞和质量增大，因此在大叶片易于分离的吸力面后部局部加上小叶片，既可控制气流分离，又可避免增加全弦长叶片带来的上述缺点。早在 20 世纪 70 年代，Wennerstrom 就曾采用了大小叶片的气动布局以减小高负荷转子出口气流落后角。叶片排出口气流落后角较小，将有利于压气机获得更好的级匹配性能。

20 世纪 70 年代，Robert[30-31]等人研究了由 6 个大叶片和 5 个小叶片构成的转子。大叶片叶栅的物理特性为：弦长 3.004 in（1 in＝2.54 cm），轴向弦长 1.839 7 in，最大厚度与弦长比 0.036 14，安装角 52.316°，折转角 40.913°，叶片稠度 1.9。小叶片的物理特性为：弦长 1.185 in，轴向弦长 0.916 in，最大厚度与弦长比 0.045，安装角 39.754°，折转角 30.588°。结果表明：大小叶片在最大非溢流静增压比下能使出口气流角减小 8%～9%；在设计的静子叶片角下，取得了最小的损失和最大的工作范围；在设计的进口马赫数下，使最大非溢流静增压比从 1.9 下降到 1.8。

自 20 世纪 90 年代中期开始,北航开始系统研究大小叶片的理论与设计方法,并发展了相应的设计技术,分别在 1998 年和 1999 年对单级增压比为 3.6 的大小叶片风扇以及用两级或三级大小叶片级替换某六级压气机做了大量的气动、强度研究工作,并取得了比较满意的效果。

金洪江[32]等在北航的技术支持下,采用大小叶片技术,对某型涡轴发动机轴流加离心组合压气机进行改进设计。轴流压气机采用大小叶片技术后,试验特性如图 2.50、图 2.51 所示。试验结果表明:轴流压气机流量、增压比、效率和喘振裕度都得到了较大提高,设计点的流量增加 5.7%,增压比增加 18.5%,效率提高 1.3%,改进设计效果明显。

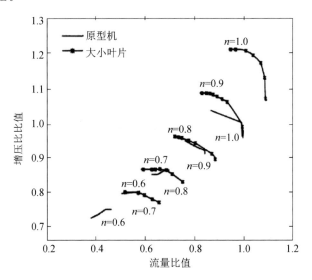

图 2.50　轴流压气机流量-增压比特性线

所研制的轴流大小叶片压气机完成了涡轴发动机整机串装试验验证,总体性能良好。与原型机试验结果相比,性能得到明显提升。具体数据如表 2.5 所列。

表 2.5　发动机性能(标准大气条件)

性能参数	相对原型机变化量/%
压气机增压比	提高 11.09
换算空气流量	提高 7.27
涡轮前温度	提高 4.5
耗油率	降低 2.67
输出功率	提高 20.79

发动机串装试验表明,发动机功率提高,耗油率下降,发动机运行平稳、正常;同时表明,我国在航空发动机大小叶片设计、加工和试验技术方面已取得实质性重大突

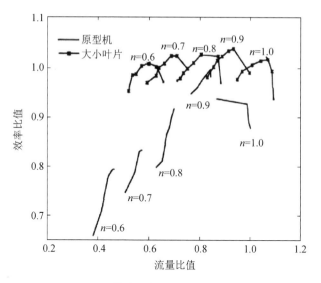

图 2.51　轴流压气机流量-效率特性线

破,轴流大小叶片压气机直接应用到了发动机的改进改型中。总体上,我国在轴流大小叶片压气机研制方面处于国际先进水平,为轴流大小叶片压气机在我国各种发动机上的应用创造了良好条件。

在上述涡轴发动机轴流大小叶片压气机研究成果的基础上,北航进一步提出将先进的大小叶片技术应用于高压压气机的研究,这在国际上也是首次尝试,旨在研制出具有足够气动稳定性、高负荷、高效率的高压压气机。在某高压压气机设计转速、进出口气动-几何条件不变的前提下,采用大小叶片技术减少压气机级数 2 级。经过北京航空航天大学和沈阳发动机研究所、四川燃气涡轮研究院等参研单位共同攻关,利用大小叶片技术研制高负荷高性能高压压气机的前 4 级试验件(见图 2.52)顺利完成了全部试验。4 级试验件试验结果(见图 2.53)验证了大小叶片技术用于提高高

(a) 转子组件　　　　　　　　(b) 静子组件

图 2.52　前 4 级试验件

压压气机性能的思想,大小叶片不但能够提高高压压气机的负荷,而且能够改善高压压气机中低转速的性能。

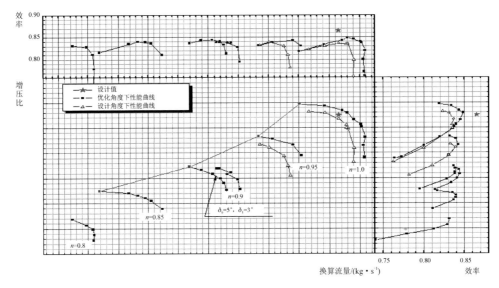

图 2.53　4 级试验件试验特性($n = 0.8$ 转速下没有收录到喘振边界)

大小叶片技术在离心压气机上已经比较广泛地应用,在轴流压气机上的应用研究也已取得了可喜的进展,提升了轴流压气机的气动性能,并且在某型涡轴发动机上得到了集成验证,大幅度提高了发动机的性能。该技术近些年也在高增压比压气机上得到了应用尝试,验证了其具有提高压气机的流量、增压比的能力,可以预见,它是提高轴流压气机性能的一项有发展潜力的技术。

2.2.4　吸附叶片技术

从 20 世纪 50 年代开始国外就进行了机翼流动方面的附面层吸气研究,目的是想通过在翼型上吸气,移走可能引起分离的低能流体,或者推迟层流向湍流的转捩点,尽量延长边界层的层流区,从而减小损失。1971 年,Loughery 等人研究了利用抽气和吹气作为增加压气机静子叶片转折能力的方法。结果表明,吹气恶化了静子叶片的性能,而抽气明显改善了性能,但是他们没有做进一步深入的研究。

值得一提的是,麻省理工学院(MIT)的研究人员对吸附式压气机进行了大量的研究,他们已经把吸气作为获得高做功能力压气机级的基本方法。采用在风扇/压气机叶栅流道中直接抽吸黏性附面层的主动控制方法,成功地发展了性能估算以及气动和应力分析方法,并对此进行了一系列叶栅的设计和实验验证。后来,Kerrebrock 等人设计了一个对转、吸附式压气机试验台并对其性能进行了实验研究,在第二级转子叶片表面进行附面层抽吸,实验结果表明,该对转、吸附式压气机增压比达到 3.0,

效率达到 87%[33-42]。

2002 年,Hathaway 通过假定吸气和吹气能缓和端部气动阻塞趋势,然后结合最好的吸气和吹气结构提出了自循环叶顶处理的概念。他研究了叶栅顶部失速的流动机理以及循环叶顶处理方法。研究结果表明,对高速跨声速转子叶片应用此方法能明显增大失速裕度而不降低效率。2004 年,Kirtley 等人进行了附面层抽吸技术在低稠度静子叶栅中应用的实验研究,结果表明,附面层控制技术对于提高压气机性能和改善气流折转能力作用明显。Leishman 研究了端壁抽吸位置和抽吸量对压气机静子叶栅性能的影响,后来又针对压气机级间抽气对流场的影响做了详细研究。Hubrich 对跨声速转子叶片采用吸力面抽气进行了数值和试验研究,结果表明,2% 的抽气量就使转子叶片总增压比上升了 10%。

2005 年,Gümmer 在低速高负荷压气机中研究了端壁附面层抽吸对压气机损失和性能的改善,转子叶片和静子叶片采用不同的抽吸策略,结果显示,附面层抽吸有效地减小了端区的回流范围、堵塞和损失。2006 年,Hergt 通过旋涡发生器产生强旋涡,促进主流与壁面附面层的掺混,达到减小分离和降低损失的效果。试验结果表明,在小冲角范围内旋涡发生器的应用使叶栅总压损失下降了约 4.6%。

2008 年,Guendogdu 采用吹气和"Coanda"曲面相结合的方法控制高速轴流压气机静子叶片内的分离流动,达到在不降低负荷条件下减少叶片数的目的,研究结果显示,采用 0.5% 的吹气量可以使稠度降低 25%。Matejka 在静子叶片中采用周期性射流方法控制分离流动,希望通过简化旋涡结构达到减小损失的目的。研究结果表明,周期性的射流比定常的抽吸或吹气效果更好。Dobrzynski 等人采用叶顶喷气和端壁附面层抽吸相结合的方法控制分离流动。

从吸气对边界层的影响效果来看,可以分为两个方面:一是吸气缝隙处边界层的减薄;二是对吸气缝隙下游边界层的影响。从图 2.54 可以看出,接近分离时,吸气除了对缝隙处边界层的影响外,对缝隙后的边界层发展也将产生叠加的效果,即吸气的作用被放大了。此时,只要在缝隙处吸除少量的气体,就可以很好地控制下游的边界层厚度。

从图 2.55 可以看出,激波后强逆压力梯度造成了附面层分离,经过吸气处理后,分离区域减小了,附面层重新贴附到叶片表面上。

在 Mises 分析程序中,吸气对边界层的影响(见图 2.56)是这样处理的:吸走的气体将造成下游边界层位移厚度的减小,对位于流线位置 s' 处靠近叶型的首条流线网格,其边界情况可用下式表示:

$$\Delta n' r = \delta^* - \frac{1}{\rho_e V_e b} \int^{s'} - \rho_w v_w b r \, ds'$$

式中,$\Delta n'$ 为从壁面到流线的垂直方向的距离。

吸附技术已经完成了部件级的应用验证,目前尚无应用到整机上的资料。以 MIT 的 Ali Merchant 为主完成的单级吸附式跨声速压气机,各主要性能设计参数如表 2.6

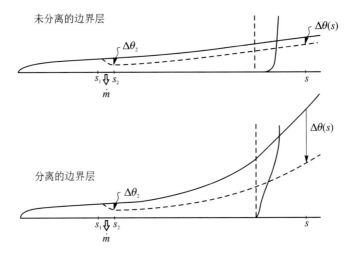

图 2.54　吸气对边界层的影响

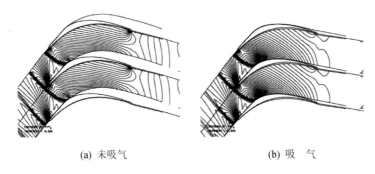

(a) 未吸气　　　　　　　　　(b) 吸　气

图 2.55　叶栅未吸气与吸气情况对比

所列。在设计点附近,实测总增压比为 3.2,设计转速线上最高效率接近 88%。

表 2.6　吸附式跨声速单级压气机设计性能指标

参　数	指　标
叶尖切线速度	1 500 ft/s（457 m/s）
增压比	3.4
单位环面流量	42.5 lb m/s - ft^2（207 kg/s - m^2）
风扇进口马赫数	0.65
风扇出口马赫数	0.5
转子峰值马赫数（相对）	1.5
静子峰值马赫数（绝对）	1.5
扩散因子（转子/静子）	0.76/0.68
转子功系数	0.7

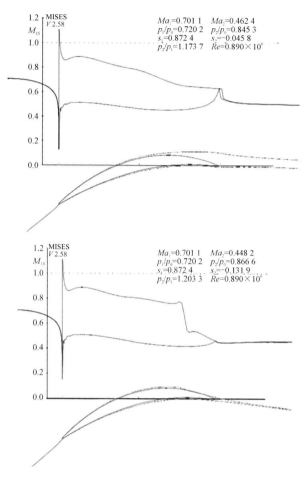

图 2.56　吸气时流动变化情况

　　NASA 格林研究中心与麻省理工学院合作,提出了蜂巢式航空发动机吸附式风扇级的概念,进行了机理研究、设计技术研究、应用研究并研制了吸附式压气机试验件,对这一设计技术进行了试验验证。设计了级压比达 3.4 的单级压气机;同时,还设计了增压比为 27 的 3 级压气机,美国 WAATE 计划中将吸附式压气机技术作为多用途核心机的关键技术之一。吸附式压气机试验件如图 2.57 所示。

　　2012 年沈阳发动机研究所完成了吸附静子两级风扇设计,并分别针对吸附静子开展了平面叶栅、扇形叶栅和部件性能试验。试验结果表明,采用吸附技术后静子的气流折转能力提高 3°～4°,风扇效率提高 1.5 个百分点。

　　国内外的研究表明,吸附技术应用在转/静子上均获得了一定的收益,但受结构强度限制,转子采用吸附技术尚存在一定困难。从可用范围来讲,吸附静子结构上需设计成空心叶片的形式,风扇静子尺寸相对较大时可以采用该技术,但高压压气机由于叶片短小,后面级不具备应用条件,只能应用在前面级静子上。

图 2.57　吸附式转/静子试验件

目前国内已突破风扇吸附静子的结构设计和加工工艺并进行了部件验证,但距整机应用还有一定距离。部件试验是依靠真空泵将低能流体吸除,在整机上需存在压力差将低能流体引到低压处,总体设计时需统筹考虑吸附静子吸除的低能流体如何利用,一方面可由空气系统考虑与压气机引气一同用于冷却;另一方面可以引到风扇进口作为端壁流动控制用气,改善风扇性能。吸附静子对风扇压气机的性能改善效果明显,但其应用仍需各专业、各学科共同努力。

2.2.5　空心转子叶片技术

RR 公司研制的第一代宽弦空心风扇叶片采用低密度蜂窝内芯结构[43](见图 2.58(a)),由两块钛合金面板外蒙皮和一块厚度变化的蜂窝内芯采用超塑扩散连接。经低循环疲劳(LCF)试验、高循环疲劳(HCF)试验、吞鸟试验、包容试验等验证,该叶片具有很好的结构完整性和耐久性。1984 年 RR 公司首先将钛合金无凸肩宽弦空心风扇叶片应用到 RB211 - 535E4 发动机(配装 B757 飞机)上,后来又陆续推广到 V2500 发动机、RB211 - 524G 和 RB211 - 524H 发动机、BR710 发动机[44]上。空心叶片的应用使风扇效率提高 4% 左右,发动机单位耗油率降低 2%。在数千万小时使用中,低的鸟撞返修率验证了其具有很强的抗外物打伤能力。

20 世纪 90 年代初,RR 公司发展了第二代宽弦空心风扇叶片(见图 2.58(b)),采用三层板结构[45]。外形由两块钛合金面板构成,中间层薄芯板采用三角桁架结构,通过超塑成型/扩散连接(SPF/DB),优点是质量轻且承力效果好。由于中间层参与受力,面板变薄,其质量比带蜂窝芯的叶片轻 1/3。这种空心叶片已在 RB211 发动机上累计使用了 400 万小时,在“遄达”600 型发动机上进行的鸟撞试验表明,其满足欧洲联合航空局和美国联邦航空局对鸟撞试验的要求。空心叶片质量减轻,使风扇盘质量更轻。风扇机匣可使用质量轻的 Kevlar 材料,整个风扇部件质量减轻约 15%。

同时,RR 公司也在尝试在高推重比、小涵道比涡扇发动机上应用这一技术。20 世纪 90 年代末,RR 公司将空心叶片应用在与 GE 公司合作研制的 F136 发动机

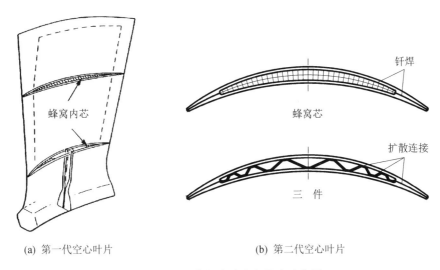

(a) 第一代空心叶片   (b) 第二代空心叶片

图 2.58   RR 公司宽弦空心风扇叶片图

第一级风扇转子上,三维气动设计的风扇叶片采用线性摩擦焊与轮盘连接。

20 世纪 90 年代初,PW 公司为 B777 飞机的 PW4084 发动机成功研制了宽弦空心风扇叶片。该叶片由 2 块带肋的钛合金板经扩散连接后超塑成型制造。90 年代中后期,PW 公司将其应用于 F119 等发动机,风扇采用宽弦空心风扇的整体叶盘结构,质量大大减轻,成本明显降低。同时,PW 公司还在开发具有先进气动特性和加工工艺的宽弦空心掠形风扇叶片(见图 2.59)。

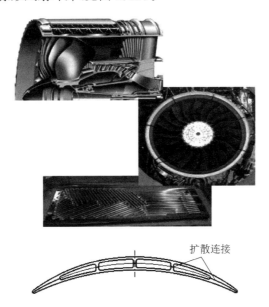

图 2.59   PW 公司先进的空心风扇叶片

20世纪90年代以来,我国也开展了超塑成型/扩散连接的钛合金宽弦空心风扇叶片的研制工作。北京航空工艺研究所、沈阳航空发动机研究所研制的缩比空心风扇叶片通过了构件疲劳试验考核,并装配到风扇部件上进行了试车,为全尺寸空心风扇叶片研制奠定了基础。大涵道比发动机风扇,以及小涵道比、高推重比发动机风扇均对宽弦空心风扇叶片有需求。

宽弦空心风扇叶片是为解决窄弦带凸肩实心风扇叶片存在的不足而研制的一种结构技术。最初,大涵道比涡扇发动机普遍采用窄弦实心风扇叶片。为了控制窄弦风扇叶片固有的气动不稳定性和提高其抗外物损伤能力,通常采用1~2排凸肩。而窄弦风扇叶片的凸肩会造成气流压力损失、流量下降和扰动,降低风扇转子效率,增大发动机耗油率。研究发现,为提高气动稳定性,风扇叶片去掉凸肩需将叶片的弦长增加40%~45%,同时叶片数量可减少1/3。图2.60所示为凸肩的气动影响。

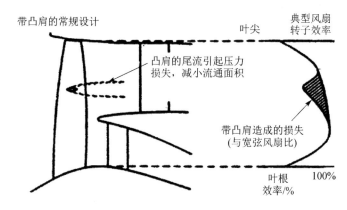

图 2.60 凸肩的气动影响

研究表明,与带凸肩的窄弦风扇叶片相比,宽弦风扇叶片具有以下优点[46]。

(1) 提高风扇效率

相同做功能力下,无凸肩宽弦风扇转子效率明显提高(见图2.61)。

(2) 增大最大流量

在相同的短舱直径下,宽弦风扇转子可以达到较大的流量,增大发动机的推力。

(3) 提高轮毂压升

宽弦风扇叶片轮毂环向壁附面层易于做功,可以获得更高的轮毂总增压比。图2.62示出了其叶根增压比和轮毂效率的提高情况。

(4) 提高风扇的喘振裕度

宽弦风扇叶片具有更高的喘振裕度,如图2.63所示。

(5) 降低发动机耗油率

宽弦实心风扇叶片质量大,与之相关的轮盘、支承、包容机匣等转静子质量相应增大,引起发动机质量明显增加,采用空心叶片是结构减重的一个重要解决方案。为此,英国RR公司、美国PW和GE公司、法国SNECMA公司等相继开展了钛合金宽

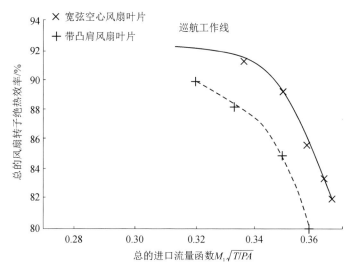

图 2.61　宽弦风扇效率提高情况

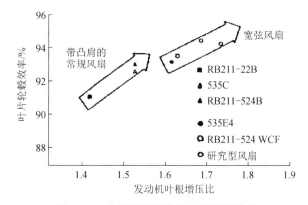

图 2.62　宽弦风扇提高核心机性能情况

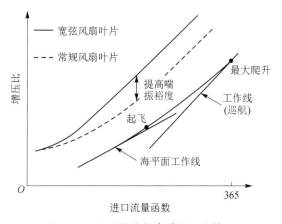

图 2.63　宽弦风扇提高喘振裕度情况

弦空心风扇叶片的研制工作,先后成功开发了扩散连接的蜂窝内芯、超塑成型/扩散连接(SPF/DB)的钛合金宽弦空心风扇叶片,并广泛地应用在先进的大涵道比涡扇发动机上;先进的高推重比、小涵道比涡扇发动机也陆续应用。

无凸肩宽弦风扇叶片需要考虑的问题如下:

① 避免在整个发动机工作范围出现失速颤振;

② 高的结构完整性和抗外物损伤能力;

③ 较轻的质量、可接受的费用、足够的寿命。

空心叶片研制中影响的因素比较多,气动、结构、强度、生产成本等要综合考虑,如图 2.64 所示。

本书以三层桁架结构的钛合金空心叶片为例,分析设计和制造的关键技术。

(1) 设 计

三层桁架结构空心叶片(见图 2.65)的叶根榫头、叶尖和前后缘部分为实心,中间

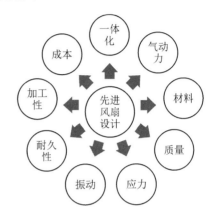

图 2.64 空心风扇叶片考虑因素

部分为空心结构。空心叶片主要由盆侧面板、背侧面板和芯板组成,芯板与面板构成近似三角形或梯形的芯格,以增强叶片刚性和承载能力。

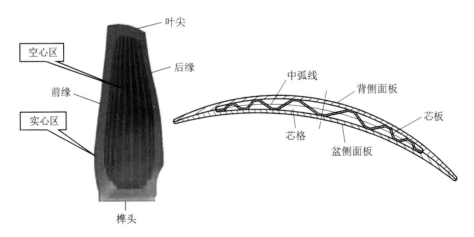

图 2.65 空腔区域示意图

宽弦叶片从叶根到叶尖型面变化剧烈,首先要确定合理的空腔范围[47],实现空腔截面光顺、外形曲面连续,以保证工艺可实现性。由于空心和实心转接部位为叶片制造的薄弱环节,通常叶片的最大应力区又位于根部附近,确定芯板根部终止位置时需避开叶片高应力区和低阶振型节线。为防止叶身前后缘处盆、背侧面板厚度过小,

并保证叶片有足够的减重空间,根据强度分析结果并结合面板厚度,确定前后缘和上下空腔终止位置。芯板与面板焊接宽度需要兼顾考虑焊缝强度和桁架总承载能力进行选取,宽度大,焊接位置强度好,但会引起桁架数量少,降低承载能力;反之,桁架数量多,利于承载,但焊接处连接强度差,工作时易从焊缝处开裂。此外,还要结合工艺试验和工作情况,合理选择芯板与面板夹角,角度过小,芯板支承刚度下降明显;角度过大,芯板塑性变形大,制造时易造成芯板撕裂。

强度分析应考虑发动机各工作状态,根据应力分析结果对空腔区域和芯板连接尺寸等进行调整;计算叶片工作变形进行冷热态叶型转换设计,合理选择径向间隙。图 2.66 所示为空心叶片应力分析。

(2) 加工制造

钛合金空心叶片制造在工艺参数的选择和控制等方面存在很大难度,RR 公司率先攻克了这一难关,PW、GE、SNECMA 公司等也取得了飞速进展,并逐步发展成熟。本书以 RR 公司超塑成型/扩散连接(SPF/DB)的第二代宽弦空心风扇叶片加工为例进行介绍。

空心叶片的制造加工包括钛合金面板和芯板的成型、扩散连接、初步扭形、叶片成型和叶片精加工等工序,如图 2.67[48]、图 2.68 所示。

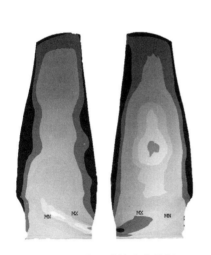

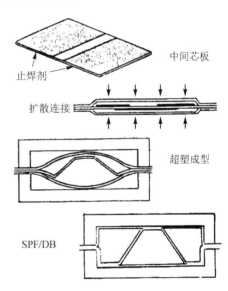

图 2.66　空心叶片应力分析　　　　图 2.67　三层桁架结构成型原理

空心风扇叶片大多选用 TC4(Ti6Al4V)板材制造,主要生产过程包括:

① 根据叶片空腔型面和外型面对盆/背侧面板毛坯进行设计,采用成型制造叶盆面板、叶背面板,机加面板内表面形成对应的空腔表面;

② 在内层芯板上喷涂止焊剂,喷涂区域为芯板与面板非焊接区;

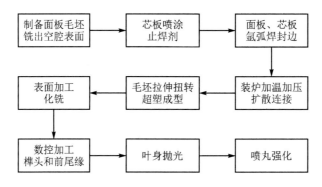

图 2.68　叶片加工主要工艺流程

③ 将叶盆面板、叶背面板与内层芯板一起用氩弧焊焊接封边(留有进气口),组合为整体坯料;

④ 将焊好的整体坯料放入与叶片型面相同的模具内,并一起放进带有加热系统的压机内,加热升温至超塑成型/扩散连接温度(钛合金约为 920 ℃),向模腔内吹入一定压力(1.5~2.0 MPa)的氩气,然后保温保压使三层钛板内部预定部位和周边(未涂止焊剂区域)进行扩散连接(DB);

⑤ 扩散连接完成后,在一定温度、压力和时间条件下,向三层板内吹入一定压力的氩气进行超塑成型(SPF),两层面板在超塑成型状态下,按叶型各截面扭转角将毛坯进行拉伸和扭曲变形,同时中间芯板延展变形形成桁架结构的芯格,叶身部分型面靠模具扭转成为指定叶型;

⑥ 面板完全贴模成型后随炉冷却,取出叶片进行表面化铣加工;

⑦ 数控加工出叶片榫头和叶身前尾缘,对叶片表面进行抛光,对叶身/榫头进行喷丸强化。

为了避免扩散连接工序中出现缺陷,操作必须在超净的工作环境下进行。

宽弦空心风扇叶片,气动上增大空气流量、提高部件效率,使用上抗外物损伤能力强,叶片及轮盘、包容机匣的质量大大减轻,已广泛地应用到了大涵道比涡扇发动机(如 RB211 - 535E4、V2500、RB211 - 524G/H、TRENT700、TRENT800、PW4084 等)高推重比、小涵道比涡扇发动机(如 F119、F135、F136)上,还准备用于改进现役 EJ200、F110 等小涵道比涡扇发动机。

2.2.6　复合材料叶片技术

树脂基复合材料在 20 世纪 60 年代受到发动机行业的关注,通过不断挖掘树脂基复合材料在冷端部件的应用潜力,经过了大量试验和研究工作逐步发展成熟,应用于大涵道比涡扇发动机的风扇出口导向叶片(Outlet Guide Vane)和风扇转子叶片上,如表 2.7 所列[49-51]。

表 2.7　复合材料叶片的应用

部　件	发动机型号	发动机厂商
风扇出口导向叶片	F119	GE
	PW4084、PW4186	PW
	PW8000	MTU
	V2500	IAE
	CFM56 - 5B	CFMI
风扇转子叶片	GE90、GEnx	GE
	Trent1000	RR
	LEAP - X1C	CFMI

(1) 国外复合材料叶片研究与应用

1）复合材料风扇出口导叶（OGV）

F119 发动机压气机第一级静子叶片采用 AFR700B 高温树脂基复合材料。PW4084 和 PW4168 发动机 OGV 采用 PR500 环氧树脂基复合材料，较钛合金质量降低 39%，成本降低 38%[52]。PW8000 发动机低压进口导叶和可调静子叶片采用 PMC 复合材料[53]（见图 2.69）。

(a) 早期OGV复合材料试验件　　　(b) 扇形结构复合材料OGV

图 2.69　PW8000 复合材料静子叶片

Texas Composites 公司为 RR 公司的 AE3007 发动机研制了复合材料 OGV（见图 2.70）。目前 Texas Composite 公司正在研发全 3D 编织树脂注入成型（RTM）的复合材料 OGV。复合材料叶片具有较好的维护性，GE 公司的 GE90 和 GEnx 发动机的风扇叶片采用碳纤维增强环氧树脂复合材料，经过长期使用后，GE 公司认为其在使用中可以免维护[54]。

国际航空发动机（IAE）公司的 V2500 发动机风扇出口导叶采用玻璃纤维增强的复合材料制造，叶片的抗外物损伤能力、抗振动特性、抗腐蚀性和结构完整性已经得到验证[55]。CFMI 公司 CFM56 - 5B 发动机（见图 2.72）、GE 公司和 Honda 公司合作研制的 HF120 发动机,也采用了复合材料 OGV。在复合材料 OGV 探索上,A&P Technology 公司采用编织 RTM 工艺制造了空心复合材料 OGV(见图 2.73),Hexcel 采用 HexMC 短纤维尝试降低复合材料 OGV 的制造成本。

2)复合材料风扇转子叶片

随着复合材料技术的发展,复合材料逐步应用在大涵道比涡扇发动机的转子叶片上。经过几代复合材料叶片的发展,国外复材风扇叶片设计技术已趋于成熟,获得商业应用。

(a) AE3007复合材料OGV   (b) 为Trent系列研制的复合材料OGV

图 2.70　RR 公司的复合材料 OGV

图 2.71　VITAL 项目研制的复合材料 OGV

图 2.72　CFM56 - 5B 复合材料 OGV

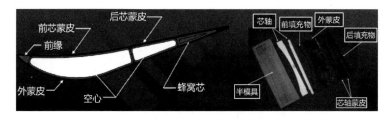

图 2.73　A&P Technology 公司研制的复合材料 OGV

美国 GE 公司在 GE90[56] 系列发动机上应用了碳纤维复合材料的宽弦风扇转子叶片。该叶片采用 IM7/8551 - 7 预浸料热压成型,以数百层树脂浸渍的预浸布铺放模压而成。叶片比当时的钛合金空心叶片轻 66%,强度高 100%。在新一代涡轮风扇发动机 GEnx 上(见图 2.74),应用了新的复合材料技术,减少了叶片的数量,从而实现质量更轻,有效载荷性能更好,使用成本、油耗和噪声更低。

进入 2000 年,3D 编织技术、RTM 树脂及其增韧和定型技术、复合材料虚拟制造和复合材料考核验证等技术不断成熟,这些先进技术驱动着发动机用复合材料不断

图 2.74   GEnx 发动机及其复合材料风扇叶片

创新,如 LEAP - X1C 发动机风扇叶片[57]采用 SNECMA 公司研制的 3D 编织＋RTM 液态成型制备的叶片(见图 2.75)。RR 公司近几年重返复合材料叶片技术研究领域,并开发了独具特色的碳纤维-钛合金复合材料风扇叶片设计技术(见图 2.76)。

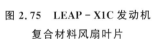

图 2.75   LEAP - X1C 发动机　　　　图 2.76   RR 公司 CTi 复合材料叶片
　　复合材料风扇叶片

(2) 国内相关研究

国内也在航空发动机树脂基复合材料叶片方面开展了研究,对复合材料风扇转子叶片和 OGV 进行了探索,获得一定的工程经验,形成一套复合材料叶片结构设计方法[58]。

随着航空发动机性能的不断提高,特别是质量轻、体积小、使用安全可靠和经济性好已经成为未来涡轮动力装置的发展目标[59]。为实现这个目标,越来越多的高比强度、低密度、高刚度和耐高温的先进材料已逐步应用于航空发动机中,在保证部件性能或可靠性的前提下,应用先进材料减轻质量,进而大幅降低发动机总重,提高发动机整机的推重比。

其中复合材料尤其是树脂基复合材料,以其比强度和比模量高、耐腐蚀性好及降噪能力强等优点,已成为航空发动机冷端部件的优选材料。复合材料与金属对比如图 2.77[60]所示和表 2.8 所列。

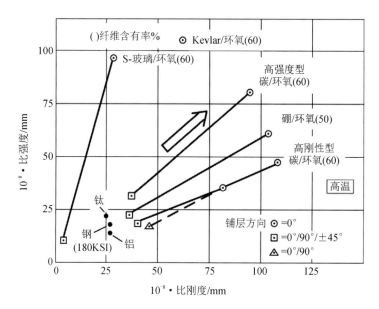

图 2.77 复合材料的比强度与比刚度

表 2.8 常见复合材料与金属材料力学性能对比

材　料	比强度 S	拉伸模量 E/GPa	拉伸强度 X^t/MPa	比拉伸模量 E/S/GPa	比拉伸强度 X^t/S/MPa
玻璃纤维复合材料	2.0	40	1 650	20.00	825.0
碳纤维复合材料	1.6	140	1 450	87.50	906.3
芳纶纤维复合材料	1.5	90	1 650	60.00	1 100.0
碳化硅纤维复合材料	2.3	220	315	95.65	137.0
钢	7.8	206	400~2 500	26.40	50~320
钛合金	4.5	103	360~1 400	22.90	80~310
铝合金	2.8	69	55~700	24.60	20~250
铁基高温合金	7.99	190	735~930	23.78	92~116
镍基高温合金	7.85	206	970	24.75~27.25	64~124

复合材料构件研制的关键技术包括:纤维与树脂选材设计、成型工艺及方法设计、总体结构方案、复合材料结构设计与数值仿真、可靠性试验考核等。

(1) 纤维与树脂选材设计

复合材料是由增强纤维与树脂组合而获得的,其性能与以下因素相关:纤维的成分、取向和形状,树脂性能,纤维与树脂的结合质量。纤维和树脂材料决定了复合材料的性能。

1）纤维选择

纤维是复合材料的主要承载单元,决定材料的拉压、弯曲强度、刚度和抗电性能。常用的纤维有玻璃纤维、碳纤维和芳纶纤维,它们的性能对比如表 2.9[61] 所列。

表 2.9　常见纤维性能对比

类　别	密　度	拉伸强度	拉伸模量	压缩强度	压缩模量	冲击强度	剪切强度	拉伸疲劳
玻璃纤维	差	差	差	一般	差	一般	—	差
碳纤维	一般	好	好	好	好	差	好	好
芳纶纤维	好	好	一般	差	一般	好	一般	一般

碳纤维强度、成本和可加工性等综合性能最佳,类型多、覆盖范围广,获得了最为广泛的应用;芳纶纤维比强度高,但由于与树脂的黏结性能差而受到限制;玻璃纤维刚度低,多用于辅助结构。

2）纤维铺设形式

纤维在复合材料中可以单向铺设、交叉铺设或以其他形式铺设,预浸料常采用单向带或编织布。编织布的优点是制造成本低,用于复杂型面的手工铺贴时定位更为准确。锻纹编织布相比单向布、平纹编织布,由于纤维弯曲较少,性能损失小,拉伸和弯曲强度较高,既保留了大部分单向带纤维的性能,又容易铺放在复杂模具上,适合制造形状复杂的零件。

3）基体选择

基体的主要作用是将增强材料黏结在一起,在纤维间传递载荷;此外,基体决定了复合材料的使用温度。常用的有机基体可分为热固性树脂和热塑性树脂两类。两种基体的制造方法基本相同,都通过加热加压使预浸料固化。不同的是热塑性复合材料只需要加热至树脂的熔点,就会发生固化。两者主要工艺差别总结如表 2.10所列。

表 2.10　热固性树脂与热塑性树脂

类　别	优　点		缺　点	
热固性树脂	工艺温度较低; 可成型复杂形状	纤维浸润性好; 黏度低	工艺过程时间长; 树脂原料需冷藏	储存时间受限制
热塑性树脂	韧性较优; 成型快; 抗分层能力强	可重复利用; 储存无限制	耐化学腐蚀较差; 释放污染气体; 数据较少	工艺温度非常高; 工艺经验有限

由表 2.10可知,热固性树脂工艺较成熟,具备丰富的工艺数据,且在热固性树脂中,环氧树脂是主要的复合材料基体,它具有优异的耐化学腐蚀性、卓越的纤维附着能力和尺寸稳定性。其黏度范围很大,适用于不同的制造工艺和固化过程,可做成多种标准的预浸料。

（2）先进成型工艺

复合材料成型工艺对零件性能具有重要影响。常用成型工艺有热压罐成型、模压成型和树脂传递成型。

1）热压罐成型

热压罐成型是在加温加压的封闭空间将材料固化。其主要优点是：压力均匀；尺寸稳定性好；可以制造大型零件；适用于各种厚度的层板；适用于热固性和热塑性复合材料。采用热压罐成型的主要不利因素包括：生产周期长、效率低、成本高；在固化和固结过程中，材料可能发生移动。

2）模压成型

模压成型利用压机对预浸料毛坯进行固化。通常用来制造薄平板层合结构，将预浸料按预定方向叠合成所需要的厚度，然后在模具内加温、加压固化。模压成型适用于大批量生产，生产效率高，产品精度高，模具可以使用钢、铝等廉价材料。

3）树脂传递成型

树脂传递成型（RTM）是将纤维预制件放置在一个封闭的模具内，将树脂注入模具进行固化的成型方式。制件具有较高的损伤容限能力，表面光洁度好且尺寸精度高。但 RTM 工艺存在纤维预制件难加工、模具复杂、树脂的流动性差、预制体浸润不完全等缺点。

目前较为流行的两类成型方法是预浸料铺放热压罐固化和 3D 编织 RTM 成型。例如 GE90 风扇叶片采用 IM7/8551-7 预浸料，以数百层经树脂浸渍的预浸料固化成型；LEAPX1C 发动机采用碳纤维 3D 编织增强树脂基复合材料风扇叶片，树脂固化则采用了 RTM 成型工艺。

（3）总体结构方案

以 OGV 为例进行分析（见表 2.11），产品具有形状复杂、型面要求高且承载要求较高的特点。三种成型工艺方式均能满足要求，考虑成型生产效率和成本等要求，推荐采用模压成型工艺，原材料选择预浸料。

表 2.11　OGV 特性分析

类　别	说　明	要　求
生产	需求大，能够快速批产	高
成本	单台几十片，需控制成本	较高
承载	主要受气动载荷	较高
结构复杂程度	两端带缘板的工字形薄板	较高
厚度	厚度变化较大	较高
型面精度	对叶片效率有影响	较高
光洁度	影响气流效率	较高

钛合金叶片与复合材料叶片结构对比如图 2.78 所示。

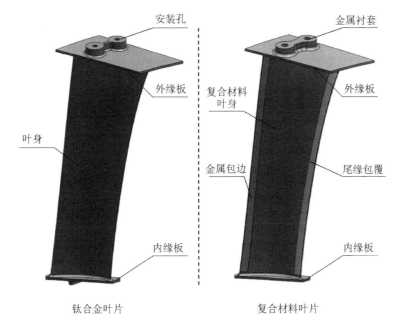

图 2.78　钛合金叶片与复合材料叶片结构对比

综上考虑,复合材料 OGV 总体结构方案如下:

① 叶片主体采用碳纤维与环氧树脂构成,外表覆玻璃纤维与环氧树脂蒙皮。预浸料毛坯加温加压条件下模压固化形成叶片。

② 为了提高螺栓连接可靠性,安装孔预埋了金属衬套。

③ 根据复合材料叶片特点对部分细节进行调整,如优化安装孔外凸台加强筋、增大叶身与缘板转角半径等。

④ 为提高叶片抗外物损伤能力,叶身前缘包覆了金属包边,采用二次固化成型。

⑤ 为提高叶片的抗冲刷及耐腐蚀性能,叶身表面增加防护涂层。

据此确定了复合材料 OGV 的基本工艺路线,如图 2.79 所示。

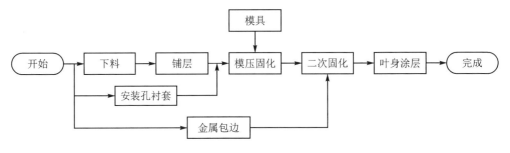

图 2.79　复合材料 OGV 的基本工艺路线

(4) 详细设计与数值仿真

为了使平面预浸料堆叠出变厚度的空间叶型曲面,需要逐层设计预浸料铺层,采用复合材料专用设计软件是比较好的解决方案。预浸料形状和纤维方向设计需兼顾考虑叶片承载能力,确定的方案经强度分析需满足储备要求。

仿真设计的叶片铺层如图 2.80 所示。

(5) 叶片可靠性验证方案

为验证叶片工作的可靠性,还需要开展试验验证,包括:静强度试验和刚度试验;湿热环境试验和油浸试验;振动疲劳试验;砂石冲刷试验等。

经过几十年的发展,纤维增强的树脂基复合叶片已被广泛应用在民用涡扇发动机上。此类部件的研制历程和应用发展均具有以下特点。

(1) 耐温能力提高,应用范围扩大

目前,涡扇发动机主要使用的树脂基复合材料包括纤维

图 2.80　铺层示意图

增强树脂基复合材料和凯芙拉增强环氧树脂基复合材料等。由于其耐温能力较差,仅限于应用在工作温度较低的冷端部件上。

为了扩大纤维增强树脂基复合材料的应用范围,近些年逐步开发耐更高温度的多种树脂基复合材料,并在航空发动机上进行验证。如在 F110 IPE 发动机上,对 VCAP 基复合材料后整流部件进行了验证;在 IHPTET 计划验证机上,对 AFR700B 基复合材料支板进行了验证,并准备应用于发动机上。

由于航空涡扇发动机性能不断提高和质量不断减轻,未来必须大量采用先进复合材料和相应的新颖结构,研发耐温能力更高的新型树脂基复合材料,也会扩大其在发动机上的使用范围。

(2) 制造技术自动化,成本降低

采用自动化纤维铺放技术,有利于提高产品的一致性,实现复杂形状、大尺寸、高精度的航空发动机构件制造,降低批产单件成本。

(3) 设计与制造一体化,综合能力提高

复合材料构件设计结果决定了其加工工艺,结构设计中需要综合考虑强度、选材和制造过程,使材料和制件在同一工艺操作过程中达到整体优化。

随着复合材料 3D 设计方法和设计制造一体化思想的形成和不断成熟,复合材料发动机部件将实现结构设计与材料选择的真正融合,综合性能潜力将得到充分发挥。

| 2.3　流动控制技术 |

随着航空发动机技术的不断进步,使用包线不断拓宽,对压气机的效率、喘振裕度以及工作范围均提出了更高的要求。气动方面不但在叶片设计时应用弯、掠全 3D

流动控制技术,还可以采用非对称端壁、端区沟槽和涡流发生器等端壁流动控制技术,以改善端区流动,提高效率和喘振裕度。对于高负荷压气机的转子叶尖,还可以采用处理机匣来提高喘振裕度。处理机匣的应用与叶片的分离特点密切相关,这一技术对于叶尖分离的压气机提高喘振裕度效果明显。为满足压气机全包线范围内工作在最佳效率和喘振裕度状态,结构方面采用叶片调节技术尤其是多级联调技术来实现不同转速、不同角度的气动状态;同时采用放气调节技术实现气动的高低压流量匹配。

　　为了不断提高压气机性能,拓宽工作范围,需要气动设计技术和结构设计技术相互配合共同努力。本节主要介绍通过流动控制提高压气机效率、喘振裕度以及拓宽工作范围常用的气动、结构设计技术。

2.3.1　端壁流动控制技术

　　风扇压气机中,叶片与端壁相交形成 4 个角隅(见图 2.81),其流动以叶表附面层和端壁附面层相交汇为主要特征,其中叶片吸力面与端壁所形成的 1、4 两个角隅,因吸力面附面层比压力面附面层厚得多而格外重要(以下所提角区均指此两个角隅)。图 2.82 示意了吸力面角隅内基本流动结构:这里不但有叶表吸力面附面层与端壁附面层,还有压力面和吸力面之间压差驱动并受端壁阻滞的二次流动。角区一旦出现分离,叶轮机性能将恶化,尤其在风扇/压气机强逆压环境下,角区分离不但使效率下降,而且容易导致压气机进入不稳定工作状态,使裕度降低。因角区流动如此重要,故许多研究者投入了大量精力,从设计调控、被动调控和主动调控三方面展开研究。

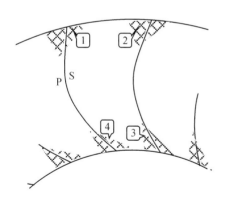

图 2.81　叶片与端壁附面层交汇角隅

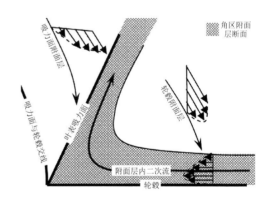

图 2.82　吸力面角隅流动结构

　　被动调控措施指通过特殊气动结构设计而不需外部能量输入实现流动控制的方法。这是一类最受工程界欢迎的调控措施,且种类较多,主要包括前缘修型、非轴对称端壁、沟槽处理等。

　　附面层在障碍物处急剧交汇产生的分离通常被称为马蹄涡。为削弱或消除端壁前缘处马蹄涡,研究者提出了一类前缘修型的被动控制措施,其中主要有工艺倒角、倒圆、凸包(Bulb)等,例如,Tweedt 在压气机叶片端区应用的大半径倒圆、Hoeger 的压气机叶片前缘角区倒圆及凸包修型等,这些措施都或多或少降低了损失、减小了堵塞、削弱了分离。2006 年,Ji 基于角区等效二维附面层假设提出了二面角原理,指出将前缘处无穷大的二面角随流变化梯度减小能削弱或消除前缘马蹄涡[62]。随后,2012 年,Ji 和 Tian 等基于二面角原理提出了叶片/端壁融合(BBEW)技术,首次形成了关于附面层交汇的系统理论和控制措施,前缘修型实质是 BBEW 技术在前缘处的具体实施[63-64],如图 2.83 所示。

图 2.83　二面角原理指导下的前缘修型

端区沟槽处理控制横向二次流也是人们广泛关注的一种被动控制措施。研究者发现,一些情况下带沟槽壁面摩擦损失比光滑壁面小,这一现象被称为沟槽效应,大量沟槽对流场影响的研究由此展开。Bechert 等和 Bruse 等研究指出,合理设计沟槽可在无压力梯度下,减小壁面摩擦损失达 10%。Sawyer 和 Winter 通过不同沟槽几何和工况下的参数化研究验证了沟槽技术减阻的有效性,并指出:当沟槽方向与流动方向一致时减阻和减损效果最好。Choi、Squire、Savill 以及 McLean 等指出,不同雷诺数和进口马赫数下沟槽壁面都存在减阻效应。非轴对称端壁(NAEW)技术首先在涡轮中出现,并显现了控制压力面向吸力面的横向二次流在角区堆积,继而降低损失的正面效果,且大量研究显示非轴对称端壁技术在涡轮中效果更明显。其后,一批学者就非轴对称端壁应用于轴流压气机中开展了大量研究。国内,卢家玲、吴吉昌分别数值研究了亚声速和高负荷压气机中应用非轴对称端壁的有效性。赵伟光、陈得胜等开展了压气机叶栅非轴对称端壁造型的优化设计,发现非轴对称端壁能减少二次损失而改善角区流动。鉴于涡流发生器在外流和进气道内流中获得成功应用,一些研究者开始试图将其应用于控制叶轮机内流。Laws 证明了在叶片前缘上游端壁处施加涡流发生器可提高跨声转子增压比与效率[65]。Diaa 设计了两种涡流发生器,并将其应用于叶片前缘上游端壁,数值结果显示端壁横向二次流强度得到了抑制,但造成了总压损失的升高。Gammerdinger 在风扇叶片吸力面上布置了涡流发生器,发现叶片通道角区分离尺度减小,却也导致总增压比损失提高。Agarwal 在 Rotor37 转子吸力面上施加了多种不同形状的涡流发生器,发现转子裕度得到提升,总增压比仍是略有下降[66]。Hergt 和 Meyer 设计了多种形状的涡流发生器,并将其应用于平面叶栅前缘上游端壁和吸力面,数值与实验结果均表明流动分离得到了有效控制[67-69]。Chima 在叶片表面和前缘上游端壁也应用涡流发生器以控制来流畸变、叶表流动以及横向二次流,取得了一定效果。总的来看,上述涡流发生器在叶轮机的应用研究中,布局位置以前缘区域和吸力面为主。从效果上看,前缘区域的涡流发生器能削弱马蹄涡,改善端壁附面层内来流扭曲状况,进而可以影响横向二次流,但并不能从根本上削弱或消除横向二次流;而吸力面上布置的涡流发生器也确实可能延迟分离、改善吸力面流动,但从 Chima 的研究中可以清晰看出,其吸力面上流线向中展方向的偏折主要是由于端壁横向二次流在吸力面附面层内的延续,因此吸力面上布置的 8 个叶式涡流发生器并不能从根本上消除端部角区的分离[70-72]。

　　除了上述被动控制措施外,研究者还提出了一些通过能量加入更高效调控流动的主动控制措施,例如附面层吹/吸气、等离子体激励、声激励等,这些也理所当然地成为端区流动结构调控的候选技术措施,其有效性因外部能量加入不言而喻,但关键是输入能量与获得效益间的权衡,高效费比主动控制技术一直是研究努力的要点,且有结构、控制等许多待解难题,工程实用化道路仍然漫长。

　　基于角区附面层为叶表、端壁附面层交汇的物理认识和二面角定义,假设角区附面层最大厚度由两个附面层厚度通过考虑交汇区附面层堵塞叠加而得,如图 2.84 所示。研究表明:二面角越小,角区越易分离;二面角沿流向递减才有可能发生角区分离,且二面角随流梯度绝对值越大,角区越容易分离;控制二面角的空间范围以附面层厚度尺度为基准。继而指出二面角原理的三种应用方式,如图 2.85 所示,即增大二面角角度,增大过渡曲线(面)的最小曲率半径,降低二面角流向变化梯度。

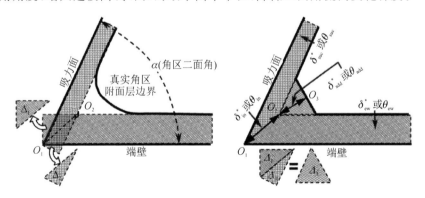

图 2.84　角区附面层等效模型示意

　　综合有关非轴对称端壁研究,可以看出,其物理原理清晰,即通过横向流动流管控制横向二次流动强度而削弱角区低能流体堆积、抑制角区分离;但迄今的非轴对称端壁研究往往未能考虑叶表、端壁附面层交汇以及端区来流扭曲,控制能力并不全面,而且惯用的横向波浪形非轴对称端壁通常并不能兼顾非设计点性能,因而在压气

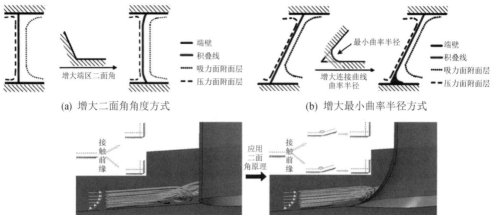

(a) 增大二面角角度方式 　　　　　　　　　　　(b) 增大最小曲率半径方式

(c) 降低二面角流向变化梯度方式

图 2.85　二面角原理的三种应用方式

机中效果有限。Garcia-Mayoral 和 Jimenez 通过实验结果(见图 2.86)指出：尽管沟槽增大了壁面浸润面积,但由于近壁面主要涡系只与沟槽尖部相互作用,湍流附面层内流向涡强度减弱,对近壁面主要涡系影响增强,叶片表面摩擦损失得以改善。由此看,一方面,叶轮机端壁区应用沟槽确实有可能降低摩擦损失,同时也会由于类似翼刀的阻隔机制而减弱横向二次流,但叶轮机端壁区流动角度的复杂性以及设计方法的相对不足使得正确使用沟槽处理面临障碍;另一方面,沟槽增大了浸润面积,增加了权衡使用的困难,使得沟槽处理技术至今尚难以成熟。

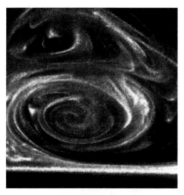 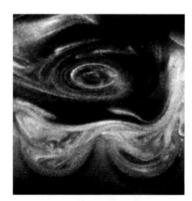

(a) 光滑壁面 　　　　　　　　　　　　　(b) 沟槽壁面

图 2.86　光滑壁面与沟槽壁面流动结构

　　在国内,北航周盛团队曾类比外流提出内流跨声面积律,李秋实将该技术用于轮毂流路修型以改善堵塞状况。针对机匣流路,张玙璠研究表明,根据尖区叶片负荷的不同,存在一个最佳下压机匣角度使得压气机负荷能力最好(见图 2.87),并分析了不同下压角度情况下各种损失所占比例(见图 2.88)。这些研究说明,子午流路修型实质是通过端区流管设计而改善端区流动,但对端区关键流动结构改善并没有针对性。

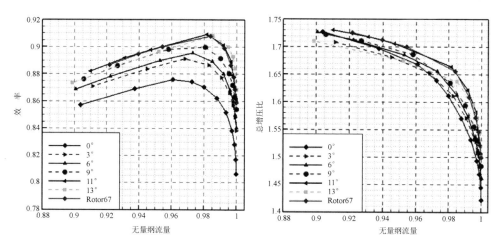

图 2.87　不同下压机匣角度情况下效率和总增压比特性对比

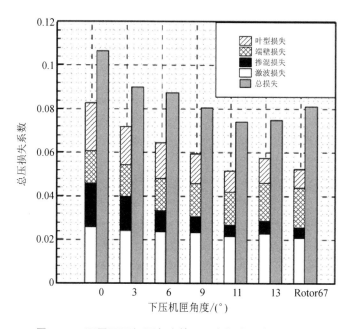

图 2.88　不同下压机匣角度情况下各损失所占比例对比

北京理工大学季路成团队陆续开展了仅针对角区几何修型控制叶表端壁附面层交汇的 BBEW 在轴流压气机转子叶片、离心压气机叶轮等实例中的应用探索。其中,对具有根部角区分离的 NASA67 转子叶片实施 BBEW 的数值研究表明,该技术在全工况范围内具有有效性。图 2.89、图 2.90 分别展示了实施该技术后端区叶片外貌、效率特性和流动结构改善情况,表明 BBEW 在削弱角区叶表/端壁附面层交汇与堆积、改善角区流动性能方面的作用及潜力,能够在兼顾气动与工艺强度的基础上满足角区分离抑制需要,是解决角区分离问题的较佳途径。而从国外叶轮机 CFD 软件及部分叶轮机实体照片看,如图 2.91 所示,或许国外已将此作为秘而不宣的技术,唯独尚不清楚是否理论上将倒圆和 BBEW 区分开来。

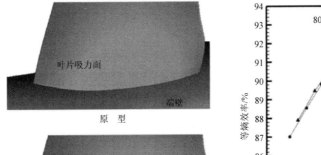

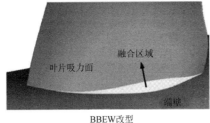

图 2.89　原型与 BBEW 改型等熵效率特性对比(地面)

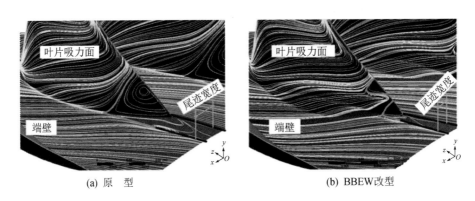

(a) 原　型　　　　　　　　　　　　(b) BBEW改型

图 2.90　NASA67 尾缘近轮毂处的极限流线对比

需要说明的是,BBEW 与弯叶片、倒圆(fillet)两类技术有本质的区别。首先,弯叶片技术强调靠叶片力控制压力梯度控制二次流,而 BBEW 基于二面角原理,主要控制附面层交汇导致分离的趋向并结合了非轴对称端壁的优势;弯叶片通过周向位移叶片基元来实现,BBEW 则是沿交汇区以不同曲率半径曲面衔接叶片与端壁,可协调调节二面角流向分布;BBEW 强调区分端区和主流区间流动控制机理的差异,具有明确的实施尺度范围准则,即最小曲率半径在当地附面层厚度尺度。对比倒圆,BBEW 沿流向最小曲率半径变化,出发点是调控流动;而倒圆一般沿叶片周长曲率半径不变且出发点是避免应力集中。尽管近年来国外正在关注倒圆影响,但尚未形

图 2.91　EJ200 首级压气机根部(叶片与端壁连接曲面曲率存在流向变化)

成具有理论指引的主动应用。尤其是前缘倒圆、弯叶片、非轴对称端壁的综合利用技术以及 BBEW 所带来的根区结构增强让研究者们更加坚信:BBEW 可广泛应用于各类型叶轮机,是高负荷叶轮机叶片三维造型的一个必然方面。2013 年,Turgut 和 Camci 提出了同时进行交汇区融合和非轴对称端壁的造型方法(见图 2.92),并在 AFTRF 全环形实验平台上进行了验证,表明面积平均气动损失最大可降低 15.06%,而通道出口总质量平均的损失可降低 1.28%。2014 年,Sangston 等试验验证了一种新叶片端区设计方法,其使二面角减小,从而导致端壁损失和通道损失分别降低 23% 和 10%,效果显著。

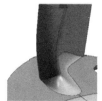   

图 2.92　交汇区融合和非轴对称端壁联合造型方法

随着叶轮机负荷的提高,端区压力面与吸力面压差变得更大,端区横向二次流趋强,在端区各关键流动结构影响的权重变得越来越大,二次流调控因而成为诸多提高负荷能力中最重要的方面。北京理工大学季路成团队将涡流发生器直接应用于叶片前尾缘间的端区,首次从源头调控出发,仅采用 1~3 个涡流发生器就实现了端区横向二次流的有效控制,尤其从攻角特性图中可以看出,所采用的 NACA65 大折转叶栅、1 个和 3 个涡流发生器的最优布局方案几乎使叶栅损失系数在全工况范围内降低 15%~25%,且当施加 3 个涡流发生器时,原型设计点存在的角区分离可以完全消除,如图 2.93~图 2.97 所示。

国内外的研究表明,端壁流动控制技术应用在压气机上均获得了一定的收益,在发动机上已有部分应用。端壁流动控制手段较多,针对不同的问题可以有针对性地选择端壁流动控制手段,在后续高负荷压气机设计中通过采用端壁流动控制技术改善流动情况,提高喘振裕度,提高发动机的稳定性,应用前景较为广阔。

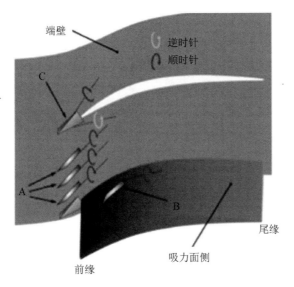

图 2.93　涡流发生器在叶栅通道布局位置

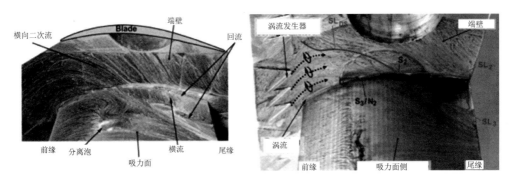

图 2.94　涡流发生器在叶栅前缘的应用研究

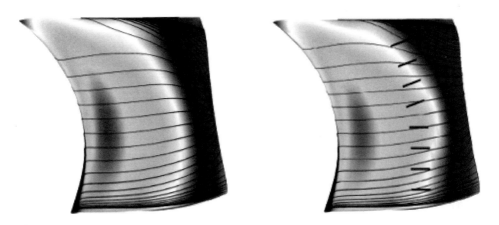

图 2.95　涡流发生器应用于叶片吸力面效果

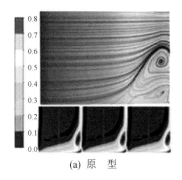 

(a) 原 型   (b) 施加3个涡流发生器

图 2.96 施加 3 个涡流发生器前后吸力面流线和出口截面损失系数云图

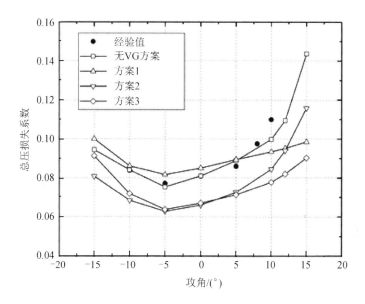

图 2.97 施加涡流发生器前后叶栅攻角特性对比

2.3.2 处理机匣技术

　　自从 Koch 偶然发现处理机匣的扩稳作用以来,大批学者对其进行了广泛的探索[73]。在 20 世纪 60 年代末,研究者们主要围绕 Koch 最初实验的多孔壁机匣进行实验研究,在实验室对多孔壁及蜂窝处理机匣的结构形式进行了大量优化。然而此类处理机匣的扩稳效果非常有限,很难达到理想的扩稳效果。

　　进入 70 年代,研究工作侧重于槽类和缝类处理机匣。Muller 等人[74]试验与数值研究了 4 种周向槽机匣处理结构对单级跨声风扇(级设计增压比为 1.5)气动性能的影响。该研究表明,在 4 个转速下处理槽的深度及处理机匣覆盖的轴向面积对其扩稳效果有很大的影响。而在设计转速下,小槽深的机匣处理使峰值效率提高 1%

左右。Tim Houghton 等人[75-76]在一亚声速压气机转子上进行了单个周向槽机匣处理的试验与数值研究,研究结果表明,深槽的扩稳效果比浅槽的好,但深槽机匣处理的轴向位置处于 0～55％叶顶轴向弦长范围时,将降低压气机效率。当机匣处理的轴向位置处于 55％叶顶轴向弦长之后的范围时,深槽与浅槽的扩稳效果相当,两种槽深的处理对效率影响很小。Wilke 等人[77-78]数值研究了半圆弧形缝式机匣处理对 NASA rotor37 性能及流场的影响。在该研究中,设计了 3 种半圆弧形状的缝式机匣处理结构,如图 2.98 所示。3 种处理机匣的径向倾斜角均为 60°,其中一种处理机匣为自适应流动机匣处理,即在前部喷气,后部引气,并在处理机匣中布置了 2 个隔墙。数值计算结果表明,在设计转速下所有机匣处理均有效地扩大了压气机的稳定范围,处理机匣和转子叶顶的轴向叠合量为 50％的比 25％的扩稳效果好很多,但该研究中的自适应流动机匣处理结构尽管有较强的扩稳能力,但对该压气机总增压比及效率的损害也很大。

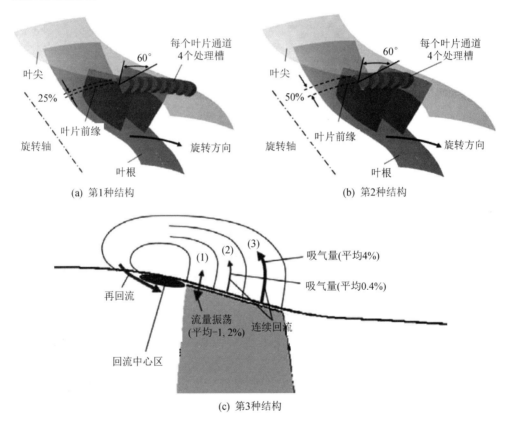

图 2.98　3 种圆弧形处理机匣结构简图

国内外学者开展了更加深入的扩稳机理研究。Huang 等人在进气畸变条件下采用周向槽处理机匣对某低速轴流压气机进行了三维数值模拟,结果表明,周向槽处理机匣可以有效地去除机匣端壁处的低能团,在使压气机失速裕度提升的同时,绝热效率略有降低。Rabe 和 Hah 对 3 种不同几何结构的周向槽处理机匣进行了数值和实验研究[79-80],3 种周向槽处理机匣均使得转子叶片的攻角以及叶尖间隙涡得到改善,从而扩展了压气机的稳定工作范围。Shabbir 和 Adamczyk 用五槽周向槽处理机匣对一台 4.5 级的低速轴流压气机的第一级转子进行了数值研究[81],从轴向动量穿过处理槽的径向输运的角度对周向处理机匣提升失速裕度的机理进行了解释。与实壁机匣相比,周向处理机匣降低了尖区的堵塞。Lu 等人在一台亚声速压气机上对周向槽处理机匣和轴向斜槽处理机匣进行实验研究,研究表明,两种处理机匣均使得主通道的叶尖泄漏涡传播减弱。

在大量实验研究的基础上,同时借助数值模拟的辅助分析发现,不同形式处理机匣对风扇压气机的性能影响主要有以下几方面:

① 通过采用机匣处理,形成叶尖泄漏流的通道,减少泄漏流下游对叶片通道造成的阻塞,使压气机失速裕度得到改善。漏流量的大小也直接反映了叶尖区气流的损失,叶尖泄漏流、端壁区低动量流体与主通道的激波之间的干涉作用对跨声速压气机的失速起始是至关重要的。叶尖泄漏涡的卷起,并且形成旋涡经过激波的前部,由于强烈的逆压梯度,旋涡通过压缩波时直径迅速增大,使流道的有效流通面积缩小,造成堵塞;旋涡破裂的可能性主要依赖于波前马赫数、旋涡的强度以及旋涡的运动轨迹等。

② 叶片通道中主流和机匣开槽结构内气流之间的动量与质量交换。机匣开槽结构内非定常流的测量表明,在主流和凹槽流之间存在显著的动量与质量交换,叶尖附近主流在叶盆尾缘气流高压作用下进入斜槽,而后气流在叶盆前缘以高速由斜槽射入主流,该高速射流有效地扫除叶尖易失速的附面层并给主流加功,从而延迟气流分离,扩大压气机的失速裕度并减少二次流损失。动量交换而形成高速射流对轴向斜槽类结构更加有效,而主流和凹槽流之间的质量交换则对周向槽结构更加有效。

③ 机匣处理对压气机子午面内环壁附面层的控制。当压气机转子接近失速时,反压增大,逆压力梯度增大,机匣环壁附面层变厚。测量表明,当环壁附面层位移厚度的增长达到叶片栅距的 20% 时,转子就进入失速状态。采用机匣处理可以使机匣壁面的摩擦应力有利于推迟环壁附面层顺流增长的过程,因为叶尖环形间隙中的气流可以进入凹槽,而凹槽吸收气流的逆流动量就可以实现这种有利的情况。而实壁机匣的摩擦应力却起相反的作用,即有助于环壁附面层的增长。

④ 采用机匣处理,造成在叶尖区有柔性壁面吸收压力扰动。凹槽气流和主气流形成的分界面对于局部扰动来说是个柔性壁面,它在实壁机匣对压力扰动起放大器作用的地方,起阻尼器的作用。当压气机朝失速边界节流时,气流有一种近于不连续的流动特性。可用沿转子旋转方向以部分速度传播的压力扰动或小振幅的速度扰动来标记,一般来说这是一种破坏压气机工作稳定性的小振幅旋转失速,这种扰动振幅可随进一步的节流而增长,直到气流工作状态出现明显的不连续性质为止。采用机

匣处理可以衰减传播压力扰动的振幅,使它直到节流过程过去后都没有建立起不连续的工作状态。机匣处理的凹槽对周向静压变化起到一种抑制作用,控制旋转失速气团的发展,使得气流分离得以抑制。

⑤ 由于转子叶尖区流动复杂,在设计时为了增加加功量,使得转子叶尖处的负荷加大,导致转子尖部极易发生失速,通过采用机匣处理后,改善转子叶尖区叶片上的压力分布,减轻了叶片前缘负荷,使叶尖区叶盆静压增大,叶背前缘负荷减轻。

在上述影响中,对泄漏流的改善效果是各种处理机匣数值模拟和实验最直接观测到的现象。因此,处理机匣对泄漏流的作用已经成为评价扩稳流场细节的一个重要的评价方法。而处理机匣对于流动损失的影响也存在二重性。一方面,正如前面所述,处理槽与主流的掺混以及槽内的旋涡流动增加了损失;另一方面,处理槽的抽吸效应改善了转子叶尖的泄漏流和低能团的堵塞,叶尖流通能力获得改善,从而降低了堵塞、溢流损失。前述各种处理机匣对效率的影响归根到底就是二者的综合作用。总的来看,slot 槽类机匣对于裕度的改善效果最佳,但对效率影响也最大;groove 周向槽机匣对效率影响较小,但扩稳裕度相对较小;而优化的圆弧类 slot 槽可以最大限度地降低槽内的流动损失,非对称的或周向部分布局的 slot 槽类机匣则可在裕度与效率之间取得平衡。

楚武利等人设计了一种"折线斜缝式"机匣处理(见图 2.99),它的主要结构特征是依照进口方向确定前段缝的走向,在进口无预旋的条件下其类似于原来的叶片角向缝,整个缝齿再像原来的径向倾斜缝一样沿径向倾斜一个角度。各种处理机匣结构类型如表 2.12 所列。表 2.13 给出了压气机转子的峰值效率和边界效率随轴向叠合量的变化趋势。表 2.14 给出了两个不同背腔容积下,压气机裕度和效率的变化结果。

表 2.12　各种"折线斜缝式"处理机匣的参数

结构类型	NO. 1	NO. 2	NO. 3	NO. 4	NO. 5	NO. 6	NO. 7	NO. 8	NO. 9
轴向叠合量/%	0	16.6	33.3	50	66.6	83.3	100	50	50
容腔容积/cm^3	280.8	280.8	280.8	280.8	280.8	280.8	280.8	280.8	1 572
放置方向	正	正	正	正	正	正	正	反	正

表 2.13　轴向叠合量对处理机匣扩稳效果及效率的影响

结构类型			NO. 1	NO. 2	NO. 3	NO. 4	NO. 5	NO. 6	NO. 7
轴向叠合量/%			0	16.6	33.3	50	66.6	83.3	100
扩稳效果	0.54	流量裕度改进/%	10.66	11.33	21.68	22.79	21.12	19.85	26.89
		综合裕度改进/%	25.47	16.12	56.43	62.79	48.08	40.95	25.55
	0.71	流量裕度改进/%	2.49	0.09	23.45	15.04	10.01	14.83	17.82
		综合裕度改进/%	−0.31	−10.40	33.07	22.47	5.51	39	24.69

续表 2.13

结构类型			NO.1	NO.2	NO.3	NO.4	NO.5	NO.6	NO.7
效　率	0.54	峰值效率改进/%	1.09	0.77	1.50	0.57	−1.16	−2.41	−1.93
		边界效率改进/%	1.09	0.22	0.62	0.51	−1.24	−3.51	−2.78
	0.71	峰值效率改进/%	1.67	1.02	1.37	0.83	−0.32	−1.12	−5.53
		边界效率改进/%	0.41	0.88	1.33	0.28	−0.87	−1.60	−5.92

表 2.14　背腔容积及放置方向对压气机性能的影响

结构类型	背腔容积/cm³	放置方向	叠合量/%	$N_{cor}=8\ 270$ r/min				$N_{cor}=10\ 765$ r/min			
				流量裕度改进/%	综合裕度改进/%	峰值效率改进/%	边界效率改进/%	流量裕度改进/%	综合裕度改进/%	峰值效率改进/%	边界效率改进/%
No.4	280.8	正	50	22.79	62.79	0.57	0.51	15.04	22.47	0.83	0.28
No.8	—	反	50	12.72	8.73	−1.92	−2.88	3.88	−4.44	−1.29	−3.29
No.9	1 572	—	50	23.50	63.70	−0.46	−2.36	15.04	16.21	0.83	0.28

在单级轴流压气机实验台上的实验评定结果表明：

① 折线斜缝式机匣处理(见图 2.99)不仅可以扩大压气机的稳定工作范围,而且可以兼顾效率,使效率不降低或略有提高。在结构参数合适时,处理机匣可使孤立转子的综合裕度最多改进 63.7%（No.9,$N_{cor}=8\ 270$ r/min）,峰值效率最多提高 1.5%（No.3,$N_{cor}=8\ 270$ r/min）,边界效率最多提高 1.3%（No.3,$N_{cor}=10\ 765$ r/min）。

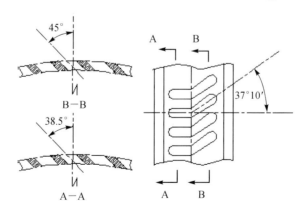

图 2.99　折线斜缝式机匣处理

② 折线斜缝式处理机匣的轴向叠合量,即处理机匣与一级转子叶尖重叠部分的轴向弦长与叶尖轴向总弦长的比值,对裕度和效率两个关键性技术指标有重要影响。从工程应用的角度讲,叠合量小于 50% 较合适,可兼顾效率和裕度两个指标。

③ 背腔容积对裕度及效率的影响要小得多,背腔容积成倍加大后,扩稳效果变

化并不明显,低转速下效率还有所下降,因此背腔容积不宜过大。

结合径向倾斜缝和叶片角向缝的结构特点,李玲等设计了一种圆弧斜槽处理机匣(见图 2.100)。在单级跨声速风扇的试验测试表明,圆弧斜槽机匣处理能使风扇的失速裕度提高 20% 以上,同时使得风扇的峰值效率提高 1~2 个百分点。

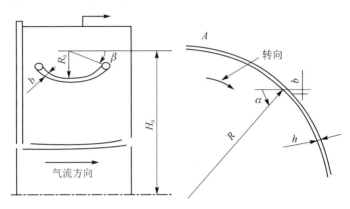

图 2.100　圆弧斜槽处理机匣

西北工业大学的朱俊强等人在亚声速压气机单转子上对周向槽处理机匣和 3 种缝式处理机匣(见图 2.101)进行了实验研究,并对其流动控制机理进行了分析,研究

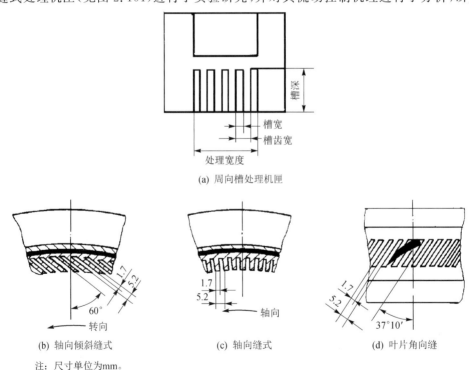

注:尺寸单位为mm。

图 2.101　4 种周向槽和缝式处理机匣

结果表明:周向槽处理机匣对失速裕度的改善量较低,同时效率损失也较低;缝式处理机匣虽然对失速裕度的提升量很大,但是效率损失也较多;斜沟槽式处理机匣对效率有所提高,但裕度却有所降低。

由于处理槽的喷流方向和处理槽内部的流动损失对处理机匣的性能有较大的影响,北京航空航天大学的陆亚钧等人设计了一种圆弧斜槽处理机匣,如图 2.102 所示。实验结果表明,圆弧斜槽处理机匣不仅具有很强的扩稳能力,而且对压气机气动效率影响比较小,甚至在某些工况下可以使压气机的峰值效率略有提升。另外,为了克服矩形槽角区流动所带来的流动损失,Florian C. T. Danner 等人在 2009 年设计了一种半圆形轴向槽处理机匣,如图 2.103 所示,在跨声速压气机单转子上的实验结果表明,该处理机匣在设计转速不仅使压气机的失速裕度的绝对量提升了 18.7%,失速裕度的相对提升量为 85.4%,而且效率提升了 0.5 个百分点,效率的相对提升量则为 0.58%。Wilke 和 Kau 在某高压压气机单级上数值研究了半圆形轴向槽处理机匣在 25% 和 100% 搭接量时对压气机稳定工作范围的影响。研究表明,25% 搭接量的处理机匣在使压气机稳定工作范围扩大的同时,效率降低得很少;处理槽前端喷出的旋涡阻止了叶尖泄漏涡的卷起,从而提升了压气机的稳定性。

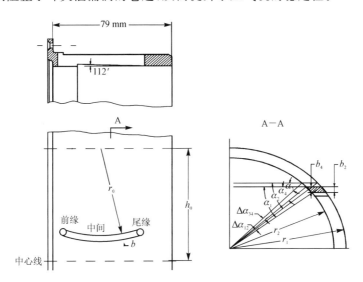

图 2.102　圆弧斜槽处理机匣

分析处理机匣影响效率的原因可知,一个重要的损失来源就是处理槽与主流的掺混损失以及处理槽内的角区旋涡损失。而为了对处理机匣在裕度和效率之间进行平衡,国内外研究者们设计出了部分周向处理的机匣。Cumpsty 最早在 1989 年采用了周向部分分布和全周分布的轴向斜槽处理机匣对轴流压气机的失速进行了实验研究,结果表明,部分周向分布的轴向斜槽处理机匣不仅可以提升压气机失速裕度,而且相对全周处理机匣,损失减弱。

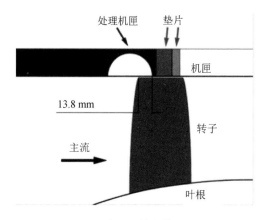

图 2.103　半圆形轴向槽处理机匣

国内蒋华兵采用周向部分分布的圆弧斜槽处理机匣在一台低速轴流压气机上的

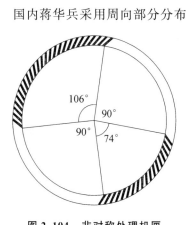

图 2.104　非对称处理机匣

实验结果表明,相比实壁机匣,周向部分处理机匣在稳定裕度提高 35.5% 的同时,使设计点的效率提升了 1.1 个百分点。刘建勇采用非对称处理机匣(见图 2.104)在一台跨声速轴流压气机上的实验结果表明:该非对称处理机匣的设计转速使压气机效率提升了 0.8 个百分点,裕度提升了 16.73%。

处理机匣作为一项成熟的扩稳技术在整机应用较多,俄罗斯的多型发动机如 AJI - 31Φ 等、我国的昆仑发动机低压压气机以及燃气轮机低压压气机均应用了处理机匣技术。

不同形式的处理机匣应用已经非常广泛,目前主要应用于跨声低压压气机/风扇、压气机,但随着压气机负荷水平的不断提高,转子叶尖马赫数已经达到 1.8 左右,这种高超声风扇压气机中,处理机匣对性能的影响尚不明确,激波与处理槽气室间的干涉作用更为显著,对作为提高端振裕度重要手段的处理机匣仍需深入研究。

2.3.3　盘腔减涡技术

随着航空发动机技术的不断发展,涡轮前温度不断提高,对高压涡轮叶片冷却提出了更高的要求。冷却气体通常是从压气机的适当位置引气,压气机引气可以分为外部管路输送和内部通道输送两种形式。由于空气系统从主流道引气,被引走气流不参与发动机做功,对于耗油率有重要影响,因此,合理地安排引气位置,尽可能减小空气系统沿程压降是供气流路设计的关键,是提高引气利用率和压气机效率的重要保证。

向转子内引气属于内部通道输送,一般从两级压气机级间鼓筒上开孔引气,径向内流到压气机盘心,然后沿发动机向后流动,依次经过压气机盘心孔、涡轮盘心孔或者涡轮轴上的孔,为气冷叶片提供冷气或者满足涡轮盘缘燃气封严的要求。由于这种引气方式集成性好,且可以沿程冷却其他部件,因而被广泛采用。

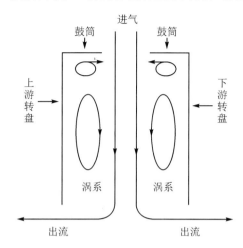

图 2.105　压气机引气结构流线示意图

冷气从压气机级间鼓筒引入一个典型的旋转盘腔,径向内流过程中将形成强烈的旋流,如图 2.105 所示。如果冷气形成的是自由涡,那么在径向内流过程中形成的旋流将越来越强烈,从而产生非常大的压力损失。在径向内流流路中采取措施引导气流径向流动,破坏自由涡形成,是降低压力损失的有效途径。

在径向内流流路中引导气流径向流动的主要技术措施有设置减涡管、减涡喷嘴、减涡板等(见图 2.106)。

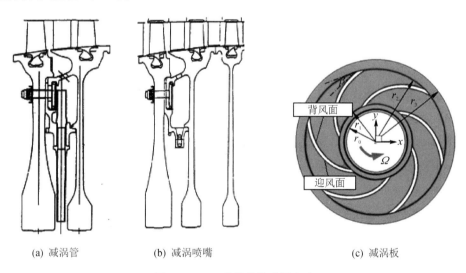

(a) 减涡管　　　　　　(b) 减涡喷嘴　　　　　　(c) 减涡板

图 2.106　三种常见的减涡方法

数值模拟和试验研究结果表明,三种减涡技术措施均能在一定程度上降低气流流动损失,实施效果与引气结构的具体几何尺寸、发动机工作状态之间存在着复杂的交互影响关系。

减涡喷嘴即在压气机盘的径向中心位置附近安装一组与转盘转动方向相反的喷

嘴，迫使气流进入喷嘴后形成与原气流旋转方向相反的流动，抑制气体形成自由涡。虽然这种减涡措施结构紧凑，但是由于其流动特性的非单调性，设计上难度非常大。BR710 应用的就是这种盘腔减涡措施。

减涡管是在压气机盘间安装一系列径向圆管，通过减涡管的径向引导来促进气流的径向流动，降低气流压降，从而使其更易由压气机轮毂流向盘心。减涡管流动原理简单，应用较为广泛，目前 PW4000、GE90、LEAP-X 等发动机均采用这种盘腔减涡措施。

减涡板则是在盘腔内安装一定数量的隔板，通过隔板形成的通道引导气流更好地流向盘心，同时起到碎涡的作用。

（1）减涡喷嘴研究情况

理论分析和试验验证表明，减涡喷嘴流动特性的主要特征是气体经过喷嘴后呈现出压降随流量非单调性变化的规律（见图 2.107），非单调的流动特性使得空气系统的设计非常复杂，喷嘴结构尺寸难以选择。另外，这易造成有些工作状态点的瞬态滞后效应而发生燃气入侵的现象，甚至引起发动机的失效。该缺点限制了减涡喷嘴的工程应用，新研发动机中已较少采用该结构。Dimitrie、Pfitzner 和 Fatrthing 等人的理论和试验研究结果也表明了减涡喷嘴的流动特性[82-88]。

（2）减涡管研究情况

由于减涡喷嘴的流动非单调性问题，设计上难度较大，因此研究人员设计了减涡管（见图 2.108），并进行了大量的数值模拟和试验研究。

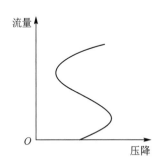

图 2.107　减涡喷嘴流动特性的非单调性

图 2.108　盘腔减涡管

减涡管流动方面表现出压降随流量单调增大的关系，有效改善了喷嘴流动非单调性的缺陷（见图 2.109），并且可以通过增加有效流通面积（增加减涡管的数量或增大内径）来增加引气量；其流动损失较大的区域为减涡管进口和出口，因此在进口应当合理设计进气方向，出口增加偏流装置。另外，减涡管的长度对引气效率和强度均有较大影响，管长选择需要兼顾引气效率和强度要求，而且减涡管由于自身长度等原因易形成振动,造成局部应力偏大(见图 2.110),在结构设计时需要采取措施保证振动应力在可接受的范围内,如在减涡管内增加阻尼管(见图 2.111)。Dieter Peitsch、Peitsch、Dmitrie 等人对减涡管进行了理论分析和试验研究,得出了类似的研究结论[91-93]。

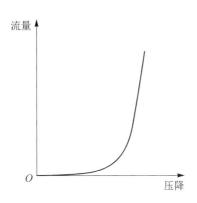

图 2.109　减涡管流动特性比较

图 2.110　某减涡管动应力分布

(3) 减涡板研究情况

对减涡管的研究结果,验证了这种结构在改善盘腔压降上的效果,但是同样发现存在减涡管体积、质量较大等结构上的不利因素,且在高速旋转过程中容易产生振动。为此,研究人员提出了减涡板结构(见图 2.112),相比于减涡管,减涡板具有结构简单、振动较小等优点,目前成为了航空发动机中盘腔减涡技术的重要备选方案,并在一些发动机上应用。

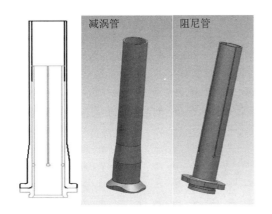

图 2.111　减涡管结构

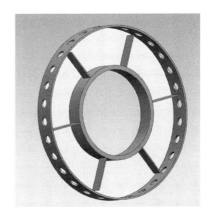

图 2.112　减涡板示意图

影响减涡板流动特性的主要参数有板的结构形式、数量和安装角度,以及板的曲率等,适当增加减涡板的长度和数量可以提高引气效果,但是超出一定范围,提升的趋势逐渐缓慢。杜小青、单文娟等人对减涡板进行了理论分析和试验研究,也得出了类似的研究结论[89-91]。

目前,国外针对径向内流旋转腔的流动特性和减阻特性进行了大量的理论、试验和数值研究,也验证了盘腔减涡技术的有效性,可以改善盘腔流动,并得到了一些结构强度方面的结论,许多成果已经运用于现役发动机上。

盘腔减涡设计技术涉及多专业、多学科,其需要气动、结构、强度、振动专业的协同设计,既要考虑其功能性需求又要考虑其可靠性,即盘腔减涡技术要尽量满足空气系统的要求,尽量减小引气损失,同时也要满足结构强度要求,并具有良好的装配性。

(1) 减涡喷嘴

从影响喷嘴引气效率的方面考虑,影响的因素主要有喷嘴的孔型、孔径、孔的长度、安装的径向高度、孔的数量和周向分布情况。从结构强度及装配性的方面考虑,希望减轻质量,减少孔的数量;从平衡的角度考虑,希望喷嘴周向均布。因此在减涡喷嘴设计时必须兼顾空气系统要求和结构设计要求,喷嘴的形状和角度对引气效果有重要的影响,一般情况下采用圆形喷嘴,其引气损失较小,喷嘴的进气方向应与转动方向相反,这样更有利于抑制强自由涡流的形成,减小引气损失。

(2) 减涡管

从影响减涡管引气效率的方面考虑,影响的因素主要有管的直径、管的长度、安装的径向高度、管的数量和周向分布情况。由于减涡管结构尺寸远大于减涡喷嘴,其离心力和减涡管的振动问题给结构设计增加了较大的难度。从降低离心力的方面考虑,希望管的直径和长度尽可能小,管的数量尽可能少,管的安装高度尽可能低;同时,为了减小减涡管的振动,也希望减涡管长度尽可能短,从平衡的角度希望减涡管周向均布。因此在减涡管设计时,在满足空气系统要求的情况下,应尽量缩小管径、缩短长度并减少管的数量,同时降低管的高度。与减涡喷嘴相比,离心力的增大需要增大减涡管安装盘的尺寸,因此需要足够的轴向空间,为此在气动专业设计时需要预留足够的轴向尺寸。针对减涡管的振动问题,在强度评估时需要开展减涡管的振动评估,若存在动应力偏大问题,则可以考虑增加阻尼措施,如增加阻尼管等,以吸收引气机构在工作过程中的振动能量,进而减小振动,并在可能存在微动磨蚀的部位喷涂耐磨涂层,以提高机构的可靠性和寿命。

减涡管长度选取主要依据是气流相对盘腔的周向速度,自由涡的发展与周向速度变化趋势具有很大关系。经分析,高周向速度时增加减涡管长度有利于减小损失,而低周向速度则需要将减涡管口置于周向速度较低的位置。根据这一原则,减涡管长度的选择需要综合考虑发动机全转速范围内的使用需求。鼓筒上孔的形状对引气损失也有一定影响,相同面积的情况下长圆孔更有利于减小引气损失,这是因为越长窄的孔在周向上的阻碍越小,有利于气流流入盘腔,其入口处的旋流数更低,有利于减小盘腔内的压力损失。

在保持其总引气面积不变的情况下,合适的管数有利于减小引气损失。在总引气面积不变的情况下,管数较少的时候,导流管破坏盘腔内涡系的能力不足,盘腔内压损较高;管数较多的时候,气流进出导流管产生的局部损失就较多,同样导致盘腔内总压损较高,因此合适的导流管管数可使得盘腔内静压损失最低,但也要满足结构强度设计要求。

减涡管与引气孔周向和轴向相对位置的选择也是设计的重点,周向和轴向两个方向上引气孔与减涡管的偏移对减阻效果有影响。周向上,引气孔适当向盘腔旋转反向偏移能够减少压力损失;而轴向上正对减涡管位置具有最小的压力损失。其原因是,气体从引气孔流出到进出减涡管口这段距离,会因引气孔偏移位置改变而改变,当引气孔向旋转反向偏移时,能够使减涡管口的气体所流经的距离减小,因此也减小了气体的周向速度,从而减少压力损失。而轴向上不具备这一特点。

(3) 减涡板

从影响减涡板引气效率的方面考虑,影响的因素主要有板的长度和宽度、安装的径向高度、板的数量和周向分布情况。由于减涡板结构尺寸介于喷嘴式与管式之间,从降低离心力的方面考虑,希望板的长度和宽度尽可能小一些,板的数量尽可能少,板的形式尽量简单;从平衡的角度考虑,希望周向均布,因此在设计时,在满足空气系统要求的情况下,适当缩小板的尺寸及减少板的数量。减涡板与减涡管同样可能存在振动问题,因此设计时要分析其振动特性并在可能存在微动磨蚀的部位喷涂耐磨涂层。

在满足结构强度要求的前提下可以适当增加减涡板的长度,增加减涡板的长度可以增强导流效果,减小引气损失,但长度达到一定值后导流效果增强的趋势逐渐缓慢。

在保持其总引气面积不变的情况下,合适的板数有利于减小引气损失。当减涡板的个数增加后,由于导流效应高,引气效果逐步提升,但增强的趋势逐渐缓慢。板数较多的时候,气流与减涡板产生的局部损失就较多,同样导致引气效果的下降,因此合适的减涡板数可使得盘腔内引气损失最低。

理论分析和试验研究均表明,盘腔减涡技术可以有效地减小空气系统沿程压降,提高引气利用率,因此其在军机、民机、燃气轮机等大、中、小涵道比发动机中均有广阔的应用前景,可以应用于航空发动机及燃气轮机高压压气机转子引气设计,特别是用于解决双级涡轮的航空发动机及燃气轮机涡轮转子的冷却问题。

2.3.4 叶片调节技术

随着飞机飞行包线越来越宽、机动性越来越高以及超声速巡航等要求的不断提高,对发动机各项性能指标的要求也在不断提高。由于发动机处于不同的工作状态,压气机的工作转速、压力以及空气流量等变化范围较大,为使压气机在全包线范围内都工作在最佳工作状态,适应发动机所需的流量、增压比和稳定性,通常采用叶片调节的手段来实现。对于风扇,多采用进口可变弯度进口导叶的调节,高压压气机除进口可调导叶外,后面级静子也多为可调叶片。叶片调节的变化趋势是低转速关角度,随着转速提高,角度不断打开。通过角度调节实现各转速下压气机工作在效率、喘振裕度的最佳状态,以此满足发动机的使用需求。

航空发动机压气机技术的发展,引领着多级联调机构技术的发展方向。50 多年来,航空发动机的发展历程经历了 4 代,大多数具有代表性的发动机均采用了可调静子叶片技术。可调静子的调节规律是通过气动设计时综合考虑效率和喘振裕度优化所得。要实现不同转速下静子不同的工作角度,尤其是高压压气机多排静子可调,每一排分别对应不同的调节角度,还要实现多级联调(VSV),这对结构设计提出了较大挑战。国内外一些学者就 VSV 调节机构的多体系统理论、数值仿真、相关试验以及功能等方面进行了研究。

(1) 多体系统理论研究

多体系统指的是多个物体(刚体或柔体)通过运动副连接的机械系统。VSV 系统由多个零部件通过球铰等连接成一个整体,是一种多体系统。多体系统理论又分为多体系统运动学和多体系统动力学。

1) 多体系统运动学

多体系统运动学主要研究多体系统各个部件在运动过程中的运动关系。空间机构的常用分析方法有:方向余弦矩阵法、蔡斯-牧野法、球面三角法、D-H 矩阵法等。其中 D-H 矩阵是 Denavit 和 Hartenberg 在 1955 年引入的一种描述空间坐标变换的四阶矩阵。通过 D-H 矩阵法可以较方便地得到矩阵形式的闭环回路方程,表达简单,通用性强。后人又对 D-H 法进行了改进,把矩阵分类为运动副矩阵和构件矩阵,使其更加具有物理意义。

2) 多体系统动力学

早期的多体系统主要指的是多刚体系统,但随着材料日新月异的发展,工程精度要求的不断提高,构件本身的变形已经不能忽略,研究构件的运动和变形的关系越发显得重要。现在所研究的多体系统既包括刚体,也包括柔体。现今,多体系统动力学的研究难点和热点主要是建模理论和求解方法。建模理论分为两派:属于矢量力学的 NEWTON-EULER 法和属于分析力学的 LAGRANGE 法。不同建模方法得到的动力学方程大致可以分为三种形式:微分代数方程、非线性微分方程和关于系统边界状态矢量的总传递方程。动力学方程形式不同,其解法差异很大。

(2) 数值仿真研究

数值仿真技术是随着计算机技术的发展而兴起的一种计算机辅助工程技术(CAE),可以用虚拟的样机代替真实的物理样机进行模拟试验。它依靠计算机强大的数据处理能力、形象的图像显示能力和友好的人机交互界面,可大大减少人力、物力的支出,缩短产品开发周期。数值仿真结果高效可靠,获取方便,演示形象,为真实物理样机的设计和制造提供方便的参数依据。常用于多体系统运动学、动力学分析的数值仿真软件有 AMESim、Por/E、MATLAB、DADS、ADAMS 等。

在对压气机可调机构数值仿真时，可通过运动学仿真得到系统内的位移、速度、加速度以及设计参数对机构运动特性的影响；可通过动力学仿真（构件上的载荷包括摩擦力）得到系统内构件的受力和变形以及设计参数对机构动力特性的影响，其仿真结果可以用作后续的部件优化、动力学优化和公差优化等。

（3）试验研究

有些特性参数对多体系统动力学模型影响很大，需要通过试验测得，如摩擦系数。国内外许多学者对摩擦系数的测量和识别做了大量试验。Gašpár 设计了一种测量加持接头的摩擦力的装置，克服了先前测量方法的缺点，绘制了摩擦扭矩随施加扭矩的变化曲线图，分析了影响摩擦力矩的因素。

多体系统的各构件主要是靠运动副连接，运动副可能存在间隙。通过间隙对机构的振动和噪声影响的试验研究表明：有关节间隙的机构振动特性要差于没有关节间隙的机构；运动副的轴颈和轴承大部分时间是连续接触的，但间隙的存在使得轴颈和轴承发生冲击或者不接触，这样轴颈和轴承的接触力会出现陡峭的峰值和零值；变化剧烈的接触力会导致摩擦力增大，使接触表面温度升高；间隙的存在也造成更大的噪声。

（4）VSV 调节机构功能研究

通过对导流叶片和静子叶片角度的调节，能够有效避免压气机失速和喘振，而且能够削弱压气机叶片排中的激波强度，减少气动损失，还能有效降低气流分离的可能性，明显改善压气机的流场。但若可调静子叶片系统的设置不当，则会使叶片角度调节不到位，给发动机工作带来负面影响：增大了气流流过静子叶片的阻力，降低了气体压缩比，提高了转子的转动速度等。压气机压缩气体能力的降低会影响到后面燃烧室、涡轮等部件的工作，导致发动机性能下降。

可调静子叶片联调机构可使压气机在各流量下均能获得更高的气动效率，而且实现方式相对简单，传统认为是一种理想的调节技术。其功能的实现需要静子调节机构准确、可靠地工作。

下面主要以带拉力杆的多级联调机构为例，并结合以往多级联调机构故障来阐述多级联调机构结构设计方法及要点。VSV 机构设计需经试验来验证该机构是否满足使用要求。技术要求如下。

（1）机构方案确定

调节机构可由叶片联转部分、连接部分和驱动部分三部分组成。其工作原理是：作动筒活塞杆做直线往复运动，通过连接部分协调联动环的转动，再通过联动环带动摇臂旋转，最终实现各级叶片角度的调节。

静子叶片调节机构按可调级数的不同，可分为单级静子叶片可调机构和多级静子叶片联调机构。单级静子叶片可调机构的结构相对简单，一般由可调叶片、摇臂、联动环、作动筒组成，作动筒直接连接到联动环上，由联动环驱动摇臂并带动叶片的转动完成调节角度的任务。

现在大中型发动机使用的压气机一般都是多级轴流式压气机,需要多级静子叶片可调。为了减轻压气机质量和减小空间,多级叶片调节机构通常设计成由一个或两个作动筒同时驱动多排叶片的联调机构。

多级联调静子叶片机构按结构形式可分为两类:第一类是以级间连杆的拉压力传递级间驱动力的多级联调机构,典型的代表是 CFM56 的 VSV 联调机构(见图 2.113);第二类是以连杆的扭转力传递驱动力的多级联调机构(见图 2.114)。

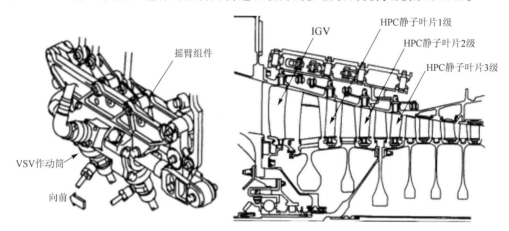

图 2.113 带拉力杆的多级联调机构

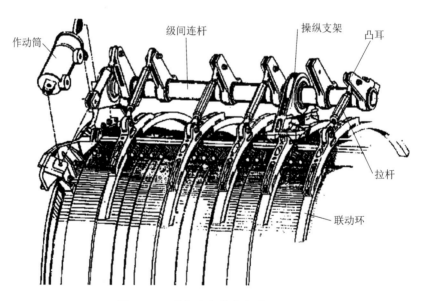

图 2.114 带扭力杆的多级联调机构

图 2.113 所示的拉压杆联调机构,作动筒驱动通过一个曲柄,再由曲柄带动级间连杆,级间连杆带动其余的曲柄转动,曲柄通过拉杆带动联动环转动,联动环带动摇

臂和静子叶片转动,达到静子叶片角度调节的目的。各级静子叶片调节角度之间的关系由曲柄和摇臂的几何特性来保证。通常有两套调节机构对称分布,具有空间结构紧凑、调节精度准确等特点,通常应用于航空发动机上。

图 2.114 所示的多级联调机构,以作动筒驱动级间连杆转动,安装在级间连杆不同位置的凸耳带动拉杆,拉杆带动联动环、摇臂和静子叶片来达到调节静子叶片角度的目的。各级静子叶片调节角度之间的关系是由安装在级间连杆上的凸耳的几何特征和安装角度来保证的。通常只有一套调节机构,调节精度不高,机构尺寸偏大、质量偏重,需要较大的径向空间,一般应用于燃气轮机。

（2）运动简图绘制

调节机构简化为杆件系统,根据各杆件间的连接关系,绘制机构运动简图。

（3）构件基本尺寸设定与运动轨迹计算分析

① 通常在选定机构的结构形式后,采用作图法和试凑法确定机构构件的尺寸。

② 空间运动的调节机构运动方程比较繁复,通常采用齐次坐标分析法、三维虚向量法、矢量回转法等列出运动方程。

（4）驱动力计算

VSV 机构的驱动力是由作动筒提供的,作动筒须克服负载使叶片转到合适位置或者保持叶片的位置,VSV 机构的阻滞力受气动负荷、机构运动副间的摩擦力等多种因素影响。在设计阶段按经验设定作动筒的储备,开展作动筒设计,按下式计算。根据载荷和作动筒储备系数确定驱动力。

$$P = F \times [n] \tag{2.1}$$

式中　P——调节机构驱动力(液压作动筒活塞输出力),单位为牛顿(N);

　　　F——气动力矩及摩擦力作用于液压作动筒活塞杆的反作用力,单位为牛顿(N);

　　　$[n]$——储备系数。

（5）机构连接部分设计

1）叶片安装形式

进口可调导叶通常设计成两端支承的形式以防止外物损伤,其余可调静子叶片通常采用内侧悬臂结构。

2）摇臂设计

摇臂按结构形式分主要有柔性连接和刚性连接两类,图 2.115 为两种连接形式的典型结构。

3）摇臂与叶片轴颈的连接

摇臂与叶片轴颈通常有辅助限位连接和异型孔限位连接两大类。辅助限位连接(见图 2.116)采用销钉等辅助装置,使摇臂与叶片轴颈一起转动;异型孔限位连接是在摇臂上设计异型孔以防止摇臂与叶片轴颈间的相对转动,同时具有防错设计。

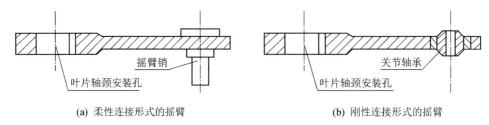

(a) 柔性连接形式的摇臂   (b) 刚性连接形式的摇臂

图 2.115 摇臂结构示意图

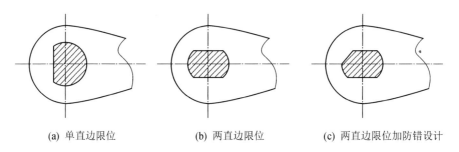

(a) 单直边限位   (b) 两直边限位   (c) 两直边限位加防错设计

图 2.116 典型异型孔限位连接示意图

4）联动环

联动环用于协调同一级叶片转角的同步性，其结构可分为分段式和整环式两类，如图 2.117 所示。

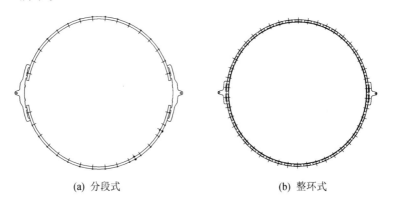

(a) 分段式   (b) 整环式

图 2.117 分段式和整环式联动环结构示意图

（6）驱动部分

根据机构运动和结构的要求，选择液压作动筒的类型和安装方式；根据机构所需驱动力的要求，确定液压作动筒相关参数。

（7）仿真（运动学和动力学）

运动学仿真验证的目的是进行运动干涉分析，检查机构运动死点；通过运动仿真，检查调节规律拟合情况。

（8）试验验证

叶片调节机构主要的试验验证项目主要包括液压作动筒试验、调节机构叶片调节规律试验、负载力测试试验、运动机构磨损寿命试验等。

未来的涡扇发动机将对压气机在高负荷、高速性、可调性、低损失方面的气动性能指标提出更高要求。通过优化可调叶片、尾喷口、燃油供给的联合调节，发动机的性能潜力还有进一步提升的空间，将液压控制系统仿真模型与机构动力学等仿真模型集成的机、液、流多专业一体化联合仿真平台，实现调节机构的多学科耦合仿真。系统可根据发动机性能特性自动识别可调叶片状态与调节方向，达到失速临界的气动控制，既发挥气动效率与增压比的潜力，又有效地预测与规避不稳定工作状态，从而提升发动机的综合性能。

| 2.4　盘片组合技术 |

转子叶片、轮盘是航空燃气涡轮发动机的重要件和关键件，通常航空燃气涡轮发动机转子叶片与轮盘为盘片分离结构，即转子叶片通过叶身下的榫头装配于转子轮盘轮缘的榫槽内。

常用的盘片连接结构有销钉式榫连结构、轴向榫连结构、周向榫连结构、圆弧榫连结构等。其中销钉式榫连结构由于销钉承载能力有限目前已很少采用。轴向、周向榫连结构一般采用燕尾榫。轴向榫连结构一般用于风扇及压气机的前面级，用于承受较高的离心载荷；而周向榫连结构一般用于压气机后面级或增压级的盘片连接，承受较小的离心载荷。圆弧榫连结构用于民用发动机大风扇叶片的盘片连接，该结构形式可减小轮缘的离心载荷，但榫头、榫槽加工难度增大。

常规的盘片连接结构由于榫头、榫槽部位的承载结构会给转子轮盘带来附加的离心载荷，盘榫连接结构形式带来的轴向、周向间隙会导致转子叶片根部的气流泄漏。随着航空发动机向高推重比、高效率方向的发展，压缩部件的转速、气动负荷均有了大幅提升，因此对风扇/压气机盘片连接结构也提出了更高的要求。随着材料、工艺技术水平的提升，新的盘片组合技术，即整体叶盘、复合材料增强整体叶环技术得以发展，以上技术可有效减轻发动机的质量，保证高的气动性能。本节重点阐述以上技术的发展与应用前景。

2.4.1　整体叶盘技术

整体叶盘（Blisk）将转子叶片和轮盘合为一体，省去叶片和轮盘连接的榫头和榫槽结构，使结构大为简化。与传统的盘片连接结构相比，整体叶盘技术可大大减少零件数量，减轻发动机的质量，提高结构可靠性，提高气动性能，同时可实现更低的风扇转子轮毂比。

盘片分体结构存在径向和周向空间限制,而整体叶盘结构允许较低的轮毂比和较高的叶片稠度。整体叶盘结构消除了盘片分离结构中榫头与榫槽的间隙泄漏所造成的损失,且流道更为光滑,降低了流动损失,从而提高了压气机性能。另外,整体叶盘结构可用于盘片分体结构无法实现的航空设计领域。

实现较大轮毂倾斜角,使叶片更长、叶根刚度降低,从而降低频率。

整体叶盘结构无需榫头和榫槽连接的自重和支撑这些质量的结构,也去掉了轮缘凸块质量。因此可有效减轻发动机的质量,对发动机推重比的提高起到了重要作用。如:F414 发动机第 2、3 级风扇转子采用整体叶盘后,可以使转子的质量减轻 20.43 kg;RR 公司研究指出,整体叶盘与传统的盘榫结构相比,质量最多可减轻 50%,如图 2.118[91]所示。

(a) 常规叶盘结构
质量100%

(b) 整体叶盘结构
减重50%

图 2.118 整体叶盘减重效果简图

整体叶盘取消了单片叶片的锁紧装置,使零件数量大大减少,同时避免了榫头、榫槽间的微动磨损、微观裂纹、锁片损坏等潜在故障,发动机工作寿命和安全可靠性大大提高。

整体叶盘具有上述减重、简化结构、增效等优点,自 20 世纪 80 年代中期以来,整体叶盘结构作为最新结构和气动布局形式,代表了第四、第五代高推重比航空发动机技术的发展方向,已成为高推重比发动机的必选结构。

但是,整体叶盘也存在着以下问题:

① 加工制造难度大。整体叶盘的叶片间通道敞开性差、叶型为空间自由曲面,结构形状复杂,加工精度要求高,机械加工难度大。选材上,为适应高温、高压、高转速的工作条件,整体叶盘广泛采用钛合金、高温合金、钛铝金属间化合物等高性能金属材料,传统的机械加工方法难以胜任。只有制造技术达到一定水平后,整体叶盘加工才能得以实现。

② 维修难度大、成本高。整体叶盘的结构特点,不能对损坏或缺陷叶片进行单独更换,可能因一片叶片损坏而报废整个转子,导致维修/维护成本过高。整体叶盘维修技术是制约整体叶盘工程化应用的关键技术。

③ 减振问题。与盘榫结构相比,整体叶盘降低了阻尼系数,尤其对低阶模态影响更大。

④ 选材约束。整体叶盘由完整锻件加工而成,这约束了叶片和轮盘材料的选取,使叶片和轮盘材料属性相互妥协(例如,延展性和拉伸强度)。对大尺寸整体叶盘,加大了锻造技术难度,需要借助更先进的制造技术予以解决,如线性摩擦焊整体

叶盘制造技术。

早在 20 世纪 60—70 年代,在小型发动机的轴流-离心组合式压气机研制中,为简化轴流压气机转子结构、减轻质量,其叶片多做成小展弦比、数量少的结构,这时常将叶片与轮盘做成一体[92]。例如 50 年代美国特里达因 CAE 公司的涡轮喷气 J69 - T - 29 发动机和 70 年代法国透博梅卡公司的阿赫耶发动机,都是将其一级轴流式压气机的叶片与轮盘做成一体。这些小型发动机采用的轮盘叶片一体的结构直径小、叶片数少,当时称为"整体转子",后来 PW 公司称之为"带叶片的整体转子"(IBR,Integrally Bladed Rotor)[92]。整体叶盘"Blisk"这一名称更偏重于直径较大、叶片数多的结构。本书所述均用整体叶盘 Blisk 的名称。

20 世纪 80 年代中期,为满足第四代航空发动机的高推重比要求,结构设计中出现了将转子叶片和轮盘做成一体的"整体叶盘"结构,其英文名词 Blisk,是由叶片 Blade 与轮盘 Disk 两个词组合而成的。经过 20 年数控加工技术和修复技术的发展,大直径、多叶片的整体叶盘结构开始得以在大型涡扇发动机风扇和低压压气机上得到应用。

EJ200 是首先在大型发动机中采用整体叶盘结构的发动机。该发动机在原型机 03 批阶段、风扇第 3 级转子和高压压气机第 3 级转子采用了焊接式整体叶盘结构,即每个单片叶片用电子束焊接方法焊到轮盘的轮缘处(见图 2.119)。受当时制造和修复技术水平的限制,设计上采用整体叶盘结构是相对谨慎的,如将整体叶盘转子间采用短螺栓连接的装配方案;最易受外物打伤的风扇一级转子不采用整体叶盘结构。这是整体叶盘在大型发动机中应用的初级阶段[91]。

单个叶片　电子束焊

用电子束焊的整体叶盘

图 2.119　采用电子束焊加工整体叶盘

到 EJ200 生产型阶段,高压压气机前 3 级全部采用整体叶盘结构,且 1、2 级叶盘焊接为一个整体(见图 2.120),相比原型机转子,质量减轻 20%。

20 世纪 90 年代,GE 公司发展了以电化学加工(ECM)来加工整体叶盘的新工艺,使整体叶盘加工工时减少 85%(长叶片省时更多),且可以避免五坐标数控铣加工中产生的残余应力,推动了整体叶盘在发动机中的广泛应用。F - 22 战斗机

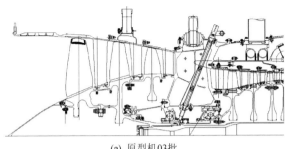

(a) 原型机03批

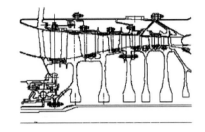

(b) 生产型

图 2.120　EJ200 原型机 03 批与生产型高压压气机结构对比图

YF120 发动机的钛合金整体叶盘、F414 发动机的 5 个整体叶盘都采用了电化学加工。为解决整体叶盘外物打伤问题,GE 公司还针对不同损伤发展了一套修理方法:电子束焊补焊、氩弧焊堆焊和局部去除材料修磨。有了这些修复技术的保障,F414 发动机的风扇 2、3 级、高压压气机前三级全部采用整体叶盘结构,且采用了多级转子焊接式结构,进一步减轻了转子的质量,提高了发动机的耐久性。F414 发动机采用整体叶盘后,相比 F404 风扇转子减重 20.43 kg,高压压气机转子减重 3.642 kg,零件数量减少 484 件[92]。F414 发动机整体叶盘的研制,全面考虑设计、选材、生产、使用寿命、可靠性与修复工艺,在设计完成的同时,即全面达到寿命、质量、可靠性、维修性等设计目标,代表了 20 世纪 90 年代的水平。

　　为实现更高的气动性能和安全性,先进军用发动机风扇部件开始采用先进的三维气体动力学设计技术,如采用高速、小展弦比、前掠的宽弦叶片。新型风扇叶型给整体叶盘的加工增加了难度,但凭借加工和修复技术的日趋成熟,整体叶盘结构在先进战斗机发动机中得到较快推广,整体叶盘转子也多通过焊接形成整体转子。1995 年,GE 公司 F110 - GE - 129R 型发动机三级风扇均采用宽弦叶片整体叶盘,零件数量仅为改进前的 1/3,风扇效率、喘振裕度均有所提高。叶片弦长比原型机增加 50% 宽弦叶片的设计提高了叶片抗外物打伤能力,提高了发动机的可靠性。PW 公司 F119 - PW - 100 发动机(见图 2.121)的 3 级风扇、6 级高压压气机全部采用整体叶盘结构,其中风扇一级为线性摩擦焊空心叶片整体叶盘。这是目前唯一在风扇和高压压气机转子中采用全整体叶盘结构的发动机,代表了当前整体叶盘结构应用的最高水平。

　　20 世纪 90 年代民用大型发动机中开始采用整体叶盘结构,并逐渐得到广泛应用。宝马- RR 公司为 B717 客机研制的 BR715 大涵道比涡扇发动机的两级风扇增压级采用整体叶盘结构,是第一个采用整体叶盘的民用发动机。B787 的 GEnx 发动机,高压压气机 1、2、5 级采用整体叶盘结构。大飞机 C919 的 LEAP 发动机,高压压气机 1~4 级均采用整体叶盘结构。PW 公司的 PW1000G 发动机,除高压第 8 级转子外,其低压 1~3 级和高压 1~7 级均采用整体叶盘,是采用整体叶盘级数最多的发动机。

图 2.121　F119 - PW - 100 发动机结构简图

整体叶盘存在着制造和维修成本高的问题,影响其在发动机上的广泛应用,因此掌握降低整体叶盘制造应用成本的方法至关重要,这涉及从材料选择、设计、制造工艺到维修的全过程。

(1) 整体叶盘的锻造成型工艺

整体叶盘对锻件的力学性能、金相组织、超声波探伤都有严格的要求。其材料性能要求盘体部位有好的断裂韧性、高抗裂纹扩展能力、好的蠕变和低周疲劳性能,叶片部位有高的强度、高周疲劳性能、塑性和热稳定性。整体叶盘锻件组织性能控制是影响整体叶盘工程化应用的关键技术。

钛合金对锻造工艺参数非常敏感,锻造温度、变形量及冷却速度的改变都会引起钛合金组织性能的变化。

(2) 整体叶盘制造技术

整体叶盘推广应用必须有成熟的制造技术做后盾。整体叶盘制造通常有两种方式:整体加工(如数控铣削加工、电化学加工)和焊接式整体叶盘(如线性摩擦焊整体叶盘)。整体加工的整体叶盘依赖于精密制坯、特种加工(如电化学加工)和数控加工技术的发展。

数控铣削工艺的材料去除率高,尤其对大尺寸整体叶盘材料消耗巨大。随着气动设计技术的发展,为提高工作效率,叶型常具有如宽弦、弯掠、端弯、横截面小壁厚、精细叶片前缘等特点,这使得刀具消耗、工时耗费更大,加工成本更高。

电化学加工通过电化学去除材料,与数控铣削加工相比,有效率高(工时可减少50% 以上)、加工高强度/高硬度材料时电极(刀具)无损耗、加工薄型结构无残余应力和变形的优点,在热端部件、难切削材料整体叶盘制造(如高温合金整体叶盘)和批量研制中具有明显优势。

焊接式整体叶盘是依靠先进、精密的焊接工艺,如电子束焊、线性摩擦焊、真空固态扩散连接等,将单片叶片与轮盘焊为一体。其中线性摩擦焊工艺(Liner Friction Welding,LFW)是 20 世纪 80 年代后期发展的新工艺,是实现空心叶片整体叶盘、盘片异种材料整体叶盘制造、整体叶盘修复所必需的关键技术。线性摩擦焊整体叶盘的焊接流程如图 2.122 所示。国外已将线性摩擦焊工艺作为航空发动机整体叶盘的优选工艺,在欧洲 Typhoon 发动机、美国 F119、F120、F135、F136 发动机风扇/压气机整体叶盘上得到广泛应用。

图 2.122 线性摩擦焊整体叶盘的焊接流程示意图

(3) 整体叶盘修复技术

整体叶盘结构在加工和服役过程中可能出现各种损伤缺陷,如因外物打伤造成的叶片卷边、开裂、掉块,振动造成的裂纹等,整体叶盘的叶片损坏容易造成整个叶盘报废。为解决整体叶盘外物打伤/振动疲劳寿命的问题,除了在结构设计中采取措施外,如采用抗外物打伤能力强且不易振动的宽弦叶片、对叶片表面喷丸以及叶片边缘激光冲击强化来提高叶片的抗疲劳寿命,还需发展可行的维修技术。修复技术是影响整体叶盘结构能否在航空发动机上得到广泛应用的关键技术。

整体叶盘修复主要是指对叶片损伤(卷边、裂纹、掉块等)的修复。不同的修复方法面向不同的叶片损伤。对于叶尖以及叶片前、后缘的小面积损伤的修复,直接对损伤部位打磨至平滑过渡;对于大的卷边或掉块,将缺陷处的材料去除后,用熔焊补片或激光融覆方法将材料堆积,并再次加工成型。焊接修复是整体叶盘修复技术的关键,主要的焊接修复方法有:熔焊、激光融覆和线性摩擦焊。

1) 熔焊修复整体叶盘叶片

对于叶片上较大的缺陷,采用钨极氩弧焊工艺镶块方式修理,并再次经机械加工至最终叶型。图 2.123、图 2.124 所示为德国 MTU 公司用钨极氩弧焊修复整体叶盘。

图 2.123 MTU 公司钨极氩弧焊修复整体叶盘叶尖损伤

图 2.124　MTU 公司钨极氩弧焊修复整体叶盘叶片边缘损伤

2）激光融覆修复工艺

用同种合金粉末材料按照修复路径程序进行多层激光沉积，从而恢复叶片的几何尺寸。德国 Fraunhofer 激光技术协会对 Ti6246 整体叶盘进行修复，如图 2.125 所示。

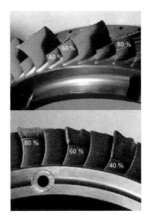

图 2.125　Ti6246 整体叶盘的激光多层沉积修复

3）线性摩擦焊修复整体叶盘

线性摩擦焊是唯一可以实现完整更换整体叶盘叶片的修复技术。MTU 公司利用线性摩擦焊技术修复整体叶盘已属成熟技术，如图 2.126 所示。

（4）整体叶盘的减振设计

整体叶盘的结构特点决定了其自身的阻尼效果较弱，一是由于没有盘榫结构中的叶片缘板、榫连接结构的阻尼作用；二是由于整体叶盘的叶片一般展弦比较低，不能采用凸肩结构抑制振动。尤其对于前面有支板结构的整体叶盘，如发动机进口的风扇整体叶盘，受进气畸变、进口导流叶片尾流和下游叶片势流场的影响，可能要经受更多更强的强迫振动，整体叶盘减振是设计中的一个关键问题。

振动的形成要素主要包括：共振点、激振能量、阻尼效果等。整体叶盘的减振设计一方面要考虑控制静应力水平；一方面要采取措施减小气流激振能量，如：控制转子叶片与上、下游静子叶片的轴向距离；改变可能激发振动的相邻的叶片数量；采用静子叶片非对称分布等，以降低静子叶片尾流激振影响。

在叶型确定的前提下，采取整体叶盘（叶身或轮盘）上引入阻尼结构的措施，以增

图 2.126 MTU 公司线性摩擦焊修复整体叶盘

大构件自身的阻尼系数。IHPTET 计划的部件阻尼系统项目中,进行了两种用于整体叶盘(叶片)的阻尼系统的研究性工作。一种是黏弹性约束层阻尼系统(CLDS),即将黏弹性约束层阻尼系统作为嵌入件镶嵌在整体叶盘的叶片上。另一种是无障碍粒子阻尼系统(NOPD),即将合适的阻尼粒子填充在叶片叶身上的小孔内[93]。以上措施均为研究性工作,尚无在实际发动机设计中应用的资料。

整体叶盘作为高推重比发动机的必选结构代表了第四代、第五代航空发动机技术的发展方向。随着新材料、新结构的应用,未来各航空发动机的风扇、压气机将全面采用整体叶盘结构。可见,整体叶盘已经作为新型航空发动机的重大改进部件,不仅应用于在研型号,而且还将在未来高推重比发动机上广泛应用。

实现整体叶盘结构工程应用依赖于制造技术和修复技术的发展水平,先进气动叶型设计技术,优异 SiC 或 C/C 复合材料等在整体叶盘上的应用,使得整体叶盘制造面临更大的挑战。随着高速数控加工技术、线性摩擦焊技术,以及装备、电解加工技术、整体叶盘修复技术的发展,实现优质、高效、低成本制造和维修,必将给整体叶盘带来更广阔的应用前景。

2.4.2 整体叶环技术

将整体叶盘中的辐板与轮毂部分去掉,就成为整体叶环。由于缺少了承受负载的辐板、轮毂,环体承受不了叶片的离心载荷,因此,将连续纤维增强钛基复合材料应用于整体叶环。连续纤维增强钛基复合材料具有强度高、使用温度高、疲劳和蠕变性能好的优点,可以提高整体叶环承载能力、耐温能力,从而减轻发动机质量。如图 2.127 所示为不同盘片结构及减重示意图。

美国连续纤维增强的钛基复合材料在压气机叶环上的应用研究工作始于 20 世

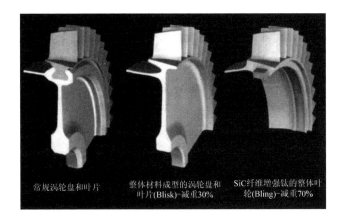

常规涡轮盘和叶片　　整体材料成型的涡轮盘和　　SiC纤维增强钛的整体叶
叶片(Blisk)-减重30%　　轮(Bling)-减重70%

图 2.127　不同盘片结构及减重示意图[94]

纪 80 年代。1984 年,美国空军与加雷特公司签订了研究金属基复合材料增强盘的合同,评估了研制金属基复合材料转子盘和环的可行性。通用动力公司的艾利逊燃气涡轮分公司(AGTD)采用独特的"潜入"纤维方法,开发了金属基复合材料准整体叶环,如图 2.128 所示。GEAE 和 PW 公司分别采用等离子喷涂和基体包覆纤维的方法,评估了金属基复合材料整体叶环,并对其进行了超转破裂试验。

20 世纪 90 年代初,AADC 公司设计和试验了 XTC - 16 系列核心机,4 级压气机的第 3 级和第 4 级采用连续碳化硅纤维增强的钛基复合材料整体叶环,如图 2.129 所示。该整体叶环转子的质量大大减轻,如第 3 级整体叶环转子的质量只有 4.5 kg 左右,而常规镍基合金制造的同样转子的实际质量为 25 kg。

图 2.128　金属基复合材料准整体叶环　　**图 2.129　金属基复合材料叶环转子**

20 世纪 90 年代中期,GEAE 公司开发和验证了钛基复合材料增强的压气机整体叶环。该公司和 AADC 公司合作研制的 ATEGG 验证机 XTC76/2 核心机,第 5 级高压压气机采用外圈增强的钛基复合材料增强的压气机转子,满足了高转速和高温的要求,减轻了盘的质量,降低了制造费用,改善了可维护性,如图 2.130 所示。

为了适应发动机高性能和高推重比的要求,他们研究了钛铝金属间化合物基复合材料发动机部件,如图 2.131 所示为高强度纤维增强的钛铝基复合材料压气机转子。

图 2.130　ATEGG 验证机压气机　　**图 2.131　钛铝基复合材料压气机转子**

欧洲国家从 20 世纪 90 年代开始研究高强、大刚性、低密度的连续碳化硅纤维增强的钛合金基复合材料的整体叶环转子。德国 MTU 公司开发的连续纤维增强的钛基复合材料整体叶环转子,已完成了低循环疲劳旋转试验,如图 2.132 所示,计划应用到推重比达到 15~20 的 EJ200 改进型发动机的前 2 级高压压气机上,如图 2.133 所示。

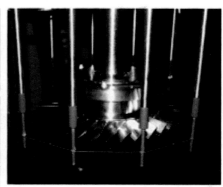

图 2.132　钛基复合材料整体叶环及其试验

SNECMA 公司采用基体涂覆纤维的方法,制造了碳化硅纤维增强钛合金基复合材料压气机整体叶环,如图 2.134 所示。RR 公司为 F136 发动机研制的升力风扇整体叶盘结构最终将被整体叶环结构代替。

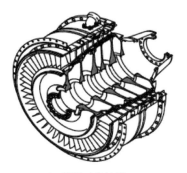 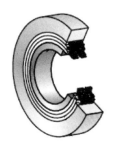 

(a) 整体叶盘转子 (b) 金属基复合材料环 (c) 复合材料叶环转子

图 2.133 某压气机全叶环转子

图 2.134 带碳化硅纤维增强的钛基复合材料叶环

日本 1993 年采用热压和热等静压方法加工了高压压气机钛基复合材料增强的整体叶环,并成功地完成了破裂试验和低循环寿命试验,验证了其破裂强度和目标寿命,如图 2.135 所示;1999 年开发并验证了采用基体涂覆单丝带工艺加工的碳化硅纤维(SCS-6)增强的钛基(SP-700)复合材料风扇整体叶环。

图 2.135 金属基复合材料叶环及其旋转地坑试验

从技术角度讲,连续纤维增强钛基复合材料叶环的应用受结构、强度、材料、工艺等技术因素的制约。材料、工艺技术的突破是前提,结构强度设计准则是重点。

(1) 复合材料的制备技术研究[95]

连续纤维增强钛基复合材料制备分为复合和固化压实两个步骤。该材料的复合非常困难,只能用固相法合成,通常分为箔材-纤维-箔材法(FFF)、等离子喷射涂层法(MCM)和物理气相沉积法(PVD),如图 2.136 所示。

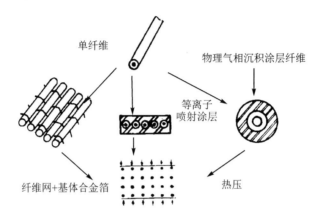

图 2.136 纤维复合方法示意图[95]

(2) 连续纤维增强钛基复合材料叶环制备研究

连续纤维增强钛基复合材料叶环的制备工艺过程主要包括:连续单丝碳化硅纤维制备;连续单丝碳化硅纤维增强钛基复合材料先驱丝或纤维带制备;连续碳化硅纤维增强钛基复合材料或叶环坯料制备等,如图 2.137 所示。

制备连续碳化硅纤维增强钛基复合材料的预制体主要采用 3 种工艺:箔-纤维-箔(FFF)、涂覆基体的预制带(MCM)和涂覆基材成分的纤维(MCF)。其中 FFF 法适于制备复合材料板材及其他规则性制品,其主要缺点是制箔困难,纤维中体积分数难以控制,难以获得环形件及其他复杂形状构件。MCM 法主要通过如等离子体喷涂等技术手段将基材涂覆于纤维上并形成预制带,要求具备粉末形式的基体材料,等离子体喷涂是在熔融状态下进行的,沉积温度较高,易造成纤维损伤,对钛合金这类活性材料会造成较大的间隙污染,而且难以避免裂纹和缩孔。MCF 法是通过将基体材料包裹于纤维上得到先驱丝,进而制备复合材料的技术。

连续纤维增强钛基复合材料叶环结构件的坯料制备,首先锻造钛合金坯料,并加工环槽,将先驱丝或带缠绕在环槽内,也可将预制的复合材料环体装入钛合金锻件环槽内,并用钛合金覆盖在环槽上,经电子束封装,再进行热等静压固结,使之复合成一体,最后通过机械加工得到整体叶环,如图 2.138 所示。

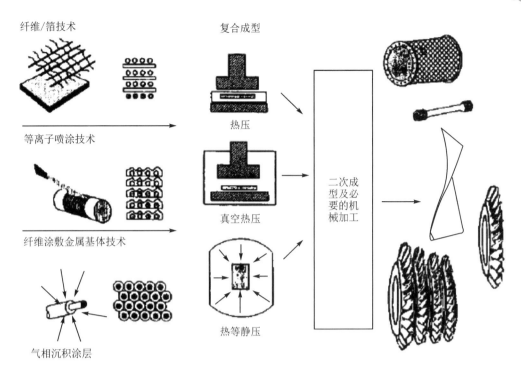

纤维/箔技术

复合成型

等离子喷涂技术

热压

真空热压

二次成型及必要的机械加工

纤维涂敷金属基体技术

气相沉积涂层

热等静压

图 2.137　钛基复合材料结构件制备工艺路线图

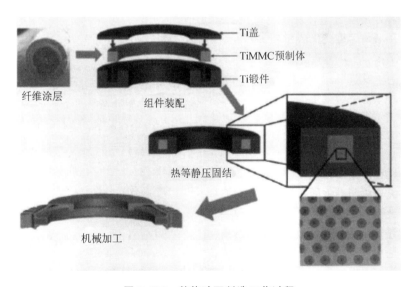

纤维涂层

Ti盖

TiMMC预制体

Ti锻件

组件装配

热等静压固结

机械加工

图 2.138　整体叶环制造工艺过程

（3）连续纤维增强钛基复合材料整体叶环设计研究

1）结构形式

根据具体结构功能需求、载荷、环境温度、连续纤维增强钛基复合材料承载能力，以及复合材料叶环制备工艺的特点,可以给出不同结构形式的连续纤维增强钛基复合材料叶环/叶盘,如图 2.139 所示。

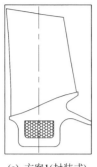 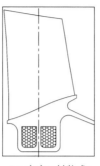 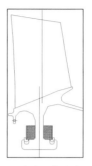 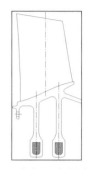

(a) 方案1(封装式)　　(b) 方案2(封装式)　　(c) 方案3(装配式)　　(d) 方案4(双辐板式)

图 2.139　不同结构形式整体叶环

2）屈服强度储备

屈服强度储备主要针对基体部分进行。典型截面的屈服强度储备包括:基体子午面、基体辐板圆柱截面、基体环心面的平均应力屈服强度储备。

3）极限强度储备

极限强度储备主要针对连续纤维增强复合材料环和基体辐板。典型截面的极限强度储备包括:基体辐板圆柱截面、复合材料环心的平均应力极限强度储备。考虑到纤维增强整体叶环制备工艺的特殊性,还应计算热等静压界面、电子束焊接截面处的平均应力极限强度储备。

4）复材加强环应力梯度

加强环应力梯度主要分析加强环应力分布是否合理。复合材料加强环是由一定体积分数的纤维先驱丝和基体组成的。先驱丝属于近脆性材料,加强环的承载能力由子午面局部先驱丝最大应力决定。为了提高加强环的利用率和承载能力,设计的加强环沿径向和轴向的应力梯度不能过高。

5）其他考虑问题

应建立整体叶环的轴对称有限元模型来进行应力分析,考虑孔、叶片等周向不连续结构的合理简化,止口配合部位应考虑公差组合的影响。

热等静压界面和电子束焊接部位应设计在低应力区,用焊接部位专用试件的强度性能数据进行校核。

复合材料是一种高比强度、比刚度的沿截面各向同性材料,应嵌入或安装在高应力部位。在分析过程中,需关注材料本构表征、材料方向设置等的正确性。

加强环尽可能设计为对称结构,能够降低制备难度;尽量保证加强环子午面中心线、辐板中心线、叶片质心共线,或者轴向距离不要过大,使加强环环心应力分布均匀。

从文献资料看,受经济性影响,连续纤维增强钛基复合材料及其叶环主要应用于军用航空发动机,其减重效果与具体设计对象的特点有关,流路形式、转速、叶型及离心载荷等均一定程度上影响减重效果。

由于连续纤维增强金属基复合材料高的承载能力,根据具体设计案例的需要,不排除应用于其他航空发动机盘类结构件。

由于连续纤维增强金属基复合材料线膨胀系数低,根据具体设计案例的需要,不排除应用于其他功能结构,以控制结构件在工作载荷及环境温度下的变形。

2.5　机匣包容技术

具备包容能力的风扇机匣在发动机使用过程中为旋转的风扇叶片断裂提供保护作用。高速度、高能量的风扇叶片碎片如果穿透机匣飞出,会击伤飞机的机舱、液压管路和电器控制线路等,导致机舱失压、油箱泄漏起火、飞机操控失灵等二次损伤,严重危及飞行安全。图 2.140 是 CF34-3B1 发动机发生非包容性损伤情况。因此,为防止风扇叶片失效断裂飞出造成飞机坠毁和人员伤亡,设计中需要采取措施保证机匣对风扇叶片碎片具有包容作用。

图 2.140　CF34-3B1 发动机非包容性损伤情况

目前国际上通常采用两种包容方法:

① 硬壁包容法:通过厚重机匣壳体将所有碎片包容在机匣内部,通常采用韧性极高的金属材料制作包容机匣,利用其在撞击载荷作用下发生较大塑性变形吸收断裂叶片冲击动能,并有效控制裂纹扩展,达到包容的目的。

② 软壁包容法:通过缠绕强度和韧性优良的纤维条带吸收断裂叶片冲击动能,达到包容的目的。

早期制造的大涵道比涡扇发动机,大多采用钢制机匣阻止风扇叶片的飞出,比如

CFMI 公司研制的 CFM56-2、CFM56-3、CFM56-5A 发动机(见图 2.141),风扇机匣均采用 17-4PH 不锈钢制造而成。为了增强钢机匣包容性,还特意加厚机匣壁和前安装边,并在机匣外壁上做出 4 圈结构特殊的整体加强肋,以增强机匣的安全性,能起到包容碎片的作用。这种结构比较重。随着燃油价格的飙升和飞机对发动机推重比的要求日益提高,笨重的钢机匣在风扇机匣上的使用逐渐受到限制。为了减轻机匣质量,一种方法就是直接将钢制材料换成密度低、质量轻的钛合金或是铝合金。例如 CFM56-7B 发动机采用铝合金制造机匣(见图 2.142),RR 公司的 Trent 1000 发动机采用钛合金制造机匣。

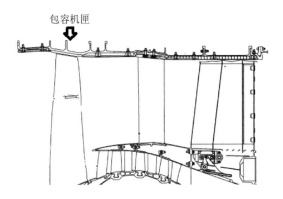

图 2.141　CFM56-5A 发动机风扇包容钢机匣

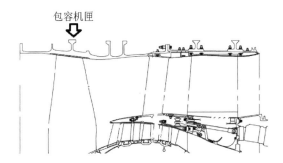

图 2.142　CFM56-7B 发动机风扇包容铝机匣

随着美国杜邦公司研制的芳纶纤维材料性能日益提高,GE 公司充分利用芳纶纤维具有韧性高、吸收性能好、拉伸强度高、刚度高、密度低的特点,制造出"软壁"结构的包容环,与金属薄壁机匣组合在一起制成风扇包容机匣,芳纶纤维与金属复合风扇包容机匣逐渐在发动机上进行了应用,GE 公司在 GE90-115B 发动机(见图 2.143)上采用芳纶纤维复合材料对包容机匣进行局部加强,既能满足包容机匣对风扇叶片的包容性要求,又能减轻机匣的整体质量。

随着复合材料体系和制造技术的不断发展,逐渐发展了全复合材料风扇包容机匣,GE 公司首次开发了碳纤维编织结构增强树脂基全复合材料风扇包容机匣,并在

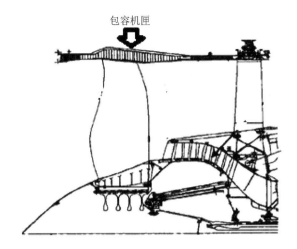

图 2.143　GE90 - 115B 发动机芳纶纤维与金属复合风扇包容机匣

GEnx 发动机(见图 2.144)上进行了应用。全复合材料的使用还避免了金属腐蚀现象的发生,显著提高了发动机的使用寿命。后来 CFMI 公司也在 Leap - 1B 发动机(见图 2.145)上采用了全复合材料风扇包容机匣。

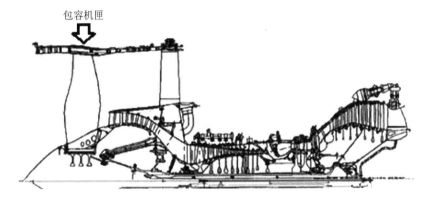

图 2.144　GEnx 发动机全复合材料风扇包容机匣

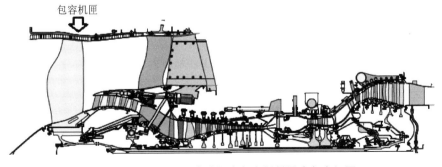

图 2.145　Leap - 1B 发动机全复合材料风扇包容机匣

包容机匣设计是多专业、多学科共同进行的一项工作，需要结构、材料（金属材料、复合材料）、强度（转子动力学、冲击动力学、计算力学）、加工工艺（金属锻造及加工、非金属加工）、装配、试验等多个专业共同协作才能完成的工作。

机匣所使用的材料不同，航空发动机包容性设计需考虑的技术要点也不相同，同时在包容机匣设计过程中包容性计算分析和数值仿真验证也是必须考虑的关键要素。

（1）高强度结构钢机匣

该类机匣具有强度及韧性好、防护效果好的优点，在早期的发动机中应用极广，但其密度和质量较大，此包容性设计需要解决好包容与机匣质量之间的关系，需考虑材料性能、机匣壁厚、加强筋数量和位置等因素对包容性的影响。

CFMI 公司研制的 CFM56 - 2 发动机采用 17 - 4ph 不锈钢制造多个环形结构，再采用焊接技术将不锈钢环焊接组合而成。为了增强钢机匣的包容性，还特意加厚机匣壁和前安装边，并在机匣外壁上做出 4 圈结构特殊的整体加强肋，能起到包容碎片的作用（见图 2.146），但这种结构质量比较重，可达 227 kg。

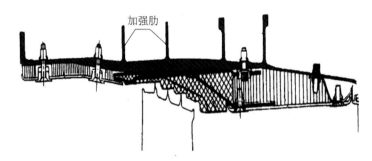

图 2.146　CFM56 - 2 发动机包容机匣

（2）轻质铝合金/钛合金机匣

这类材料机匣的密度和质量比高强度结构钢低，但强度和防护效果差一些。这种风扇包容机匣结构虽然比钢机匣要轻，但是铝合金和钛合金的强度明显低于不锈钢（金属材料性能比较见表 2.15），因此在结构设计中常常对包容机匣进行局部加强，即风扇机匣的包容能力主要依靠改变包容机匣的结构来保证。例如 CFM56 - 7 发动机（见图 2.147）通过加强机匣外壁和加强肋的厚度来提高机匣的包容性。因此相比钢机匣，这类机匣都比较厚，此包容性设计需要解决好包容与机匣外廓及质量之间的关系，同时需考虑材料性能、机匣壁厚、加强筋数量和位置等因素对包容性的影响。

表 2.15　金属材料性能比较

材　　料	10^{-3} · 密度/(kg · m^{-3})	拉伸模量/GPa	拉伸强度/MPa
钢	7.80	206	400～2 500
钛合金	4.50	103	360～1 400
铝合金	2.80	69	55～700

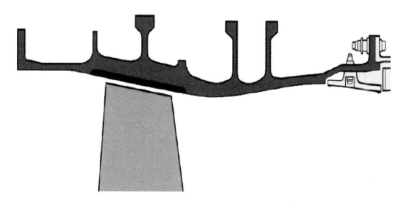

图 2.147　CFM56 - 7 发动机包容机匣

（3）高强度芳纶布缠绕增强机匣

这类机匣是在铝／钛制机匣外层或内层缠绕高强度芳纶布带，芳纶布具有韧性高、吸收性能好、拉伸强度高、刚度高、密度低的特点，该复合材料加工出的包容机匣具有质量轻、包容能力强的特点，这种结构的风扇包容机匣在设计时需要解决机匣与降噪蜂窝层、芳纶包覆层、树脂保护层、风扇叶片易磨耗涂层之间的尺寸空间分配权衡以及固定装配方式选择之间的关系，同时需满足质量轻、韧性好的包容结构，这种包容机匣受先进复合材料的研制水平的限制，同时在设计过程中还受包覆层数的选择、包覆材料固化及包容性评价方法的准确性等因素的影响。

到目前为止，各种大涵道比发动机采用的金属与复合材料组合型机匣分为两种，一种是外包容机匣，一种是内包容机匣。外包容机匣是指金属机匣在内侧，复合材料在外侧，有些还在中间夹有蜂窝层。内包容机匣的主要特点是芳纤复合材料在内侧，金属机匣在外侧。在这两种结构中，金属机匣的主要作用是保证机匣刚度，而起到包容作用的主要是抗冲击性能好的芳纤复合材料。

外包容机匣通常被设计成类似三明治的夹层结构，每一层都具有特定的功能。采用轻质铝合金或钛合金制造内层薄壁结构的机匣壳体，金属机匣外侧围有蜂窝层，再将芳纶纤维缠裹在蜂窝层结构外，组合成包容环的主体结构，最外层为芳纤复合材料包裹层，保护和固定芳纶纤维。其中金属壳体主要用来保证机匣刚度，防止机匣变形而刮磨叶片。金属壳体内表面靠近叶片部位涂覆易磨耗涂层，以减小叶尖间隙，提高风扇的尖部增压比，减少泄漏损失，同时，还能够避免由于叶片振动或者发动机喘振而使叶尖接触到机匣内壁而损伤叶片。芳纶纤维缠裹层是包容环的核心层，当断裂的叶片甩出并打到该层时，芳纶纤维会被拉伸向外鼓出，吸收断片的撞击能量，从而将断片包容住，阻止碎片飞出机匣外，而蜂窝会阻挡纤维被扯入风扇机匣内侧的空气流路中，同时蜂窝会为叶片碎片提供一个可进入的空间，使碎片不会反弹回流道而造成二次损伤；另外，蜂窝在提高机匣刚度的同时既能大幅降低机匣自重，还能吸收风扇产生的噪声。因此，这种由金属制造薄壁机匣与芳纶纤维复合材料制造包容环的组合型风扇机匣,可以有效减小叶片碎片对其他转子叶片造成的二次损伤。

GE 公司的 CF6 - 80C2 发动机,其风扇机匣包容环主要由三层结构组成(见图 2.148),最内层是 6060 - T6 铝合金机匣,外侧围有铝合金蜂窝层(蜂窝内腔长度为 3.175 mm,蜂窝最大厚度为 70 mm),在蜂窝结构外缠裹了 67 层芳纶纤维条带,其外再裹覆一层芳纶纤维复合材料保护层,铝蜂窝层与芳纶纤维缠裹层间夹有碳纤复合材料。这种设计包容能力强,质量轻,其质量比金属包容环减轻近 50%,因而得到广泛应用。

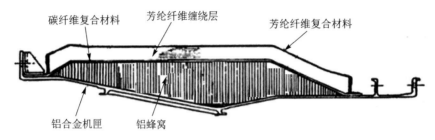

图 2.148　CF6 - 80C2 发动机用外包容环

内包容环是将芳纶纤维制造成复合材料后,整体装配或粘接在金属机匣内侧,并在其内表面涂刷磨耗涂层,防止转子叶片的刮磨(见图 2.149)。同样是由金属机匣保证机匣的刚度,由芳纶纤维复合材料来吸收叶片碎片的冲击能量。苏联的发动机上大量使用了内包容环,该种包容机匣的特点是结构简单,组装工艺容易,只需要将复合材料包容环与金属机匣粘接在一起,同时金属机匣处于最外层,有利于为外部管线及附件装置提供支撑。

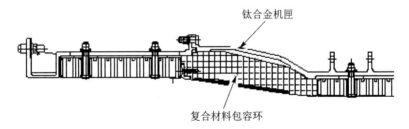

图 2.149　某发动机用内包容环

(4) 全复合材料包容机匣

全复合材料包容机匣与传统金属材料包容机匣相比,具有密度低、比拉伸强度和比拉伸模量高等优点。该复合材料采用 2D 编织布缠绕成型或 3D 编织成型,再与树脂固化成型,具有更轻的质量、更好的包容性,但仍需进一步在机匣模具设计、尺寸控制、强度及刚度评估精度、结构稳定性控制和使用寿命增长等方面开展研究,这种风扇包容机匣还需要针对编织预成型体的缠绕规律、编织角度对包容性的影响规律进行研究。

用于 B787 的 GEnx - 1B 发动机风扇结构占发动机总重的 33%,由于风扇叶片采用复合材料制造,质量减轻很多,GE 公司同时要求 GEnx 发动机的风扇机匣也要减轻质量。为此,该发动机的风扇机匣全部采用了高强度、中模量碳纤维复合材料制造,这是首次将复合材料用于大涵道比发动机的风扇机匣制造(见图 2.150),采用全复合材料制造可减轻质量 160 kg。试验表明,复合材料风扇机匣抗外物打伤能力优于铝机匣,而且全复合材料风扇机匣是具有韧性、有回弹力的结构,同时单一材料的应用还可减少电偶腐蚀的发生,进一步提高发动机的耐久性。

图 2.150　GEnx 的复合材料风扇机匣

(5) 包容机匣包容性分析方法

机匣包容能力包括与叶片旋转面所对应的机匣段,以及以此机匣段前后截面为基准分别向前后外延 15° 的机匣段,如图 2.151 所示。

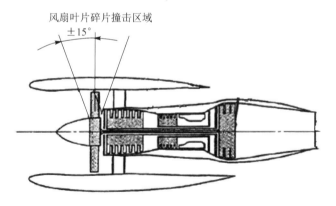

图 2.151　风扇叶片失效碎片撞击区域

1) 包容性分析

当机匣的包容能力系数 C_a 大于包容断叶所需的最小包容系数 C_r 时,机匣具有包容断片的能力。此法在求取 C_r 值时,采用的是基于试验和经验的包容曲线,其适用范围窄,难以推广应用。而俄罗斯破坏势能法依据撞击动力学理论公式推导而成,

要求 $E_k \leqslant W$，$W = W_b + W_m$。其中 E_k 为断叶动能；W 为机匣破坏总势能；W_b 为机匣壳体弯曲变形功；W_m 为挤压剪切障碍物的功[98]。研究表明，利用此法计算的结果偏于保守。随着显式非线性有限元计算技术的日益完善和计算机硬件水平的不断提高，实现虚拟试验的数值仿真在航空发动机包容性分析计算中得到越来越广泛的应用。发展高推重比发动机和大型涡扇发动机，高强度、高韧性纤维缠绕增强的复合材料软壁包容机匣是一种合适的选择。因此，建立一种工程实用的建模方法满足纤维增强复合材料机匣包容性分析具有重要意义。而包容性设计主要以数值仿真结合部件试验为主[96]。

2）包容性试验

包容性试验通常有三种方式。第一种方式是在真实发动机上进行叶片包容试验（见图 2.152），以检验其包容能力，这种试验的缺点是成本极高，传感器安装困难，不能清楚拍摄到叶片与机匣的撞击过程。第二种方式是打靶试验（见图 2.153），即利用空气炮等装置发射叶片形状的高速弹体撞击圆形筒体或靶板，研究撞击速度、入射角和弹体形状等对撞击破坏过程的影响，这种试验方式容易进行叶片初始速度和靶板动态应变的测量，以及撞击变形过程的高速拍摄，但试验过程中，叶片弹体的速度分布、靶板形状等都与实际工况有较大的差别，很难将试验结果直接用于推导机匣壁厚的包容性设计公式。第三种方式是在专用的转子高速旋转破坏试验台上进行叶片包容试验（见图 2.154），叶片根部预制裂纹，使其在预定的转速范围内离心飞断后撞击机匣，试验状态接近发动机的实际工作状态，可进行单叶片或多叶片离心飞断的包容试验。此种试验方式具有成本低、周期短、试验结果可以直接应用等优点。

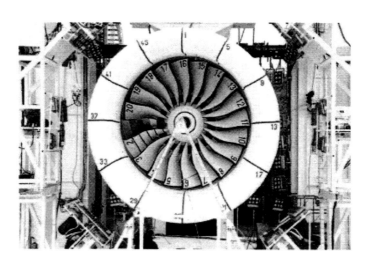

图 2.152　整机包容性试验[99]

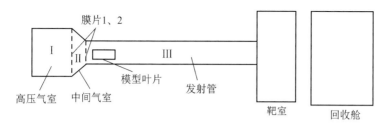

图 2.153　打靶试验空气炮结构简图[97]

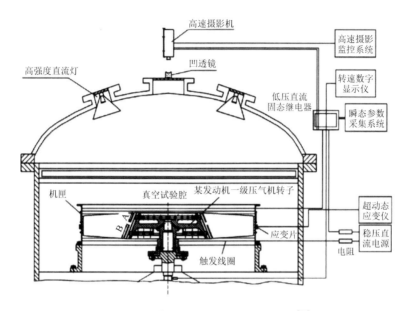

图 2.154　高速旋转破坏试验台示意图[97]

　　飞出的叶片与包容机匣的撞击是一个复杂的非线性动态响应过程,很难通过建立精确的数学模型获得完全的解析解。包容性试验虽然可以获得真实可靠的数据结果,但它也是一种特别费时、费钱的破坏性试验,并且包容问题本身的强非线性和不确定性也使试验结果存在较大的局限性,因此,采用虚拟试验的数值仿真是研究叶片包容性问题的有效手段[96]。

　　我国民用大飞机发动机要取得国际适航证,高包容能力的风扇机匣设计是必须面对的问题。随着航空发动机涵道比和推重比的不断提升,包容机匣的质量在整个发动机中所占比例也在不断提高。为了减轻质量、提高燃油效率,采用高强度、高韧性纤维缠绕增强的复合材料软壁包容机匣已经成为优先选择。

　　随着复合材料风扇包容机匣在大中型涵道比发动机上的广泛应用,在此基础上研究耐高温复合材料机匣,通过研制耐高温树脂基体和耐氧化高强度纤维,将复合材料机匣由风扇推广到风扇增压级和高压压气机,甚至可应用到涡轮机匣等热端部件。对于小涵道比发动机,复合材料包容机匣也有广阔的应用空间,对于增强发动机可靠性、减轻质量、提高推重比、降低耗油率等有不可替代的优势,因此小涵道比发动机可以根据使用需求确定是否采用复合材料包容机匣。

| 2.6   防钛火技术 |

钛合金具有密度低(约 $4.5\ \mathrm{g/cm^3}$)、比强度高的特点,且高温强度、抗蠕变性能和抗氧化性良好,因此在航空发动机上得到了广泛的应用。随着材料工业水平的提升,耐高温、高强度、高韧性的钛合金得到长足的发展,钛合金的使用温度水平逐步提高,目前耐 600 ℃使用温度的钛合金已应用于航空发动机。目前世界上大约 3/4 的钛合金用于航空航天和军工产品。

随着飞机对发动机长航时、高机动性等的追求,国内外先进的航空发动机无不在追求高的推重比,在尽可能提高发动机推力的同时,希望采用尽可能轻质的构件来满足使用需求。而使用钛合金比其他金属能更有效地减轻发动机的质量,特别是对于转动部件,离心载荷与材料密度成正比,钛合金的优势更加明显。因此高性能发动机的风扇和压气机部分以及其他结构件中都大量采用钛合金。目前代表世界先进技术的推重比 10 一级发动机 F119 钛合金占整机结构质量的 41%(见图 2.155);B737 系列和空客 A320 系列飞机选用的 V2500 发动机钛合金占整机结构质量的 31%(见表 2.16)。钛合金占发动机结构质量比已成为衡量发动机先进性的一项重要技术指标。

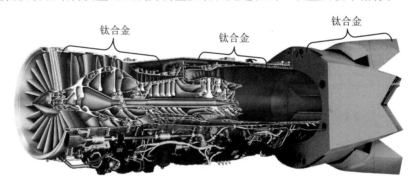

钛合金   钛合金   钛合金

图 2.155   F119 发动机用钛部位

表 2.16   航空发动机钛合金用量的结构质量比

发动机型号	V2500	F119	涡喷 13	太行
国家	美、英、日、德、意联合研制	美国	中国	中国
设计年代	20 世纪 80 年代	20 世纪 80 年代	20 世纪 80 年代	20 世纪 90 年代
钛合金占发动机质量 百分数 w_t/%	31	41	13	20

然而由于钛合金具有导热系数低、氧化生成热和燃烧热熔高、燃烧敏感的特性，在航空发动机工作过程中，当转/静子钛合金零部件发生碰磨时，将导致钛合金零件局部温度的迅速升高，钛合金零件与高压、高温的气流发生剧烈的氧化反应，进而发生钛火故障。高压压气机内的空气压力、温度较高，因此钛合金着火燃烧多发生在高压压气机中。钛火故障一旦发生，将迅速扩展、持续燃烧，直到钛燃烧耗尽，或空气压力低于某个临界值，或燃烧区域因焠熄造成热量散失，钛火才会停止。钛火会在几秒钟内烧毁发动机，瞬间造成机毁人亡的惨剧。美国 PW 公司研制的用于 F-15 飞机的 F100 发动机曾在试车最大状态下发生钛合金燃烧，导致整台发动机被烧坏[101-102]，具体现象如图 2.156 所示。

图 2.156　钛火故障后的发动机

　　20 世纪七八十年代是航空发动机发生钛合金燃烧事件的高发期。CF6 发动机自 1976 年起钛合金燃烧事件不断发生，到 1979 年年中达到高峰，一年内发生 14 起钛火事件；PW4000 在 1986 年 5 月 6 日适航取证过程中进行包容试验时，由于断裂的风扇叶片引起高压压气机喘振，高压压气机第一级转子叶片的叶尖将装在钛制机匣上的封严带磨穿，并与钛机匣摩擦，引发钛火；1987 年 11 月美国国防部宣布，在 1987 年一年内，美国海军损失了 9 架 F/A-18，其中 4 架是因 F404 发动机钛火而烧毁。根据现有的资料统计，美国发生钛火事件 144 起，其中 2/3 找不到准确原因。苏联在 1977—1988 年间，HK-8、HK-86、Д-30 等发动机发生 30 余起钛火。我国自主研制的某发动机核心机在高空台达标试验中发生严重钛合金燃烧事件，烧毁核心机，损失巨大。

　　美国联合技术公司研究结果："在 20 世纪 70 和 80 年代，众多高压压气机采用钛合金的发动机都遭遇过钛火。从军用到民用航空发动机，几乎无一幸免，一度引起用钛的恐慌"。鉴于钛合金着火燃烧的原因复杂，极难实时观察及事后检测，且后果极其严重，因此国内外均投入了大量的人力、物力和财力开展防钛火技术的研究。

　　由于钛合金燃烧的严重危害性，国外从 70 年代起军方、政府和发动机厂商投入大量的人力、物力和财力,开展了大量钛合金燃烧及防钛火技术的基础和工程应用研究,取得了显著的成果。

(1) 钛合金的燃烧机理研究

为了研究钛合金燃烧机理,美国开展了大量实验室规模的钛合金燃烧试验和相关的分析研究。图 2.157 是美国国家标准局 1995 年建立的燃烧实验装置,样品为垂直放置的细钛丝,采用电弧加热自底部点燃,这样可以避免熔液流淌影响对燃烧过程的观察。通过分析高速摄像可以获得不同材料的燃烧速度,通过对热辐射的监控可以研究燃烧过程的细节。例如,图 2.158 中辐射感知量曲线随钛合金燃烧过程演化逐渐升高,燃烧剧烈程度增大,骤降处对应着钛熔液的坠落,峰值随时间的延长呈下降趋势是因为辐射监测窗被飞溅的液滴不断遮盖从而导致信号减弱的缘故。

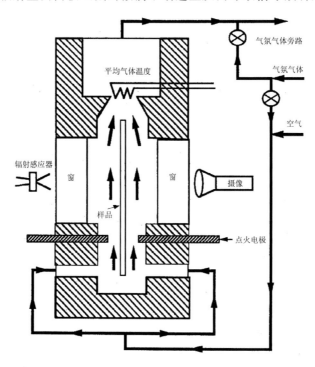

图 2.157　钛丝燃烧装置

(2) 建立燃烧试验平台,评价不同钛合金的燃烧特性

通过钛合金燃烧试验平台模拟发动机温度-压力-流速等参数条件,再现钛合金在发动机内的燃烧传播过程,利用高速摄像设备记录燃烧传播过程,研究钛合金启燃基本条件、自持燃烧、燃烧传播,以及评价燃烧特性和防钛火方法的有效性。钛合金燃烧特性和防钛火基础理论通过试验平台与工程实践紧密结合,理论研究和工程应用相互促进。

美国和俄罗斯分别研制出不同的钛合金燃烧试验平台,如图 2.159、图 2.160 所

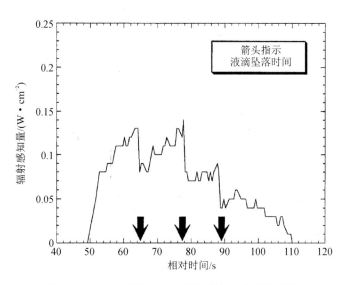

图 2.158　钛丝燃烧过程中测量的辐射随时间变化

示。温度、压力和气流速度可根据试验要求调控,不同的平台主要区别在于采用不同的点火方式。

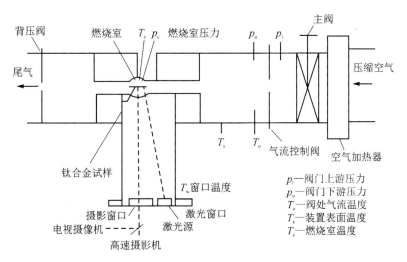

图 2.159　激光试验平台示意图(美国)

美国利用燃烧试验平台测试了 54 种钛合金的燃烧条件和燃烧行为,评价其燃烧特性,根据燃烧难易程度分为易燃、较难燃烧、难自持燃烧、很难燃烧和不燃烧等 5 个级别,为合金研究和安全用钛提供指导,如风扇叶片较厚且难以点燃,工作环境压力和温度较低,设计时可以使用易燃钛合金;较难燃烧的钛合金可用于低压压气机,难自持燃烧的钛合金则适用于高压压气机前面级,很难燃烧和不燃烧钛合金可用于高压压气机后面级。

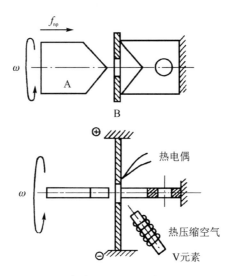

图 2.160   摩擦试验平台示意图(俄罗斯)

(3) 钛合金燃烧的试验模拟研究

按照燃烧现象将燃烧分为启燃、自持燃烧和扩散燃烧。研究人员研究了着火燃烧与温度、压力、流速和零件尺寸的对应关系;自持燃烧反应类型、反应产物及燃烧控制机制;在接近发动机内的高温、高压和高速气流的小型风洞内进行了钛合金的扩散燃烧试验,研究燃烧传播。

开展钛合金的燃烧研究,目前钛燃烧试验方法主要有:激光点燃法、融化液滴点燃法、高温高压气流+钛合金旋转碰摩试验法。相比前两种方法,高温高压气流+钛合金旋转碰摩试验法可更真实地模拟发动机工作中钛火发生的状态,但鉴于各影响因素多且复杂,模拟钛着火更为困难。

初步试验研究表明,钛合金是否易于着火,与流经其周围的空气参数——压力、温度、流速,以及转静子碰磨程度有关。在正常工作条件下,钛合金表面具有致密的 TiO_2 氧化膜,当某种原因(如摩擦等)使其温度升高时,由于 TiO_2 的密度小于 Ti_3O_5 的密度,所以 TiO_2 极易破裂失去密封性能,进而在氧化物的交换放热反应中,引起氧气的输送速度急剧增大,导致热量析出速度超过热量损失速度,造成温度升高,最终转变为燃烧。

(4) 钛合金燃烧的综合防治技术

为了减小钛火发生的概率,研究人员研究了多种防钛火措施,并成熟应用于航空发动机。

1) 阻燃结构设计

加大转子叶尖与静子间的径向间隙,降低转子叶片与机匣内环发生摩擦的概率;加大转子叶片与整流叶片之间的轴向间隙,减少由于喘振和失速导致的转子、整流叶片的碰撞。

在钛合金零件可能碰磨的表面设计各类防护衬层。在与钛合金转子叶片相对应的钛合金高压压气机机匣内环上,嵌装了用于防止钛合金间摩擦的钢衬套和防火隔层(见图 2.161)。

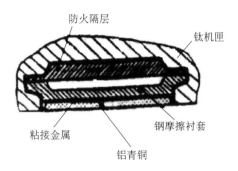

图 2.161　CFM56 发动机防钛火设计

2) 阻燃涂层

采用先进的喷涂工艺在钛合金零部件表面涂敷一层难以燃烧的材料,尤其是在可能发生摩擦的表面,可以防止转、静子钛合金零件直接碰磨,防止正常碰磨热量积累并传导至基体,起到防钛火的作用。不同部位采用不同体系的涂层,如用于机匣的可磨耗及隔热复合涂层、用于鼓筒的耐磨涂层和用于转子叶尖的氮化硼涂层等。如图 2.162 所示为 EJ200 转、静子防钛火阻燃涂层[103]。

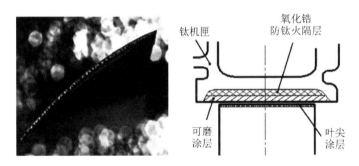

图 2.162　EJ200 转、静子防钛火阻燃涂层

3) 阻燃钛合金

各国一直在研制对持续燃烧不敏感、本身具有良好阻燃性能的钛合金(阻燃钛合金)。研究表明,在钛合金中加入一定比例的钒和大于 13% 的铬,既能阻止钛合金的燃烧,又具有良好的机械性能。基于此原理,美国研制了 Ti - V - Cr 系阻燃钛合金 Alloy C,已成功应用于其第四代发动机 F119 高压压气机机匣、加力筒体和矢量喷管鱼鳞片;美国华昌公司根据 Nb 与 Ti 具有广泛的溶解度和小的氧化热,研制了 Ti - 45Nb 阻燃钛合金。试验结果表明,该合金在纯氧中的燃烧速度慢于标准钛合金。俄罗斯利用铜较高的导热性能和变形性能,可有效传导摩擦热和减少摩擦阻力的特点,研制了 Ti - Cu - Al 系阻燃钛合金 BTT - 1 和 BTT - 3,BTT - 3 已通过发动机试车。英国 RR 公司研制出 γ 钛铝金属间化合物,最高使用温度可达 800 ℃ 而不易燃烧,计划用于新型发动机高压压气机静子叶片和低压涡轮叶片。

为有效遏制钛火危害,避免钛火故障的发生,在结构设计中需重点考虑如下几个方面。

(1) 结构设计方面

在结构设计中采取尽可能不成对使用钛合金的设计原则,避免钛合金部件之间的直接摩擦,降低钛着火的概率。如在高压压气机结构设计中,为满足转子高离心负荷、轻质的设计需求,转子叶片设计时,只要工作温度允许则尽可能采用钛合金,而与之配对的静子叶片、机匣则尽可能采用合金钢或镍基合金。若需在静子上使用钛合金,则需采用隔离防护措施,如采用钢衬套、阻燃防护涂层等。另外,在转子叶尖间隙的设计中,若存在转子叶尖摩入外流路的情况,则需在对应钛合金转子叶尖的机匣外环内表面设置可磨耗或耐磨涂层,并有效控制转、静子的径向间隙,保证在发动机工作状态下,不允许钛合金转子叶片摩入外环涂层下方的金属基体,否则在急剧的转、静子碰磨情况下,很容易引发钛火事件的发生。

(2) 阻燃钛合金研制

通过在 Ti 合金中加入适量的 V 元素与大于 13% 的 Cr 元素(简称 V - Cr 系),或通过在 Ti 合金表面形成 Ti - Cu 阻燃层(简称 Ti - Cu 系),来阻止 Ti 燃烧。使钛合金在一定的环境温度、压力和气流速度下不易被点燃或燃烧不易蔓延。V 元素对阻燃特性起着其他元素不可替代的作用。虽然 V 元素不但密度大、价格昂贵,而且在生产过程中均匀熔炼也相当困难,但目前美国的 Alloy C 合金仍然是实际应用最好的阻燃 Ti 合金。

钛铝合金由于密度低、高温性能好、阻燃性能好,也是很好的可发展的阻燃合金,但目前由于缺少行之有效的试验验证方法,因此钛铝合金的阻燃性能还需进行更深入、系统的研究;另外,钛铝合金由于具有塑性差、断裂韧度较低的问题,在后续的材料研制及工程应用中还需开展有针对性的研究工作。

(3) 阻燃防护涂层的研制

结构设计中应尽可能地避免可能的钛钛碰磨,如留有足够的间隙、采用阻燃防护涂层等。阻燃涂层工艺简单,成本低,可维护性好,是工程适用性较好的阻燃防护技术。在容易摩擦着火的钛合金表面涂覆阻燃涂层,可减少摩擦热量的积累和传导,以延缓或阻止钛合金燃烧。

在转子叶尖对应机匣上采用阻燃防护涂层时,还需考虑涂层的可磨耗性,从而保证较小的叶尖间隙,要求涂层有良好的可磨耗性及可靠的阻燃性能,且与对磨叶片合金有较好的兼容性。因此采用多层的涂层体系,面层根据机匣的工作温度选择合适的可磨耗涂层;中间层为氧化锆等隔离防护层,用于隔离氧向钛合金基体的输送;底层为粘接层。该涂层体系可有效提高钛合金机匣的阻燃性能。

另外,可采用在转子叶片叶尖部位涂覆立方氮化硼耐磨涂层的方式,避免钛合金转子叶片与静子机匣的碰磨,保护转子叶尖与涂层摩擦时叶尖不会过热、掉块。

　　航空发动机钛火防治技术的研究是研制高推重比发动机的关键。通过多年研究积累,防钛火技术方面已取得突破性的进步,但对于阻燃钛合金各元素对燃烧行为的影响、钛合金燃烧特性的表征及评价体系、阻燃性能评价方法、钛合金燃烧火焰及燃烧产物在发动机工况下的传播行为、阻燃钛合金相配套的防钛火涂层工程化应用等领域还需进一步开展深入的研究。

　　在未来的研究中,应基于钛合金燃烧条件、传播模式、防护原理等理论和方法,进行服役环境下钛火的防治技术研究,揭示阻燃钛合金各元素对燃烧行为的作用机制,建立钛合金启燃与环境(温度、压力、流速)的关系,最终形成低成本、高可靠性的钛火防治技术体系,以满足未来航空发动机高效、轻质、长寿命和高可靠性的需求。

｜参考文献｜

[1] Tony Dichens,Ivor Day. The Design High Loaded Axial Compressor. GT2009-59291.

[2] 梁彩云,张恩和,李泳凡,等.大涵道比涡扇发动机总体性能设计技术研究.中国航空学会 2007 年学术年会,2007.

[3] 沈锡钢.大涵道比涡扇发动机总体性能与循环参数设计.航空科学技术,2011(4)：4-7.

[4] 李杰,LEAP－X 发动机的创新性技术.航空科学技术,2011(4)：12-14.

[5] 陈懋章,刘宝杰.风扇/压气机气动设计技术与挑战——用于大型客机的大涵道比涡扇发动机.中国航空学会 2007 年学术年会,2007.

[6] 陈光.大涵道比涡扇发动机风扇转子支承结构的设计变化.航空动力,2019(5).

[7] 刘红霞.GE 公司变循环发动机的发展.航空发动机,2015,41(2).

[8] 中国国防技术信息中心.美空军加速发展变循环发动机.Flight International,2007,3(13).

[9] 孙明霞,梁春华.美国自适应发动机研究的进展与启示.航空发动机,2017,43(1).

[10] 张鑫,刘宝杰.核心机驱动风扇的气动设计特点分析.航空动力学报,2010,25(2).

[11] 史文斌,王咏梅,昌皓.自适应发动机及压缩系统构型简析.航空动力,2020,4.

[12] 沃迪亚 A K,特纳 A G,等.CN101117926B Flade fan with different inner and outer airfoil stagger angles at a shroud therebetween,2011.

[13] Thomas G Sylvester,Robert J Brown,Colin F O'Connor. F-35B Lift Fan Inlet

Development. AIAA 2011-6940,2011.

[14] Wennerstrom A J. Low Aspect Radio Axial Flow Compressor: Why and What It Means. ASME Journal of Turbomachienary,1989,111:357-365.

[15] Wennerstrom A J. Design of Highly Loaded Axial Flow Fans and Compressors. Concepts ETI,Inc.,2000.

[16] Melvin J H. Advanced Technologies for Turbomachinery System—An Overview. NASA TM 82949-19830003820,1982.

[17] Ji Lucheng,Chen Jiang,Lin Feng. Review and Understanding on Sweep in Axial Compressor Design. ASME paper GT2005-68473,2005.

[18] Smith L H,Yeh H. Sweep and Dihedral Effect in Axial Flow Turbomachinery. ASME Journal of Basic Engineering,1963,85.

[19] Denton J D,Xu L. The Effects of Lean and Sweep on Transonic Fan Performance. ASME paper GT2002-30327,2002.

[20] Wadia A R,Szucs P N B,Crall D W. Inner workings of aerodynamic sweep. ASME paper 97-GT-401,1997.

[21] Breugelmans F A E,Carels Y,Demuth M. Influence of Dihedral on the Secondary Flow in a Two-Dimensional Compressor Cascade. ASME Journal of Engineering for Gas Turbine and Power,1984,106:578-584.

[22] Sasaki T,Breugelmans F. Comparison of Sweep and Dihedral Effects on Compressor Cascade Performance. ASME Journal of Turbomachinery,1998,120:454-464.

[23] Gallimore S J,Bolger J J,Cumpsty N A,et al. The Use of Sweep and Dihedral in Multistage Axial Flow Compressor Blading—Part II: Low and High-Speed Designs and Test Verification. ASME Journal of Turbomachinery,2002,124:533-541.

[24] Wennerstrom A J,Frost G R. Design of a rotor incorpora-ting splitter vanes for a high pressure ratio supersonic axial compressor Stage. ARL-TR-74-0110,1974.

[25] Wennerstrom A J,Hearsey R M. The Design of an Axial Compressor Stage for a Total Pressure Ratio of 3 to 1. ARL 71-0061,1971.

[26] Wennerstrom A J. et al. Test of a Supersonic Axial Compressor Stage Incorporating Splitter Vanes in the Rotor,ARL 75-0165,1975.

[27] 梁春华,刘静娟,邝林. IHPTET 计划的十年进展. 沈阳发动机设计研究所,2000.

[28] 严明,陈懋章.大小叶片轴流压气机流动特性分析.推进技术,2002,23(4):280-282.

[29] 张永新,陈懋章,等.单级大小叶片轴流压气机流动分析.航空动力学报,2004,19(1),89-93.

[30] Holtman Robert L. Test of Supersonic Compressor Cascade with Splitter Vanes and Vortex Generators on Blades. AD-774 454,1973.

[31] Holtman Robert L. Test of Supersonic Compressor Cascade with Splitter Vanes. AD-774 549,1973.

[32] 金洪江,叶志锋,龚继鹏,等.轴流压气机大小叶片特性试验.航空动力学报,2009,24(8):1813-1817.

[33] Reijnen D P. Experimental Study of Boundary Layer Suction in a Transonic Compressor. PhD thesis,MIT,Cambridge,MA,1997.

[34] Kerrebrock J L,Drela M,Merchant A A,et al. A Family of Designs for Aspirated Compressors,ASME Paper. 98-GT-196,1998.

[35] Merchant A A. Design an Analysis of Supercritical Airfoils with Boundary Layer Suction. Master's thesis,MIT,Cambridge,MA,1996.

[36] Merchant A A. Design and Analysis of Axial Aspirated Compressor Stages. PhD thesis,MIT,Cambridge,MA,1999.

[37] Merchant A A,Drela M,Kerrebrock J L. Aerodynamic Design and Analysis of a High Pressure Ratio Aspirated Compressor Stage. ASME Paper,2000-GT-619,2000.

[38] Merchant A A. Aerodynamic Design and Performance of Aspirated Airfoils. ASME Paper,GT2002-30369,2002.

[39] Schuler B J,Kerrebrock J L,Merchant A A,et al. Design,Analysis,Fabrication and Test of an Aspirated Fan Stage. ASME Paper,2000-GT-618,2000.

[40] Schuler B J. Mechanical Design of an Experimental Aspirated Compressor. Master's thesis,MIT,Cambridge,MA,1998.

[41] Schuler B J. Experimental Investigation of an Aspirated fan Stage. PhD thesis. MIT,Cambridge,MA,2001.

[42] Kerrebrock J L. The Prospects for Aspirated Compressors. AIAA 2000-2472,2000.

[43] 侯冠群.宽弦空心风扇叶片制造工艺的发展.航空制造工程,1994(5):20-22.

[44] 梁春华,杨锐.航空发动机宽弦空心风扇叶片的发展及应用.航空发动机,1999(2):54-58.

[45] 侯冠群,尚波生.宽弦风扇叶片技术的发展.国际航空,2002(12):45-47.

[46] 梁春华.航空发动机宽弦空心风扇叶片的研制和加工工艺.沈阳发动机设计研究所,2004.

［47］纪福森.2/3 层板结构空心风扇叶片设计与对比分析.航空发动机,2013(4)：49-56.

［48］郝勇,李志强,杜发荣,等.大涵道比涡扇发动机的宽弦空心风扇叶片技术研究.中国航空学会 2007 学术年会动力专题,2007,45：1-13.

［49］Stotler C L,Yokel S A. PMR Graphite Engine Duct Development. NASA-CR-182228,1989,8.

［50］Harris. Composite Blade For Turbofan Engine Fan. United States Patent：4343593,1982,8.

［51］Boszor,et al. Compressor Blade Containment with Composite Stator Vanes. United States Patent：5605441,1997,2.

［52］益小苏. 先进复合材料技术研究与发展. 北京：国防工业出版社,2006.

［53］梁春华. 高性能航空发动机先进风扇和压气机叶片综述.航空发动机,2006(3)：48-52.

［54］刘永泉,洪杰,金海,等. 航空燃气轮机总体结构设计.北京：科学出版社,2022.

［55］沈尔明. 先进树脂基复合材料在大涵道比发动机上的应用.航空制造技术,2011(17)：56-61.

［56］陈光. 用于波音 787 客机的 GEnx 发动机设计特点. 沈阳：航空发动机,2010,36(1)：1-6.

［57］胡晓煜. 下一代窄体客机发动机最新进展. 沈阳：航空发动机,2010,36(1)：53-57.

［58］马晓健,等. 民航发动机复合材料导向叶片结构设计技术研究,2015 年(第九届)商用飞机复合材料应用国际论坛,2015.

［59］梁春华. 纤维增强树脂基复合材料部件在航空涡扇发动机上的应用.航空制造技术,2008(4)：32-37.

［60］李杰. 复合材料在新一代商用发动机上的应用与发展.航空科学技术,2012(1)：18-22.

［61］牛春匀. 实用飞机复合材料结构设计与制造.北京：航空工业出版社,2010.

［62］Ji Lucheng, Shao Weiwei, Yi Weilin,et al. A model for describing the influences of SUC-EW dihedral angle on corner separation. ASME 2007-GT-27618,2007.

［63］Ji Lucheng, Tian Yong, Li Weiwei,et al. Study on blended blade and endwall technique. Aeroengine,2012,39(6)：10-17.

［64］Ji Lucheng, Tian Yong, Li Weiwei,et al. Numericalstudies on improving performance of rotor-67 by blended blade and endwall technique. ASME Paper GT2012-68535,2012.

［65］Law C H, Wennerstrom A J, Buzzell W A. The use of vortex generators as inexpensive compressor casing treatment. SAE 1976-0925，1976.

［66］ Agarwl R，Dhamarla A，Narayannan S R，et al. Numerical investigation on the effect of vortex generator on axial compressor performance. ASME 2014-GT-25329，2014.

［67］ Hergt A，Meyer R，Engel K. The capability of influencing secondary flow in compressor cascades by means of passive and Active method. CEAS 2007-216，2007.

［68］ Hergt A，Meyer R，Müller M，et al. Loss reduction in compressor cascades by means of passive flow control［R］. ASME 2008-GT-50357，2008.

［69］ Hergt A，Meyer R，Müller M，et al. Effects of vortex generator application on the performance of a compressor cascade. ASME 2010-GT-22464，2010.

［70］ Diaa A M，El-Dosoky M F，Abdel-Hafez O E，et al. Secondary flow control on axial flow compressor cascade using vortex generators. ASME-IMECE，2014-37790，2014.

［71］ Diaa A M，El-Dosoky M F，Abdel-Hafez O E，et al. Boundary layer control of an axial compressor cascade using nonconventional vortex generators. ASME-IMECE，2015-52310，2015.

［72］ Chima R V. Computational Modeling of Vortex Generators for Turbomachinery. ASME 2002- GT -30677，2002.

［73］ Koch C C. Experimental evaluation of outer case blowing or bleeding of single stage axial flow compressor，Part VI—Final report. Washington，D. C.：NASA；Report No.：NASA CR-54592，1970.

［74］ Muller M W，Schier H P，Voges M，et al. Investigation of passage flow features in a transonic compressor rotor with casing treatments. New York：ASME；Report No.：GT2011-45364，2011.

［75］ Houghton T，Day I. Stability enhancement by casing grooves：The importance of stall inception mechanism and solidity. ASME J Turbomach，2012，134(2)：021003.

［76］ Houghton T，Day I. Enhancing the stability of subsonic compres-sors using casing grooves. ASME J Turbomach，2011，133(2)：021007.

［77］ Wilke I，Kau H P. A numerical investigation of the influ-ence of casing treatments on the tip leakage flow in a HPC front stage. ASME Paper GT-2002-30642，2002.

［78］ Wilke I，Kau H P. A numerical investigation of the flow mechanisms in a HPC front stage with axial slots. ASME Paper GT2003-38481，2003.

［79］ Rabe D. Influence of inletdistortion on transonic compres-sorblade loading.

AIAA95-2461，1995.

[80] Hah C. Effects of inletdistortion on the flow field in a tran-sonic compressor rotor. ASME J. Turbomach，1998，120：233-246.

[81] Shabbir A，Adamczyk J J. Flow mechanism for stall margin improvement due to circumferential casing grooves on axial compressors. New York：ASME；2004. Report No.：GT2004-53903，2004.

[82] Dimitrie Negulescu，Michael Pfitzner. Secondary air systems employing vortex reducers. ASME 2001-GT-0198，2001.

[83] Pfitzner M，Waschka W. Development of an aeroengine secondary air system employing vortex reducers. ICAS congress，2000，8 (551).

[84] Farthing P R，Chew J W，Owen J M. The use of de-swirl nozzles to reduce the pressure drop in a rotating cavity with radical inflow. ASME，GT184，1989.

[85] Colin Young，Guy D Snowsill. CFD optimisation of cooling air offtake passages within rotor cavities. ASME GT2002-30480，2002.

[86] Dieter Peitsch，Manuela Stein，Stefan Hein. Numerical investigation of vortex reducer flows in the high pressure compressor of modern aeroengine. ASME GT2002-30674，2002.

[87] Andre Gunther，Wieland Uffrecht，Erwin Kaiser，et al. Experimental analysis of varied vortex reducer configurations for the internal air system of jet engine gas turbines. ASME GT2008-50738，2008.

[88] Negulescu D，Pfitzner M. Secondary air systems in aeroengines employing vortex reducers. ASME 2001-GT-0198，2001.

[89] Du Xiaoqin，Zhu Huiren，Zhang Zongwei. Numerical study on varied vortex reducer configurations for the flow path optimization in compressor cavities. ASME GT2011-45975，2011.

[90] 单文娟. 发动机内/外部引气结构流动特性研究. 南京：南京航空航天大学，2014.

[91] 陈光. 航空发动机结构设计分析. 2 版. 北京：北京航空航天大学出版社，2014.

[92] 陈光. 整体叶盘在国外航空发动机中的应用分析. 航空发动机，1999(1)：1-6.

[93] 佚名. 风扇和压气机整体叶盘的先进阻尼系统. 梁春华，译. 风扇和压气机整体叶盘结构技术文集，沈阳发动机设计研究所，2012.

[94] Ruffles P C. Aero engine of the future. THE AERONAUTICAL JOURNAL，2003，6.

[95] 曾立英，邓炬，白保良，等. 连续纤维增强钛基复合材料研究概况. 稀有金属材料与工程，2000，29(3).

［96］宣海军. 航空发动机机匣包容性研究综述. 航空动力学报,2010,25(8):
　　　1860-1870.

［97］范志强,高德平,覃志贤,等.机匣包容性破坏势能法的试验验证.燃气涡轮试验
　　　与研究,2006,19(2):26-29.

［98］RR 公司. EDG-3 斯贝 MK202 发动机应力标准.丁爱祥,吴君,译. 北京:国际
　　　航空编辑部,1979.

［99］刘璐璐,宣海军,张娜. 航空发动机复合材料机匣叶片包容性研究.工程力学,
　　　2013,6(6):314-319.

［100］刘璐璐.二维三轴编织带缠绕碳纤维复合材料机匣包容性研究. 浙江:浙江大
　　　　学,2014.

［101］Anderson V G,Funkhouser M E. Titanium coating ignition test. FAA,AD-
　　　　A1111819,1982.

［102］strobridge T S,Moulder J C,Alan F. Titanium Combustion in Turbine En-
　　　　gines. FAA,AD-A075657,1979.

［103］陈光.高压压气机钛着火的危害与防止措施.国际航空,1995(1):40-42.

第 3 章
主燃烧室

主燃烧室是航空发动机核心机的主要部件之一,其基本组成部分包括扩压器、内外机匣、火焰筒以及燃油喷嘴、火焰稳定装置等。其作用是将压气机压缩后的空气与燃油混合、燃烧,将燃料中的化学能转化为热能。主燃烧室内涉及高速气流扩张、旋流、回流、燃料/空气射流掺混、燃料雾化、蒸发、湍流燃烧以及对流和辐射换热等多种复杂的物理和化学过程[1]。在主燃烧室的设计与研制中,既要满足点火迅速可靠、燃烧稳定安全、流动损失小、出口温度场品质好、排气污染小等要求,又要满足结构紧凑、质量轻、寿命长、可靠性高等要求。由于军用航空发动机对推重比的要求不断提高,以及民用航空发动机对污染物排放的要求不断严格,推动了主燃烧室向高温升和低污染两个方向不断发展。针对这些技术需求,国内外研究人员在先进主燃烧室设计和研制中,提出了许多新的设计理念和技术方案,采用了大量的新结构、新材料和新工艺,不少关键技术获得了突破,走到了工程应用阶段。

航空涡扇发动机主燃烧室的发展经历了多种类型的演进,由单管燃烧室到环管燃烧室,再到环形燃烧室,进而到短环形燃烧室;燃烧室的进口压力从低压(1 MPa以下)发展到高压(4 MPa 或更高),相应进口温度从 550 K 升高到 900 K;燃烧室出口平均温度从 1 100 K 左右提升至 2 000 K 或更高,相应的燃烧室可用于冷却的空气量逐步减小;燃烧室长度,以火焰筒长度为例,从 0.8 m 缩短到 0.2 m。

本章重点针对先进主燃烧室的燃烧组织、扩压、冷却及热防护等新技术的设计原理、发展历程和工程应用情况,以及新结构、新材料、新工艺的特点和应用前景进行介绍,为从事先进高温升和低污染主燃烧室研制的设计人员提供技术参考。

3.1 燃烧组织技术

燃烧组织对于任何燃烧装置,包括汽油机、柴油机、工业锅炉以及燃气轮机等,都非常重要。燃烧组织的好坏是实现燃烧性能的关键,不好的燃烧组织会带来一系列的问题。

燃烧组织的核心是主燃烧区域的组织,其基本含义是:空气以什么样的流态(空气动力学),以多少的量,从哪些地方分配到燃烧区来;燃油以什么样的量(燃油量),从什么地方分配,以什么样的姿态(雾化、穿透、蒸发、散布)参与到燃烧区来;油与气是否配合良好(分配比例、流态、混合)[2]。

具体到当前先进燃烧室的两个主要发展方向,即高温升燃烧室和低污染燃烧室,其设计要求不同,对应的燃烧组织设计理念和采用的技术也有差别。

对高温升燃烧室,其工作油气比范围宽(最低约 0.01,最高可到 0.046 以上)。当主燃区的当量比大于 1.4～1.5 时,燃烧室会出现排气冒烟现象。排气冒烟不但污染环境,而且对军机的隐蔽性不利。为了防止高功率状态下主燃区过富、出现排气冒烟现象,高温升燃烧室必须增加头部/主燃区的空气流量比例,控制主燃区的当量比(典型值为 0.85～0.95)。头部/主燃区空气比例的增加会导致低功率状态下主燃区当量比的降低,带来启动性能、点火性能以及贫油熄火性能的问题。如何拓展工作范围,即保证低功率状态下不出现贫油熄火、高功率状态下不出现排气冒烟,成为高温升燃烧室设计技术的一个难点[3-4]。

对低污染燃烧室,应对国际民航组织日益严格的民机污染排放法规要求,需在保证其他燃烧性能基本不变甚至进一步提高的前提下,解决不同污染成分控制之间的矛盾。由于小功率状态排放物(以 CO 和 UHC 为主)和大功率状态排放物(以 NO_x 为主)产生的机理相互矛盾,很难同时将它们都降至最低水平,往往采取排放物之间进行折中的策略,将主燃区的温度控制在一个较为狭窄的范围内。

对高温升和低污染燃烧室,通过先进燃烧组织技术,结合精心设计的空气流量分配方案,实现每个燃烧区的总当量比和局部当量比的控制,满足对应的设计要求。本节对常用的高性能燃烧组织技术设计原理、发展历程和工程应用情况等进行介绍,涉及多级旋流、双环腔、同心分级、RQL、多点喷射以及驻涡等,同时考虑到应用现状,对双旋流燃烧技术也进行了介绍。

3.1.1　双旋流燃烧组织技术

双旋流燃烧室经过多年的研究发展已趋近于成熟,在世界范围内多种发动机燃烧室上得到了成功应用。典型双旋流燃烧室总体布局如图 3.1 所示。其火焰筒头部的旋流器部件由两级旋流器组成。通常内旋流器气流主要对燃油进行雾化,而外旋流器气流主要在火焰筒头部形成回流区。两级旋流器的组合形式多样化,可以是两级轴向旋流器、两级径向旋流器、一级斜切孔、一级径向旋流器等,两级旋流器的旋向可以相同,也可以相反。火焰筒壁面一般开有主燃孔和掺混孔,约有一半的主燃孔空气进入回流区参与燃烧,而掺混孔空气主要是用来调整燃烧室出口温度分布,以满足涡轮部件的需求。

在 20 世纪 60 年代中后期,国际上开始发展结构如图 3.2 所示的一类双旋流进

图 3.1　典型双旋流燃烧室总体布局

气雾化装置,并在主要军用和民用发动机上大量应用。其主要组成部分包括内旋流器、外旋流器、喷嘴、文氏管及套筒 5 个部分。文氏管是一个先收缩后扩张的圆形管件,一般要设计一个收口,称之为喉道,对防止喷嘴积炭有作用,内旋流的空气由此通过。套筒与文氏管的外型面构成了外旋流器的出口环形通道,套筒的出口形状及扩张角控制了下游的喷雾场及流场特性。其雾化机理如图 3.3 所示。其中喷嘴部分采用双路离心喷嘴,在低工况下,具有良好初始雾化粒度的副油路燃油直接喷入主燃区;在高工况下,燃油喷嘴的主油路燃油喷在文氏管壁面上形成油膜,由内旋流空气进行气动雾化,并在文氏管出口被两级旋流空气剪切二次破碎,在主燃区形成均匀的油气混合,清洁燃烧。

图 3.2　旋流杯结构示意图[5]

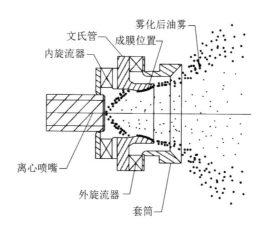

图 3.3　双旋流空气雾化喷嘴雾化过程示意图

　　国内外专家学者对旋流杯式双旋流燃烧组织技术进行了大量细致研究。图 3.4 展示了旋流杯式双旋流空气雾化喷嘴的关键设计参数[6]。双旋流空气雾化喷嘴中的关键设计参数为:喷嘴至文氏管的距离 L_{av};套筒翻边直径 D_f、套筒喉道直径 D_o、套筒扩张角 α_f 及套筒翻边的形式;文氏管出口到套筒扩张段前的距离 L_{vf}、文氏管喉道直径 D_T、文氏管外径 D_v;两级旋流器的旋向、旋流数及有效面积;喷嘴流量数 FN 及喷嘴形式等。

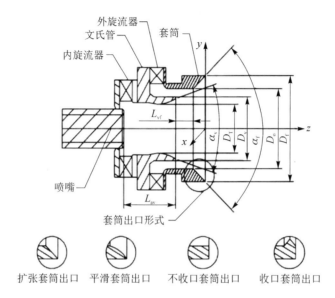

外旋流器
文氏管
内旋流器
套筒
喷嘴
套筒出口形式

扩张套筒出口　　平滑套筒出口　　不收口套筒出口　　收口套筒出口

图 3.4　旋流杯结构参数

从设计上讲,旋流杯式双旋流空气雾化喷嘴设计的好坏直接决定了燃烧室的所有与燃烧有关的性能,如点火、熄火和燃烧效率等,而上述设计参数及其组合决定了双旋流空气雾化喷嘴的空气动力特性和雾化特性,并最终影响燃烧性能。

国内外学者对双旋流进气雾化装置开展了大量研究,包括内、外旋流器的旋向组合对旋流杯内部流场的影响[7],下游流动限制域的大小,主燃孔的有无以及套筒出口形式等对旋流杯下游流场的影响[8],旋流杯套筒扩张角对喷雾场影响[9],文氏管的存在与否对下游喷雾场的影响[10-11],旋流器的叶片角和燃油喷嘴的流量数对喷雾场的影响,工作压力和温度对喷雾场的液滴轨迹和散射宽度的影响,以及防文氏管积炭的设计准则[9]等,得出了大量有价值的结论。

双旋流燃烧组织方式的典型空气分配如表 3.1 所列。

表 3.1　双旋流燃烧组织方式的典型空气分配

头部空气占比/%	主燃孔空气占比/%	掺混空气占比/%	火焰筒冷却空气占比/%
30	15	20	35

其中总燃烧空气量约为 37.5%(全部的头部空气＋50%的主燃孔空气)。由于其头部空气量相对较少,主燃区的参考速度较低,因此点熄火性能相对较优。若采用先进的火焰筒壁面冷却技术,则可以减少火焰筒冷却空气,同时增加头部空气,以满

足更高温升的需求。

总的来说,双旋流燃烧组织技术是一种经过工程检验的燃烧组织技术。虽然其可以通过调整头部进气比例来提高温升潜力,但其中心供油以及主燃孔补充进气的组织形式在应对更高温升要求时存在缺陷,相对于其他高温升燃烧组织方式,其温升能力进一步增强有限。

3.1.2 多级旋流燃烧组织技术

三旋流燃烧组织方式,是在常规的双旋流头部的基础上,增加了第三股头部旋流空气,从而实现慢车熄火和大状态下冒烟的性能折中,其示意图如图 3.5 所示。在高负荷、高温升状态,火焰筒头部的第三级旋流空气在离燃烧核心区径向较远的位置参与燃烧,保证了高燃油量所需的参加燃烧的空气量需求。在慢车状态,由于第三级旋流空气参加燃烧的径向位置离火焰相对较远,不足以影响内侧的双级旋流空气的稳定燃烧,核心燃烧区实际是在相对富油的条件下工作,这样慢车稳定性相对容易保证。与常规燃烧室类似的是,三旋流燃烧组织技术保留适量的主燃孔和掺混孔进气用于组织燃烧和调整出口温度场,获得了满意的燃烧性能。

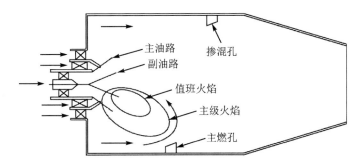

图 3.5　三旋流燃烧组织技术示意图

彭云晖等[12]针对高温升燃烧室对出口温度分布系数降低的需求,采用三头部矩形燃烧室,对三种不同的旋流器头部组合方案进行了出口温度分布的试验,重点研究了旋流器旋向和头部当量比对燃烧室出口温度分布的影响。试验采用的燃油喷嘴为单油路预膜式气动雾化喷嘴,三级旋流器均为普通直叶片的轴向旋流器,如图 3.6 所示。

当保持三级旋流器的流量分配和头部当量比不变,第一级和第二级旋流器完全相同,仅改变第三级旋流器的旋向时,第二级和第三级旋流器旋向相反更有利于降低燃烧室出口温度分布系数。从头部燃烧组织来看,燃油经过单油路气动雾化喷嘴后形成油膜,该油膜在第一级和第二级旋流器两股气流间的剪切作用下破碎。当第三级旋流器与第二级旋流器的旋向相反时,两股气流间的湍动能大大增强,燃油液滴在强的剪切力作用下,韦伯数增大,而燃油液滴的雾化正比于韦伯数,因此燃油雾化效

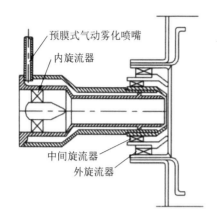

预膜式气动雾化喷嘴

内旋流器

中间旋流器

外旋流器

图 3.6　三级旋流器燃烧室头部结构示意图

果好,燃油浓度分布和燃烧室出口温度分布就更为均匀。与之相对,当第三级旋流器
与第二级旋流器的旋向相同时,气动力小,相比之下雾化效果较差,燃烧室出口温度
分布系数也就恶化。

当保持旋流器流量分配基本相同,三级旋流器的出口角旋向相同,仅改变头部当
量比时,头部当量比越小,出口温度分布就越均匀,燃烧室出口温度分布系数就越小。
燃烧室总油气比不变,头部当量比小,意味着通过旋流器的空气流量大,同时流速也
大,旋流器之间的两股气流的剪切力就大。燃油液滴受到的气动力大,雾化效果好,
燃油油膜或者燃油液滴就能雾化成更小的液滴,燃油浓度分布均匀,燃烧室出口温度
场就均匀,燃烧室出口温度分布系数就小。

目前也有学者研究更多分级的燃烧组织技术(如四级旋流器、五级旋流器等,如
图 3.7 所示),但更多是出于降低污染物排放的目的。多级旋流的耦合机理十分复

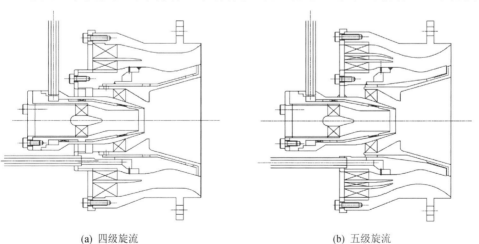

(a) 四级旋流 　　　　　　　　　　　　(b) 五级旋流

图 3.7　多级旋流器结构示意图[13]

杂,目前缺少多级旋流组织技术的设计准则,更多的是依靠试验进行研究。随着旋流级数的增加,燃烧室头部结构会变得更加复杂,结构可靠性降低,同时会导致火焰筒的流动损失增大。增加的这部分流动损失对燃烧组织和燃气掺混有多少收益,同时对发动机整体性能有多少影响则需要更详细的评估。

3.1.3 双环腔燃烧组织技术

图 3.8 为典型双环腔燃烧室示意图。与传统单环腔燃烧组织技术相比,双环腔燃烧组织技术在火焰筒头部进行了径向分级,火焰筒包含两个同心环腔,其间用一个很短的中心体分隔开。双环腔中的外环腔是预燃级,内环腔是主燃级。在低功率状态下仅预燃级工作,而高功率状态下是预燃级和主燃级同时工作。采用分级燃烧方式更能够适应燃烧室油气比大范围内变化的需求,双环腔燃烧室通过控制燃油流量来改变燃烧区内的油气比,使得低功率状态时预燃级的燃烧区内富油,从而迅速消耗掉 CO 和未燃烧烃(UHC);高功率状态时,预燃级和主燃级均在较贫的油气比下工作,大大降低了火焰温度,从而有效控制 NO_x 排放量。

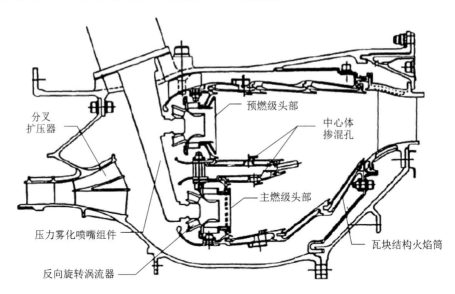

图 3.8　典型双环腔燃烧室示意图

1973—1977 年,分燃烧室选型、燃烧室改进和优化以及燃烧室-发动机实验三个阶段,GE 公司研究出双环腔燃烧室。该燃烧室包含两个同心环腔,每个环腔头部都采用 30 个旋流杯。整机试车表明,配装双环腔燃烧室的发动机的 CO、UHC 和 NO_x 的参数值较配装单环腔燃烧室的发动机分别大约降低了 55%、95% 和 30%。在 NASA 的资助下,从 1978 年开始,GE 公司进行了高效节能发动机的研究。为满足发动机的污染排放指标和其他性能要求,GE 公司选择了双环腔燃烧室。部件试验结果表明,该双环腔燃烧室达到了研制项目中提出的几乎所有设计目标。

为满足 A319/320/321 系列飞机的动力需要,由 GE 公司和 SNECMA 公司联合成立的 CFMI 公司以 CFM56 - 5C 发动机的核心机为基础,采用衍生发展的途径,开发出 CFM56 - 5B 发动机,并于 1993 年 5 月取得适航证。该型发动机的燃烧室在 CFM56 系列发动机中首先采用了双环腔燃烧室,使 NO_x 的排放量较单环腔短环形燃烧室降低了 45%。

20 世纪 90 年代,GE 公司等根据研制 CF6、CFM56 系列发动机的经验,开发出军用/民用的 GE90 发动机。该型发动机采用双环腔燃烧室(见图 3.9),与常规的高涵道比发动机相比,NO_x 的排放量可降低 33%,不但满足了 B777 飞机的需要,也能适应未来民航市场的发展[14]。

除 GE 公司外,SNECMA 公司也研制了径向分级的双头燃烧室[15]。研究计划预计将 NO_x 排放值降低 80%;CO 排放值降低 15%～20%。其验证的燃烧室如图 3.10 所示。其常规燃油喷射系统的研制,充分利用了 SNECMA 公司外场使用和试验研究中积累的经验。头部具有很大的容积(滞留时间长),慢车状态时输入的空气量可使主燃区的化学当量比最佳,因而产生的 CO 和 UHC 较少。这种燃烧室与常规燃烧室相比,NO_x 降低了 30%,因此它被 BR715 低排放发动机采用。该燃烧室的缺点是结构较复杂,喷嘴数量有所增加,某些中间状态下两个头部很难达到最佳匹配状态。

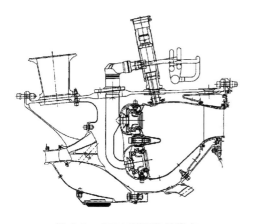

图 3.9 GE90 双环腔燃烧室

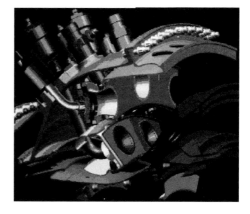

图 3.10 低 NO_x 燃烧室

图 3.11 示出了双环腔燃烧组织技术研发过程中的一些试验件实物照片。

双环腔燃烧组织技术是一种用于低排放民机燃烧室的技术,虽然在一定程度上协调了燃烧室在高工况污染物排放与低工况燃烧效率之间的矛盾,但其燃烧室结构复杂,预燃级和主燃级在某些工况下存在匹配问题,且两级之间的中心体壁面冷却困难,存在过热烧蚀等问题。这使得双环腔燃烧组织技术在实际应用时需要设计人员花费更多的精力进行研究优化。

(a) 双环腔单头部火焰筒试验件　　　　　　(b) 双环腔全环形火焰筒及喷嘴

图 3.11　双环腔燃烧室试验件

3.1.4　同心分级燃烧组织技术

　　本小节提出的同心分级燃烧技术采用的是多旋流同心布置,典型结构如图 3.12 所示。其运用了贫油直接混合或贫油直接喷射技术,由主级燃烧区和值班级燃烧区 两大部分共同组织燃烧。其中主级包括 1 级径向旋流器和 1 段环形空腔,在环形空 腔内包含由很多个喷射点构成的主喷嘴;值班级采用带 1~2 级旋流器的高流量压力 雾化装置。同心分级燃烧组织技术利用值班级和主级的两组旋流器分别产生两股同 轴的环形旋转射流。值班级帮助产生适于点火和低功率工作状态所需的雾化质量, 也帮助产生满足点火、启动、贫油燃烧稳定性和燃烧效率等设计要求所需的流场特 性。值班涡流先由燃油喷嘴几何形状控制,然后与凭借一台阶隔开的主涡流相互作

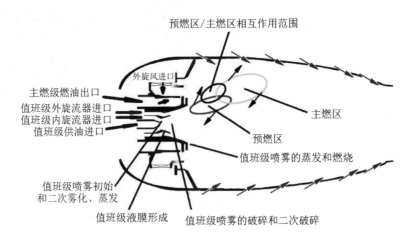

图 3.12　同心分级燃烧组织技术结构示意图

用,产生满足燃烧室关键设计所需的热环境。除了冷却燃烧室头部和火焰筒所需的冷却空气外,全部燃烧空气均从头部进入火焰筒,即同心分级燃烧室不带有主燃孔,但可保留掺混孔用于出口温度调整。值班级和主级的分级在燃油喷嘴内完成。发动机启动和慢车状态主要靠值班级工作;在某个大功率状态点,主级开始供油并被点燃;以上状态值班级和主级都工作。

同心分级燃烧技术大幅度增加了燃烧室头部空气量,从原理上来讲,基于同心分级燃烧技术,可发展出高温升燃烧室或低排放燃烧室。

① 应对高温升燃烧室研制需求,在燃烧室油气比大幅度增大的情况下,同心分级燃烧技术较大幅度地降低了头部当量比,能有效地解决高温升燃烧室面临的若干基本矛盾。为适应军用发动机的高机动性要求,主燃区要避免预混。

② 应对先进低污染民机燃烧室需求,在燃烧室的温升水平并不高的条件下,降低头部当量比达到更为贫油的水平,同时主燃区往往采用预混(或局部预混)燃烧方式,燃烧区温度明显降低,这些都有助于明显降低 NO_x 等污染排放水平。

同心分级燃烧组织技术的最核心之处在于头部旋流器的设计,重点需解决的关键技术包括流量分配、旋流数匹配和燃油匹配。流量分配和旋流数匹配主要通过调整外、中、内三级旋流器的角度实现。由于值班稳定技术国内外都已有很好的基础和经验积累,因此流量分配和旋流数匹配的重点在于外旋流器的设计。燃油的匹配取决于燃烧室具体的工作状态,小工况时增大值班级燃油比例甚至完全由值班级供油,大工况时增大主级的燃油比例,以达到更均匀的雾化燃烧。

双环预混旋流(Twin Annular Premixed Swirler,TAPS)[16-19] 燃烧技术是 GE 公司在 20 世纪 90 年代中期,为了进一步降低 NO_x 排放值而在双环腔燃烧室的基础上进一步发展并最早投入应用的同心分级技术,用于低排放民机燃烧室。其头部进气装置的结构如图 3.13 所示。这里的"双环"指的是油气混合物,而不是指燃烧室本身。"预混"主要指主级的燃料和空气在进入燃烧室之前进行均匀的掺混。

第一代双环腔预混燃烧室已经应用在了 B787 飞机的 GEnX 发动机上。该发动机在 2007 年 6 月完成了验证。结果表明,其排放值比航空环境保护委员会 CAEP6 规定的值低很多。与 2008 年的排放标准相比较,NO_x 排放有 58% 的减排裕度,烟尘有 95% 的减排裕度,碳氢化合物有 98% 的减排裕度,CO 的减排裕度也高达 90%。

目前,GE 公司正在开发更低排放的第二代 TAPS 燃烧室,以使 NO_x 排放值较第一代 TAPS 燃烧室降低 50%,耐久性由第一代 TAPS 燃烧室的 4 000 个循环增加到 20 000 个循环。

GE 公司还与 NASA 合作,以 TAPS 燃烧室为基础开发更低排放的燃烧室,以达到在 2025 年使 NO_x 排放值比国际民航组织 ICAO CAEP/2 的极限值低 80% 的目标。该公司计划采用先进的燃油喷嘴技术,改善油气混合,降低 NO_x 的排放值;采用先进的冷却技术与高温材料,扩大工作范围;采用主动控制技术,维持发动机稳定工作等。

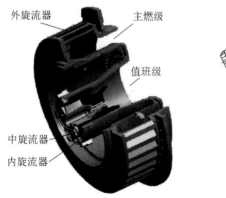

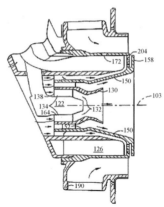

图 3.13　TAPS 燃烧室头部进气装置结构[16-19]

TAPS 燃烧室仍面临包括操纵性、燃油喷嘴的热防护、产品的成本和重量等方面的技术挑战。TAPS 结构减少 NO_x 的实际能力还需进一步验证。GE 公司新研发的一些结构具有将 TAPS 燃烧室的 NO_x 再降低 50% 和 75% 的潜力，但还有待进一步验证。

图 3.14 示出了 TAPS 喷嘴与全环形火焰筒试验件的照片。

图 3.14　TAPS 喷嘴与全环形火焰筒试验件照片

RR 公司开发的一种新型燃烧室也采用了同心分级燃烧技术。该燃烧室采用了分级分区燃烧技术和简单的单环腔结构，其中一种公开的方案如图 3.15 所示。该燃烧室大量的空气从头部进入，从而实现高油气比燃烧，达到提高温升的目的。该公司于 2002 年进行了全环燃烧室试验验证，于 2005 年进行了发动机耐久性试验，验证了其性能。

法国、俄罗斯和德国等也分别针对不同的同心分级燃烧室方案进行了研究。法国针对如图 3.16 所示的同心分级燃烧室方案进行了数值模拟，并开展了冷、热态试验研究，研究了一些关键参数对流场、燃烧特性和排放特性的影响。俄罗斯航空发动机中央科学研究院针对如图 3.17 所示的同心分级燃烧室结构开展了数值模拟研究，研究了旋流角等关键几何参数对气流结构的影响，并用冷态试验数据验证了仿真方法和结果。德国、瑞典和法国也针对同心分级燃烧室联合开展了数值计算、冷热态试验研究，重点研究了同心分级燃烧室的稳定性及可操纵性等问题，积累了大量试验数据，其燃烧室结构如图 3.18 所示。

图 3.15　RR 公司同心分级燃烧室头部及火焰筒

图 3.16　法国同心分级燃烧室试验

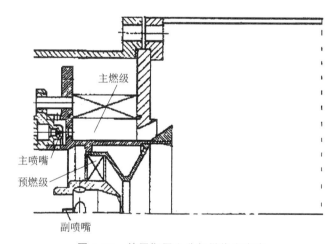

主燃级

主喷嘴

预燃级

副喷嘴

图 3.17　俄罗斯同心分级燃烧室方案

图 3.18　德国、瑞典和法国联合开发的同心分级燃烧室

目前,同心分级燃烧技术受到世界上多个国家的关注,有的正处于研发阶段,部分国家已进入实际应用阶段。从燃烧室工作的基本原理和世界各国的研制经验分析,同心分级燃烧技术具有较好的发展潜力。

3.1.5　RQL 燃烧组织技术

富油燃烧–猝熄–贫油燃烧(Rich - Burn/Quick - Quench/Lean - Burn,RQL)是一种较为先进的航空发动机燃烧技术,是现代航空发动机减少氮氧化物(NO_x)排放的最基本的燃烧策略之一。RQL 燃烧组织的概念最早由 Mosier 等[20]于 20 世纪80 年代提出。20 世纪 90 年代末,NASA 将这一概念作为下一代航空发动机降低氮氧化物排放的主要研究对象,进而发展出了 RQL 燃烧室。

RQL 燃烧是一种特殊的分级燃烧技术,前面是富油燃烧级,中间为快速猝熄级,后面为贫油燃烧级。RQL 燃烧室工作的基本原理如图 3.19 所示。燃烧起始于富油燃烧区,由于受到低温和缺氧的综合影响,NO_x 生成速率很低。随着逐渐并持续地向主燃区的燃烧产物中加入空气,主燃区的温度和氧含量逐渐提高,见图 3.19 中向上的 NO_x 路径。然而,如果通过增加过量额外空气来完成燃烧反应,并且降低燃气温度确保与主燃区燃烧产物均匀、迅速地混合,那么 NO_x 排放就会逐渐降低,沿着图 3.19 中降低 NO_x 的路径进行。从图中可以看出,快速而有效的猝熄混合过程是RQL 燃烧室设计成功的关键。

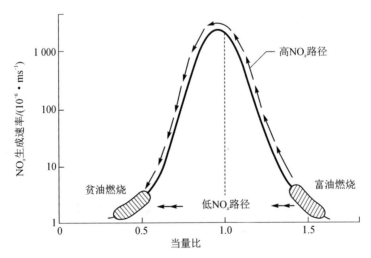

图 3.19　RQL 燃烧室工作原理图

NO_x 生成主要有两个途径:瞬发型 NO_x 和热力型 NO_x。瞬发型 NO_x 是在富油区生成的,这部分 NO_x 的生成对压力变化不敏感。生成 NO_x 的另一途径是热力型 NO_x,主要发生在猝熄区,这部分 NO_x 受火焰温度的影响很大,在温度低于 1 850 K时 NO_x 生成很少。

在富油燃烧级,通常控制油气比在 1.2~1.6 的当量比之间,更高的当量比可以更有效地降低 NO_x 排放,但是会导致冒烟问题。为确保 RQL 燃烧有效地进行,燃料必须雾化好并且在整个富油燃烧区均匀分布。另外,主燃区气流的模式必须避免产生局部回流区,延长停留时间,从而增加 NO_x 的产生量。当富油燃烧的产物从主燃区流出时,与喷入的空气迅速混合,迅速使温度降低至 NO_x 生成量极低的状态。如上所述,从富油区到贫油区的转化必须迅速,避免形成接近化学恰当比的区域,造成 NO_x 大量生成。如果贫油燃烧区的温度太高,热力 NO_x 就会大量产生。另一方面,温度又必须足够高,这样才能燃尽残留的 CO、UHC 和冒烟。因此,贫油燃烧区的当量比要小心选取,以确保所有的排放都能够满足指标。一般,贫油燃烧区的当量比选择在 0.5~0.7。在燃烧和火焰筒冷却气都满足要求后,剩余的空气作为掺混空气用于调整燃烧室出口温度分布,延长涡轮使用寿命。

在 RQL 燃烧室的富燃区,不能有冷却空气进入火焰筒,因为里面是富燃。如果使用气膜等冷却方式,富燃区的燃烧产物会在冷却气膜的淬冷下生成大量 CO,由于气膜与主流的掺混度很低,这部分 CO 很难被完全消耗。这时富燃区的火焰筒壁面完全靠背面散热,可以是背面的对流换热、背面向外的辐射换热(占比较小)。可以采用背面冲击冷却强化换热,此时冲击冷却的空气在下游进入燃烧室进行快速淬熄,这种冷却方式需要考虑跨流影响。同时,为了让冲击之后的空气压力损失不要太大,冲击冷却本身的压力损失要小,否则气流在快速淬熄处压力减小,无法得到所需的射流穿透及快速混合,如图 3.20 所示。

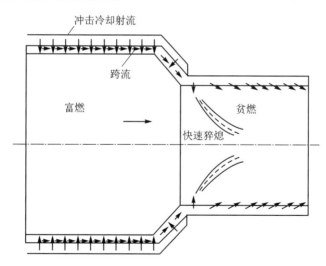

图 3.20　完全靠冲击冷却的 RQL 燃烧室

贫油熄火边界是航空发动机安全可靠工作的最重要指标之一。RQL 燃烧室前部是富油燃烧,有相对高的油气比,因此 RQL 燃烧室的贫油熄火边界相对较宽。通过分区燃烧技术,RQL 燃烧室很好地解决了贫油熄火和低污染排放这一对相互矛盾的燃烧室关键技术问题。

在 RQL 燃烧室中的关键区域是所谓的猝熄区(Quick-Quench Zone),或称为快混区(Quick-Mix Zone)。猝熄区是对英语 Quick-Quench Zone 的中文翻译,在字面上并没有将英语的含义完全翻译出来。在猝熄区,除了有因补燃空气进入燃烧室引起的燃气快速降温而形成的所谓"淬火"效应,同时还有补燃空气与从富油燃烧区出来的燃气快速混合的效应,以便贫油燃烧区的燃烧与火焰稳定。

PW 公司对 RQL 燃烧组织技术进行了全面深入的研究,提出了一种分级的 RQL 燃烧室设计,如图 3.21 所示。它在功能上与两个串联燃烧区的结构类似,但它解决了效率问题。富油初始燃烧区的设计以双层壁产生的高对流冷却速度进行外部冷却。富油初始燃烧区的对流冷却空气完成冷却任务之后形成猝熄空气射流,猝熄空气射流被引入缩小了横截面积的混合段,缩小的流动面积加上额外的猝熄射流使内部燃气的流速增大,可避免燃烧在混合段发生。贫油燃烧区是一种紧跟在混合段之后的短突扩燃烧室。这种 RQL 燃烧室属于轴向空气分级的范畴。

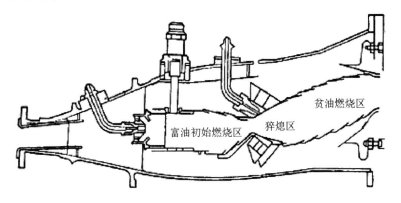

图 3.21　RQL 技术的轴向分级燃烧室

20 世纪 90 年代中期,为了降低排放,PW 公司与 NASA 格林研究中心合作开发了 TALON 燃烧室(先进低氮氧化物排放燃烧室——Technology for Advanced Low NO_x combustor,TALON 燃烧室)。目前,TALON 燃烧室已经发展到了第四代。TALON 燃烧室是单环腔结构,它将 PW 的 RQL 技术应用于民用燃烧室中。在所有工作状态,燃烧室前部设计非常富油,远高于化学恰当比燃烧,同时也能确保低功率状态的稳定性。首台 TALON 燃烧室在 PW4098 中使用,满足了 CAEP2 的排放要求。第二代 TALON 燃烧室装有气动雾化喷嘴、新设计冷却空气孔、浮动壁火焰筒,NO_x 排放值较 CAEP2 降低 $40\%\sim50\%$,UHC、CO 和烟排放值不增多,装于 PW4156、PW4168、PW 6000 和 PW 8000 等系列发动机中。第三代 TALON 燃烧室采用整体铸造扩压器、气动雾化喷嘴,带 SiC/SiC 陶瓷基复合材料涂层和浮动壁火焰筒,NO_x、CO、UHC 排放值可满足 CAEP6 的要求,并有较大的裕度。PW8000 采用了第三代 TALON 燃烧室结构,如图 3.22 所示。第四代的 TALON-X 燃烧室主要改进包括低发烟燃油喷嘴、低冷却用气火焰筒、进气孔优化技术和驻留时间控制等，以达到低排放、长寿命的目标。第四代 TALON-X 燃烧室，在 V2500 发动机上的验证结果表明，NO_x 排放量比 CAEP6 标准降低了约 32%。

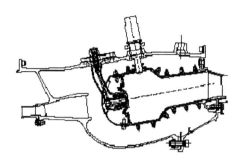

图 3.22　第三代 TALON 燃烧室

RQL 燃烧组织技术是一种经过广泛验证的低污染物排放技术。相对于在主燃区贫油设计以降低排放的 TAPS 燃烧组织方案，RQL 燃烧组织技术在低工况时的贫油熄火性能更加优越。但由于猝熄区的设计难度很大，其降低 NO_x 排放的上限能力比 TAPS 技术低。

3.1.6　多点喷射旋流燃烧组织技术

多点喷射旋流燃烧组织技术是将燃油通过大量喷点直接喷入燃烧室与空气进行混合，并利用多个小旋流器形成的多回流区来组织燃烧的一种燃烧组织技术。该技术因可以主动调节出口温度场品质，有效解决慢车稳定和大状态不可见冒烟的矛盾而受到广泛关注。目前，多点贫油直喷燃烧技术研究在美国 NASA 等研究机构广泛开展[21-25]，而我国在此项技术研究方面[26-28]相对较少。

图 3.23 为多点喷射燃烧室示意图。众多的、独立的小尺度火焰代替了常规燃烧室的大尺度火焰，而火焰稳定则通过各"点"的旋流器所形成的小型回流区来实现。由于每个喷点对应的燃油流量较小，因此可以选择流量数较低的喷嘴，通过提高燃油供给压力的方式来改善初始雾化。单个旋流器的旋流数一般较高，可以提供很强的旋转动量辅助液滴二次破碎雾化。因此，相较于传统燃烧组织技术，多点喷射旋流燃烧组织技术能够获得更好的燃油雾化与局部的搅拌混合。通过将燃油分级，使主燃区的当量比始终保持在适当的范围内，有效地拓宽了燃烧室的工作范围。根据发动机的不同工况，通过控制火焰筒头部多个喷射点打开或关闭，实现油气分布的动态调节，从而主动控制燃烧室出口温度分布，并有效地解决了低状态下燃烧室的熄火问题和大状态下的排气冒烟问题。

最典型的多点喷射旋流燃烧组织技术采用 3×3 的旋流器阵列，阵列中所有旋流器的旋向相同，均为逆时针方向，如图 3.24 所示。根据图 3.24 中旋流器阵列的分

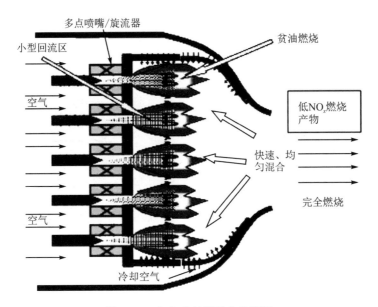

图 3.23　多点喷射燃烧室示意图

布,9 个旋流器根据其各自位置被分为 3 类,分别为中心旋流器(A)、边壁旋流器(B)和角落旋流器(C)。根据流动机理,同类型旋流器认为是相似的。图 3.25 为燃烧室靠近旋流器出口处的 9 个回流区。观察该图可知,各回流区之间彼此独立、互不干扰,因为采用了轴向旋流器,所以每个小回流区呈细长状且有一定程度的扭曲,长度大致占整个火焰筒长度的 1/4;而常规的双旋流燃烧室回流区长度占到火焰筒长度的一半,因此多点喷射燃烧室可以在火焰筒长度减小的情况下实

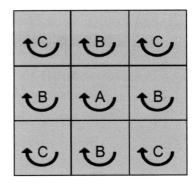

图 3.24　旋流器阵列布局

现充分燃烧。在靠近旋流器出口的下游位置存在 4 种类型的流型:环形射流区、各旋流器的中心回流区、相邻旋流器之间的低速小回流区,以及在侧壁面与端壁之间形成的角落回流区,如图 3.26 所示。第一,每个旋流器的叶片通道使通过的气流旋转射出形成了环形射流区。射流最大轴向速度约为 50 m/s,由于离散射流尚未发生充分的膨胀扩张,因此旋流器之间的相互作用较小,所有旋流器的环形射流区形状都是相似的。第二,在每个旋流器的中心都形成了一个小回流区,这些小回流区是由于射流区形成的强烈旋流所形成的,所有旋流器的回流区都呈圆形。此外,从图中还可以看出,靠近边壁 8 个旋流器的小回流区内的轴向速度分布不是围绕每个旋流器中心的轴对称结构,最高反向轴向速度位置偏离了旋流中心,这表明在回流区中的流体不仅

来自自身旋流器,也来自周围旋流器。第三,在 4 个相邻旋流器交汇处出现了低速小回流区。这些区域中的大部分流体来自远下游区域,在那里各个旋流器形成的旋流已经汇合在一起。第四,在侧壁面及端壁之间的角落附近形成了一些很小的回流区,这些区域是由高速射流诱导的二次流形成的。

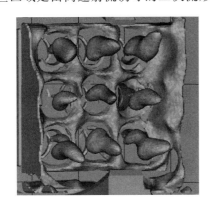

图 3.25　旋流器下游回流区分布图

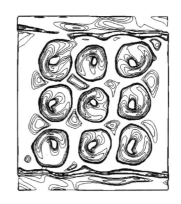

图 3.26　旋流器下游轴向速度分布图

当气流向下游继续运动时,从旋流器流出的射流逐渐膨胀扩张并发生相互作用,由于射流的膨胀,在相邻 4 个旋流器交汇处的气流速度增大,最初射流的速度特征连同边壁附近的角落回流区消失,射流的衰减是由于射流下游的相互作用导致了较高的逆向压力梯度而引起的。不同位置旋流器(A、B 和 C)所产生的旋流具有明显不同的流型。A 型旋流器的轴向速度保持了轴对称分布,在其中心处形成了环形回流区;然而,靠近壁面附近的旋流器(B、C)的轴向速度分布不再是轴对称的,其产生的回流区出现了变形、拉伸和扭曲,这是由旋流之间以及旋流与壁面之间相互作用产生的强剪切而引起的;此外,由于回流区的存在,流场受到了远下游流场的强烈影响,来自下游的反向流动与来自旋流器的旋流之间存在较强的相互作用,反向流反馈了充足的角动量来旋转由壁面 8 个旋流器产生的回流。在回流区中,流场是高度不均匀的,而且并不是沿着每个旋流器轴线对称的。

国际上还研究了一种 5×5 的旋流器阵列,在 76 mm $\times$ 76 mm 区域内共计有 25 个离散的旋流头部,其结构示意图如图 3.27 所示。燃油喷嘴为离心喷嘴,旋流器为两排斜切孔式旋流器。在试验台架测试最小工况下进行了燃油雾化试验,测试截面距喷嘴出口轴向距离为 38 mm,燃油质量流量为 1.54 kg/h,燃油压降约为 57 kPa,空气压降为 6.7 kPa。试验结果显示,测试截面的雾化粒度非常均匀,中心区域的液雾颗粒 SMD(索太尔平均直径)小于 20 μm,外部边缘的 SMD 约为 60 μm,整个液雾的平均 SMD 约为 30 μm。燃油的 SMD 值通常随燃油和空气压力的升高而减小,因此在大工况时,多点喷射旋流燃烧组织技术可以获得非常好的燃油雾化效果。燃油液滴的径向分布为典型的双峰分布,流量最大点处在距离中轴线特定高度位置;在喷雾的中心区域,燃油液滴流量和直径都很小,可以快速蒸发以提供稳定的燃烧。

图 3.28 为 25 头部的旋流器阵列顺气流方向视图。可以看出,离散的燃油喷嘴通过总管控制,如果要实现燃油分级,则需要布置复杂的供油管路系统以及相应的燃油控制系统,这也是多点喷射旋流燃烧组织技术的一个弊端,也许这是目前该技术尚无实际工程型号应用的主要原因之一。

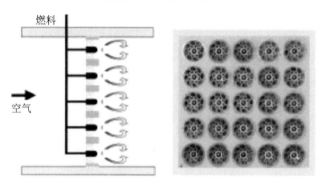 

图 3.27　25 头部的旋流器阵列示意图　　　　图 3.28　25 头部的旋流器阵列顺气流方向视图

3.1.7　驻涡燃烧组织技术

与常规的主燃烧室头部相比,驻涡主燃烧室的燃烧组织方式属于一种径向分级燃烧室,包括 2 个由插入燃烧室火焰筒内的驻涡腔组成的值班级和 1 个主燃级,如图 3.29 所示。

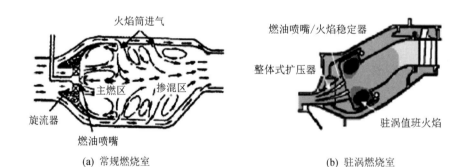

(a) 常规燃烧室　　　　　　　　　　　　　(b) 驻涡燃烧室

图 3.29　驻涡主燃烧室和常规燃烧室的结构比较

在包括地面和高空点火在内的所有较低的功率状态下,驻涡燃烧室只有值班级(驻涡腔)富油工作,以降低 CO 和 UHC 的排放量,同时提高点火和贫油熄火裕度;在较高的功率(30% 功率以上)状态下,值班级和主燃级将同时工作在低于化学恰当比的条件下。该燃烧室通过在驻涡腔中形成涡流来实现火焰稳定,这正是其相对于采用涡流片、陡壁体和后台阶等实现火焰稳定的常规主燃烧室的独特之处。通过值班级和主燃级、掺混区的空气和燃油匹配的优化,可以达到改善出口温度分布质量的目标。初步的试验表明,与传统的涡流稳定燃烧室相比,驻涡燃烧室出口温度场分布系数至少能降低 5%～15%。

1995 年前后,国外通过第一代驻涡燃烧室(见图 3.30)的计算和试验研究[29-31],确定了凹腔最佳尺寸,给出了挡板位置等对流阻影响的规律,证明了驻涡燃烧室在贫油熄火边界、流速和油气比的稳定操作范围方面拥有优于传统燃烧室的性能,建立了通过凹腔内形成驻涡能得到稳定燃烧的基础概念。

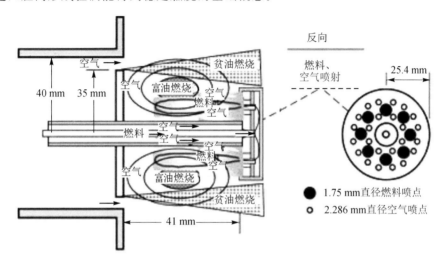

图 3.30　第一代轴对称二维驻涡燃烧室示意图

1996 年开始的第二代驻涡燃烧室[32]的研究(见图 3.31)将凹腔设置在燃烧室外围,第二代驻涡燃烧室具有更好的贫油熄火特性,能在更大的动态范围内工作,驻涡腔受来流速度的影响很小,当来流速度最高为 150 m/s 时,仍未出现火焰不稳定的情况。

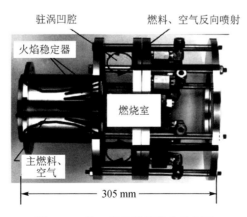

图 3.31　第二代驻涡燃烧室示意图

第三代驻涡燃烧室(见图 3.32)使用液体燃料。为了得到在驻涡区内燃油和空气进口的最合理的位置,GE 公司设计了 19 种不同的油气进入方案和 3 种不同的燃料喷射位置方案(见图 3.33)。对于燃烧效率、贫油熄火边界等的测量结果表明,对于双涡、单涡、单涡带冷却这三种燃烧室来说,双涡燃烧室是最好的。

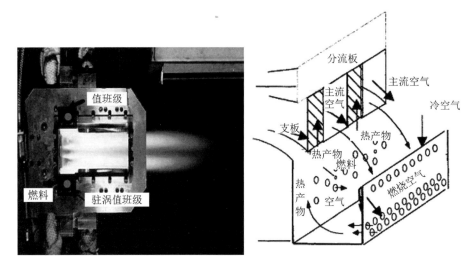

图 3.32　第三代驻涡燃烧室示意图

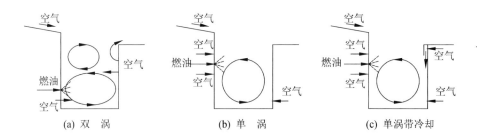

图 3.33　第三代驻涡燃烧室的三种喷射方案

图 3.34 为第四代驻涡燃烧室的结构示意图[33-35]。试验表明,这种设计是可行的,并且采用这一技术设计的燃烧室更轻、更短、更稳定,污染也更少。第四代驻涡燃烧室试验结果表明,驻涡燃烧室无论从贫熄边界、高空点火、稳定工作范围还是污染排放等都比传统的燃烧室具有更加优秀的表现,展示了其全面发展的潜力。

上述提到的驻涡燃烧室,从严格意义上讲都只是驻涡燃烧室火焰筒。对于完整的驻涡燃烧室,提到的文献不多。通过对驻涡燃烧室基础方案的研究,发现驻涡燃烧室本身就具有分级燃烧的特点,这种特点使得驻涡燃烧室在降低污染排放方面具有得天独厚的优势。美国能源部国家能源技术实验室已经开展了对其应用于 RQL 技术燃烧室(见图 3.35)的研究工作。相对于传统的 RQL 燃烧技术,驻涡/RQL 燃烧技术由原来的轴向分级变成了径向分级,在节约了大量空间的同时也获得良好的

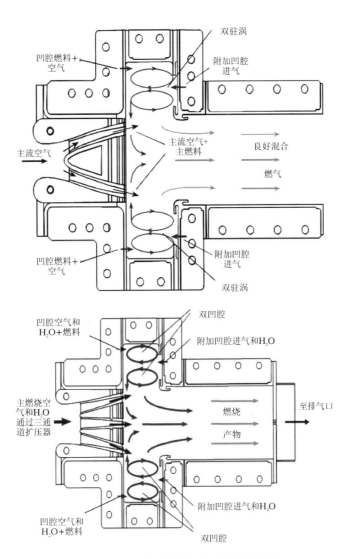

图 3.34 第四代驻涡燃烧室的结构示意图

NO_x 排放性能。

　　国内研究院所自 2000 年至今一直跟踪国外的驻涡燃烧室最新技术,同时也开展了相关的试验研究,并取得了阶段性的成果。

　　南京航空航天大学主要针对国外第三代驻涡燃烧室进行了跟踪研究。对不同头部进气方案及驻涡腔后体掺混空气入口位置的变化对驻涡燃烧室性能的影响进行了试验研究,初步获得相关的影响规律,并完成了驻涡燃烧室试验件的点火性能、熄火性能、燃烧效率以及出口温度分布等燃烧室综合性能的试验评估[36-40]。

　　北京航空航天大学开展了试验用的低污染驻涡燃烧室技术研究[41-42],将分级燃烧 RQL 和驻涡稳定燃烧技术进行了组合,设计出了新型驻涡燃烧室模型,并对其头

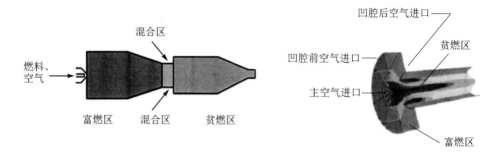

图 3.35   传统 RQL 技术与驻涡/RQL 燃烧室的示意图

部供气供油进行了优化[43-48]。试验重点研究了凹腔前后体进气以及主流进气对燃烧性能的影响,最后得到了主流气量、后体气量以及供油掺混气温度等参数对点火性能、贫油熄火性能、燃烧效率及出口温度分布的影响规律。

国内研究院所合作开展了驻涡主燃烧室设计与试验研究,将矩形试验件的试验数据作为参考,设计和加工了驻涡主燃烧室的扇形试验件,开展了相应的试验研究,试验验证了驻涡主燃烧室在高温升、高热容燃烧室应用上的技术潜力。虽然当前国内外对驻涡燃烧组织技术的研究已经广泛开展并获得了一定的研究成果,但距其在实际航空发动机中的应用还有很大距离。驻涡燃烧组织技术尚存在出口温场均匀性较差、火焰筒壁面冷却问题导致使用寿命受限等关键技术难点需要解决。

| 3.2   扩压技术 |

先进航空涡扇发动机为追求更少的压气机级数与更高的单级增压比,压气机中气流的轴向速度很高,最终在压气机出口达到一个很高的马赫数。而主燃烧室的稳定可靠工作要求来流速度相对较低,这就需要气流首先在扩压器中减速。扩压器的功能就是使压气机出口的高速空气流动的动压头尽可能恢复成静压升,如果火焰筒头部的气流速度太高会导致燃烧过程压力损失太大,最终导致发动机耗油率升高。通常认为,扩压器的总压损失每增大 1%,就意味着发动机耗油率增大 1% 或推力减小 1%;而且扩压器出口的流动对燃烧室完成稳定且高效的燃烧至关重要,对燃烧室出口温度场的品质也有很大的影响。

对扩压器的主要性能要求一般包括以下几点:
① 压力损失低,扩压器损失属于发动机中的无用损失,越低越好;
② 长度短,扩压器的长度应尽可能地短,以减小发动机的长度和质量;
③ 前置扩压器中没有发生气流分离;
④ 出口气流在径向和周向都比较均匀,没有发生畸变;

⑤ 在全部工况下均可稳定工作；

⑥ 对压气机出口流场的畸变不敏感。

早期的发动机燃烧室普遍采用空气动力学流线型扩压器，其结构如图 3.36 所示。该扩压器有一段流线型前置扩压器，气流减速扩压后分三股进入下游流路：中间的气流进入火焰筒头部的帽罩，经旋流器进入火焰筒；其他两股气流分别进入内、外环腔，经火焰筒内、外壁面的开孔进入火焰筒。气流在三条流路上均继续扩压，但在流入内环腔和外环腔的流路上，遵循"转弯不扩压，扩压不转弯"的设计原则，即只在内、外环腔的直道上扩压。流线型扩压技术的问题在于内、外环腔由火焰筒头部帽罩与内、外机匣壁面形成，火焰筒头部帽罩一般为薄壁钣金件，从加工工艺就很难保证内、外环腔流路的尺寸及形状，同时燃烧室工作时会有热胀冷缩与火焰筒轴向位置的变化，均会导致扩压器流路产生很大的变化。而三股气流分配在火焰筒帽罩头部就已完成，流路的变形会影响火焰筒的气流分配。因此这种扩压器的环形燃烧室出口温度分布随进口流场的变化而改变很大。

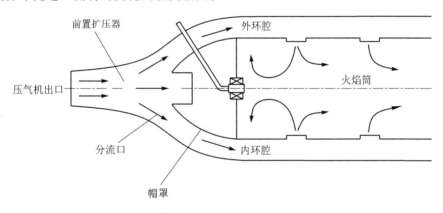

图 3.36　流线型扩压器

现代航空发动机燃烧室为了消除扩压器对压气机出口流场的敏感性，发展了突扩型扩压器。突扩型扩压器的长度比流线型扩压器要短，虽然总压损失比空气动力学流线型扩压器高，但突然膨胀区保证了在发动机大部分工况范围内流动的稳定性。突扩型扩压器的扩压流动包括前置扩压器、突扩区域及环腔通道的流动，如图 3.37 所示。前置扩压器的流动从前置扩压器的进口到出口，突扩区域的流动是从前置扩压器流出的气流，在前置扩压器的后缘台阶处与火焰筒头部帽罩之间的区域中分离，在分离区中形成回流区。在图 3.37 中回流区的边界以虚线表示，气流在到达滞止点后回流。这个区域是突扩区域，此后进入环腔流动阶段。

为了追求更好的扩压性能，国内外研究人员还探索了各种不同形式的扩压技术。下面将对单通道扩压技术、多通道扩压技术、分配式扩压技术、涡控扩压技术以及附面层分离抑制技术进行详细介绍。

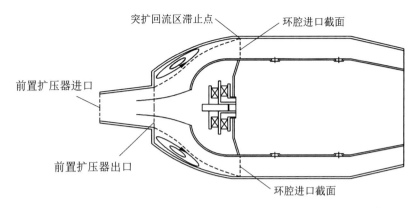

图 3.37　突扩型扩压器

3.2.1　单通道扩压技术

目前航空涡扇发动机广泛采用的就是单通道扩压技术,其形式一般为短突扩扩压器。对于短突扩扩压器,气流的静压恢复几乎全部发生在前置扩压器内,而绝大部分总压损失来源于突扩段内主流与突扩区域回流区的掺混。影响突扩扩压器性能的因素包括前置扩压器长度、面积比、壁面型面、突扩间隙、总扩张比、火焰筒内外环腔高度及流量比等。

前置扩压器最主要的作用是使出口气流的平均马赫数 Ma 降低,使进入突扩区域的气流突扩损失减小。前置扩压器是一个环形扩压器,在典型的环形扩压器试验结果中,有一条最初出现失速的边界线[49],如图 3.38 所示。值得注意的是,最大静压恢复的情况常常处在扩压器刚出现轻微气流失速时,即虚线所示边界线附近。在某些情况下,扩压器内气流出现分离,随后恢复,而后又重新分离,引起压力波动,流动不稳定,或出现单边分离,导致流动不对称,这对燃烧室的气流组织是十分不利的。因此,设计常用的"习惯"线位于流动稳定的一侧尽可能靠近边界线。前置扩压器开始的一段很关键,应当尽可能不要设计为直线。其型面有多种选择,如等压力梯度、等速度梯度、等面积扩张率、等边界层增厚率,或以边界层的形状因子来设计。但前置扩压器型面设计很大程度上要与从突扩到转弯至环腔的流路相配合,在设计过程中需要建模进行流动仿真以及空气流动性能试验。

由于扩压器进口平均马赫数 Ma 不断升高,发展了压气机出口导向叶片与扩压器相结合的设计技术。这项技术可以使导向叶片出口位置的速度分布有利于扩压器内的扩压流动。因为压气机出口导向叶片的流路是轻微扩张的,可能使导向叶片在气流导向的过程中,靠近轮毂及叶尖的环形表面处速度相对提高,改变过去常规的燃烧室扩压器进口中间高、两头低的径向速度分布。这样气流进入扩压器的扩张角增大,前置扩压器的面积比也可以增大。拉夫堡大学的试验表明[50],采用压气机出口导向叶片与前置扩压器组合设计,将导向叶片的叶尖或叶根部分弯曲度变化一点,使

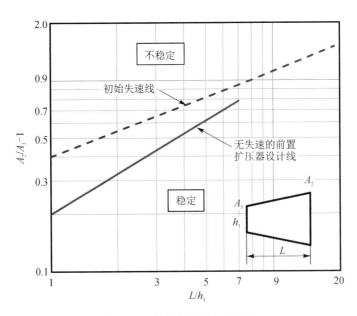

图 3.38 前置扩压器几何结构

进入扩压器靠近壁面气流的动量增大,在同样的前置扩压器长度下,面积比由 1.6 增大至 1.8,仍然没有发生气流分离。

突扩扩压器主要的压力损失来源于主流与突扩区域回流区的掺混,因此突扩间隙(表征为火焰筒帽罩到前置扩压器出口距离与前置扩压器出口高度之比)、火焰筒纵深比(表征为火焰筒高度与前置扩压器进口高度之比)以及火焰筒帽罩的型面对突扩流动影响至关重要。

为保证前置扩压器不出现气流分离,突扩间隙的减小意味着火焰筒前移,更加靠近前置扩压器出口。由于火焰筒的堵塞作用,可帮助前置扩压器内气流稳定,因而可以使前置扩压器的设计点更加靠近失速边界线,即前置扩压器的扩张角增大。这样由于前置扩压器出口速度降低了,突扩压力损失也会减少。但需要注意的是,当火焰筒前移靠近前置扩压器时,前置扩压器核心气流中的轴向压力梯度升高,阻碍了由压气机导向叶片带来的叶片尾迹的混合消失。尾迹流动的不稳定性可能导致在周向方向上产生畸变,进而使得前置扩压器内出现失速和气流分离。突扩间隙的设计实际上还需考虑喷嘴的安装问题,这也限制了火焰筒不能过于靠近前置扩压器出口。

火焰筒纵深比对扩压流动也很重要。火焰筒高度太大,使得由前置扩压器出来的气流需要转更大的角度才能进入内、外环腔。气流转折太大会导致突扩损失升高,内、外环腔气流与火焰筒内的压差降低,影响火焰筒壁面二次进气孔的射流穿透深度,掺混变差,从而导致燃烧室出口温场恶化。

帽罩区域的流动设计是突扩区域的设计中需要考虑的另一个重要因素。在理想情况下,帽罩区域类似于集气箱,其内部速度低,且静压分布均匀,可以给旋流器提供均匀进气的环境,进而使下游的空气–燃油混合物的空间周向分布均匀,如图 3.39 所示。帽罩的开口面积必须与气流相匹配,使气流紧密地贴合在帽罩的表面。如果帽罩开口面积太小,气流在帽罩内部的静压恢复将变小;如果开口面积太大,则进入帽罩内部的空气将从帽罩边缘溢出,这同样会增大压力损失,同时减少静压恢复。在一些工况下,帽罩区域的溢流还会使自由射流与帽罩外部的流动发生分离。因此,帽罩的开口面积、形状以及帽罩边缘的形状需要仔细设计。

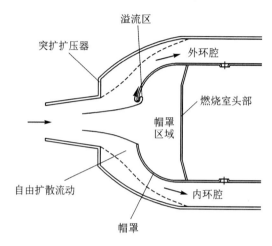

图 3.39　帽罩区域的扩压流动

单通道扩压技术的应用实例较多,如 F100 发动机燃烧室,如图 3.40 所示。

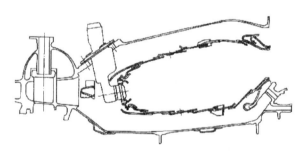

图 3.40　F100 发动机燃烧室示意图[5]

3.2.2　多通道扩压技术

随着高温升燃烧室的发展,火焰筒头部气流流量占比明显提高,火焰筒高度增大,当气流从扩压器出口流至燃烧室内外环腔时,气流转折角过大而引起压力损失逐步增加。在较高的进口马赫数以及火焰筒头部高度增大的情况下,为保证燃烧室具有较小的压力损失,需要扩压器具有良好的扩压能力,常规的短突扩压器在保证长度不变甚至降低的条件下,扩压能力的提高有限,需要设计新型扩压器,以提高扩压器的扩压能力。

多通道扩压器是能够满足燃烧室设计中大扩张比、短长度设计需求的一种低损高效扩压方式,结构形式如图 3.41 所示。其结构特点是在常规单通道前置扩压器段并行设计多个分流叶片,形成多个并行的扩压通道。结合单通道扩压器设计经验可知,在一定的长度限制条件下,前置扩压流路内的扩压不能太快,这就导致单通道前置扩压器不能够拥有较大的扩压比或扩张角,否则会出现流动分离、压力损失增大等不利现象。多通道扩压技术在前置扩压器

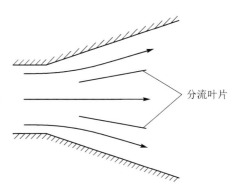

图 3.41　多通道扩压器示意图

内通过采用多个并行扩压通道的方法,能够使前置扩压器在总扩张角较大时,亦不会出现流动分离的现象,有效缩短了扩压器长度,减少了扩压器突扩区域的流动损失。同时,分流叶片具有改善出口速度剖面的特点,使其出口更为均匀,特别适用于具有大扩张比、短扩压器长度要求的扩压器设计中。

多通道扩压器的概念早在 1958 年即被提出。Miler[51] 曾对四通道扩压器做过试验,其前置扩压器扩张角已达到 50°,远远超出了单通道前置扩压器的扩张水平,获得了良好的压力恢复特性。H. Mongia 和 G. Hsiao 等[52-54]采用商业软件对三通道和四通道扩压器进行了数值模拟研究,并将模拟结果与试验值进行了比较,数值模拟结果与试验数据符合较好。与之相比,当面积比保持不变时,为了使压力损失最小,单通道前置扩压器的扩张角通常为 6°～12°。较大的扩张角使得前置扩压器出口气流能够以较小的折转角度流入燃烧室的内、外环腔,从而降低突扩段压力损失并改善火焰筒壁面二次进气质量。Little 等[55]研究表明:与常规的单通道前置扩压器相比,采用多通道前置扩压器可使压力损失降低 40%。此外,前置扩压器采用多通道结构可大幅缩短轴向长度。

目前,多通道扩压器已为 E³、GE90、GP7200、GEnx 等燃烧室所采用。其中:E³ 和 GE90 燃烧室采用了双通道扩压器,而 GP7200 和 GEnx 燃烧室采用了三通道扩压器。下面分别介绍双通道扩压技术与三通道扩压技术的应用实例。

GE 公司研制的 E³ 燃烧室采用了双通道扩压器,如图 3.42 所示。该双通道扩压器的主要技术特征包括:采用 30 个支板将分流楔板固定于前置扩压器之内,使得前置扩压器的长度降低了 50%,分流楔板同时可将前置扩压器出口气流导引至火焰筒头部区域;前置扩压器内、外通道的面积比和长高比均位于初始失速线的下方;内、外通道的面积比均为 1.8,以防止大面积比扩压时的气流分离,由此可在起飞状态下将压气机出口气流的动压头从占总压的 5.8% 降至占总压的 1.7%,从而保证气流在压气机出口导向叶片至火焰筒头部之间的低压力损失;压气机出口导向叶片后有一

段长度较短的等截面通道,用于在扩压之前削减导向叶片尾迹的影响;外通道的气流流量占 48%,向预燃级环腔供气;内通道的气流流量占 52%,向主燃级环腔供气;涡轮转子冷却气流从分流楔板尾缘处抽取,此引气方式不但可将冷却气流的温度降低 3%,同时又有助于稳定突扩区域内的气流流态。

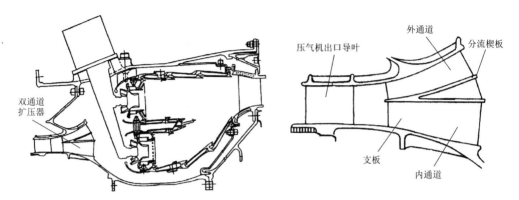

图 3.42　E³ 燃烧室及其双通道扩压器

在包含双通道前置扩压器的环形及全环燃烧室进行的各种燃烧性能试验表明,该种扩压器长度短、压力损失小,而且静压恢复系数高,因此在 GE 公司的 GE90 发动机燃烧室上得到采用,如图 3.43 所示。

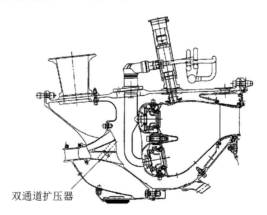

图 3.43　GE90 燃烧室的双通道扩压器示意图

双通道扩压技术与双环腔燃烧室设计契合度较高,而三通道扩压技术则更适用于具有较大的火焰筒头部进气量与较高的火焰筒头部高度的单环腔燃烧室设计。典型的应用实例为 GEnx 发动机主燃烧室,如图 3.44 所示。前置扩压器通道中的三个流路分别对应燃烧室内环流路、火焰筒头部、燃烧室外环流路,因此在设计中遵循前置扩压器三个通道中的流量比与燃烧室内环流路、火焰筒头部、外环流路的流量比相一致的原则。

图 3.44 采用三通道扩压器的 GEnx 燃烧室

采用多通道扩压器能够缩短扩压器设计长度,提高燃烧室总压恢复性能,是未来扩压器设计的主要方向之一。由于多通道扩压器相对于单通道扩压器有很好的继承性,技术成熟度高,已经在军机、民机和燃机上都有应用,中短期内是未来高温升燃烧室扩压器最有潜力的技术方案。国内也对多通道扩压技术进行了大量数值仿真与试验研究[56],研究结果表明:

① 在保证前置扩压器长度一定时,前置扩压器平均扩压面积比过大和过小都会对扩压器的压力损失产生不利的影响,平均扩压面积比过小,不利于前置扩压器充分扩压;反之,则会导致气流不稳定。存在最佳前置扩压器平均扩压面积比,可以使扩压器压力损失最小。

② 突扩间隙对扩压器压力损失影响明显,突扩间隙较小时,前置扩压器出口气流转折剧烈,压力损失较大;反之,则会导致前置扩压器出口气流分离。存在最佳的突扩间隙,可以使扩压器压力损失最小。

③ 分流环处于特定位置时气流进入火焰筒转折角较小,压力损失最小。分流环处在过于偏上和偏下位置时,都会引起压力损失的增加。

3.2.3 分配式扩压技术

解决扩压器气流分离和总压损失问题的一个思路是在扩压器出口增加流阻。早期国外学者对在扩压器出口处设置障碍物(如孔板等)来提高扩压器出口流阻进行了研究。Schubaner 等[57]在离扩压器进口 2/3 轴向距离处加了一个 40 目的孔板网格,如图 3.45 所示。研究表明,扩压器中的孔板网格可以阻止分离或者使分离的气流恢复,这个过程的机理与湍流边界层分离的机理紧密关联;网格通过提高扩压器壁面附近的法向速度梯度来阻止分离发生,也可以通过降低沿扩压器壁面的压力梯度来阻止分离的发生,或者这两种效应同时存在;在靠近自然分离点处采用低压力降的孔板网格可以取得最好的效果。

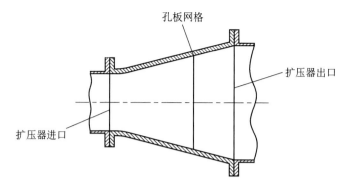

图 3.45　扩压器内的孔板网格示意图

在扩压器出口设计加装孔板,通过对孔板结构设计来调节燃烧室进气分配,以便更好地组织燃烧,从而减少总压损失,阻止气流分离。这种新型分配器式扩压器相当于一个空气分配器,在扩压器出口已经分配好了空气流路:对去环腔的冷却空气和直接进入火焰筒的燃烧空气进行了分配,这就是分配式扩压技术。

分配式环形扩压器设计概念如图 3.46 和图 3.47 所示[2],这种新概念设计的要点在于环形扩压器出口增加了挡板。挡板的作用相当于一个空气分配器,气流进入前置扩压器进行减速增压,然后经过挡板,挡板将气流分成三部分,包括进入火焰筒头部旋流器参与燃烧的空气、进入火焰筒头部冷却小孔的空气、进入两股通道的空气,挡板各开孔处的空气流量分配应与火焰筒流量分配相同。为了减少压力损失,挡板开孔中央部分应完全与火焰筒头部空气进口处相对应,包括开孔的数量和位置,保证从开孔出来的空气直接流入与其对应的火焰筒头部空气处且不出现气流分离。扩压器出口挡板开孔总面积与进口面积之比取决于进口马赫数。随着进口马赫数增大,分配式扩压器只需将挡板开孔面积比相应增大,同时挡板可以抑制气流分离,在

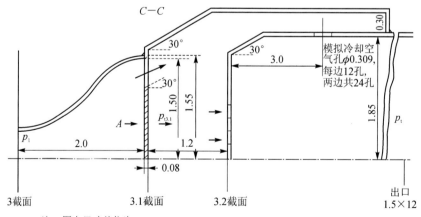

注:图中尺寸单位为 in,1 in=2.54 cm。

图 3.46　分配式环形扩压器试验件

高进口马赫数条件下保证高总压恢复系数。传统的短突扩压器为了实现大的扩张比,同时保证高总压恢复系数,需要增加扩压器长度,且前置扩压器内的气流摩擦损失进一步增大。因此,在高进口马赫数条件下,分配式扩压器就显示出其优越性,同时挡板使扩压器出口气流更加均匀,并且保证扩压器对进口流场变化不敏感。

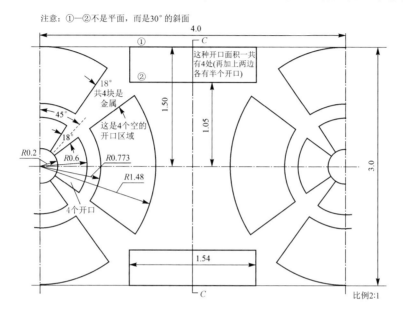

图 3.47　分配式环形扩压器出口板块 A 向示图(尺寸单位:in)

西北工业大学的索建秦对分配式扩压技术进行了较为详尽的数值模拟与试验研究。其课题组设计了不同开孔规律的矩形结构分配式扩压器(结构见图 3.48)与单板环形分配式扩压器(结构见图 3.49),进行了数值模拟与试验研究[58-62],结论总结如下:

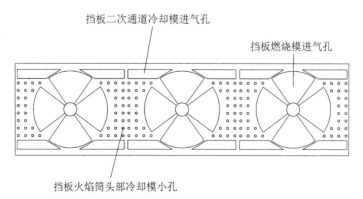

图 3.48　矩形结构的分配式扩压器

当扩压器进口马赫数 Ma 达到 0.36 时,分配式扩压器矩形结构的总压损失为

图 3.49　环形结构的分配式扩压器

4.79%，而环形分配式扩压器总压损失很小，为 2.89%。两种结构形式的分配式扩压器总压损失均小于常规短突扩扩压器。随着分配式扩压器面积比的增大，扩压器的总压损失明显减小。

对于常规的燃烧室扩压器，正常工作时，其总压损失一般在 1%～2% 之间，静压恢复系数小于 0.6。单板环形分配式扩压器相对于传统的扩压器在减速增压功能上有明显的优势，扩压器进口速度由 160～250 m/s 降到了头部上游的 40～52 m/s，其减速功能显著。另外，静压恢复系数也相应较高，在扩压器进口马赫数 Ma 为 0.291～0.42 范围内，静压恢复系数为 0.853～0.870，高于现在常用的扩压器的静压恢复系数。单板环形分配式扩压器总压损失较小，在 Ma 为 0.291 时，扩压器的总压损失仅为 0.953%；在 Ma 达到 0.42 时，总压损失为 1.346%。同时单板环形分配式扩压器内流动稳定，当扩压器进口马赫数 Ma 升至 0.42 时也没有发生流动分离。

在未来先进航空涡扇发动机燃烧室的研发中，采用分配式扩压技术对火焰筒头部燃烧空气、火焰筒头部冷却空气以及二次通道空气进行分配，可根据不同马赫数改变挡板面积比，通过调节挡板结构改变流场分布。由于这种可变几何结构的运动部件在燃烧室冷端，因此结构简单，不会出现高温损坏的问题。分配式扩压技术可适用于高进口马赫数下扩压器的设计中，也为今后进一步研发可变几何燃烧室创造了条件。

3.2.4　涡控扩压技术

使用驻定旋涡控制流动的想法最早由 Ringleb[63] 提出。该想法源自他对高海拔山脊背风侧积雪形状的观察，如图 3.50 所示。Ringleb 指出，积雪的尖锋形状是由于驻定旋涡的影响，驻定旋涡可以增强流动稳定性，由此构建了一种"尖锋扩压器"，如图 3.51 所示。研究认为，尖锋内部空腔的旋涡可以使得附面层流动贴附在驻定旋涡边界线上。但后续对尖锋扩压器的研究发现，尖锋附近的驻定旋涡仅在初始阶段存在，当流动趋于稳定时会被吹向下游。这可能是因为局部旋涡与主流没有足够的能量交换。Heskestad[64] 认为，尖锋扩压器中旋涡的不稳定性是由于尖锋处壁面摩擦导致的能量损失，于是提出直接从旋涡处或靠近旋涡下游处进行抽气来使旋涡保持稳定。后续 Adkins 等[65] 对涡控扩压器进行了积极研究，图 3.52 为涡控扩压器的示意图。在突扩段喉道部位设有用于抽吸气流的涡流室是涡控扩压器的主要结构特征。

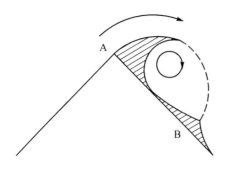

图 3.50　山脊背风侧积雪形状示意图

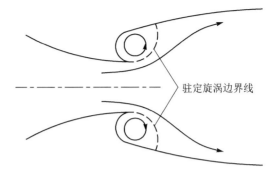

图 3.51　尖锋扩压器示意图

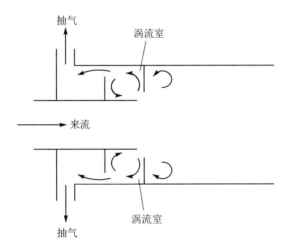

图 3.52　涡控扩压器示意图

　　涡控扩压器的工作机理目前尚未完全明确,因而存在不同的解释模型。Adkins[66]提出的模型(见图 3.53)目前最能被人们所接受。该模型中,扩压器内的气流可以分为两股:气流 A 与气流 B。在涡流室外部抽吸作用下,涡流室内气流静压低于主流静压,因而使得被抽吸气流 A 进入涡流室时加速,主流气流 B 则在流入突扩段时减速扩压,由此在被抽吸气流与主流之间形成速度差,进而在涡流室的抽吸狭槽附近产生高度湍流剪切层,高速气流 A 的动量交换至低速气流 B,因而气流 B 可以在下游继续扩压而不发生分离。气流 B 同样可以获得下游"柯安达气泡"的辅助来抑制流动分离,就像尖锋扩压器中驻定旋涡的作用,最终实现对气流迅速而高效扩压。值得注意的是:按照此模型,涡控扩压器的工作机理并不是简单地通过抽吸边界层而移除低动量气流,从而保证主流具有足够的动量来克服逆压梯度。

　　涡控扩压器必需的抽气量主要取决于面积比。当面积比较小时,抽气量的多少对效率无显著影响。例如:当面积比为 1.3 时,即使不抽吸气流,涡控扩压器的效率

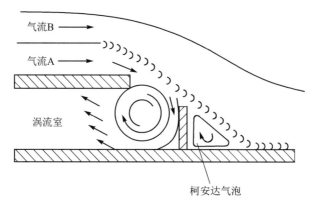

气流B →

气流A →

涡流室

柯安达气泡

图 3.53　涡控扩压器工作机理

仍可达到 70% 以上；相比之下，当面积比为 2.0 时，若不抽吸气流，则涡控扩压器的效率仅为 0.25。在抽气量相同的条件下，随着面积比的增大，涡控扩压器的效率会明显降低。例如：当面积比由 1.3 增至 2.0 时，若抽气量保持为 2.2% 不变，则涡控扩压器的效率将由大于 0.90 降至 0.76；若抽气量保持为 1.0% 不变，则涡控扩压器的效率将由大于 0.90 降至 0.40。值得注意的是，随着进口流场畸变的提高，为了保证效率，涡控扩压器的抽气量必须相应增大。若不能有效利用涡控扩压器的抽吸气流，则无疑会对发动机的性能不利。针对此问题，Adkins 认为涡控扩压器所抽吸的气流可用于冷却涡轮。涡控扩压器被认为是一种可缩短发动机长度、减轻质量、降低成本的潜在方案。图 3.54 展示了涡控扩压器模型。

图 3.54　涡控扩压器模型

效率高、长度短、压力损失小是涡控扩压器的突出优点。Adkins 基于管形及环形试验件的研究表明，涡控扩压器在很短的长度内即可完成对气流的扩压且损失很小。在面积比为 1.9～3.2 且抽气量约为 5.0% 的条件下，涡控扩压器的效率大于 80%，而长度仅为常规扩压器的 1/3。涡控扩压器的损失系数可低至 0.05～0.15，显著低于短突扩压器的 0.45。然而，在具有上述优点的同时，涡控扩压器亦存在诸多缺点：须连续抽吸气流且抽气量大（约达主流流量的 4.0%）；在面积比大于最佳值等条件下存在流动不稳定现象；最佳面积比、静压恢复系数、抽气量对进口气流速度分布敏感。目前，涡控扩压器尚存抽吸狭槽的设计、涡流室挡板的位置以及抽气量与扩压器长度间平衡等问题仍未解决，因此关于该型扩压器的研究有待深入。此外，涡控扩压器须针对诸如引气管路、阀门等进行简化设计以降低结构复杂性，满足燃烧室在质量、成本及维护性方面的要求。

混合式扩压器的概念由 Adkins 等[67]首先提出。该型扩压器由涡控扩压器和常规扩压器组合而成。常规扩压器位于涡控扩压器的进口或出口,亦可进口和出口均设常规扩压器。图 3.55 为常规扩压器位于涡控扩压器出口的混合式扩压器示意图。因为涡控扩压器涡流室所产生的高度湍流剪切层可有效抑制流动分离,所以常规扩压器可采用大扩张角,这对于改善压力恢复、降低压力损失及缩短长度十分有利。此外,由于突扩段面积变化不如涡控扩压器剧烈,因此混合式扩压器的抽气量较涡控扩压器大幅降低,这亦是 Adkins 等提出混合式扩压器的主要原因之一。

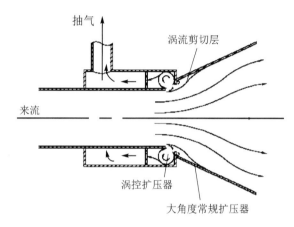

图 3.55　混合式扩压器示意图(1)

　　Adkins 等和 Myers 等针对如图 3.55 所示的混合式扩压器均开展过较为深入的试验研究。Adkins 等[68-69]研究表明:与长度相同的常规扩压器相比,混合式扩压器的静压恢复至少可提高 25%;当静压恢复系数均为 0.52 时,混合式扩压器的长度仅为常规扩压器的 1/2。Myers 等[70]基于全环形试验件的研究表明:在进口马赫数为0.45~0.75 的条件下,混合式扩压器的静压恢复系数大于 0.75 且其长度仅约为常规扩压器的 1/2;当抽气量低于 2% 时,混合式扩压器仍可获得稳定的性能;混合式扩压器的稳定性及抽气量对燃烧室内、外环腔的流量分配不敏感。尽管具有效率高、长度短、压力损失小及抽气量少等诸多优势,但图 3.55 所示的混合式扩压器还不能用于大多数航空发动机,其原因在于所抽吸的气流压力较低,可能导致高温燃气回流,因此难以用于冷却涡轮。解决此问题的方法是将常规扩压器(前置扩压段)置于涡控扩压器进口,如图 3.56 所示。据分析,该前置扩压段的面积比达到 1.3~1.4 即可满足提高抽吸气流压力的要求,从而保证冷却气流具有足够的回流裕度。此外,增设前置扩压段还可使压气机出口导叶尾迹在气流被抽吸之前混合及衰减。

　　Walker 等[71]试验研究了如图 3.57 所示的混合式扩压器,评估其在现代低排放径向分级燃烧室上的适用性。该混合式扩压器由前扩压段、涡控扩压器及后扩压段组成。其中,前扩压段可使压气机出口导向叶片尾迹在其中混合并通过适度的压力恢复来提高抽吸气流的压力。试验结果表明,与常规的单通道短突扩扩压器相比,在长度相同的条件下,当抽气量为 3.0% 时,混合式扩压器的面积比可增加 53%,前置扩压段的静压恢复系数能提高 13%,而气流流向燃烧室环腔时的总压损失系数则有 25% 的降低。压力损失的降低是壁面分离损失减小和抽吸狭槽下游主流流量减小共同作用的结果。

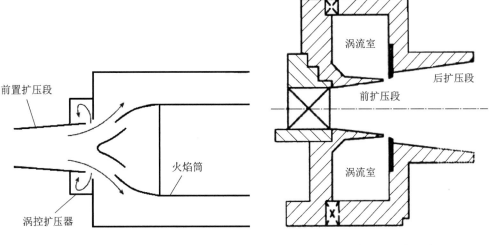

图 3.56　混合式扩压器示意图(2)　　　　图 3.57　混合式扩压器示意图(3)

混合式扩压器有待解决的问题与涡控扩压器类似,设计方法尚未建立是其主要局限性。因此,针对该型扩压器的研究亦需深入。

3.2.5　附面层分离抑制技术

根据前文讨论可知,限制前置扩压器扩压比的关键因素在于扩张角太大,会导致靠近流道壁面的气流发生分离。为了抑制扩压器流道表面的气流分离,以在有限的长度内实现更大的扩压比,除上一小节讨论的涡控扩压技术之外,国内外研究人员还探索了其他附面层分离抑制技术,主要包括旋涡发生器、声学激励与气流驱动的谐振腔。

抑制附面层分离的一种方法为使用旋涡发生器,如图 3.58 所示。旋涡发生器为设置在扩压器壁面的条带状障碍物,这些障碍物可以使流过的气流产生旋涡,旋涡可以将主流的动量传递给附面层,从而增大附面层的能量,减小附面层的厚度。这种技术方法依赖于特定的扩压器几何结构。旋涡发生器对气流的扰动虽然增大了部分压力损失,但通过抑制附面层分离可以使扩压器选择更大的扩张角和更高的扩压比,从而实现在更短的轴向长度内完成更高的静压恢复,且进一步减小突扩段内气流转折而产生的突扩损失。这种固定结构旋涡发生器的缺陷在于其几何不可调,无法与不同工况条件下的来流相匹配。

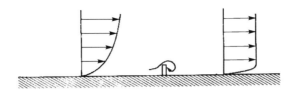

图 3.58 旋涡发生器效应示意图[72]

声学激励抑制附面层分离的原理在于声波的振动可以在狭缝与主流交汇处生成小的旋涡团,小的旋涡团向下游运动,逐渐发展成大尺度而富含能量的大旋涡团,可以将高速主流的能量传递给附面层的低速气流,由此增加附面层内低速区的能量,从而使附面层内逆压梯度降低,流动分离得到抑制。Satish Narayanan 等[73]对使用声学激励抑制附面层分离的技术进行了试验研究,其试验方案如图 3.59 所示。试验件采用了一个准二维的平板扩压器,扩张比设置为 4。扩压器的来流速度范围为 $20\sim40$ m/s,对应的马赫数为 $0.06\sim0.12$。试验采用一个端口扬声器来产生无质量通量的声学激励,工作频率为 $20\sim100$ Hz。声学激励系统通过一个与来流方向呈 $30°$ 夹角的通道连通至扩张段的前端。试验结果显示,声学激励可以提高扩压器通道内的静压恢复系数,且最佳激励频率是一段宽频(在一段频率范围内均可达到较大的静压恢复系数提高),且随来流速度的增大而升高。如果在激励处引入一个人为的分离源点(比如制造一个小台阶),则流动分离的起始点变得可控,达到最大静压恢复的激励频率也会集中在一个很窄的频谱内。采用多频复合的声波激励可以比单频的声波激励达到更好的效果。相对于旋涡发生器,使用声学激励抑制附面层分离技术的一个重要缺陷是需要外部的能量输入。

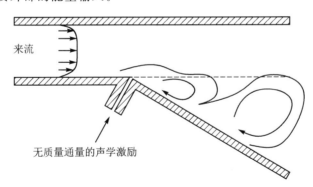

来流

无质量通量的声学激励

图 3.59 声学激励抑制附面层分离技术示意图

研究人员最早对谐振腔的研究主要是怎样抑制振荡现象。Flynn 等[74]第一次指出气流驱动的赫姆霍兹谐振腔可用于修整湍流边界层。在一个零压力梯度的流动中,他们观察到在谐振腔下游的边界层内有强烈的湍流脉动结构。在谐振腔开孔的附近,垂直于自由流动的湍流脉动增大了 300%,而在 20 倍孔径距离的下游仍能测出 3% 的湍流脉动增强。Urzynicok 等[75] 发展了一种可调谐振腔抑制气流分离技术,如图 3.60 所示。在谐振腔内振幅较大时,旋涡团被喷射进主流,并通过向近壁区域增加动量的方式重整谐振腔下游的气流。由此在时均化的观察中,下游流动分离导致的回流区域可以被减弱甚至消失。

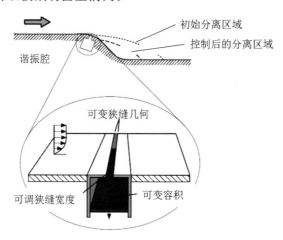

图 3.60　自适应谐振腔控制气流分离示意图

如今谐振腔内流动感应过程的机理已研究清楚:上游来的附面层在谐振腔开槽的前缘形成一个不稳定的剪切层,剪切层内固有的气流脉动逐渐增长,直至破碎成离散的旋涡,离散的旋涡向下游运动并逐渐发展,直至撞击在谐振腔开槽的后缘壁面上。旋涡撞击产生了压力波动,如声波脉冲,向上游传播导致剪切层进一步产生离散旋涡,如图 3.61 所示。如果狭缝上游边缘处旋涡生成的频率与谐振腔的固有频率相近或相等,则狭缝外的横向流动可以激发谐振腔内的谐振。

谐振腔狭缝内旋涡的生成对形成谐振至关重要,而旋涡的生成受谐振腔狭缝几何形状的影响很大。Bruggeman 等[76] 研究表明,当狭缝上游边缘的声波吸收量最小,而下游边缘的声波生成量最大时,谐振可以最优化。这样,横向流动在谐振腔内产生的声压增幅可以达到 50 dB。值得注意的是,谐振频率受狭缝几何形状的影响很小,不同狭缝几何形状产生的谐振频率基本保持不变。图 3.62 展示了优化后的谐振腔狭缝开口形状,试验结果与 Panton[77] 的研究相吻合,即谐振腔狭缝开口向来流方向倾斜时产生的声压更高,而开口朝其他方向倾斜时的影响较小。

图 3.63 展示了 LDA 测量的优化后的谐振腔狭缝流动。对于流动控制来说,图 3.63 与图 3.61 最重要的差别在于旋涡撞击在狭缝下游壁面后的运动轨迹。对于传统的谐振腔狭缝几何形状,旋涡撞击在相对较钝的壁面上,大部分旋涡留在狭缝内并最终耗散掉。而对于优化后的谐振腔狭缝几何形状,旋涡从下游壁面的上缘溢出并继续向下游运动,增强了下游附面层内的气流掺混。由于旋涡向近壁区域的附面层内传输了更多的动量,因此更有利于控制下游区域的流动分离。

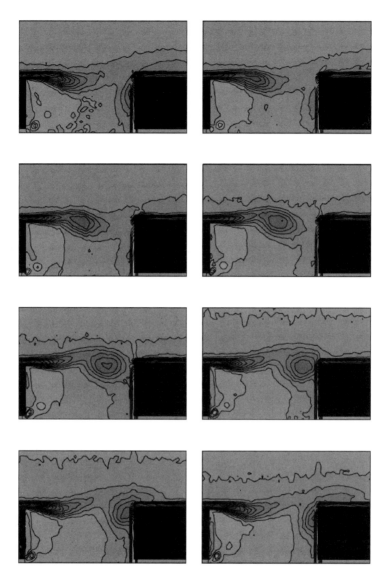

图 3.61　LDA 测量的谐振腔狭缝流动(图中的灰度为旋涡强度)

　　对于多个谐振腔共同工作时的相互作用,试验表明,相邻的谐振腔工作在相反相位时,相对于单个谐振腔,可以在弦向旋涡之外,在它们的尾迹区产生纵向的旋涡,由此增强从自由流动向近壁区域的动量输运。

　　为了适应不同来流工况下,下游流动分离也不相同的特点,谐振腔的频率要可以调节,与分离流动的频率相匹配,以满足在不同来流工况下均可达到满意的抑制流动分离的效果。寻求谐振腔最优尺寸的过程可以通过分析和数值方法来实现,而谐振腔的几何形状可以通过调节机构来改变。最终谐振腔的调整过程需要一个控制循环

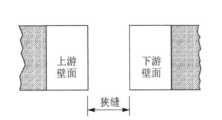
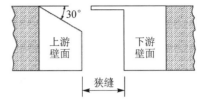

(a) 传统谐振腔狭缝开口形状　　　　　　　(b) 优化后的开口形状

图 3.62　传统谐振腔狭缝开口形状与优化后的开口形状

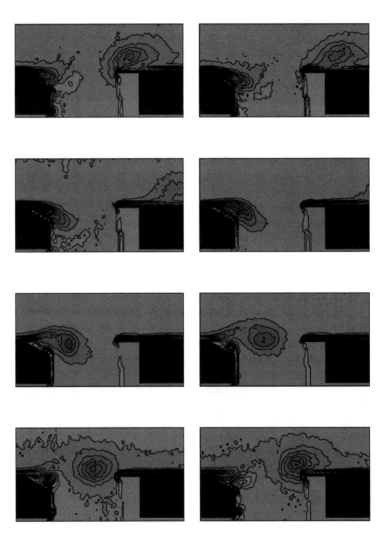

图 3.63　LDA 测量优化后的谐振腔狭缝流动(图中的灰度为旋涡强度)

来实现。

　　相对于声学激励抑制附面层分离技术,以横向气流被动驱使工作的谐振腔不需要输入额外的能量。但谐振腔在实际运用中存在一个很棘手的问题:当逆压梯度比较缓和时,很难找到放置谐振腔的最佳位置。这里有两个需求是矛盾的,需要折中考虑:一方面,最佳的谐振腔位置位于分离点上游尽可能靠近分离点的位置,这是考虑对流动的激励效果随谐振腔与分离点距离的增大而减弱;另一方面,流动驱动的振荡强度受附面层厚度的影响很大,如果谐振腔附近壁面的附面层内逆压梯度较高,则附面层流动的动量不足以激发谐振腔的强烈谐振,因此,当考虑谐振腔的流动激励时,谐振腔应尽量放置于上游尽可能远的地方。

与传统扩压技术相比,附面层分离抑制技术虽然可以提升扩压效率,但同时引入了更为复杂的机械结构,使扩压系统的整体可靠性受到影响。在工程方面,目前尚未实际应用。与涡控扩压器类似,阻碍附面层分离抑制技术应用于工程实际的主要限制是设计方法尚未建立。目前的研究更多的是基于试验调试,因此,需要进行更深入的研究,来形成完善的设计方法指导工程设计。

│3.3　火焰筒冷却及热防护技术│

火焰筒是燃烧室的主要组成部件,也是燃烧室中受温度载荷最高的部件,在火焰筒中燃烧温度可达 2 100 ℃以上,远高于燃烧室火焰筒材料的熔点。火焰筒在高温燃气作用下会产生很大的热应力、蠕变应力和疲劳应力,从而导致火焰筒发生变形、裂纹、皱曲、局部过热掉块等故障。为了保证火焰筒工作的可靠性和延长其使用寿命,必须对火筒壁采取有效的隔热和冷却措施。火焰筒冷却技术的总体目标为尽可能降低火焰筒壁面的最高温度,同时保持较低的温度梯度。

在传统燃烧室中,燃烧空气量的 30%～40%都用来冷却火焰筒壁面。在高温升燃烧室中,更高的燃烧温度和更大的高压热辐射将使火焰筒承受更大的热载荷。同时,由于更多的气流用于燃烧,导致用于冷却的气流减少,而且进口气流温度的升高降低了冷却气流的吸热能力,这都使得传统的火焰筒冷却技术不再有效,改进火焰筒的冷却已经势在必行。

火焰筒的冷却技术涵盖很多学科,一方面涉及传热学等基础知识,如热传导、对流换热、辐射换热与隔热等;另一方面火焰筒冷却的实现依托于火焰筒壁的具体结构,这又与材料、工艺、加工方法、机械设计、修理维护等学科相关。所以火焰筒的冷却设计是一个多学科综合考虑的过程。

在进行热分析时,将火焰筒看作是由机匣包围着的高温流动燃气的容器,空气流动于容器与机匣之间。一般而言,火焰筒被其内的高温燃气通过辐射和对流而实现加热,通过向外机匣辐射和与环腔空气对流释放热量而实现冷却。辐射与对流的相对值取决于系统的结构和工作状态。火焰筒壁的基本传热过程如图 3.64 所示。

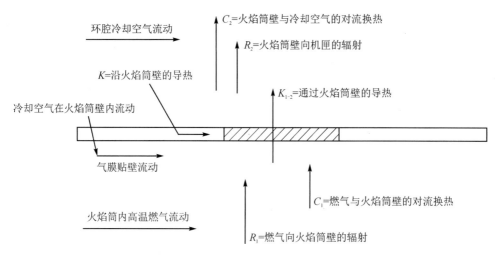

图 3.64　火焰筒壁基本传热过程

K 是沿火焰筒壁的导热，K_{1-2} 是由于火焰筒壁内存在温度梯度而产生的通过固体壁面的传导传热，与辐射项和对流项相比，导热项总是小至可以忽略。

在大多数燃烧室中，火焰筒内高温燃气向火焰筒壁传热的绝大部分是通过辐射实现的。实际上，有冷却空气注入的火焰筒区域，其壁面与高温燃气之间会形成有效屏障，此时，辐射是将热量由燃气传至壁面的唯一途径。对于由航空燃料产生的燃气而言，总的发射出的辐射包含两部分：① 从某些极性气体，特别是二氧化碳和水蒸气发射的"不发光"辐射；② 取决于火焰中固体颗粒（主要是烟）数目和大小的"发光"辐射。高温燃气向火焰筒壁辐射传热量取决于燃气的发射率、壁面的吸收率、燃气的温度以及火焰筒内壁面温度。燃气的发射率与壁面和燃气温度有关，但燃气温度取决于发动机的工作状态，要满足发动机的性能要求，不能单纯为了降低辐射热量而降低燃气温度。而火焰筒壁面的吸收率取决于火焰筒壁材料、温度及表面状态，从材料角度讲可以通过降低壁面的粗糙度来降低壁面吸收率，但从生产加工角度考虑不太现实。另一方面可以在火焰筒内壁喷涂降低吸收率的涂层，但该技术尚未成熟，处在探索研究阶段。因此从辐射传热考虑来降低火焰筒吸收热量很难实现。

与外部对流传热相比，火焰筒向机匣的辐射传热量通常很小。其重要性随火焰筒壁温升高而增强，在低壁温时经常可被忽略。

燃气与火焰筒壁的对流换热重点考虑有气膜的情况。此时直接与火焰筒壁面进行对流换热的不再是主流燃气，而是气膜。所谓气膜就是冷却空气与燃气的混合流动薄层。这里引入气膜有效性的概念：

$$\eta_w = \frac{T_g - T_w}{T_g - T_c} \tag{3.1}$$

式中，T_g 为燃气温度，T_c 为冷却空气温度，T_w 为被冷却的火焰筒壁温度。

在一定的环腔冷却空气条件下，火焰筒壁与冷却空气的对流换热可优化空间不大。由于火焰筒外壁一般形状比较规则,换热条件简单,强化对流换热主要是通过增加肋板等方式增大换热面积。但增加肋板一方面增加了火焰筒壁结构的复杂性,提高了生产加工难度;另一方面使得环腔内的空气流动损失加大,会影响涡轮部件的冷却。

由以上分析结合火焰筒的基本传热过程可以得知,降低火焰筒壁温的途径主要是提高气膜效率,降低燃气与火焰筒壁的对流换热。本节将从不同的冷却方式、热障涂层以及先进的耐高温火焰筒材料三方面对火焰筒冷却及热防护技术进行阐述。

3.3.1　气膜冷却技术

气膜冷却在现代航空涡扇发动机热端部件的冷却结构中非常重要。尽管国内外针对气膜冷却已经开展了大量的研究,但进一步提高气膜冷却的性能仍然是一个富于挑战和创新的研究课题,其核心问题在于如何降低气膜出流向主流的穿透率以及增强气膜出流向下游的延伸能力。其演变如图 3.65 所示。

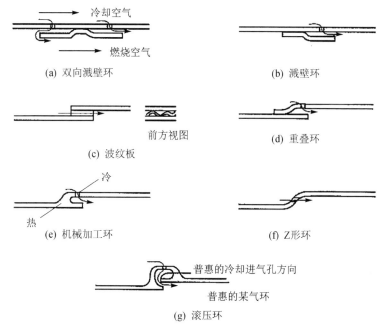

图 3.65　气膜冷却结构方案[2]

早期火焰筒采用钣金件,图 3.65(c)的冷却方式被很多燃烧室采用。两段火焰筒壁面之间采用波纹板形成气膜槽,结构强度较高。但通过冷却气膜槽的空气量对钣料厚度公差、波纹板厚度公差、火焰筒壁环形直径的公差很敏感,这些生产公差叠加起来可使冷却空气流通面积改变 20%。为了保证使用安全裕度,只能增大冷却气量。此种冷却方式已被加工精度较高的机加冷却环所取代。

图 3.65(d)中两个环段连接处采用钎焊,这里要求钎料要完全充满焊接间隙,使得内部靠近火焰的环段的热量能够导向外层环段,然后经过与环腔冷却空气对流换热将热量传出去。但实际生产中很难保证钎料完全充满间隙,存在间隙的位置就会过热。而采用图 3.65(e)中的机械加工冷却环带就可以避免这种问题。同时机械加工冷却环带也起到了提高结构强度的作用,使得火焰筒壁面抗皱曲变形能力大大提升。但图 3.65(d)和图 3.65(e)这种带气膜舌的冷却结构有一个严重的缺陷,即当新的一排冷却空气出现时,冷却气膜有效性为 1,这一小段火焰筒壁温很低,基本等同于冷却空气的温度。当冷却空气流出气膜舌时,与主流燃气进行混合,温度逐渐升高,冷却气膜有效性快速降低。这就产生了很大的温度梯度。较高的温度梯度出现在前冷却环和后冷却环交界处,在一个冷却环的前缘,上一段气膜的冷却效果降低,壁温很高;而在气膜冷却孔处,大量冷气对冷却环附近的壁面进行冷却,壁温很低。大的温差导致很高的热应力,进而导致火焰筒出现裂纹和变形。

带气膜舌冷却方式的火焰筒壁结构最常见的失效形式是低周疲劳裂纹和蠕变变形。一个典型的火焰筒壁温分布如图 3.66 所示,其中冷却环位置的 A 点温度最低,刚性最强,壁温接近冷却空气温度。而在环段的末端与下一冷却环的交界前缘,由于冷却气膜有效性快速衰减,导致 B 点的温度较高。这样很高的热应力由两方面组合而成:既有较高的温差,又有很大的刚性差别,如 D 点与 AB 之间的壁面。这使得在 AB 之间的壁面中有高的压缩应力,引起塑性变形以致永久变形或出现裂纹。

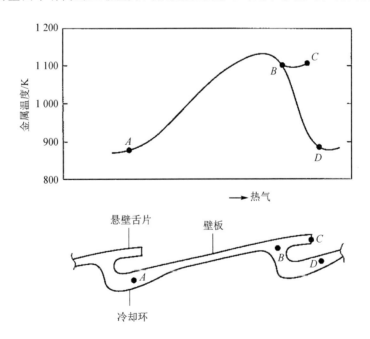

图 3.66 典型的火焰筒壁温分布[2]

图 3.67 展示了一种气膜火焰筒壁面蠕变失效的模式。气膜冷却环的气膜舌相当于一个悬臂结构,刚性较弱。气膜舌靠近冷气侧温度很低,而靠近燃气侧温度很高(上一段气膜有效性减弱)。当火焰筒内燃烧区域存在局部高温时,气膜舌发生蠕变变形,这使得该气膜通道的流通面积减小,进一步加剧过热。而局部更大的过热又使畸变加剧,通道进一步变小,从而进入恶性循环。在燃烧室烧坏处,经常可见局部冷却气膜通道完全塌陷封死。这是此种气膜冷却的固有缺陷,但可以通过一些方法补救。

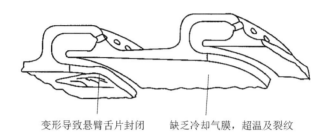

变形导致悬臂舌片封闭　　缺乏冷却气膜,超温及裂纹

图 3.67　气膜火焰筒壁面蠕变失效及相应故障模式[2]

一种补救方式为在气膜舌上打凹坑,如图 3.68 所示。这样气膜舌的刚性会加强,可以抵抗畸变变形导致的气膜流路封死。通过合理地设计凹坑间距可以减弱由凹坑引起的冷却空气不均匀的问题。要从根本上解决问题就需要缩短气膜舌的长度,如图 3.65 中(f)方案。但这样会导致气膜在圆周方向上的均匀性变差,同时气膜贴壁性变差,与主流掺混加快,气膜有效性沿轴向衰减较快。图 3.65(g)的气膜冷却方案在 GE 公司和 PW 公司的燃烧室上都有应用。这里气膜舌悬臂段的长度很短,冷却小孔进口在环腔的后方,冷却空气绕两个弯转折 180°,冷却流路较长,气膜出口也更均匀。该冷却环加工比较麻烦,需要分别加工冷却环,再通过焊接连接起来。

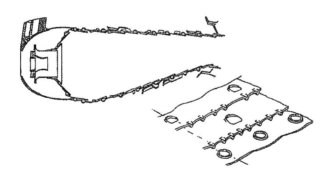

图 3.68　气膜冷却舌带有凹坑的燃烧室火焰筒(GE CF6 - 50)[2]

国内对气膜冷却技术也进行了研究,针对采用机械加工气膜环冷却的全环形燃烧室火焰筒,以气膜孔均匀布置的方案为基础,分别改变壁面冷却孔的孔径、孔数和开孔面积,开展火焰筒壁温试验研究。试验结果表明,当气膜孔均匀布置时,火焰筒

内、外壁存在偏离头部中心一侧的高温区,通过气膜孔的非均匀布置可以消除此种现象对壁面的影响,降低壁面温度梯度。

3.3.2 冲击冷却技术

由传统的传热学可知,冲击射流的热交换效率要远高于沿壁面流动的热交换效率。在火焰筒的冷却技术中,冲击冷却也被国内外学者广泛研究。由于冲击冷却方式需要火焰筒至少有两层壁面,故冲击冷却技术常与其他冷却方式结合使用。通常在外层壁面上开有许多垂直于壁面的小孔,环腔冷却气流通过外层壁面上的小孔对内层壁面进行冲击冷却,而随内层壁面冷却方式的不同可分为冲击-气膜冷却、冲击-发散冷却等。

冲击-气膜冷却的组合如图 3.69 所示。两股腔道的冷却空气由外侧多孔壁面射入,对内层壁面进行冲击冷却,然后由内层壁面上的小孔进入气膜舌,在燃气侧形成气膜保护。国外已有采用此种冷却技术的产品,如图 3.70 所示的是 PW 公司 V2500 发动机的瓦块式火焰筒壁。该种冷却技术在 RR 公司的燃烧室以及 PW 公司的 PW4000 上也有采用。瓦块上设置了一些小柱子来增大背面的对流换热。两股腔道的冷却空气从外层壳体冲击冷却瓦块,然后流出形成对下一瓦块的气膜。内层瓦块可以是缝槽气膜或是多孔结构。瓦块结构可以解决高温情况下的热应力问题,内层瓦块温度高,周向不连成一块,内层不承受压应力。外层壁面温度较低,承受压应力。但内层瓦块需要用连接件装到外层支承结构上,这样增大了质量和复杂性。

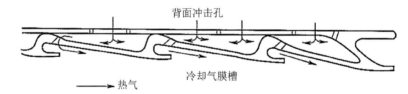

图 3.69　改进的背面对流冷却、冲击冷却及气膜冷却组合[2]

国内开展了浮动壁结构综合制造技术研究,实现了复杂薄壁结构件、多孔多柱结构浮动壁的整铸成形,如图 3.71 和图 3.72 所示,获得了冷效系数达到 0.8 以上的浮动壁结构,完成了浮动壁结构综合制造和性能试验。火焰筒由承力骨架和浮动壁构成,其中骨架为整体结构,主要功能是承力,浮动壁安装在承力骨架上。

另一种典型的冲击-逆向对流-气膜冷却结构示意图如图 3.73 所示。两股腔道内的冷却空气从冲击壁上的小孔对气膜壁对应位置进行冲击冷却,然后沿冲击壁和气膜壁的夹层逆向流动,对气膜壁的背侧进行对流换热,气膜壁的背侧一般设有绕流柱来强化换热。最后冷却空气由气膜壁前端的气膜孔流入气膜舌,在气膜壁的火焰侧形成气膜,对壁面进行冷却和热防护。该冷却技术针对气膜冷却对气膜段末端冷却效果较差的特点,将冲击孔设置在气膜段末端壁温较高的部位,同时由于气流需要

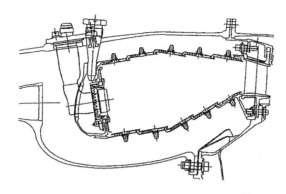

图 3.70　PW 公司 V2500 瓦块式燃烧室[2]

图 3.71　铸造浮动壁瓦片

逆向流动并由气膜段前端的小孔流入火焰筒,故冷却空气停留时间较长,可以对气膜壁进行充分有效的冷却。但这种冷却方案的气流损失较普通气膜冷却要大。

　　总的来说,这种综合冲击、背面对流换热以及气膜的冷却技术有以下优点:

　　① 瓦块是用涡轮叶片材料铸造的,比燃烧室合金材料工作温度高出 100 ℃以上;

　　② 外层壳体温度低,可以用常规材料,温度与机匣差不多,相对热膨胀问题不突出;

图 3.72　浮动壁瓦片局部结构

　　③ 瓦块易于更换修理。

　　但其也存在一些缺点:

　　① 火焰筒的质量显著增大;

　　② 瓦块不可随便更换,在燃烧室研发阶段,要改变主燃孔、掺混孔,无论孔数、大小、位置都要改变,非常不方便;

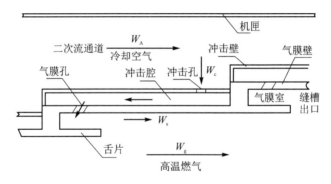

图 3.73　冲击-逆向对流-气膜冷却结构示意图

③ 制造成本很高；

④ 不适用于小型燃烧室。

图 3.74 示出了冲击-发散小孔冷却结构的示意图。冲击-发散冷却组合提供了一种在低的冷却空气质量流量下相对简单而有效的火焰筒壁冷却技术。两股腔道的冷却气流经外层壁面的小孔对内层壁面冲击冷却后，不再经由缝槽形成气膜舌类似结构，而是直接由内层壁面的发散小孔进行冷却，并在内层壁面与热燃气之间形成贴壁气膜，对内层壁面进行热防护。这种冷却技术的主要结构参数包括发散小孔的孔径、外层壁面冲击孔的孔径、外层壁面与内层壁面的间隙、冲击孔与发散小孔的轴向、周向孔间距等。冲击-发散冷却方式中火焰筒壁的换热包括两部分：冲击换热和发散小孔内对流换热。从燃烧室的工作特点来看，冷却空气流量占燃烧室总进气量的比例以及通过火焰筒壁的气流压降是相对固定的，强化了冲击换热，则必然削弱了发散小孔的对流换热，反之亦然。因此这两部分换热存在一个优化问题，其实质为分配冲

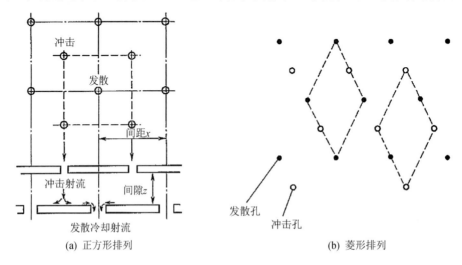

(a) 正方形排列　　　　　　　　　　　(b) 菱形排列

图 3.74　冲击-发散小孔冷却结构示意图[2]

击换热与孔内对流换热的比例,使总的冷却效率最高。

3.3.3　发散小孔冷却技术

发散小孔冷却技术又称发汗式冷却,或多斜孔冷却,其特点为在单层火焰筒壁面上打出大量倾斜小孔,理想的孔径既不易被外来物堵塞,又有适当的流量系数,其结构如图 3.75 所示。其包含了多种小孔排布方式,包括与火焰筒轴向有倾角的小孔、与火焰筒切向有倾角的小孔、与火焰筒轴向和切向均有倾角的小孔等。冷却气流从冷侧进入众多的斜孔,在斜孔内与火焰筒壁内表面进行对流换热,带走筒壁的热量,冷却气流流出火焰筒壁后,在燃气侧形成全覆盖的冷却气膜。

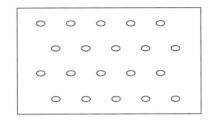

冷却空气

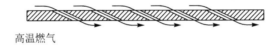

高温燃气

图 3.75　发散小孔冷却方式

发散小孔内部对流换热是发散小孔冷却方式总冷却效率高的核心原因,从传热学角度来说,发散小孔冷却的换热特点包括以下 4 点:

① 火焰筒背面换热增强,其原因为小孔进气抽吸火焰筒背面的冷却气附面层;

② 小孔内的孔进口区流速很高,换热增强;

③ 大量倾斜小孔使得冷却面积极大增加;

④ 在火焰筒燃气侧可以形成覆盖均匀的冷却气膜。

与常规缝式气膜冷却相比,发散小孔的冷却效果大幅度提高,可以节省约 40% 的冷却气量,同时火焰筒壁温梯度较小,有利于延长火焰筒寿命。美国艾利逊公司在 ATDE/GMA500 燃烧室上采用发散小孔冷却与层板冷却的实验结果表明,层板冷却的总壁温梯度为 170 ℃,而发散小孔冷却仅为 50 ℃。从结构和加工上来说,发散小孔冷却比多层壁全气膜冷却和瓦块式火焰筒冷却要简单和容易。目前,采用多斜孔冷却技术的发动机有 GE90 等。

发散小孔冷却技术中,小孔的长度是一个关键设计参数,增大孔的长度可以增大换热面积,对冷却有利。但应注意不能用加大火焰筒壁厚的方式来增大孔长。增大火焰筒壁厚一方面增加了火焰筒的质量,另一方面火焰筒壁面的热容量增大,不利于冷却设计。

发散小孔在火焰筒壁面上的倾斜角度对冷却效果影响很大。采用更小的倾斜角度有两个好处：一是在同样的火焰筒壁厚下，更小的倾斜角度意味着孔长变大，有利于冷却；二是在更小的倾斜角度下，需要在更大的气流动量比下冷却空气才能脱离壁面。同理，倾斜角度增大，在比较低的气流动量比下，冷却气流就会脱离壁面，分离无法恢复。但是发散小孔的倾斜角度受加工工艺的限制，孔长太长会导致火焰筒壁面刚性减弱。

针对环形燃烧室火焰筒，外壁可以采用切向进气的发散小孔冷却，如图 3.76 所示。这种冷却方式的好处是冷却空气以切向的方向进入火焰筒，形成非常良好的贴壁气膜。由于空气进入火焰筒带旋，因而适用于环形燃烧室的火焰筒外壁，气流以螺旋线的方式运动，越旋越贴壁。在这种冷却气的运动方式下，冷却气流与主流的掺混大大减少。这带来两大优点：一是冷却气膜的有效性非常高，通常都可取为 1，而且在火焰筒进口一方，不需要头道气膜，在第二排发散小孔处，已经形成均匀气膜；二是可以减少 CO 的生成。

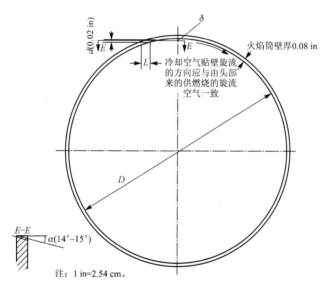

图 3.76 切向进口发散小孔冷却方案[2]

发散小孔的间距随不同应用场合而异，通常选择交错叉排，可以使出口气膜更为均匀。切向进口发散小孔在轴向方向有一个角度，为 14°~15°。这个角度的作用有两点：一是不至于冷却空气射流相互叠加，相互干扰；二是更好地覆盖火焰筒燃气侧壁面。

对于环形燃烧室火焰筒内壁，发散小孔冷却与外壁冷却有很大的不同。在外壁上，切向进口的发散小孔使冷却气流绕着内表面旋转，越旋越贴在壁面上；在内壁上，冷却空气从切向进口进入火焰筒后，气流会离开壁面。因此，内壁冷却空气有效性不如外壁。为保证冷却空气贴壁，至少不要完全脱离壁面。有以下 3 项措施：

① 在燃烧区与壁面冷却气膜之间隔开一小段距离,即将火焰筒内壁相对于原来的位置外推出去一小段距离。

　　② 采用带有复合角的发散小孔冷却。

　　③ 采用冲击与发散组合的冷却技术。

3.3.4　层板冷却技术

　　多孔层板冷却实际上综合应用了冲击冷却、气膜冷却、扰流柱强化换热、小通道对流换热,并将这些冷却方式集中于一体,由于层板冷却优越的换热特性,具有以少量的冷气取得高效冷却的巨大潜力,已成为先进发动机高温部件采用的新型冷却方式之一。

　　层板结构通过两层(或多层)薄板形成冷却气流通道(见图 3.77),板的厚度为 0.4~0.8 mm,在冷气通道中设置有许多扰流柱,柱形可以是圆柱形或其他多面体形状,扰流柱起强化传热的作用,同时还有增强刚性的作用。层板的一侧与燃气接触,另一侧则与冷气接触,冷气从冷气侧的进气孔进入通道,经过扰流柱从排气孔流出,进排气孔的直径为 0.5~0.8 mm,扰流柱的直径为 0.7~1.0 mm,通道高度为 0.5~1.0 mm。

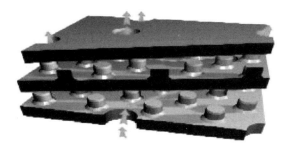

图 3.77　多孔层板结构简图

　　层板内部结构的发展是从简到繁,主要体现在扰流柱的形状和尺寸上,其在相当大的程度上决定了内部冷气通道的布局,对冷却效果有重要影响,同时还影响到层板内部的热传导过程和温度分布。早期层板内部的扰流柱基本是圆柱形,形状单一,布局较稀,少数采用了方形扰流柱。近年来出现了所谓"雪花形"的扰流柱,布局比早期密得多。

　　层板的制造技术是制约层板冷却技术广泛应用的难点之一。国外早期的层板是采用化学腐蚀-真空扩散焊接技术制造的,即用化学腐蚀在板材上形成冷气通道、扰流柱,以及进、排气孔,然后用真空扩散焊将腐蚀后的板子连接起来。这种制造技术受限于当时的制造技术条件,其缺点是:化学腐蚀难以精确控制几何尺寸,焊接连接的强度在高温下难以保证。由于层板内部通道的尺寸很小,形状十分复杂,铸造层板是一项难度很大的技术,国外花了近 20 年时间才基本掌握,并实现工程制造与应用。

对于多孔层板火焰筒制造有以下 3 方面关键技术。

(1) 多孔层板结构陶瓷型芯形位尺寸精度控制技术

对于整体精铸成型的多孔层板结构的火焰筒,其层板结构的成型是通过陶瓷型芯技术来保证的。多孔层板结构火焰筒因其结构的特殊性,陶瓷型芯是厚度仅为 0.5～0.7 mm、长度为 150 mm 的薄壁扇形结构,且薄壁筒形的陶瓷型芯分布有大量尺寸为 $\phi0.7～1.0$ mm 的孔和 $\phi0.5～0.8$ mm 的柱子,这种复杂结构给陶瓷型芯的制备和后续的蜡模尺寸定位控制带来难度。因此控制陶瓷型芯的形位尺寸精度是该技术研究的关键。

(2) 长程大流阻下高温合金充填完整性控制技术

多孔层板结构的火焰筒整铸过程中,金属内、外壁包裹着双层陶瓷壁。高温合金浇铸过程中,陶瓷型芯一方面阻碍了金属液的流动;另一方面,因陶瓷材料和合金熔体的冷却速度不一致,会导致零件的冷隔和欠铸。因此控制高温合金熔体在长程大流阻条件下实现较短时间内完整充填是该技术研究的关键。

(3) 多孔层板薄壁件型面尺寸精度与热裂匹配控制技术

为了实现多孔层板薄壁件的精确成型,需要采用较高的浇铸温度和铸型温度以保证充填完整和凝固组织的致密。这就要求陶瓷尤其是形成层板通道的陶瓷型芯必须具有较高的高温强度和抗变形性能。但作为被陶瓷包裹的层板铸件的内、外壁,凝固结晶过程中合金熔体的收缩与陶瓷的不可退让性会导致热应力的形成,并施加在层板的外壁上。当热应力超过材料的屈服强度时出现热裂而使层板报废,同时还会带来多孔层板薄壁件尺寸的变化。因此合理调配合金材料与陶瓷间在 600～1 550 ℃ 下的热物理匹配性,是实现多孔层板薄壁件制造与使用的技术关键。

典型的层板冷却结构首推美国 AADC(Allison Advanced Development Company,现已为英国 RR 公司控股)公司研制的 Lamilloy(见图 3.78)和英国 RR 公司研制的 Transply 结构(见图 3.79),这种结构又可称为半发散冷却或者渗透性片状材料冷却。它们的工作原理是:空气从火焰筒两股气流通道经有规律分布的小孔流入,然后在下层板料上小槽道中或小凸台之间流动,再经该层板上小孔进入下层的通道,至最下层有规律分布的小孔排出,形成气膜层,实现冷却。该种结构具有以下特点:

① 层板内表面的面积密度远远超过常规冷却结构,冷却效果明显提高。

② 最下层密布的小孔板类似于多孔发散壁,可以形成均匀的气膜保护层,具有发散冷却的效果。

③ 能够灵活地设计,以提供最佳的控制流动阻力和传热性能。

④ 存在制造工艺复杂的不足。

AADC 公司已在多种型号的发动机燃烧室上应用了多孔层板技术。图 3.80 为 AADC 公司研制的多孔冷却层板火焰筒,据称其冷却效率达到 0.86。该公司的研究表明,柔性火焰筒外环采用多孔层板结构,可以使金属耐温能力提高 111 K,能满足 IHPTET 第 2 阶段性能、全寿命耐久性和寿命期成本指标。采用多孔层板结构的

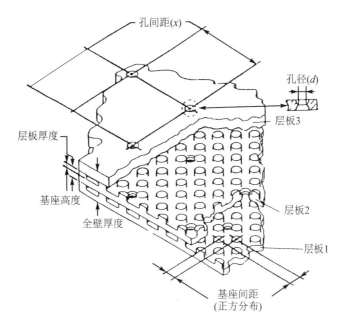

图 3.78　AADC 公司的 Lamilloy 层板结构

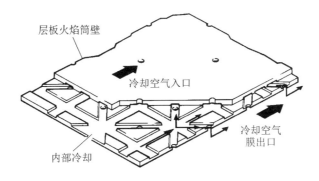

图 3.79　RR 公司的 Transply 多层壁结构

TF41 发动机环管燃烧室,火焰筒的冷气量可减少 60%,温度场不均匀系数也得到改善。

英国 RR 公司的 Transply 层板结构已经应用在 Tay/Spey 燃烧室部件上(见图 3.81),并取得了商业航线营运许可证。使用结果表明:在相同情况下采用层板(Transply)冷却结构的燃烧室所需要的冷气量要比通常的波纹条冷却气膜结构所用冷气量减少 2/3。如图 3.82 所示是英国 RR 公司研制的一种典型的层板全气膜冷却结构。多孔层板冷气量比常规缝槽气膜冷却方式减小 $50\%\sim70\%$。但是层板工艺复杂、价格昂贵,通道易被氧化物堵塞,而且结构质量大,压力损失也较大。

NASA 的 Lewis 研究中心用高压设备在发动机真实工况下对层板冷效进行研

图 3.80 AADC 公司的层板结构燃烧室

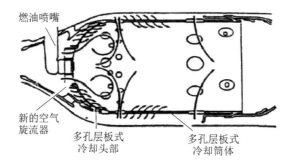

图 3.81 Transply 在 Tay 发动机燃烧室上的应用

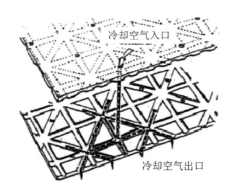

图 3.82 Transply 层板冷却结构

究,其对 Lamilloy 多孔层板制成的火焰筒与分段式气膜冷却火焰筒进行了对比研究,研究结果表明,在相同壁温条件下前者比后者节省 60% 的冷却空气量,壁面温度低于燃气温度 1 000 K 左右,冷却空气温升 300 K 左右。

俄罗斯的航空发动机研究中心、喀山航空学院开展了层板冷却的基础和应用研究。俄罗斯的层板研究工作非常系统化,开展了真实层板和放大模型层板的流阻特性和换热性能试验研究,同时还开展了层板内流动和换热的计算方法研究。目前,俄罗斯已进入层板冷却结构实用性研究阶段。

国内开展了多孔层板用 MA956 合金板带材研究,采用 MA956 合金通过焊接成型出多孔层板试验件(见图 3.83),同时对高温合金多孔层板件整铸技术开展了研究,实现了如图 3.84 所示的高温合金多孔层板整体精密成型制造,并完成了冷效试验。

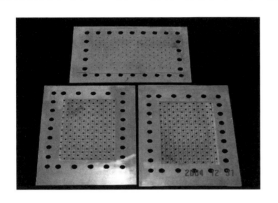

图 3.83　焊接 MA956 合金多孔层板试验件

图 3.84　整铸高温合金多孔层板试验件

3.3.5　热障涂层技术

燃烧室表面热障涂层(TBC)的目的是提高零件的抗氧化、耐热、隔热性能,主要涂覆于火焰筒壁内表面上,热障涂层的基本设计思想是利用陶瓷的高耐热性、抗腐蚀性和低导热性,实现对基体合金材料的保护。

目前,热障涂层主要包括双层结构和梯度结构形式,如图 3.85 所示。针对不同的环境要求,可以采用不同的结构体系。目前多数实际应用的热障涂层都采用双层结构,即采用陶瓷作为隔热层,在陶瓷层与高温合金基体之间引入一层改善基体与陶

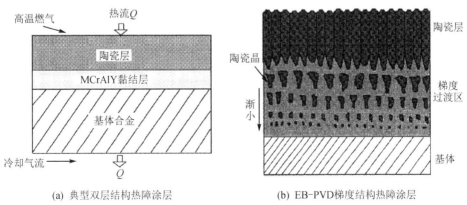

(a) 典型双层结构热障涂层　　　　　　　(b) EB-PVD梯度结构热障涂层

图 3.85　热障涂层的主要结构体系

瓷层物理相容性并具有抗高温氧化腐蚀作用的金属黏结层,陶瓷层材料一般选用含 Y_2O_3(质量分数为 6%~8%)的部分稳定的 ZrO_2(YSZ),金属黏结层多为 MCrAlY 或者 NiPtAl 涂层。双层结构制备工艺相对简单,同时耐热能力强。

针对双层结构热障涂层,由于涂层热膨胀系数在界面跃变较大,在热载荷下,将在涂层内聚出较大的应力。近年来,随着涂层制备技术的发展,热障涂层结构已由传统的 MCrAlY+YSZ 双层结构向成分、结构连续变化的 MCrAlY+YSZ 梯度结构发展。这种梯度涂层消除了层状结构的明显层间界面,所得涂层力学性能由基体向陶瓷表面连续过渡,从而避免了热膨胀系数不匹配等原因所造成的陶瓷层过早剥落的现象。

当前热障涂层制备技术主要包括两种:等离子喷涂热障涂层技术与电子束物理气相沉积。

等离子喷涂(PS)是目前应用最广泛的制备热障涂层的方法。常用的 PS 是大气等离子喷涂(APS),它利用氮和氩等离子体可提供 4 400~5 500 ℃ 的粉末加热区,当惰性气体由直流电弧加热后,粉末被引入并带至工件上。APS 的一般功率为 30~80 kW,典型的喷涂率为 1.2~4.8 kg/h。低压等离子喷涂(LPPS)的功率范围为 50~100 kW,通常在 10~50 kPa 的低压室中进行。由于压力低,等离子体束径粗而长、速度高,同时含氧量很低,可在高温条件下工作,所以可以提供较致密、低氧化物含量的金属或合金涂层。图 3.86 为 PS 制备 TBC 的示意图。由左侧的等离子体发生器(等离子喷枪)产生等离子体,同时送粉管中输送的粉末在等离子焰流中被加热到熔融状态,并高速喷涂在零件表面上。当撞击零件表面时,熔融状态的球形粉末发生塑性变形,附着在零件表面,各颗粒之间也依靠塑性变形而相互黏结起来,随着喷涂时间的增长,零件表面就获得了一定尺寸的喷涂层。

图 3.86　等离子喷涂制备 TBC 涂层

通过等离子喷涂 PS 制备的热障涂层会因为快速冷却而产生微孔片层组织及微裂纹,其典型结构如图 3.87 所示。

从图 3.87 中可以看到涂层中含有平行于表面结构的裂纹,而且有明显的层状结构,同时还有很多微孔,粗糙的结合面呈波纹状。这些微孔和微裂纹虽然可减小涂层

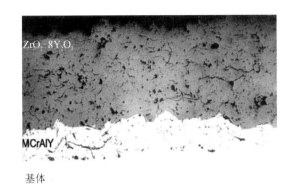

图 3.87　采用大气等离子喷涂(APS)制备热障涂层的显微组织

的弹性模量,但是氧在其中扩散很容易到达黏结层,黏结层氧化所引起的体积膨胀易使陶瓷层剥落。等离子喷涂热障涂层的性能还受到涂层制备时涂层结构和成分、喷涂时的基体温度、涂层孔隙率和涂层中残余应力分布的影响。

等离子体喷涂具有工艺成熟、基体材料不受限制、沉积速率高、成分可控等优点。但其涂层孔隙率较大,涂层中通常存在未熔化的颗粒和孔洞;同时由于快速冷却,因此在涂层内部易产生热应力和微裂纹。另外,涂层与基体的结合以物理机械嵌合为主,故结合不牢固。

电子束物理气相沉积是以电子束为热源(能量源)的涂层制备手段,它是在真空状态下,利用具有高能量密度的电子束轰击沉积材料(金属、陶瓷等)使之熔化直至蒸发,并在基体上凝结、堆垛沉积形成涂层的过程。根据沉积材料的性质及工艺的不同,可以使涂层具有隔热性、耐磨性、耐腐蚀性和耐冲刷等性能,对材料和零件起到保护作用。其柱状组织涂层具有良好的抗热冲击性,该技术属于电子束熔化技术的一个分支。EB-PVD 作为热障涂层主要制备工艺之一,其作用和地位日益突出。

电子束物理气相沉积形成的 TBC 涂层组织多为垂直于基体表面的柱状晶。高温下,柱状晶可以分开来缓解由于线膨胀系数的差异而造成的热应力,从而大幅度地提高涂层的热疲劳抗力。根据沉积材料性质的不同,可以使涂层具有隔热性、耐磨性、耐腐蚀性和耐冲刷性,从而起到保护作用。由于涂层制备过程都是在真空环境下进行的,因此可以防止涂层被污染和氧化。在控制好工艺的前提下,可以使涂层与被加工材料中的相和元素含量保持一致,这是 EB-PVD 的一大优点。图 3.88 为典型的 EB-PVD 设备示意图,涂层工艺是在真空室里进行的。首先,设备通过真空泵来抽真空,电子枪发射的电子束直接照射到水冷坩埚中被蒸发的材料,使材料加热、蒸发,并冷凝到预热的基体上形成涂层。

该涂层典型的结构如图 3.89 所示,可看到明显的柱状晶和平滑的界面。PS 制备的 TBC 粗糙度达 7.7 μm,而 EB-PVD 制备的 TBC 可重现原来底层的粗糙度,无须处理就可满足气动流路的要求。EB-PVD 比 APS 的 TBC 抗磨损性高 2 倍。然

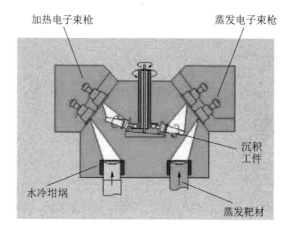

图 3.88　EB‐PVD 制备 TBC 的示意图

而,EB‐PVD 制备涂层具有厚度控制难度大、表面清洗复杂、设备复杂昂贵、沉积速率相对较低、工艺流程繁琐等缺点。

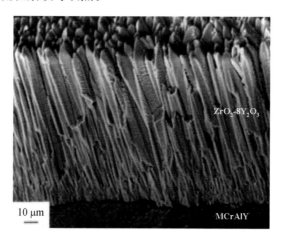

图 3.89　采用 EB‐PVD 制备热障涂层的显微结构

电子束物理气相沉积工艺具有以下特点:

① 涂层的沉积是在真空状态下进行的,有利于防止基体与涂层材料的污染和氧化,因此可以获得质量较高的涂层;

② 选择较好的工艺参数及工艺过程,可以得到与蒸发材料的成分相同及元素含量基本一致的涂层;

③ 涂层与基体之间具有较高的结合力,属于冶金结合;

④ 相对其他沉积方法,具有很高的沉积速率和较好的工艺可重复性;

⑤ 涂层厚度可在 $0\sim500~\mu m$ 之间选择;

⑥ 由于电子束具有很高的能量密度,它可以熔化、蒸发一些难熔及蒸气压很低

的材料(如金属钽、钨、钼等),这是其他加热方式很难做到的。

EB-PVD 与 APS 制备的 TBC 典型的室温性能特征对比如表 3.2 所列。

表 3.2　电子束物理气相沉积(EB-PVD)与 APS 制备的 TBC 典型的室温性能特征对比

沉积方法特性	EB-PVD	APS
热导率/($W \cdot m^{-1} \cdot K^{-1}$)	1.5~1.9	0.8~1.1
表面粗糙度/μm	0.5~1	4~10
粘结强度/MPa	400	20~40
弹性模量/GPa	90	200
侵蚀速率(标准化 PVD)	1	7

开发超高温、高隔热、长寿命的新型热障涂层是下一代高性能航空发动机发展提出的迫切要求。热障涂层未来的研究方向主要有以下几个方面:① 耐高温、高隔热、抗烧结的新一代热障涂层陶瓷层材料研究;② 抗高温氧化、与新型陶瓷层以及先进的高温合金单晶界面匹配的热障涂层黏结层材料研究;③ 高可靠、经济性好的新型热障涂层制备技术研究;④ 先进的热障涂层寿命评估方法和技术研究。

3.3.6　陶瓷基复合材料火焰筒技术

随着航空技术的快速发展,对高比强度、高比模量、耐高温、抗氧化、耐腐蚀及抗辐照材料的需求愈来愈强烈。连续纤维增韧增强陶瓷基复合材料不仅保留了陶瓷材料的耐高温、低密度、高比强度、高比模量、抗氧化和抗烧蚀等优异性能,而且克服了陶瓷材料脆性大和可靠性差等弱点,具有类似金属的断裂行为,且对裂纹不敏感,没有灾难性损毁等,因此被列为新一代高温热结构材料的发展重点。

按照连续纤维增韧增强陶瓷基复合材料基体种类的不同,可以分为氧化物和非氧化物两类。氧化物陶瓷基复合材料在氧化性气氛下性能相对稳定,但其力学性能,特别是抗高温蠕变性差,且最高使用温度低,密度较高,因此非氧化物陶瓷基复合材料是一种更有优势的高温结构材料。在非氧化物陶瓷基复合材料中,以碳化硅陶瓷基复合材料(CMC-SiC)最受瞩目,主要包括碳纤维增韧碳化硅(C/SiC)和碳化硅纤维增韧碳化硅(SiC/SiC)陶瓷基复合材料。

自 20 世纪 50 年代以来,美国、欧洲等从未停止 CMC 在航空燃气涡轮发动机上的应用尝试,不断推动该材料的制备、加工工艺及相关技术的进步。美国 GE 公司和法国 SNECMA 公司在 CMC 领域的研究起步最早,技术成熟度相对较高,目前已进入产业化阶段。

美国 GE 公司、PW 公司针对先进陶瓷基复合材料开展了大量研究。GE 公司联合 Allison 公司开发了 Hi-Nicalon 纤维(占 40%)增强 CMC 燃烧室火焰筒(见图 3.90),该火焰筒壁可耐温 1 316 ℃,并与由 Lamilloy 结构材料加工的外火焰筒一起组合成先进的柔性燃烧室。

GE 公司拟将 CMC 材料的使用范围扩大到第 1 级高压涡轮罩环、燃烧室火焰筒内外环以及高压涡轮导向器等高耐温要求的部件上。据估计,可实现减重 6%,耐温能力提高 20%,耗油率降低达 30%,CMC 火焰筒能以更少的冷却空气量应对更高的温度,提高发动机热效率。

在日本关键技术中心投资和 14 家公司共同参与下,日本大量研究和开发了由 CMC 作为关键候选材料的燃烧室部件。在 AMG 计划下,采用化学气相沉积法(CVD)等工艺加工的 CMC 火焰筒,试验达到了 1 873 K 的出口温度,没有发现损伤。图 3.91 为在 AMG 计划下研制生产的 CMC 火焰筒。

图 3.90　GE/Allison 公司研制的　　　　图 3.91　在 AMG 计划下研制
　　CMC 燃烧室火焰筒　　　　　　　　　　生产的 CMC 火焰筒

(1) 主要制备工艺

经过近几十年的发展,陶瓷基复合材料的制备工艺已经趋于成熟,部分技术成果已经成功应用到航空发动机热端部件上。这些工艺主要包括以下几种。

1) 化学气相渗透法(CVI)

CVI 源于 20 世纪 60 年代中期,是在化学气相沉积法的基础上发展起来的。在 CVI 过程中,反应物是以气体的形式存在的,能渗入纤维预制体的内部发生化学反应,原位生成基体。其设备系统如图 3.92 所示。

与其他方法相比,其突出优点有:能在较低温度进行高温材料的制备,对纤维损伤小;纯度高、晶型完整,复合材料的力学性能较高;可以制备复杂形状的部件,实现近尺寸成型。其主要缺点是:生产周期长,复合材料的致密度不够高。

2) 聚合物浸渍裂解工艺(PIP)

PIP 是近些年来研究较多、发展迅速的陶瓷基复合材料制备工艺之一。该工艺以聚合物液相先驱体(或溶液)为浸渍剂,纤维预制体通过多次循环浸渍、交联固化、

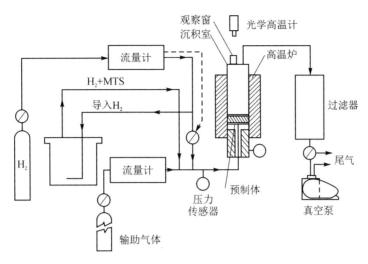

图 3.92　典型 CVI 设备系统图

高温裂解,获得致密化的复合材料。

该工艺的优点包括:能够通过先驱体组分设计制备组分、结构可控的单相或者复相陶瓷;裂解温度较低,降低了热处理过程对纤维的损伤。缺点在于:聚合物先驱体裂解过程由于有低分子物质的挥发,伴随较大的体积收缩,微结构不致密,并有伴生裂纹出现;单次循环陶瓷收率较低,需要经多次循环浸渍裂解处理,工艺成本较高;很难获得高纯度和化学计量的基体。

3) 熔体浸渗工艺(RMI)

RMI 最早应用于金属基复合材料的制备。采用 RMI 法制备 SiC 基体的过程中,将金属 Si 熔化后,在毛细管力的作用下将 Si 熔体渗入到多孔 C/C 材料内部,与 C 发生化学反应生成 SiC 基体。

RMI 的优点主要体现在:能够通过一次成型制备致密且基本无缺陷的基体;预成型件与构件之间结构尺寸变化较小,被认为是快速、低成本制备近净成型复杂形状构件的有效途径。其缺点在于:在熔融浸渗过程中,金属硅在与基体碳发生反应的同时,不可避免地与碳纤维发生反应,从而造成对纤维的损伤,降低复合材料的力学性能;复合材料内部留有 5%～30%(体积占比)的金属硅,成为影响复合材料高温工作环境下稳定性的隐患。

4) 浆料浸渍热压法(SIHP)

SIHP 是最早应用于陶瓷基复合材料制备的传统方法,工艺流程如图 3.93 所示。首先将陶瓷纤维浸渍于含有陶瓷基体的浆料中,将表面涂覆浆料的纤维缠绕至滚筒,进而制成无纬布,经切片、叠加、热模压成型和热压烧结后,获得致密化的复合材料。

该工艺的突出优点有:烧结时间短,制造成本低;高温烧结过程通常有一定数量

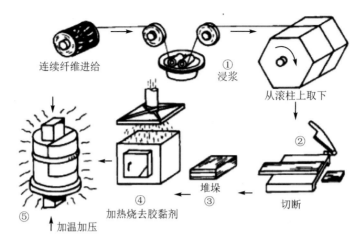

连续纤维进给　①浸浆　从滚柱上取下

②切断　③堆垛　④加热烧去胶黏剂　⑤加温加压

图 3.93　SIHP 工艺示意图

的液相,能实现材料的充分烧结,显著降低复合材料内部的残留孔隙,避免了其对力学性能的不利影响,提高材料的致密度和性能。缺点有:不适合固相烧结的材料体系,热压工艺容易使纤维造成损伤,降低了复合材料的力学性能;该工艺多用于制备一维或二维复合材料,难以制备大型陶瓷基复合材料构件。

多国对陶瓷基复合材料工艺都进行了详细的研究,其中日本拥有聚碳硅烷(PCS)和连续 SiC 纤维制备技术,主要开展 PIP 工艺制备纤维增强 SiC 复合材料的研究,特别是在 SiC_f/SiC 复合材料制备上具有较高的研究水平;法国以 CVI 工艺技术为主,且技术水平属国际领先;德国以 RMI 和 PIP 工艺技术为主,特别是 RMI 技术世界领先;美国对 PIP、CVI 和 RMI 工艺均有研究,且均有较高的研究水平,特别是 RMI 工艺,已经成为 GE 公司陶瓷基复合材料制备的主流工艺。

(2) 主要二次加工技术

CMC‐SiC 复合材料的二次加工技术是促进其应用产业化的关键因素。目前,可用于 CMC‐SiC 复合材料的加工方法主要有传统的机械加工、高压水射流加工、超声波加工、电火花加工和激光加工等。

1) 传统机械加工技术

传统机械加工主要是指对 CMC‐SiC 复合材料进行车削、切削、磨削、钻孔等,其方法具有工艺成熟、操作简单、加工效率高及设备投入少等特点。一般而言,传统机械加工工艺适宜于 SiC/SiC 复合材料机件的型面加工,外形尺寸易于控制,材料表面光洁度高;但不适宜于小尺寸、孔结构的加工。研究表明,采用钻削制孔加工获得的 SiC/SiC 复合材料孔结构表面不平整,存在微裂纹。传统机械加工方法也存在刀具(钻头)磨损过快,材料表面受到机械应力作用,容易在材料表面产生凹坑、毛刺、撕裂等问题,严重制约了加工质量与加工精度,同时加工过程产生大量碎屑和粉尘,加工环境有待改善。

2）特种加工技术

特种加工技术有别于传统加工方法，属于非接触式加工。成功应用于 CMC - SiC 复合材料的特种加工技术包括高压水射流法、超声加工技术、电火花加工技术、激光加工技术。

高压水射流技术是在高压高速水射流中加入超硬磨粒，形成高速冲击的液固两相高速射流，实现材料的加工。该工艺属于冷态切割，无热影响，不会产生热应力。但是该工艺精度低（一般高于 0.5 mm）。高压水射流法能够克服传统机械加工的部分缺点，加工阻力较小，不易出现撕裂和分层现象。高压水射流法在加工工件厚度增加时容易在表面出现毛刺，且容易出现纤维拔出现象（见图 3.94(a)）和崩边现象（见图 3.94(b)），对复合材料的加工质量产生极大影响。高压水射流的特点是：主要适合于构件的外形粗切边和制孔，且加工后构件厚度方向易形成梯度。

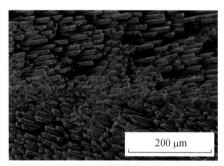

(a) 纤维拔出　　　　　　　　　　(b) 崩　边

图 3.94　高压水射流法生产缺陷

超声加工是超声波发生器通过将电能转变为超声电频振荡，并固定在振幅扩大工具上，产生超声振动，利用工作液中的悬浮颗粒对工件表面进行撞击和抛磨来实现材料去除。其优点在于能够加工小孔和绝缘材料，且不受材料硬度限制，能够加工复杂 3D 结构，该工艺不产生热应力，加工损伤较小，加工质量高，但加工效率低，适于孔结构和型腔成型加工。

电火花加工是通过悬浮于电介质中的高能等离子体的刻蚀作用，使表层材料发生熔化、蒸发或热剥离而达到加工材料的目的。由于加工过程中模具未与工件直接接触，故无机械应力作用于材料表面，因此电火花加工是一种无接触式精细热加工技术。对于非导电陶瓷材料，可采用电解液法和高压电法。但该工艺在加工过程中存在较大的热影响，导致加工工件出现微裂纹和电极产生损耗等问题。

激光加工技术主要以原子跃迁过程中释放出来的高能量光子为热源，照射到材料表面，光能转化为极高密度的热能，产生局部瞬时高温，导致材料熔化甚至气化实现去除。激光加工过程无需刀具和模具，属于非接触性加工技术。然而，激光加工过程伴随较大的热应力，可能导致微裂纹的产生。作为激光加工技术的一个分支，超短脉冲激光因其加工 CMC - SiC 复合材料具有近乎零损伤、精度高、无重铸层等优点，成为加工技术领域的研究热点。

　　陶瓷基复合材料耐高温性能良好,适应于航空发动机热端部件的高温环境要求。因 CMC 不像金属那样在热端部件工作时需要气冷,从而将明显降低燃油消耗和提高推重比。但目前陶瓷基火焰筒技术的成熟度还较低,需要开展进一步的深化研究。

| 3.4　燃油喷嘴热防护技术 |

　　先进航空涡扇发动机主燃烧室的燃油喷嘴热防护技术要求,主要源自航空煤油的热安定性问题。热安定性的含义是,在温度升高时,燃油可以抵抗沉积物的生成的能力。传统军用燃油(JP-8/JP-5/RP-3)的热安定极限温度为 149~163 ℃,超过这个温度,意味着燃油的热不稳定会使燃油系统的使用寿命降低。在现代航空发动机中,燃油常被用于航空子系统,如滑油系统和附件电子设备等的冷却。经过与其他部件换热后,进入主燃烧室燃油总管的燃油本身已经达到了一个相当高的温度。而随着军用飞机不断提升的高性能需求,为提高发动机循环效率,需增加发动机总增压比,使得燃烧室进口温度升高,燃油喷嘴与燃烧室进口空气之间的热交换量不断增大,从而使得燃油的热安定性问题日益突出,直接影响了燃油系统,特别是主燃油喷嘴性能的衰退速度,严重时会堵塞喷嘴油路及喷口等重要燃油流道,最终影响发动机主燃烧室的工作可靠性及寿命。图 3.95 示出了温度和燃油种类对燃油喷嘴寿命(受沉积物的限制)的影响。

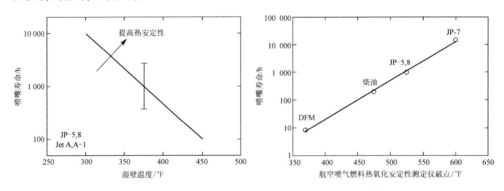

图 3.95　温度和燃油种类对燃油喷嘴寿命的影响[78]

　　航空煤油热氧化沉积的机理极为复杂,至今仍未完全明确。按照目前的一般观点,由某种未知的引发反应导致燃油中生成烷基 R·,烷基 R·与燃油中的溶解氧 O_2 反应生成过氧烷基 RO_2·,过氧烷基 RO_2·与燃油分子 RH 反应生成氢过氧化物 RO_2H 和烷基 R·,而烷基 R·的生成又推动氧化反应持续进行,因此自然氧化是"链"式反应[79]。图 3.96 示意说明了自然氧化链式机理。自然氧化反应生成的氢过氧化物 RO_2H 被认为是结焦先兆,由其最终形成结焦。当燃油温度足够高时,氢

过氧化物 RO_2H 还可分解生成 $RO\cdot$ 和 $\cdot OH$，从而推动氧化反应深度进行。自然氧化结焦速率主要取决于燃油性质、燃油温度、湿壁温度、溶解氧含量、燃油的停留时间和金属的催化作用等诸多因素。

热氧化沉积包括化学过程和物理过程两部分[80]。首先进行的是化学过程。初始航空煤油中的组分包括碳原子数为 $5\sim15$ 的链烷烃、石脑油、芳香烃、微量的含硫和氮的混合物以及少量的烯烃。随

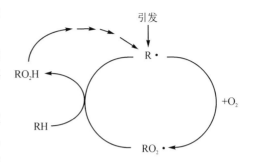

图 3.96　自然氧化链式机理示意图

着燃油温度的升高，航空煤油开始自然氧化，生成可溶于燃油的初始氧化产物，初始氧化产物的含氧量较低，为 $8\%\sim10\%$。初始氧化产物进一步氧化，生成不溶于燃油的后续氧化产物。后续氧化产物的含氧量较高，为 $18\%\sim25\%$，相对分子质量为 $200\sim600$，同时结合硫和氮元素。接下来主要进行的是物理过程。燃油中不可溶的氧化产物分子凝聚成微小的球状颗粒，直径为 $500\sim3\,000\,\text{Å}$（典型的尺寸是 $1\,000\,\text{Å}$，$1\,\text{Å}=10^{-10}\,\text{m}$）。接下来微小的球状颗粒从液体中自然沉降或在流体的冲击下沉积在流路表面，易挥发的燃油会在流路表面残留不易挥发的颗粒。最后沉积颗粒经历聚合，并在流体的作用下形成类似"清漆"的黏性底层，额外的颗粒在其表面继续沉积，进一步氧化后形成"焦质"沉积物。

国外对于燃油系统热安定性问题的认识开始于美国国防部 IHPTET 计划，在该计划中包括了一项改进高温燃油喷嘴的计划。这一计划的目标是：即使在极高的空气进口温度、燃油温度，以及拓宽燃油规范的条件下，也要保证喷嘴的工作性能，不焦化堵塞。其关于燃油系统热防护技术的研究主要涉及三个方面，即提高燃油的热安定性；处理燃油通道表面；降低湿壁温度。其中提高燃油的热安定性主要是石油化工专业的研究内容；处理燃油通道表面更多的依赖生产加工技术；降低湿壁温度则需要先进的燃油喷嘴设计技术。

提高燃油的热安定性主要有两个技术途径：

① 改变炼油工艺。通过此种方法得到的高热安定性燃油的实例包括 JP-TS、JP-7 等。但由此种方法生产燃油的成本很高，且燃油的产量较低，仅能够供特殊飞机使用。

② 加入添加剂。该方法通过向普通燃油中加入少量添加剂，使燃油达到更高的热安定性。目前采用添加剂提高燃油热安定性的最成功范例是美国的 JP-8+100 航空煤油[78-83]，采用添加剂后，燃油结焦减少近 50%，从而使得维修时间减少近 73%，无故障工作时间延长 340%，飞行出勤率增加 3%，效果非常显著。

燃油通道表面对燃油结焦的影响体现在物理和化学两个方面。因此，燃油通道

表面处理主要涵盖两方面内容:提高燃油通道表面加工质量;改变燃油通道表面材料成分。燃油通道表面的加工状态在燃油结焦中扮演着重要角色。由于结焦易沉积于加工缺陷及加工痕迹处,因此提高燃油通道表面的加工质量、降低其表面粗糙度有助于减少燃油结焦量。GE 公司等利用 347 不锈钢管进行的进口湿壁温度为 246 ℃的燃油结焦试验表明:当不锈钢管表面粗糙度从 3.175 μm 降至 0.254 μm 后,燃油结焦量可减少约 26%[84]。某些金属元素会显著提高燃油结焦速率,这是由于这些金属元素对燃油结焦具有催化作用的缘故。已开展的研究表明:铜、铁、锌和铅等均对燃油的热安定性不利。即使铜、铁、锌和铅在燃油中的含量分别低至 15×10^{-12}、25×10^{-12}、100×10^{-12} 及 200×10^{-12},亦会严重影响燃油的热安定性。其中,铜的影响最为显著。与钛和铝相比,铜可将美军舰载机用 JP-5 燃油的结焦速率提高约 4.6 倍[81]。基于此原因,燃油喷嘴材料须避免选用铜及其合金。在燃油通道表面喷涂惰性涂层或选用惰性材料可使燃油的结焦速率大大降低。

由于燃油结焦取决于多种因素,因此燃油喷嘴的湿壁温度不存在简单的设计极限。尽管如此,GE 公司的经验表明:当使用 JP-8 燃油时,若湿壁温度达到 477 K 以上,则燃油喷嘴的结焦即会成为一个严重问题[84]。因此,将湿壁温度控制在较低的水平对于抑制结焦而言是非常必要的。降低湿壁温度可以分为两个方向:将燃油管路与高温气流隔开以减少外界高温气流对燃油管路的加热;通过加强燃油管路与低温流体的换热使得燃油管路的温度降低。下面就从隔热式热防护与换热式热防护两个方面来阐述燃油喷嘴热防护技术。

3.4.1 隔热式热防护

对主燃烧室而言,燃油雾化系统内燃油温度的升高主要来自两个方面,即燃油总管与外涵气流或主燃烧室进口气流的热交换,以及燃油喷嘴的杆体与主燃烧室进口气流的热交换。加装隔热罩是目前燃油喷嘴所采用的首要热防护措施,该措施主要应用于喷嘴杆和喷嘴头部。隔热罩可减少物体表面之间的辐射换热,但其本身并不带走任何热量,仅是在热流通路中增加了表面辐射热阻和空间热阻,从而降低辐射换热热流。隔热罩应选用黑度小的材料。隔热罩的黑度越小,表面热阻越大,隔热效果越明显。试验表明,燃油喷嘴加装隔热罩比单纯采用低导热性的固体陶瓷材料更加有效[84]。V2500、PW6000 等发动机燃烧室的燃油喷嘴均采用了加装隔热罩的措施。图 3.97 展示了加装隔热罩的两种燃油喷嘴[84-85]。

喷嘴杆的隔热通常包括两种措施,一种是采用金属结构的双空气间隙,或者在空气间隙中插入铝硅陶瓷纤维。试验结果表明,由于间隙中有水、油等液体污染物,陶瓷纤维绝热效果大大降低,故喷嘴杆部位宜采用空气间隙隔热层,如图 3.98 所示的 GE 喷嘴即采用了此种热防护措施。

关于喷嘴头部隔热措施,试验结果证明:减小燃油通道面积,可增大燃油流速,缩短燃油停留时间;带空气间隙的金属隔热结构的隔热效果要比固体陶瓷更有效,同时

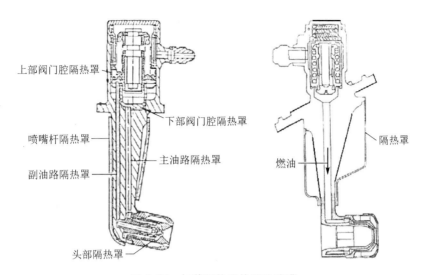

上部阀门腔隔热罩

下部阀门腔隔热罩

喷嘴杆隔热罩

主油路隔热罩

副油路隔热罩

隔热罩

燃油

头部隔热罩

图 3.97　加装隔热罩的燃油喷嘴

用陶瓷替换金属件来形成空气间隙的效果更好;设计细节上防止燃油流道弯曲和台阶,避免燃油滞留区,消除积炭起始点。图 3.99 和图 3.100 所示为一种带有防积炭帽罩的发动机主燃油喷嘴。

燃油入口

空气入口

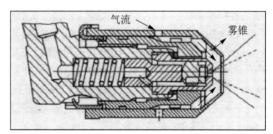

气流

雾锥

图 3.98　GE 喷嘴热防护方式　　　**图 3.99　带有防积炭帽罩的喷嘴头部**

　　国内对于燃油系统热防护技术的研究主要集中在燃油热安定性技术的研究,而关于不同隔热措施的热防护效果和方案的研究还缺少试验验证。

　　国内研究院所进行了改善燃油热安定性措施的研究,利用喷嘴试验件进行对流及换热试验,建立传热计算方法,推算出发动机最严重热负荷状态参数,模拟进行油管内沉积率试验,并得到估算发动机使用时燃油沉积量的经验公式。试验结果和美国联合技术研究中心(UTRC)用类似燃油的结果数据一致,燃油加热温度越高,沉积率越大;同时对沉积物和加热油进行分析测试,提出改善燃油热安定性的措施。

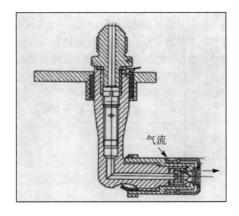

图 3.100 带有防积炭帽罩的喷嘴

国内开展了喷气燃料高热安定性添加剂的研制,通过在现有喷气燃料中加入高热安定性添加剂,研制出与美军 JP‐8＋100 燃料相当的高热安定性喷气燃料(RP‐3＋100)。图 3.101 所示为加添加剂前后燃油沉积量随时间变化的曲线,试验证明,加添加剂的燃油沉积变化缓慢,我国自产 RP‐3 号喷气燃料的热氧化安定性及使用温度得到了显著的改善。

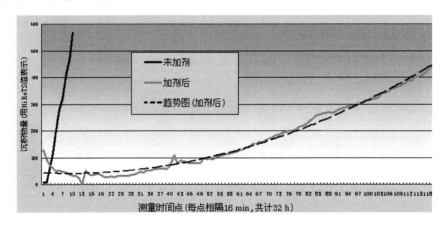

图 3.101 燃油加添加剂前后沉积物沉积量对比

针对燃油喷嘴结焦问题,国内研究了发动机主燃油喷嘴结焦的可能性及形成结焦的主要工作状态;研究了 RP‐3 航空煤油在高温下的使用性能;研究了燃油焦质的形成机理和成分;研究了减缓结焦形成的几项技术措施以及建立了燃油喷嘴壳体的传热计算程序。同时在隔热式热防护方面,国内已积极探索了多种喷嘴及总管热防护措施和结构方案,如图 3.102 所示。现有方案已满足主燃烧室喷嘴和燃油管路系统的热防护需求。

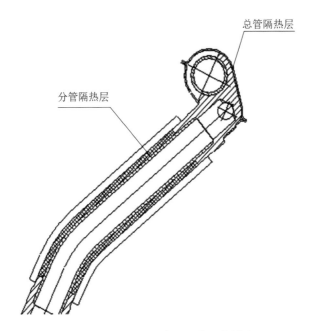

图 3.102　燃烧室总管和分管隔热措施

3.4.2　换热式热防护

湿壁温度与燃油流速密切相关,主要体现在燃油流速对传热系数的影响上。GE公司等研究表明,燃油与通道表面之间的传热系数随着燃油流速的提高而增大[81]。因此,减小燃油通道的横截面积,提高燃油流速,进而增大传热系数,有助于降低湿壁温度。图 3.103 展示了燃油喷嘴通过优化燃油通道结构而降低湿壁温度的效果。在原设计中,燃油从主油管流入燃油喷嘴头部的过程中,流经一个横截面积较大的集油腔,燃油在此处的流速较低,导致燃油与通道表面之间的传热量少,致使湿壁温度高达 698 ℃。减小集油腔的横截面积后,燃油流速得以提高,故湿壁温度降至 530 ℃。图 3.103 证实了为降低湿壁温度而保持高燃油流速的必要性。由此表明,在进行燃油喷嘴设计时,燃油通道应尽量避免出现剧烈的拐弯和台阶,防止产生燃油相对停滞区。此外,减小燃油通道的横截面积还可缩短燃油的停留时间,使结焦可用时间减少,这无疑有助于减少燃油结焦。

当燃油喷嘴的主油路停止供油时,由于此时所对应的燃烧室进口空气总温仍较高,因此主油路存在余油结焦问题。在此情形下,主油路中的余油可利用流经副油路的燃油进行冷却,或利用空气将余油吹除。

图 3.104 为利用副油路燃油冷却主油路的结构示意图。在此结构中,主油管与副油管同心安装,二者的同轴度通过副油管上的支撑凸台来保证。副油路在向燃烧区供给燃油的同时,起到冷却主油路的作用。对于采用间冷回热循环的航空发动机,

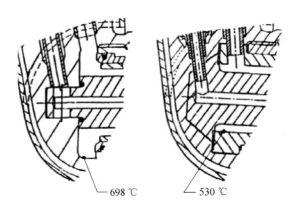

图 3.103　通过优化燃油通道结构而降低湿壁温度

由于其压气机出口空气总温相对较低,因此可利用压气机出口空气来专门冷却燃油喷嘴,降低湿壁温度和燃油温度,从而达到防止或减少结焦的目的。采用前述的主动冷却措施可有效抑制燃油结焦,但无疑有悖于简化结构和减轻质量的要求。

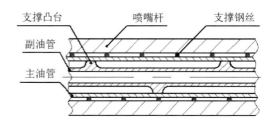

图 3.104　利用副油路燃油冷却主油路的结构示意图

　　图 3.105 为 GE 公司双环腔燃烧室所采用的燃油喷嘴[69]。在该型喷嘴中,利用流经引燃级喷嘴的燃油对主燃级喷嘴实施冷却。这样,即使主燃级喷嘴停止工作,亦能保持相对较低的温度,结焦问题因而得以弱化。

　　燃油喷嘴抑制结焦亦可通过采用可变面积喷嘴来实现。溢流式喷嘴是可变面积喷嘴的典型代表。图 3.106 为溢流式喷嘴示意图。溢流式喷嘴本质上是单喷口压力雾化喷嘴,其旋流室后壁设有回流通道。工作时,燃油以高压、大流量状态流入旋流室,而最终喷入燃烧区内的燃油流量仅占一小部分,大部分燃油通过回流通道返至油箱。在供油压力保持不变的条件下,溢流式喷嘴的调节比可达 20。若供油压力的调节范围为 25,则溢流式喷嘴的燃油调节比更可高达 100。相同的热负荷对应于高燃油流量,故溢流式喷嘴的湿壁温度和燃油温度均可保持在相对较低的水平,从而使得结焦问题大为弱化。此外,由于溢流式喷嘴的燃油通道是按大流量状态设计的,因此对结焦的耐受力相对较强。然而,溢流式喷嘴亦存在问题待解:燃油流量的精确控制,喷雾角度受燃油流量的影响显著,须辅以高功率油泵。

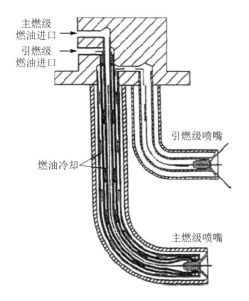

图 3.105　GE 公司双环腔燃烧室的燃油喷嘴

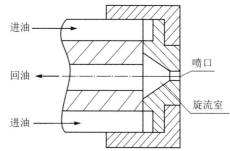

图 3.106　溢流式喷嘴示意图

参考文献

[1] Lefebvre A H，Ballal D B. 燃气涡轮发动机燃烧. 3 版. 刘永泉，等译. 北京：航空工业出版社，2016.

[2] 金如山，索建秦. 先进燃气轮机燃烧室. 北京：航空工业出版社，2016.

[3] Bahr D W. Technology for the Design of High Temperature Rise Combustors. AIAA Journal，1987，3(2)：179-186.

[4] 林宇震，许全宏，刘高恩. 燃气轮机燃烧室. 北京：国防工业出版社，2008.

[5] 方昌德. 世界航空发动机手册. 北京：航空工业出版社，1996.

[6] 彭云晖，林宇震，等. 双旋流空气雾化喷嘴喷雾、流动和燃烧性能. 航空学报，2008，29(1)：1-14.

[7] Mehta J，Shin H，Wisler D. Mean velocity and turbulent flow field characterstics inside an advanced combustor swirl cup. AIAA-89-0215，1989.

[8] Wang H Y，McDonell V G，Samuelsen G S. Influence of hardware design on the flow field st ructures and the patterns of droplet dispersion，part I：mean quantities. Journal of Engineering for Gas Turbines and Power，1995，117：282-289.

[9] 刘高恩. 高效节能发动机文集：第四分册. 北京：航空工业出版社，1991.

［10］Ateshkadi A，McDonell V G，Samuelsen G S．Effect of mixer geometry on fuel spray distribution，emission and stability．AIAA-98-0247，1998．

［11］Mongia H C，Gore J P，Grinstein F F，et al．Combustion research needs for helping development of next generation advanced combustors．AIAA-2001-3853，2001．

［12］彭云晖,林宇震,刘高恩．三旋流器燃烧室出口温度分布的初步试验研究．航空动力学报,2007,22(4):554-558．

［13］Takeshi Yamamoto，Kazuo Shimodaira，Yoji Kurosawa，et al．Research and Development of Staging Fuel Nozzle for Aeroengine//Proceedings of ASME Turbo Expo 2009：Power for Land，Sea and Air．GT2009-59852，2009．

［14］Daggett David L，Fucke Lars，Hendricks Robert C，et al．Boeing Commercial Airplane，Seattle，WA［Daggett］，Water injection on commercial aircraft to reduce airport NO(x)．AIAA Paper 2004-4198；A04-35432，2004．

［15］刘殿春,董玉玺,尚守堂,等．航空发动机减排关键技术及应用．航空制造技术,2008(23)．

［16］Mongia H C．TAPS – A 4th Generation Propusion Combustor Technology for Low Emissions．AIAA 2003-2657，2003．

［17］Michael J Foust，Doug Thomsen，Rick Stickles，et al．Development of the GE Aviation Low Emissions TAPS Combustor for Next Generation Aircraft Engines．Reno：50th AIAA Aerospace Sciences Meeting including the New Horizons Forum and Aerospace Exposition．AIAA 2012-0936，2012．

［18］Harhut Singh Hura，Paul Edward Saba．Fuel Nozzle Assembly for Reduced Exhaust Emissions．US6389815 B1，2002．

［19］Michael Jerome Foust，Hukam Chand Mongia．Method and Apparatus for Mixing Fuel to Decrease Combustor Emissions．US2002/0178732 A1，2002．

［20］Mosier S A，Pierce R M．Advanced combustor systems for stationary gas turbine engines，phase I．Review and preliminary evaluation，vol I，contract 68-02-2136，FR-11405，Final Report，U. S. Environmental Protection Agency，March，1980．

［21］Tacina R，Wey C，Laing P，et al．A low NO_x lean_direct injection，multipoint integrated module combustor concept for advanced aircraft gas turbines．NASA/TM-2002-2111347，2002．

［22］Tacina R，Mao C P，Wey C．Experimental Investigation of a Multiplex Fuel Injector Module with Discrete Jet Swirlers for Low Emission Combustors．AIAA Paper 2004-135，2004．

［23］Tacina R，Mao C P，Wey C．Experimental Investigation of a Multiplex Fuel

Injector Module for Low Emission Combustors. AIAA Paper 2003-0827，2003.

[24] Iannetti A. National Combustion Code Validated Against Lean Direct Injection Flow Field Data，Research & Technology 2002. NASA/TM-2003-211990，2003：114-116.

[25] Jeng S M，Cai J，Tacina R. Multi-Swirler Aerodynamics：Experimental Measurements. AIAA 2001-3574，2001.

[26] 张振奎,钟华贵,杨灵,等.多点喷射模型燃烧室试验研究.第三届中国航空学会青年科技论坛文集,2007.

[27] 张群,徐华胜,钟华贵,等.多旋流器阵列贫油直喷燃烧室流场的数值模拟.航空动力学报,2009,24(3):483-487.

[28] 石磊,门玉宾,呼姚,等.多点喷射燃烧室燃烧特性数值仿真研究.第十届燃气轮机学术交流会论文集,2017.

[29] Hsu K Y，Trump D D. Performance of a Trapped-Vortex Combustor. Reno：33rd Aerospace Sciences Meeting and Exhibit，AIAA 95-0810，1995.

[30] Katta V R，Roquemore W M. Study on Trapped-Vortex Combustor—Effect of Injection on Dynamics of Non-Reacting and Reacting Flows in a Cavity. AIAA 97-3256，1997.

[31] Hsu K Y，Goss L P，Roquemore W M. Characteristics of a Trapped-Vortex Combustor. Journal of Propulsion and Power，1998，14(1)：57-65.

[32] Roquemore W M，Shouse D，Burrus D，et al. Trapped Vortex Combustor Concept for Gas Turbine Engines. Reno：39th AIAA Aerospace Sciences Meeting & Exhibit，AIAA 2001-0483，2001.

[33] Meyer T R，Brown M S，Fonov S，et al. Optical Diagnostics and Numerical Characterization of a Trapped-Vortex Combustor. Indiana：38th AIAA/ASME/SAE/ASEE Joint Propulsion Conference & Exhibit，AIAA 2002-3863，2002.

[34] Burrus D L，Johnson A W，Roquemore W M，et al. Performance Assessment of a Prototype Trapped Vortex Combustor Concept for Gas Turbine Application. New Orleans，Louisiana，Proceedings of ASME 2001，ASME 2001-GT-0087，2001.

[35] Shouse D，Cox B，Marshall D，et al. Innovative SiC-SiC Ceramic Liner for The Trapped Vortex Combustor (TVC)Concept Jayesh M Mehta. Reno 42nd AIAA Aerospace Sciences Meeting and Exhibit，AIAA 2004-689，2004.

[36] 何小民,王家骅.驻涡火焰稳定器冷态流场特性的初步研究.航空动力学报,2001,17(5)：567-571.

［37］何小民，姚锋．流动和油气参数对驻涡燃烧室燃烧性能的影响．航空动力学报，2006，21(5)：810-813.

［38］何小民，许金生，苏俊卿．驻涡区进口结构参数影响 TVC 燃烧性能的试验．航空动力学报，2007，22(11)：1798-1802.

［39］姚锋，何小民．驻涡燃烧室燃烧特性试验研究．昆明：中国航空学会第十三届燃烧与传热传质专业学术讨论会，2005 CSAA 2005-PC-019：137-142.

［40］何小民，许金生，苏俊卿．驻涡燃烧室燃烧性能试验．航空动力学报，2009，22(2)：318-323.

［41］邢菲，孟祥泰，李继保，等．凹腔双驻涡稳焰冷态流场初步研究．推进技术，2008，29(2)：135-138.

［42］Xing Fei, Fan Weijun, Yang Maolin. Experimental Study of Cold Flow Field for Double Trapped-Vortex via PIV. Guilin The 2nd International Symposium on Jet Propulsion and Power Engineering 2008-ISJPPE-1003, 2008：49-52.

［43］易琦．驻涡燃烧室流动和燃烧特性研究．北京：北京航空航天大学，2006.

［44］孔昭健．驻涡燃烧室燃烧特性及结构优化研究．北京：北京航空航天大学，2007.

［45］邢菲，樊未军，孔昭健，等．凹腔油气匹配对驻涡燃烧室点火及熄火性能影响的试验．推进技术，2008，29(4)：412-416.

［46］邢菲，樊未军，刘玉英，等．油气匹配及后体进气量对 TVC 燃烧性能的影响．航空动力学报，2008，28(5)：871-876.

［47］张弛．切向驻涡燃烧室基础研究．北京：北京航空航天大学，2007.

［48］邓洋波，钟兢军．旋转冲压发动机驻涡燃烧技术研究现状分析．燃气涡轮试验与研究，2006，19(3)：58-62.

［49］Howard J H G, Henseler H J, Thornton Trump A B. Performance and Flow Regimes for Annular Diffusers. ASME paper 67-WA/FE-21, 1967.

［50］Walker A Duncan, Carrotte Jon F, McGuirk James J. Enhanced External Aerodynamic Performance of a Generic Combustor Using an Integrated OGV/Pre-Diffuser Design Technique. GT2006-90184, 2006.

［51］Miler D S. Internal Flow System. BHRA Fluid Engineering Cranfield, U. K., 1978.

［52］Mongia C H, Hsiao G, et al. Combustor Diffuser Modeling Part III：Validation with Typical Separating Single Passage Diffusers Combustor Diffuser Modeling. AIAA 2004-4170, 2004.

［53］Mongia C H, Hsiao G, et al. Combustor Diffuser Modeling Part VI：Validation with a Four Passage Diffuser Rig Data. AIAA 2004-4173, 2004.

［54］Mongia C H, Hsiao G, et al. Combustor Diffuser Modeling Part V：Validation with a Three Passage Diffuser Rig Data. AIAA 2004-4172，2004.

[55] Little A R，Denman P A，Manners A P. Prediction and Measurement of the Total Pressure Loss in an Engine Representative Diffuser System. ASME-1995-GT-110，1995.

[56] 徐宝龙，等. 双通道扩压器结构参数对性能影响的模拟研究. 第十届轻型燃气轮机学术交流会，2016.

[57] Schubaner G B，Spangenberg W G. Effect of screens in wide-angle diffusers. NACA-TR-949，1949.

[58] 王蓉隽，索建秦，梁红侠，等. 燃烧室分配器式扩压器性能数值研究. 推进技术，2011，32(3)：343-347.

[59] 赵聪聪，索建秦，梁红侠，等. 环形分配器式扩压器性能数值模拟. 推进技术，2013，34(2)：209-214.

[60] 赵聪聪，索建秦，梁红侠，等. 单板环形分配器式扩压器性能的进一步研究. 推进技术，2014，35(9)：1241-1246.

[61] 李瀚，索建秦，梁红侠，等. 分配器式扩压器挡板的试验研究. 科学技术与工程，2012，12(11)：2631-2636.

[62] 李瀚，索建秦，梁红侠，等. 先进燃烧室分配器式扩压器实验研究. 推进技术，2013，34(1)：88-94.

[63] Ringleb F O. Separation control by trapped vortices. Boundary Layer and Flow Control，1961，1：265.

[64] Heskestad G. Futher experiments with suction at a sudden enlargement in a pipe. Journal of Basic Engineering，September，1970：437-449.

[65] Adkins R C. Preliminary investigation of a vortex controlled diffuser. Paper presented to the combustion sub-committee of the G. T. C. C. ，Nov. ，1969.

[66] Adkins R C. A Short Diffuser with Low Pressure Loss. Journal of Fluids Engineering，1975，97：297-302.

[67] Adkins R C，Matharu D C，Yost J O. The Hybrid Diffuser. ASME-1980-GT-136，1980.

[68] Montazerin N，Adkins R C. Preliminary Tests on an Annular Hybrid Diffuser. ASME-1985-IGT-108，1985.

[69] Adkins R C，Montazerin N. A Hybrid Diffuser with Distorted Inflow. ASME-1985-IGT-109，1985.

[70] Myers G，Cardenas M，Srinivasan R，et al. Effect of Geometry，Bleed Rates and Flow Splits on Pressure Recovery of a Canted Hybrid Vortex-Controlled Diffuser. AIAA-1993-1762，1993.

[71] Duncan Walker A，Denman Paul A，McGuirk James J. Experimental and

Computational Study of Hybrid Diffusers for Gas Turbine Combustors. ASME-GT-2003-38406，2003.

[72] Lefebvre A H，Ballal D R. Gas turbine combustion. 3rd ed. CRC Press，Taylor & Francis Group，US，2010.

[73] Satish Narayanan，Andrzej Banaszuk. Experimental study of a novel active separation control approach，AIAA-2003-60，2003.

[74] Flynn K P，Panton R L，Bogard D G. Eect of Helmholtz resonators on boundary-layer turbulence. AIAA J.，November 1990，28(11)：1857-1858.

[75] Urzynicok F，Fernholz H H. Flow-induced acoustic resonators for separation control. AIAA-2002-2819，2002.

[76] Bruggeman J C，Hirschberg A，van Dongen M E H，et al. Self-sustained aero-acoustic pulsations in gas transport systems：experimental study of the in uence of closed side branches. J. Sound Vib.，1991，150(3)：371-393.

[77] Panton R L. Effect of Orifice Geometry on Helmholtz Resonator Excitation by Grazing Flow. AIAA J.，January 1990，28(1)：60-65.

[78] Edwards Tim，Harrison Bill. Update on the development of JP-8 + 100. AIAA 2004-3886，2004.

[79] Paula Zelesnik. Studies of Jet Fuel Thermal Stability，Oxidation and Additives Using the Quartz Crystal Microbalance and Oxygen Monitoring. Dayton：The College of Engineering of the University of Dayton，1995.

[80] Taylor W F. Introductory Remarks：Changes and Their Challenges//Jet Fuel Thermal Stability. NASA Report TM 79231，NASA，Washington，D. C.，1979：24.

[81] Heneghan S P，Zabarnick S，Ballal D R，et al. JP-8+100：The Development of High Thermal Stability Jet Fuel. AIAA Paper 1996-0403，1996.

[82] Edwards Tim，Harrison Bill，Zabarnick Steven，et al. Update on the Development of JP-8+100. AIAA Paper 2004-3886，2004.

[83] Paul Rawson. AMRL Evaluation of the JP-8+100 Jet Fuel Thermal Stability Additive. DSTO-TR-1135，2001.

[84] Stickles R W，Dodds W J，Koblish T R，et al. Innovative High Temperature Aircraft Engine Fuel Nozzle Design. ASME Paper 1992-GT-132，1992.

[85] 金如山. 国际喷嘴雾化研究和技术发展综述. 燃气涡轮试验与研究，1991，3：5-16.

第 4 章

涡　轮

涡轮是航空发动机和燃气轮机的核心部件之一,安装在主燃烧室后面、喷管/加力燃烧室/排气蜗壳的前面,作用是将高温高压燃气的能量转变成动能和机械能,为压气机、风扇、螺旋桨、直升机旋翼及附件传动装置提供强大的功率,实现完整的热力循环过程。通常来说,涡轮由不旋转的静子部分和旋转的转子部分组成。静子部分包括涡轮导向叶片、涡轮机匣、轴承座、承力机匣等;转子部分主要有涡轮转子叶片、涡轮盘、涡轮轴等;此外还有轴承系统及封严系统的构件。图 4.1 所示为航空发动机高压涡轮部件。

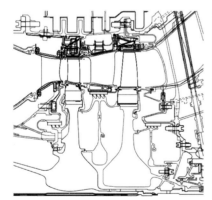

图 4.1　航空发动机高压涡轮部件

涡轮是受高温、高压燃气包围以高速旋转并承受高负荷的热端部件,目前先进航空发动机涡轮进口燃气温度已达到 2 000 K 以上,工作环境极其恶劣。涡轮设计工作体现了诸多专业技术成果的高度集成,包括热力学、气体动力学、传热学、结构力学、材料学、冶金技术等,特殊的工作条件决定了涡轮设计具有显著的难度。

针对未来高推重比发动机和先进民用发动机等动力研制的需求,对涡轮部件的性能提出了越来越高的要求,目前,在涡轮部件先进设计技术领域的研究热点主要集中在先进涡轮构型技术、气动损失精细化控制、高负荷叶型设计、新型结构设计以及先进涡轮冷却技术几大领域。在以上先进技术的不断推动下,军用小涵道比大推力航空发动机使用的单级高压涡轮气动效率已经普遍不低于 88％;对于先进大涵道比发动机采用的双级高压涡轮来说,气动效率更是达到了 92％以上,全寿命周期也达到了数千小时,高压涡轮进口温度也高达 2 000 K 以上。

本章主要对先进涡轮构型技术、涡轮损失精细化控制技术、涡轮新颖结构设计技术和涡轮冷却叶片先进设计技术 4 个领域的典型先进技术进行介绍,为从事先进涡轮设计研究的工程人员提供技术参考。

4.1 先进涡轮构型技术

航空发动机常规涡轮构型主要是指同转固定几何涡轮,涡轮级由一排导叶和一排转子叶片构成,这种构型也是目前大多数发动机涡轮采用的主要构型。但是随着先进发动机性能需求的提升和使用模式的变化,常规涡轮构型已经难以满足整机的功能需求,例如为实现高效率,提出了对转涡轮技术;为了减轻质量、缩短尺寸,提出了无导叶对转涡轮技术;为了实现变循环发动机对涡轮流通能力的调节需求,提出了变几何涡轮技术等。这些不同于以往的先进涡轮构型已经逐渐应用于发动机工程设计,为先进航空发动机设计提供了坚实的技术支撑,具有广阔的应用前景。需要强调的是,在进行涡轮构型选取时,需要以详细的功能需求分析为基础,综合各方面需求,采用合适的构型,否则会带来较大的设计难度和研制风险。

4.1.1 对转涡轮技术

对转涡轮是指相邻两级涡轮转子旋转方向相反的涡轮,下游涡轮做功依赖于上游转子出口气流预旋。根据结构形式,对转涡轮分类种类较多,但按照气动特征可总结为以下 4 种[1],如图 4.2 所示。其中 1＋1 型涡轮的气动特点与常规涡轮差异较小,优点是能够降低气流在导叶内的流动损失。1＋1/2 和 1＋1/2＋N 两种对转涡轮构型关系比较密切,主要是看 1＋1/2 无导叶级做功能力是否足够,若不够则需采

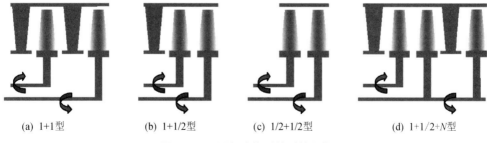

(a) 1＋1型　　　　(b) 1＋1/2型　　　　(c) 1/2＋1/2型　　　　(d) 1＋1/2＋N型

图 4.2 不同气动构型的对转涡轮

取 $1+1/2+N$ 构型。而 $1/2+1/2$ 构型涡轮比较特殊，只用在第一级反力度足够高时才有可能采取此种构型。

关于对转涡轮的技术特点，国内外学者都进行了较为详细的研究。早在 1957 年，Wintucky 等人以 $1+1/2$ 型对转涡轮的高压涡轮导叶出口气流预旋、高压涡轮速功比、低压涡轮速功比、低压涡轮出口气流预旋以及高低压涡轮转速比为自变量，详细研究了对转涡轮的效率和出功比等变化规律[2]。研究表明，相比常规构型的高、低压两级涡轮，$1+1/2$ 型无导叶对转涡轮效率可提高 $2\sim4$ 个百分点，而转速比对最高效率工况下的出功比影响显著，转速比为 $0.5\sim2.0$ 时，效率极值对应的出功比为 $0.8\sim4.0$。1985 年，麻省理工学院研究了 $1+1/2$ 型和 $1/2+1/2$ 型对转涡轮[3]。研究结果表明，在相同的级载荷系数下，对转涡轮的效率高于传统涡轮；在相同的效率下，对转涡轮的级载荷系数大大高于传统涡轮，而无导叶的对转涡轮更为突出。

对于无导叶对转涡轮来说，无导叶级及其上游转子叶片通道内通常为超/跨声速流动，有时需要使用收扩叶型设计方式以降低涡轮气动损失。中国科学院工程热物理所徐建中课题组在对大负荷 $1+1/2$ 型对转涡轮设计技术的探索中，采用了收扩形式叶型以降低超声速流动带来的膨胀损失[4]，详细研究了无导叶对转涡轮超声速叶型内的波系结构和非定常特性。俄罗斯 Lior 等人在某 $1/2+1/2$ 型对转涡轮高压涡轮动叶上采用了小转折角收扩叶型气动设计方式，效率可提高 3%[5]。

图 4.3 所示为外伸波划过一个低压动叶流道时的周期性变化；图 4.4 所示为某收扩叶型。

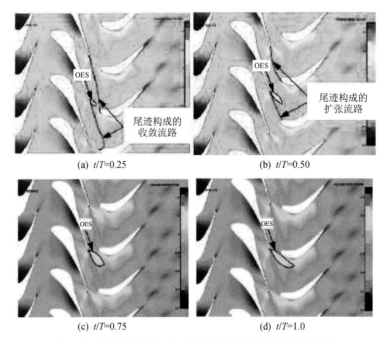

(a) $t/T=0.25$ (b) $t/T=0.50$

(c) $t/T=0.75$ (d) $t/T=1.0$

图 4.3 外伸波划过一个低压动叶流道时的周期性变化

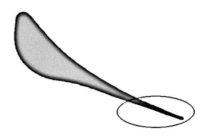

无导叶对转涡轮高、低压叶片缘板之间的级间封严是结构设计的关键之一。由于两个转子做相对运动,相对速度很高,触碰是非常危险且致命的。由于插入式封严的间隙受多构件、多尺寸因素影响,所以间隙公差的鲁棒性研究很重要。同时保证两级对转叶片合适的叶尖间隙的大宽度涡轮外环块结构设计技术及周边静子构造也是设计的关键之一。对于先进无导叶对转涡

图 4.4　某收扩叶型

轮来说,还需要采用新的结构设计形式满足涡轮叶片在强度方面的需求,例如采用钛铝合金材质的末级涡轮空心叶片、轻质耐高温涡轮复壁机匣结构、高强度双辐板轮盘、高强度整体叶盘等。

图 4.5 所示为缘板封严示意图;图 4.6 所示为无导叶对转涡轮转子叶片外环示意图。

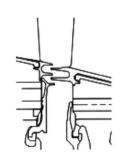

图 4.5　缘板封严示意图

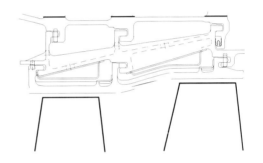

图 4.6　无导叶对转涡轮转子叶片外环示意图

对转涡轮技术发展趋势表明,无论是民用航空发动机还是军用战斗机发动机,尽管对转涡轮在不同领域的发动机所发挥的作用不尽相同,但先进的对转涡轮技术已成为最为关键的技术之一。在民用大涵道比涡扇发动机中,采用对转涡轮设计的目的是提高涡轮部件的性能,减少叶片等零件的数目以提高可靠性和维护性,并在一定程度上减轻涡轮部件的质量,降低高低压涡轮间的大扩张角过渡段的设计难度;在军用小涵道比涡扇或涡喷发动机中,采用对转涡轮设计的目的主要是大幅度提高涡轮的气动负荷,以减少涡轮级数或减小径向尺寸,从而较大程度地减轻涡轮部件的质量以达到发动机高推重比的要求。

对转涡轮技术虽然在气动性能方面具有很大的优势,但若要应用到实际的发动机当中,还有一系列与其他学科配合方面的技术难题需进一步研究并有效解决。

气体动力学方面,由于具有复杂的流动特征,将给对转涡轮气动设计体系的建立带来很多问题。如:由于在高出口马赫数条件下高压涡轮转子内复杂波系的作用,使得其出口落后角很难控制,给叶型设计、气动性能评估造成很大困难;由于强激波系、

激波与附面层干扰的存在,严重影响了损失模型的精度和 S2 通流计算的可信度;由于高、低压转子间的强非定常作用,增加了高、低压涡轮匹配设计难度,并降低了三维定常数值模拟的掺混面方法的准确度,等等。解决思路是在对流动机理深入认识的基础上,建立合适的激波损失模型,发展更理想的掺混面模型,并建立能够考虑非定常作用的气动设计准则。

转子动力学方面,由于高、低压转子高速反向的旋转,对于中介轴承的寿命、可靠性带来很大挑战,而使其很难应用于对转涡轮的支撑上。因此,对转涡轮对于高压转子支撑方案的选择将带来很大的限制。解决思路一是提高中介轴承的性能,二是发展其他形式的支撑方案。

气动弹性方面,由于对转涡轮上游强激波对下游转子叶片的非定常激励,使得低压涡轮转子产生气动激振,会影响其寿命和可靠性。解决思路一是低压涡轮的材料强化和结构优化;二是发展气动与振动耦合的设计方法,并在初始的气动设计中考虑叶片的高周疲劳和颤振稳定性等问题。

冷却传热方面,第一,涡轮叶片采用收扩叶型和喉道后负曲率的叶背型线,会造成叶片的后半部分(长度可达 40％弦长)厚度过小,难以布置所需的冷却结构;第二,1＋1/2 对转涡轮中高压级的超大反力度会造成高压导叶内膨胀加速不足、静温降较小,而使得转子对于冷气量的需求大于常规涡轮,给冷却设计带来困难;第三,大量冷气的加入对于高压转子内激波系的影响以及对于涡轮性能的影响很难在设计阶段准确考虑。解决思路一是改善收扩叶型造型方法,增加尾缘部分厚度;二是采用新型冷却结构,提高冷效;三是发展流/热耦合计算工具,提高在大冷气量下涡轮性能预测的精度,分析强激波等情况下涡轮内部流动和换热的特点,应用于冷却涡轮设计。

4.1.2 变几何涡轮技术

变几何涡轮是指通过改变涡轮导向叶片喉道面积改变涡轮流通能力,以满足发动机不同涵道比状态下对涡轮功率不同需求的一种先进涡轮构型,是变循环发动机的核心部件之一。固定几何的涡轮发动机若要改变推力,除了启动加力燃烧室外只有调整转速,这使各个部件或是发动机处于非设计状态工作,各部件性能、效率随转速变化波动较大。而采用变几何涡轮则能够在转速变化很小的情况下适应发动机内外涵道流量分配的调节,满足发动机不同状态下的需求,使发动机在多个工况点下均具有良好的热力性能,改变了单纯依靠调节转速来改变发动机推力的状况。

变几何涡轮通过改变导叶喉部面积来改变涡轮流通能力。有多种方法实现,如机械式引入障碍物到流道中、端壁可调、导向叶片安装角改变或引入第二股气流射入导叶喉部位置等。改善涡轮工作性能最有效的途径之一就是改变涡轮导叶的安装角,这也是目前变几何涡轮技术发展的主要方向。

需要注意的是,受限于结构设计的可行性,涡轮采用变几何设计不可避免地存在由于几何调节导致气动损失增大的问题。因此进行变几何涡轮设计时,要综合权衡变几何技术的优点和实际结构带来的损失,充分认识涡轮导向器面积调节机构对性能的影响,使变几何涡轮设计方案具备良好的工程实用性。

变几何涡轮技术的关键点在于几何流道面积调节形式和结构方式的设计。为实现涡轮导叶几何可调,需要对叶片气动外形、几何调节结构以及流道端壁型线进行精细设计。对于几何可调涡轮导叶在实际工程中的应用方法暂无公开资料,但根据部分公开专利可了解一些设计思路。图 4.7 所示为一种蚌壳式可调叶片技术,通过将叶片分为固定和转动两部分,利用驱动凸轮实现叶片喉部尺寸的改变。

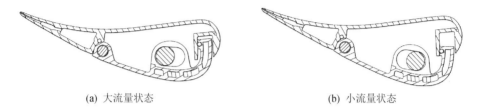

(a) 大流量状态　　　　　　　　　　　　　　(b) 小流量状态

图 4.7　蚌壳式可调叶片

为避免蚌壳式几何调节方式带来的叶片强度和冷却问题,研究人员还提出了一种将导叶整体旋转的方案,即通过调整导叶安装角实现流通面积的变化。叶片旋转分为部分旋转和整环旋转两种方案,部分旋转指的是一部分导叶可以旋转,一部分导叶和传统涡轮导叶一样不可旋转。这种可调涡轮在结构上简单,但是对于涡轮气动设计很不利,因此真正的发动机上很少采用这种方案。导叶整环旋转指的是所有导叶均可旋转,类似于压气机可调导叶,这种方案结构复杂,但是涡轮气动设计难度低,因此实用性相对较好。

一般而言,采用可调导叶技术的变几何涡轮导向器(见图 4.8)包含以下部分:动

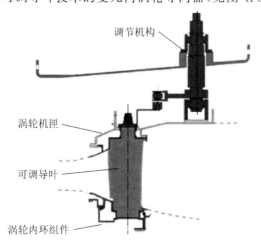

调节机构

涡轮机匣

可调导叶

涡轮内环组件

图 4.8　变几何涡轮导向器结构构型示意图

力源、连接动力源与可调导叶的机械调节机构、带冷却结构的可调导叶、涡轮机匣、涡轮内环组件等。

为降低变几何涡轮导叶调整后的泄漏损失,技术人员还提出了球面子午流道和导叶圆台两种结构设计形式。导向器的内、外端壁可以采用一种球面设计方法,即导向器的内、外端壁设计成同心球面,可调导叶叶片的两端也加工成同心球面,其球心在发动机轴线上。这种球面结构有明显的优点:在导叶安装角的全部变化范围内,能保持导叶两端的径向间隙均匀不变且最小,从而大大降低由于导叶可调而引起的附加损失。

球面子午流道普遍适用于燃机动力涡轮等导叶端壁型线扩张角较小的情况(见图 4.9),如果导叶上、下端壁扩张角较大,球面设计会较困难,且会造成端壁子午流线极度不光滑,带来很大的流动损失。

导叶圆台结构即导叶两端带有圆台(见图 4.10),转动过程中圆台将凸出或凹进主流通道,这种设计方式避免了对流道扩张角的限制,一定程度上缓解了导叶调节时带来的泄漏流强度;但是对调节机构的设计提出了更高的要求,由于涡轮叶片工作环境恶劣,热变形显著,需要考虑调节机构卡滞的技术问题。

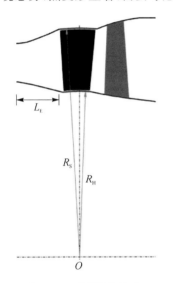

图 4.9　球面子午流道

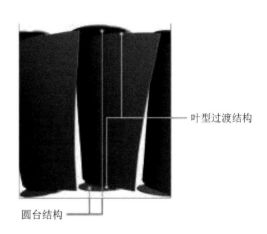

图 4.10　导叶端部圆台

变几何涡轮技术主要是在变循环航空发动机技术需求的牵引下发展的,国外相关机构开展了较多技术研究工作,如 Garrett 公司改进的 TFE731-2 发动机、日本研制的 HYPR90 发动机、GE 公司发展的 GE21 和 COPE 发动机等均采用了可调面积涡轮导向器。下面分别对变几何涡轮技术的典型应用实例予以介绍。

(1) TFE731-2 发动机

20 世纪 70 年代初,Garrett 公司将 TFE731-2 发动机改造成变循环发动机,并进行了长达 70 余小时的地面试验验证[1]。发动机构型示意图如图 4.11 所示。

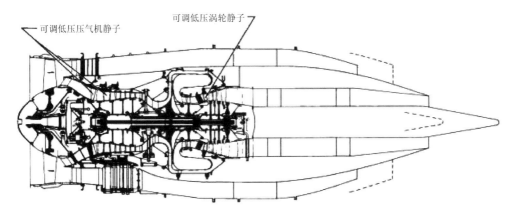

图 4.11　TFE731-2 变循环发动机

低压涡轮为三级,第一级导叶可调,如图 4.12 所示。将端壁改造成球形,使在全部调节范围内端部间隙保持恒定。静子叶片转轴中心线与发动机中心不垂直,二者的交点作为球心。试验中,通流面积变化范围是 95%～140%。

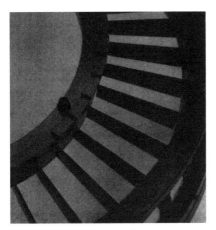

(a) 可调导叶　　　　　　　　　　　　(b) 级间过渡段和导向器

图 4.12　TFE731-2 低压涡轮

(2) HYPR90 发动机

20 世纪 80 年代末,日本提出高超声速运输机项目,并启动高超声速推进系统研究(HYPR)计划[6]。该计划为高超声速运输机研制一种组合循环发动机,由双轴不带加力的变循环涡扇发动机和以甲烷为燃料的亚燃冲压发动机串联组成,如图 4.13 所示。

HYPR90 发动机采用单级低压涡轮,静子叶片角度可调,如图 4.14 所示。调节机构为摇臂驱动式,在模拟的高负荷和高温状态下进行了试验,验证了其耐久性。

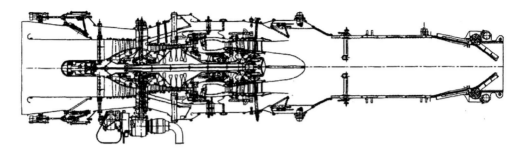

图 4.13 HYPR90 发动机

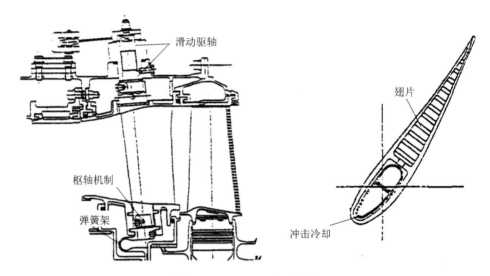

图 4.14 HYPR90 低压涡轮

外轴和内轴均采用轴承结构。外轴承采用涂有良好高温滑动特性材料的滑动轴承，以承受气动载荷。内轴承则利用内环与外环相连的板簧的弹性变形，能够在 ±10° 范围内转动。当低压涡轮进口温度为 1 200 ℃时，轴承的温度约为 500 ℃。

可调静子叶片采用弹簧支座，既可支撑内部结构，又能使由于热膨胀引起的导叶端部间隙最小。

静子叶片设计有冷却结构，头部采用冲击冷却，中后部采用柱肋冷却，冷气量约占 2.5%。使用单晶材料(CMSX-4)，平均冷却效率为 51%。

(3) GE21 发动机

GE21 是 GE 公司的第二代变循环发动机，包括核心机驱动风扇、模式选择活门、前可调面积涵道引射器、后可调面积涵道引射器和可调面积低压涡轮导向器[1]，如图 4.15 所示。

单级低压涡轮为导叶可调，如图 4.16 所示。调节机构为摇臂驱动式，为了简化

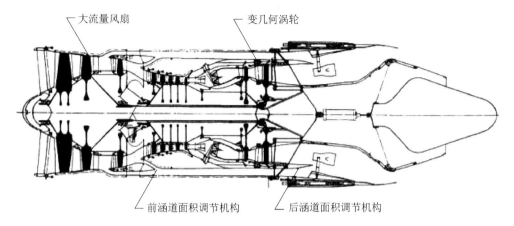

图 4.15　GE21 发动机结构

其结构,静子叶片数较少,仅有 30 个,稠度仅为 0.7。

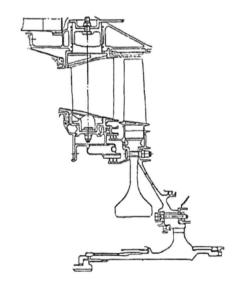

图 4.16　GE21 低压涡轮

(4) 可控压比(COPE)发动机

　　COPE 发动机是 GE 公司的变循环技术验证发动机[7],其涡轮部件革命性地采用了可调面积高压涡轮导向器、单级高负荷跨声速高压涡轮、双级无导叶对转低压涡轮等先进技术,如图 4.17 所示。

　　高压涡轮和低压涡轮对转后,取消了低压涡轮的第一级静子叶片,因此采用高压可调静子叶片。由于工作温度更高,调节机构设计难度陡增。采用一种如图 4.7 所示的凸轮驱动蚌壳(cam-driven clamshell)设计解决了以往由于冷气泄漏、叶片转动形成的台阶和间隙等所引起的损失增大问题。可调导叶叶栅实测效率如图 4.18 所示。

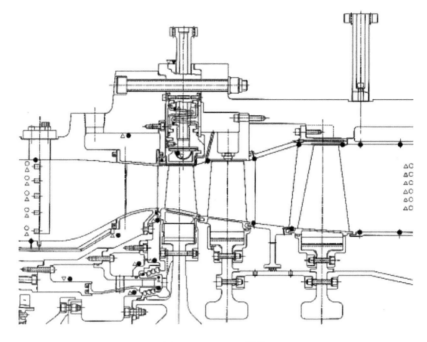

图 4.17　COPE 涡轮

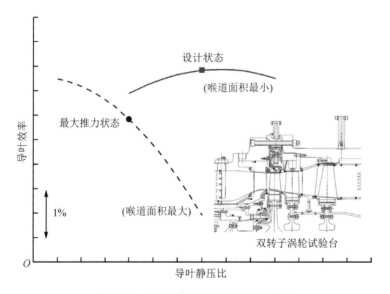

图 4.18　COPE 高压可调导叶叶栅效率

　　如图 4.19 所示为 COPE 高压涡轮,根据参考文献[7]描述,该高压涡轮导叶采用了低稠度静子叶片设计,叶片数仅有 22 个。

图 4.19　COPE 高压涡轮

|4.2　涡轮损失精细化控制技术|

在涡扇发动机中,涡轮部件级数相对较少,其内部流场的压力、温度梯度大,叶片负荷高,而材料冷却,以及轮毂、叶冠封严等冷气系统也进一步加重了涡轮内部流场的复杂性。先进的高性能涡轮设计对流场的组织及控制提出了新的需求。经过几十年发展,基于常规叶栅造型和三维积叠的传统涡轮设计技术已经较为完善,涡轮设计能力和设计水平也得到极大提升,单纯依靠传统涡轮气动设计手段已经难以满足未来航空涡扇发动机对涡轮性能进一步提升的需求。因此,有必要对传统设计体系中被忽略的流动细节和特征进行深入系统的研究,并在此基础上有针对性地探究涡轮内部精细化流动损失控制技术,为涡轮气动设计增添新的自由空间,拓展涡轮气动性能提升的边界。

4.2.1　低损失过渡流道设计技术

对于现代大涵道比涡扇发动机而言,涵道比的增大意味着风扇直径的增大,高低压轴的转速差以及高低压涡轮的直径差将明显增大,因此高低压涡轮之间的过渡需要通过中间机匣,即级间过渡段来实现;而且出于发动机减重以及结构布局的考虑,还需要在满足径向偏移的前提下尽可能缩短过渡段长度,因此大扩张角过渡段结构日益受到人们的重视,目前已在国外的先进航空发动机上得到了广泛应用。图 4.20给出了典型的大扩张角过渡段结构示意图。

过渡段作为连接高、低压涡轮的关键部件,除了结构方面的作用外,还在提高现代航空发动机推重比、燃油效率等方面有着重要作用。然而大扩张角过渡段结构使得整个子午流道内均处于扩压状态,容易使外壁一侧的流动恶化,更易发生端壁附面层分离,在低压涡轮导叶进口前产生回流区,从而明显增加流道内的流动损失,造成

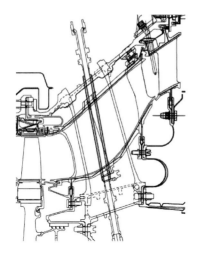

图 4.20　发动机涡轮级间过渡段

发动机性能下降。同时,大扩张角过渡段位于高压涡轮后面,其内部流动是非常复杂的强三维流动,且伴有很强的二次流,上游的转子尾迹、叶尖泄漏流、流道内的强逆压梯度以及子午流道的曲率都会对其内部流动造成很大的影响。因此,要进一步提高发动机性能,同时将由大扩张角过渡段结构所带来的性能损失最小化,就必须深入了解大扩张角过渡段中的复杂流动机理,并在此基础上探讨针对此结构更为先进成熟的相关设计技术。

过渡流道相关的技术研究可以分为三个方面:

第一,流动特征研究。利用理论分析、数值模拟和试验研究相结合的方法,对过渡流道内的复杂流动机理,以及上下游涡轮部件对于过渡流道的影响机理进行研究,从而为过渡流道的设计提供依据。

第二,流动控制技术研究。针对大扩张角过渡流道存在流动分离的特点,发展相应的流动控制手段,减小分离,减小过渡流道的流动损失,从而提高过渡流道的性能。

第三,一体化设计技术研究。将过渡流道内的支板与低压涡轮导叶进行一体化设计,缩短轴向长度,减小流动损失。

20 世纪 60 年代,Sovran 和 Klomp 最早开展了对扩张段(此处并非特指涡轮过渡段)的研究[8],他们选取 $AR-1$(AR 为过渡段进出口面积比,h_{out}/h_{in})以及 L/h_{in}(L 为过渡段轴向长度)两组变量,对数十组不同几何参数的过渡段进行了试验研究,并根据试验结果绘制了扩张段的性能曲线,如图 4.21 所示。图中黑点即为当时的原始试验数据点。研究结果表明,较大的面积比和长高比都有利于过渡段总压恢复系数的提高。此后 ESDU 也于 1976 年发表研究报告[9],针对不可压流的扩张段性能进行了研究,并对扩张段的设计方法进行了初步的探讨。

然而现代航空发动机的不断发展对其部件提出了新的要求,高低压涡轮的转差加大使得低压涡轮的尺寸进一步变大,过渡段被进一步抬高,同时出于减重的考虑又要求高低压涡轮紧凑,需要过渡段的轴向长度尽可能短,因此现代航空发动机中涡轮过渡段的几何参数同 20 世纪六七十年代的研究有着很大的不同。以倾角为例,ESDU 的研究报告中扩张段根部倾角不超过 5°,而现代大扩张角过渡段的根部倾角一般已达 20°,Sovran、Klomp 和 ESDU 的研究结论已经不适用于现代大扩张角过渡段的要求。

为深入理解大扩张角过渡段内部的流动机理,许多研究人员做了大量的工作。美国 NASA 刘易斯研究中心的 Wendt 和 Reichert 对扩张段内部的流动规律进行了

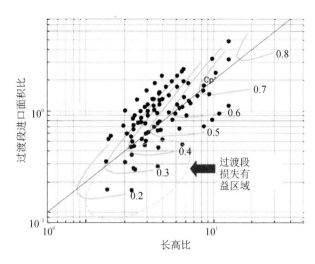

图 4.21　Sovran 和 Klomp 的扩张段性能曲线

一些探索[11]，于 1994 年通过试验方法对扩张段内部涡结构对流场的影响进行了研究。同期英国 Durham 大学的 Dominy、Kirkham 和 Norris 等采用叶栅试验结合数值模拟的方式，对大扩张角过渡段内部的流动机理进行了一定研究[12]，包括不同的进口气流角、上游叶片尾迹以及不同过渡段长度等对过渡段气动性能的影响，此外还对带支板过渡段的流动稳定性进行了研究。这些试验中的过渡段 AR 均在 1.5 左右，同现代的大扩张角过渡段相近，但由于其中大部分试验中过渡段上游均没有涡轮转子，因此限制了其研究结果的应用。此后 Dominy 等还通过改变上游条件（包括/不包括上游转子）对大扩张角过渡段进行了试验研究，并与 CFD 计算结果进行了对比，结果表明，上游转子对过渡段气动性能有着显著而不可忽略的影响，进入过渡段的尾迹密度以及过渡段内部的扩散率都对过渡段内部的二次流发展有着明显的影响。

　　此后，随着人们对大扩张角过渡段认识的逐渐深入，上游转子对过渡段流场的影响问题逐渐成为了一个研究热点。2004 年，Miller、Moss、Ainsworth 等依靠实验结合数值模拟的方法，针对上游转子对过渡段流场的影响规律进行了进一步的研究[13]。他们选取的实验设备如图 4.22 所示，包括上游高压涡轮静子、转子以及下游低压涡轮静子三部分。上游静子叶片数为 36，出口马赫数为 0.95；转子叶片数为 60，转速为 9 010 r/min，出口马赫数为 0.98。为更好地探究上游转子对下游流动的影响，特意将高压涡轮转子叶尖间隙加大，定为叶高的 2.25%。需要说明的是，该试验段的几何参数是为满足现代航空发动机要求而专门调整的，因此具有较高的参考价值。数值模拟的网格同样包括上游高压涡轮级以及低压涡轮静子，为便于对比，准备了两套网格，一套叶尖间隙同实验设备相同，另一套叶尖间隙为零。由图 4.23 和图 4.24 的对比可见，带叶尖间隙的情况下，由于受叶尖泄漏流的影响，叶片表面可见三条分离线,这和无间隙的情况是不同的。从图4.25的等熵效率损失中也可以看出,由于泄漏流掺混的影响,在转子尾缘和下游静子前缘之间,带叶尖间隙的效率明显下降很多,根据计算结果,转子叶尖泄漏流的存在会增大约6%的叶型损失。

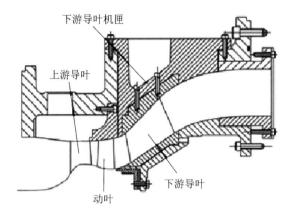

图4.22 Miller 的实验段

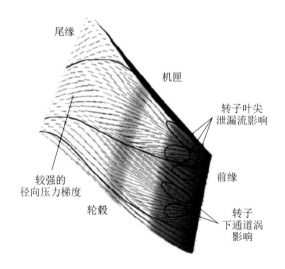

图4.23 带叶尖间隙的吸力面流动图

Graz 大学学者于2007年采用大尺寸跨声高速大扩张角过渡段试验台对上游转子叶尖间隙对过渡段流场的影响进行了深入细致的实验研究[10]。他们采用五孔探针进行数据测量,从过渡段进口开始沿流向共设置7个测量站,叶尖间隙为变量,分别为转子叶高的1.5%和2.4%。2009年Sanz等又以数值模拟方法对上游转子叶尖泄漏流对过渡段流场的影响进行了研究[18],他们选取了三个不同的叶尖间隙:0 mm、0.8 mm以及1.3 mm。图4.26给出了CFD计算过渡段进口沿流向的涡量分布对比。

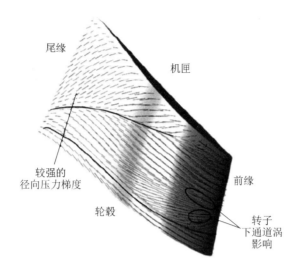

图 4.24　不带叶尖间隙的吸力面流动图

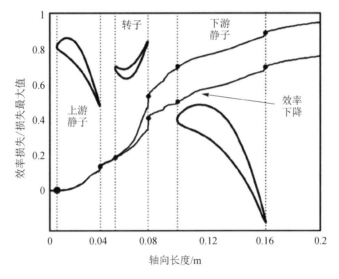

图 4.25　等熵效率损失

图 4.27 给出了不同间隙下子午面的速度分布。可见在无间隙的情况下进口处的高速区范围小于有间隙的情况,在机匣部分出现了一块低速区,这主要是由于零间隙的情况下流动不能完全跟上外端壁的扩张速度,因而外端壁近壁区被滞止的流体所占据,流道面积未能正常扩张,导致主流减速不够。而存在叶尖间隙时,叶尖泄漏流使外侧流体能量增加,因此流体可以适应快速的曲率变化。相比有间隙部分做了额外功,零间隙时高压涡轮的效率明显高出有间隙时,但零间隙时过渡段的效率远远低于有间隙时,验证了叶尖间隙有利于过渡段内部流动的结论,但从过渡段的总压损

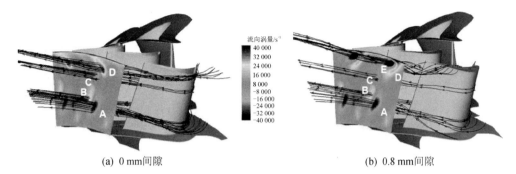

(a) 0 mm间隙　　　　　　　　　　　　　(b) 0.8 mm间隙

图 4.26　不同间隙的进口涡量分布

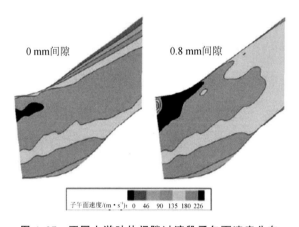

图 4.27　不同上游叶片间隙过渡段子午面速度分布

失系数来看,有叶尖间隙的损失系数还是要大于零间隙。可见上游转子的叶尖间隙是在过渡段设计中绝不能忽略的一项因素。

　　为提高过渡段的气动性能,研究人员还开展了一系列研究,旨在开发针对大扩张角过渡段结构的先进辅助设计技术。

　　在控制附面层分离方面,流动控制技术一直被人们所重视,它可以通过在局部区域输入少量能量,来获得非局部或全局的流动变化,使性能有明显的改善。它的发展取决于人们对复杂流动,特别是非定常旋涡流动、分离流动机理的认识。流动控制的发展大体上经历了被动控制、主动控制和自适应控制三个阶段。由于大扩张角过渡段内部流动是非常复杂的强三维流动且伴有很强的二次流,上游的转子尾迹、叶尖泄漏流以及流道内很强的逆压梯度都对其内部流动造成很大影响,容易发生附面层分离,因此在大扩张角过渡段中如能应用流动控制技术延缓/消除附面层分离,无疑将进一步提高过渡段的气动性能。1985 年 Vakili 等人对扩张段流动控制技术进行了初步研究[14],结果表明,在 S 形扩张段中应用流动控制技术的确可以抑制分离,并进一步指出对转方式的旋涡发生器(VG)在抑制分离、降低通道内二次流强度方面效果良好。

美国 PW 公司的 Lord 以及联合技术研究中心的 Mac Martin 和 Tillman 在 2000 年发表的论文中提出[15]，在大扩张角过渡段结构中由于温度场的限制，抽吸等方法并不可行，但仍可以采用吹气等流动控制技术来延缓甚至消除附面层分离，从而提高涡轮气动性能。此后联合技术研究中心的 Florea 等人于 2006 年利用数值模拟方法对射流方式控制过渡段内附面层分离进行了研究[16]，如图 4.28 所示。研究结论表明，流动控制技术结合先进的过渡段型线造型能够有效改善流场，消除附面层分离，提升过渡段气动性能。据其计算结果，采用流动控制技术后的过渡段/低压涡轮使得燃油效率提高约 0.6%。但需要指出的是，由于进行的是二维计算，并未考虑三维因素，因此准确性还有待进一步验证，但对大扩张角过渡段流动控制技术研究提出了一个值得探索的方向。

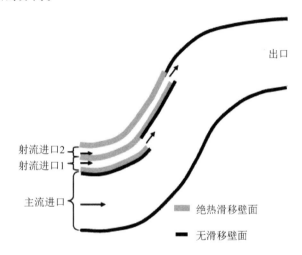

图 4.28　射流方式控制过渡段分离[16]

国外的研究机构依托丰富的设计经验和良好的研究条件，通过细致的试验结合数值模拟的方法，在详细研究大扩张角过渡段内部流动机理的基础上，提出了一系列针对该结构的设计理论。其中比较重要的方法就是过渡段支板与低压涡轮导叶的一体化设计技术以及大小支板设计技术。

2008 年 Marn 等人对大扩张角过渡段的设计技术进行了优化[17]，他们提出了一种以低压涡轮第一级导向器代替过渡段支板的设计概念，如图 4.29 所示。由图可见，相对原型低压涡轮导叶，改进后的叶型弦长明显增大，而且叶片也有所加厚，但叶片数大幅减少，而且过渡段的长度缩短了 1/6。而由图 4.30 可见，导叶改型后对轮毂部分的静压分布基本没有影响，但在距离进口 0.25 倍轴向长度处，改型后的机匣处压升较大，这主要是由于外端壁相应做了调整所致。经计算，改型后的总压损失为 4.3%，略低于原型的 4.4%。但由于改型后支板做成空心，且叶片数大幅下降，故涡轮部件的质量较原型大幅减轻，这无疑对提高发动机整体性能大有好处。

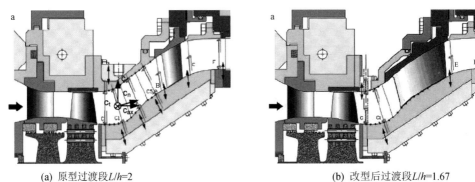

(a) 原型过渡段 L/h=2　　　　　　　　　(b) 改型后过渡段 L/h=1.67

图 4.29　过渡段试验件示意图

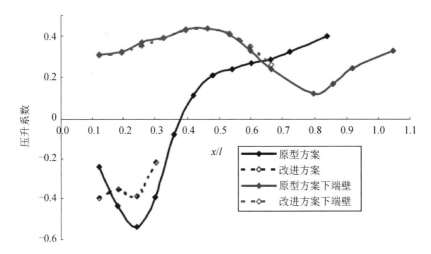

图 4.30　压升系数沿流向的发展

2010 年冯·卡门研究院的 Solano 等人提出了一种采用大小叶片的涡轮级间过渡段气动布局[19]，其目的同样在于缩短轴向长度，减轻发动机的质量。大小叶片过渡段的示意图如图 4.31 所示。在过渡段内共包含 16 个大支板以及 48 片小叶片，其中大支板后半部的叶型与小支板完全一致。他们完成了这一大小支板设计，并进行了非定常计算和实验研究，实验结果证实了这种设计方法的可行性。

未来随着技术的进步，发动机高低压涡轮过渡段的设计将会出现更多新颖的形式，成为集更多技术功能于一身的一体化部件。过渡段一体化设计技术，不仅仅是过渡段支板与低压涡轮导叶的一体化设计，也包括过渡段与上下游涡轮级的一体化设计，既要满足过渡段本身的流动损失较小，也要考虑到上下游涡轮级的效率问题，必须进行二者的权衡。此外，在一体化设计中考虑到上下游涡轮级的非定常效应，也是未来过渡流道研究的一个趋势。

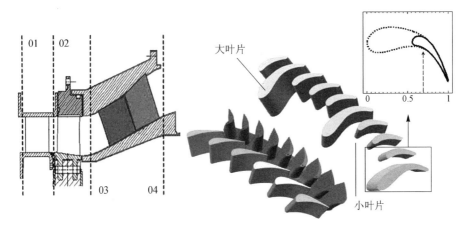

图 4.31　大小支板设计技术叶片布局

4.2.2　涡轮激波损失控制技术

随着整机环境下压气机压比的增加,高压涡轮功率需求不断提高。为了适应这种需求,在叶轮机叶片径向长度受到限制的情况下,在不增加涡轮级数的情况下,提高高压涡轮膨胀比成为一种有效的解决方案。该方案因在部件乃至整机结构紧凑性、成本控制、质量等方面的显著优势,成为军用航空发动机高压涡轮的主流。较高的涡轮膨胀比,导致高压涡轮叶片内气流会从燃烧室出口的低亚声速加速至超声速,因此这种单级高膨胀比高压涡轮通常称为跨声速高压涡轮。与此同时,受到气流超声速流动的影响,叶片内存在明显的内尾波、外尾波及其反射激波,致使涡轮效率比以亚声速流动为主的涡轮降低明显,一般来说,跨声速高压涡轮效率在 0.86～0.885 之间。

激波损失是跨声速高压涡轮主要损失来源之一,典型的跨声速叶栅流动结构如图 4.32 所示。为描述方便,图中将二维叶栅型面简化为一条曲线,将多束连续激波/膨胀波以一束代替。亚声速流动区域为叶栅进口至声速线前,声速线后至叶栅出口为超声速流动,并将叶栅按照气流流动方向进行了分区,将叶栅划分为前部区域(A 区)、喉部区域(B 区)和扩散区域(C 区)三个区域,三个区域界线分别为叶栅通道进口、声速线、内尾波、叶栅通道出口。

当气流从叶片表面流动至尾缘时必然面临明显的曲率变化,超声速气流在尾缘的折转必须通过内尾波与外尾波两道波系实现,内尾波会最终打到相邻叶片的叶背区域形成反射波,这三个激波构成叶栅内主要激波损失源。实际叶栅流动中激波还具有诱导附面层分离的效果,激波反射的过程即来源于此。解决方案主要是从激波前马赫数水平以及激波角曲率控制遏制激波强度。

跨声速高压涡轮发展根据整机设计理念的变化经历可以划分为两个阶段。

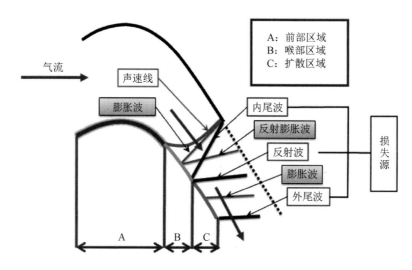

图 4.32　跨声速叶栅流动结构示意图[20]

　　第一阶段大致从 20 世纪 50 年代至 90 年代。这一阶段为获得足够的发动机推力,采用了提高循环压比的思路。整机方案核心机流量小,涡轮功率的提升完全依赖膨胀比的攀升。高压涡轮叶片受到强度制约,普遍采用大盘小叶片的流路形式。由于涡轮负荷十分高,叶片内存在强激波,效率一般在 0.88 左右。这一阶段最早也是最经典的案例来自 GE 公司的 F101 发动机。作为 20 世纪 60 代初设计的一款跨声速高压涡轮,历经 CFM56 系列发动机的不断发展完善,最终的优秀成果当属 CFM56 - 7 型高压涡轮。该型高压涡轮效率相比早期型号进一步提高 1.5 个百分点。CFMI 公司的巨大成功给了 GE 公司极大的信心,他们在 CFM56 第一个计划更新版本 TECH56 发动机设计中沿用了跨声速高压涡轮的设计,并进一步提升涡轮膨胀比至 4.5,并在 UEET 计划中大胆提出了单级涡轮膨胀比 5.5 的设计目标。虽然这种进一步提升涡轮负荷的设想在跨声速叶栅设计方面取得了一定的进步,但并未见后续 GE 公司设计发动机中出现更高膨胀比的高压涡轮。图 4.33 所示为 UEET 计划高压涡轮研制目标及部分研究结果。

　　同一时期俄罗斯的 CIAM 也开展了跨声速高压涡轮技术相关的研究,其设计的单级涡轮在膨胀比 4.6 条件下试验效率达到 0.88。CIAM 在航空发动机研究中以预研为主,后续未见到相关技术的深入研究与发展。

　　第二阶段基本上从 20 世纪 90 年代至今。这一阶段为进一步提高推力,采取了增大核心机流量策略,长度显著增加的涡轮叶片很难承受膨胀比 4.0 高压涡轮中复杂的非定常气动激振力。因此在整机方案中显著降低了高压涡轮膨胀比,一方面降低激振源,另一方面涡轮负荷的下降显著提高涡轮效率至 0.89 以上,从而使飞机获得更长的巡航时间与巡航半径。这一阶段的典型发动机为 F22 飞机配装的 PW 公司 F119 发动机。PW 公司在跨声速高压涡轮的研究方面起步稍晚,在 20 世纪 80 年

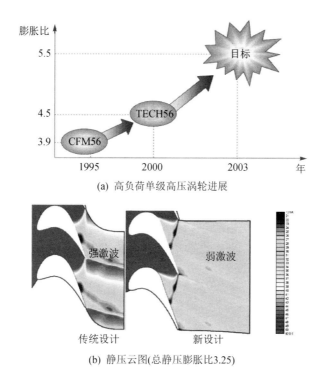

(a) 高负荷单级高压涡轮进展

(b) 静压云图(总静压膨胀比3.25)

图 4.33　UEET 计划高压涡轮研制目标及部分研究结果

代依托 E3 计划的支持,完成了单级膨胀比 4.0 的单级高压涡轮设计,试验效率达到 0.885,实现了跨声速高压涡轮的设计与验证,达到预期技术指标。相关技术研究积累也成为 PW 公司 F119 发动机最终赢得美空军方案选型成功的关键支撑技术之一。根据公开资料分析,F119 发动机高压涡轮膨胀比为 2.7 左右,效率为 0.885,该发动机的研制使得 F22 具备超声速巡航能力。在 F119 取得成功之后,PW 公司又在 F135 与 F136 发动机(GE 公司方案)的竞争中胜出,F135 发动机单级高压涡轮进一步降低膨胀比至 2.5,效率提升至 0.89,并通过核心机流量增加实现推力的进一步增大。

跨声速高压涡轮效率不可能达到亚声速涡轮的效率水平,因此逐渐失去在商用航空发动机或燃气轮机方案中的位置。但其凭借结构紧凑、成本相对低的单级结构逐渐成为以战斗机动力为代表的军用发动机基本方案,跨声速高压涡轮技术中体现了显著的多学科平衡设计理念,未来的技术进步与发展将依赖精细化设计技术、先进材料技术、先进结构设计技术、多物理场耦合分析,逐步实现设计技术的完善。

4.2.3　叶顶泄漏损失控制

在涡轮通道内部,由于转子和静子机匣之间必然存在的径向间隙,转子压力面侧的一部分气流在叶尖负荷的驱动下形成泄漏流动,不可避免地与主流发生掺混。因为泄漏流的速度大小和方向均不同于主流速度,在两股气流的交接处形成涡面,并随着泄漏流向下游的移动逐渐卷起形成泄漏涡。与压气机叶尖泄漏流动不同,因涡轮叶片存在更大的弯角,周向压力梯度更大,泄漏涡与主流的相互作用更为明显。尤其是在小展弦比的高压涡轮通道内,由于转子的负荷更高,叶尖泄漏的强度往往会更大,叶尖泄漏流动及其衍生出的二次泄漏流动成为高压涡轮内部非常关键的二次流动结构,其引起的损失可能占涡轮转子通道内总气动损失的30%甚至更高[21]。叶尖间隙流动对通道内流动及损失影响很大,主要表现在以下 4 个方面:① 转子叶片尖部气流做功减小。进入间隙的这部分气流方向未受到叶片作用而出现扭转,该气流在叶片通道内产生的轮缘功为零。② 通道内流动损失增大。增加的流动损失主要包括叶尖间隙内部损失、叶片通道内泄漏流与主流的掺混损失。③ 通道内有效流通面积减小。泄漏涡的产生对主流形成了一定的堵塞作用,使其有效的流通面积小于其理论值。④ 下游叶片排的进口气动条件恶化。叶尖泄漏流动使得通道出口气动参数分布更不均匀,导致下游叶片排在远离设计工况下工作。

在真实涡轮环境中,涡轮叶尖泄漏流动具有强三维、强剪切和强非定常性等特征[22],加上复杂的几何和气动环境,使研究学者准确理解和认识涡轮叶尖泄漏流动机理的难度明显增加。为了更清楚地讨论和阐述涡轮叶尖泄漏流动,这里以均匀来流条件下的低速叶栅间隙流动结构为例,揭示叶尖泄漏流动的物理本质特征。

(1) 间隙内部泄漏流动

由于叶片压力面与叶顶形成的角区,进入间隙的气流在间隙入口叶顶表面附近产生分离泡[23-24],该分离泡的边缘与机匣之间形成了收缩扩张通道,如图 4.34 所示。在不同的涡轮叶片环境或者叶尖不同流向位置处,因叶片厚度 t 和间隙高度 τ 比值的大小并不相同,导致分离泡存在开式和闭式两种状态。Denton 认为,如果叶片厚度大于 4 倍的间隙高度,则间隙内的气流将在进入间隙的 1.5τ 位置处形成宽度最小的收缩通道,然后再进行膨胀。分离区的厚度逐渐缩小,最终在进入间隙的 4τ 的位置处气流出现再附,此时进入间隙的气流与分离泡下游的流体进行掺混,如图 4.34(a)所示。如果叶片厚度足够小,则气流分离后不再发生再附,泄漏流加速进

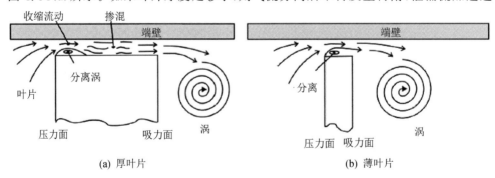

(a) 厚叶片   (b) 薄叶片

图 4.34　不带冠涡轮叶片叶尖泄漏流动示意图[21]

入叶顶间隙后未出现明显的膨胀和掺混过程。在间隙进出口压差相同的情况下,气流经过厚叶片叶尖最大收缩位置后出现减速增压,因此厚叶片最大收缩位置处的静压要比薄叶片静压小,在最小流动面积相同的前提下,厚叶片的泄漏量相对较大。而在薄叶片环境下,因分离泡不会再附于叶顶表面,气流经过最小收缩位置后的静压得不到恢复,并与间隙出口静压差别不大,因此薄叶片的泄漏量相对较小。在对薄叶片和厚叶片的定义方式进行详细讨论的基础上,上述间隙内部的两种流动状态已得到研究学者的广泛证实和认同[25-26]。流动分离状态是影响叶尖泄漏流动和换热特征的重要因素,叶尖泄漏损失也与该流动分离状态密切相关。

(2)间隙外部泄漏流动

叶尖间隙所带来的流场变化不仅表现在间隙内部特殊流动结构的产生,而且还表现在间隙对端区流场结构的改变。首先,由于间隙的存在,叶顶相应的前缘位置不再出现滞止点,马蹄涡也随之不再产生,这种现象在大间隙情况下更为明显。受压力梯度的影响,经过叶尖前缘附近的气流被分为两股:一股气流直接经过间隙流向吸力面,受逆压梯度的影响,从间隙出口射出后的气流出现流动分离并形成泄漏涡;另一股气流则横向穿过叶片通道,流向相邻叶片的吸力面,并在通道中卷起形成通道涡。两股气流的分界线则位于叶尖压力面一侧[23],如图 4.35 所示。间隙泄漏涡和通道涡的方向刚好相反,但泄漏涡在流场结构的形成中起到主导作用。泄漏涡和通道涡的强度及空间尺度取决于很多因素,如间隙高度、气流转角、叶片负荷分布以及来流攻角等。间隙泄漏涡不仅与吸力面通道涡相互作用并发生掺混,而且还会与相邻叶片产生的压力面通道涡相互作用,使得端区各种多尺度涡同时存在并相互制约,二次流动趋于复杂。

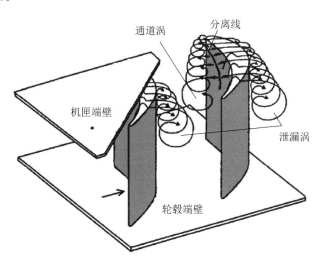

图 4.35　间隙泄漏涡和端区通道涡[27]

(3) 叶尖泄漏损失

叶尖泄漏损失主要由间隙内部掺混损失以及间隙外部泄漏涡与主流掺混引起的损失两部分组成。内部掺混损失与叶顶流动分离以及壁面剪切作用有关,而外部掺混损失大小则主要与泄漏流与主流的动量掺混有关。为了分析研究叶尖泄漏损失大小,Bindon[28]以及 Dishart[29]等人对涡轮平面叶栅中的叶尖间隙流动进行了详细测量,其中,Bindon 定量对比了间隙内部损失和外部泄漏流与主流的掺混损失的大小,如图 4.36 所示。图中显示,泄漏流与主流的掺混损失所占比例最高,占总泄漏损失的 48%;间隙内部损失其次,占到 39%。这也证明了间隙内部损失和泄漏流与主流的掺混损失是叶尖泄漏损失的主要组成部分。与 Bindon 的结论不同的是,Dishart 等人的实验结果表明,间隙内部损失只占总泄漏损失的一小部分。Yaras 等人[30]给出了叶尖端区各损失比例随间隙高度的变化,如图 4.37 所示,从中也可以发现,通道内的叶尖泄漏损失在大部分间隙高度情况下要明显大于间隙内部损失。

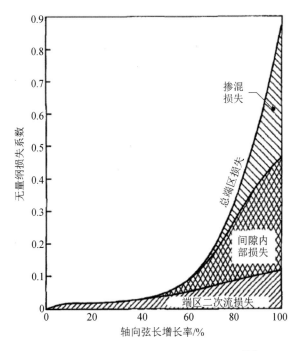

图 4.36 叶尖泄漏损失组成沿流向分布[28]

因为泄漏流与主流的掺混损失是叶尖泄漏损失的重要组成部分,对掺混流动机理的认识以及掺混损失的评估,是准确预测和控制叶尖泄漏损失的理论基础。Denton[31]认为,泄漏流与主流的掺混损失可以作为变截面管流问题处理,如图 4.38 所示,并假设泄漏流在与主流的掺混过程中压力保持不变,以及在管道出口位置两股气流完全掺混。根据 Shapiro[31]提出的变截面管流理论,泄漏流与主流掺混引起的熵增取决于间隙出口泄漏量和泄漏流流向速度与主流流向速度差。这种方法虽然简化

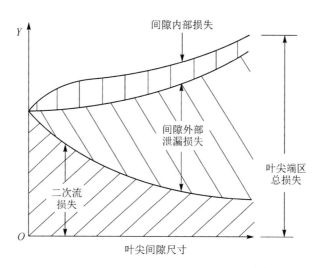

图 4.37 叶尖端区损失随间隙高度变化[30]

了泄漏流与主流的掺混过程,但是却抓住了掺混引起损失的物理本质,对掺混损失的预测和评估都具有重要的指导意义。

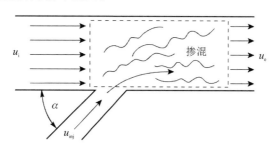

图 4.38 泄漏流与主流掺混模型[21]

在真实涡轮环境中,还存在一种影响泄漏流与主流掺混损失大小的物理机制,即旋涡破裂[32-33]。Huang 注意到叶尖泄漏涡与主流的掺混损失对压力梯度非常敏感[34]。当涡轮通道下游存在较强的逆压梯度时,掺混损失因压力的升高而逐渐小于 Denton 控制体模型预测值。但是当泄漏涡因逆压梯度出现旋涡破裂后,其与主流的掺混损失随着压力的提高而迅速增大,并明显大于模型预测值,如图 4.39 所示。泄漏涡破裂对泄漏流与主流掺混损失的影响规律同样对泄漏损失的控制方法具有一定的指导意义,如合理选择叶尖负荷分布降低通道下游逆压梯度等。

由于叶尖泄漏流动会引起大量的二次流动损失,并增加了叶尖端区局部热负荷,故发展合理有效的组织和控制叶尖泄漏流动方法对涡轮气动热力性能的提高具有重要意义。减小叶尖泄漏损失的途径有很多,最简单的办法就是减小间隙高度。早期的低速叶栅实验结果证明,减小叶尖间隙高度可以有效地控制叶尖泄漏量[35]。Denton 提出的叶尖泄漏损失模型指出,间隙高度与泄漏损失成正比例关系。Yoon

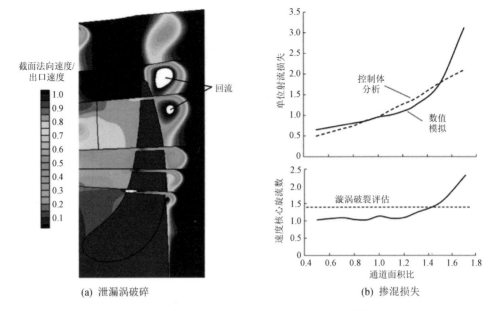

(a) 泄漏涡破碎　　　　　　　　　　　　(b) 掺混损失

图 4.39　泄漏涡破裂及其与主流的掺混损失[34]

等人的实验结果证明了间隙每增加 1% 叶高,涡轮级效率可降低约 2%[36]。但在实际涡轮环境中,由于叶尖间隙在发动机的运行过程中的变化幅度比较显著,为了防止转子叶尖与机匣出现相对摩擦,叶尖间隙高度通常会保持大于某设定值,因此仅依靠间隙高度来实现对泄漏流动损失的控制并不现实。

　　在充分认识到叶尖泄漏流动机理的基础上,研究者们针对如何降低叶尖泄漏损失、减小热负荷等相关问题进行了大量的研究,以试图对叶尖的流动结构和局部气动负荷进行细致组织和控制,尽可能减少流动损失并降低热负荷。据已发表的文献可知,常见的控制叶尖泄漏流动方法主要有叶尖造型方法、叶顶/机匣修型方法以及间隙主动控制方法。

(1) 叶尖造型方法

　　它是通过叶顶/机匣几何形状进行精细的局部结构改进,达到控制泄漏损失的目的,是目前对叶尖流动组织研究最多的方法。该方法主要包括肋条叶尖、小翼叶尖、叶顶/机匣修型等。不同叶尖造型方法控制叶尖泄漏流动的物理机制有所不同,对泄漏损失及叶尖流动换热的控制效果也存在明显的差异。

　　肋条叶尖结构是在平叶尖的基础上添加单肋条或者多肋条结构。常见的肋条叶尖结构主要有三种,如图 4.40 所示,包括吸力面肋条结构、压力面肋条结构和凹槽结构。肋条叶尖结构的作用在于通过增大间隙内部掺混损失减小射流系数,从而降低间隙出口泄漏量和动量,以达到减小泄漏流与主流掺混损失的目的。

　　在早期的水槽实验中,Booth 等人[37]通过对比大量的叶尖几何形状,发现肋条叶尖结构与其他叶尖形状相比具有明显的气动性能优势,与平叶尖相比可以使射流

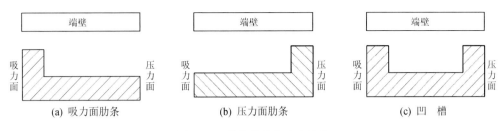

图 4.40 常见的肋条叶尖结构

系数降低 25%。而后,Dey 等人[38] 和 Camci 等人[39] 详细研究了肋条长度的变化及其在叶尖的位置对叶尖泄漏流的影响。通过对试验结果中叶尖泄漏涡的大小及其动量亏损,发现当肋条高度增加时,部分肋条叶尖结构可以有效地减小泄漏涡。作者给出了平叶尖与吸力面肋条叶尖流场拓扑结构示意图,如图 4.41 所示。与平叶尖对比,间隙二次涡 A_3 对泄漏流动量的减小具有明显的阻碍作用,A_3 的存在使得叶尖泄漏量和泄漏流速度大幅度降低。不同的肋条长度对叶尖泄漏流的影响也很明显,从实验结果中可以看出,吸力面肋条长度存在一个最佳值。除了吸力面肋条和压力面肋条外,研究学者还对其他不同位置的肋条几何进行了对比研究[40],如 Azad 等人[41] 对 6 种不同形状的单肋条和双肋条叶尖形状进行了详细的实验研究,各肋条结构如图 4.42 所示。研究发现,肋条的位置对叶尖泄漏流动结构以及热负荷影响很大,其中吸力面肋条叶尖的换热效果最佳,甚至比双肋条结构的换热效果更好。

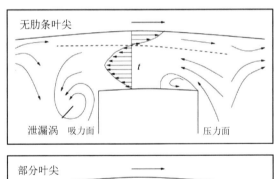

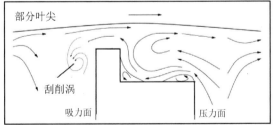

图 4.41 平叶尖与吸力面肋条叶尖流场拓扑结构示意图[40]

与平叶顶相比,凹槽叶尖在控制叶尖泄漏损失方面也具有明显的优越性。凹槽叶尖不仅可以通过增强间隙内部掺混显著降低泄漏流量和动量[42],并减小泄漏流与

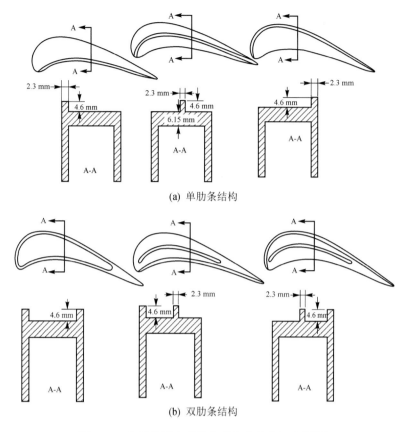

(a) 单肋条结构

(b) 双肋条结构

图 4.42　各种单肋条结构和双肋条结构示意图[41]

主流的夹角,而且还通过凹槽内部流动结构减小了叶顶流动换热,在提高涡轮气动热力性能以及叶片可靠性方面比其他叶顶几何结构具有更大的优势,在现代航空发动机高压涡轮中得到广泛应用。凹槽叶尖泄漏流动的具体研究成果将在下一章中具体介绍。

　　除了叶顶肋条结构外,叶顶小翼叶尖也是控制泄漏流动的重要手段之一。小翼叶尖结构示意图如图 4.43 所示。为了揭示小翼叶尖控制叶尖泄漏损失机理,Coull 等人[43]对比了平叶尖和最佳气动性能的全小翼叶尖流动结构以及与泄漏损失相关气动参数,并指出小翼叶尖不仅降低了叶尖负荷,而且还降低了间隙射流系数,以及间隙出口泄漏流与主流的夹角,如图 4.44 所示。同时,全小翼叶尖还明显减小了间隙通道内泄漏涡和通道涡产生的掺混损失,如图 4.45 所示。在上述影响的共同作用下,最佳气动性能的全小翼叶尖(High‑η winglet)比平叶尖效率增加了 0.92%,气动性能收益非常明显。

　　小翼的宽度沿流向不均匀分布也会影响到小翼叶尖对泄漏流动的控制效果[44-45]。Dey 等人实验研究了在叶片中下游布置吸力面小翼和压力面小翼结构对泄

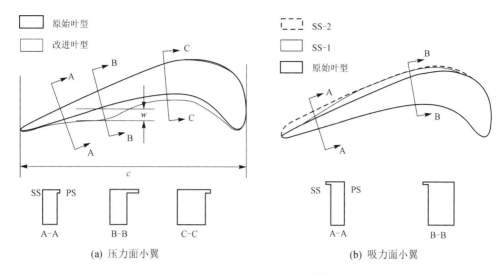

(a) 压力面小翼   (b) 吸力面小翼

图 4.43 小翼结构示意图[46]

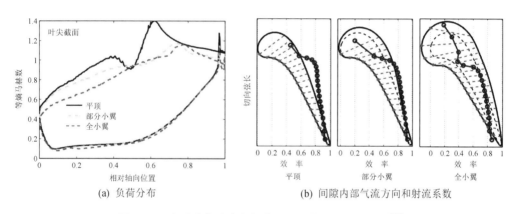

(a) 负荷分布   (b) 间隙内部气流方向和射流系数

图 4.44 小翼叶尖对叶尖负荷和间隙内部流动的影响[43]

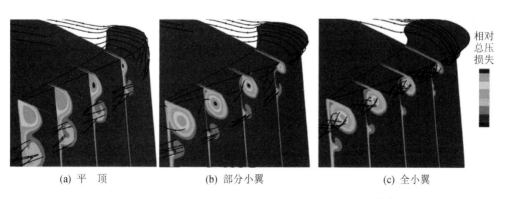

(a) 平 顶   (b) 部分小翼   (c) 全小翼

图 4.45 小翼叶尖对通道内部流动及总压损失的影响[43]

漏流动的影响[46]。结果发现,吸力面小翼结构虽然驱使泄漏涡远离叶片吸力面表面,但是并没有实现对气动性能的提升;而压力面小翼可以减小间隙出口泄漏量和动量,有利于叶尖泄漏损失的降低。而 Zhou 等人却认为吸力面附近的压力梯度要明显大于压力面,在吸力面增加同样大小的小翼几何对负荷分布的影响比压力面更加明显[47],吸力面小翼可以明显减小前缘附近的泄漏流驱动力,但是却增加了下游的叶尖负荷。由于 Dey 等人设计的小翼叶尖主要集中在中下游,因此吸力面小翼叶尖对泄漏损失的控制效果不再明显。

虽然小翼叶尖对叶尖泄漏损失的控制得到许多研究学者的认可,但是将小翼叶尖应用在真实涡轮环境中还存在很大的困难。首先,小翼叶尖增大了叶顶面积,势必会导致叶尖热负荷的明显增加[48-49]。图 4.46 给出了叶顶面积与间隙热通量的关系,可以看到,随着叶顶面积的增大,间隙热通量随叶顶面积的增大而线性增加。因此,最佳气动性能的全小翼叶尖在带来较高气动收益的同时,也导致了无量纲叶片表面热负荷增大。其次,与肋条叶尖相比,小翼叶尖还增大了转子的质量和离心力,从而影响到涡轮转子的可靠工作及运行。

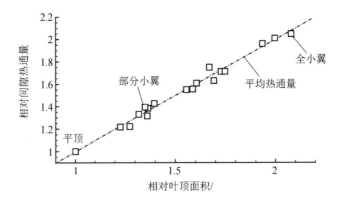

图 4.46　叶顶面积与间隙热通量的关系[48]

由于肋条叶尖和小翼叶尖都可以降低叶尖泄漏损失,并具有各自的优越性,研究学者逐渐开始将两者结合起来,提出小翼凹槽叶尖结构,以期获得更大的气动性能收益。剑桥大学 Schabowski 等人对此进行了详细的实验和数值模拟研究[50],他们对比研究了不同叶顶肋条和小翼的组合类型,包括肋条加小翼、单独小翼、凹槽形叶顶、吸力面肋条,结果表明,肋条加小翼的最佳组合(见图 4.47 中的(a))与原始平叶顶相比,损失下降了 22%。

Coull 等人对平叶尖、凹槽叶尖、小翼叶尖以及小翼凹槽组合叶尖进行了数值研究[51],并进一步对小翼凹槽组合叶尖的泄漏流动机理提高了认识。对比图 4.48 中的凹槽叶尖与小翼凹槽组合叶尖泄漏流动结构可以发现,小翼凹槽叶尖组合增加了凹槽宽度,使凹槽内部旋涡能够在更大流向范围内对间隙内部泄漏流动形成堵塞作用,使射流系数得到进一步下降,因此减小了叶尖泄漏损失。与平叶尖相比,小翼凹

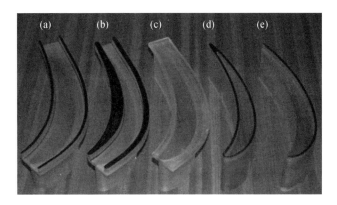

图 4.47 不同形式叶尖凹槽小翼组合[50]

槽组合叶尖使涡轮转子效率提高 0.97%,比常规凹槽叶尖提高 0.3%,气动性能收益非常明显。小翼凹槽组合叶尖同样会因为叶顶表面积的增加而使叶尖热负荷要高于常规凹槽叶尖,额外增加的质量也限制了小翼凹槽组合叶尖的广泛使用。

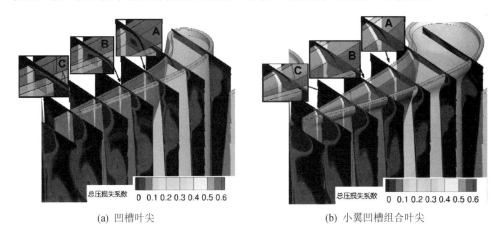

图 4.48 凹槽叶尖与凹槽小翼叶尖流动对比[51]

(2) 叶顶/机匣修型方法

由于间隙内部超声速流动具有复杂流动形态的特征,同时也决定着叶顶热负荷及流动换热,而传统的叶尖造型并没有因当地流场特征不同而相应调整,因此仍存在进一步优化的空间[52-53]。为此,Shyam 等人在研究超声速二维叶尖间隙时提出了叶尖轮廓形状(contoured shape)这个概念[54]。作者对比了 5 种几何形状的气动热力性能,指出叶尖轮廓形状对减小热负荷和控制间隙内激波-边界层相互作用有利。Zhang 等人也针对超声速叶尖泄漏流动提出了一种经过修型的平叶尖结构[55],如图 4.49 所示。Zhang 等人在亚声速区域将平叶尖修改为收敛扩张通道,如图 4.49(b)所示。通过该几何结构可以组织气流在间隙内继续加速至超声速,有效降低了间隙内部的湍流黏度,如图 4.50 所示,从而使前缘附近的高热负荷和换热系数显著降低。

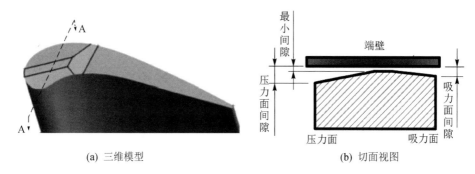

(a) 三维模型   (b) 切面视图

图 4.49 一种叶顶修型几何结构[54]

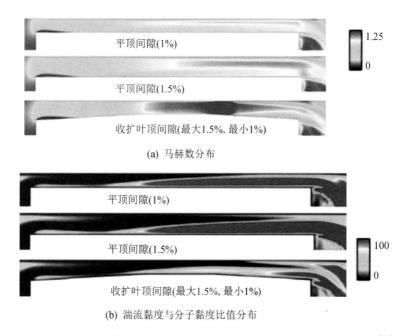

(a) 马赫数分布

(b) 湍流黏度与分子黏度比值分布

图 4.50 平叶尖与修型叶尖马赫数分布和湍流黏度与分子黏度比值分布[55]

  由于高压涡轮叶尖的尺寸都在 1 mm 同等甚至更低的量级,只追求细微的叶尖几何尺寸的优化,而忽略了加工工艺显然是不合理的。剑桥大学 Montomoli 等人注意到精细化设计中存在的不足[56],研究了叶片加工误差带来的叶尖间隙、倒角半径尺寸偏差对叶尖泄漏流量及热负荷的影响,尺寸偏差范围及研究结果如图 4.51 所示。图中,r 为叶尖圆角半径,G_0 为叶尖间隙设计值,G 为叶尖间隙实际值,M/M_0 error 为叶尖泄漏流量偏差,H/H_0 error 为热负荷偏差。数值计算结果表明,加工误差概率统计平均后,计算处的泄漏流量与设计尺寸泄漏量偏差约 6%。热负荷可引起约 7% 的误差,并建议在设计过程中应考虑到几何偏差等因素。

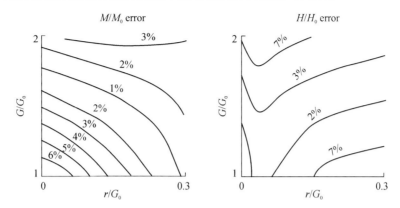

图 4.51　叶尖加工误差对流量和热负荷的影响[56]

(3) 间隙主动控制方法

发动机在飞机起飞状态下,由于叶片和机匣热膨胀系数存在一定的差异,叶尖径向间隙会先减小到一个最低点,然后再增大,如图 4.52 所示。为避免在间隙最小时叶片与机匣发生摩擦,设计者会预先留出一个较大的间隙。但如此会造成在巡航状态时,叶尖径向间隙过大,会严重制约涡轮气动性能的提升。随着现代航空发动机中高压涡轮负荷越来越高,对涡轮叶尖间隙进行主动控制就显得尤为重要。

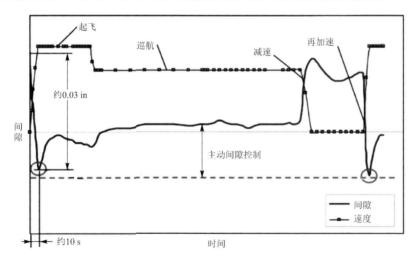

图 4.52　间隙高度随不同飞行状态的变化[57]

在 20 世纪 70 年代末 80 年代初,主动间隙控制方法已开始得到应用。主动间隙控制方法一般利用来自风扇或者压气机的空气冷却高压涡轮机匣,以减小预留的间隙尺寸。与被动控制技术相比,主动控制技术能够独立地工作在任何状态下并保持较小的叶尖间隙。主动间隙控制方法也存在一些问题,如反应较慢,有时在巡航状态还缺乏对最小间隙的控制能力。为了对现有的基于热量方法的控制技术做进一步改进,美国 NASA 格林实验室在"革新航空推进部件(RAC)"计划下研究快速响应的主动间隙控制技术(FACC)。他们设计并成功制作了第一代机械作动式主动间隙控制系统,该系统利用独立的作动器,片状的机匣结构以及间隙测量回馈,实现了对发动机所有工作状态下间隙的准确控制。实验结果表明,这种机械式主动间隙控制系统的最大作动位移可以达到 2.03 mm,可以完全满足发动机间隙控制的需求。图 4.53 为系统测试台示意图,测试台上装有 9 个机械作动器。

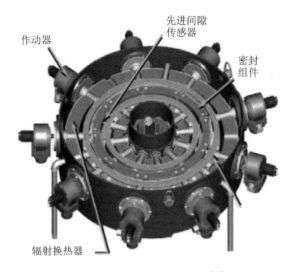

图 4.53　FACC 系统测试台[58]

4.2.4　容腔泄漏损失控制

在涡轮内部,由于旋转部件与静止部件间存在间隙,形成了容腔结构。涡轮容腔结构主要包括转子叶片与机匣径向间隙形成的叶冠容腔以及转子轮盘与静子部件间隙形成的盘腔,如图 4.54 所示。容腔结构中存在旁路流动主要指叶冠上方的泄漏流和用于封严和冷却作用的盘腔内燃气。这些旁路流动能对涡轮性能产生重要影响,现代燃气涡轮一般在容腔间隙处采用密封设计以减少泄漏流量。

对叶冠容腔的流动特征研究,主要分为两个部分:一是容腔内部的流动现象;二是泄漏流在主流道内与主流的相互作用。容腔内部的流动研究又分成 3 个部分:进口腔、出口腔和叶片顶部间隙沿流向的泄漏流动。在转子叶片上游气流进入叶冠容腔,一部分气流在进口腔发生卷曲和耗散,其他流体通过篦齿齿尖时由于流通面积减小形成射流流动,在出口腔内发生掺混,引起熵增。这个过程中,泄漏流在容腔内诱导出一系列不同尺度的旋涡,并从与转子来流接近的状态变化到与转子出口流动接近的状态。容腔的泄漏流量主要受篦齿齿尖间隙的大小、进口腔处的总压和出口腔处的静压等参数的影响。叶冠容腔内部流动主要影响封严效果,容腔泄漏流与主流

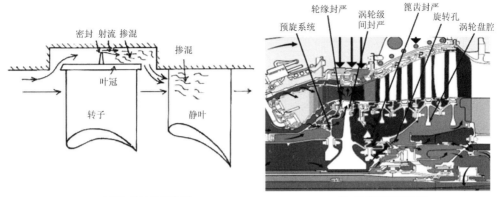

(a) 叶冠容腔结构示意图　　　　　　　　(b) 盘腔结构示意图

图 4.54　涡轮容腔结构示意图

的相互作用主要影响容腔流动损失。

　　与叶冠容腔相近,涡轮盘腔中同样存在由于容腔结构和篦齿封严等形成的涡系和动静子相对转动,但是盘腔的结构和流动要更加复杂。盘腔中一般引入高压封严冷气阻止燃气入侵。如果主流燃气入侵到盘腔,过高的温度会影响涡轮盘的安全和寿命,但过多的封严气会降低涡轮效率,对涡轮的流场结构和性能都产生较大的影响。盘腔通过相关封严篦齿、旋转孔等元件来保证腔压、腔温和冷气流量。了解盘腔内的流动和传热特性,有利于减小密封气体流量,提升涡轮效率。迄今为止,对盘腔封严的研究主要集中在封严冷气对涡轮性能的影响、燃气的入侵、封严冷气与主流的相互作用、封严的几何结构以及优化和改进等方面。

　　涡轮中 1/3 以上的损失由叶顶间隙泄漏流引起。在条件许可的情况下,一般将转子叶片设计成顶部带冠结构,并在冠上安装篦齿密封,以获得更好的气动和振动特性。叶冠结构以及交替出现的篦齿虽有效抑制了流体由高压区向低压区流动,但却引入了新的容腔流动现象,使端区流动更为复杂。叶冠容腔流动问题早在 1976 年就被提出,但受研究手段的限制而进展迟缓。早期主要通过理论分析去研究叶顶泄漏损失。近年来随着试验技术和数值仿真技术的快速发展以及对现代涡轮精细化设计的高标准要求,燃气轮机领域学者逐步取得突破。Yoon 等人发现,1% 泄漏量的增加大约会导致 1% 的效率下降和 2% 的功率下降[59],可见研究叶冠容腔流动及其损失控制对于燃气涡轮的性能提升具有十分重要的意义。

　　Wallis 等人将叶冠容腔泄漏损失分为 4 类:叶冠进口腔内掺混、密封腔内掺混、叶冠泄漏流重新进入主流时与主流的掺混、下游静子叶片的攻角损失等[60]。Gier 和 Mahle 的研究表明,在叶冠泄漏流所导致的损失中[61],泄漏流与主流掺混所引起的损失占大部分。受到主通道内周向压力梯度影响,泄漏流在进、出口腔的流动是周向非均匀的相间分布。由于叶片压力面附近压强较高,可能会出现主流入侵容腔的现象;叶片吸力面侧压强较低,容腔泄漏流往往在吸力面附近流入主流进行掺混。

叶冠容腔泄漏流还会对下游叶片通道内的流场产生重要影响。首先会改变下游叶片攻角。泄漏流受到密封齿的阻塞,在容腔内的膨胀和耗散导致轴向速度大幅下降;周向方面仅受到固壁黏滞力作用,没有受到转子叶片转折,所以泄漏流周向速度变化不大,与主流存在周向速度差异。这些最终导致泄漏流与主流速度三角形不再匹配,进而引起下游叶片排攻角变化,如图 4.55 所示。其次容腔泄漏流表现出强烈的三维流动特性和非定常脉动特性,目前研究多集中于涡旋干涉研究。容腔泄漏流会与主通道内叶尖附近的二次流(如通道涡的强度和位置等)相互响应,还会影响到下游叶片排的涡结构和强度。Pau 等人指出,叶冠进口腔的非均匀流动对机匣边界层有一定抽吸作用,导致边界层变薄,从而削弱了通道涡强度。Pau 等人发现进口腔非定常流动主要来源于上游静子叶片尾缘和转子叶片前缘之间静压场的非定常效应[62],进口腔内环形涡流与转子叶片通道内的压力场之间存在强烈的非定常干涉。Giboni 和 Peters 研究发现,叶冠泄漏流造成了转子叶片和下游静子叶片的二次流脉动[63]。

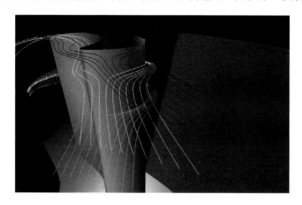

图 4.55　叶冠泄漏流影响下游叶片攻角

国外较早重视盘腔的研究,Chew 在 1982 年进行了旋转盘腔内部流动和换热的数值模拟研究[64]。Sebastian 等人实验测量了不同封严流量下的涡轮效率[65]。他们的研究表明:当封严冷气增加 1.8% 时,涡轮效率减小了 0.6%;并且发现封严冷气流量的增大与涡轮效率的减小呈线性变化。与亚声速涡轮不同,对于跨声速涡轮封严冷气可能会增加涡轮的效率。Pau 等人研究表明,封严气流从 −1% 增加到 +0.8% 时,涡轮的效率会增加 1.04%[66]。他们认为这是由于改变了静子叶片排下游的激波系,从而减小了静子尾缘的激波损失。Campbell 等人最早提出并验证主流周向压力的不对称导致了燃气入侵[67]。Green 等人通过试验发现,即使冷气流量再大,依然存在燃气入侵现象,据推测如果要完全阻止燃气入侵,必须提高盘腔内封严处的压力,使其达到主流总压或转子叶片前缘的相对滞止压力[68]。McLean 等人指出,封严冷气对轮毂端壁附近附面层的发展影响很大,这会对二次流的涡流结构产生重要影响。一些实验结果表明:封严环内外的压力差异是造成燃气入侵发生的驱动力,封严冷气进入主流后,吸力面侧的冷气流沿着吸力面不断向下游发展掺混,而压力面侧的冷气流在通道涡的影响下逐渐向吸力面一侧迁移,输运过程中其核心区不断沿径向向叶尖方向迁移[69-70]。

封严冷气与主流的相互作用呈现高度的非定常性,涡轮中主流压力的不均匀分布会导致外部诱导燃气入侵,而且盘腔流场和燃气入侵也具有高度的三维非定常特性。Boudet 研究发现,封严冷气与主流相互作用的频率与叶片排通过频率无关[71]。他们将此归结于叶片排通过频率与内部盘腔不稳定的非线性耦合关系。他们认为,只有采用全环的非定常模拟才能捕捉到与物理实验近似的信息。Johnson 等和 Coren 等总结了燃气入侵机理[72],一般认为定常数值模拟不能准确揭示具有三维非定常端流流动特性的燃气入侵的物理机制,即使在不考虑主流叶片的轴对称模型和定常边界条件下,燃气入侵也是三维非定常流动。由于容腔泄漏流动对涡轮性能和内部流场存在无法忽视的影响,研究人员对有效降低叶冠容腔损失、改善涡轮气动性能的控制方法进行了诸多探索,主要包括容腔结构的尺寸调整、造型改进以及改用气动封严等方法。

泄漏流与主流的周向速度差异是容腔损失的主要来源之一,因此人们尝试在叶冠容腔中加入导流板来降低周向速度差所引起的损失。Wallis 尝试在叶冠上安装小型导流叶片以改变泄漏流方向,如图 4.56(a)所示[60]。结果受到其他因素影响,尽管泄漏流与主流的气流角度差异降低,但涡轮总效率反而下降。将小叶片改为平板并使泄漏流折转为轴向的方案则取得了较好的效果。Rosic 和 Denton 在出口腔的机匣壁面上安装了不同几何形状的导流片,如图 4.56(b)所示[73]。实验表明,该方法能有效提升涡轮效率,该方法的控制效果主要取决于导流片的几何参数和周向栅距。Gao 等人将导流片设置在篦齿中间的机匣壁面上,也降低了端区损失,如图 4.56(c)所示[74]。

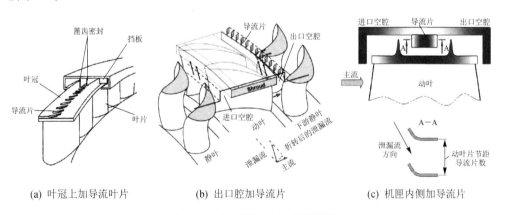

(a) 叶冠上加导流叶片 (b) 出口腔加导流片 (c) 机匣内侧加导流片

图 4.56 叶冠容腔中加入导流板

还有学者基于泄漏流的非定常效应,尝试通过改变出口空腔泄漏流状态来控制泄漏损失。Schlienger 等人将出口腔的矩形结构改为样条曲线结构,尽管端区流动得到改善,但涡轮效率却下降了 0.3%[75]。Rosic 和 Denton 同样将出口腔进行曲面造型,却获得了良好的效果。他们还尝试在出口腔与主流道的交界面附近设置可拆卸的轴向环状导流板,泄漏流的前移有效抑制了出口空腔主流入侵现象。实验结果表明,导流板长度是决定该方法效果的主要因素。Pfau 等根据泄漏流的周向不均匀特性设计了非轴对称叶冠结构,减小叶冠出口中间通道位置的间隙,增大叶片尾缘处的间隙,最终使涡轮效率提高了 0.2% [75]。

　　RR 公司研发了一种针对高压涡轮转子叶片的叶冠结构,除了传统叶冠上具有的篦齿密封结构外,还添加了两道弦向密封齿,如图 4.57 所示。两道弦向密封齿组成的收敛通道还可以加速并导向间隙泄漏流,可额外输出一部分功率。Mahle 和 Schmierer 提出将蜂窝和篦齿密封位置互换,这种布置使间隙位置更靠近泄漏流进入主流位置,减小了泄漏流和主流的轴向速度差异,使端区气动损失减小了将近 40% [76]。除了上述机械方面的结构改进,Curtis 等尝试采用气动封严方法代替常规篦齿封严,通过在机匣周向布置喷嘴,射流形成气膜来减小泄漏面积,如图 4.58 所示。对于部分叶冠,Ghaffari 和 Willinger 提出了自适应叶顶喷气的概念,利用内部通道将叶片前缘和叶冠上表面连接,利用压差作用使部分主流进入叶冠间隙发挥阻塞作用[77]。

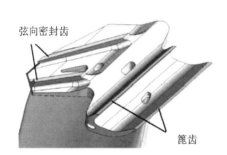

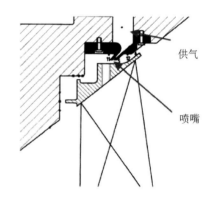

图 4.57　RR 公司研发的高压转子叶片的叶冠结构图　　图 4.58　叶冠机匣喷气结构示意图

　　研究者尝试通过改变盘腔结构和封严结构来控制盘腔带来的损失。首先分析气流喷射位置角度的影响和不同封严结构的影响。气流喷射角度可以影响轮毂壁面的冷却射流分配,进而影响射流与二次流的掺混和通道涡强度。有研究结果表明,缘板进口圆角半径的变化对涡轮气动效率的影响幅度能达到 0.3%,随着封严气流量的增大,轮毂缘板进口圆角半径对涡轮气动性能和流场结构的影响更加明显。另一方面,为了避免冷气需求过多导致工质损失而引起发动机效率和经济性降低,需要合理地设计密封结构,以求利用更少的冷气量减少燃气入侵,提高封严性能,改善盘腔的冷却效果。此外,还有研究者采用非轴对称端壁技术来减少封严气流的损失和对主流的影响。在封严缝附近采用端壁造型技术可以使端壁的压力场趋于均匀,从而减小涡轮盘腔的封严冷却流量。有研究表明,采用端壁造型可以使流场对封严气流的敏感性减小 18%，并减轻封严冷气与轮毂二次流的相互作用。

4.2.5 端壁流动损失控制

涡轮叶片通道的端壁附近存在着马蹄涡、通道涡、角涡等各种涡系组成的二次流流动现象，这些二次流流动现象无疑增强了端壁流动的三维性和复杂性，而由此产生的流动损失可达涡轮叶片通道总损失的 30%～50%，甚至更高。对于高性能燃气涡轮，为达到进一步提升其性能指标并最大限度地缩小体积、增加发动机推重比的目的，需要尽可能地提高涡轮级负荷和气动效率，因此涡轮通道中的二次流流动现象更为严重，端壁流动损失所占的比重也将愈来愈大。图 4.59 所示为一种典型的涡轮结构模型。

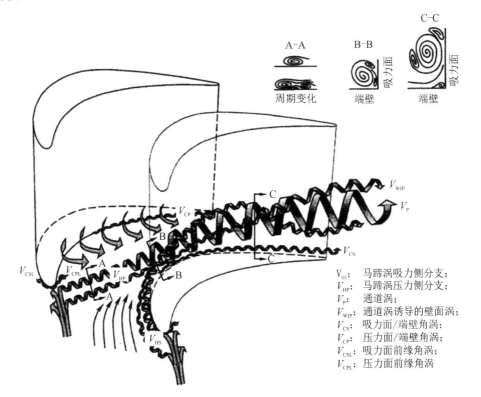

V_{HS}：马蹄涡吸力侧分支；
V_{HP}：马蹄涡压力侧分支；
V_P：通道涡；
V_{WIP}：通道涡诱导的壁面涡；
V_{CS}：吸力面/端壁角涡；
V_{CP}：压力面/端壁角涡；
V_{CSL}：吸力面前缘角涡；
V_{CPL}：压力面前缘角涡

图 4.59　一种典型的旋涡结构模型[78]

如何有效地抑制这种端壁流动损失，成为进一步提高燃气涡轮性能的重要方面。流动控制技术在近年来得到广泛的重视和发展。流动控制能够以较小的流动修正或损失为代价来获得较大的主流流动收益，甚至改变主流的流动状态，达到改善流场品质、提高涡轮性能的目的。因此，采用有效的设计和控制方法抑制端壁流动损失已成为提高燃气涡轮性能、发展新一代高性能燃气涡轮的重要技术方向，成为当前航空动力领域的热门研究课题。

形成端壁二次流流动的原因主要包括端壁来流附面层、叶片前缘绕流、通道内压力面与吸力面间的横向压力梯度等多种因素,因此,端壁流动损失的相关控制技术也是围绕其形成原因和发展过程而展开的。

目前,涡轮气动研究者们已经提出多种不同的技术方法来控制端区二次流,其中包括叶片端区前缘修型技术、非轴对称端壁造型技术、端壁翼刀控制技术、涡发生器控制技术、叶身/端壁一体化设计等。

(1) 叶片端区前缘修型技术

叶片端区前缘修型或称为叶根前缘倒角修型,采用对叶根前缘倒角进行修型的方法可以加速来流附面层,减缓叶片端区前缘处径向压力梯度,从而抑制马蹄涡的形成。在叶根无倒角时,流动在前缘处滞止,在径向压力梯度驱动下朝端壁方向运动,随后又卷起,最终形成了马蹄涡,而进行前缘倒角修型后流体会加速绕过前缘,减弱甚至消除马蹄涡。

2001 年 Sauer 等人率先在叶根前缘采用了小球结构,通过增强与通道涡旋转方向相反的马蹄涡吸力面分支来削弱角区通道的涡强度[79]。2002 年 Zess 等人提出了前缘带状结构,通过数值模拟和实验研究指出,当倒圆高度为 1 倍进口附面层厚度、长度为 2 倍进口附面层厚度时对旋涡运动的控制效果最好[80]。Smith 等人通过增大根部截面叶片弦长及压力面厚度分布,并光滑过渡到 30% 叶高截面,成功降低了叶片通道内的二次流损失[81]。西北工业大学的孙大伟等人采用数值模拟的方法对比分析了两种端壁前缘改型结构对涡轮叶栅二次流产生的影响[82]。西安交通大学的石礜等人对 Aachen 透平第一级转子叶片叶栅添加倒角结构,应用全三维黏性数值模拟方法,分析了级环境下转子叶片叶栅倒角对透平级性能和内部流场的影响[83]。西北工业大学的魏佐君等人探索了基于水滴形带状前缘的涡轮端区损失控制方法,研究了水滴形带状前缘对涡轮二次流损失的控制机理,如图 4.60 所示[84]。

(2) 非轴对称端壁造型技术

非轴对称端壁造型技术是相对于传统的轴对称端壁而言的,该技术主要是通过对轮毂/机匣端壁进行三维曲面造型,从而改变叶片通道端区的压力场分布,降低端壁附面层内低能流体的横向流动,使得端区二次流强度减弱,最终达到控制二次流损失的目的。

早在 1981 年 Kopper 等人就开始研究非轴对称端壁造型技术在控制二次流方面的作用[85]。自从 1994 年 Rose 首次提出非轴对称端壁造型的基本原理以来[86],端壁造型技术在叶轮机械,尤其是涡轮中得到了越来越广泛的应用。同时,随着三维黏性流场数值模拟的迅速发展,涡轮研究者们先后发展了多种非轴对称端壁造型设计方法:Harvey 等人在前人的基础上提出了基于 B 样条曲线的"FAITH 端壁成型方法"[87];Hartland 等人则基于叶型中弧线提出了"中弧线旋转法"[88];西安交通大学的李国君教授课题组先后发展了"三角函数法"[89]和"压差法"[90];西北工业大学的

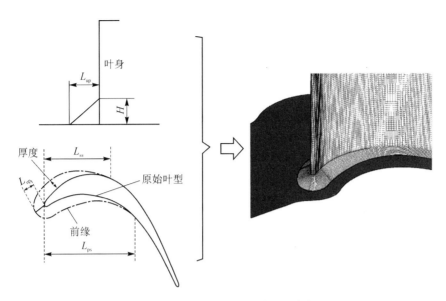

图 4.60 带状前缘设计的控制参数

刘波教授课题组提出了基于 Bezier 曲线的端壁造型方法[91]。上述端壁造型方法均证实了非轴对称端壁造型技术具有降低涡轮叶栅通道内二次流动、改善通道内流场结构、提高涡轮气动性能的能力。近年来,结合数值优化手段进行的端壁造型优化设计开始越来越受到人们的关注。同时,随着对涡轮叶栅通道内流场细节的不断研究,人们对非轴对称端壁在降低流动损失、改善流场方面的机理和规律也有了进一步的认识和理解。

图 4.61 所示为遄达 500 发动机高压涡轮非轴对称端壁示意图[92]。

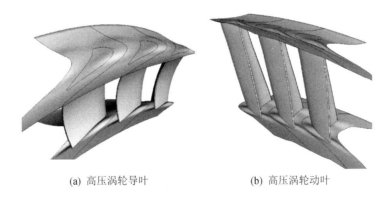

(a) 高压涡轮导叶   (b) 高压涡轮动叶

图 4.61 遄达 500 发动机高压涡轮非轴对称端壁示意图

(3) 端壁翼刀控制技术

端壁翼刀是指在涡轮主流通道内、两个叶片中间区域的端壁处设置一个扰流翼刀,一方面通过降低通道中端壁附面层内的横向压力梯度,阻断低能流体向吸力面/

端壁角区的堆积来削弱端壁横向流动;另一方面通过在翼刀周围产生的反向翼刀涡限制马蹄涡压力面分支发展,从而通过减小通道涡的尺寸和强度来达到控制二次流、降低损失的目的。

早在 20 世纪 40 年代,翼刀技术就被应用在喷气式战斗机的后掠翼上,以阻挡由翼根指向翼尖的漩涡流动。随后在 20 世纪 70 年代,Prumper 进行了利用翼刀控制轴流汽轮机叶栅二次流的试验研究,结果表明,在端壁或吸力面加装翼刀可以降低流动损失[93]。20 世纪 80 年代,Kawai 等人试验研究了涡轮叶栅中翼刀最佳尺寸和最佳位置以及吸力面和端壁翼刀的最佳组合方案,探究了翼刀技术控制流动损失的机理。研究表明:端壁翼刀阻隔了马蹄涡压力面分支与通道涡的汇合,在通道中形成了两个相对较弱的通道涡,从而降低了二次流产生的损失,如图 4.62 所示[94]。图中 H_s 为马蹄涡吸力侧分支,H_p 为马蹄涡压力侧分支,T 为尾迹脱落涡,P 为通道涡,C 为角涡,F 为翼刀诱发涡。钟兢军等人通过翼刀技术抑制压气机叶栅中二次流,在这方面进行了大量的实验和数值研究,取得了很多有益的成果[95-96]。

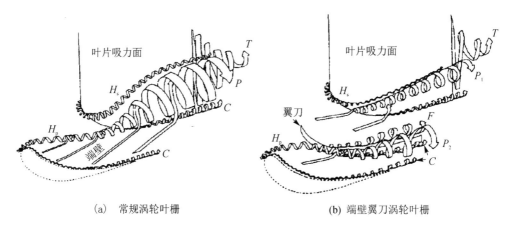

(a) 常规涡轮叶栅　　　　　　　　(b) 端壁翼刀涡轮叶栅

图 4.62　涡轮叶栅通道二次流结构示意图

(4) 涡发生器控制技术

非轴对称端壁造型技术和端壁翼刀控制技术的主要目的均是在近壁面附近减弱或阻挡端区二次流的横向流动现象,从而控制通道涡。考虑到通道涡在整个叶片通道内的三维流向涡结构,涡轮气动研究者们提出了利用与通道涡旋向相反的流向涡来抑制通道涡发展的思想,这也就是涡发生器在端区二次流流动控制领域的应用。

2002 年 Chima 将实验研究和数值模拟相结合,发现转子前缘的涡流发生器可以增加压气机的稳定工作范围;此外,在静子吸力面加涡流发生器可以控制轮毂角区分离[97]。Hergt 等人针对叶栅的角区分离设计了多种涡流发生器控制方案,实验研究表明,采用涡流发生器可有效控制叶栅中的流动分离,降低总压损失[98]。北京航空航天大学的袁忻等人对采用涡流发生器的压气机叶栅开展了数值和实验研究,试验件如图 4.63 所示。研究结果表明,合理利用涡流发生器产生的流向涡结构能有效控制叶栅角区的流动分离,涡流发生器产生的尾涡能够阻挡端壁附面层从压力面向吸力面的横向迁移,使吸力面端壁角区汇聚的低能流体减少,从而改善角区流动[99]。

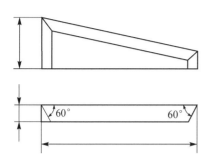 

图 4.63　三角翼涡发生器结构及位置示意图[99]

(5) 叶身/端壁一体化设计

叶身/端壁一体化设计技术不仅包含了叶片端区前缘修型的设计理念,而且也具有非轴对称端壁的特点,同时该技术还能够兼顾叶片的结构强度。在涡轮叶身和端壁角区进行三维几何造型,将影响叶片通道局部的压力场和流动状态,尤其是叶根前缘形状对马蹄涡的形成过程有着重要的影响,采用一体化设计技术,通过对三维几何结构进行精细调节可以有效地组织流动,削弱二次流强度。

2003 年 Becz 等人在叶根前缘倒角修型技术的基础上,进一步通过实验对叶根倒角和两种球状结构的叶片端壁融合方式进行了研究,结果指出,由于前缘倒角和小球结构对气动损失的削弱机制不同,在优化设计中可以将两者结合起来[100]。Turgut等人则将倒圆修型和非轴对称端壁进行组合研究,显著地削弱了叶片端区的流动损失[101]。美国空军实验室的 Lyall 等人将叶片端壁一体化设计技术应用于 Zweifel 系数高达 1.57 的高负荷涡轮叶栅,进一步的实验测量表明,端区流动损失降低了约23%[102]。2012 年季路成等人基于二面角原理,借鉴外流翼身融合,并综合了非轴对称端壁技术,提出了叶身/端壁融合技术,采用数值方法验证了该技术在减弱或消除角区分离方面的有效性[103]。

随着飞行器对动力的要求越来越高,传统的涡轮气动设计技术已经难以满足未来高性能航空燃气涡轮发动机对涡轮性能进一步提升的需求,并且在航空发动机中涡轮部件的级数相对较少,其内部流场的压力、温度梯度大,叶片负荷高,而金属材料冷却,轮毂、叶冠封严等冷气系统也会进一步加剧涡轮内部流场的复杂性。因此,现代高性能燃气涡轮的气动设计对流场组织提出了更高的要求,所以有必要对传统设计体系中被忽略的流动细节和特征进行深入系统的研究,并在此基础上有针对性地探讨涡轮内部精细化流动的组织方式,尤其对于涡轮端区内的流场,探索如何采用较少的流动控制来较大程度地改善流场品质、提升涡轮气动性能,已成为近年来涡轮气动领域内的研究热点。发展涡轮端区流动损失控制不仅为涡轮气动设计增添了新的自由度,进一步改进了涡轮设计方法和手段,而且会实现涡轮设计能力的进一步提升,为高性能燃气涡轮的研制提供重要的技术储备。所以,发展端区二次流损失控制技术无论在科学研究上还是在工程应用中都具有极其重要的意义。

4.3　涡轮新颖结构设计技术

自 20 世纪 40 年代至 21 世纪初,军用发动机大致经历了从涡喷到涡扇发动机的 4 次更新换代。其中第一代已全部退役;第二代除英、美外,其他国家还在部分使用;第三和第四代为世界各国现役主战机种的动力装置。在更新换代期间,涡轮部件的性能有了很大的提高,如涡轮进口温度由 1 200 K 增至 1 850～2 000 K,推重比由 3～4 提高到 8～10,而不加力单位油耗则从 0.1～0.12 kg/(N·h)降到 0.06～0.07 kg/(N·h)。战斗机发动机的涡轮设计技术向效率更高、级负荷更大、级数更少、结构更紧凑、耐温能力更强、质量更轻的方向发展,大涵道比涡扇发动机则额外对经济、环保和可靠性提出了更高的要求,而对涡轮级数和结构紧凑性要求不如军用发动机严格。

涡轮部件结构设计是实现涡轮气动和冷却等功能的载体,更是实现结构紧凑和减轻质量的关键,目前航空发动机结构向着轻量化、整体化、复合化的方向发展;材料向着高温、高强、低密度的方向发展,这些需求的满足都依赖于一系列新型结构设计技术。

4.3.1　双材料整体叶盘技术

涡轮盘和涡轮叶片是构成航空发动机主要热端部件的重要部分。其中,轮盘在相对较低的温度下工作,主要受机械应力作用,要求具有较高的抗拉强度和抗疲劳强度;而叶片相对在较高的温度下工作,主要受离心力、热应力、气动力作用,要求具有良好的高温持久和蠕变性能。20 世纪 70 年代以前,受制造工艺水平限制,涡轮盘和叶片主要通过轮盘榫槽和叶片榫头形成的盘片榫接结构连接。由于盘榫连接结构中叶片榫头和盘榫槽的存在,大大增加了叶片和盘的质量。另外,叶片通过榫头和轮盘外缘的榫槽相连接,将作用在叶片叶身上的载荷传到轮盘上。从结构和强度角度分析,涡轮叶片和盘连接部分为应力集中区域。此区域承受的载荷主要为离心力和热应力,在交变应力的作用下,盘榫连接处极易产生疲劳裂纹。

双材料整体叶盘正是为了减重并避免盘榫连接处出现疲劳裂纹而出现的新结构。它是将叶片和盘件直接做成整体,而不需要任何机械连接,与常规叶片和轮盘结构相比,结构质量大幅减轻,减重可达到 30%～40%。作为航空发动机的一种新型结构件,整体叶盘在发动机风扇、压气机等相对冷端部件中已得到越来越多的应用,并先后开发出大量的制造技术。但是在工作环境非常苛刻的高压涡轮热端部件中,目前应用仍是空白。因为目前高性能航空发动机的涡轮叶片采用的都是定向晶或单晶材料制造,而且内部又有复杂的冷却通道,要与粉末高温合金涡轮盘连接在一起做成涡轮整体叶盘难度很大。现在不少国家都在开展这方面的研究,美国国防部的高性能涡轮发动机技术(IHPTET)的第三阶段计划要求,到 2020 年,战斗机发动机的涡轮都将采用整体叶盘结构,因为这种新型结构盘件具备很多优势,代表航空发动机涡轮盘制造的重要发展方向。

双材料涡轮整体叶盘采用特种工艺将粉末涡轮盘与叶片连接而成,粉末涡轮盘具有较高的屈服强度、抗拉强度和优异的低循环疲劳寿命,可以满足发动机长寿命、高可靠性的要求。叶片材料可根据不同的需要选用细晶、定向、单晶及纤维增强材料等,以满足叶片耐高温和高蠕变性能的要求。双材料涡轮整体叶盘可以充分发挥材料的潜力,达到涡轮盘、叶片的最佳组合,有利于涡轮的优化设计,减轻质量,提高发动机的总体性能。为了满足航空发动机高性能、高效率和长寿命的要求,美国 Honeywell 公司生产的 131 - 9A 型动力辅助装置二级涡轮转子采用了双材料涡轮整体叶盘结构[104],将粉末涡轮盘 LC Astroloy 与精密铸造的叶片环 IN713LC 扩散连接而成,这种整体叶盘已应用 10 多年,达到了较高的技术成熟度。

首先对粉末盘和细晶、定向叶片复合连接的双材料整体叶盘予以研究与应用,主要用于飞机辅助动力系统(APU)、涡桨、涡轴发动机中的小型燃气涡轮上。如美国通用汽车公司 DDA 分部将 PA101 粉末盘和 MAR - M246 叶环复合的整体叶盘用于 Allison250 型涡轴发动机及 GMA500 涡轴发动机的研制[104];Garrett 将定向凝固 MAR - M247 与 Astroloy 粉末盘连接制造的双材料径流式涡轮用于能源部的 AGT101 发动机[105]。

基于整体叶盘前期研究的技术基础与应用实践,美国、俄罗斯及欧洲均开展了粉末盘和单晶叶片复合连接的双材料涡轮整体叶盘研究,该项研究成果应用于工作条件极为苛刻的高压涡轮转子,需要攻克多项关键技术。双材料涡轮整体叶盘的制造依赖于粉末及单晶叶片制备、异材连接、异材界面无损检测等多学科多项技术的发展。目前,国外采用的单晶叶片与粉末盘复合连接技术包括焊接、热等静压、锻接、粉末激光或电子束熔覆成型等,其中焊接主要包括钎焊、线性摩擦焊、瞬时液相扩散连接(Transient Liquid Phase,TLP)扩散焊、局部感应加热扩散焊;热等静压连接主要包括粉-固连接和固-固连接方式。

美国在 1987 年实施的综合高性能涡轮发动机计划(Integrated High Performance Turbine Engine Technology Program,IHPTET)中,PW 公司将 CMSX - 4 单晶叶片与第三代粉末合金 NF3 盘采用锻接技术进行连接,制造出双材料整体涡轮叶盘[106],如图 4.64 所示,该涡轮的轮缘可承受温度达 815 ℃。近年来,美国 NASA 采用钎焊将 CMSX - 4 单晶叶片(今后可能采用 CMC 叶片)以传统的枞树形式与 ME3 合金连接制备涡轮整体叶盘(见图 4.65),采用的钎料为粉末或箔带状的 AMDRY BRB,通过调整工艺获得优质接头,接头强度基本与单晶合金和粉末冶金基体材料相当。奥本大学采用 TLP 扩散焊对 CMSX – 4 单晶与 IN738、IN939 的连接进行了研究,研发出了 Niflex – 110、Niflex – 115 中间层合金。焊接在粉末冶金的热处理温度下进行,TLP 焊接加焊处理后接头室温剪切强度超过 700 MPa。

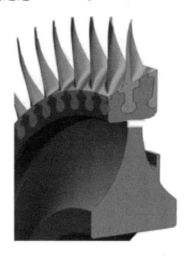

图 4.64　CMSX – 4 与 NF3 双材料涡轮整体叶盘　　　图 4.65　NASA 双材料涡轮整体叶盘

英国对涡轮整体叶盘的研制也比较活跃,RR 公司采用线性摩擦焊技术(LFW)将 CMSX – 4 单晶叶片和第三代 RR1000 合金粉末盘连接制备涡轮整体叶盘;德国 MTU 公司和 RR 公司合作,采用了线性摩擦焊技术制造了带单晶叶片的涡轮叶盘结构,带超级冷却叶片的高压涡轮整体叶盘已在核心机上进行了试验[107]。

德国 MTU 除了线性摩擦焊技术之外,还提出了其他几种可能的连接技术。一种是局部感应高频加压焊接技术(Inductive High-Frequency Pressure,IHFP),该工艺避免了线性摩擦焊工艺施加的大机械力,工件应力和变形小,可望用于单晶/粉末整体叶盘的焊接,图 4.66 为采用该工艺的设备。另一种是通过开坡口,然后采用激光或电子束粉末熔敷实现叶片与盘的连接。该工艺可以实现单晶与粉末冶金的完整

图 4.66　MTU 局部感应高频加压焊接设备

连接,但接头性能尚需做大量研究工作。另外,MTU 还提出了整体叶盘的结构方案及冷却方案,如图 4.67 所示,相邻叶片留出空间,以便采用线性摩擦焊、振荡摩擦焊及感应加热加压扩散焊工艺焊接[109]。

图 4.67 MTU 提出的单晶/粉末整体叶盘结构方案及冷却方案

热等静压扩散连接是涡轮整体叶盘连接技术的另一个重要方向。近年来,法国宇航研究院(ONERA)研究了第二代 N18 合金与 MC - NG 第四代镍基合金单晶叶片的热等静压扩散连接[108],该研究将完全固溶处理的单晶合金棒与 N18 粉末进行热等静压连接,对连接区单晶合金的组织变化、连接区的拉伸和蠕变性能进行了研究。

英国国防科学与技术实验室采用热等静压技术完成了 MC2 单晶叶片整体与Udimet720 细晶轮毂的连接,并制造出模拟盘。瑞典 Volvo 发动机公司在 20 世纪90 年代中后期,采用热等静压扩散连接研制了 CMSX - 4 单晶与 Udimet720 的涡轮整体叶盘,750 ℃的结合强度达到 800 MPa。

俄罗斯 LNT 采用热等静压技术制造了 Жс - 26y 单晶叶片与粉末高温合金ЭП741НП 的双材料涡轮整体叶盘,如图 4.68 所示。该技术采用粉-固连接方式,单晶叶片采用陶瓷镶块固定的方法。CIAM 采用有限元方法分析了双材料整体叶盘的热应力状态,并模拟计算了叶片与盘件采用不同连接界面形状时连接区的应力分布,给出了优化后的界面连接形状。目前,国外均针对各自采用的连接技术的技术难点进行重点攻关,试制的双材料涡轮整体叶盘样件已进行了试验考核,尚未进入型号应用阶段,技术成熟度达到 6 级。

我国一些科研院所和大学,在粉末高温合金与单晶、定向凝固合金复合界面的研究方面进行了积极的探索,开展了粉末高温合金与铸造细晶叶片的热等静压复

**图 4.68 Жс - 26y 与 ЭП741НП
热等静压涡轮整体叶盘**

合连接技术的研究;采用双材料热等静压扩散连接工艺,实现了粉末高温合金和单晶合金间的可靠连接。

单晶叶片与粉末盘的连接技术是双材料涡轮整体叶盘研究的关键,每种连接技术都有其技术优势及需要攻克的技术难点。如热等静压复合连接技术定位精度高,整个盘件可通过一次复合连接成型,但热等静压温度的选择需兼顾两种合金热处理制度;线性摩擦焊技术可经热处理后焊接,接头强度高,但依赖于复杂设备,叶片受力大,精度较难控制;局部感应高频加压焊接可避免施加大机械力,工件变形小,定位精度高,可经热处理后焊接,但需专用设备,叶片承受一定应力;钎焊及 TLP 扩散焊定位精度高,无焊接应力,单晶合金无塑性变形,设备要求低,但接头强度不易提高,存在合金热处理匹配问题。下面分别对两种连接技术进行介绍。

(1) 热等静压连接技术

采用单晶合金试样进行粉末/单晶高温合金粉-固与固-固连接工艺试验研究。采用计算机辅助设计技术对热等静压工装、包套及单晶试棒定位进行设计,研究单晶试棒在包套内的固定方式及定位方法,选择分别适合于粉-固与固-固连接的界面处理技术。通过工艺试验确定适合于粉末/单晶高温合金的热等静压温度、压力等关键工艺参数,并对连接后粉末、单晶合金及过渡区的组织性能进行分析评价,以确定该工艺方法对双材料涡轮整体叶盘的适应性。

(2) 焊接技术

采用合金试样进行粉末合金与单晶合金的非等温扩散焊及线性摩擦焊技术研究。其中非等温扩散焊主要采用锻接的方法,将粉末合金试样加热至变形温度后,用待连接的单晶试样在局部加热的粉末合金试样连接部位施压,使局部加热区域产生变形,即在将叶片试样植入粉末合金试样内的同时进行扩散连接。对两种焊接技术的基本工艺进行试验研究,确定工艺参数,解决焊接中存在的技术问题,对接头室温、高温及疲劳性能进行试验测试,并探索提高接头性能的方法。考察不同焊接技术下粉末材料、单晶材料及焊缝区的组织性能,以及对单晶再结晶的影响;同时,对所需的设备能力进行评估,以确定焊接技术对双材料涡轮整体叶盘的适应性及可行性。

双材料盘符合发动机涡轮盘工况特点,使材料的性能潜力得以充分发挥,盘件结构效益得到优化,盘体质量得以减轻,发动机推重比得到提高。因此,使用双材料盘是发展高推重比发动机不可或缺的关键技术之一,但双材料研究历时不到 40 年,尽管在 20 世纪 90 年代,已有少量双材料涡轮盘被应用在发动机上,但制造技术尚不成熟,仍需不断改进、完善和发展。

4.3.2　双辐板涡轮盘技术

涡轮盘是航空发动机的关键件,高温、高压、高转速,承受着较大的离心载荷和极端热载荷,这就要求涡轮盘应在高温环境下仍有足够的强度,以保证工作的可靠性和安全性。据统计,在航空发动机所有的非包容事故中,大约有一半是由涡轮盘的损坏引起的,其中又有大约 1/8 的结果是涡轮盘的破裂。这种涡轮盘的破裂和工作异常会给航空发动机带来灾难性的故障并危及飞行器的安全,所以美国联邦航空局(Federa Aviation Administration,FAA)将涡轮盘定义为航空发动机寿命限制件(Engine life-limited parts,即其故障将危及发动机的关键安全部件),并且在适航规章中明确规定涡轮盘在运行期间失效的概率必须低于 10^{-8} 次/飞行小时。

同时,现代航空发动机的发展趋势是使发动机具有更高的推重比、更低的耗油率、更强的可靠性,实现前两者的有效途径是:提高涡轮前温度、减轻涡轮盘的质量和增加压气机的压缩比。在没有得到充分的冷却时,过高的涡轮前进口温度会使得涡轮盘发生变形,缩短使用寿命。因此除了寻求新材料外,优化设计新的涡轮盘结构,减轻涡轮盘的质量,寻求合理的冷却结构和冷却方式,以达到更好的冷却效果和强度要求是极其重要的。

涡轮盘通常处于高温、高转速的恶劣工作环境下,载荷情况复杂,工作应力高,是发动机最主要的承力构件之一。高负荷高压涡轮盘的质量在发动机转子部件总重中占比较大,其结构设计一直是航空发动机设计中的一个重点和难题。因此对其进行结构优化设计,以减轻质量,对提高发动机的推重比意义重大。美国的 IHPTET 计划验证了一种新型的涡轮盘——双辐板涡轮盘[110],如图 4.69 所示。

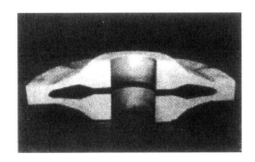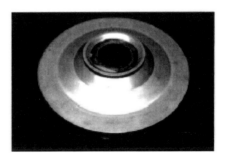

图 4.69　美国 IHPTET 计划中的双辐板结构涡轮盘

这一新型涡轮盘将传统的单一轮盘结构替换为两个辐板锻造粘接成的双辐板轮盘,即涡轮盘之间是空心的。一方面,冷却空气可以通过中心孔流入贯通双辐板之间的空腔,对轮盘内部直接进行冷却。通过对传统涡轮盘冷却空气只能从盘面流过的结构形式的改进,有效提高了涡轮盘的冷却效果,大幅减少了冷却空气的用量。另一方面,这种新型的涡轮盘在减轻轮盘质量的同时,可以使轮盘的温度分布更加均匀,减小热应力,特别是对大横截面积轮毂的高压涡轮盘,能有效减弱中心孔周向应力集中,延长涡轮盘的使用寿命。

美国的 IHPTET 计划中,对双辐板涡轮盘进行了详细研究。2003 年,PW 公司在 IHPTET 计划下成功完成了一种先进的发动机核心机(XTC67/1)的验证试验,发动机推重比提高了 53%,生产成本和维护成本分别降低了 23% 和 19%。为了减轻质量,XTC67/1 核心机的高压涡轮采用了难度极大的先进制造技术,该高压涡轮采用扩散连接的双辐板盘,即被连接的表面在不足以引起塑性变形的压力和低于被连接工件熔点的温度条件下,使接触面在形成或不形成液相状态下产生固态扩散而相连接的方法。目前,这种方法在航空航天领域有着广泛的应用。双辐板涡轮盘用两个对半的涡轮盘焊接而成,轮盘采用镍基合金材料。这种空心结构在满足了发动机高压涡轮盘负载和几何要求的情况下能有效地减轻发动机的质量,使涡轮盘的质量减轻了17%,同时使转子的最大物理转速提高了9%。

有关双辐板涡轮盘的公开资料少之又少,从国外已公开的资料中找到几篇,其技术专利相近,但没有相关的数值模拟、试验方法等实质性的文献资料。Cairo 1999 年申请了双辐板涡轮盘结构的专利[111],并在专利中给出示意图,如图 4.70 所示。Cairo 2002 年以该专利为基础,运用数值模拟的方法对这种涡轮盘的应力进行了分析,并讨论了加工和实验等相关问题[112]。

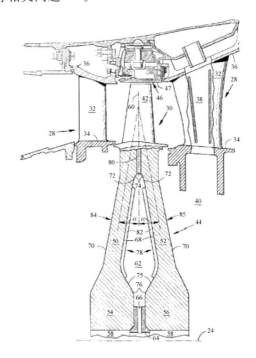

图 4.70　Cairo 设计的双辐板涡轮盘

Harding 2005 年申请了另一种双辐板涡轮盘结构专利[113],如图 4.71 所示。该结构通过增大轮毂尺寸,有效地减小了周向应力梯度,防止高转速下两个辐板由于轴向形变而发生接触碰撞。

此后,Burge 2011 年在高压压气机的最后一级轮盘上采用了双辐板方案[114],如图 4.72 所示。其原理与目的均与双辐板涡轮盘类似,在两辐板之间的空腔内通入冷气,更好地冷却轮盘,从而控制其热应力水平。

根据国外公开发表的关于双辐板涡轮盘的相关文献可知,关注点都围绕在双辐板涡轮盘强度分析和结构优化设计上,没有看到相关的制造与试验研究。目前所涉及的双辐板模型,其结构均与 Cairo(见图 4.70)、Harding(见图 4.71)设计的相似。Cairo 的双辐板涡轮盘结构,盘缘处有通孔,冷却空气可以从涡轮盘内腔直接进入叶片的内冷通道进行冷却,省略了预旋结构,可将冷却空气在空腔中的流动简化为带有高位径向出气的轴向通流旋转盘腔模型。Harding 的双辐板涡轮盘结构,其在盘缘处没有通孔,冷却气流只对轮盘内部进行冷却,同时需附加预旋结构将冷却空气导入转子叶片内冷通道,该冷却结构可简化为预旋盘腔模型和轴向通流旋转盘腔模型。

图 4.71 Harding 设计的双辐板涡轮盘

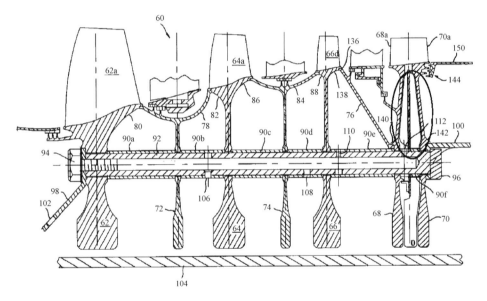

图 4.72 双辐板高压压气机盘

国内方面,对双辐板涡轮盘也开展了相关的结构强度、焊接工艺和试验等基础性研究工作,突破了双辐板涡轮盘设计、制备及焊接工艺等关键技术,初步掌握了双辐板涡轮盘结构设计及工艺方法,为双辐板涡轮盘的工程应用奠定了技术基础。

双辐板涡轮盘结构主要有非焊接结构和前后半盘焊接结构两种形式,如图 4.73 所示。

图 4.73(a)所示的盘心浅槽式(结构 1)无须进行焊接操作,避免了焊缝的存在,可直接通过机械加工的方式制造,相比传统单辐板涡轮盘,其结构形式具有一定的减重效果,但轮毂部分并无太大改变,热惯量和机械惯量仍较大,且轮毂位置需具备一

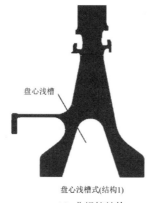

盘心浅槽

盘心浅槽式(结构1)

(a) 非焊接结构

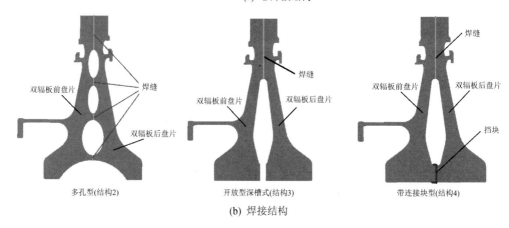

双辐板前盘片 ⎫ ⎬ 焊缝
双辐板后盘片 ⎭
多孔型(结构2)

双辐板前盘片　双辐板后盘片　焊缝
开放型深槽式(结构3)

双辐板前盘片　双辐板后盘片　焊缝
挡块
带连接块型(结构4)

(b) 焊接结构

图 4.73　不同形状的双辐板涡轮盘构型

定的宽度以便于盘心浅槽设计,盘心浅槽的加工也会受盘心孔尺寸的限制。该方案在辐板与轮毂连接位置的应力梯度偏大,盘缘径向变形大,对提高破裂转速极为不利,减重带来的优势无法弥补减重带来的应力突增。

与非焊接结构相比,图 4.73(b)所示的焊接结构是由 2 个对称半盘零件焊接成的中空双辐板结构,具有显著的减轻质量和提高强度储备系数等优势。

图 4.73(b)所示的多孔型双辐板涡轮盘(结构 2),其减重效果较明显,且较非焊接结构(结构 1)应力显著降低,但局部应力水平仍较高。这种结构存在多个焊接区域,工艺难度大,难以实现。

图 4.73(b)所示的开放型深槽式双辐板涡轮盘(结构 3),基于多孔型双辐板涡轮盘结构的启发,将多孔型双辐板中各个孔联通,一方面可以减轻质量,另一方面由于浅槽结构消失,能够更好地实现结构优化。开放型深槽式双辐板从形式上更接近双辐板的形式,不像单浅槽和多孔型结构有材料轴向的支撑,其结构轴向刚度弱,在工作载荷下,辐板出现了较大的轴向向内变形,虽然子午面周向应力较前两种方案有提

升,工艺上也容易实现,但较大的轴向变形产生的当量应力使得结构难以满足设计的要求。

图 4.73(b)所示的带连接块的开放型深槽式双辐板涡轮盘(方案 4),基于上面各种结构的认识和优化结果给出的构型的启发,在双辐板结构设计时,一方面从提高破裂转速和减重的角度,需要从轮盘高质心部位开始削材料,同时还要通过适当的结构加强双辐板轮盘的轴向刚度,形成了带连接块的开放型深槽式双辐板结构。这种结构从减重效果上看不如前面几种焊接结构,但从平均应力储备、局部应力值和工艺可达性的角度来看,带连接块的开放型深槽式双辐板涡轮盘是目前工程上可行且可实现的结构。

焊接结构的双辐板涡轮盘进行制造时,需首先加工出 2 个对称的半盘结构,然后通过摩擦焊或热等静压扩散焊等方式将 2 个半盘粘合在一起,利用机械加工等方式完成盘的最后成型。在加工过程中需要解决以下关键问题:① 保证 2 个半盘之间具有足够的连接强度,避免双辐板涡轮盘在工作中分开;② 保证 2 个半盘之间的同心度,避免不同心带来附加应力,影响涡轮正常工作;③ 处理好轮盘焊接后结合部位产生的飞边,尤其是冷气通道内部的飞边。

双辐板涡轮盘是为新一代高性能航空发动机设计的一种新型结构。其在减轻质量、提高冷却效率等方面比常规涡轮盘有明显优势,突破了常规涡轮盘的材料耐温极限。若要进行工程应用还需突破一系列制造工艺方面的技术,但诸多优点已经表明其在未来的新一代高性能航空发动机设计中有着广泛的应用前景。

4.3.3 咬嘴式非接触封严技术

随着航空事业的迅猛发展,现代航空发动机的涡轮进口温度以及增压比不断提高,导致发动机转静盘腔之间的封严系统的泄漏问题日益严重,而封严结构的优劣直接影响到航空发动机的性能。高水平高性能的封严结构对减少封严系统的泄漏有着重要的作用,从而大幅提高发动机的效率,并可以增加发动机的推重比,降低发动机的耗油率。国外研究结果表明,在达到改善发动机相同性能的目标下,通过采用先进封严技术的费用只是该航空发动机气动设计和结构设计费用的 $1/5 \sim 1/4$。未来航空发动机性能的提高,其中有一半取决于泄漏量的降低和封严系统性能的改进。由此可见,改进和开发新的封严技术,对于提高未来航空发动机的性能具有十分重要的意义。

封严可分为接触式封严和非接触式封严两种。接触式封严是把极大的压力集中到密封面很小的接触面上,使得密封面发生变形,从而保证密封面之间的间隙几乎为零,来达到封严效果。非接触式封严是用一种极窄的间隙替代密封填料,通过设计适当的间隙形状和尺寸,使得流体流过密封间隙时会产生一个极高的流阻,以使通过密封间隙的泄漏量保持在一个比较低的水平。非接触封严的优点在于结构简单、运行可靠,而且几乎可以不需要维修保养。

篦齿封严是现役航空发动机中广泛使用的一种有效的、长寿命的封严结构,它是利用通道的突扩和突缩增加流阻以限制流体泄漏的非接触式封严,流体经过节流间隙时,上游流体的压力能通过节流作用转化为速度能,然后在齿腔内速度能通过湍流旋涡耗散为热能。其密封效果主要取决于其密封间隙的大小和齿数的多少,具有耐高温、没有摩擦损耗和适用于高转速状况等优点,这些优点已使其成为先进密封技术领域的一个重要研究方向。

航空发动机的盘缘咬嘴式封严是一种由涡轮导向叶片和工作叶片叶根下方的空腔部分及盘上部所组成的结构,属于非接触式密封,它用来阻止或者减少主流高温燃气进入到转静子之间的盘缘空腔。在先进的燃气涡轮发动机中,高压涡轮盘通过盘腔间隙的冷却气体得到冲刷。这股气流减少了负载在涡轮盘上面的热量,同时也阻止了主流高温燃气进入转静子之间的盘腔。高温燃气的进入是由主流和次流的压差导致的:当主流压力高于次流压力时,主流气体就会进入到次流通道内;当次流压力大于主流压力时,次流气体就会进入到主流。次流通道内的冷却流体通过咬嘴式非接触封严结构掺混到主流气流中,如图 4.74 所示。

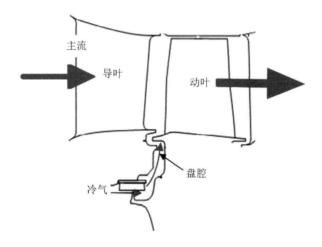

图 4.74　盘缘咬嘴式非接触封严结构示意图

1. 工作原理

咬嘴篦齿的封严原理非常复杂,主要分为下面几个机理。

(1) 摩阻效应

当气流在咬嘴封严结构内流动时,由于流体的黏性产生摩擦,从而使得流动速度降低,泄漏量减小。概括来说,封严通道的沿程阻力和局部阻力组成了所谓的摩阻效应,沿程阻力和封严通道的截面形状有关,局部阻力则和封严通道的弯曲程度以及其几何形状相关,一般来说,通道长,弯曲度较大时,泄漏量较小。

（2）透气效应

篦齿中的气流膨胀过程见图 4.75。理想情况下，可以认为气流在封严通道的齿腔内膨胀，其动能全部转化为热能，但是这是建立在齿腔无限大的情况下的。在一般的咬嘴篦齿当中，流体并不会无限膨胀，而靠近壁面的流体其速度也只是略微地减小，直接流向了低压部分，这种现象称为"透气效应"。图 4.75 为咬嘴封严透气效应的焓熵图，在第一个节流口做等熵变化，压力由 p_0 降至 p_{1v}，但在齿腔内做恢复时，只能从 1v 回到 $1'$，从而留下了 Δh_1 作为下一个节流口的速度能，即透气能量。

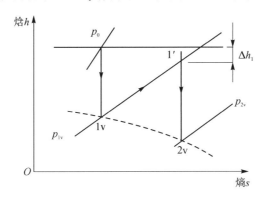

图 4.75　篦齿透气效应焓熵图

（3）热力学效应

气体通过封严通道齿间节流口以及齿腔的流动可做如下描述：当气流接近下一个入口时，气流压缩和加速，在离间隙最小处附近获得最大的速度，当进入齿腔时流速截面突然扩大，同时，空腔内有强烈的旋涡形成，从能量的角度来说，在节流口的前后，流体的压力转变为了动能。当温度下降时，气流高速进入到齿腔当中，体积突然发生了膨胀，同时形成了强烈的旋涡，最后的结果是绝大部分动能转化为了热能，并被齿腔内的气流所吸收，从而使得温度提高，焓值又恢复到了接近间隙时的值，只有一小部分的速度能进入到下一个间隙。

（4）收束效应

当流体通过节流口时，会因为惯性的影响而产生流束截面减小的现象。设最小截面积为 A，当收束之后，流束的最小截面积为 $C_c A$，此处的 C_c 就是收缩系数，如图 4.76 所示。咬嘴封严节流口的流量系数与篦齿齿尖间隙的形状以及壁面的粗糙度有关，对于非压缩性流体，其流量系数还与雷诺数有关；而对于可压缩流体，则与增

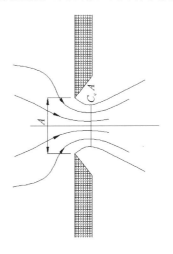

图 4.76　收束效应示意图

压比及马赫数有关。同时,篦齿节流口的流动状态也会对流量系数产生影响,所以在咬嘴封严结构当中,不能将一个节流口的流量系数当作所有节流口的流量系数,通常来说,第一级节流口的流量系数相对较小,第二级以后的节流口其流量系数相对较大。

2. 研究进展

将航空发动机常见的咬嘴封严结构通过参数化定义为统一的结构模型,并基于软件分析开展咬嘴封严几何结构参数以及流体气动参数对篦齿泄漏特性影响的正交试验研究,利用正交试验设计安排咬嘴封严几何参数对泄漏影响的试验组,利用直观与方差分析手段定性和定量分析数值试验结果,找到各个几何参数对咬嘴封严特性的影响趋势图,并得到了咬嘴封严几何参数以及流体气动参数对泄漏量影响的权重大小,为航空发动机咬嘴封严结构设计和优化提供了参考依据。图 4.77 所示为试验设计方法对比。图 4.78 所示为咬嘴封严参数选择。

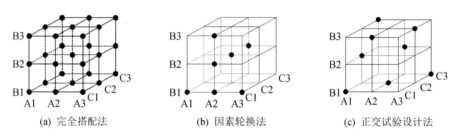

(a) 完全搭配法　　　　(b) 因素轮换法　　　　(c) 正交试验设计法

图 4.77　试验设计方法对比

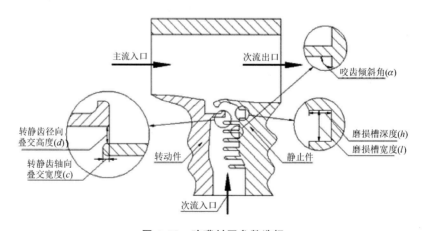

图 4.78　咬嘴封严参数选择

咬嘴封严特性正交试验的主要参数有:齿数(N)、转静齿径向叠交高度(d)、转静齿轴向叠交宽度(c)、齿腔凹槽深度(h)、齿腔凹槽宽度(l)、咬齿倾斜角(α)、主流总增压比(π_1)、次流总增压比(π_2)、转速(n),总计 9 个因素,每个因素选用 8 个水平,如果全面进行试验则需要计算的模型样本数量为 $9^8 = 43\ 046\ 721$ 个,试验次数已经远远超出了工程可行性的范围,因此采用正交试验的方式进行优化设计研究。

正交试验设计是借助正交表来合理地安排试验组,本例选用 $L_{64}(8^9)$ 型正交表,它的各项示意如图 4.79 所示。

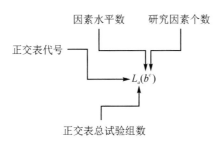

图 4.79 正交表示意图

4.4 涡轮冷却叶片先进设计技术

涡轮叶片在高温燃气包围下工作,它不仅承受高速旋转时叶片自身产生的巨大离心力,还承受高速燃气带来的气动力、热应力、振动负荷,并且热燃气作用下还易氧化、腐蚀。另外,由于航空发动机的工况不断变化,涡轮叶片还得经受冷热疲劳,所以它是发动机中工作条件最为恶劣的零件。特别是第一级涡轮工作叶片的高温强度,对涡轮前燃气温度的选择起着决定性作用,而该温度对发动机性能影响极大。航空发动机发展过程始终围绕着如何提高涡轮前的燃气温度进行。为达到不断提高燃气温度的目标,早期一直是从两方面着手:研制、发展耐更高温的材料;发展、改进叶片的冷却结构,以降低在高温燃气包围下的叶片金属材料温度。目前热障涂层已成为进一步提升叶片承温能力的手段,逐步发展成涡轮冷却叶片设计不可或缺的技术。

在涡轮叶片冷却技术方面,借助现代计算分析手段和先进的试验方法,不断细化、完善复合冷却技术,在追求更高冷却效果的同时,减小流动阻力等负面影响。而对于更加先进的航空发动机,涡轮叶片逐步采用了双层壁冷却,新的冷却技术在提升冷却效果的同时,也对制造工艺提出了更高的要求。

作为起步较晚的涡轮叶片热障涂层技术,近年来得到了高速发展,逐步成为先进涡轮叶片设计的第三种手段,被广泛应用于航空发动机/燃气轮机设计中;与此同时,由于涡轮叶片壁面温度的提升和表面增加了热障涂层,叶片表面外来附着物影响日益严重,外来附着物防护技术引起了世界范围内的广泛关注。

对于下一代大推力先进航空发动机,在涡轮进口温度进一步提高的同时,随着压气机压比的提升,引自压气机出口、用于冷却涡轮叶片的冷却空气温度也在不断升高,已不适宜用于冷却涡轮叶片,必须降低冷却空气的温度,对冷却空气进行预冷。

用作预冷的换热器研究目前有两个方向,包括空-空换热器和空-油换热器。

4.4.1 复合冷却技术

1. 复合冷却技术简介

目前,航空发动机涡轮进口温度远远高于涡轮叶片材料的使用温度,因此必须采用冷却技术降低叶片表面温度。航空发动机涡轮冷却叶片多采用复合冷却,以实现涡轮叶片的高效冷却,使叶片承受更高的工作温度,进而提高发动机的工作效率。

常见的复合冷却形式包括:冲击孔、气膜孔、尾缝、冷却通道、粗糙肋、扰流柱等结构。不同冷却结构各具特点,需结合叶片内外流动情况、传热特点、内部结构情况和工艺水平进行有机组合与合理配置,以满足叶片冷却和结构完整性需求。

典型的复合冷却结构如图 4.80 所示[115-116]。

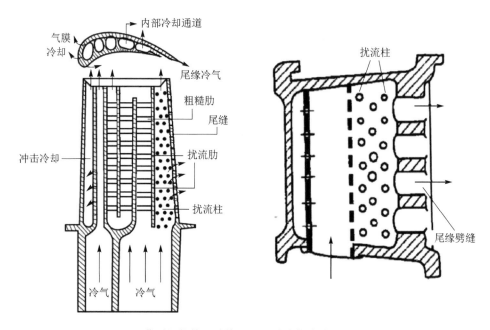

图 4.80 典型涡轮转子叶片和导向叶片复合冷却结构示意图

2. 复合冷却技术特点

(1) 冷却流路优化

涡轮冷却叶片在早期便采用冷却通道换热的方式,在叶片内部设计若干空腔,引入冷却空气在空腔中流动,通过冷却气体的对流换热作用,带走叶片热量,从而降低叶片表面温度。该方式作为一种基本结构形式延续和发展至今。目前带有冷气通道的冷却结构广泛应用于各型冷却叶片,随着研制水平的提高,冷却通道从简单直通道和回转通道,发展为复杂冷却通道,并与其他冷却结构相结合,叶片冷却效果有了明显提高。涡轮叶片复合冷却结构发展历程如图 4.81 所示。涡轮叶片工作温度从早期 1 200 K 左右(直通道结构)提升至 2 000 K 以上(层板结构)。

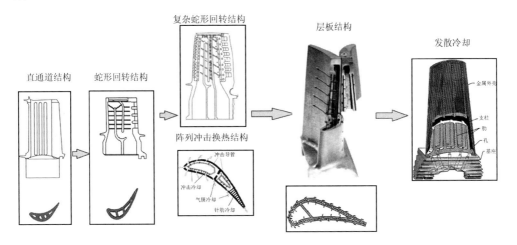

图 4.81　涡轮叶片复合冷却结构发展历程

(2) 肋壁强化换热技术不断提高

　　增加叶片内壁面与冷气的接触面积有助于叶片冷却能力的提升。叶片内壁面带有不同形式的粗糙肋有利于增大冷气侧接触面积。早期涡轮冷却叶片内腔不带有粗糙肋,随着叶片工作环境温度的不断提高,叶片开始增加强化换热的肋壁结构。苏联最早提出了交错肋冷却方案,并应用于工程中。典型交错肋结构和带有斜肋回转通道复合冷却结构如图 4.82 所示。Bunker 的试验表明,涡流矩阵的矩阵通道的努塞尔数比光滑通道平均提高 3 倍,Saha 开展的试验表明交错肋换热能力提高了 4～5 倍。

　　与此相对应,肋壁换热也得到了深入研究。在换热能力、流阻、流动条件和粗糙肋几何结构之间发现大量规律。研究人员提出了大量粗糙肋结构形式,如矩形肋、圆柱形肋、椭圆形肋、针形肋、V 形肋、丁坑、丁泡等,如图 4.83 所示。

　　基于这些研究成果,现阶段高压涡轮工作叶片往往对粗糙肋进行精细化设计,粗糙肋由横肋优化为成一定角度的斜肋。计算表明在特定条件下,角度经过优化的斜肋与横肋相比,努塞尔数提高 20%～50%[154]。带射流冲击的扰流柱复合冷却叶片尾缘区域往往较薄,内部区域狭小,肋片和冲击孔难以布置,容易受到热应力影响,冷却难度较大。在叶片内腔中可以设计出连接叶盆和叶背的柱形结构,起到增大冷气端接触面积、提高冷却效果的作用,与此同时还能起到结构支撑作用。这种结构称为扰流柱强化换热。

　　对流换热形式的冷却能力有限。为了进一步降低叶片表面温度,冲击冷却结构应运而生。通过叶片内腔小孔,向叶片内壁面喷射冷气。这一冷却形式大大增加了

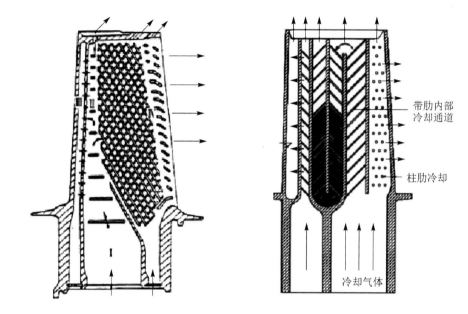

图 4.82 交错肋结构和带有斜肋的回转通道复合冷却结构

带肋内部
冷却通道

柱肋冷却

冷却气体

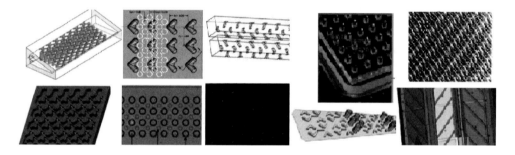

图 4.83 不同形式的粗糙肋

冷气端换热系数,起到了提高叶片冷却效果的作用。目前,冲击冷却在导向叶片和转子叶片上均得到了广泛采用,尤其是用于对叶片局部高温区域冷却。

带射流冲击的扰流柱复合冷却结构将上述两种冷却结构结合在一起[117],如图 4.84 所示。试验表明,增加冲击冷却结构后,扰流柱换热能力显著增强。

(3) 叶身斜下吹气气膜孔

针对缘板泄漏流气膜冷却存在冷却盲区的问题,有学者提出了一种冷却方式:通过在叶身上布置离散气膜孔来专门冷却靠近压力面一侧的缘板区域[118],如图 4.85 所示。数值模拟计算表明,通过合理地搭配孔高和吹风比,能够同时实现缘板气膜冷效增大和换热系数减小,从而降低热负荷,改善缘板气膜冷却盲区,具有较大的研究潜力。

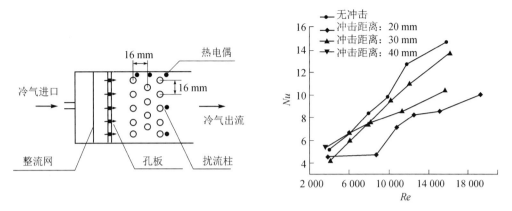

图 4.84 带射流孔板的扰流柱复合冷却试验装置示意图与换热效果对比图

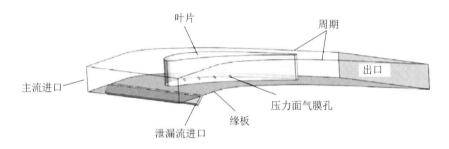

图 4.85 叶身斜下吹起气膜孔

(4) 涡轮叶片前缘凹槽气膜冷却

为了改善叶片前缘气膜冷却覆盖效果,学术界提出一种前缘开槽结构[119],如图 4.86 所示。分析表明,该结构有利于提升前缘气膜冷却效率,特别是提升前缘滞止线附近区域的气膜冷却效率;能在较小的吹风比下较大程度地提高气膜冷却效率,有利于冷气用量的减少。

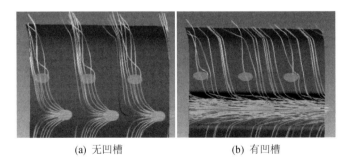

(a) 无凹槽   (b) 有凹槽

图 4.86 涡轮叶片前缘凹槽冷却结构

图 4.87 所示为吹风比 $M=1$、2 情况下开槽与不开槽结构冷却效果对比图。

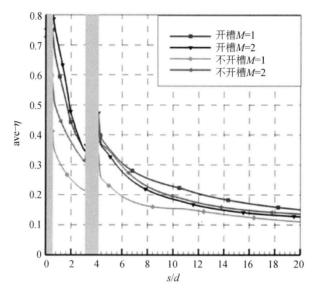

图 4.87　吹风比 $M=1$、2 情况下开槽与不开槽结构冷却效果对比图

(5) 二维缝气膜冷却

现有的气膜孔由于离散分布的原因,无法保证冷气在叶片表面均匀贴覆。针对这一问题,二维缝气膜冷却结构应运而生。该结构可以提供均匀覆盖的冷却射流,是一种更为有效的叶片外部冷却方式。在此基础上,又产生了一种网格缝冷却结构,并应用于层板冷却结构中,如图 4.88[155] 所示。在特定条件下,网格缝结构平均冷却效率比圆柱孔提高 167% 以上。

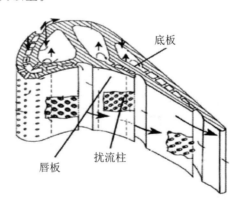

图 4.88　网格缝冷却结构

(6) 新型气膜孔结构

气膜孔结构对冷却效率影响较为显著。针对传统圆柱形气膜孔存在有害的涡流动,人们对气膜孔形状开展了探索和研究,提出了各种方案,提高冷气附着能力,其中包括异型孔、带复合角气膜孔、双射流孔、姐妹孔、分支孔等方案,如图 4.89 所示。

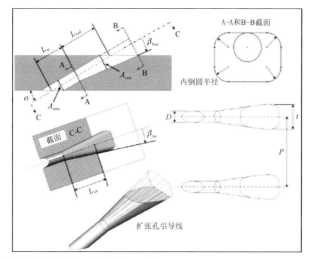

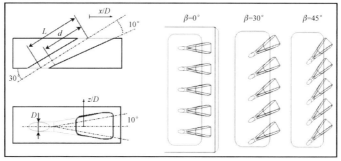

图 4.89　新型气膜孔方案

3. 发展前景

随着研制经验的积累和设计水平的提升,在现有复合冷却的基础上,对冷却结构进行精细化设计,优化内壁粗糙肋角度,优化气膜孔几何参数。近年来,关联式和数值模拟的精度对传热和阻力计算的结果精度从 $20\%\sim25\%$ 提高到 10% 左右。借助于 CAD 三维建模技术、CAE 仿真技术、计算机优化技术,在叶片设计过程中,对多尺度特性和多学科耦合问题加以分析研究;对传热-阻力特性进行综合分析和评价,使产品在设计之初就具备较高水平的综合性能。

4.4.2　层板冷却结构设计技术

1. 技术简介

层板冷却是一种先进的复合冷却方式,具有冲击冷却、内部强化冷却和叶片燃气侧全气膜冷却的特点,接近全发散冷却的效果。这种冷却方式充分利用了冲击冷却换热系数高的优点,同时又发挥了叶片壁面内部强化传热的效果,并结合了气膜冷却的优点,因此能具有更好的冷却效果。层板冷却结构主要由外层板、内层板和中间的扰流柱(或扰流肋等)三个部分组成,相比传统的冷却换热结构,流动换热更加复杂,对流换热的效果更强,综合换热效果更好。从某种意义上来说,层板冷却是一种近似发散的冷却。

层板冷却多用于燃烧室和涡轮叶片,其制造的关键技术是复杂冷却回路的计算机辅助设计和"照相—腐蚀"或"照相—电解"工艺,也可以采用激光和电子束等特种工艺加工。近些年发展起来的先进铸造技术也使得层板制造迈上新台阶,具有了工程可用性。

相比传统的"对流+冲击+气膜"冷却形式,层板冷却具有较大的优势。在相同冷却效果的情况下,层板冷却空气流量可比常规气膜冷却减少 30%～50%,采用相同冷气量的情况下,可以使叶片寿命提高 2～4 倍。

典型层板冷却结构如美国 AADC 公司研制的 Lamilloy 层板结构和 RR 公司的 Transply 多层板结构,如图 4.90 所示[120]。

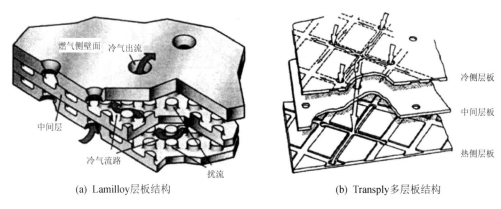

(a) Lamilloy层板结构   (b) Transply多层板结构

图 4.90　层板结构单元示意图

Lamilloy 层板冷却结构是由多个金属层板通过焊接叠合而成的,层板之间通道内有很多加强对流换热的扰流柱。冷却气体进入层板冷却结构,在层板之间的通道内进行对流换热,并且通过层板上的孔冲击层板下一层,进行冲击冷却,最后冷却气体通过最外层层板小孔喷出,在高温部件表面形成气膜,从而保护高温部件,而且可以通过改变层板的几何结构来提高冷却效率。和 Lamilloy 层板冷却结构不同,Transply 层板结构在层板之间是内部流通通道。冷却气体进入进气孔后,直接冲击层板内壁,然后沿着内部通道进行对流换热,最后从出气孔流出。

2. 发展历程

20 世纪 60 年代美国 Allison 公司开展层板结构研究,采用有蚀刻精确微细通道的薄片,多层扩散焊接形成多层多孔冷却结构,但当时由于材料和制造水平的限制,长期处于徘徊的阶段。20 世纪 90 年代,美国 Allison 公司通过采用铸造工艺替代锻造工艺等措施,将层板结构叶片逐步发展起来。多孔层板结构叶片在 GMA301X 验证机上,对 CMSX-4 材料层板结构涡轮工作叶片和涡轮导向叶片所进行的试验取得了很好的效果。

俄罗斯近几年也开展了铸造层板技术研究,并且得到了可在 2 100 K 以上温度下工作的高效冷却涡轮叶片(见图 4.91)。经冷效试验,叶片冷却效果系数达到 0.6 以上[121]。

1991 年 11 月—1994 年 6 月,在 IHPTET 研究计划 JTDE 分研究计划下的变循环验证机核心机 XTC-16/1A 和 XTC-161B 上,AADC 公司验证了 Lamilloy 结构的变几何高压涡轮导向叶片、喷涂热障涂层的 Lamilloy 结构的涡轮导向叶片和单晶材料 Lamilloy 结构的涡轮工作叶片,达到了 IHPTET 研究计划第 2 阶段确立的涡轮进口温度等性能目标[122]。

XTC-16/1B 核心机高压涡轮工作叶片由多块芯体制造而成,叶尖采用气膜冷却,导向叶片和多块端壁由常规的 Lamilloy 结构加工(见图 4.92)。而 XTC16/2 核心机验证机的高压涡轮经过了改进,工作叶片改为单块芯体沿一块中心翼条连接制成,叶尖由 Lamilloy 结构 Castcool ® 加工;导向叶片和端壁由单块单晶 Lamilloy 结构 Castcool ® 加工[123]。

图 4.91　俄罗斯层板涡轮叶片结构　　　　图 4.92　XTC-16/1B 验证机涡轮导向叶片

3. 技术要点

层板冷却在设计上需要关注层板结构布置,以及内层冲击孔、中间层扰流柱、外层气膜孔的相互位置、布局、结构尺寸等,需要在计算、试验的基础上综合评估,从而获得好的冷却效果。同时需要结合制造工艺的特性,在细微尺寸的布局和组合上进行充分考虑。

在发动机涡轮叶片结构设计上,可以根据叶片结构的尺寸大小,对叶盆和叶背采用层板结构,而在前缘采用"冲击冷却+气膜冷却"或者"气膜冷却"的冷却方式,尾缘由于空间狭小,无法布置层板结构,只能采用半劈缝或者全劈缝的气膜冷却方式。层板冷却结构设计较为复杂,参数控制变量较多,需要重点研究典型层板结构单元的流动、换热特性,并建立相应的设计方法和数据库。

层板结构叶片由于拥有较多结构复杂的冷却设计元素,结构复杂且精度要求高,因此制造工艺复杂,难度大,同时发动机对涡轮冷却叶片高可靠性的研制要求,使得层板冷却叶片相比传统涡轮冷却叶片对制造工艺成熟度的要求会更高。层板结构叶片的制造往往会采用单晶材料,单晶材料层板涡轮叶片的制造技术需要更加关注。

4. 发展前景

相比传统冷却方式,层板结构叶片在使用冷气量减少 1/3 的情况下,冷却效率可达到 0.7,对提高发动机性能极具潜力,有良好的应用前景。结合先进耐高温单晶合金材料,层板叶片在使用较少冷气量的情况下,可以在 2 000~2 150 K 燃气温度环境下稳定地工作,加以其他防护手段(低热导率热障涂层等技术),层板涡轮叶片可以在更高的燃气温度环境下使用。美国 F136 发动机高压涡轮导向叶片采用了Lamilloy 层板结构,并开展了发动机上的验证工作。从目前的发展趋势判断,层板结构涡轮叶片将应用于未来先进军用战斗机发动机或者涡轮进口燃气温度极高的燃气轮机。

4.4.3 涡轮叶片热障涂层技术

1. 基本原理

热障涂层(简称 TBC)是一种表面处理技术,指在涡轮冷却叶片外表面涂覆一层隔热层,利用隔热材料的高耐温、低导热特性,阻隔高温燃气对涡轮叶片传热,用以降低叶片基体温度的方法。热障涂层结构与隔热原理如图 4.93[124] 所示。

导热系数是热障涂层选材的关键,导热系数越低,隔热效果就越好。选用陶瓷做低导热材料的涂层称作陶瓷热障涂层,以 ZrO_2(氧化锆)为主晶相的陶瓷材料具有导热系数低(金属的 1/10)、熔点高(2 677 ℃)、惰性(不易与金属发生反应),以及相对较高的热膨胀系数,使其成为理想的热障材料。但纯 ZrO_2 在不同温度下,会发生伴有 4% 体积变化的相变,导致涂层内裂纹和材料损坏。因此,一般使用 Y_2O_3(氧化钇)等做稳定剂,制成部分稳定的多晶相氧化锆(常用 YSZ 表示)。其在加热过程中发生的微量相变,一方面伴随相变产生的体积收缩能抵消一部分热膨胀;另一方面相变吸收能量,减缓了裂纹扩展,并能通过自由膨胀和收缩来缓解释放中间粘接层与陶

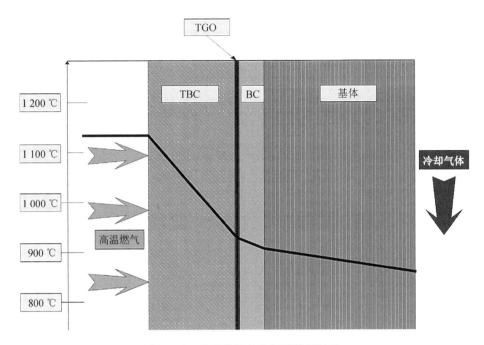

图 4.93　热障涂层结构与隔热原理图

瓷层因热膨胀系数不匹配而产生的热应力,因此具有较好的抗热震性和较长寿命。采用质量分数为 6%～8% 的 Y_2O_3 的部分稳定 ZrO_2,在 1 100 ℃ 时具有最好的抗热震性能,故一般选用质量分数为 6%～8% 的 Y_2O_3 的部分稳定 ZrO_2 做涡轮叶片热障涂层面层,这是目前为止工程应用最广泛的热障涂层材料。涡轮叶片表面喷涂热障涂层形貌如图 4.94 所示。

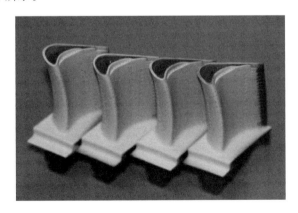

图 4.94　表面带有陶瓷热障涂层的涡轮叶片

陶瓷材料导热系数低,热胀系数小于高温金属,虽然 ZrO_2(氧化钇的部分稳定氧化锆 YSZ)是高温陶瓷中热胀系数最高的,也只有高温合金基体的 70% 左右,如果直接涂覆在金属表面,由于热胀系数的差异将导致涂层脱落,达不到工程应用的目的。为解决这一问题,必须在陶瓷涂层和金属基体之间增加金属粘接层(底层),在金属和陶瓷之间起粘接和缓冲热应力的作用。一般选用 Al - Ni、Pt - Al、MCrAlY 等合金,目前 MCrAlY 应用最广泛,金属粘接层既能满足粘接陶瓷层的要求,同时又能提供涡轮叶片所必需的抗高温氧化腐蚀能力。其抗氧化机理是:在高温氧化环境中,在粘接层表面形成 Al_2O_3 保护性氧化层,当 Al_2O_3 膜致密、膜层薄、生长缓慢且与基体结合牢固时,可阻止粘接层进一步氧化,达到保护基体的目的。因此,目前工程上广泛应用的陶瓷热障涂层一般是由陶瓷层(面层)和金属粘接层(底层)两部分组成的。

2. 技术发展历程

自 1953 年,美国 NASA 研究中心首先提出了热障涂层这一概念,国外热障涂层已经有了 60 多年研究历史。早在 20 世纪 50 年代末,采用等离子喷涂制备热障涂层对发动机热端部件进行防护研究工作就已开始;20 世纪 70 年代,由于双层涂层系统开发和热障涂层研究获得突破,等离子喷涂热障涂层成功应用于燃气轮机涡轮叶片、导向叶片;20 世纪 80 年代美国、德国运用 EB - PVD 技术制备了新一代热障涂层,并实现了工程应用;90 年代中期,乌克兰 Paton 国际电子束中心研制低成本 EB - PVD 设备,使 EB - PVD 技术制备热障涂层应用更加广泛,在现代高性能发动机中,包含燃烧室、高压涡轮导向叶片、高压涡轮转子叶片在内的整个热端部件,全部使用热障涂层,如图 4.95 所示。

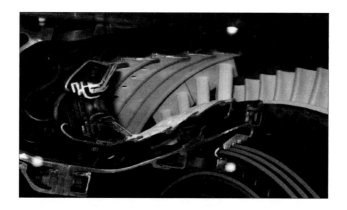

图 4.95 发动机剖视图——热端部件热障涂层应用情况示意图

近年来,兼具 APS 涂层层状结构/纳米结构和 EB - PVD 涂层柱状晶结构涂层优势的制备技术是业界竞相研究的重点,包括等离子喷涂垂直裂纹结构涂层(segmented crack coating)、低压等离子喷涂或等离子物理气相沉积技术(LPPS - TF/PS - PVD)等。国外热障涂层应用研究现状如表 4.1 所列。

表 4.1　国外热障涂层应用研究现状

类　别	制备工艺	材　料	应　用
第一代	APS	MSZ 面层、MCrAlY 底层	J75 燃烧室首次应用
第二代	APS	YSZ 面层、NiCoCrAlY 底层（LPPS）	P&W、R&R、GEAE、JT9D、PW2000、PW4000、V2500、RB21、EJ200、CF6－50 等发动机的涡轮叶片、燃烧室
第三代	EB－PVD	YSZ 面层、NiCoCrAlY 或 Pt－NiAl 底层	P&W、R&R、GEAE、SNECMA、PW2000、JT9D－7R4、V2500、F119、CFM56－7、F414、M88－2 等发动机的涡轮叶片
新一代热障涂层技术	LPPS SAPS PS－PVD	稀土氧化物掺杂 YSZ 或 $La_2Ce_2O_7$ 陶瓷面层，金属间化合物 β－NiAl 底层	暂无

3. 热障涂层制备

目前规模化应用的热障涂层成熟制备技术主要包括大气等离子喷涂（Air Plasma Spraying，APS）和电子束物理气相沉积技术（Electron Beam－Physical Vapor Deposition，EB－PVD）。除此之外，超声速等离子喷涂法（SAPS）、等离子物理气相沉积法（PS－PVD）、激光熔覆法和化学气相沉积法（CVD）等技术也在不断发展。

（1）大气等离子喷涂（APS）

大气等离子喷涂（APS）热障涂层工作原理是通过电离形成具有极高温度的等离子气流，在很短时间内将涂层材料加热到熔融状态，并高速喷涂在零件表面上。当喷涂材料撞击到零件表面时，熔融或半熔融态的球形粉末发生塑性变形，附着在零件表面，各颗粒之间也依靠塑性变形而相互粘结起来，颗粒与颗粒之间不可避免地存在一部分孔隙或空洞，其孔隙率一般在 5%～25% 之间；随着喷涂时间增长，零件表面就获得了一定厚度的喷涂层。涂层与基体表面的结合是机械结合，热喷涂涂层垂直剖面形貌如图 4.96 所示。

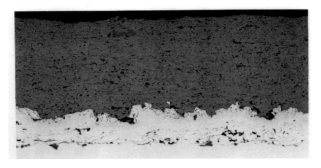

图 4.96　热喷涂涂层垂直剖面形貌图

这种工艺方法的优点是喷涂速度快、成本低、效率高,零件尺寸不受真空容器的体积限制;由于等离子体温度极高,冷却速度高达 106 K/s,可获得晶粒非常细小的微晶材料;等离子喷涂集熔化－雾化－快淬－固结等工艺于一体,成型性优良、结合牢固;最终形成的喷涂涂层是由无数变形粒子相互交错,呈波浪式堆叠在一起的层状组织结构,内部有大量气孔与微裂纹(见图 4.97),可缓解热应力,提高涂层热疲劳寿命,并可以形成较厚的涂层。缺点是不易用来喷涂形状复杂的零件,涂层外表面较粗糙,寿命较短。

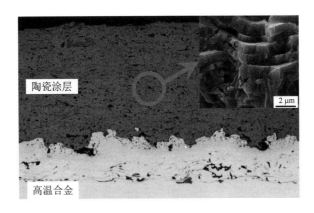

图 4.97　等离子热障涂层结构示意图

(2) 电子束物理气相沉积(EB－PVD)

电子束物理气相沉积(EB－PVD)法是通过高能电子束加热并气化涂层材料,材料以原子为单位沉积到叶片基体表面的工艺方法,设备工作原理如图 4.98 所示。

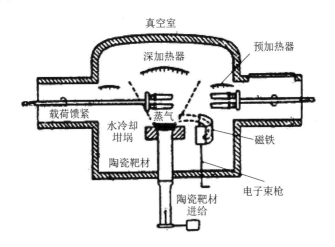

图 4.98　电子束物理气相沉积法系统图

电子束物理气相沉积涂层组织结构具有明显柱状特征,近似于一种无应力状态,涂层与基体以及涂层内部都是以化学键形式结合的,强度较高。优点是:① 该涂层是由许多柱状晶体排列而成的,柱状晶体相互靠在一起,又彼此分离,每个晶体牢牢地粘到底层(粘接层)上,如图 4.99 所示,这种结构使其应变容限大大提高。有关对比实验表明,其寿命是等离子涂层的 4~8 倍。② 能喷涂形状复杂的零件,可复现原底层粗糙度,涂层表面较光滑。③ 工艺参数比等离子喷涂易于控制。缺点是:① 涂层组分蒸发压有区别,因此涂层成分越复杂(如粘接层 MCrAlY),工艺也就越复杂。② 喷涂速度慢,效率低,成本较高。

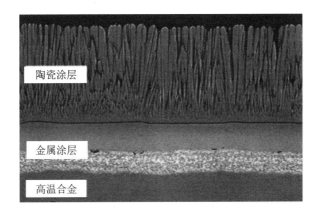

图 4.99 电子束物理气相沉积热障涂层结构示意图

(3) 等离子物理气相沉积技术(PS‑PVD)

等离子物理气相沉积技术(PS‑PVD)是在低压等离子喷涂技术(LPPS)的基础上开发的一种新的涂层制备技术,它兼具 APS 和 EB‑PVD 的优点,采用大功率等离子喷枪以及超低工作气压,高能等离子射流不仅仅可以熔化被喷涂颗粒,还可以将其气化,从而实现气液固多相沉积的准柱状晶结构涂层制备。由于环境压力低,PS‑PVD 燃流长度和宽度大幅增加。APS、VPS、PS‑PVD 三种喷涂工艺环境压力与燃流对比如图 4.100 所示。

不同于 APS 和 EB‑PVD 工艺的视线沉积,PS‑PVD 射流可以绕射到几何形状复杂的工件阴影区域,并在其表面沉积涂层,制备复杂多联体叶片生产效率是 EB‑PVD 涂层的 5 倍以上,同时制备的准柱状晶结构涂层具有接近 EB‑PVD 涂层热循环寿命,隔热效果介于 APS 和 EB‑PVD 涂层之间。PS‑PVD 与 EB‑PVD 和 APS 工艺制备热障涂层的比较如表 4.2 所列。该工艺较适宜在航空发动机热端部件,如型面复杂、遮蔽严重的多联体导向叶片表面上应用。

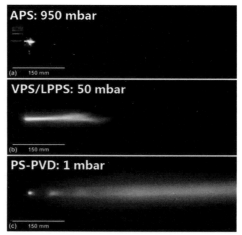

注：1 bar=0.1 MPa。

图 4.100　APS、VPS 和 PS－PVD 三种喷涂工艺环境压力与燃流对比图

表 4.2　PS－PVD 与 EB－PVD 和 APS 工艺制备的热障涂层比较

工艺方法	PS－PVD	EB－PVD	APS
微观形貌	准柱状晶	柱状晶	层状结构
燃气热冲击寿命	>2 000 次	与 PS－PVD 相当	一般<1 000 次
热导率(1 100 ℃)/(W·mK^{-1})	1.1	1.6	1.0
涂层结合力/MPa	>40	>50	<35
表面粗糙度/μm	<5	>3.2	>6
沉积效率/(μm·min^{-1})	10～20	1～3	30～50
涂层均匀性	非视线沉积	视线沉积	视线沉积
成本	与 APS 相当	比 APS 成本高 2 倍	成本最低

（4）超声速等离子喷涂(SAPS)

超声速等离子喷涂(SAPS)工艺,其喷涂原理与常规大气等离子基本相同,由于喷枪结构改变,包括喷枪功率、喷嘴喉径减小等,可获得超声速等离子体射流。同时,将送粉位置从喷嘴外侧移至喷嘴靠近端面内部,使粉末从等离子体高温、高速区送入,进一步提高了粉末颗粒熔融效果和加速效果,超声速等离子喷涂工艺可将入射喷涂粉末粒子加速到声速以上(根据粒子密度、尺寸和形状不同,速度在 400～1 000 m/s)。由于粒子飞行速度和熔融效果大幅度提高,这种工艺可以获得片层更薄、更致密的涂层,同时相对传统大气等离子喷涂工艺,涂层内部缺陷减小,微小柱状晶尺寸进一步降低。由于超声速等离子体能量密度和焰流速度增强,所喷涂涂层质量获得了有效提升,正逐步发展成传统等离子喷涂的替代技术之一。

4. 热障涂层应用

热障涂层具有降温效果好、涂层不影响基体零件可靠性、涂层剥落不会损伤其他零件、工艺简单易行等突出优点，被广泛应用于第三、四代航空发动机涡轮叶片、加力燃烧室等热端部件。目前，国外在涡轮叶片上广泛使用的热障涂层隔热 50～150 ℃，在叶片结构不变、冷却效果不变的条件下，可以提高寿命 3～5 倍；或在保持零件寿命不变的条件下，减少冷却空气用量 20％～30％，大幅度提高发动机性能，降低耗油率。随着航空发动机向高流量比、高推重比、高进口温度方向发展，热障涂层业已成为与高温材料、高效冷却并重的涡轮叶片三大关键技术之一。

（1）热障涂层工程设计

涡轮叶片热障涂层工程应用，首要解决的是涂层脱落问题，当陶瓷面层-底层界面应力大于其结合强度时，陶瓷涂层就会剥落，如图 4.101 所示。

图 4.101　涡轮叶片热障涂层脱落图片

界面应力主要由以下三种应力叠加而成：喷涂后的残余应力、工作时因冷热循环及温度场不均匀导致的热应力、底层高温氧化产生的生长应力。其产生原因如下：① 残余应力：喷涂时，涂层粒子在冷却过程中收缩受到下部基体或相邻涂层约束，在涂层内部及界面形成残余应力，随涂层厚度增加，涂层-基体界面残余应力越大；② 热应力：航空发动机，尤其是军用航空发动机，其工作状态常常变化很大，在每一个飞行周期，涂层都经历低温—高温—低温的冷热循环，而陶瓷涂层热膨胀系数比金属基体小许多，在冷热循环作用下，涂层-基体之间由于变形不协调，会产生很大的热应力；③ 生长应力：在热障涂层与金属粘接层之间，高温情况下，由粘接层表面氧化生成热生长氧化物层（简称 TGO），能够有效阻挡外界高温对合金基体的破坏。然而在此过程中，TGO 会产生热生长应力，并随着热循环数增加，TGO 逐步增厚，热生长应力不断增大。

从涂层界面应力产生的原因来看，在涡轮叶片热障涂层生产和使用过程中，涂层内部应力是不可避免的。实际工程中，应根据涂层工艺特点，通过合理设置涂层厚度、孔隙率、结合强度等要求，消解涂层内应力，优化涂层综合性能，以实现涡轮叶片热障涂层的工程应用。

（2）热障涂层与高效冷却

先进航空发动机高压涡轮叶片普遍采用气膜冷却,叶片表面设置有大量用于冷却的细小气膜孔,在这些叶片表面喷涂热障涂层,不可避免地带来气膜孔缩堵孔。如何解决这一问题、平衡、融合两种降温技术,使其各自充分发挥作用并无不利叠加,是实现高承温能力涡轮叶片设计的关键。

由于 EB-PVD 热障涂层寿命长、质量一致性好,国外航空发动机涡轮叶片一般用 EB-PVD 涂层。EB-PVD 涂层厚度只有 0.08～0.15 mm,不到等离子涂层的一半,喷涂对叶片气膜孔影响程度轻微,缩堵孔问题较易解决,因此,虽然 EB-PVD 热障涂层工艺成本高、效率低、隔热效果偏差,国外军民用航空发动机涡轮叶片还是普遍采用 EB-PVD 热障涂层。

等离子热障涂层（简称 APS 涂层）成本低、效率高,固有的层状结构使其热导率低,隔热效果好,且可喷厚涂层,因此能实现较大幅度的隔热降温。但由于等离子喷涂难以实现精准控制,涂层质量和质量一致性差;同时,等离子喷枪的直线喷涂,使双联叶片喷涂遮挡问题突出,喷涂带来的气膜孔缩堵孔严重,因此,国外 APS 热障涂层只用在大型燃气轮机上,燃机涡轮叶片涂层精度要求偏低,叶片几何尺寸大,是航空发动机的 5～10 倍,喷涂的遮挡问题不严重,同时燃机叶片气膜孔数量少、直径大（1～2 mm）,易于解决缩堵孔问题。而对于尺寸精细的航空发动机涡轮叶片,APS 热障涂层上述缺陷都是致命的,且缺少解决办法,因此,APS 热障涂层在国外航空发动机涡轮叶片上极少应用。

通过高自由度机械手全自动化喷涂,可大幅强化等离子热障涂层的过程控制,实现喷涂角度、距离的无级优化,显著改善多联叶片喷涂遮挡问题,增强热障涂层的均匀性、一致性及粘接强度。在自动化喷涂大幅提升等离子热障涂层质量一致性的基础上,采用涡轮叶片热障涂层与高效冷却一体化设计方法。首先通过试验确定喷涂热障涂层造成叶片气膜孔缩孔规律;其次按规律预先放大气膜孔孔径,使最终叶片热障涂层厚度和气膜孔孔径同时达到设计目标,通过两种降温手段相互匹配的一体化设计,实现热障涂层与高效冷却的效能有机融合,有效提升叶片的承温能力。

（3）热障涂层与排气面积

两个相邻叶片间的最小叶型窗口面积,被称为叶片的排气面积,在涡轮导向叶片组装成导向器后,全台叶片间叶型窗口面积之和,构成导向器排气面积,如图 4.102 所示,它是发动机主通道的咽喉,影响着发动机推力、转差、排气温度和喘振边界等诸多整机性能,是发动机的关键几何参数。因此,在涡轮导向叶片设计、生产和装配等环节,都要控制叶片排气面积,一般公差要求在 0.5%～1.0%。

当涡轮导向叶片喷涂热障涂层后,一定厚度热障涂层粘在叶型外表面,使叶片整体变胖,减小了叶片之间的窗口面积,相应地也减小了装配后导向器排气面积,尤其是喷涂较厚等离子热障涂层,会使叶片排气面积减少 3%～5%,远超公差允许范围。因此,需通过调整叶片安装角,增大叶片间窗口面积,以补偿喷涂热障涂层对叶片排

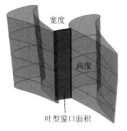

(a) 叶型窗口面积示意图　　　(b) 叶片组件示意图　　　(c) 导向器示意图

图 4.102　叶片/导向器排气面积示意图

气面积的影响。在准确测量和控制喷涂热障涂层前、后叶片排气面积变化的基础上，通过调整叶片安装角，可消除喷涂热障涂层对叶片排气面积的影响。

5. 发展前景

新一代军机为满足更大推重比需求，其涡轮进口温度和压力不断提高；大运飞机和民用客机要求有更高的可靠性、推进效率和经济适用性，同样需要不断提高涡轮前温度，军、民两方面都对涡轮叶片提出更高的需求。涡轮叶片在高温、高转速、粒子冲蚀及复杂应力作用下工作，是发动机中工作环境最恶劣的零件，不仅需要具有优异的高温力学性能，同时还要具有优异的抗氧化腐蚀性能。单纯改进高温结构材料或提升冷却技术，已经难以满足航空发动机发展的需要，热障涂层技术已成为涡轮叶片设计不可或缺的重要设计手段。其发展研究将集中在以下 3 个方面。

(1) 不断改进和开发热障涂层材料

研发在更高温度下长期稳定工作的热障涂层材料，目前具有代表性的有以下几种：① 美国国家航空航天局（NASA）提出的稀土氧化物掺混 YSZ，通过掺混可在一定程度上提高涂层的隔热效果和抗烧结温度；② 德国于利希（Jülich）研究中心开发的烧绿石结构 $La_2Zr_2O_7$ 陶瓷材料，块材热导率为 $1.6 \sim 1.8$ $W \cdot m^{-1} \cdot K^{-1}$，热稳定性和抗烧结性能良好；③ 德国于利希研究中心开发的具有超高温稳定性（1400 ℃ 长时间保温无烧结和相变）和低热导率（约为块体 YSZ 的 1/3）的萤石结构 $La_2Ce_2O_7$ 陶瓷材料。

新一代航空发动机向高推重比迅速发展，对涡轮进口温度要求持续增加，但当温度高于 1 150 ℃ 时，粘接层–氧化膜极易开裂氧化，使基体失去保护。因而开发能够在 1 200 ℃ 以上使用的热障涂层粘接层材料也迫在眉睫。金属间化合物 β – NiAl 因其熔点高、密度低和抗高温静态氧化性能优异，引起了人们的关注，被认为是新一代热障涂层粘接层的理想候选材料。

(2) 探索新的热障涂层结构

目前实际应用的涡轮叶片热障涂层都采用双层结构，即 ZrO_2 陶瓷面层与

MCrAlY 粘接层。这种双层结构制备工艺简单,具有良好的抗氧化隔热作用。但也存在不足:① 陶瓷面层与粘接层的界面明显;② 热膨胀系数在界面跃变较大;③ 在热载荷的作用下,涂层内产生较大应力,使抗热震性难以进一步提高。如果增厚陶瓷面层,隔热效果也相应提高,但涂层与基体的温差相应增大,界面处产生的热应力增大,导致涂层更易于剥落。为此,人们探索研究了多层结构和梯度结构。

研究表明,在高温环境中,多层结构封阻层能够阻止外部腐蚀性介质侵蚀,降低氧通过陶瓷层向粘接层的扩散速度,有效地防止粘接层氧化,进而增大陶瓷层与粘接层的结合力,提高抗热震性能。目前由于制备工艺过于复杂,多层结构仍处于实验室研究阶段。

陶瓷面层和基体之间的粘接层成分连续变化的梯度结构可消除层状结构明显的层间界面,使涂层内部的力学性能和线膨胀系数由基体向陶瓷面层连续过渡,减小陶瓷层与粘接层因线膨胀系数不同而引起的内应力,提高涂层的结合强度和抗热震性能。目前研究最多的 ZrO_2 梯度涂层是由不同比例的粘接层金属和 ZrO_2 陶瓷材料组成的多层系统。由于还有很多工程问题难以解决,因此这种结构也远未达到工程应用水平。

(3) 改进和开发高效涂层制备工艺

经过 30 多年的发展,等离子喷涂、电子束物理气相沉积等热障涂层制备工艺日趋成熟。

为进一步提高其性能,世界各国研究机构还在不断地对沉积速度较慢、表面清洁复杂、设备成本较高、工艺流程繁琐等不足进行改进。近年来,美国和欧洲的一些国家开发了新型热障涂层制备工艺,如等离子增强化学气相沉积(PE-CVD)、电子束直接蒸发沉积、激光化学气相沉积、激光重熔、脉冲激光沉积等工艺,并取得了一定进展。研究表明,PE-CVD 工艺具有沉积效率高($>250~\mu m/h$)、成本相对低、涂层组织与 EB-PVD 涂层相似等特点;激光重熔工艺具有均匀且致密的柱状晶结构、涂层内应力得到有效降低、伴有体积变化的相转变得到避免等特点,从而提高了涂层质量,延长了涂层寿命。但是,上述制备工艺要真正达到实际应用,还要解决一些关键技术问题。如 PE-CVD 工艺还需克服反应温度高,容易导致涂层与基体结合不牢或基体变形,以及沉积过程中有害气体排放等问题;激光重熔工艺还需解决由于极高热应力导致的涂层开裂,以及激光参数对熔覆涂层质量影响复杂、涂层质量难以控制等问题。

4.4.4 涡轮叶片表面附着物防护技术

航空发动机涡轮叶片使用一段时间后,其表面会出现不同程度的附着物。一方面,附着物沉积在叶片表面堵塞气膜孔(见图 4.103、图 4.104),降低冷气流量,削弱冷却效果,导致叶片冷却不足而烧蚀;另一方面,附着物沉积使叶片壁面粗糙度明显增大,在燃气流动为湍流的情况下,显著增大叶片外表面换热系数;此外,沉积中的部分成分能在高温下再次熔化并浸入到热障涂层内部(见图 4.105),加速涂层烧结和相变失稳,导致涂层服役寿命和隔热能力大幅度下降。附着物提高了燃气对叶片的换热能力,降低了气膜冷却效果和热障涂层的隔热能力,导致叶片温度升高,严重影响叶片使用寿命。因此,发展涡轮叶片表面附着物防护技术,对提高叶片使用寿命具有重要意义。

图 4.103　RB211 发动机涡轮叶片表面的火山灰沉积

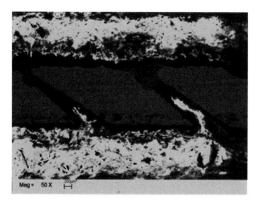

图 4.104　附着物堵塞气膜孔　　　　图 4.105　附着物浸入热障涂层内部

1. 涡轮叶片表面附着物分布及特征

不论叶片是否带有热障涂层,附着物分布普遍规律是叶盆面多于叶背面、进气边多于排气边,但不带热障涂层叶片表面附着物层较薄,且表面较光滑(见图 4.106);而带有热障涂层叶片表面附着物层较厚,且表面粗糙,呈不规则凸起状(见图 4.107)。

使用过的带热障涂层涡轮导向叶片表面附着物的分布规律和特征如下:

① 叶身和缘板上均有大量的红棕色或黄褐色附着物,附着物主要分布在叶盆面,叶背面较少,如图 4.108、图 4.109 所示。

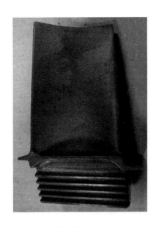

图 4.106　无热障涂层叶片附着物形貌

图 4.107　带热障涂层叶片附着物形貌

图 4.108　导向叶片叶盆附着物形貌

②　整个叶盆面均有附着物,且附着物厚度不均匀,在叶片高度方向,上下缘板根部附着物最厚,叶身中部附着物最薄;在叶片弦向,进气边附着物较厚,排气边附着物较薄。

③　叶背面附着物主要集中在上下缘板根部,且较厚,而叶背中部基本没有附着物。

④　排气边附近的附着物颗粒较大,呈鱼鳞状,如图 4.110 所示。

使用过的带热障涂层涡轮工作叶片表面附着物分布规律和特征如下:

①　附着物颜色均呈黄褐色或浅黄色,附着物厚度不均匀,叶盆面较厚,叶背面较薄;

②　叶盆面附着物厚度分布不均匀,叶尖附近附着物厚度较薄,其他区域厚度较厚,表面粗糙,呈不规则凸起状,如图 4.111 所示;

③　叶背面附着物厚度分布不均匀,中部附着物明显少于叶身根部及缘板上的附着物,如图 4.112 所示;

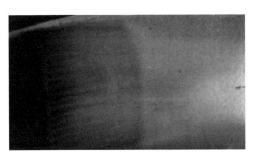

图 4.109　导向叶片叶背附着物形貌

图 4.110　排气边鱼鳞状附着物

图 4.111　工作叶片叶盆附着物形貌

图 4.112　工作叶片叶背附着物形貌

④ 附着物厚度较薄处的颗粒细小,分布均匀、组织致密,表面较光滑;而附着物较厚处结构则较疏松,大多呈块状不均匀分布。

2. 涡轮叶片表面附着物形成的影响因素

航空发动机涡轮叶片表面附着物成分很复杂,其主要来源为:① 大气中的灰尘,如尘土、沙砾等,主要化学成分为 $CaO - MgO - Al_2O_3 - SiO_2$(简称 CMAS);② 燃油中的杂质及其燃烧产物(含 C、S、P、Na、K 等元素);③ 压气机、封严篦齿等零组件磨耗产生的金属沫(Ti、Zn 等);④ 叶片基体氧化物(Ni、Al 等)。

涡轮叶片附着物形成是发动机环境下多因素共同作用的结果,其影响因素包括温度、微粒参数、微粒化学成分、气膜冷却、热障涂层等。

(1) 温　度

主流燃气温度和涡轮叶片表面温度都对附着物沉积有显著影响。Wenglarz 等人通过实验研究发现,污染物沉积速率随着主流气体温度升高而增大,沉积速率增大的主要原因是主流气体温度升高使沉积前的熔融颗粒增加[125]。燃气温度越高,则沉积越快,并且随时间增加累计程度越重。Albert 等人的研究发现,叶片模型表面温度对沉积物形成有很大影响,较低表面温度可以抑制沉积;实验还表明,存在一个临界温度,当叶片模型表面温度高于这个临界温度时,沉积率显著增大[126]。

(2) 微粒参数

附着物沉积厚度受微粒斯托克斯数 St 影响显著。Bonilla 等人对煤灰粉沉积研究发现,沉积厚度随着煤灰颗粒斯托克斯数的减小而减小;对于具有较大斯托克斯数的煤灰,沉积物厚度是具有小斯托克斯数的煤灰的 2 倍[127]。大微粒更有可能沿着它们自身轨迹运动,因此增大了撞击并黏附在导叶表面的概率。小微粒运动轨迹更接近燃气流线,减少了总沉积量,保留了沉积形成的位置和样式。此外,用大斯托克斯数灰产生的沉积物,比用小斯托克斯数灰产生的沉积物具有更大的粗糙度值。

(3) 微粒化学成分

Webb 等人用 4 种不同煤灰样本(烟煤灰、褐煤灰、2 种次烟煤灰)在 CFM56 - 5B 涡轮叶片上进行了沉积研究[128],实验观察发现,褐煤灰开始发生沉积的温度最低,其次是次烟煤灰,烟煤灰沉积温度最高,并且褐煤灰和次烟煤灰沉积速率明显快于烟煤灰,产生的沉积物更厚,如图 4.113 所示。这是由于不同种类煤灰化学成分不同,SiO_2 和 CaO 含量在褐煤灰、次烟煤灰 1、次烟煤灰 2 中分别为 64.5%、64.3%、59.3%,而在烟煤灰中只有 27.6%。

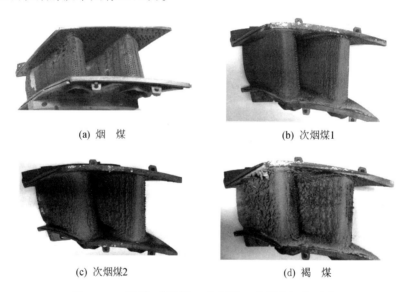

(a) 烟 煤   (b) 次烟煤1

(c) 次烟煤2   (d) 褐 煤

图 4.113 烟煤、次烟煤 1、次烟煤 2、褐煤灰沉积对比

(4) 气膜冷却

微粒在撞击带冷却的叶片之前必须先穿越边界层,气膜冷却降低了热边界层的平均温度。虽然气膜层非常薄而且微粒穿越该层时间很短暂,但是微粒经历的换热很显著。气膜冷却缩小了可以穿越气膜层形成撞击的微粒的尺寸范围,可以迅速降低气膜孔下游附近的沉积速率[129]。

气膜孔形状对沉积的影响本质上仍然是气膜冷却的影响。Weiguo Ai 等人的研究表明,采用异型孔进行附着物沉积试验时,在气膜孔出流的下游并没有出现明显的沉积,与圆孔相比,异型孔具有更好的气膜覆盖面积[130]。在出口 $M=2$ 时,异型孔对微粒的捕捉效率要比圆形孔低 25%。采用异型孔时叶片表面附着物较少的原因是由于异型孔的气膜覆盖效果更好,相邻两个出流孔之间缺少气膜覆盖的区域较少。

(5) 热障涂层

热障涂层在提高叶片承温能力的同时会影响附着物的沉积效率。Todd 等人的研究表明,相比不带热障涂层的叶片,带热障涂层的叶片表面更容易产生沉积[131]。虽然带热障涂层的叶片基体表面温度要明显低于不带热障涂层的叶片基体表面温度,但是热障涂层表面温度要高于不带热障涂层时叶片基体表面温度,而表面温度越高,越有利于沉积形成,因此,从抗外来物沉积的角度讲,热障涂层是一个不利因素。

3. 涡轮叶片表面附着物防护技术

减少涡轮叶片附着物的根本方法是减少涡轮主流气体的杂质颗粒物,尽可能保证发动机进气洁净,减少转静子碰磨,降低燃油中的杂质含量,保持系统的洁净状态。随着航空技术的发展,涡轮进口温度持续升高,越高的温度越容易导致沉积的发生,叶片表面附着物无法完全避免,但是可从降低附着物危害的角度发展防护技术以保护叶片。

无热障涂层的涡轮叶片表面附着物明显少于带热障涂层的叶片,目前航空发动机高压涡轮叶片普遍使用热障涂层技术,因此抗附着物的防护技术多围绕热障涂层开展。

由于 CMAS 引起热障涂层损伤失效的原因很复杂,因此,针对 CMAS 腐蚀破坏采用的防护方法也有多种,保护热障涂层不受 CMAS 侵蚀的防护涂层主要有 3 种:防润湿型、防穿透型、自损型[132]。

熔融 CMAS 侵蚀热障涂层的第一步是润湿涂层表面,再以毛细效应从裂纹孔隙处向涂层内部渗入。防润湿型热障涂层的保护方式就是通过在涂层表面预制保护层,降低 CMAS 在涂层表面的润湿性,尽量减少熔融 CMAS 与涂层的接触,以达到保护涂层的目的。

防穿透型热障涂层的工作原理是在热障涂层表面预制一层难与 CMAS 反应或不与 CMAS 反应的致密保护层,以期达到防止 CMAS 向涂层内部渗透的目的。

自损型是指以涂层物质和熔融 CMAS 发生剧烈反应,在消耗一部分涂层物质后,反应生成致密的产物,隔绝 CMAS 与涂层以阻止 CMAS 对深层涂层的进一步侵蚀。

制备 CMAS 防护涂层的主要方法有磁控溅射、EB - PVD、APS、电泳沉积(电镀)、CVD、涂覆粉体、溶液渗入、熔融盐涂覆后热处理等[133]。

4.4.5 涡轮叶片冷却空气预冷技术

1. 背景及基本原理

近年来各国对航空工业的发展越来越重视,从而推动航空发动机性能的不断提高,研究发展高推重比发动机是目前世界航空发动机的主要方向,而推重比也是评估航空发动机性能的重要标准。制约推重比提高的重要因素之一就是涡轮进口温度与热端部件耐温能力的矛盾。为解决这个矛盾,现阶段主要从两个方面入手:一方面是发展耐高温合金;另一方面是改进冷却技术,提高冷却效率。

目前,高温材料研发与进步速度远滞后于涡轮前温度的提高速度,所以,在不改变目前可用金属材料的前提下,需要不断改进冷却技术,提高冷却效率,从而保证主要热端部件,尤其是涡轮叶片的可靠性和使用寿命。

提高冷却效率除了采用先进冷却结构外,提高冷气品质也是一个好的方式。美国 Wright - Patterson 空军基地的 Bruening 等[134] 于 1999 年提出了一种用于航空发动机的新型冷却方法——冷却空气预冷(Cooled Cooling Air,CCA)技术。如图 4.114 所示,在航空发动机上安装换热器,使用某种冷源(一般为外涵空气或者发动机燃油)通过换热器预先将由高压压气机引出用于冷却高温部件的冷却空气进行冷却,在不改变冷却空气压力的前提下,降低冷却空气温度,从而提高冷却空气的品质,提高冷却效率。目前各国对于冷却空气预冷技术的研究成果和相关资料公开较少。

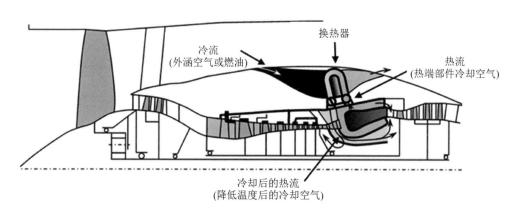

图 4.114　冷却空气预冷技术示意图

2. 航空发动机换热器的分类及研究现状

航空发动机换热器的主要功能是降低由高压压气机引出空气的温度。由压气机引出的高压空气分成两股:一股进入燃烧室,与喷嘴喷出来的燃油混合形成油气混合气,经点火装置点火后燃烧;另一股从燃烧室外流过,作为冷却空气对燃烧室以及涡轮等高温部件进行冷却。现阶段,军用飞机用来对高压压气机引出空气进行冷却的介质一般为外涵空气。将高压压气机引出的冷却空气引入外涵通道中,通过换热器,二者进行热传导,外涵空气作为低温冷源会带走一部分热量,降低冷却空气的温度。然而这样做会相应产生一些问题:一方面会造成外涵空气和涡轮叶片冷却空气的压力损失;另一方面以空气作为冷源的空-空换热器相对较重,会损失发动机一定的推力,降低其推重比。

另一种冷却方法是把飞机自身携带的燃油当作冷源介质,相比于外涵空气,燃油热容更大,具有更强的吸热能力。以 JP-8 为例,1 kg 该种航空煤油温度从常温298 K 升高到 800 K 可吸收 1 550 kJ 的热量。而相同质量的空气,升高同样的温度,吸热量仅为 507 kJ 左右。另外,航空燃油在燃烧之前温度得到提升,有利于其在燃烧室充分燃烧,从而降低单位燃油消耗率。采用燃油作为冷源也有缺点,如在超临界状态下的航空煤油会产生高温结焦、热声振荡等一系列问题。

两种不同冷却介质的换热器在发动机中的工作示意图如图 4.115 和图 4.116 所示。

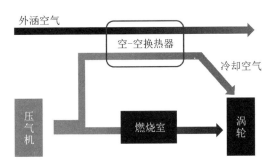

图 4.115 空-空换热器示意图

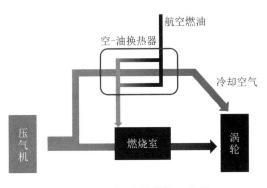

图 4.116 空-油换热器示意图

(1) 空-空换热器

图 4.117 所示的是俄罗斯 AЛ-31Φ 发动机空-空换热器结构示意图,这也是最

早工程应用换热器的试验产品[135]。其高、低压涡轮的 4 排叶片均为气冷式叶片，冷气自燃烧室外环引出，经过布置在外涵道中的空-空换热器冷却，可使冷却空气降温 125～210 K，仅承担很小的压降损失，就可以换来不错的降温效果。该换热器是空-空换热器中较为成功的案例，为后续同类型换热器探索研究提供了思路。

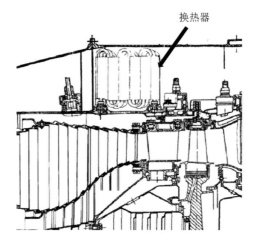

图 4.117　АЛ-31Ф 发动机空-空换热器示意图

现阶段也已经有了一些针对空-空换热器的研究成果。那伟等[136]通过多组实验数据对比发现，椭圆形管束能在流动中最大限度地降低换热中的阻力系数，使空-空换热器实现低压力损失的高效率换热，最终获得的冷却空气品质更好，更有利于进行发动机热端部件的冷却。Lu 等[137]研究表明，经过改进的航空发动机椭圆管空-空换热器比原来的圆管压力损失降低超 10%，而传热性能提高约 25%。胡训尧[138]对比了圆形、椭圆形和扁圆形管道对换热器的影响，改变间距比观察其对压力损失系数的影响，选取不同形式的翅片进行空-空换热器的优化，并进行了热应力分析。Anon[139]利用 Inconel625 材料制成的 200 根管的空-空换热器，重 5.7 lb(1 lb＝0.45 kg)，可使在爬升和巡航过程中压气机排气温度下降约 270 ℉(约 132.22 K)，主要采取间冷回热的方法对压气机引出的空气进行冷却降温，进而使冷却空气能更好地冷却涡轮叶片，保证涡轮叶片工作的稳定性。Boyle 等[140]发现在相同的转子冷却流量比下，使用 CCA 冷却方案将冷却空气温度降低 400 K，能允许转子进口温度增加 100 K，这能使 B737 巡航 5 450 km 时节约燃油 400 kg，可减少 1 200 kg 的 CO_2 排放。Bock 等[141]通过数值模拟发现，可以利用 CCA 技术建立有效空-空换热器对冷却空气进行预冷却，以降低冷却空气温度，可以用更少量冷却空气完成发动机的冷却任务，提高了其工作效率，通过控制换热器内的流动，实现对空气冷却的主动控制。

（2）空-油换热器

由于空-空换热器的一些缺点，研究专家把研究方向渐渐转向空-油换热器。研究认为，这种类型的换热器具有更大的发展潜力。空-油换热器也有一些难点课题需要突破,例如高温情况下航空煤油会结焦,一些超临界情况下的换热理论研究不是很透彻等。

Gregory[142]在 1988 年对空-油换热器进行了一次深入研究,在美国空军全力支持下,他通过多次试验,发现航空煤油结焦温度可以随燃料的变化而改变,可以在航空煤油中加入添加剂使其在 400 ℉(约 204.44 K)的温度下工作。美国空军沿着这条思路进行研究,发现了影响空-油换热器使用温度范围的重要因素。Herring 等[143]将弹簧状的线圈布置在空-油换热器管内,用来增强换热器管内侧的换热,实验结果表明,相比光管,插入盘线可使管内换热系数提高 300%,空-油换热器空气温降提高了 44%。Nacke 等[144]和 Northcutt 等[145]提出了一种应用于高马赫数发动机 CCA 技术的新型空-油换热器,该换热器由一系列紧密排列的模块组成,在每一个模块中,燃油流过一系列平行的微小通道,空气流过与燃油通道垂直的多行整齐排列的短的直翅片。冉振华等[146]经过实验对比,发现了在超临界压力下航空煤油的流动形式会随整个空-油换热器系统压力的变化而变化,并选取一种最佳方案可以使其在工作管道中均衡流动,加强换热器的可靠性、稳定性,更有利于提高换热器的换热性能。

Manteufel 等[147]提出了一种空-油换热器,该换热器由不锈钢材料制成的矩形微通道结构作为液体燃油的流动通道,冷却空气在并排排列的间歇式翅片形成的通道间流动。Huang 等[148]提出了一种用于发动机热管理系统的空-油换热器。燃油通道是 U 形的管路,空气由上侧穿过泡沫金属,然后转 180°从下侧流出,这种新型的空-油换热器取得了不错的换热效果。Manteufel 等[149]通过 CCA 冷却方法对航空发动机空-油换热器进行了全面的分析,其中在㶲分析的方面取得了不错的突破性结果,从而提高了叉流式空-油换热器的换热性能。Kim 等[150]研究了空-油换热器在高速外涵道流动下的传热和流动特性。分别采取不同的安装位置和安装方式、方向进行对比,观察其对冷却空气的冷却效果的影响。Herring 等[151]给出了空-油换热器的外置和内置设计方案。Glickstein 等[152]利用 Jet - A 燃油作为冷源,应用吸热化学反应技术来实现高效换热,把冷却空气的品质提升了 200 ℉(约 93.33 K),这是一个巨大的进步,这说明可以用更少的航空煤油达到相同的飞行效果,相当于提高发动机使用寿命和稳定可靠性。Arash Saidi、Bengt Sunden[153]等通过改变翅片的形状及排列方式,对其 WR - 21 涡轮发动机中的空-油换热器进行对比分析,阐述了翅片的改变对换热面积以及换热器性能的影响,并计算了几种翅片类型对换热器的温度和压强的影响。

3. 关键技术

冷却空气预冷技术是指在航空发动机上安装换热器,用外涵空气或者机载燃油为冷源来预先冷却压气机出口冷却空气,提高其冷气品质的技术。针对航空发动机的应用背景,要求换热器必须高效、结构紧凑、质量轻,以及耐高温、高压[154]。

由于换热器的增加势必会对发动机工作造成一定的不利影响,所以要综合考虑其功能,既保证能够降低涡轮进口冷却空气温度,又不产生过多压力损失。所以在换热器设计中,在确保换热器性能良好、结构稳定的情况下,应尽量减小换热器尺寸和自身质量,最大限度地减少换热器给发动机带来的不利影响。

对比两种不同形式的换热器,可以明显发现各自的优缺点,把航空煤油作为换热器冷源介质时,可在相同情况下取得更多的换热量,但随之而来的弊端也很突出。煤油作为换热器冷源,会吸收高温空气温度导致自身温度不断提高,当温度达到 423 K 以后会产生氧化沉积结焦现象,温度高达 723 K 以后会出现裂解沉积结焦。如何更好地提升航空煤油的性能,解决好上述问题,是日后研究空-油换热器的关键所在。

4. 发展前景

运用冷却空气预冷技术,降低涡轮进口的冷却空气温度,提高冷却空气质量,这对于航空发动机热端部件的冷却至关重要。空-油换热器作为主要研究对象,是因为航空煤油的特性,由于它的比热容远远高于空气,吸热能力强,故空-油换热器的换热性能发展空间大。采取空-油换热器,既能降低涡轮进口冷却温度,又能提高航空煤油的温度,使其更好地进入燃烧室充分燃烧,提高燃烧效率,所以利用航空燃料作为冷却空气预冷技术冷源的空-油换热器具有更大的应用潜力。

| 参考文献 |

[1] 周琨,邹正平,刘火星,等. 航空发动机对转涡轮气动设计技术研究进展. 科技导报,2012,30(15):61-74.

[2] Wintucy W T, Stewart W L. Analysis of Two-Stage Counter-Rotating Turbine Efficiencies in Terms of Work and Speed Requirements. NACA RM E57L05,1958.

[3] Louis J E. Axial Flow Counter-Rotating Turbines. ASME Paper 85-GT-Z18,1985.

[4] 徐静静,王会社,周杰,等. 带有缩放型流道的无导叶对转涡轮特性研究[J]. 工程热物理学报,2011(5):755-758.

[5] Lior D, Priampolsky R. Stator-less turbine design. 41st AIAA/ASME/SAE/ASEE Joint Propulsion Conference & Exhibit, Tucson, AZ, USA, 2005(7):10-13.

[6] 王巍巍,郭琦,曾军,等. 国外 TBCC 发动机发展研究. 燃气涡轮试验与研究,2012(3):58-62.

[7] Brian D K, Dipan K B, Charles S. Aerodynamic Test Results of Controlled

Pressure Ratio Engine(COPE)Dual Spool Air Turbine Rotating Rig. ASME 2000-GT-632，2000.

[8] Sovran G，Klomp E D. Experimentally determined ptimum geometries for rectilinear diffusers with rectangular，conical or annular cross-section，fluid mechanics of internal flow. Amsterdam，Holland：Elsevier，1967.

[9] ESDU. Introduction to Design and Performance Data for Diffusers. Engineering Science Data Unit data item 66027，ISBN 085679 1644，1976.

[10] Gottlich E，Marn A，Pecnik R，et al. The influence of blade tip gap variation on the flow through an aggressive S-shaped intermediate turbine duct downstream a transonic turbine stage-Part II：time-resolved results and surface flow. ASME Paper GT2007-28069，2007.

[11] Wendt B J，Reichert B A. Vortex ingestion in a diffusing S-duct inlet. Journal of Aircraft，1996，33(1)：149-154.

[12] Dominy R G，Kirkham D A，Smith A D. Flow development through inter-turbine diffusers. Journal of Turbomachinery，1998，120：298-304.

[13] Miller R J，Moss R W，Ainsworth R W，et al. The development of turbineexit flow in a swan-necked inter-stage diffuser. ASME 2003-GT-38174，2003.

[14] Vakili A D，Wu J M，Liver P，et al. Flow control in a diffusing S-duct. AIAA 85-0524，1985.

[15] Lord W K，Mac Martn D G，Tillman G. Flow Control Opportunities in Gas Turbine Engines. AIAA-2000-2234，2000.

[16] Florea R，Bertuccioli L，Tillman T G. Flow- Control Enabled Aggressive Turbine Transition Ducts and Engine System Analysis. AIAA 2006-3512，2006.

[17] Marn A，Gottlich E，Pecnik R，et al. The influence of blade tip gap variation on the flow through an aggressive S-shaped intermediate turbine duct downstream a transonic turbine stage-Part I：time-averaged results. ASME paper GT2007-27405，2007.

[18] Sanz W，Kelterer M E，Pecnik R，et al. Numerical investigation of the effect of tip leakage flow on an aggressive S-shaped intermediate turbine duct. ASME paper GT2009-59535，2009.

[19] Solano J P，Pinilla V，Paniagua G，et al. Aero-thermal investigation of a multi-splitter axial turbine. International Journal of Heat and Fluid Flow，2011，32(5)：1036-1046.

[20] 陈云，王雷，马广健.高负荷跨声速涡轮叶型设计方法研究.燃气涡轮试验与研究，2018(3)：18-22.

［21］ Denton J D. Loss mechanisms in turbomachines. Journal of Turbomachinery，1993，115(4)：621-656.

［22］ 邹正平，王松涛，刘火星，等. 航空燃气轮机涡轮气体动力学：流动机理及气动设计. 上海：上海交通大学出版社，2014.

［23］ Moore J，Tilton J S. Tip leakage flow in a linear turbine cascade. Journal of Turbomachinery，1988，110(1)：18-26.

［24］ Sjolander S A，Cao D. Measurements of the flow in an idealized turbine tip gap. Journal of Turbomachinery，1995，117(4)：578-584.

［25］ Heyes F J G，Hodson H P. Measurement and prediction of tip clearance flow in linear turbine cascades. Journal of Turbomachinery，1993，115(3)：376-382.

［26］ Stephens J E，Corke T，Morris S. Turbine blade tip leakage flow control thick thin blade effects and separation line studies. ASME Paper，GT2008-50705，2008.

［27］ Lampart P. Tip leakage flows in turbines. Task Quarterly，2006，10(2)：139-175.

［28］ Bindon J P. The measurement and formation of tip clearance loss. Journal of Turbomachinery，1989,111(3)：257-263.

［29］ Dishart P T，Moore J. Tip leakage losses in a linear turbine cascade. Journal of Turbomachinery，1990，112(4)：599-608.

［30］ Yaras M I，Sjolander S A. Prediction of tip leakage losses in axial turbine. ASME Paper，90-GT-154，1990.

［31］ Shapiro A H. The dynamics and thermodynamics of compressible fluid flow. Wiley，1953.

［32］ Hall M G. Vortex breakdown. Annual Review of Fluid Mechanics，1972，4：195-218.

［33］ Gao J，Zheng Q，Dong P，et al. Control of tip leakage vortex breakdown by tip injection in unshrouded turbines. Journal of Propulsion and Power，2014，30(6)：1510-1519.

［34］ Huang A. Loss mechanisms in turbine tip clearance. Massachusetts Institute of Technology，2011.

［35］ Yamamoto A. Interaction mechanisms between tip leakage flow and the passage vortex in a linear turbine rotor cascade. Journal of Turbomachineary，1988，110：329-338.

［36］ Yoon S H，Curtis E，Denton J，et al. The effect of clearance on shrouded and unshrouded turbines at two levels of reaction. Journal of Turbomachineary，

2014，136(2)：021013-1-9.

[37] Booth T C，Dodge P R，Hepworth H K. Rotor tip leakage part1- Basic methodology. ASME Paper 81-GT-71,1981.

[38] Dey D，Kavurmacioglu L，Camci C. Tip desensitization of an axial turbine rotor using partial squealer rims(2004-10-16). http：//www. personal. psu. edu/cxc11.

[39] Camci C，Dey D，Kavurmacioglu L. Aerodynamics of tip leakage flows near partial squealer rims in an axial flow turbine stage. Journal of Turbomachinery，2005，127(1)：14-24.

[40] Saxena V，Ekkad S V. Effect of squealer geometry on tip flow and heat transfer for a turbine blade in a low speed cascade. Journal of Heat Transfer，2004，126(4)：546-553.

[41] Azad G S，Han J C，Bunker R S，et al. Effect of squealer geometry arrangement on a gas turbine blade tip heat transfer. Journal of Turbomachinery，2002，124(6)：452-459.

[42] 杨佃亮，丰镇平. 凹槽对动叶顶部流动和换热的影响. 工程热物理学报，2007，28(6)：936-938.

[43] Coull J D，Atkins N R，Hodson H P. Winglets for improved aerothermal performance of high pressure turbines. 2014，136(9)：091007-1-11.

[44] Seo Y C，Lee S W. Tip gap flow and aerodynamic loss generation in a turbine cascade equipped with suction-side winglets. Journal of Mechanical Science and Technology，2013，27(3)：703-712.

[45] Lee S W，Cheon J H，Zhang Q. The effect of full coverage winglets on tip leakage aerodynamics over the plane tip in a turbine cascade. International Journal of Heat and Fluid Flow，2014，45：23-32.

[46] Dey D，Camci C. Aerodynamic tip desensitization of an axial turbine rotor using tip platform extensions. ASME Paper，2001-GT-0484，2001.

[47] Zhou C，Hodson H P，Tibbott I，et al. Effects of winglet geometry on the aerodynamic performance of tip leakage flow in a turbine cascade. Journal of Turbomachinery，2013，135(5)：051009-1-10.

[48] O'dowd D O，Zhang Q，He L，et al. Aerothermal performance of a winglet at engine representative mach and Reynolds numbers. Journal of Turbomachinery，2011，133(4)：041026-1-8.

[49] O'dowd D O，Zhang Q，He L，et al. Aerothermal performance of a cooled winglet at engine representative Mach and Reynolds numbers. Journal of Turbomachinery，2013，135(1)：011041-1-10.

[50] Schabowski Z，Hodson H P. The reduction of over tip leakage loss in un-shrouded axial turbines using winglets and squealers. Journal of Turbomachinery，2014，136(4)：041001-1-11.

[51] Coull J D，Aktins N R，Hodson H P. High efficiency cavity winglets for high pressure turbines. ASME Paper GT2014-25261，2014.

[52] Maesschalck C D，Lavagnoli S，Paniagua G. Blade tip shape optimization for enhanced turbine aerothermal performance. Journal of Turbomachinery，2014，136(4)：041016-1-11.

[53] Maesschalck C D，Lavagnoli S，Paniagua G. Blade tip carving effects on the aerothermal performance of a transonic turbine. Journal of Turbomachinery，2015，137(2)：021005-1-10.

[54] Shyam V，Ameri A. Comparison of various supersonic turbine tip designs to minimize aerodynamic loss and tip heating. ASME Paper GT2011-46390，2011.

[55] Zhang Q，He L. Tip shaping for HP turbine blade aerothermal performance management. ASME Paper GT2012-68290，2012.

[56] Montomoli F，Massini M，Salvadori S. Geometrical uncertainty in turbomachinery：Tip gap and fillet radius. Computers and Fluids，2011，46(1)：362-368.

[57] Lattime S B. High pressure turbine clearance control systems：current practices and future directions. Journal of propulsion and power，2004，20(2)：302-311.

[58] Steinetz B M，Lattime S B，Taylor S，et al. Evaluation of an active clearance control system concept. AIAA-2005-2989，2005.

[59] Yoon S，Curtis E，Denton J，et al. The effect of clearance on shrouded and unshrouded turbines at two levels of reaction. ASME Paper GT2010-22541，2010.

[60] Wallis A M，Denton J D，Demargne A A J. The control of shroud leakage flows to reduce aerodynamic losses in a low aspect ratio shrouded axial flow turbine. ASME J Turbomach，2001，123：334-341.

[61] Gier J，Stubert B，Brouillet B，et al. Interaction of shroud leakage flow and main flow in a three-stage LP turbine. ASME J Turbomach，2003，127：649-658.

[62] Pau M，Cambuli F，Mandas N. Shroud leakage modeling of the flow in a two stage axial test turbine. ASME Paper GT2008-51093，2008.

[63] Peters P，Breisig V，Giboni A，et al. The influence of the clearance of shrou-

ded rotor blades on the development of the flow field and losses in the subsequent stator. ASME Paper GT2000-478，2000.

[64] Chew J W，Owen J M，Pincombe J R. Numerical predictions for laminar source sink flow in a rotating cylindrical cavity. Journal of Fluid Mechanical，1984，143：451-466.

[65] Jesus P，Roque C，Sebastian S. Interaction of Rim Seal and Main Annulus Flow in a Low-Speed Turbine Rig. ASME Paper GT2013-94109，2013.

[66] Pau M，Paniagua G. Investigation of the flow field on a transonic turbine nozzle guide vane with rim seal cavity flow ejection. Proceedings of ASME Turbo Expo 2009：Power for Land，Sea and Air. Orland，USA：American Society of Mechanical Engineers，2009.

[67] Campbell D A. Gas turbine disc sealing system design. AGARD 1978-CP-237，1978.

[68] Green T，Turner A B. Ingestion Into The Upstream Wheel-Space Of An Axial Turbine Stage. Journal Of Turbomachinery，1994，116(2)：327-332.

[69] Mclean C，Camci C，Glezer B. Mainstream aerodynamic effects due to wheel space coolant injection in a high-pressure turbine stage Part1：Aerodynamic measurements in the stationary frame. Journal of Turbomachinery，2001，123 (4)：687-696.

[70] Mclean C，Camci C，Glezer B. Mainstream aerodynamic effects due to wheel space coolant injection in a high-pressure turbine stage Part2：Aerodynamic measurements in the stationary frame. Journal of Turbomachinery，2001，123 (4)：697-703.

[71] Boudet J，Autef V N D，Chew J W，et al. Numerical simulation of rim seal flows in axial turbines. Aeronaut J，2005，109：373-383.

[72] Jeffrey A D，Antonio G V，Coren D. Main Annulus Gas Path Interactions-Turbine Stator Well Heat Transfer. ASME Paper GT2012-68588，2012.

[73] Rosic B，Denton J D，Curtis E M. The influence of shroud and cavity geometry on turbine performance：An experimental and computational study-part1：Shroud geometry. ASME J Turbomach，2008，130：041001.1-041001.10.

[74] Gao J，Zheng Q，Yue G，et al. Control of shroud leakage flows to reduce mixing losses in a shrouded axial turbine. P I Mech Eng C-J Mec，2011，226：1263-1277.

[75] Schlienger J，Pfau A，Kalfas A I，et al. Effects of labyrinth seal variation on multistage axial turbine flow. ASME Paper GT2003-38270，2003.

[76] Mahle I，Schmierer R. Inverse fin arrangement in a low pressure turbine to

improve the interaction between shroud leakage flows. ASME Paper GT2011-45250，2011.

[77] Ghaffari P，Willinger R. Impact of passive tip-injection on the performance of partially shrouded turbines：Basic concept and preliminary results. ASME Paper TBTS2013-2038，2013.

[78] Wang H P，Olson S J，Goldstein R J，et al. Flow Visuallzation in a Linear Turbine Caseade of High Performance Turbine Blade. ASME Paper，95-GT-7，1995.

[79] Sauer H，Muller R，Vogeler K. Reduction of Secondary Flow Losses in Turbine Cascades by Leading Edge Modifications at the Endwall. Journal of Turbomachinery，2001，123(2)：207-213.

[80] Zess G A，Thole K A. Computational Design and Experimental Evaluation of Using a Leading Edge Fillet on a Gas Turbine Vane. Journal of Turbomachinery，2002，124(2)：167-175.

[81] Smith D G，Bagshaw D，Ingram G，et al. Using Profiled Endwalls，Blade Lean and Leading Edge Extensions to Minimize Secondary Flow. ASME Paper，2008-GT-50811，2008.

[82] 孙大伟，乔渭阳，孙爽，等. 叶片前缘改型对涡轮叶栅二次流的影响. 推进技术，2009，30(2)：187-191，228.

[83] 石羮，李少军，李军，等. 动叶栅倒角对透平级气动性能的影响. 航空动力学报，2010，25(8)：1842-1848.

[84] 魏佐君，乔渭阳，赵磊，等. 基于水滴型带状前缘的涡轮端区损失控制数值研究. 航空动力学报，2015，30(2)：473-482.

[85] Kopper F C，Milano R，Vanco M. An Experimental Investigation of Endwall Profiling in a Turbine Blade Cascade. AIAA Journal，1981，19(8)：1033-1040.

[86] Rose M G. Non-Axisymmetric End Wall Profiling in the HP NGVs of an Axial Flow Gas Turbine. ASME Paper 94-GT-249，1994.

[87] Harvey N W，Rose M G，Taylor M D，et al. Non-Axisymmetric Turbine End Wall Design：Part I—Three-Dimensional Linear Design System. ASME Paper 99-GT-337，1999.

[88] Hartland J C，Gregory Smith D. A Design Method for the Profiling of End Walls in Turbines. ASME Paper No. GT-2002-30433，2002.

[89] 李国君，马晓永，李军. 非轴对称端壁成型及其对叶栅损失影响的数值研究. 西安交通大学学报，2005，39(1)：1169-1172.

[90] 郑金，李国君，李军，等. 一种新非轴对称端壁成型方法的数值研究[J]. 航空

动力学报，2007，22(9)：1487-1491.

[91] 那振喆，刘波，赵刚剑，等. 基于 Bezier 曲线的端壁造型设计方法研究[J]. 推进技术，2014，35(5)：624-631.

[92] Brennan G，Harvey N W，Rose M G，et al. Improving the Efficiency of the Trent 500 HP Turbine using Non-axisymmetric End Walls：Part I：Turbine Design. ASME Paper 2001-GT-0444，2001.

[93] Prumpre H. Application of Boundary Layer Fences in Turbomachinery. AGARD ograph，1972，164：311-317.

[94] Kawai T，Shinoki S，Adachi T. Secondary Flow Control and Loss Reduction in a Turbine Cascade Using Endwall Fences. JSME International Journal，Series II，1989，32(3)：347-387.

[95] 钟兢军，王会社，刘慧娟，等. 吸力面翼刀控制压气机叶栅二次流的实验研究. 航空动力学报，2002，17(2)：188-191.

[96] 刘艳明，钟兢军，田夫. 翼刀附面层控制二次流技术的研究现状和发展前景. 燃气涡轮实验与研究，2004，17(4)：55-60.

[97] Chima R V. Computational Modeling of Vortex Generators for Turbomachinery. ASME Paper，GT-2002-30677，2002.

[98] Hergt A，Meyer R，Engel K，et al. Effects of Vortex Generator Application on the Performance of a Compressor Cascade. Journal of Turbomachinery，2012，135(2)：021026.

[99] 袁忻，刘火星. 压气机叶栅的涡发生器流动控制研究. 航空科学技术，2010，4：30-32.

[100] Becz S，Majewski M S. Leading Edge Modification Effects on Turbine Cascade Endwall Loss. ASME Paper，GT2003-38898，2003.

[101] Turgut Ö H，Camci C. Experimental Investigation and Computational Evaluation of Contoured Endwall and Leading Edge Fillet Configurations in a Turbine NGV. ASME Paper，GT2012-69304，2012.

[102] Lyall M E，King P I，Clark J P，et al. Endwall Loss Reduction of High Lift Low Pressure Turbine Airfoils Using Profile Contouring—Part I：Airfoil Design. Journal of Turbomachinery，2014，136：81005.

[103] 季路成，田勇，李伟伟，等. 叶身/端壁融合技术研究. 航空发动机，2012，38(6)：5-10，15.

[104] 黄国平，梁德旺，何志强. 大型飞机辅助动力装置与微型涡轮发动机技术特点对比. 航空动力学报，2008(2)：383-388.

[105] 毛健，汪武祥，杨万宏. 热等静压复合成形双合金整体涡轮的研究与应用. 航空制造工程，1997(2)：3-5.

[106] 方昌德. 航空发动机的发展研究. 北京：航空工业出版社,2009.

[107] Jones J，Whittaker M，Lancaster R，et al. The Influence of Phase Angle，Strain Range and Peak Cycle Temperature on the TMF Crack Initiation Behavior and Damage Mechanisms of the Nickel Based Super alloy：RR1000. International Journal of Fatigue，2017，98：279-285.

[108] Gorman M D. Dual-property alpha-beta titanium alloy forgings：US5795413. 1998-08-18.

[109] Williams B. Powder Metallurgy Super Alloys for High Temperature，High Performance Applications. International powder metallurgy industry,2012-2013(15)：135-141.

[110] 陈光. 新型发动机的一些新颖结构. 航空发动机,2001,1：3-10.

[111] Cairo R R. Composite Ring Reinforced Turbine. Program Final Report，Contract F33615-C-2201，Report No. AFRL-PR-WP-TR-1999-2050，1999.

[112] Cairo R R，Sargent K A. Twin web disk：a step beyond convention[J]. Journal of Engineering for Gas Turbine and Power，2002，V124：298-302.

[113] Harding B R. Contoured Disk Bore. Contract US 2005/0025627 A1，2005.

[114] Burge J C. Gas Turbine Compressor Spool with Structural and Thermal Upgrades. Contract US6267553 B1，2000.

[115] 卫海洋，徐敏，刘晓曦. 涡轮叶片冷却技术的发展及关键技术. 飞航导弹，2012（2）：61-64.

[116] 宋迎东,张福军,岳珠峰，等. 一类冷却导向叶片的多学科设计优化. 航空动力学报，2008（11）：1982-1987.

[117] 徐国强，李莉，丁水汀，等. 带射流孔板矩形扰流柱通道内的壁面换热. 推进技术，2009（1）：14-17.

[118] 王瑞东，刘存良，朱惠人. 带叶身斜下吹气膜孔的端壁泄漏流冷却数值研究//中国航天第三专业信息网第三十八届技术交流会暨第二届空天动力联合会议论文集. 发动机热管理技术，2017.

[119] 郭奇灵，刘存良，朱惠人. 涡轮叶片前缘凹槽气膜冷却的数值研究//中国航天第三专业信息网第三十八届技术交流会暨第二届空天动力联合会议论文集. 发动机热管理技术,2017.

[120] Hwang K Y，Kim Y I. Research Activities of Transpiration Cooling for High-Performance Flight Engines. Journal of the Korean Society for Aeronautical & Space Sciences，2011，39(10)：966-978.

[121] Рыжов А А，К вопрос воздушно-топливного охлаждения лопаток турбин，1998.

[122] Sweeney P C，Rhodes J P. An Infrared Technique for Evaluating Turbine Airfoil Cooling Designs. Journal of Turbomachinery，1999，122：170-177.

[123] 梁春华，王鸣，刘殿春. 战斗机发动机涡轮叶片层板发散冷却技术的发展. 航空制造技术，2013(9)：90-93.

[124] 李晓军. 考虑冷却通道的热障涂层涡轮叶片应力场的有限元模拟. 湘潭：湘潭大学，2014.

[125] Wenglarz R A，Fox R G. Physical Aspects of Deposition from Coal Water Fuels under Gas Turbine Conditions. Journal of Engineering for Gas Turbines & Power，1989，112(1)：9-14.

[126] Albert J E，Bogard D G. Experimental Simulation of Contaminant Deposition on a Film Cooled Turbine Vane Pressure Side With a Trench. Journal of Turbomachinery，2011，135(135)：641-652.

[127] Bonilla C，Webb J，Clum C，et al. The Effect of Particle Size and Film Cooling on Nozzle Guide Vane Deposition. Journal of Engineering for Gas Turbines & Power，2012，134(10)：1051-1059.

[128] Webb J，Casaday B，Barker B，et al. Coal Ash Deposition on Nozzle Guide Vanes：Part I—Experimental Characteristics of Four Coal Ash Types. Journal of Turbomachinery，2011，135(135)：1305-1314.

[129] Bonilla C，Clum C，Lawrence M，et al. The Effect of Film Cooling on Nozzle Guide Vane Deposition// ASME Turbo Expo 2013：Turbine Technical Conference and Exposition，2013：V03BT13A043.

[130] Weiguo Ai，Nathan Murray，Thomas H Fletcher，et al. Deposition near Film Cooling Holes on a High Pressure Turbine Vane// ASME Turbo Expo 2008：Turbine Technical Conference and Exposition，2008.

[131] Todd Davidson F，Kistenmacher David A，Bogard David G. A Study of Deposition on a Turbine Vane with a Thermal Barrier Coating and Various Film Cooling Geometries// ASME Turbo Expo 2012：Turbine Technical Conference and Exposition，2012.

[132] 郭巍，马壮，刘玲，等. 航空发动机用热障涂层的 CMAS 侵蚀及防护. 现代技术陶瓷，2017,38(03)：3-19.

[133] 杨姗洁，彭徽，郭洪波. 热障涂层在 CMAS 环境下的失效与防护. 航空材料学报，2018,38(2)：43-51.

[134] Bruening G B，Chang W S. Cooled Cooling Air Systems for Turbine Thermal Management. ASME Paper，99-GT-14，1999.

[135] Chepkin V. New Generation of Russian Aircraft Engines Conversion and Future Goals. ISABE Paper，99-704，1999.

[136] 那伟,徐国强,陶智,等,高流速时横掠管束的流动阻力特性实验研究,推进技术，2003，24(5)：444-447.

[137] Lu Haiying, Lv Duo, Yu Xiao, et al. Study of the Pressure Drop and Thermal Performance of an Air-Air Heat Exchanger for Aero-engine Application. Procedia Engineering, 2015, 99: 812-821.

[138] 胡训尧. 航空发动机外涵空气换热器性能研究. 南京: 南京航空航天大学, 2011.

[139] Anon. Intelligent Engine Systems: HPT Clearance Control. NASA/CR-2008-215234, 2008.

[140] Boyle R J, Jones S M. Effects of Precooling Turbine Cooling Air on Engine Performance. ASME Turbo Expo, GT2009-60120, 2009.

[141] Bock S, Horn W, Sieber J. Active Core - A Key Technology for more Environmentally Friendly Aero Engines Being Investigated under the NEWAC Program. ICAS, 2008: 1-10.

[142] Tibbs G B. Test Results of the Northrop Grumman Corporation Turbine Engine Bleed Air/Fuel Heat Exchanger After 165 Hours of Operation With JP-8+100 Fuel. AIAA and SAE World Aviation Conference, 1998: 1-7.

[143] Herring N R, Heister S D. On the Use of Wire Coil Inserts to Augment Tube Heat Transfer. Journal of Enhanced Heat Transfer, 2009, 16(1): 19-34.

[144] Nacke R, Northcutt B, Mudawar I. Theory and experimental validation of cross-flow micro-channel heat exchanger module with reference to high Mach aircraft gas turbine engines. International Journal of Heat and Mass Transfer, 2011, 54: 1224-1235.

[145] Northcutt B, Mudawar I. Enhanced Design of Cross-Flow Microchannel Heat Exchanger Module for High-Performance Aircraft Gas Turbine Engines. Journal of Heat Transfer, 2012, 134(6): 061801.

[146] 冉振华, 徐国强, 邓宏武, 等. 超临界压力下航空煤油在并联管中流量分配特性. 航空动力学报, 2012, 27(1): 63-68.

[147] Manteufel R D, Vecera D G. Consideration of Uncertainties in Compact Cross-Flow Heat Exchanger Design for Gas Turbine Engine Application. ASME Turbo Expo, 2013: 95139.

[148] Huang H, Spadaccini L J, Sobel R. Fuel-Cooled Thermal Management for Advanced Aeroengines. Journal of Engineering for Gas Turbines and Power, 2004, 126(2): 284-293.

[149] Manteufel R D, Rivera M B. Exergetic analysis of a cross-flow microchannel heat exchanger for bleed air cooling in aircraft gas turbine engines. ASME IMECE, 2014: 37722.

[150] Kim S，Min J K，Man Y H，et al. Investigation of high-speed bypass effect on the performance of the surface air-oil heat exchanger for an aero engine. International Journal of Heat and Mass Transfer，2014，77：321-334.

[151] Herring N R，Heister S D. Review of the development of compact，high performance heat exchangers for gas turbine applications. ASME International Mechanical Engineering Congress and Exposition，2006：14920.

[152] Glickstein M R，Spadaccini L J. Applications of Endothermic Reaction Technology to the High Speed Civil Transport. NASA Contractor Report，1998，207404.

[153] Arash Saidi，Bengt Sunden. Numerical simulation of turbulent convective heat transfer in ribbed ducts. Numerical Heat Transfer，2000，38（1）：67-80.

[154] 张旭明. 发动机换热器的优化设计与数值模拟. 北京：北京航空航天大学，2013.

第 5 章
加力燃烧室

加力燃烧室是军用战斗机发动机的重要部件之一,它是通过在低压涡轮或风扇出口气流中喷入燃油,并点火和组织燃烧,以提高气流温度,可短时大幅增加发动机的推力,又称复燃室、补燃室或后燃室。如图 5.1 所示,涡扇发动机加力燃烧室通常由混合器、扩压器、喷油装置、火焰稳定器、点火装置、防振隔热屏和筒体等构件组成。加力燃烧室研制中主要涉及的技术包括:气动热力性能评估技术、混合扩压技术、供油与雾化技术、点火技术、燃烧组织与火焰稳定技术、热防护与冷却技术、振荡燃烧预测与抑制技术、数值模拟技术等。

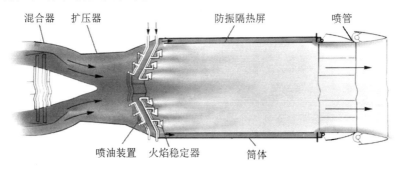

图 5.1 典型涡扇发动机加力燃烧室结构图

从 20 世纪 40 年代德国首先在 JUMO-004E 发动机上采用加力燃烧室,开始进入涡喷发动机加力燃烧室发展时期以后,加力燃烧室获得了广泛的应用。20 世纪 60 年代中期随着涡扇发动机加力燃烧室投入使用,进入了涡扇发动机加力燃烧室的发展时期,至今已出现 4 代发动机加力燃烧室。加力燃烧室的发展过程是一个不断追求提高加力温度、燃烧效率、燃烧稳定性,减少流体损失,减轻质量,提高可靠性和响应能力的过程。相比 20 世纪六七十年代的涡扇发动机加力燃烧室,现在加力燃烧室体积已减小为原来的 1/2,加力燃烧效率由不到 0.8 提高到 0.9 以上,加力温度由 1 500 K 左右提高到 2 000 K 以上,加力总余气系数由 2.0 降低到 1.1 以下。高温、高速、贫氧是先进加力燃烧室典型工作环境特征,流阻损失、点火性能、燃烧效率、稳定工作范围、质量等是先进加力燃烧室设计的典型衡量指标。近年来,低损失掺混、高紧凑一体化设计、高能量点火、高效燃烧组织、高效冷却已成为国内外加力燃烧室领域的主要技术研究热点。

本章重点针对先进加力燃烧室设计过程中采用的混合扩压、燃油浓度分布、火焰稳定器和传播、点火、传热与冷却、振荡燃烧抑制与预测等 6 大关键设计技术进行介绍,为从事先进加力燃烧室研制的设计人员提供技术参考。

┃5.1　混合扩压技术┃

对于涡扇发动机而言,通常将混合器的进口视为加力燃烧室的进口,加力燃烧室的混合器[1]是将两股压力、温度、速度不同的气流(外涵气与内涵气)加以混合的装置,扩压器是将加力进口的高速气流进行减速扩压的装置,使加力燃烧室的气流参数能够在稳定器截面满足组织燃烧的需求。混合器和扩压器在多种航空发动机上均有应用,涡扇发动机的混合器和扩压器通常同步开展设计,其一般设计要求如下[2]:

①　混合器出口外、内涵气动面积应符合总体匹配的要求;

②　混合扩压器出口速度应降低至可以组织燃烧的需求,速度系数应在合理范围内;

③　混合扩压过程的损失应满足总体性能的要求;

④　出口的流场应尽可能均匀,不仅可以提高加力燃烧室的效率,而且能使出口温度场均匀;

⑤　结构方面应控制整体长度,减轻质量。

加力燃烧室的混合器有多种类型,包括环形混合器(又称同轴混合器或平行混合器)、漏斗形混合器、花瓣混合器、指形混合器等。目前各国涡扇发动机上应用较多的是花瓣形混合器,部分发动机上仍采用环形混合器,其结构示意简图如图 5.2 所示,

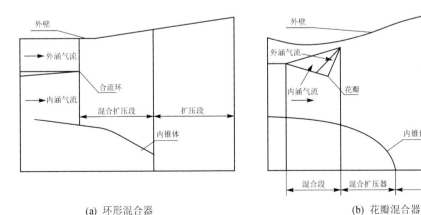

|(a) 环形混合器|　　　　|(b) 花瓣混合器|

图 5.2　各型混合器结构示意简图

二者的优缺点对比如表 5.1 所列。混合扩压器的设计目标不同,其选择的类型和设计方法也不同[3]。选择混合扩压形式时,应充分考虑与整机方案的匹配性,既要与涡轮出口气流和外涵气流相协调,又要与加力燃烧室的组织燃烧形式相匹配。

表 5.1　两型常用混合器优缺点对比

类　别	环形混合器	花瓣混合器
优点	结构简单; 刚性较好; 质量较轻; 气动损失少	混合度高; 燃烧稳定性好; 燃烧效率高; 对进气要求不严
缺点	混合度低; 燃烧稳定性相对差; 燃烧效率相对低; 对来流要求严	结构刚性较差; 混合器相对较重

扩压器的类型一般是按照扩压器外壁的形式来划分的,可分为:直壁扩压器、折壁扩压器、曲壁扩压器等类型,其简要示意图如图 5.3 所示。如果按照内锥体形式划分,可分为截锥式(突扩式,见图 5.3 中(a)、(b))和全锥式(见图 5.3 中(c))。对扩压器的设计要求通常有总压损失、加力燃烧室总长度、扩压器最大直径、质量要求及结构接口要求等。对于有隐身要求的发动机而言,需要按照隐身的相关要求对加力内锥体进行修形,目前隐身发动机通常采用尖锥形式的内锥体。

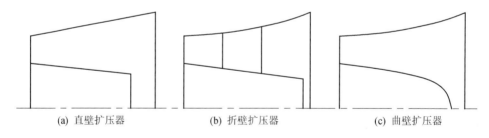

(a) 直壁扩压器　　　　　(b) 折壁扩压器　　　　　(c) 曲壁扩压器

图 5.3　几种常见扩压器示意图

随着航空发动机的发展,我们在不断追求更高的推重比,现阶段加力燃烧室多采用紧凑型混合进气式加力燃烧室;对于小涵道比涡扇发动机而言,甚至采用混合扩压一体化加力燃烧室,这也使得混合器和扩压器逐步成为不可分割的“整体”。所以本章主要针对花瓣混合器和“混合扩压一体化”等关键技术开展介绍,主要技术包括“内外涵气流混合增强技术”“混合扩压一体化技术”。

5.1.1　内外涵气流混合增强技术

现阶段三代机加力燃烧室多采用花瓣式混合器,并与内锥体配合形成扩压器,完成加力燃烧室的混合扩压过程[4]，典型的结构示意图如图 5.4 所示，混合器内部的流动及涡动示意图如图 5.5 所示。

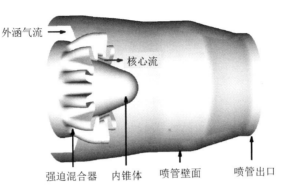

图 5.4 加力燃烧室混合扩压器示意图

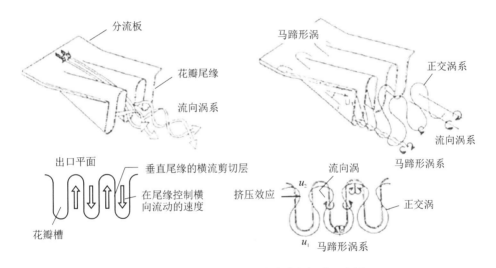

图 5.5 花瓣混合器内部的流动和涡动示意图

混合扩压器的设计当中，"静压平衡"是一贯遵守的设计准则，所谓的"静压平衡"是指在混合器尾缘截面(外内涵气流混合截面)外内涵气流的静压相等，以最大限度地降低掺混损失。通常情况下，设计混合扩压器时，加力燃烧室的外壁尺寸已经确定，需要根据整机匹配的需求，并结合加力燃烧室混合截面的堵塞比，以及内外涵的流量系数等，确定内外涵的流通面积。下面将分别阐述混合器花瓣和扩压器设计过程中的主要特征参数。

1. 混合器花瓣特征参数值的确定

混合器花瓣主要包括外涵环隙高度 A、花瓣倾角 α、花瓣高度 H 和长度 L、花瓣形式等几个特征参数值，其示意图可参考图 5.6。

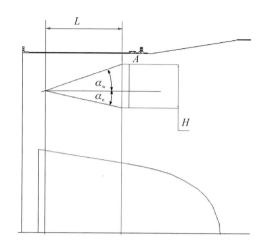

图 5.6 混合器花瓣特征参数示意图

① 外涵环隙高度:外涵环隙是指花瓣的外缘和扩散器外壁之间的环隙(见图 5.6 中的 A),它直接影响隔热屏冷却通道内的冷却气量和品质。若环隙高度过小,则会造成隔热屏贴壁区域的冷却气量不足,进而引发隔热屏或喷管烧蚀等问题;若环隙高度过大,则有大量外涵气用于隔热屏冷却,进而影响加力燃烧室效率和出口温度。因而在设计过程中应充分考虑外涵环隙高度和混合器出口高度,以在冷却和性能之间找到最优的平衡。通常情况下,需要和冷却系统开展协同设计以确定外涵环隙高度,进而将该参数作为混合扩压器设计的边界条件开展详细设计。

② 花瓣倾角:包括外倾角和内倾角,分别为图 5.6 中的 α_w 和 α_n,是混合器花瓣的重要参数。过大的倾角会引起混合气流的流体损失增大,甚至产生气流分离和激起燃烧的不稳定,或构件的烧蚀,所以设计时应尽量减小花瓣倾角,将其限制在经验范围内。

③ 花瓣高度和长度:花瓣的长度和高度分别为图 5.6 中的 L 和 H,花瓣高度对主稳定器进口气流温度影响较大,花瓣高度越大,则内外涵气流的掺混程度越高。花瓣高度越大,主稳定器进口截面的气流温度会相对越低,在一定程度上会影响加力燃烧室的慢车点火性能和稳定燃烧性能。若花瓣高度过小,则易引起进入主稳定器的气流温度升高,甚至导致加力点火区油压突升,影响高空左边界加力接通的可靠性和接通时间。同时花瓣高度过大、长度过长也会增加掺混损失,结构方面则易导致刚性、强度、热变形、振动裂纹等问题。

④ 花瓣形式:目前花瓣混合器的造型主要有外涵等宽、内涵等宽和径向花瓣三种,示意图详见图 5.7,国内外各型加力燃烧室根据不同的方案特点选择不同形式的花瓣造型。外涵等宽花瓣,内涵对外区的冲击能力较强,对外区的燃烧组织能提供有力支持,但也给冷却系统的设计带来困难。内涵等宽花瓣,内涵对外涵的冲击减弱,隔热屏壁温周向不均匀性降低,对提高加力燃烧室使用潜能有利。径向花瓣的特性

介于以上两种花瓣之间[5]。

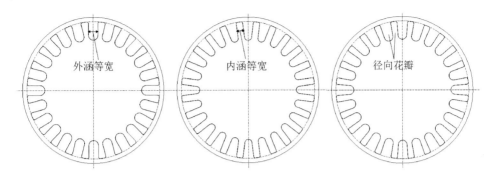

图 5.7　外涵等宽、内涵等宽和径向花瓣示意图

2. 扩压器特征参数值的确定

气体流经扩压器通道时,由于减速增压以及气体与壁面之间的摩擦,会引起一定的压力损失,该损失与气体进入扩压器的马赫数、扩压比、当量扩张角以及涡轮后气体的扭转角等因素有关。

当量扩张角是表征扩压段扩张程度快慢的参数,当量扩张角(半角)的计算公式如下:

$$\alpha = \arctan\left(\frac{R_{out} - R_{in}}{L}\right) = \arctan\left(\frac{\sqrt{A_{out}/\pi} - \sqrt{A_{in}/\pi}}{L}\right)$$

式中　A_{out}、R_{out}——扩压段出口的面积和当量半径;

　　　A_{in}、R_{in}——扩压段进口的面积和当量半径;

　　　L——扩压段的长度。

如果当量扩张角过大,则扩压段长度相对较短,但易引起气动分离;如果当量扩张角过小,则同等条件下,会造成扩压段过长,导致发动机增重。通常情况下,在扩压器的前段可选取相对较大的当量扩张角,既能获得较为理想的气动性能,又能有效缩短扩压段的长度。

① 等压力梯度设计方法:所谓等压力梯度是指沿发动机轴向方向上压力的增长率为一个常数,即 $dp/dx =$ 常数。采用等压力梯度设计后,压力沿发动机轴向均匀上升,从前至后压力梯度相等,可以充分发挥前后各段的减速增压作用,利于防止局部出现过大的压力梯度而引发气流分离。在近代高性能发动机上尤其是加温比相对较高的加力燃烧室中,广泛采用曲壁扩压器,而等压力梯度造型规律是设计曲壁扩压器最常用的方法。当今扩压流路设计通常采用一维计算和三维仿真相结合的方式开展设计。

② 等压力梯度增长率设计方法:沿发动机轴向方向,压力梯度的增长率不变,而压力梯度 dp/dx 逐渐增大,以满足既缩短长度又不引发气动分离的要求。随着航空

发动机技术的进步,加力燃烧室扩压段逐渐向结构紧凑的方向发展,即在保证加力燃烧室正常工作的前提下,适当地缩短扩压段的长度,有时甚至可以突破"等压力梯度"设计限制而采用等压力梯度增长率的设计方法。

5.1.2 混合扩压一体化技术

高推重比是先进航空发动机的一个重要特点,为了提高发动机的推重比、减轻发动机的质量,加力燃烧室通常会采用混合器、扩压器的一体化设计(与传统加力燃烧室结构对比简图如图5.8所示),甚至采用混合扩压与喷油稳定的一体化设计。

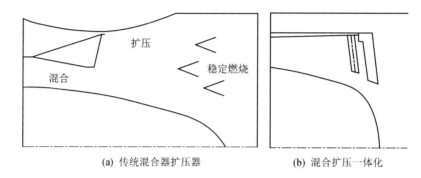

(a) 传统混合器扩压器   (b) 混合扩压一体化

图5.8 混合扩压一体化加力燃烧室与传统加力燃烧室混合器扩压器对比

该一体化技术的实现,主要是通过将稳定器前移,也就是说将稳定器前移到混合器截面,比如图5.8中右侧的加力燃烧室,其环形稳定器外侧流过未经扩压的外涵气流,内涵气流则先在内涵扩压器内进行部分扩压,随即从环形稳定器内侧流出。在环形稳定器后内外涵气流才开始混合,同时在稳定器的回流区中组织燃烧,实现边燃烧、边混合、边完成最后的扩压这一过程。一体化设计不仅缩短了扩压混合段的长度,减轻了质量,而且减少了气流扰动和分离倾向,降低了流体损失。混合扩压段缩短后,有利于保证燃烧段所必需的长度,从而保证较高的燃烧效率。

| 5.2 燃油浓度分布技术 |

加力燃烧室燃油浓度分布设计技术直接影响加力燃烧室的地面性能和空中特性,是加力燃烧室设计的关键环节之一,燃油浓度分布设计一般要满足以下要求[2]:

① 保证全加力状态下加力燃烧室具有最佳燃油浓度分布,获得较高的燃烧效率,满足发动机性能设计指标,同时满足小加力和部分加力状态下的耗油率要求。

② 保证加力燃烧室在发动机包线范围内的任何飞行状态点和飞机各种姿态下,均能稳定可靠地工作,燃油压力和发动机推力无明显脉动,且不产生振荡燃烧。

③ 保证加力燃烧室在加力点火包线范围内可靠接通,并在规定范围内平稳切断

加力。对于涡扇发动机加力燃烧室，加力接通和切断过程对主机干扰尽可能小，不引起风扇和压气机的失速和喘振，即实现"软点火"。

④ 保证加力燃烧室具有良好过渡态性能，油门杆由小加力至全加力整个加力域内，推力需连续调节，在任何一个油门杆位置上，加力燃烧室都能稳定工作。

⑤ 满足加力调节器、加力点火以及其他组件的特殊设计要求。

一般先根据发动机设计要求或者参考主机设计点确定燃油浓度分布设计点。通常以台架点作为加力燃烧室设计点，并选择特殊飞行状态作为燃油浓度分布设计的检验点，通常包含：低空大马赫数飞行状态检验点，该状态点对应飞行包线内全加力最大供油量；高空小表速飞行状态检验点，选择全包线全加力最小油量状态点；最大涵道比飞行状态检验点，检查该状态点下燃烧是否存在不稳定情况；其他状态检验点，反映发动机各种负荷的极限状态。

燃油浓度分布设计技术主要包括喷嘴布局设计技术和局部供油与燃油分区分压设计技术，通过合理喷嘴布局、采用局部供油和燃油分区分压设计，可实现全包线范围内加力燃烧室可靠接通及从小加力到全加力范围内高效、稳定燃烧。

5.2.1　常见加力燃油喷嘴的类型

燃油总管、喷油杆或喷油环的设计对加力燃烧室内部燃油浓度分布起着决定性的作用。燃油总管、喷油杆或喷油环上通过布置多个燃油喷嘴，将大量燃油尽可能均布于整个燃烧流场内。多个燃油喷嘴实现了液体燃油的雾化，通过雾化将液体燃料分解成液滴或液雾，以加大燃料表面积，提高燃烧时热量交换速率，加快燃烧过程，提高燃烧性能[6]。

将确定多个喷嘴类型、数量、喷射方向、位置分布的过程统称为喷嘴布局设计。喷嘴选型是喷嘴布局设计的重要内容。本小节重点介绍加力燃油喷嘴的常见类型、特点及选取原则。

目前常见的加力燃油喷嘴类型有直射喷嘴、离心喷嘴、雾化槽式喷嘴和扇形喷嘴，各型喷嘴的使用与燃烧流场各区域燃烧特点及喷嘴结构的复杂程度相关。

(1) 直射喷嘴

直射喷嘴是压力雾化喷嘴的一种，喷嘴孔为圆柱形孔（见图 5.9），结构简单，在加力燃烧室内大量使用[7]。直射喷嘴直径越小，相同总喷嘴流动面积下，喷嘴数目越多，分布越均匀，燃油雾化质量越好。根据设计经验，直射喷嘴直径不能太小，否则在高温环境下易发生堵塞和结焦，使燃烧效率大幅降低，航空煤油最小孔径一般约束在0.5 mm。

直射喷嘴喷射方向包括周向侧喷、顺喷和逆喷、径向侧喷，不同的喷射方向所形成的燃油浓度场不同。直射喷嘴采用侧喷方式时（见图 5.10），燃油射流在横向气流的作用下迅速变形，油膜破碎、雾化，在下游形成椭圆形喷雾场（见图 5.11(a)、(b)），该喷射方向能与环形稳定器形成较好的匹配；与径向稳定器匹配时，喷射方向不应与

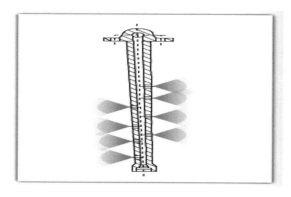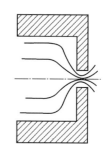

图 5.9　直射喷嘴结构示意图

径向稳定器伸长方向一致,此时采用小角度逆气流或顺气流方向喷射可利于提高喷射效果。

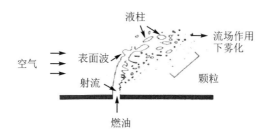

图 5.10　直射喷嘴侧喷示意图

(2) 离心喷嘴

离心喷嘴(见图 5.12)[8]是压力雾化喷嘴的一种。燃油在较大的压力作用下,通过切向布置的切向槽或孔进入旋流室,以旋转液膜的形式离开喷嘴,液膜在离心力作用下散开,并在气动力作用下雾化为小液滴,雾化过程共分为 3 个步骤:液膜形成、破碎成丝及雾滴形成。

离心喷嘴喷油方向有顺喷和逆喷,逆喷时燃油射流和燃气流的相对速度较大,有利于雾化,雾滴直径较小,使用较为广泛。离心喷嘴雾化效果良好,但结构较直射喷嘴复杂,同时受结构限制,喷嘴间距较大,不利于在加力燃烧室流场中大量使用,目前仅在热射流点火系统中使用。

(3) 雾化槽式喷嘴

雾化槽式喷嘴(亦称溅板式喷嘴)[9]由雾化挡板和直射喷嘴构成(见图 5.13)。由直射喷嘴喷出的燃油射流,撞落在挡板背面,形成油膜。油膜在气动力、燃油射流挤压力和表面张力作用下,沿内侧表面运动,并翻越挡板后缘到挡板外表面,直至挡板前缘处,在气动力作用下雾化。在油膜运动过程中,油膜逐渐变薄、横向展宽,故雾化质量好,油雾场分布范围宽(见图 5.11(c))。在喷孔间距较大时,可使燃油沿周向

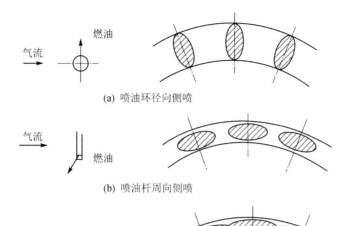

图 5.11　直射式喷嘴侧喷燃油质量分数分布

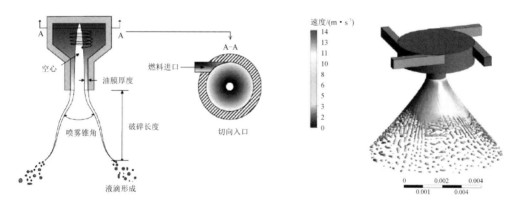

图 5.12　离心喷嘴燃油流动示意图

分布均匀,同时增大径向的分布宽度,适用于涡扇发动机点火区的局部供油或对组织燃烧有特殊需求的区域使用。

雾化槽式喷嘴设计的关键尺寸为挡板槽宽、挡板高度、挡板厚度、直射喷嘴孔径和直射喷嘴距挡板的距离。各尺寸的选取均会对燃油雾化质量造成影响,选取原则是应保证尺寸在一定合适的范围内。以挡板槽宽为例,当槽宽增大时可增加油膜运动至前缘的路程,油膜展宽增大、厚度减小,可改善雾化质量。当槽宽增大至一定值时,油膜运动路程过长,造成燃油沿程失稳雾化比例增大,此时雾化油珠尺寸较大,反而恶化了燃油雾化的质量。此外,根据试验验证可知,气流速度也是影响雾化槽喷嘴燃油雾化质量的重要因素[9]。

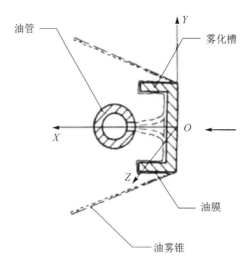

图 5.13 雾化槽式喷嘴结构示意图

雾化槽式喷嘴适于与环形稳定器匹配,喷嘴喷射方向与气流反向(见图 5.14)。挡板常见的放置方向有正向、反向两类。挡板正向放置(见图 5.14(a)),直射喷嘴喷出的燃油进入挡板后,易于周向扩展,周向浓度场较均匀,但径向分布均匀性稍差,该方案已有成功使用的案例。挡板反向放置(见图 5.14(b)),直射喷嘴喷出的燃油到达挡板后,在挡板背面的溅射作用下使燃油径向浓度分布均匀性较好,但周向扩展过程不充分即被气流吹走,周向分布均匀性较差。

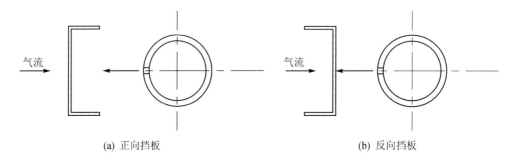

(a) 正向挡板   (b) 反向挡板

图 5.14 雾化槽式喷嘴喷射方向示意图

(4) 扇形喷嘴

扇形喷嘴由喷油孔和带内曲面或平面头部构成,典型结构如图 5.15 所示。由直射喷嘴喷出的燃油射流在曲面上形成油膜,油膜沿曲面向前缘运动过程中展宽、变薄直至雾化。在静止气流中,纵向呈扁平、椭圆形、横向呈扇形的油雾场。扇形角取决于喷嘴结构,扇形喷嘴相对运动气流侧喷,可以改善雾化质量,在喷嘴下游形成近似圆形的油雾场,油雾场分布范围较宽。扇形喷嘴喷出的初始雾化锥近似为扇形分布,适用于向径向稳定器供油[10]。

扇形喷嘴主要关键设计尺寸为内曲面半径、直线段距离、喷嘴孔径。适当增大内曲面半径、直段距离,可增加油膜运动路程,增加油膜展宽和均匀性。但过大的内曲面半径会增大喷嘴迎风面积,使气流总压损失增加。过长的直段距离,增加了油膜运动中摩擦损失,降低了喷嘴前缘油膜速度,油雾穿透深度减小,对燃油雾化和浓度场空间分布不利。喷嘴孔径大小决定了射流速度,相同供油量下,减小喷嘴孔径可

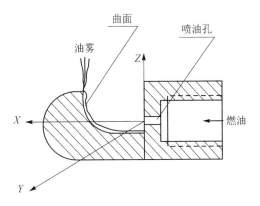

图 5.15　扇形喷嘴结构示意图

增加燃油浓度场穿透能力,但油膜展宽减小,浓度分布不均匀度增加,不利于雾化。一般内曲面半径在 4～6 mm,直段距离在 3.5～5.5 mm,喷嘴孔径在 0.5～0.8 mm之间选择。此外,扇形喷嘴头部外形设计,也应该尽可能减少气流流动损失。

喷嘴选型是燃油喷嘴布局的重要内容,喷嘴结构及位置分布对燃油浓度分布有直接影响。喷嘴设计时遵循的一般原则如下:

① 喷嘴布局应与局部供油形式、分区分压形式及稳定器系统的设计匹配。喷嘴点数与加力组织燃烧总体布局、火焰稳定器系统圈数和结构、加力燃烧室横截面尺寸及理论分区数目等直接相关。按设计经验,在火焰稳定器和每个油区都至少布局1 个径向喷油点,同时根据各油区径向范围大小,在稳定器之间适当增加供油点数。

② 喷孔之间的周向间距一般与喷嘴孔之间的径向间距近似相等。对于直射喷嘴,因燃油散布面较窄,结构简单,故喷嘴间距应设计小些,喷嘴数目多些,一般直射喷嘴间距在 20～90 mm 范围内选择;对于离心喷嘴,由于其燃油散布面较宽,结构较复杂,故径向和周向间距可取大些,喷嘴总数目减少些。

③ 喷嘴直径使用范围尽量控制在 0.5～1.0 mm,其中在 0.6～0.8 mm 较多,在无特殊措施情况下,0.5 mm 以下的孔径不能采用;喷嘴布局尽量保证各区域等余气系数均匀分布,但对高热负荷加力燃烧室,隔热屏附近的供油应特殊化处理。在靠近隔热屏的冷却气流区域,通过减少孔径或增大距隔热屏的距离来增大余气系数,以保证隔热屏的壁温不致过高。

④ 喷嘴至火焰稳定器截面的掺混长度与喷嘴类型、喷嘴间距及喷嘴处主气流的温度有关。选取的掺混段长度要保证燃油在稳定器前方的蒸发度和燃油在稳定器前方的浓度分布,且当气流温度过高时应适当缩短掺混段长度,防止燃油自燃。

随着未来发动机技术指标的提升,加力燃烧室进口温度、压力进一步升高,对喷杆、喷嘴设计带来新的难度:

① 燃油经喷嘴喷出前的温度较高,一方面燃油温度提高利于强化燃油的蒸发和

混合过程,改善燃油雾化质量;但另一方面,喷嘴长期处于高温环境下工作,可导致燃油在喷油杆、喷嘴内部沉积结焦,并附着于内壁面堵塞流道,严重时堵塞喷口,使燃油雾化浓度场严重恶化,造成点火困难和燃烧效率下降。

② 当进口温度达到特定值后,燃油易发生自燃。若喷嘴与稳定器之间的距离较远,使燃油未到达稳定器就发生自燃形成高温火团,稳定器接触高温气流后易发生烧蚀故障。

③ 喷杆、喷嘴长期暴露于高温环境下容易产生热疲劳故障。

因此未来发动机加力燃烧室在喷杆和喷嘴设计中除常规设计考虑外,还需将喷杆和喷嘴的热防护设计、喷嘴与稳定器匹配设计作为重点研究方向之一。

5.2.2 局部供油与燃油分区分压技术

1. 局部供油技术

涡扇发动机加力燃烧室接通、切断加力,或改变加力比时所产生的压力脉动,可以通过外涵道逆流向前传至风扇,并影响压气机。若压力脉动过大会激起风扇和压气机的失速、喘振,危及发动机安全。故在设计涡扇发动机加力燃烧室时,要求在较小的点火油气比下点燃而不会产生过大的压力突升,该设计特点为加力燃烧室"软点火"。

普通 V 形火焰稳定器点火油气比较高,无法实现软点火的要求。因此,常用的解决措施是设计各种类型的值班火焰稳定器,使其具备宽广的点火范围和稳定燃烧范围,特别是贫油点火边界较宽,以具备可靠的"软点火"性能。

为避免值班火焰稳定器前方供油进入尾迹回流区,干扰值班火焰稳定器局部油气匹配,导致值班火焰不稳定和燃烧效率下降,值班稳定器采用局部供油方式,单独向值班火焰尾迹供油,该设计技术即为局部供油技术[11-12]。

典型值班火焰稳定器及其供油方式如图 5.16 所示,图(a)为一种发动机采用的蒸发式值班火焰稳定器,它由一支单独向蒸发管内供油的管路实现向点火区供油,并与蒸发管内空气充分混合后,在稳定器内部回流区内形成合适的油气混合物。图(b)为国内研究较多的吸入式值班火焰稳定器,国外加力燃烧室也采用了类似的吸入式

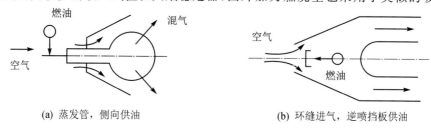

(a) 蒸发管,侧向供油   (b) 环缝进气,逆喷挡板供油

图 5.16 典型值班火焰稳定器及其供油方式

稳定器结构。局部供油逆向射流打在挡板上,进行二次雾化蒸发,与环缝处进入的空气进行混合后,在稳定器后方形成合适的油气混合物。

值班火焰稳定器与局部供油匹配设计,使在值班火焰稳定器回流区内形成一个相对封闭的燃烧区,该区域内局部供油占总油量的比例较少,但在该封闭区域内能处于合适的油气比范围、满足软点火要求的前提下,可以实现可靠点火。

局部供油规律一般通过飞行包线内大量试验确定,需要满足飞行包线内的点火性能、稳定工作性能,还要考虑小加力、部分加力等综合特性。值班火焰稳定器供油比例为加力总油量的 $5\%\sim13\%$,如果值班火焰稳定器内余气系数过大,则产生热量小,影响它点燃加力燃烧室和支援加力燃烧室的燃烧作用;如果余气系数过小,周围空气来不及补充至火焰稳定器尾迹中,则值班火焰燃烧不完全,火焰温度过低,燃油挥发雾化效果较差。

局部供油常采用独立供油单独调节方式,进入加力状态时首先打开和投入工作,与进入值班火焰稳定器中空气流量匹配设计,使值班火焰稳定器内油气比始终保持最佳值。其他供油区打开不会影响值班火焰供油,与加力燃烧室总余气系数无关。

2. 燃油分区分压供油技术

(1) 分区供油技术

分区供油技术是为解决加力比发生变化(即小加力、部分加力、最大加力)时要求供油量大幅变化、供油压力相应大幅度变化,而油泵无法实现而采取的技术措施,同时也是为解决加力比变化时,保证各个区域燃烧效率的技术措施[2]。

分区供油将整个加力燃烧室分为若干燃烧区,每个燃烧区由一定数量的燃油总管向其供油。小加力时,一般只有一个供油区工作,此时加力供油量很小,但全部供入一个供油区后,其供油压力不至于过低,局部燃烧区的余气系数不会太大,可以很好地组织小加力状态燃烧。由小加力逐步向最大状态过渡时,多个供油区按规律依次投入工作,此时供油量大幅度增加,但加力油量供应到各个供油区中,供油压力不会过高,同时各燃烧区内的余气系数适中,保证燃烧效率。

加力燃烧室均需在分区供油上进行精心设计,分区供油结构形式种类较多,按其基本特点来说,常用分区供油结构分 3 种形式:

① 环形分区供油:将加力燃烧室分为若干个环形燃烧区,并在各燃烧区内分区供油。图 5.17 为一种加力燃烧室分区供油系统,在半径方向将燃烧区分为外区、局部供油区、内区,分别由相应位置燃油总管向空间内供油。为保证燃烧区各处油气比均匀,在燃油总管上周向焊接若干喷油杆,在喷油杆上按半径方向布置多个喷嘴,又将各自燃烧区细化为多个环形区域,保证分区供油的均匀性。此外,多型发动机也采用环形分区供油结构,具有较好的使用性能。

② 扇形分区供油:常见扇形分区将圆周方向划分为若干扇形区域,各扇形区域采用喷杆负责供油,喷杆依次投入工作,保证一个或若干个扇区供油。纯扇形分区的

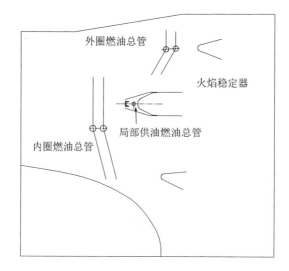

图 5.17　加力燃烧室分区供油系统

结构在常规加力燃烧室技术方案上采用较少。

③ 组合式分区供油:采用环形分区和扇形分区组合形式(见图 5.18),一款发动机的加力燃烧室采用组合形式分区供油,包含 9 个喷油环,共分 16 区供油。该供油方式既有扇形供油区,又在半径方向上按环形区供油[13]。

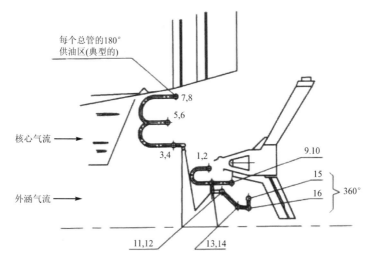

图 5.18　加力供油分区

分区供油的数目与是否采用局部供油、涡扇发动机混合器的形式以及涵道比大小相关。一般对于中等或大涵道比的加力燃烧室,全包线飞行时涵道比变化较大,当内外涵气流参数相对变化较大时,内外涵必须采用分开调节的供油方案。

理论分区数量按总加力供油量、局部供油在全加力时的供油量、供油分区转换点相对余气系数确定。供油分区转换点相对余气系数一般在 1.4～1.55 之间,该值越小,分区数目越多,转换点的燃烧效率越高,因此供油分区转换点相对余气系数不能大于 1.55。各区理论供油量根据供油分区转换点相对余气系数、局部供油在全加力时的供油量、理论分区数量确定。

实际设计中分区数量及各区供油量的确定较为复杂,应考虑到火焰稳定器的布局、隔热屏的壁温、值班火焰对其他火焰稳定器和燃油效率的影响,以及已燃油区对新油区点燃特性及稳定性的影响。

(2) 分压供油技术

分压供油技术是为解决相同加力比下飞机低空大马赫数飞行和高空小表速飞行时供油量变化较大,油泵供油压力无法与所需油量变化相匹配而采取的技术措施。

分区供油技术具体是指在高空小表速飞行时油区供油量较小,仅由一个燃油总管供油,可保持一定的供油压力,保证燃油雾化效果;当随飞行状态改变,增大油区供油量时,油压达到某一定值后,打开同一供油区的另一个燃油总管,以增大供油面积,相对降低所需供油压力,使低空大表速飞行时,燃油总管中供油压力仍在油泵可提供的极限内。分区供油技术既能保证高空小表速下燃油雾化的效果,又能使低空大马赫数飞行时,燃油压力不超过泵供油能力。

图 5.19 为一种发动机分压供油示意图,副油路Ⅰ、Ⅱ路先投入工作,当达到某一油压时,主油路Ⅲ、Ⅳ依次打开,向同一分区供油。

分压供油设计的前提是已知全飞行包线范围内最大状态各供油区最大供油量与最小供油量及其对应内、外涵进口状态参数。分压供油设计的关键步骤如下:

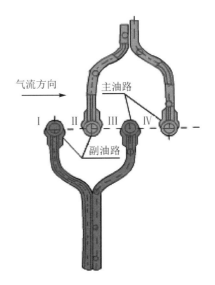

图 5.19　分压供油示意图

① 确定最小供油压力和最大供油压力:应根据燃油总管内不发生沸腾现象为限制条件,确定燃油总管中的最小供油压力。初步计算时,直流喷嘴最小供油压力建议选取 0.07 MPa,离心喷嘴建议选取 0.2 MPa,当总管所处环境温度提高到一定程度时,该最小压力下限需要适当提高。

燃油总管内最大供油压力取决于油泵的特性和燃油调节器的压力损失。副油路最高压力即为燃油总管内最大供油压力;一般情况下,初步设计时各区副油路的最高油压均选用总管的最大供油压力。

② 主、副油路压差的确定:主、副油路的压差即分压活门的压力损失。在进行分压供油计算时,应根据需要确定适宜的特性。分压活门的特性有两种:分压活门损失为常数(见图 5.20 中直线 1)、分压活门损失是副油路压力的函数(见图 5.20 中直线 2、3)。对于变压差分压活门,主油路刚打开时,主、副油路压差较高,随后将随副油路油压的增加,按一定函数关系,使主、副油路压差逐渐变小,以此方式增大分压效果。与主、副油路压差为常数的分压活门相比,变压差分压活门方式能扩大只有副油路工作的高空小表速飞行空域,使该空域加力供油压力提高,改善低压下燃油的雾化,有利于加力燃烧室高空稳定工作和提高高空燃烧效率。

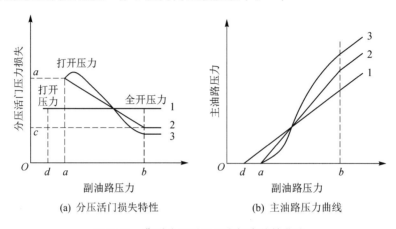

(a) 分压活门损失特性　　　　　(b) 主油路压力曲线

图 5.20　典型分压活门压力损失特性曲线

③ 主、副油路总当量喷嘴流量数的计算:对内、外涵供油分开调节的涡扇发动机加力燃烧室,内、外涵主、副油路总当量喷嘴流量数的确定方法相同。首先根据全包线最大供油量及最大供油压力,计算总的当量喷嘴流量数;然后根据全包线最小供油量及最小供油压力,计算单独副油路的当量喷嘴流量数;最后根据全包线内涵最大供油量、副油路最大供油压力下的油量、主油路最大供油压力计算出主油路的当量喷嘴流量数。

分区分压供油设计确定各区主、副油路当量喷嘴流量数后,通过喷嘴布局设计方法,合理布局各区域喷嘴的孔径、位置、数量及掺混段长度。设计完成后应该在全飞行包线范围内对供油系统特性进行校验和修正,保证:

① 各油门杆下各油区平均余气系数分布满足燃烧稳定性和加力燃烧效率要求;

② 全包线内最大、最小供油压力能满足供油系统可靠工作范围;

③ 小加力油气比能满足发动机对加力燃烧室提出的"软点火"要求;

④ 火焰稳定器附近油气比设计合适,未产生"蜂鸣"等不稳定燃烧现象。

| 5.3　火焰稳定与传播技术 |

　　层流火焰的传播速度一般为几米每秒,即使在航空发动机的湍流气流中,火焰的传播速度也仅为几十米每秒,而加力燃烧室中气流速度往往大得多,可达上百米每秒甚至几百米每秒[14]。因此加力燃烧室中依靠气流自身稳定与传播火焰基本是不可行的,即使暂时将可燃混气点燃,火焰也将很快被高速气流吹熄。所以一般需要特定的装置与技术,实现加力火焰的稳定燃烧与传播。要在气流速度远大于火焰传播速度的情况下稳定火焰,必须满足两个条件:一是要有持续的点火源;二是垂直于焰锋表面的气流分速度需要与火焰传播速度相平衡。

　　点火源需要不断地提供足够的热量来点燃可燃混气,它可以是外加的热源,例如持续的电火花等,也可以是气流中稳定的热燃气回流区。热燃气回流区一般是由垂直于流向的钝体(即火焰稳定器)的尾迹产生的,它除了可以提供持续不断的热源外,还可以使气流垂直于回流区外层面进行速度分解,为高速气流中火焰稳定的两个必要条件的实现提供了可能。在现代大多数航空发动机加力燃烧室系统中,要保持持续不断的外加热源,成本高昂或难以实现,所以一般选择热燃气回流区作为加力火焰稳定的持续点火源。外加热源一般只点燃局部火焰,达到稳定后即关闭,这就是加力的点火过程,在下一章将会详细描述。点火完成后,火焰的稳定与传播一般由相互连通的火焰稳定器尾迹回流区来实现。

　　形成回流区的钝体火焰稳定器一般都是非流线型物体,其具体形式可以多种多样,图 5.21 示出了几种常见的基本钝体形式[14],分别为 V 形槽、台阶、凹腔、垂直气动射流和逆向气动射流。加力燃烧室中所用稳定器多是这些基本钝体形式的演化,根据具体的加力特点,选取合适的稳定器基本型(或基本型的组合),并进行适当的排

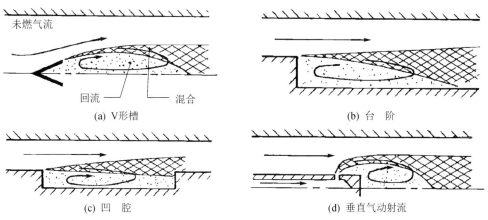

(a) V形槽　　　　　　　　　　　　　　(b) 台　阶

(c) 凹　腔　　　　　　　　　　　　　(d) 垂直气动射流

图 5.21　常见钝体火焰稳定结构

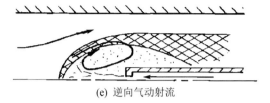

(e) 逆向气动射流

图 5.21 常见钝体火焰稳定结构(续)

布,实现加力火焰的稳定和传播。

　　航空发动机技术发展多年,已形成了一套较为成熟的加力火焰稳定器系统设计技术与布局方案。但是,随着发动机需求的不断变化与提升,新的火焰稳定与传播技术也在进一步发展之中。下面将分别进行详细描述。

5.3.1　火焰稳定系统的一般设计要求

　　如前所述,加力燃烧室中的火焰稳定与传播,主要依靠火焰稳定器来实现。火焰稳定器应满足以下设计指标和设计要求[2]:

　　① 在规定的加力点火油气比下可靠点火和传焰;

　　② 在规定的飞行包线内保证加力燃烧室稳定燃烧;

　　③ 火焰稳定器总压恢复系数不低于规定值;

　　④ 合理布置火焰稳定器,使加力燃烧效率不低于规定值;

　　⑤ 满足质量指标;

　　⑥ 满足其他设计要求,例如隐身需要的壁面冷却等。

　　由于不同发动机加力燃烧室的进口条件、指标要求等都各有不同,在进行火焰稳定器方案选择时,应根据加力燃烧室的具体要求,权衡利弊后,选择合适的火焰稳定器方案。例如,涡喷发动机加力燃烧室进口气流温度比较高,燃油在火焰稳定器前方的蒸发度高,而且加力的接通和切断产生的干扰不容易传给压气机,不要求"软点火",所以采用每种火焰稳定器几乎都能满足涡喷发动机加力燃烧室的设计要求,因此一般选择结构简单、质量轻、工艺性好的 V 形火焰稳定器。而对于涡扇发动机,加力燃烧室进口为内涵和外涵两股气流,内外涵掺混后形成的流场和温度场比较复杂,点火条件比较苛刻,并且为防止加力点火对风扇造成压力波动,必须采用"软点火",所以涡扇发动机加力燃烧室一般采用值班火焰稳定器配合其他多种类型稳定器来组织燃烧。

5.3.2　常见火焰稳定器的形式及布局

　　常见的火焰稳定器形式有 V 形火焰稳定器、缝隙 V 形(双 V)火焰稳定器、中缝式火焰稳定器、沙丘驻涡火焰稳定器、气动火焰稳定器、蒸发槽式火焰稳定器、薄膜蒸发火焰稳定器等。各种火焰稳定器的形式可以组合使用,采用不同的布置方案,实现加力燃烧室的可靠点火与稳定燃烧。

1. V 形火焰稳定器及其布局

V 形火焰稳定器是加力燃烧室中最常见的稳定器基本形式,其结构简单,质量轻,且能实现良好的燃烧效率和较低的流体损失,因此被广泛应用。图 5.22 是 V 形火焰稳定器的基本形式及其回流区示意。关于 V 形火焰稳定器的基本原理和性能,在多个文献中均有详细说明[14-15],在此不作过多赘述。下面着重介绍一下其不同的布局形式。

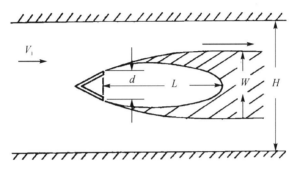

图 5.22 普通 V 形火焰稳定器

(1) 环形布置

环形布置的 V 形槽稳定器具有堵塞比小、压力损失小、结构简单、质量轻等优点,并且发展比较成熟。目前在涡喷发动机加力中得到广泛应用。根据加力燃烧室工作条件的不同,有的加力采用单排 V 形环槽,例如涡喷 6;有的采用多排 V 形环槽,例如涡喷 7。为了便于不同环槽之间火焰的传播,通常会在各个环之间设置形式不一的传焰槽。

此外,如果多个环槽都布置在同一个截面上,那么该截面的堵塞将很大,导致流阻损失增大。多排稳定器交错排列有利于减少堵塞比,进而减少流阻损失,如图 5.23 所示。但是试验表明,稳定器轴向间距增大,开始时有利于压力损失下降,但是增大到一定间距时,由于截面影响很小,对流阻影响不大;相反,间距增大使加力燃烧室长度增大,摩擦损失增大,而使流阻损失增大。因此环形稳定器轴向间距不能过大,通常各环形稳定器之间距离不大于 150 mm。

(2) 径向布置

同为 V 形槽,径向布置相比环形布置有以下优点:

大回流区化整为零,多个小回流区增强了点火源;稳定器本身即为传焰槽,传焰迅速可靠;燃烧平稳,效率高。

同时,对于涡扇发动机来讲,径向布置稳定器有其特殊意义:开加力时可将中心

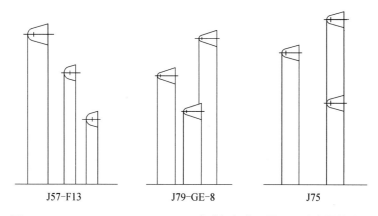

图 5.23 J57 - F13、J79 - GE - 8、J75 发动机加力 3 圈环形稳定器的排列

部分已燃的高温燃气向外引出,加热稳定器的 V 形槽道,有利于由外涵引入的冷空气与燃油混合气的汽化、蒸发,同时利用引出的燃气使其燃烧;不开加力时,它可作为掺混器,将外涵道空气引向加力燃烧室中部,加强外、内涵气流的掺混,提高推力性能。

苏联的 Р11Ф2С - 300 发动机加力燃烧室火焰稳定器就是由 20 根(10 长、10 短,且长、短径向稳定器倾角不同)径向稳定器组成的,如图 5.24 所示。

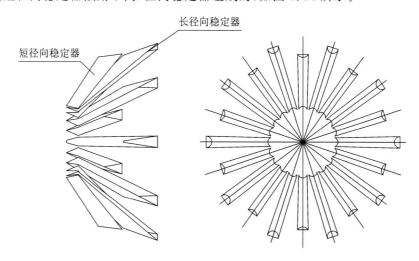

图 5.24 Р11Ф2С - 300 发动机加力燃烧室径向稳定器

(3) 环-径向组合布置

环形稳定器具有周向传焰的优势,而径向稳定器具有径向传焰的优势,取二者之长,自然就形成了环-径向组合布置方式。

由于其特殊的优势,当前在役的多款先进涡扇发动机均采用了环-径向组合布置方式,例如 EJ200 发动机加力燃烧室的火焰稳定器,就是外圈环形与多根径向稳定器的组合形式,如图 5.25 所示。

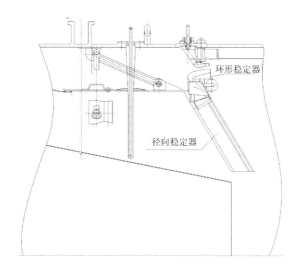

图 5.25　EJ200 发动机加力燃烧室环-径向组合稳定器

2. 缝隙 V 形(双 V)火焰稳定器

缝隙 V 形火焰稳定器如图 5.26 所示,它由开口 V 形稳定器和一个小 V 形稳定器构成,两者之间形成连续缝隙。

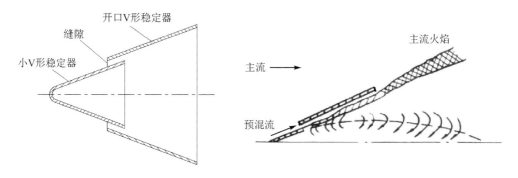

图 5.26　缝隙 V 形火焰稳定器及其流场示意

由于存在缝隙,小股气流通过缝隙贴壁引入稳定器内,形成特殊的回流区结构,可以保证火焰稳定性和常规 V 形火焰稳定器相当的条件下,大大降低稳定器的总压损失。另外,试验表明,在低压条件下,缝隙 V 形火焰稳定器的稳定性优于普通 V 形火焰稳定器[2];而在高压条件条件下,缝隙 V 形火焰稳定器的稳定性与普通 V 形火焰稳定器相当。

3. 中缝式火焰稳定器

中缝式火焰稳定器是一类在稳定器前缘中心处开缝,或开有导向槽的稳定器装置,如图 5.27 所示[16]。试验和理论分析均表明:尽管中缝式火焰稳定器的几何形状和来流条件都是对称的,但是在流场上,与普通 V 形火焰稳定器的对称尾迹相比,中缝式火焰稳定器的尾迹不对称。如图 5.28 所示,中缝流进入稳定器后会随机地偏向一侧,将开缝钝体回流区分成一大、一小两个回流区,这里把大的称为主回流区,小的称为次回流区。中缝流的偏斜是其普遍特征,正是中缝式火焰稳定器的特殊回流区结构和旋涡脱落机制决定了其特有的冷态流阻和热态燃烧性能。

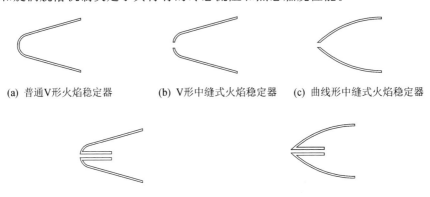

(a) 普通V形火焰稳定器　　(b) V形中缝式火焰稳定器　　(c) 曲线形中缝式火焰稳定器

(d) 带导向槽的V形中缝式火焰稳定器　　(e) 带导向槽的曲线形中缝式火焰稳定器

图 5.27　普通 V 形火焰稳定器和中缝式火焰稳定器示意图

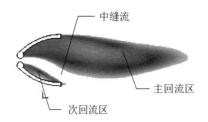

图 5.28　中缝式火焰稳定器回流区结构简图

试验表明,中缝式火焰稳定器最突出的特点是比普通 V 形火焰稳定器具有更宽广的稳定燃烧范围,特别是在先进加力燃烧室所需的富油状态下具有优越的稳定工作特性,带导向槽的中缝式火焰稳定器富油稳定边界更宽[17]。此外,中缝式火焰稳定器的燃烧效率大大高于普通 V 形火焰稳定器,带导向槽的中缝式火焰稳定器效率更高;中缝式火焰稳定器还具有低流阻、结构简单、质量轻等综合性能。

4. 沙丘驻涡火焰稳定器

沙丘驻涡火焰稳定器是由北京航空航天大学高歌教授首先提出的。沙丘驻涡火焰稳定器的形状类似于天然存在的两堆新月形沙丘,如图 5.29 所示。由于沙丘驻涡火焰稳定器特殊的外形,使其产生了和一般 V 形火焰稳定器不同的回流区结构,更有利于回流区涡尾的稳定。实际应用中,一般将多个沙丘连成一环,形成类似 V 形环槽的结构,并辅以周向传焰管、径向传焰槽等结构,如图 5.30 所示。

沙丘驻涡火焰稳定器是我国独创的,适合用于涡轮喷气发动机上。WP6A、WP7E 和 WP13F 等发动机均采用了沙丘驻涡火焰稳定器。但沙丘驻涡火焰稳定器不太适于涡扇发动机,因为其难以形成整环不间断结构,不便于布置整圈的供油管路,也难以布置局部供油。

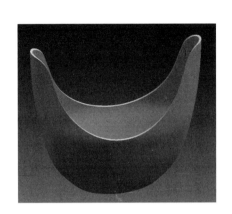

图 5.29　单个沙丘驻涡火焰稳定器模型

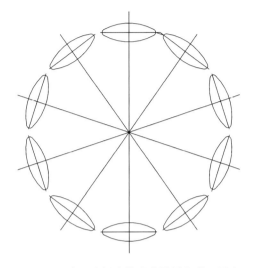

图 5.30　沙丘驻涡火焰稳定器周向成环示意

5. 气动火焰稳定器

气动火焰稳定器是利用在主流中喷射一股射流(混气或空气)而产生回流区,如图 5.31 所示,从而使得高速气流中的火焰稳定。射流方向可以是逆喷或侧喷,射流角的大小也可以调整优化。

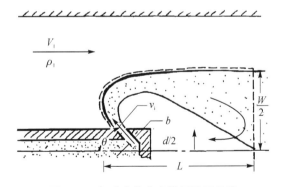

图 5.31　气动火焰稳定器回流区示意

气动火焰稳定器有其明显优势:

① 流阻损失小,尤其是不开加力时,可以关闭射流,流阻降到非常低,从而改善发动机非加力状态的性能;

② 射流强度一般可以根据发动机不同工况调节,从而扩大贫富油稳定边界;

③ 射流可以是预混的燃气,喷入主流时已经完成燃油蒸发过程,从而可以提高低温时的火焰稳定性能。

气动火焰稳定器也有其明显缺点,即射流引气一般来自压气机,这就会降低发动机循环性能。

总体来讲,气动火焰稳定器适用于短时巡航需要加力、长时巡航需要尽量降低流阻的发动机。

6. 引燃式/蒸发槽式火焰稳定器

前文提到,普通 V 形火焰稳定器由于其自身优势,应用范围很广。但是普通 V 形火焰稳定器存在低温条件下火焰稳定性差、工作范围窄的缺点,这就尤其不利于涡扇发动机加力组织燃烧,因为涡扇发动机外涵冷气温度低,自身组织燃烧困难,与内涵掺混后,也会降低内涵温度,不利于组织燃烧。此外,V 形火焰稳定器的回流区参数(如油气比、燃气温度)会随主流参数改变而变化,不能单独控制,因此燃烧不易稳定。

基于上述原因,普通 V 形火焰槽稳定器不能满足风扇加力燃烧室的要求,因此需要发展一些低温下稳定范围宽、自动点火源受到保护与单独控制的新型火焰稳定器。为此发展了引燃式/蒸发槽式等火焰稳定器,它们都是 V 形火焰稳定器的引申与发展,并且特别适合作为涡扇发动机的值班火焰稳定器。

下一小节将对该类适合作为值班火焰稳定器的形式进行详细介绍。

5.3.3　值班火焰稳定器技术

值班火焰稳定器技术一般应用于涡扇发动机。涡扇发动机加力燃烧室组织燃烧有以下特点:

① 外涵气流温度低,组织燃烧比较困难,且易产生振荡燃烧;

② 为避免在接通加力时引起风扇喘振,必须采取"软点火"和预放喷口措施;

③ 从小加力到全加力,油气比变化范围大,为提高小加力和部分加力状态下的燃烧效率,需采用分区供油设计,尤其是要设置一个单独的点火区。

为了改善低温下的火焰稳定性,同时满足涡扇发动机加力燃烧室的"软点火"要求,因此涡扇发动机加力燃烧室多采用值班火焰稳定器组织燃烧,即首先在稳定器内部一个相对封闭的小回流区内组织两态混气的燃烧,产生的预燃火焰作为点火源连续强迫地点燃主流混气,使其在稳定器后的大回流区中稳定燃烧。因为在整个加力过程中,该区域是一直工作并提供点火能量的,因此称其为值班火焰稳定器[18]。

引燃式稳定器和蒸发槽式稳定器(见图 5.32)是比较适合作为值班火焰稳定器的两种典型形式。

国内先进加力燃烧室设计中,在吸入引燃式稳定器方面进行了大量研究,拥有较多的以吸入引燃式稳定器作为值班主稳定器的经验。

图 5.33 是国内研究较多的某型吸入式火焰稳定器结构简图,国外 F100、J85 等

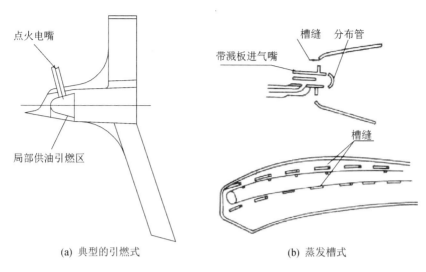

(a) 典型的引燃式　　　　　　　　　　(b) 蒸发槽式

图 5.32　典型的引燃式和蒸发槽式火焰稳定器结构简图

加力燃烧室也采用了类似的吸入式稳定器结构。这种火焰稳定器内有一个具有小燃烧室特征的引燃室,来自主流的一部分空气(一般为 10% 或更小些,进气口高度由此空气量来确定),在引燃室封闭区内燃烧到理论燃烧温度。由引燃室产生预燃火焰作为点火源连续强迫点燃主流混气,使其稳定燃烧。

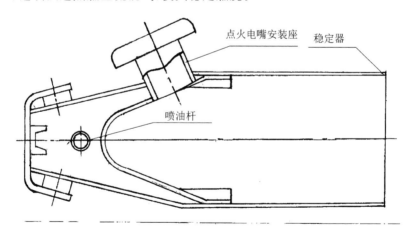

图 5.33　某型吸入式火焰稳定器结构简图

这种火焰稳定器具有以下优点:

① 由于内部存在一个受保护、小流量、低流速的燃烧区或称为引燃室,因而在低温低压下稳定工作范围较宽,当油气比在 0.001~0.06 时都能稳定工作,当压力低到半个大气压(1 atm=101.3 kPa)时仍能保持宽广稳定的范围。

② 引燃能力强,特别适合用作主稳定器,它与径向槽配合,可以提高外涵稳

定性。

③ 燃烧效率高,采用这种火焰稳定器后,可使燃烧段长度缩短。

④ 可降低小加力比,将引燃燃油作为第一区,可以把小加力比降到很小,从而减少点火对主机造成的扰动。

⑤ 由于火焰稳定器内部引燃室油气比可单独控制,便于直接点火,从而取消专门点火器,在主稳定器中插入高能点火电嘴可以直接点火。

虽然吸入引燃式火焰稳定器具有结构复杂、质量重和压力损失大的缺点,但在加力进口气流温度相对较低(加力混合器进口温度通常低于 700 ℃)的涡轮风扇发动机加力燃烧室中作为值班主火焰稳定器,它是很适合的,能够为加力燃烧室提供持续的、强有力的点火能量支持。

蒸发槽式火焰稳定器是由蒸发管和顶部开进气孔的 V 形槽火焰稳定器组成的,蒸发管中喷射燃油,由于蒸发管对燃料加热(包括气流对燃料加热),使其中燃油大部分蒸发。蒸发管作为一个小钝体稳定器,在火焰稳定器内通道的气体中形成一个内回流区,这个回流区可看成是一个封闭受保护的低速稳定区,V 形槽火焰稳定器在主流中形成一个大回流区。蒸发管和火焰稳定器内通道构成一个小燃烧室,由于引入气量很小,能在供油量很小的情况下点燃和稳定火焰,在主流供油时,它可以点燃主流成为点火源。这种火焰稳定器具备了引燃式火焰稳定器的特点,但仍残留着 V 形槽的痕迹,在火焰稳定器后缘出现内、外两处回流。

斯贝 MK202 发动机加力燃烧室的火焰稳定器就是蒸发槽式稳定器,如图 5.34 所示。它由 3 圈阶梯排列的火焰稳定器组成,每圈火焰稳定器对着流线倾斜布置。

如上所述,引燃式和蒸发槽式火焰稳定器都克服了简单 V 形火焰稳定器的缺点,能够产生一个局部的、持续燃烧的能量源来支持主流的燃烧,特别适合作为涡扇发动机加力的值班火焰稳定器。

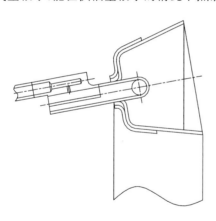

图 5.34　斯贝 MK202 的火焰稳定器

5.3.4　喷油稳定一体化火焰稳定器技术

随着发动机循环参数要求的提高,加力燃烧室进口气流的温度也越来越高,有利于加力燃烧室的点火和组织燃烧,但是,处于内涵气流中的稳定器和喷油杆等零组件却面临高温烧蚀问题。在没有更好的高温材料可以采用时,就要考虑如何充分利用外涵的冷却空气,对火焰稳定器和喷油杆进行冷却,这是新一代高性能发动机加力燃烧室设计面临的关键问题之一。另外,新一代高性能发动机大多数要求不加力超声速巡航,降低不加力耗油率至关重要,所以对加力燃烧室来说,降低火焰稳定器的流体损失也是需要解决的关键问题之一。

图 5.34 是一种典型的气冷喷油杆和气冷稳定器加力燃烧室结构,该结构可以将外涵冷却气引入径向稳定器和径向喷油杆隔热罩内,在高温环境下形成一定的冷却保护。但是,当加力进口来流温度高到一定程度之后,易产生自燃挂火问题,即燃油从喷油嘴喷出后,在不需要外部点火的情况下,在高温条件下自发燃烧的现象。随着主机出口(加力进口)温度的提高,自燃发生的时间会缩短,在气流速度一定的情况下,也就是自燃的距离会缩短。这样,传统的喷油系统、稳定器系统分体设计中,喷油点与稳定器尾缘的距离将大于燃油自燃的距离,稳定器就容易直接处于自燃火焰包围之中,即使如图 5.35 所示的气冷方案,虽然已经将喷油系统和稳定器系统近配合设计(达到分体设计的极限),但喷油点与稳定器尾缘的距离仍难以满足防止自燃的要求,难以避免稳定器发生烧蚀。

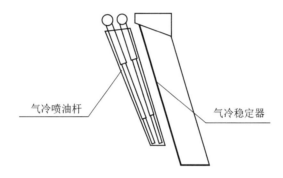

图 5.35 气冷喷油杆和气冷稳定器简图

喷油稳定一体化技术,即将喷油系统和稳定器系统集成化的紧凑设计技术,可有效解决上述燃油自燃引发的烧蚀问题,如图 5.36 所示[19]。

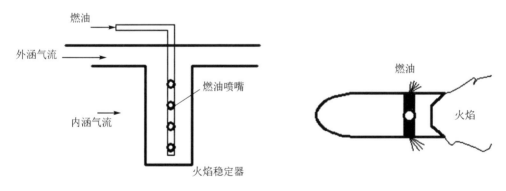

图 5.36 加力喷油装置和稳定器一体化设计示意图

相比喷油、稳定分体设计,喷油、稳定一体化加力燃烧室具有以下典型优势:

① 喷油和稳定器系统进行了集成,大幅缩短了喷油稳定距离,防止自燃烧蚀问题,提高了高温工作可靠性;

② 喷油系统和稳定系统集成,冷却气可同时冷却喷油杆和稳定器,提高了冷却气的利用效率(小涵道比条件下冷却气尤为珍贵),增强冷却效果;

③ 采用了高度集成设计,流路简洁优化,降低了流阻损失,利于超声速巡航;

④ 结构紧凑,长度短,质量轻;

⑤ 由于增强了内部件的冷却,降低了内部件壁温,提高了红外隐身能力。

值得指出的是,喷油、稳定一体化技术,适用于加力燃烧室进口温度较高(900 ℃以上)的工作条件和环境,可有效解决高温烧蚀,尤其是高温燃油自燃引起的烧蚀问题。但如果应用到加力进口温度相对较低的发动机上,则可能在燃烧条件不好的环境下,由于喷油稳定距离短、燃油雾化蒸发不够充分、堵塞比小等条件,其点火和稳定工作能力变差,带来燃烧不可靠、燃烧效率低下等问题。所以,需要根据具体发动机的循环参数和需求特点,选用合适的组织燃烧方案。

5.3.5 与涡轮后支板一体化火焰稳定器技术

与涡轮后支板一体化火焰稳定器结构如图 5.37 所示,它实际上是上述加力喷油、稳定一体化技术的进一步延伸。

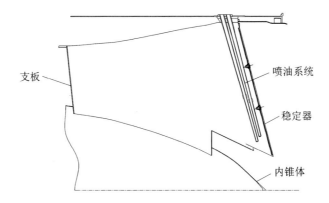

图 5.37 与涡轮后支板一体化火焰稳定器结构示意图

随着发动机技术需求水平的进一步提升,需要将加力燃烧室的流阻进一步减小,并且增加了隐身需求,需要后向实现加力部件对涡轮叶片的全遮挡。

因此,在喷油稳定一体化思想的基础上,进一步提出一种加力燃烧室与涡轮后机匣一体化设计的方案。其主要的特征是轴向延长涡轮排气机匣以在整流支板中安置供油装置和外涵气体管路;整流支板外表面造型按流线型设计,来降低压力损失;整流支板后端按钝体设计,利用整流支板后端作为火焰稳定器,同时在涡轮出口整流锥体后段设置环形台阶,作为点火值班火焰稳定器;支板为弯扭造型,实现后视对涡轮叶片的全遮挡;支板、稳定器以及内锥体内引入外涵冷却气冷却,降低红外辐射强度。对该先进加力燃烧室方案,需要从支板造型、引气方式、喷油孔和冷气孔布局选择、点火方式以及喷油杆安装结构等方面开展大量研究。

值得注意的是,该方案稳定器布局中,一般不设置单独的环形稳定器来组织点火,而是利用锥体后的内突扩形成旋涡,来稳定和传播火焰。该区域的稳定点火源,将对径向布置的稳定器形成良好的火焰扩散和支撑作用。

│5.4　点火技术│

　　加力燃烧室点火方式有间接点火、直接点火、热射流点火和等离子体点火。

　　间接点火包括预燃室点火、催化点火等点火方式。其中预燃室点火结构复杂,体积大、质量重;催化点火结构简单,质量轻,但价格高,催化网易失效。

　　直接点火有高能电嘴直接点火,该点火方式结构简单,质量轻;但是高温进气条件下可靠性差,且点火能量小。

　　热射流点火工作可靠,结构简单,质量轻;但是随着加力燃烧室进口温度的升高,会产生自燃的风险。

　　等离子体中的高能电子与中性粒子发生碰撞,通过激发、离解甚至电离等反应,生成大量活性粒子,明显提高化学反应速率,所以等离子体点火被公认为是高效的辅助点火方法,应用前景广阔。

　　在进行加力燃烧室方案设计时,需要对各种点火方式进行比较筛选,依据扩压器设计的需要来选择合适、可靠的点火方式。

5.4.1　预燃室点火

　　在加力燃烧室的中心锥内流道中放置一个预燃室式的点火器,该点火器有单独的供气、供油、点火电嘴等。预燃室点火器的主喷油嘴有三种,一般的均匀混气点火器由1～2个汽化器承担主喷油嘴,而两相点火器用气动喷嘴或超声波喷嘴作主喷油嘴;同时,预燃室点火器喷口附近设置1～2个启动喷嘴以加大火炬使火焰稳定器后的混气能被顺利点着。汽化器是一个通气和通油的三通接头,汽化器布置在加力扩散器外,其下游通向预燃室点火器的头部管接头,上游接压气机后引气管和主泵分布器的主副油路,如图 5.38 所示。气动喷嘴一般安排于两相燃烧点火器的头部,它利用一部分引气来雾化燃油。超声波喷嘴是两种喷嘴双套组合在一起的特殊喷嘴,它的外套喷嘴是一个内混式气动喷嘴,靠内套喷嘴流出的空气将输入燃油在混合后从切向孔喷出,喷出后经内部喷嘴谐振腔发出的

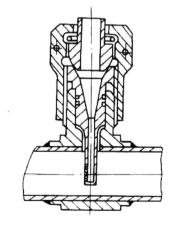

图 5.38　汽化器示意图

超声波使油雾进一步细化。启动喷嘴一般应用普通离心喷嘴,雾化锥角在 $100°$ 左右,对准后方点火器喷口喷雾。

预燃室点火器点火能量大、性能好,但结构复杂、质量要增大。俄罗斯 P11 - Φ300 加力燃烧室就采用这种点火方式,预燃室点火结构如图 5.39 所示。

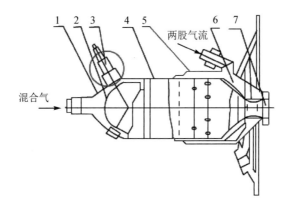

1—外锥体;2—内锥体;3—点火电嘴;4—内壁;5—外壁;6—导流板;7—火焰喷口

图 5.39 俄罗斯 P11 - Φ300 中心预燃室点火结构

5.4.2 高能电嘴点火技术

有别于传统的点火器等间接点火技术,可以使用高能电嘴进行直接点火。高能电嘴点火技术是将点火电嘴直接伸向火焰稳定器 V 形槽所形成的回流区内进行点火,高能电嘴产生火花功率要大,电嘴本身要受冷却气保护,结构相对简单。高能电嘴的火花能量要高于一个临界值,才能将油气混气点燃,即电火花能量维持足够大的炽热气团,才能点火成功。电火花临界能量值应按照加力点火边界处的气流温度、压力、速度、油气比等条件,求出计算值和试验校正值而最后确定。

根据燃料蒸气的释热速率超过损失率的条件,最小点火能量对应电火花正在混气中形成火花核并能独立增大的临界尺寸 d_{cr},最小点火能量可认为是电火花点火成功的临界值 E_{min}。其方程为

$$E_{min} = C_{PA} \rho_A \Delta T \frac{\pi}{d} d_{cr}^3$$

$$d_{cr} = \frac{0.3 \rho_f \left(\dfrac{T_u}{100} \right) V^{0.4} D_{SMD}^{1.4}}{\Phi \rho_A^{0.6} \mu_A^{0.4} \ln(1+B)}$$

式中 ΔT——达到着火点的温升;

   D_{SMD}——液滴索太尔平均直径;

   Φ——当量通量;

   B——斯波尔丁传递数;

T_u——百分比表示的湍流强度 $T_u = 100/V$；

u——脉动速度的均方根值；

V——气流速度；

μ_A——空气黏性系数；

ρ_A——空气密度；

C_{PA}——空气比热容；

ρ_f——燃料密度。

火焰稳定器预燃点火区域的设计是高能点火的关键之一，由于高能点火供油喷嘴后方呈两相油气混合气，因此应在设计时测定喷嘴后方油雾粒度分布和大小，并且结合回流区设计，确保电嘴附近有较细的油滴和恰当的油气比，应该专门设置油气掺混通道或者在火焰稳定器内设计有稳定涡旋的旋流装置，同时在恰当位置安排好电嘴端头接触涡旋，易于满足点火条件。

高能电嘴点火技术在加力燃烧室中的应用已经非常成熟，美国 F100 发动机和我国太行发动机的加力燃烧室中均有采用。加力燃烧室直接点火结构如图 5.40 所示。

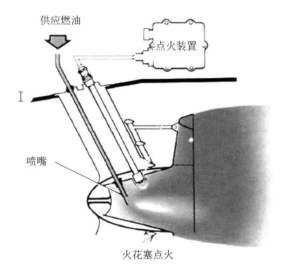

图 5.40 加力燃烧室直接点火结构

5.4.3 热射流点火技术

热射流点火的基本原理是在主燃烧室后部，利用一个直流喷嘴喷入一股定量燃油，燃油穿过涡轮的同时，进行雾化蒸发与周围燃气掺混，并点燃成火炬[20]。加力热射流点火结构如图 5.41 所示。该火炬经过加力扩散器前部时，与离心喷嘴喷出的燃油相遇后完成了接力和放大，随后再点燃稳定器后方回流区内的可燃混气。该点火机理称为加力的热射流点火。热射流点火方式在国外的航空发动机上已经成功应用了很长时间,点火稳定而且成功率高。随着加力式涡扇发动机的发展,涡轮后温度不断提高,已经接近甚至超过 1 300 K。在这样的高温气流中喷油,喷嘴口处的燃油极有可能"自燃",造成"过早点火",影响油珠在气流中的穿透深度,从而影响油珠蒸发率和燃油浓度分布;"过早点火"甚至会灼伤火焰稳定器。因此提高热射流点火的可靠性,必须掌握燃油"自燃"规律,避免"自燃"的不利影响。

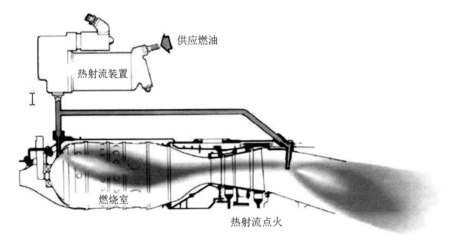

图 5.41　加力热射流点火结构

热射流的富油火炬中含有未燃尽的燃料和燃烧产物,活化了化学反应,具有很强的点火能量,点火可靠性好;同时结构简单、质量轻,获得广泛应用。俄罗斯 AJI - 31Φ、PJI - 33,欧洲 RB199、EJ200 等发动机均采用热射流点火,如图 5.42 所示。

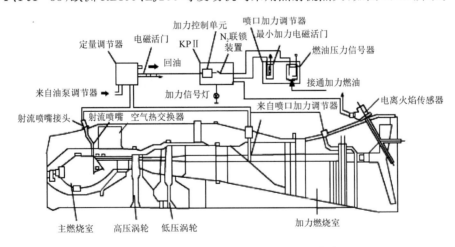

图 5.42　俄罗斯 AJI - 31Φ 加力热射流点火

5.4.4　催化点火

催化点火就是:当油/气混合物在某温度下基本不进行反应或反应速度很慢时,加入催化剂后,使反应速度加快,并迅速引燃,点燃加力燃烧室,混气化学反应是在催化剂表面上进行的,所以又称接触催化[21]。

催化点火器装在加力燃烧室中心,由文氏管、催化室、尾锥三部分组成,其核心部分是催化室,催化点火器结构如图 5.43 所示。

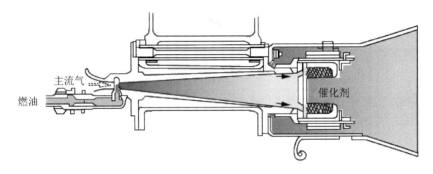

图 5.43　催化点火器结构

金属类催化剂中,有的表面上易形成厚的氧化层,有的可能整体被烧化,只有贵金属铂、铑能够保持其完整无损。

催化点火器的性能主要取决于加力燃烧室的工况,即加力燃烧室的压力、温度、流速,在高空低速工况下,催化点火器在富油范围工作;中低空工况时在贫油范围工作;在接近极限熄火点时,压力的影响十分敏感。燃油性质不同,极限熄火点也不同,挥发性差的燃油,极限压力就要提高。

英国 Spey MK202 发动机即采用这种催化点火方式,如图 5.44 所示。

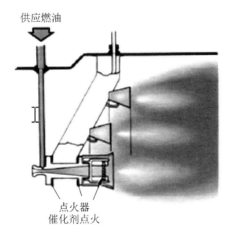

图 5.44　英国 Spey MK202 发动机催化点火

5.4.5 等离子体点火

等离子体又叫作电浆,是由部分电子被剥夺后的原子及原子团被电离后产生的正负离子组成的离子化气体状物质,其尺度大于 Debye(德拜)长度的宏观电中性电离气体,其运动主要受电磁力支配,并表现出显著的集体行为。

等离子体是不同于固体、液体和气体的物质第四态。物质由分子构成,分子由原子构成,原子由带正电的原子核和围绕它的带负电的电子构成。当其被加热到足够高的温度时或其他原因,外层电子摆脱原子核的束缚成为自由电子,电子离开原子核,这个过程就叫"电离"。这时,这些离子浆中正负电荷总量相等,因此它是近似电中性的,所以就叫作等离子体。

等离子体射流点火(系统结构见图 5.45)技术,是利用等离子体射流中的高温、高速射流以及化学效应来点燃可燃混合气,具有点火能量大、火舌穿透力强、点火延迟时间短等特点,能够较大程度地提高发动机在恶劣条件下的点火可靠性和燃烧稳定性[22-24]。

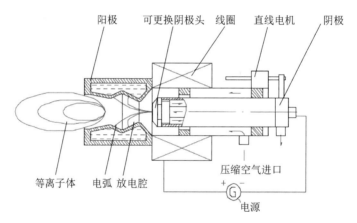

图 5.45 等离子体射流点火系统结构

此外,等离子体作为物质的第四种状态,存在大量的氧原子、氢原子、氢氧基等活性粒子,可以加快反应速率,减少反应过程特征时间,使燃料燃烧更加充分,减少有害气体的排放;同时等离子体放电过程能对流场产生扰动,增强气流的湍流脉动度,增加火焰前锋与新鲜混合气的接触面积,增大火焰的传播速度,增强燃烧的稳定性,因此采用等离子体助燃也成为航空动力学领域的一种燃烧强化新技术,对于高温升燃烧室在高空低压条件下燃烧效率的提升具有重要的意义,高温升燃烧室关键设计技术研究成为高空低压助燃技术研究的重点。

与传统火花塞点火相比,等离子体点火温度高,穿透能力强,能深入燃烧室流场中心,形成活性中心,引发整个流域的燃烧发生,形成稳定燃烧。另外,等离子体射流点火延迟时间远小于电火花点火,并且随余气系数的变化趋势相同,但是等离子体射流点火延迟随余气系数的变化小于电火花。同时,等离子体点火能够增大燃料稳定燃烧当量比范围,有效地提高燃料的点火能力。

等离子体点火技术在航空发动机上具有巨大的发展潜力,但大多技术研究局限于机理性试验研究,实际应用也多集中于地面燃机、发电等设备中;对于航空发动机中的应用多用于加力燃烧室。在国内用于真实航空发动机高温升主燃烧室的等离子体点火技术的研究尚未开展。

5.5　加力燃烧室传热与冷却设计技术

随着发动机性能的不断升升,表征发动机关键性能的涡轮前温度也在不断升高,加力燃烧室进口温度也呈现大幅提高的趋势,燃油点火延迟时间大幅降低,按照传统的喷油与稳定分开设计的方法,火焰稳定器会出现烧蚀。而在新一代发动机加力燃烧室中,加力燃烧室入口温度已经超过高温合金的长期许用温度。因此,必须要对流道内加力锥体、稳定器和喷油杆等部件进行冷却。在涡扇发动机中,通过流路设计,引入外涵气体对上述部件进行冷却,来保证加力燃烧室内部部件的安全工作。

当发动机以全加力状态工作时,加力燃烧室的燃气温度可达 2 000 K 以上,此时燃烧室内部热流密度较大,高温燃气流通过辐射和对流换热与筒体壁面进行高强度的热交换,使加力筒体壁温升高。同时,加力筒体温度过高会引起飞机内发动机舱的蒙皮温度超过允许范围。因此,必须对加力燃烧室筒体进行冷却,使筒体壁温在材料允许长期使用的温度范围内(高温合金长期使用的温度最高为 1 200 K 左右),保证加力燃烧室和飞机的安全使用。

筒体的冷却方法大致有两种:一种是外部冷却,即在筒体外部设置一个通风冷却套环,来自发动机舱的冷却空气流入冷却外套,冷却筒体壁面和尾喷口;另一种是内冷却,即在筒体内安装一个隔热屏,使隔热屏与筒壁之间形成冷却通道,利用外涵气体对筒体进行冷却,当前涡扇发动机通常采用内冷却方式。

随着现代红外制导武器的发展,军用飞机的生存面临着极大的威胁。因此,对现代战斗机红外隐身性能的要求也越来越高。由于涡轮出口燃气的流过,航空发动机尾部热端部件如中心锥、火焰稳定器、喷油系统以及涡轮后框架整流支板具有很高的温度,使其成为飞机正后方很强的红外辐射源。因此加力燃烧室设计时还应考虑对热端部件的冷却,在降低其表面温度的同时降低红外辐射信号。

综合上述因素,通过加力燃烧室当中引入外涵气冷却稳定器技术以及采用新型隔热屏技术,实现加力燃烧室的高效冷却,保证了加力燃烧室的安全工作,同时满足了发动机红外隐身的需求。

5.5.1　气冷稳定器设计技术

随着加力燃烧室进口温度逐渐提高，燃油自燃问题日益突出。在早期的加力燃烧室中，加力燃烧室进口温度相对较低，燃油喷出后需要一定的雾化、蒸发和掺混的时间，才能在稳定器附近形成适当的可燃混气。喷油装置与火焰稳定器的距离一般都较远，以保证燃油具有良好的雾化、蒸发效果。而在高的进口气流温度下，燃油自燃延迟时间大幅缩短，如果喷油装置与火焰稳定器的距离较远，燃油极有可能在到达稳定器之前就已开始燃烧，造成稳定器的烧蚀。因此在考虑喷油杆与稳定器的匹配时，必须考虑燃油自燃对稳定器的影响。

针对上述问题，必须对火焰稳定器进行冷却，保证加力燃烧室的安全工作。针对加力燃烧室入口条件以及设计特点，研究人员开发了外涵气体冷却稳定器技术。外涵气体冷却稳定器技术分为三种：稳定器单独冷却技术，喷油、稳定一体化冷却技术，以及涡轮后支板一体化冷却技术。

1. 稳定器单独冷却技术

为了避免稳定器由于燃油自燃而造成烧蚀，将外涵冷气引入稳定器内部进行冷却。这种冷却形式大多应用于温度加力进口温度不是非常高的发动机，例如 EJ200 发动机。在这种发动机加力燃烧室当中，燃油喷杆不存在烧蚀风险。为了利用外涵气体对稳定器进行冷却，在燃烧室中心采用径向稳定器，分别在径向稳定器两侧开孔（口），形成冷气通道，利用外涵气体对稳定器进行冷却。这种稳定器结构简单，流阻小，可以满足加力燃烧室的使用需求。如图 5.46 所示为气冷稳定器。

图 5.46　气冷稳定器

2. 喷油、稳定一体化冷却技术

随着加力燃烧室入口温度的进一步提高，不仅稳定器会出现烧蚀，燃油喷杆也将出现烧蚀风险，为此研究人员设计了喷油、稳定一体化冷却技术。

早在 20 世纪五六十年代发表的美国专利中就有将燃油喷射和火焰稳定结合设计的概念,但是其应用的目标对象是冲压发动机燃烧室,主要原因在于冲压发动机进口空气经过冲压以后,温度较高,因而容易出现燃油自燃问题。由于喷油、稳定一体化方案能够较好地适应高温进口条件下的情况,美国联合技术研究中心(United Technologies Research Center)将其应用到冲压发动机的设计中。

在加力燃烧室当中,改进了喷油、稳定一体化的稳定器设计。设计中,火焰稳定器仍然是传统的 V 形火焰稳定器,燃油喷射装置安置在火焰稳定器内部,通过火焰稳定器侧面开孔向外喷油,同时火焰稳定器做成封闭形式,以便外涵气流对火焰稳定器及其内部的喷油杆进行冷却。该种方案结构紧凑,火焰稳定器和喷油杆处于外涵低温气流的保护中,能够保证长期可靠工作。而在目前航空发动机型号中,F110 - GE - 132 等发动机加力燃烧室径向火焰稳定器应用了该种设计。图 5.47 为 F110 - GE - 132 发动机加力燃烧室径向火焰稳定器的截面示意图。

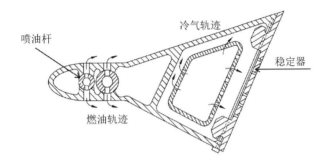

图 5.47 F110 - GE - 132 发动机加力燃烧室径向火焰稳定器截面示意图

3. 涡轮后支板一体化冷却技术

随着低压涡轮出口温度和总压的不断提高,加力燃烧室的稳定燃烧条件越来越好。为了实现结构紧凑的需要,径向火焰稳定器可以适当地前移。在前移过程中,加力燃烧室的效率和稳定性越来越受到低压涡轮出口气流角的影响。因此需要对涡轮后框架整流支板进行气动造型设计,以减弱出口旋流的强度,为加力燃烧室的稳定燃烧创造较好的条件。为了对旋向较大的气流进行扭转,整流支板的数量必须增加,轴向长度必须加长,这种情况下整流支板和径向火焰稳定器之间的轴向距离越来越短,数目也基本接近,因此加力燃烧室与涡轮后框架一体化设计也就水到渠成。

图 5.48 为美国的 PW 公司在喷油装置和稳定器一体化思想的基础上提出的一种加力燃烧室与涡轮后支板一体化设计的方案。其主要的特征是轴向延长涡轮排气机匣,以在整流支板中安置油管和外涵气体管路,整流支板外表面造型按流线型设计,以降低冷态压力损失。当加力接通时,燃油通过涡轮支板内喷嘴孔喷入到支板后方的回流区中,实现燃油的稳定燃烧。

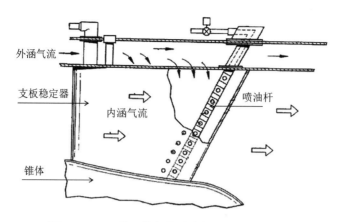

图 5.48 PW 公司的涡轮后支板一体化设计方案

5.5.2 新型隔热屏技术

在传统加力燃烧室当中,通常采用周期对称分布的波纹隔热屏,根据波纹形态与发动机轴线的关系,可以分为纵向波纹隔热屏和横向波纹隔热屏。隔热屏采用高温合金材料,在 900 ℃以下可以长期工作。而随着加力燃烧室温度越来越高,这种波纹隔热屏的冷却能力已渐渐不能满足加力燃烧室的冷却需求。为此,人们开发了多种新型隔热屏,进行加力燃烧室的冷却。

1. 新结构单层金属壁隔热屏

单层隔热屏的主要冷却机制依然是气膜冷却。气膜对壁面起着两种重要的热保护作用:一是将高温燃气与壁面隔开,以避免高温燃气直接对壁面进行对流换热;二是将高温燃气和火焰的辐射热量带走,进一步降低隔热屏的温度。

随着加力燃烧室工作温度的提高,对隔热屏的冷却性能也提出了更高要求。而传统波纹隔热屏的缺点也就越加明显。这主要表现为以下两个方面:一是传统波纹隔热屏大多采用直径为 4～5 mm 的冷却孔作为冷气通道,这种孔结构下,冷却气流利用率低,冷气分布不均匀;二是虽然规则波纹结构加工方便,但是开孔位置和方向受限,冷气贴壁程度差。针对传统波纹隔热屏的缺点,研究人员设计了非对称波纹隔热屏。非对称隔热屏的设计思路就是要改变冷却气流进入燃气侧的方式,从图 5.49可知,在控制波纹形状和开孔方向的前提下,冷却气体更易进入燃气侧,更加贴壁,能够对隔热屏进行良好的保护,提升隔热屏的冷却效率。这种结构的隔热屏,由于冷却效果的提升,依然可以采用大孔进行冷却。

与大孔气膜冷却相比,采用发散冷却的高温部件壁面由多孔材料构成,壁体内的微细小孔内形成大量的对流通道,能够提供非常大的表面积使冷却空气与壁面进行充分的对流换热,流动示意图如图 5.50 所示。冷却气出口温度几乎等于燃气侧壁温。这些微细小孔均匀地弥散在高温部件壁体内,微细的冷却气流射入燃气侧,在高温部件表面形成均匀的"保护毯"。在这种理想情况下,燃气与壁面的对流换热被阻隔了,只接受燃气辐射。虽然发散冷却方式是潜在的、最为有效的高温部件冷却方式,但是其实际应用由于材料方面的限制而停滞下来。其主要的失效方式有,外来物的阻塞、积炭和表面氧化等。在加力燃烧室隔热屏的设计使用中,冷却面积大,进行完全的发散冷却设计将花费巨大的成本。为了借用发散冷却的机理,在加力隔热屏的设计中,选用直径为 1 mm 左右的大量气膜孔对隔热屏壁面进行全覆盖,实现高效冷却。

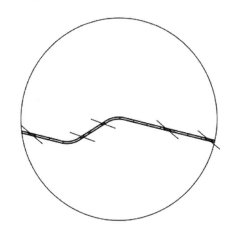

图 5.49　非对称波纹隔热屏

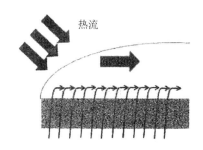

图 5.50　发散冷却示意图

2. 冲击加多斜孔双层壁隔热屏

随着加力燃烧室设计水平以及技术能力的进一步提高,传统的波纹隔热屏已经难以适应先进加力燃烧室的设计要求。为了提高冷却效率,降低隔热屏表面温度,需要采用冲击加对流及气膜冷却的复合冷却方式。冲击加多斜孔双层壁冷却方式是一种先进的复合冷却技术,其主要特点是冷却空气首先通过冲击板对多斜孔冷气侧进行冲击冷却,之后气流通过多斜孔流入燃气侧,对隔热屏壁面进行二次冷却,如图 5.51 所示。

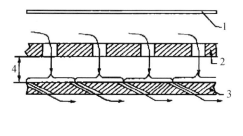

1—机匣;2—冲击壁;3—多斜孔壁;4—双层壁缝高

图 5.51　双层壁结构示意图

在双层壁结构中,冲击冷却是实现高效冷却的关键。通过对单孔射流冷却过程的分析可以获知冲击冷却的作用机理。单孔射流垂直冲击到一个固体表面时的射流流场结构示意图如图 5.52 所示。射流的流场可以分为 3 个部分：自由射流区、驻点射流区和壁面射流区。流体从喷嘴喷出的速度大体是均匀分布的，但随着流程的增加，射流和边界外的流体不断地进行动量和质量的交换，结果使得射流区的宽度不断增大，速度分布剖面也逐渐发展成钟形。当自由射流冲击到壁面后，则转化为驻点区流动以及壁面射流区的流动。在驻点区的射流边界层厚度极薄，这就决定了驻点区有很高的换热系数。由驻点区向外发展的径向流动是加速的，因而流动的稳定性是非常高的，并且保留着层流的特性，如果有较高的流速，就有可能从层流向紊流过渡，这种过渡自然会使换热系数提高。

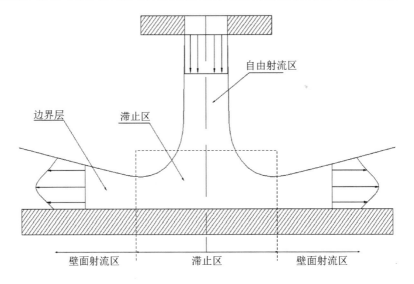

图 5.52　单孔冲击射流流场结构示意图

冲击加多斜孔双层壁冷却技术作为一种效率更高的冷却模式，已在美国的 F119 发动机上使用（见图 5.53），满足其高热负荷、低可探测性加力燃烧室的使用需求。

图 5.53　F119 加力隔热屏示意图

5.6 振荡燃烧抑制与预测技术

振荡燃烧也称为不稳定燃烧(combustion instability),是指燃烧室内出现的周期性的高幅值压力脉动和放热脉动现象。现代航空发动机加力燃烧室的加力温度越来越高,最高可达 2 100 K 以上,而加力总油气比越来越接近化学恰当比,高油气比给加力燃烧室运行带来高幅压力振荡的风险。

振荡燃烧现象可以由瑞利准则[25]解释,简单地说,压力波动与燃烧释热的波动如果相位相同,振荡就加剧,直到很高的压力波动带来更高振荡阻尼相平衡。所以振荡燃烧现象为加力燃烧室内出现高幅压力脉动、速度脉动以及放热脉动。

振荡燃烧的发生不仅破坏加力燃烧室的正常工作过程,而且给发动机的安全带来严重影响。具体问题包括由于释热振荡引起的推力振荡、剧烈的结构振动、控制系统的失效、强烈的壁面传热与热应力,以及加力部件在交变负荷作用下的结构疲劳等。振荡燃烧现象严重时甚至可能导致部件磨损或破坏,从而产生灾难性的后果。基于上述原因,掌握加力燃烧室振荡燃烧的内在机制、提出有效抑制振荡燃烧的技术措施,对现代航空发动机加力燃烧室的发展具有重要的意义[26]。

低频振荡则主要出现在高油气比、高飞行马赫数以及进气温度与压力低的高空。加力燃烧室低频振荡燃烧通常与纵向燃烧不稳定有关。飞机在低空、高速飞行时带来的高温高压容易发生高频振荡燃烧,高频振荡则是由燃烧放热过程中振荡产生高能声波引起的。影响高频振荡的因素很多,包括喷嘴位置、油气比的均匀性、燃油雾化过程、燃油蒸发速率、点火过程、来流的均匀程度、堵塞比以及稳定器结构等。通常可以认为加力燃烧室是声学封闭的,上游由涡轮出口工况及加力燃油系统封闭,下游由喷管的喉道封闭。一旦加力燃烧室内产生声波,只有少量声波会逸出加力燃烧室边界,大部分会在上下游的边界内不断反射。

5.6.1 振荡燃烧抑制措施

振荡燃烧抑制措施分为两类:

① 主动控制[27]。振荡燃烧的主动控制由我国科学家钱学森[28]提出。举个例子,在试验中采用压力传感器测量振荡的燃烧压力,随后经信号调制系统变成控制信号到执行机构。执行机构可以是可控喷嘴,喷嘴流出的燃油流量恰好与压力振荡存在一个相位差,就可以实现振荡燃烧的抑制。迄今为止,可以说主动控制的现实可能性非常明确,但离实际航空发动机加力燃烧室上的应用还有相当的距离。

② 被动控制。振荡燃烧的被动控制在工程上有广泛的应用。主要是通过声腔

和隔板改变加力燃烧室的声学特性和阻尼特性，以吸收振荡能量，避免"自激"，打破可能形成的反馈。

因为在加力燃烧室内出现高频振荡燃烧的概率更高，所以本书主要介绍两种加力燃烧室振荡燃烧的被动控制措施。

1. 增大阻尼势

提高加力燃烧室阻尼势有两个重要的技术途径：一是提高燃烧室的吸声能力，二是加强从燃烧室各个壁面上反射的压力波之间的干涉。在实际应用过程中较为典型的阻尼减振器是亥姆霍兹减振器。其基本原理是，当压力发生波动时，气流从减振器进口流入并流出（无平均流量，只是来回地脉动）。在进入与流出的过程中耗散了声振能量。可以证明，如果能将脉动速度最大化，则耗散掉的声振能量最多。这样应该把阻尼减振器的自振频率调到与加力燃烧室振荡频率非常接近。对于亥姆霍兹减振器，其体积、长度常受到加力燃烧室结构尺寸的限制。体积越大，阻尼效果越好。加力燃烧室中应用广泛的防振屏和亥姆霍兹减振器为同一原理，只是结构形式不同。

防振屏作为抑制加力燃烧时振荡燃烧的措施，已经成为长期的设计标准。从20世纪40年代末50年代初首次出现了严重的高频振荡燃烧（screech）问题时，防振屏就在不断摸索的过程中得到大量研究，并作为被动控制装置以抑制振荡燃烧[29]。

2. 减小驱动势（改变燃油分布）

一般来说，高频振荡燃烧不会因为燃油分布的变化而消除，尤其是在扩压器出口速度非常均匀的情况下，高频振荡燃烧对燃油分布不敏感。但是，如果扩压器出口速度梯度非常大，如图 5.54 所示，此时燃油分布对高频振荡就会有影响。图 5.54 中展示了四喷油杆结构，结构 1 和 2 中最接近内锥壁面的喷孔距离壁面约 0.5 in（1 in＝2.54 cm），而结构 3 和 4 的这个距离为 1.5 in。在进口压力为 4 200 lb/ft²（1 lb＝0.453 kg，1 ft＝0.304 m）的情况下，结构 1 和 2 均出现高频振荡燃烧现象，而结构 3 和 4 则没有，表明燃油浓度沿径向外移消除了高频振荡燃烧的驱动势。这样的结果说明，在加力燃烧室进口速度梯度大的情况下，改变径向燃油分布来消除高频振荡燃烧是有效的。

研究还发现，缩短燃油掺混距离（喷油杆到稳定器的距离）会降低高频振荡燃烧的趋势，尽管这个结论在消除高频振荡方面并不总是有效的。出现这种现象是由于缩短燃油掺混距离会降低掺混区的燃油蒸发率，燃烧效率通常也会下降，而高频振荡燃烧趋势的下降则由于此时燃烧室内热释放所对应的时间延迟提高了。

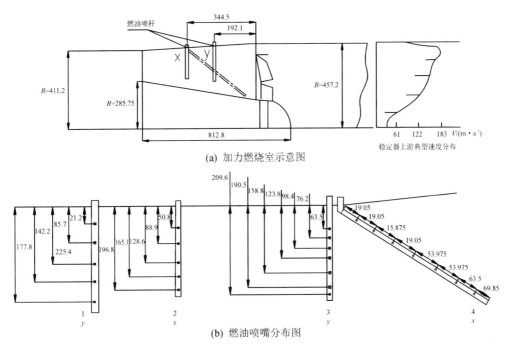

(a) 加力燃烧室示意图

(b) 燃油喷嘴分布图

图 5.54 加力燃烧室内燃油分布对高频振荡燃烧的影响(单位:mm)

5.6.2 振荡燃烧预测方法

近些年,随着流体力学分析计算技术(CFD)的发展,可以采用 CFD 技术进行加力燃烧室振荡燃烧的预测。

首先,根据瑞利(Rayleigh)准则,从振荡燃烧发生的原理上讲,当压力脉动与放热脉动相位差在 $-90°\sim90°$ 时,放热脉动与压力脉动相互耦合;声压振动与热释放率波动相位相差 $90°\sim270°$ 时,放热脉动与压力脉动不耦合,放热脉动抑制压力脉动。只有周期性的热释放过程给声场提供能量的速度,快于声波通过燃烧室的边界条件衰减和扩散的能量的速度时,燃烧过程才变得不稳定。这两个条件可以用如下的公式来描述:

$$\iint\limits_{V} p'(x,t)q'(x,t)\mathrm{d}t\,\mathrm{d}V \geqslant \iint\limits_{V}\sum_{i}L_i(x,t)\mathrm{d}t\,\mathrm{d}V$$

式中,$p'(x,t)$ 为压力振动,$q'(x,t)$ 为热释放率波动,$L_i(x,t)$ 为 i 阶声波能量损失。从上式可以看出,当给予声场的能量大于声波的衰减和扩散时,燃烧室内才会出现振荡燃烧。要在数值模拟中观察模型加力燃烧室的热声耦合现象,可以通过计算得到加力燃烧室内压力脉动和温度脉动的变化情况。然后在时域图中观察压力脉动和温度脉动的相位关系,再依据瑞利准则来判定该工况下加力燃烧室内是否会发生热声耦合。

实际应用中,可以通过建立声学特性、放热特性(稳定器布局)及声衬结构(防振屏)阻尼相近的模型加力燃烧室,在此基础上通过数值方法系统研究声振(压力脉动)对放热率脉动的影响以及放热对声振(压力脉动、速度脉动)的影响,其中最大放热区位置及压力脉动分布可以根据数据计算,或根据经验关系式获得。之后根据瑞利准则,确定声振与放热脉动的耦合关系,以及声、涡、火焰三者之间的相互作用及耦合特性,进而达到预测加力燃烧室振荡燃烧的目的。

参考文献

[1] 索苏诺夫 B A,切普金 B M. 航空发动机和动力装置的原理、设计及计算. 莫斯科:莫斯科国立航空学院,2003.
[2] 杨开田. 航空发动机设计手册. 北京:航空工业出版社,1998.
[3] 季鹤鸣,樊于军,杨茂林,等. 新型内突扩加力燃烧室方案可行性分析. 航空发动机,2006,32(1):35-37.
[4] 明贵清,何家德,郭明焕,等. 波瓣强迫混合器流动规律初步分析. 燃气涡轮试验与研究,2000,13(3):27-30.
[5] 刘友宏,陈中原,徐华胜,等. 裙边宽度对平行进气混合扩压器性能影响. 航空动力学报,2016,31(9):2115-2123.
[6] 熊溢威,李峰,高伟伟,等. 直射式喷嘴流动特性的数值和试验研究. 航空发动机,2016,42(6):68-75.
[7] 徐行,郭志辉,边寿华. 直射式喷嘴喷雾特性的实验研究. 航空动力学报,1997,12(4):341-344.
[8] 宋耀宇,王家骅. 离心喷嘴燃油流动特性研究. 南京:南京航空航天大学,2015.
[9] 刘志刚,王家骅. 雾化槽喷嘴下游油雾场特性的研究. 推进技术,1990,2(1):38-43.
[10] 夏允庆,张小章,韩子坚,等. 扇形喷嘴燃油浓度场试验研究. 航空学报,1995,16(6):696-601.
[11] 程秋芳. 涡扇发动机加力燃烧室的软点火. 航空发动机,1994(4):22-27.
[12] 张孝春,孙雨超,刘涛. 先进加力燃烧室设计技术综述. 航空发动机,2014,40(2):24-30.
[13] 朴英,张绍基. 加力燃油控制系统的研究和发展. 国际航空,1995(11):43-45.
[14] 尚守堂,何为民. 航空发动机加力燃烧室设计. 北京:科学出版社,2022.
[15] 戈登·C·奥兹. 航空发动机部件气动热力学. 金东海,高军辉,金捷,等译. 北京:航空工业出版社,2016.
[16] 杜一庆,钱壬章,张孝春. 开缝钝体火焰稳定器的初步研究. 航空动力学会年

会，2003.

[17] 张孝春,李江宁,徐兴平,等. 加力燃烧室中缝式稳定器技术研究. 沈阳发动机设计研究所建所 50 周年论文集,2011.

[18] 程秋芳. 一种涡扇加力引燃式组合火焰稳定器的设计与研究. 第七届燃烧与传热学术研讨会,1990.

[19] Lovett Jeffery A,Brogan Torence P,Philippona Derk S. Development Needs for Advanced Afterburner Designs. 40th AIAA/ASME/SAE/ASEE Joint Propulsion Conference and Exhibit. AIAA 2004-4192,2004.

[20] 徐兴平. 加力燃烧室热射流点火的燃油自燃规律研究. 航空发动机,2014.

[21] 董康. 催化点火器高空点火性能的实验研究. 航空动力学报,1997.

[22] 郑殿峰. 低温等离子体点火乙炔/空气爆震特性试验. 哈尔滨工业大学学报,2015.

[23] 郭晓晶. 低温等离子体放电区长度对点火起爆的影响. 航空动力学报,2016.

[24] 张鹏. 等离子体强化点火的动力学分析. 高电压技术,2014.

[25] Rayleigh. The Theory of Sound:II. Macmillan,1929.

[26] 金如山,索建秦. 先进燃气轮机燃烧室. 北京:航空工业出版社,2016.

[27] Zinn B T,Neumeier Y. An overview of active control of combustion instabilities. AIAA 97-0461-0461,1997.

[28] Tsien H S. Servo-stablilization of combustion in rocket motors. ARS Journal,1952,22:256.

[29] Dowling A P. Active control of Combustion Oscillations. AIAA 1999-3571,1999.

第 6 章

喷 管

喷管是位于涡喷/涡扇发动机末端的部件,直接影响发动机及飞机的气动、结构、质量等特性,同时也影响发动机及飞机的安全性、可靠性、维修性和成本。喷管的重要性主要体现在:发动机推力和耗油率受喷管推力性能的影响较发动机其他部件大,如果喷管推力损失增加 1% ,则在飞行状态下发动机推力损失均大于 1% ,并且随着飞行速度的增大而增大;发动机喷流与飞机机体外流之间存在相互干扰,使喷管的设计及其在飞机上的布局对发动机的装机推力和飞机外阻影响很大,喷管/飞机机尾罩的一体化设计十分重要;喷管的特殊设计可以改变发动机喷流的方向,具备推力矢量功能,满足战斗机的短距起降、过失速机动能力;喷管既是发动机重要红外辐射源和雷达散射源之一,也是发动机后腔体中其他热端部件向后进行红外辐射和雷达散射的通道,并且发动机喷流的红外隐身也可以通过它的掺混设计予以实现,是军用发动机隐身设计的关键部位;喷管位于飞机的尾端,其质量不仅对发动机的推重比有直接影响,而且对飞机的气动配平影响较大。喷管方案和组成多种多样,其选择主要是根据飞机的用途、主要飞行状态以及发动机工作参数及其在飞机上的布局的综合要求进行具体的比较和利弊权衡来决定。需要比较和利弊权衡的内容包括喷管性能及其对飞机气动性能的影响、喷管质量及其对飞机起飞总质量的影响、喷管复杂性及其对维护性和制造成本的影响等。为此,喷管设计时应针对具体型号任务要求进行不同方案和具体结构形式的对比分析,并对喷管性能、运动规律、结构件受力等进行计算,使分析做到量化,从而科学地实现筛选和优化。此外,为提高发动机的性能、安全性和可靠性,满足扩展喷管功能的需求,减轻发动机的结构质量,耐高温的轻质材料及其相关工艺的应用在喷管研制中显得十分重要。

本章将在 6.1 节阐述可调式收扩喷管技术中的外流流路与飞机机尾罩一体化技术、冷却技术、喷管临界截面面积调节技术和喷管出口面积调节技术,在 6.2 节阐述机械式矢量喷管技术中的轴对称矢量喷管技术、二元矢量喷管技术和升力喷管技术,在 6.3 节阐述流体控制矢量喷管技术中的激波矢量控制技术、喷管喉部偏移技术和反流控制技术,在 6.4 节阐述红外隐身技术中的热壁面红外隐身技术、机械遮挡技术和喷流红外隐身技术,在 6.5 节阐述雷达隐身技术中的修形雷达隐身技术、雷达吸波材料技术和机械遮挡技术,在 6.6 节阐述新材料新工艺应用技术中的金属间化合物材料及其工艺应用技术、连续纤维增强陶瓷基复合材料及其工艺应用技术、聚酰亚胺树脂基复合材料及其工艺应用技术和金属材料的增材制造技术。

| 6.1　可调式收扩喷管技术 |

超声速飞机安装加力式涡喷/涡扇发动机,在起飞条件下喷管可用落压比超过临界落压比,达到 2.5～3.0;随着飞行马赫数和飞行高度的增大,喷管可用落压比大幅度提高,能够达到 15～20,甚至更高。在这种情况下,如果仍继续采用收敛喷管,则喷管在极度欠膨胀的条件下工作,气流从喷管喷出后还要继续膨胀,从而造成很大的推力损失。据评估,当飞行马赫数为 1.5～3.0 时,收敛喷管造成的推力损失为 10%～50%。当飞机飞行马赫数大于 1.5 时,为减小因气流欠膨胀而造成的推力损失,采用收扩喷管替代收敛喷管势在必行。收扩喷管可根据发动机工作状态的变化调节喷管喉道面积(即最小截面面积,为收敛段末端截面面积,一般用 A_8 表示)和喷管出口面积(一般用 A_9 表示),以满足飞机亚跨声速和超声速飞行时多状态的使用要求。例如:用于欧洲战斗机 EF2000 的 EJ200 加力式涡扇发动机采用了收扩喷管(见图 6.1),与配装收敛喷管相比,在加力状态的超声速飞行条件下增大推力 6%,降低耗油率 10%;在亚声速巡航/待机条件下推力损失非常小,并且耗油率有所降低[1]。必须指出,收扩喷管虽然可使飞机在宽广的飞行包线内获得良好的性能,但是也付出了一些代价:与收敛喷管相比,结构复杂,质量增大,喷管外廓直径增大并因此可能在飞机亚声速飞行时增加较多的安装阻力。为此,收扩喷管的应用范围并不是绝对的,例如:涡喷 7 发动机虽然用于超声速飞机,但仍采用了收敛喷管。

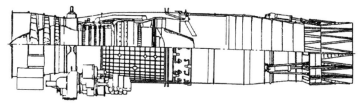

图 6.1　EJ200 加力式涡扇发动机及其收扩喷管的结构简图[2]和照片

收扩喷管有多种形式,除常规的调节片式收扩喷管之外,还有几种其他形式的收扩喷管。塞式收扩喷管(见图 6.2)为移动塞锥调节 A_8、驱动调节片调节 A_9 的收扩喷管,优点是喷管调节的作用力较小,推力系数变化平缓,可在较宽的落压比范围内提供较高的性能;缺点是需要两套液压作动系统及相应的运动机构,结构比较复杂,质量也较重,并且带来更为困难的塞锥冷却问题,可靠性差。此外,J57 - F13 发动机采用的喷管(见图 6.3)和 TF30 发动机采用的虹膜喷管(见图 6.4)属于两种少见的特殊喷管,也可以算作收扩喷管。J57 - F13 发动机喷管的收敛段固定,作动筒驱动调节片调节喷管出口面积,在非加力状态,调节片处于收敛状态,喷管为收敛喷管;在加力状态,调节片处于扩张状态,喷管为收扩喷管。J57 - F13 发动机喷管结构比较简单,只要收敛段设计合理,就可以获得比较好的喷管性能。TF30 发动机虹膜喷管呈曲面造型的调节片由作动筒驱动在异型导向槽内做轴向运动,接通加力时,调节片在作动筒驱动下向前移动,调节片内型面呈现收扩造型(相当于收敛调节片和扩张调节片合二为一),喷管为收扩喷管,A_8 和 A_9 同时增大;关闭加力时,调节片向后移动,调节片内型面呈现分两段收敛的造型(前段收敛相对剧烈,后段收敛平缓),喷管为收敛喷管。TF30 发动机虹膜喷管的优点是结构简单,质量轻,外部阻力小;缺点是加力状态的喷管扩张面积比(即 A_9/A_8)较小,最大约为 1.4。

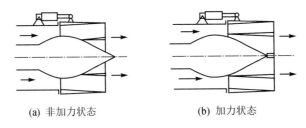

(a) 非加力状态　　　　　　(b) 加力状态

图 6.2　塞式收扩喷管示意图[3]

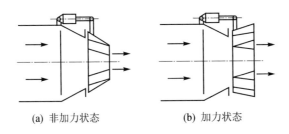

(a) 非加力状态　　　　　　(b) 加力状态

图 6.3　J57 - F13 发动机收扩喷管示意图[3]

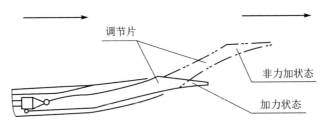

图 6.4　TF30 发动机轴对称虹膜喷管示意图[4]

调节片式收扩喷管在现代涡扇发动机中得到广泛应用,例如:从 20 世纪 60 年代开始,PW 公司先后研制了 F100 发动机平衡梁式收扩喷管(见图 6.5)和 F135 - PW - 100 发动机收扩喷管,GE 公司先后研制了 F101 - GE - 100 发动机收扩喷管、

F404 发动机收扩喷管、F110 发动机收扩喷管（见图 6.6）、F414 发动机收扩喷管、F136 - GE - 100 变循环加力式涡扇发动机收扩喷管（见图 6.7）；苏联先后研制了AL - 31F 发动机收扩喷管（见图 6.8）、RD - 33 发动机收扩喷管（见图 6.9）；法国SNECMA 公司研制了 M88 - 3 发动机（M88 - 2 的推力增大型）收扩喷管[1]。

图 6.5　F100 加力式涡扇发动机及其收扩喷管简图及试车照片[5]

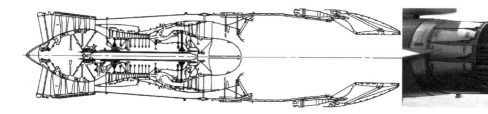

图 6.6　F110 加力式涡扇发动机及其收扩喷管简图[3]**和装机后收扩喷管照片**

图 6.7　F136 - GE - 100 变循环加力式涡扇发动机及其收扩喷管简图[5]

　　收扩喷管主要由收敛调节片、收敛密封片、扩张调节片、扩张密封片、外调节片（有些喷管还有专门设计的弹性片，与外调节片一起构成喷管外部表面）、作动筒、连杆（根据功能或作用可具体称为拉杆、杠杆、压杆、支杆、作动杆等）等组成，既可以与加力筒体一起组成一个单元体，也可以自身组成一个单元体。收扩喷管中的作动筒、连杆等形成喷管的液压作动系统和运动机构，用于控制 A_8 和 A_9 的开大或关小，以满足飞机亚跨声速和超声速时多状态的使用要求；外调节片后端与扩张调节片的后

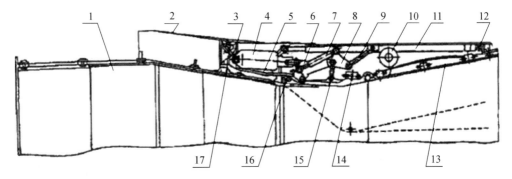

1—加力筒体；2—弹性片；3—拉杆；4—液压作动筒；5—连杆；6—杠杆；7—套筒式限位杆；
8—摇臂；9—拉杆；10—气压作动筒；11—外调节片；12—最大 A_9 限制装置；
13—扩张调节片；14—限制装置；15—压杆；16—铰接筒体；17—活动承力环

图 6.8　AL－31F 加力式涡扇发动机收扩喷管结构示意图[3]

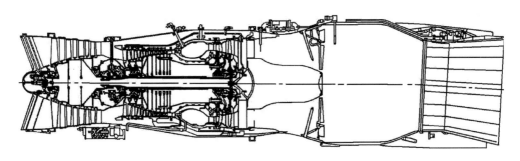

图 6.9　RD－33 加力式涡扇发动机及其收扩喷管结构示意图[2]

端铰链连接或滑动连接，前端插入飞机机尾罩（带弹性片的喷管则是弹性片前端插入飞机机尾罩），形成光滑的锥形型面，以减小喷管外部阻力。

评价收扩喷管工作状态时应该包含内流和外流两个部分，其中内流的工作状态由喷管可用落压比和喷管实际落压比决定，外流工作状态由飞机的飞行马赫数决定。根据喷管可用落压比的大小，收扩喷管的内流有 3 种工作状态：喷管可用落压比小于喷管实际落压比时的过度膨胀状态、喷管可用落压比等于喷管实际落压比时的完全膨胀状态、喷管可用落压比大于喷管实际落压比时的不完全膨胀状态。

收扩喷管的气动性能由内流气动性能和外流气动性能组成，喷管内流性能主要是通过速度系数、总压恢复系数和推力系数来衡量，其中速度系数定义为喷管出口截面气流实际速度的轴向分量与等熵的理想速度之比，用来表示喷管内流流动损失的大小；总压恢复系数定义为喷管出口截面总压与进口截面总压的比值，用来反映气流流过收扩喷管时流动损失的大小；推力系数定义为喷管的实际推力（即通过试验或流场计算获得的喷管实际推力）与理想推力（即通过喷管的实际流量等熵完全膨胀所产生的推力）的比值，是衡量喷管内流流动性能的最主要指标。喷管外流性能通常由外部阻力系数衡量,外部阻力系数定义为与发动机有效推力方向相反的外部阻力(包括摩擦阻力、压差阻力、底部阻力和喷流干扰阻力)与喷管理想推力之比。内外流的综合性能通常由有效推力系数衡量,有效推力系数定义为喷管的有效推力(等于喷管实际推力减去喷管外部阻力)与理想推力之比。如图 6.10 所示,影响收扩喷管气动性能的内外流路主要参数包括收敛调节片长度 L_s、扩张调节片长度 L_k、收敛调节片收敛角 α、扩张调节片扩张角 β、喉道面积 A_8、出口面积 A_9、外部收缩角 γ。

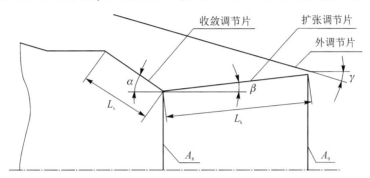

图 6.10   收扩喷管内外流路主要参数示意图

6.1.1   外流流路与飞机机尾罩一体化技术

　　收扩喷管暴露在外流中,为保持飞机的气动外形,需要通过其外部的外调节片(对带弹性片的喷管而言还包括弹性片)与飞机机尾罩进行匹配,外调节片被看作是飞机机尾罩延伸段,与机尾罩一起被统称为飞机后体。由于外流的作用及发动机喷流强烈的干扰作用,在飞机后体附近的外流流动非常复杂,并且 A_9 变化很大,很容易引起外流的分离和产生很大的干扰阻力,带来复杂的喷管外流流路与飞机机尾罩一体化设计问题。对于典型的超声速飞机,飞机后体长度虽然只占机身总长度的 $20\%\sim25\%$,但后体阻力却占飞机总阻力的 $38\%\sim50\%$。为此,收扩喷管外流流路需要与飞机机尾罩进行一体化设计,综合考虑喷管外流流路参数对喷管外部阻力、外部载荷、喷管结构尺寸和质量的影响。

1. 外流流路与飞机机尾罩一体化设计原则

　　对单发飞机而言,飞机机尾罩外形可设计成"干净"的流线型,减少对喷管的不利干扰,并使外流在喷管外部表面得到很好的再压缩,喷管外流流路与飞机机尾罩一体化设计问题相对简单;对双发飞机而言,机尾罩流线复杂,双喷管中间外形有凹陷,喷管表面压力恢复较差;双喷管之间有底部面积,即使有中间整流,也将付出阻力代价。为此,与单发飞机相比,在同等的条件下,双发飞机的后体阻力要大一些,喷管外流流路与飞机机尾罩一体化设计问题要复杂一些,需要额外考虑双喷管之间的干扰问题,包括双喷管间距的选择、双喷管之间的整流等问题。就单发飞机而言,影响收扩喷管外部阻力的因素主要是喷管的外部收缩角、长细比、底部面积以及喷管外部表面形状。外流流路与飞机机尾罩一体化设计的原则如下：

① 应尽可能减小喷管外部收缩角。喷管外部收缩角的数值与外调节片长度及 A_9 密切相关，并且在发动机不同工作状态下会有较大的改变，其中在飞机亚声速飞行的非加力状态外部收缩角很大，一般为 $15°\sim20°$，局部甚至达到 $30°$。此时喷管外部收缩角对外部阻力影响比较大，减小该角度可以减少或消除气流分离，从而减小外部阻力。在喷管外部流路设计中需要对喷管外部收缩角加以限制，最大喷管外部收缩角应小于喷管外部表面发生气流分离的收缩角，一般不大于 $20°$。

② 应尽可能加大喷管长细比。增大喷管长细比可以减小喷管外部阻力，在飞机跨声速飞行时更为明显，但会增大喷管的长度和质量。减轻喷管质量的最直接办法是减小喷管长度，但导致飞机亚声速飞行时喷管外部收缩角很大，引起喷管外部表面发生气流分离和外部阻力增大。因此，在喷管外部流路设计中需要综合考虑喷管的外部阻力、外部载荷、结构尺寸、质量等各个方面以及这些方面对飞机的影响。

③ 应尽可能减小喷管底部面积。在非加力状态，由于 A_9 减小，通常在喷管底部形成一定的环形底部面积，从而产生外部阻力。底部面积对外部阻力的影响还与喷管外部收缩角有关：当喷管外部收缩角比较大时，少量的底部面积对外部阻力影响不大；当喷管外部收缩角较小时，则外部阻力对底部面积很敏感，底部面积对外部阻力影响较大。

④ 喷管外部表面形状应为流线型（一般选择圆弧加直线造型）并与飞机机尾罩的气动外形相适应，喷管外调节片、机尾罩彼此之间结合处不应出现迎风面的台阶和尖角，应尽可能圆弧过渡，以便减小喷管的外部阻力（在马赫数大于 0.8 的飞行状态尤为重要）。如果这些结合处无法做到圆弧过渡，则应保持结合处外形的光滑过渡。例如：为减小 F-16 飞机后体的阻力，以 F110-GE-129 发动机为基准，研究人员开展了减小喷管外部阻力措施的二维计算流体动力学敏感性研究[6]，研究了 3 种具体措施（见图 6.11）：一是延长喷管（分别延长 4 in 和 8 in，1 in＝2.54 cm），减小喷管外部收缩角；二是消除飞机机尾罩与外调节片结合处背风面台阶和喷管出口处扩张调节片与外调节片之间的背风面台阶；三是通过改变喷管外调节片形状（圆弧凸面形、直线形、凸面转凹面的下弯形）和向前或向后移动喷管外铰链 2 in（允许铰链直径略有变动，以维持斜率在铰链部位的连续性）两种方法，分别减小喷管外部在喷管出口处的局部收缩角。研究结果表明，前两种措施均可以明显减小喷管外部阻力；后一种措施虽然使喷管外部表面局部压力分布发生较大变化，但对喷管外部阻力的影响并不明显，在喷管设计时可以选择制造技术简单和质量轻的外调节片形状。

此外，在飞机机尾罩结构设计时也要综合考虑对飞机质量和机尾罩及喷管气动外形的影响，飞机机尾罩的逐渐收缩造型可使其后的喷管外部表面气流得到良好的再压缩，在喷管外表面上有相当大的正压区，产生推力，有利于减小外部阻力。例如：如图 6.12 所示，在 F-15 飞机机尾罩结构设计时就遇到其最后一个承力框的位置选

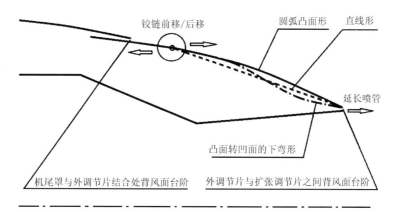

铰链前移/后移

圆弧凸面形 直线形

延长喷管

凸面转凹面的下弯形

机尾罩与外调节片结合处背风面台阶   外调节片与扩张调节片之间背风面台阶

图 6.11 减小喷管外部阻力措施示意图

择问题,从减轻飞机质量的角度考虑,承力框应尽量向后布置,如此可减小其支持的尾撑结构的悬臂长度,但却使喷管前的飞机机尾罩收缩角增大到 16°,从而引起气流分离和阻力增大。经分析和评估,最终将此框前移 1 000 mm,使飞机机尾罩收缩角减小到 9°,外部阻力减小的收益超过了质量的损失[7]。

2. 外流流路与飞机机尾罩一体化设计方法

对于收扩喷管外流流路与飞机机尾罩一体化设计的研究,国外在 20 世纪 70 年代主要是通过缩尺模型内外流风洞吹风试验的方法进行;20 世纪 80 年代起,开始通过数值模拟

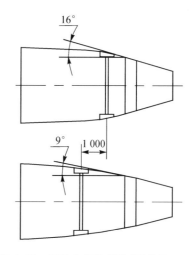

16°

9°   1 000

图 6.12 后承力框位置选择(单位:mm)

的方法进行,数值模拟的方法可以模拟宽广飞行包线内喷管内外流的流动,并揭示喷管内外流的流动本质。例如:王占学等研究者[8]采用雷诺平均 N - S 方程附以湍流模型的方法数值模拟了单斜面膨胀喷管的内外流流场,并分析了飞机飞行马赫数和喷管落压比对喷管外部阻力的影响,但由于计算工作量大,只研究了几种喷管工作状态。为获得最佳的喷管内外流综合性能,需要对影响喷管内外流气动特性的众多参数进行影响规律的研究并进行多方案的对比,工作量很大。数值模拟的方法尽管成本低、效率高,但仍然无法满足喷管外流流路与飞机机尾罩一体化设计研究的需求。为此,随着各种优化设计方法的发展,遗传算法、试验优化设计方法在喷管外流流路与飞机机尾罩一体化设计的数值模拟中得到应用,进一步提高了工作效率。遗传算法作为一种全新的全局优化搜索算法,以其简单通用、鲁棒性强、适用于并行处理以

及高效、实用等显著特点而广泛应用于飞机的气动设计以及喷管外流流路与飞机机尾罩一体化设计当中。例如:徐嘉等研究者[9]采用二维轴对称雷诺平均 N－S 方程和 k－ωSST 湍流模型对收扩喷管的内外流流场进行冷态数值模拟,运用遗传算法,以喷管外部阻力系数为设计目标,对喷管外部表面形状进行了优化设计,但由于遗传算法的计算量过大,不适合研究复杂几何或三维流场。试验优化设计方法是一种全过程、多目标优化设计方法,它从不同的优良性出发,合理设计试验方案,有效控制试验干扰,科学处理试验数据,全面进行优化分析,直接实现目标优化。试验优化设计具有试验次数少、优化成果多、可靠性高、适用面广等特点,已成为现代应用数学和优化设计领域内最先进的设计方法之一,并在航空航天领域的各类优化问题中得到应用。例如:任超奇等研究者[10]基于正交试验和响应面法的多目标试验优化设计方法,对收扩喷管进行了三维流场的数值模拟,选取流量系数和推力系数为优化指标,选取喷管收敛调节片收敛角、喉道半径、扩张调节片扩张角、底部面积和外部收缩角为研究对象,在确定研究性能指标的权重后,对相关参数进行优化设计研究,得到了各参数在不同目标下的影响程度并获得最优解。

6.1.2 冷却技术

提高涡轮前燃气进口温度和加力燃烧室出口温度是提高发动机推力性能的主要途径,但也会造成喷管热负荷的大幅度增加,例如:就目前先进的涡扇发动机而言,在加力状态,加力燃烧室出口燃气温度已超过 2 000 K,超出目前常用的高温金属材料许用极限(为 1 100～1 300 K)。当喷管内流道结构件(主要是调节片和密封片)的壁温超出设计要求时,喷管内流道结构件将会出现翘曲、裂纹、烧蚀等故障,并且这些故障出现后经常会继续急剧发展并可能进一步导致喷管内流道结构件的断裂。此外,当液压作动筒密封橡胶圈过热时,液压作动筒将会失去密封性,并可能造成喷管附近空间起火的后果。为了满足日益提高的发动机推力性能要求并保证喷管结构安全和液压作动系统正常工作,先进的涡扇发动机必须对喷管采取有效的冷却措施,以保证喷管内流道结构件及液压作动筒密封橡胶圈的冷却。如图 6.13 所示,收扩喷管的冷却系统一般采用内冷与外冷相结合的冷却设计,为尽量减小对发动机性能的影响,所需冷气量应严格控制。外冷设计是将来自发动机舱的二次流作为冷却气流引入由收敛调节片、收敛密封片、扩张调节片、扩张密封片以及外调节片构成的空腔内,既能以对流冷却方式冷却这些零组件,又可以冷却空腔内的液压作动系统和运动机构。外冷设计所需的发动机舱冷却气来自飞机进气道或机身辅助进气门,一般为发动机总进气量的 1%～3%。

内冷设计比较复杂,根据喷管热负荷的高低和喷管的选材,比较先进的内冷设计技术有两种:

① 收敛段全长隔热屏＋扩张段缝槽气膜冷却技术(见图 6.13 和图 6.14),即在喷管收敛调节片和收敛密封片的内壁上同时增加全长隔热屏设计,隔热屏进口的腔

道高度应确保来自加力筒体隔热屏出口的冷却气流完全进入隔热屏内,降低收敛调节片和收敛密封片的壁温,从隔热屏出口流出的冷却气流则可以对扩张调节片和扩张密封片进行一定的冷却。这种技术方案不仅冷却效果较好,而且结构简单可靠,技术成熟,在涡扇发动机收扩喷管上得到广泛的应用。在具体的内冷设计中,可根据实际需要,在这种隔热屏设计方案的基础上进行灵活设计,例如:如果需要进一步提高收敛段的冷却效果,则可以设计带有气膜孔的隔热屏;如果需要减轻质量和简化设计,则可以仅在承力的收敛调节片内壁上增加隔热屏设计;如果仅需冷却收敛段,则可以缩短隔热屏长度,形成短隔热屏方案;为提高隔热屏的冷却效果,减少冷气量或进一步降低壁温,隔热屏也可以考虑采用其他更高效的冷却方式和冷却结构。

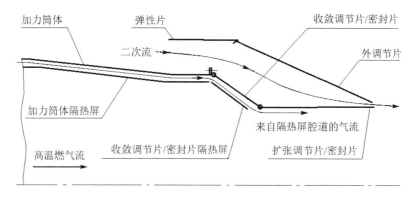

图 6.13　喷管收敛段全长隔热屏的冷却系统示意图

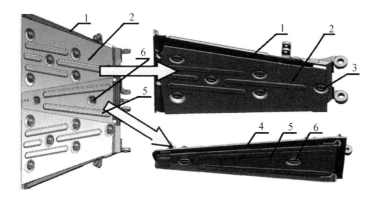

1—收敛调节片;2—收敛调节片隔热屏;3—连接螺栓;
4—收敛密封片;5—收敛密封片隔热屏;6—连接螺栓

图 6.14　喷管收敛段全长隔热屏结构组成示意图

② 收敛段全长隔热屏＋高效的扩张段新型冷却技术。收扩喷管收敛段因设计有全长隔热屏得到了有效冷却,但从隔热屏出口流出的冷却气流对扩张段的冷却作用却十分有限,因而喷管内壁的最高温度通常会出现在扩张段。壁温较高的扩张段

也需要采取进一步的冷却措施,但一般不采用常规的隔热屏设计以及带有气膜孔的隔热屏设计。主要原因:一是由于结构上的限制,无法将来自收敛段隔热屏出口的冷却气流大部分地引入扩张段隔热屏内,影响扩张段隔热屏作用的发挥;二是扩张段内气流为超声速气流,流场复杂,常常伴随着激波作用,而激波的入射对气膜保护层将产生不利影响,气膜冷却的冷却效果受到影响;三是扩张段超声速气膜冷却和收敛段亚声速气膜冷却在机理上存在较大的区别,后者的研究成果无法简单地外推到前者。为寻找高效的扩张段新型冷却技术,国内外均开展了大量的数值模拟和试验研究工作,主要集中在两个方面:一是对流冷却、冲击冷却、复合冷却等冷却方式的研究,以及层板、多斜孔壁等冷却结构的研究,二是排气引射冷却技术的研究。排气引射冷却技术是利用主流(即燃气气流)的引射作用将来自发动机舱的冷却气流引入扩张段内部,在扩张调节片和扩张密封片的内壁上形成冷却气膜,对扩张段进行冷却。图 6.15 和图 6.16 所示是 4 种有发展前景的排气引射冷却技术方案。其中单缝式气膜冷却技术方案和离散孔式气膜冷却技术方案是利用主流的引射作用将来自发动机舱的冷却气流分别通过喷管喉道后面的冷却缝和扩张段上的若干排气膜孔引入扩张段内部,沿着扩张段内壁形成冷却气膜,对扩张段进行冷却;多层板式冲击+缝隙式气膜复合冷却技术方案和多层板式冲击+离散孔式气膜复合冷却技术方案是利用主流的引射作用将来自发动机舱的冷却气流通过扩张段外壁上的冲击孔引入扩张段夹层,对扩张段内壁进行冲击冷却,然后分别通过扩张段内壁上的冷却缝和若干排气膜孔进入扩张段内部,沿着扩张段内壁形成冷却气膜,对扩张段进行冷却。多层板式冲击+离散孔式气膜复合冷却技术方案(见图 6.16)具有冷气用量少、冷却效率高的特点,作为一种新兴的组合冷却方式具有良好的工程应用潜力,冷却效率与冲击孔径、冲击间距、气膜孔径、气膜孔的轴向与展向间距、吹风比、密度比、湍流度等几何或气动参数有关。

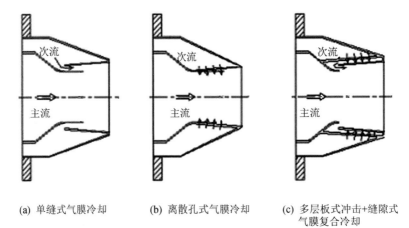

(a) 单缝式气膜冷却   (b) 离散孔式气膜冷却   (c) 多层板式冲击+缝隙式
                                                              气膜复合冷却

图 6.15 收扩喷管扩张段排气引射冷却技术 3 种方案试验模型示意图[11]

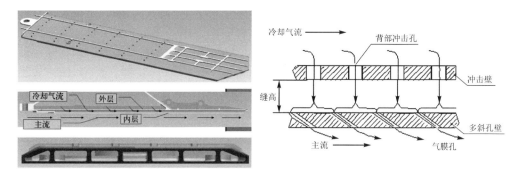

**图 6.16   多层板式冲击＋离散孔式气膜复合冷却技术方案的
双层结构调节片底板及排气引射冷却原理示意图**

6.1.3 A_8 调节技术

现代发动机采用的是闭式调节计划,要求收扩喷管的 A_8 作为闭环可以随发动机不同工作状态时气流参数的变化而进行自动调节,既能实现快速变化,又能实现慢速变化,保证发动机稳定工作。收扩喷管 A_8 的调节是通过液压作动系统(或气压作动系统)以及相应的运动机构来实现的,为避免多个作动筒在实际工作中出现活塞运动的不同步问题,作动系统需要设计相应的同步装置。A_8 调节技术具体分为两种:

① 由一组收敛调节片、与收敛调节片等数量且并联在一起的作动筒、连杆等组成,通过作动系统的流量控制和 A_8 调节机构的同步设计,实现各个作动筒活塞运动的同步,控制收敛调节片的开大或关小,例如:AL－31F 发动机的收扩喷管采用的就是这种 A_8 调节机构形式(见图 6.8)。AL－31F 发动机的收扩喷管收敛段和扩张段各有 16 对调节片/密封片,其中每个收敛调节片前端通过两个铰链接头安装在铰接筒体 16 上,而铰接筒体 16 固定在加力筒体 1 后的安装边上;收敛密封片后部安装有限制装置 14,并通过限制装置 14 与收敛调节片活动地连接。A_8 调节机构由并联的 16 个液压作动筒 4、16 个杠杆 6 和 32 个压杆 15 组成,其中液压作动筒 4 和杠杆 6 均铰接在连杆 5 上,而连杆 5 一端刚性地固定在加力筒体 1 的后安装边上,另一端可移动地安装在加力筒体 1 的加强箍上;液压作动筒 4 的活塞杆与杠杆 6 铰接,杠杆 6 通过销钉与两个压杆 15 连接,而这两个压杆 15 则分别与相邻的收敛调节片铰接。这种 A_8 调节机构的同步设计使各个作动筒活塞运动的不同步值很小,接近 0 mm。

② 由少量的作动筒、一个调节环、一组收敛调节片,以及与收敛调节片等数量的骨架等组成,通过相应的液压作动筒蜗轮蜗杆型同步装置(或其他类型同步装置)保证各个作动筒活塞的同步运动,带动调节环、骨架等运动机构控制收敛调节片的开大或关小,例如:F110 发动机的收扩喷管采用的就是这种 A_8 调节机构形式(见图 6.6)。蜗轮蜗杆型同步装置是在作动筒的活塞杆上安装蜗轮,把作动筒活塞的线性位移通过蜗杆转变为蜗轮的转动;各蜗杆之间再用软轴机械相连,软轴传递相位角,保持各

个作动筒活塞运动的同步。这种同步装置得到了广泛应用,其优势:一是主要零组件安装在作动筒内,与液压作动系统有机组合在一起,结构紧凑;二是可提高喷管各个作动筒活塞运动的同步性,不同步值不大于 0.5 mm;三是由于油路中不存在节流装置,进回油路均畅通无阻,液压作动系统在喷管调节器的控制下可实现 A_8 随气流参数变化速率的大小进行快速或者慢速调节,使喷管具有快速响应能力,以改善发动机的加速性和高度-速度特性;四是不必频繁更换节流嘴来调整同步性,减少同步性的调整工作量和由此引起的燃油或液压油泄漏故障,并能改善调节环的受力。

蜗轮蜗杆型同步装置的工作原理及主要设计[12]如下:

① 如图 6.17 所示,丝母和活塞固定在一起,丝母与丝杠啮合,而丝杠靠一对向心推力轴承支承和固定。在丝杠上装有蜗轮,而蜗轮又与蜗杆啮合,蜗杆由轴承支承,软轴两端分别插入相邻作动筒的蜗杆中,形成整环连接,使所有的丝杠、丝母、蜗轮、蜗杆、软轴及活塞机械地连接在一起,形成机械同步装置。当活塞在油压和气动力作用下轴向移动时,随之移动的丝母带着丝杠转动,使蜗轮、蜗杆、软轴也跟随转动;当软轴转动时,蜗杆、蜗轮、丝杠也跟随转动,并通过丝母带动活塞轴向移动。由于它们之间靠机械方法连接,所以活塞的移动量与蜗杆转角之间存在一一对应的线性关系。如果作动筒活塞运动出现不同步,则各蜗杆转角会出现差异,从而使各蜗杆之间的软轴受到扭力,其扭矩随不同步值的增大而变大,并通过蜗杆、蜗轮、丝杠传到丝母上,转变成活塞上的周向力和轴向力。周向力通过尾柄传到调节环上;而轴向力

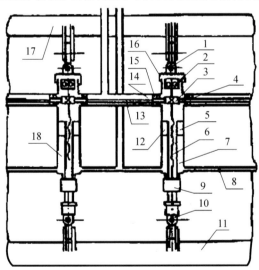

1—尾杆;2—向心推力轴承;3—蜗轮;4—蜗杆;5—丝母;6—丝杠;7—作动筒筒体;
8—液压油管;9—螺帽;10—尾柄;11—调节环;12—活塞;13—软轴;14—液压油管;
15—轴承;16—螺帽;17—作动筒安装环;18—作动筒

图 6.17 采用蜗轮蜗杆型同步装置的作动系统示意图

使移动较快的活塞减慢,并使移动较慢的活塞加快,从而保证各活塞的运动速度和位移量基本一致,实现同步。

② 如图 6.18 所示,各作动筒的液压油管与作动筒相互串联,软轴安装在液压油管中,受到液压油管的保护,不易被外物碰伤,从而使结构紧凑,便于解决密封问题。软轴是介于功率型与控制型之间

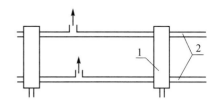

1—作动筒;2—液压油管

图 6.18　作动筒与液压管路连接示意图

的一种动力传动软轴,以传递运动为主,可正转亦可反转,但又不是简单的运动,而是需要克服作动筒活塞运动产生的不同步力。

6.1.4　A_9 调节技术

收扩喷管在理论上需要采用两套液压作动系统对 A_8 和 A_9 分别进行精准调节, A_9 可以尽可能地按气流完全膨胀进行调节。这种 A_9 独立调节设计虽然可以使收扩喷管在一个较宽的落压比范围内均能获得优异的性能,但由此带来的问题是:结构比较复杂,质量也较重,并且两套液压作动系统的协调工作也比较困难。实际上,由于结构上的限制以及考虑到飞机的外部阻力要求, A_9 的最大值受到限制。为此,在飞机以高马赫数飞行时, A_9 无法达到按气流完全膨胀所要求的数值,喷管仍然要有一定的推力损失。为简化结构和减轻质量,现代先进的收扩喷管一般只采用一套液压作动系统精准控制 A_8 ,而 A_9 的调节则通过机械调节技术或机械调节/气压作动筒调节和气动调节相结合的技术来实现。

① 机械调节技术一般通过圆弧凸轮运动机构或曲柄连杆运动机构调节 A_8 ,并通过四连杆运动机构使 A_9 随 A_8 的变化而发生一一对应的改变(即对应于每个 A_8 均存在一个唯一的 A_9),以实现不同 A_9/A_8 的调节特性,例如:如图 6.19～图 6.21 所示,F100、F101、F404 发动机的收扩喷管均采用了这种机械调节设计。圆弧凸轮运动机构或曲柄连杆运动机构和四连杆运动机构方案的选择取决于 A_8 和所需 A_9/A_8 调节规律两个方面的综合要求,为兼顾飞机的各种飞行状态和保证主要飞行状态的喷管推力特性,必须对四连杆运动机构进行优化设计。机械调节设计的优点是结构简单、质量轻、调节方便,缺点是 A_9/A_8 与喷管可用落压比不能很好地匹配,无法在所有工作状态下按气流完全膨胀调节 A_9 ,在某些工作状态下喷管推力损失加大。

② 机械调节/气压作动筒调节和气动调节相结合的技术是将机械调节设计中的拉杆与扩张调节片或与外调节片的固定连接改为有限制的活动连接,同时增加其他限制结构的设计;将若干气压作动筒在扩张调节片外侧的圆周方向连成一个封闭环,由引入的高压压气机气体驱动(飞机飞行马赫数提高,来自高压压气机的气体压力上升,气动作动筒的拖动力相应地增大)。此时, A_9 不再与 A_8 一一对应,而是可以按

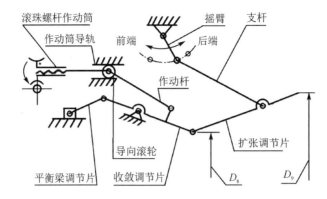

图 6.19　F100 发动机平衡梁式收扩喷管运动机构简化示意图

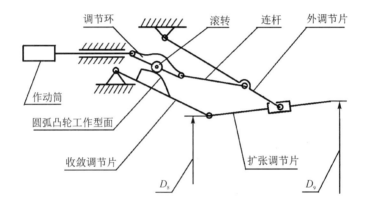

图 6.20　F101 发动机收扩喷管运动机构简化示意图

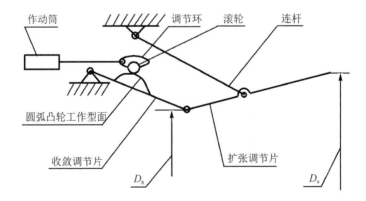

图 6.21　F404 发动机收扩喷管运动机构简化示意图

飞机的飞行状态和发动机的工作状态在一定范围内改变,使喷管在一个较宽的落压比范围内具有较好的性能。A_9 的调节由两方面因素决定:一是 A_8 决定扩张调节片和外调节片的"浮动"范围,即 A_8 限定 A_9 的变化范围;二是在限制结构限定的范围内,由气压作动筒的拖动力、扩张调节片和外调节片的内外表面压差以及 A_9 变化时所受到的其他阻力(例如:扩张调节片、扩张密封片以及外调节片运动搭接部分之间的机械摩擦力等)共同决定扩张调节片和外调节片的最终位置,从而确定 A_9。例如:AL-31F 发动机收扩喷管(见图 6.8)采用的就是这种设计。机械调节/气压作动筒调节和气动调节相结合的设计拓宽了 A_9 的调节范围,在一定范围内改善了喷管的推力性能。AL-31F 发动机收扩喷管的 A_9 调节机构由 16 个摇臂 8、32 个拉杆 9、16 个气压作动筒 10、16 个套筒式限位杆 7、16 个最大 A_9 限制装置 12 和 16 个外调节片 11 组成,其中摇臂 8 上有 3 个铰接点,一个与 A_8 调节机构的杠杆 6 连接,一个与套筒式限位杆 7 连接,最后一个通过 2 个拉杆 9 与 2 个相邻的外调节片 11 连接。外调节片 11 的前端与连杆 5 铰接,后端与扩张调节片 13 的后端滑动连接;外调节片

11 后端安装有最大 A_9 限制装置 12 并具有可伸缩的拉杆,最大 A_9 限制装置 12 也相互连接成一个环形,外密封片插入外调节片 11 中部的槽中,通过最大 A_9 限制装置 12 和销钉与外调节片 11 活动地连接。16 个气压作动筒 10 的筒体两两相连,活塞杆两两相连,形成一个封闭环,分别固定在每个外调节片 11 内侧中部的安装座上。AL-31F 发动机收扩喷管的 A_9 按飞机飞行状态和发动机的工作状态在图 6.22 中的阴影区域内改变,在此区域内,A_9 取决于气压作动筒 10 的拖动力、扩张调节片 13 和外调节片 11 的内外表

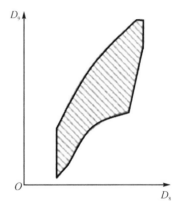

图 6.22　AL-31F 发动机收扩喷管 A_9 的调节范围[4]

面压差以及 A_9 变化时所受到的其他阻力的平衡;在此区域的边界上,其不平衡力由相应的限制结构承受。

| 6.2　机械式矢量喷管技术 |

推力矢量控制技术依靠特殊设计的喷管变换推力方向,提供更直接和更强的控制力矩,极大地增强战斗机的作战效能、机动性能和战场生存能力,这种具备变换推力方向功能的喷管称为推力矢量喷管。实战证明,在近距空战中最重要的作战品质就是迅速瞄准敌机的能力,即在攻击中不仅能快速地改变自身的速度矢量,还能使自己始终处于对手转弯半径的内侧,这样就能使自己更快速地进入攻击位置,先敌开火。飞机在进行过失速机动时,由于大迎角下自身受到的气动阻力较大,飞机的速度可以迅速降低,有利于偏转机头实施快速对敌指向,或在转弯中尽快减速和改变方向使敌机冲过目标。这在近距格斗中具有很高的空战效能。然而,按照传统的飞行理

论,飞机的迎角不能够超过失速迎角,超过就会失速,进入尾旋,尾旋改不出甚至会导致飞机坠毁。随着现代航空科技的发展,通过采用推力矢量技术等方法,使飞机具备了能超过失速迎角飞行的能力,这种能力称为过失速能力。F/A-18大迎角研究机加装矢量喷管以后,其极限迎角由大约 25°提高到接近 70°。70°迎角实际上已经超过了失速迎角,飞机处于过失速获得了超出常规的机动能力即超机动飞行能力,F-22的可控迎角更是达到了 70°以上。大量试验证明,采用推力矢量技术能实现过失速机动,改善飞机性能和机动性,缩短起落滑跑距离,改善隐身特性,减小飞机阻力和质量,从而大大提高飞机的作战效能和生存力,降低成本和全寿命费用。因而,新一代战斗机已广泛使用了推力矢量控制技术,推力矢量控制技术能让发动机推力的一部分变成操纵力,代替或部分代替操纵面,从而大大减少了雷达反射面积,也能使飞机的阻力减小,结构质量减轻;不管迎角多大和飞行速度多低,飞机都可利用这部分操纵力进行操纵,这就增加了飞机的可操纵性和敏捷性,从而大大提高了战斗机的战术效能和生存能力。第四代先进战斗机把推力矢量控制技术作为四大必备关键技术之一,进而成为未来战斗机的基本要求和标准技术,这是目前航空界研究和发展的热点之一。

机械式推力矢量喷管是通过特定的转向机构驱动构成喷管流道的可动构件使流道末段弯曲或者偏斜,致使发动机喷流改变方向,这不仅仅需要精细巧妙地设计运动机构以在有限的外廓和内部气流流通通道限制下实现通道尺寸调节和方向变换这样复杂的功能,还需要这样复杂的运动机构在喷气发动机高温燃气流的冲刷下可靠工作。

6.2.1　轴对称矢量喷管技术

轴对称矢量喷管广义上指喉道和出口截面均为圆形的矢量喷管,特指截面为圆形、扩张段偏转的矢量喷管。广义上的轴对称矢量喷管均以 6.1 节所介绍的可调式收扩喷管为基础发展而得,实现矢量喷管的方法有两种:

① 俯仰式轴对称矢量喷管(见图 6.23),基本结构特点是把喷管前端固定的圆柱段分为前后两节,两节用相互搭接的球形壳体连接,在搭接处的左右两侧各设置了两个侧向销轴,这样喷管就能做俯仰运动,给飞机提供俯仰力矩。这种俯仰式轴对称矢量喷管运动非常简单,轴对称收扩喷管可以不做任何改动,喷管喉道与喷管出口控制无须改动;但是其转动长度段达 1.3~1.7 m,转动部分靠前,外部负载和气动阻力都很大。

该方案原理简单,技术成熟度高,对已定型的飞机/发动机改进,实现推力矢量控制,是一种较好的技术实施思路。苏联于 1989 年在苏-27 LMK2405 试验战斗机上对这种喷管进行了飞行试验,喷管通过两对液压作动筒实现俯仰偏转,最大偏转角度可达 15°;俄罗斯配装该种喷管的苏-30 MKI 战斗机/AL-31FP 发动机以及苏-35战斗机/117S(即 AL-41F1)发动机已批量生产,其中 AL-31FP 发动机的矢量喷管

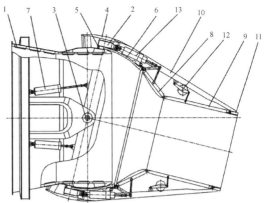

1—固定机匣;2—活动机匣;3—轴;4—球形环;5—密封环;6—喷管筒体;
7—推力矢量控制液压作动筒;8—收敛调节片;9—扩张调节片;10—外调节片;
11—扩张调节片导向装置;12—A_9气动作动筒;13—A_8液压作动筒

图 6.23　AL-31FP 发动机俯仰式轴对称矢量喷管照片及结构示意图[5]

因增加喷管转向机构使发动机质量增大了 110 kg,长度加长了 0.4 m;俄罗斯配装该种喷管的 AL-37FU 发动机在苏-47 战斗机上完成了试飞验证,配装该种喷管的产品 30 发动机也于 2017 年 12 月首次安装在 T-50 原型机上进行了试飞,喷管矢量偏转速度可达 60(°)/s,能够完成剧烈的机动动作。

　　② 扩张段偏转轴对称矢量喷管(简称轴对称矢量喷管,见图 6.24),这种矢量喷管可以看作是以非常成熟的轴对称可调式收扩喷管为技术基础,改进或者增加扩张段的操控机构,使其能够在扩张段实现周向全方位的偏转,最大偏转角度可达 20°。它完全保留了轴对称可调式收扩喷管良好的气动性能(包括内流和外流),只是在结构上扩大了扩张段的功能,使之既能产生超声速气流,又能按飞机的需要偏转气流方

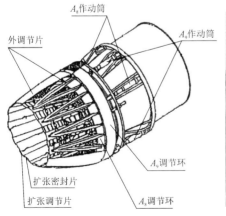

图 6.24　F110-GE-129 发动机轴对称矢量喷管结构示意图[3]及航展照片

向。由于气流偏转是在扩张段内实施的,相比起来它的气动负荷要小得多,10 t推力级的发动机产生的附加气动力不到 2 000 kgf(1 kgf＝9.8 N),例如:配装轴对称矢量喷管的 F110 - GE - 100 发动机在 F - 16 战斗机上完成了飞行演示验证,发动机产生的附加气动力经实测不到 3 t。同时它是在 A_9 出口截面实施偏转的,相对飞机的安装质心最远,所以新增力矩也最大,作用效果最佳。这些特点使得它的作动系统可以做得比较轻巧,增加的质量很少。由于是在扩张段内偏转,所以矢量状态工作时所占的空间及外廓尺寸相对较小。该方案的运动机构主要体现在矢量调节环(即 A_9 调节环)的操纵上,它附加给发动机带来的好处是由于 A_9 是单独控制的,因此容易得到最佳的超声部分的膨胀比,这可以充分发挥现代机械式收扩喷管的潜在能力,同时该方案对于飞机隐身和超声速巡航也都有益无害。

除此之外,该方案对于飞机有两个突出优点:一是飞机不需要做较大的改装即可实施矢量推进,因为整个推力矢量系统是发动机自带的,而且飞发之间界面清楚,所以相融性很好;二是新旧飞机都可以换装,这可最大限度地减少飞机的风险度,很容易在现役飞机上做此项技术的试验验证。但是,轴对称矢量喷管作为一种复杂空间多自由度运动机构,其设计技术异常复杂,涉及流体力学、工程热力学、传热学、结构力学、材料学等多个学科,在这些关键技术中,运动机构设计技术尤为重要,需要采用先进的计算机三维实体运动学/动力学仿真来辅助完成。

6.2.2　二元矢量喷管技术

二元矢量喷管的特征是喉道和出口截面为矩形,与轴对称喷管相比,同样出口面积下,二元矢量喷管具有较长的排气截面周长,因而提供了较大的发动机喷流与环境大气掺混截面,并且喷管型面在由“圆转方”的过渡过程中导致侧壁拐角压力梯度增大,形成涡流,强化了混合,一定程度上降低了发动机喷流的红外辐射强度,矩形出口还能遮挡某些方位上发动机后腔中其他热端部件的固壁红外辐射,所以具有一定的“先天”红外隐身特性。已知的二元矢量喷管技术主要有两种:

① 圆转方二元矢量喷管(通常简称二元矢量喷管,如图 6.25 和图 6.26 所示),左右两侧的侧壁固定不动,上下两边由相同的收敛调节片和扩张调节片构成了一个先收敛后扩张、形状可调的喷管通道,收敛调节片对称运动,实现喷管喉道面积的调节,扩张调节片对称运动可实现喷管出口面积的调节,同方向运动可实现发动机喷流方向的改变。二元矢量喷管的零件数量特别是运动构件比轴对称矢量喷管少,运动机构简单。由于运动构件少且形状相对简单,易在喷管上实现全程的壁面冷却措施,可以强制将喷管内壁的温度降低,实现红外隐身;同时在喷管出口增加锯齿修形等隐身技术措施,可以有效提高雷达隐身能力和红外隐身能力。通过与飞机机尾罩的一体化设计,可以改善飞机尾部气动布局,实现全机的推力矢量控制和减小雷达反射截面,增强飞机过失速机动和瞬时盘旋性能,大大提高其突防和生存能力。如图 6.27 所示,美国 PW 公司曾在 F100 发动机上完成过二元矢量/反推力喷管的研

究与试验验证,在 F-15 STOL/MTD 验证机上完成了飞行演示验证。

图 6.25 F119 发动机及其二元矢量喷管[5,13]

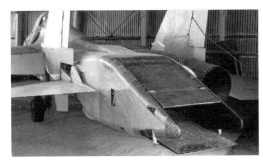

图 6.26 苏联设计的两种二元矢量喷管[14]

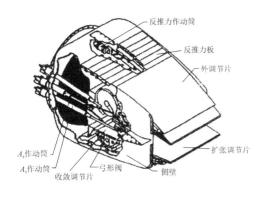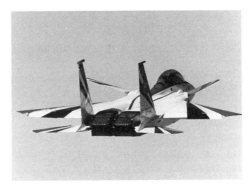

图 6.27 F100 发动机二元矢量/反推力喷管[15]和 F-15 STOL/MTD 战斗机

② 球面收敛二元矢量喷管(见图 6.28)是一种具备俯仰/偏航功能的多维矢量二元喷管,而圆转方二元矢量喷管从技术原理上只能实现单一方向(即俯仰方向)的偏转。球面收敛二元矢量喷管收敛段是球形的,转动部分不在圆柱段而是在收敛段,而喉道下游(即扩张段)是二元的。球面收敛二元矢量喷管扩张段调节机构与二元矢量喷管类似,但增加了球形机构及其转向机构以实现多维推力矢量,但比轴对称矢量喷管的少,因而结构和控制的复杂性介于轴对称矢量喷管和二元矢量喷管之间,比轴对称矢量喷管简单,与二元矢量喷管有类似的隐身潜力。球形结构为喷管内流流路提

供了先进的气动造型,能够减少气动损失,静态偏转效率几乎为 100%,因而明显地提高了性能。

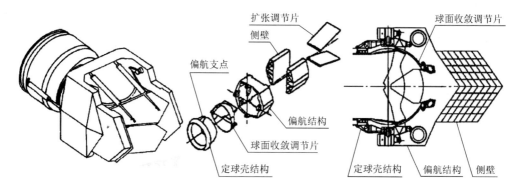

图 6.28　球面收敛二元矢量喷管示意图[16-17]

二元矢量喷管作为一类先进的喷管方案要能提供高效的气动性能、一维甚至多维的推力矢量功能和高的隐身性能,在技术上面临着巨大的挑战:

① 矩形流路增加了浸润面积并带来额外的径向涡流,导致喷管性能明显降低,并使气动特性分析变得非常复杂。为了探索和解决这些问题,需要在气动特性分析和优化领域进行深入的技术研究、试验测试和验证,这是目前急需解决的问题。

② 冷却系统设计及特性分析的技术难点体现在两方面:首先,需要在复杂运动的喷管结构上设计冷却流路。其次,冷却空气供应系统必须在控制压力损失的情况下,为部件提供适量的冷却;如果不严加控制流经冷却系统的压力损失,那么高温主流将循着它的路径进入冷却系统而造成很大的危险。此外,非轴对称流路形状对喷管冷却系统的设计也有明显影响,非轴对称流路能产生高度的三维流场,该流场对靠近喷管的冷却膜状态有很大影响,也是需要研究的技术问题。

③ 在二元矢量喷管结构中,存在大尺度、大运动范围的间隙,必须封严,控制燃气泄漏量以保证部件的效率,在这种比较难以控制和运动方向变化的部位上,一些常规的密封措施很难有效。因此,需要研究各种密封技术的有效性。

④ 二元矢量喷管因自身的特性具有明显的质量增长趋势,需要在轻质量构件设计方面展开深入研究,目前值得探索的技术有先进轻质材料的应用、拓扑结构优化技术以及增材制造技术等。

6.2.3　升力喷管技术

矢量喷管中有一类喷管是专门为飞机直接提供垂直升力而设计的,称之为升力喷管。升力喷管与其他矢量喷管相比,最明显的特征是最大偏转角度要达到 90°,因而需要独特的设计技术,目前比较成熟的升力喷管技术有两种:

① 侧装旋转喷管(见图 6.29)将发动机排气水平分叉为两股流,通过对称布置的

S 形弯喷管排出,S 形弯喷管中间断开,用轴承连接,使喷管后段可以旋转。飞机水平飞行时,喷管旋转至出口向后提供推力;飞机垂直起落喷管旋转至垂直向下,提供升力。这种喷管结构简单,非常可靠;但是,无论是在水平推进状态还是在升力状态,这种喷管的排气都是经过了两次接近 90°角的转折后排出,因而其推力损失一直比较大。另外,在这种形式的发动机上很难实现常规军用涡扇发动机经常需要采用的加力燃烧室技术为飞机提供更强劲的动力。由于以上种种原因,采用这种发动机的飞机不能做超声速飞行,作战半径很小,只能作为主力战机的辅助存在。

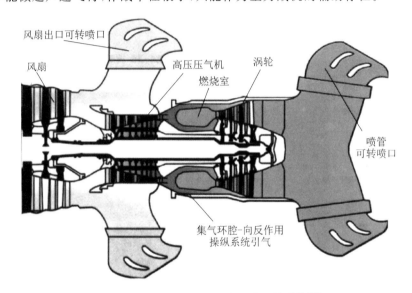

图 6.29　"飞马"发动机及其侧装旋转喷管[13]

　　② 三轴承旋转喷管(见图 6.30 和图 6.31)由一段固定、三段活动筒体组成,通过一套液压马达驱动三段活动筒体按照规定的规律旋转不同角度,实现绕三个轴向的矢量旋转(下偏最大 95°,左右偏 10°)。这是一种独特的三维矢量喷管方案,该方案在水平推进状态时喷管流道与常规发动机几乎没有差别,因此其水平推进时的推力

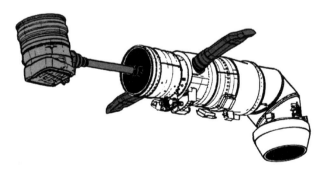

图 6.30　F35B 攻击机采用的 F135 - PW - 600 发动机及其三轴承旋转喷管[5]

特性与常规发动机无异,并且可以在水平推进时采用加力燃烧室技术为飞机提供更强劲的动力,具有非常好的实用性。

图 6.31　F35B 攻击机及其三轴承旋转喷管[18-19]

三轴承旋转喷管有其独特的技术要点,具体如下:

① 三轴承旋转喷管内流特性分析及优化技术。三轴承旋转喷管实现了 95°左右的大偏转角气流转折,大偏转角下的流动是否会发生分离,是否会产生太大的流动损失,都需要内流特性的数值仿真予以研究分析,并寻找结构参数与流动特性之间的影响规律,探索优化方法以获得合理的喷管气动方案设计。

② 三轴承旋转喷管运动机构设计及仿真技术。三轴承旋转喷管的偏转通过各段筒体的相对旋转实现。需要通过运动机构的分析和仿真,研究整个运动机构的运动特性和运动规律,以保证喷管能够按照需要的方式到达指定的位置,同时还可得到各段筒体之间的轴承的各向载荷、转动速度、转动力矩等数据,为轴承的设计提供依据。

③ 三轴承旋转喷管高温大尺寸轴承设计和制造技术。需要开展耐高温、防腐蚀的高氮不锈钢轴承材料分析研究,轴承受径向、轴向、倾覆力矩复合载荷工况的适应性设计,高氮不锈钢新材料套圈锻造工艺技术研究,高氮不锈钢新材料套圈热处理工艺技术研究,新材料套圈冷加工工艺技术研究,轴承密封技术研究等,以获得能够适应三轴承旋转喷管工作需要的特种轴承。

④ 三轴承旋转喷管液压驱动系统设计技术。需要研究三轴承旋转喷管的液压作动系统的技术方案,包括旋转输出的液压作动元件的技术条件、液压作动系统原理性方案和控制规律要求。

｜ 6.3　流体控制矢量喷管技术 ｜

以轴对称矢量喷管和二元矢量喷管为代表的传统机械式矢量喷管,使飞机推力矢量控制技术得以有效地实现,赋予战斗机以前所未有的机动性和敏捷性,大大提高了战斗机的战术效能和生存能力。同时,这些矢量喷管结构复杂,质量偏重,设计难度很大,应用代价也很大。为了突破传统技术的约束,相关研究机构吸收流体力学领域所取得的技术成果,提出了利用流体注入实现喷管调节和推力矢量的方法,即流体控制矢量喷管(fluidic control fixed geometry nozzle)。与传统的机械式可调收扩喷管和矢量喷管拥有数以千计的运动构件相比,流体控制矢量喷管(见图 6.32)结构上的简单一目了然,因而具有天生的质量轻和可靠性高的特性(见表 6.1)。

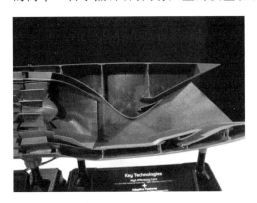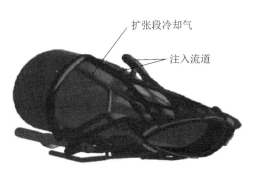

扩张段冷却气

注入流道

图 6.32　美国 IHPTET/VAATE 计划展示的流体控制矢量喷管方案

表 6.1　流体控制矢量喷管与机械式矢量喷管的技术特点对比

类　别	圆截面(轴对称)		矩形截面(二元)	
	流体控制矢量喷管	机械式矢量喷管	流体控制矢量喷管	机械式矢量喷管
零件总数	~2 000	6 000~10 000	~1 000	1 500
运动机构	无	空间复式连杆机构,复杂	无	平面连杆机构,较简单
控制系统	6×(12~18)个输出参数	1~4 个输出参数	3~6 个输出参数	1~4 个输出参数
调节装置	液/电系统(控制供气),复杂,小功率	液压系统,复杂,功率大	液/电系统(控制供气),复杂,小功率	液压系统,简单,功率大
相对质量	0.7~0.8	基数 1	0.4~0.6	基数 1
成本/万元	~100	200~300	~100	200~300
使用维护	较简单	复杂,人机界面不友好	最简单	复杂,人机界面不友好
可靠性	高	低	高	中等

流体控制矢量喷管就是通过气动控制实现喷管复杂的调节控制功能,来满足发动机对喷管调节的要求和飞机推力矢量控制的要求。简单地说,流体控制矢量喷管通过在喉道附近对称地向主流注入控制流体,就可以实现喷管喉道面积的调节;在喷

管扩张段的特定位置单侧注入控制流体,或者在不对称的位置分别注入控制流体,则可以实现喷管的推力矢量控制。

综合国内外相关技术的研究情况,首先可以确定的是通过大量的理论分析和实验室状态的试验验证证明,这种流体控制矢量喷管在概念上是合理可行的,并可以预测其在减轻发动机质量、减少成本、实现飞机与发动机高度一体化方面具有明显的技术优势,因此,基于流动控制技术的流体控制矢量喷管将是未来新构型飞行器和高推重比涡扇发动机的首选技术方案之一。但就目前的技术现状看,该类喷管适合不需喉道调整或小喉道调整量的发动机总体方案,或者在未来发动机总体方案设计时为获得该类喷管所带来的巨大优势而选择适合方案。喷管专业需探索能够满足大喉道调节范围要求的、可靠轻质的矢量喷管技术方案。

已有的数值模拟和试验研究表明:

① 理论分析、数值模拟和相应的试验研究相互验证,得到的喷管主次流气动、几何参数对喷管特性参数的影响规律具有一致性。

② 如果不考虑喉道面积的调节,在设计点上,精细设计的流体控制矢量喷管的推力系数可以达到 0.99 以上。

③ 目前已有的兼顾喉道面积调节和推力矢量控制的流体控制矢量喷管的推力效率基本上都小于 0.95,部分小于 0.90 或更低,这对于工程应用来讲普遍偏低。

④ 综合所有能够获得的数据,流体控制矢量喷管的喉道调节大体上符合 1% 的控制流量,能够获得 3% 的当量喉道面积变化率,显然,对于动辄要求喷管喉道变化率达到 150%～180% 的带加力燃烧室的发动机来讲,50%～60% 的控制流量是难以接受的附加要求。

⑤ 综合所有能够获得的数据,流体控制矢量喷管的推力矢量控制大体上符合 1% 的控制流量,能够获得 1°～2° 的矢量偏转角,并在喷管压比 2～10 的范围内有一种随着增压比增加先增大后减小的趋势;一般来讲,消耗 10% 的额外流量来获得将近 20° 的矢量偏转角是可以接受的要求。

⑥ 存在使矢量偏转角达到最大的二次流增压比,这个增压比大体上在 1.0～1.2 之间。

⑦ 激波矢量控制(Shock Vector Control,SVC)喷管实现推力矢量的技术适用于设计面积比较大的喷管;而喉道偏移矢量(Throat Skewing,TS)喷管实现推力矢量的技术适用于设计面积比较小的喷管。这说明虽然从理论上讲流体控制矢量喷管的矢量调节有激波矢量控制、喉道偏移矢量等不同的技术,但在工程实用时应考虑混合使用多种流体控制矢量技术以适应多变的工作状态。

对于流体控制矢量喷管而言,未来的技术研究将重点集中在以下方面:

① 深入研究主次流气动、几何参数对流体控制矢量喷管性能的影响,针对确定的高推重比涡扇发动机方案,给出最优的流体控制矢量喷管部件方案。

② 在可接受的从发动机压缩部件引气量范围内,流体控制矢量喷管推力矢量调

节范围和喉道面积调节范围都是有限的,如何实现有限的引气量时的大矢量偏转角和大喉道面积调节范围是需要进一步解决的问题。

③ 从研究结果来看,流体控制矢量喷管喉道调节范围是不能满足发动机实际工作需要的。因此,在发动机气动设计方面尚需更先进的技术,以减少涡扇发动机加力状态对喷管喉道面积调节范围过高的要求,新的发动机循环参数确定需要结合新型喷管技术发展共同完成。

④ 无论国内还是国外,在流体控制矢量喷管技术方面的研究都不涉及二次流参数的控制问题,后续工作中必须结合发动机控制技术综合考虑二次流的控制问题。

⑤ 对于未来高膨胀比或异形喷管,需要考虑如何采用流体控制矢量喷管技术。

⑥ 对于更多的新型喷管设计和控制技术,如合成射流技术、等离子体控制技术、热控技术,有必要做进一步的研究。目前,实现流体控制矢量喷管的技术主要有三种:激波矢量控制技术、喉道偏移矢量技术和反流控制技术。

6.3.1　激波矢量控制技术

激波矢量控制(SVC)技术(见图 6.33)的概念最早是在 1987 年由美国 NASA 兰利研究中心的 Abeyounis 等人在二元收扩喷管上完成的,当时仅仅验证了采用激波矢量控制技术实现二元收扩喷管俯仰推力矢量。在 1992 年,Wing、Chiarelli 等人将激波矢量控制技术结合附壁吹除(coanda blowing)技术完成了俯仰/偏航矢量功能。1995 年,Giuliano 在 NASA 兰利喷流试验装置上专门做了基于激波矢量控制技术的球面收敛二元矢量喷管俯仰推力试验,并在 1996 年进行了基于

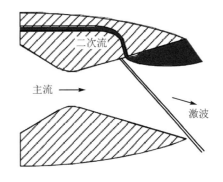

图 6.33　激波矢量控制(SVC)技术原理[20]

激波矢量控制技术的俯仰/偏航矢量喷管试验。而 Federspiel、Anderson 等人则在 1995 年、1996 年进行了激波矢量控制技术和喉道偏移矢量技术组合控制的推力矢量技术研究,以及机械/流体控制组合式矢量喷管的理论和试验研究,试图进一步多途径发展推力矢量技术。值得注意的是,这些推力矢量模型试验都是在外流静止的条件下完成的,也就是说,并未考虑外流对流体控制推力矢量的影响。因此,基于流体喷射影响模型,1998 年 Deere 开展了考虑外流影响的流体控制矢量喷管性能研究,其重点是研究外流对流体控制推力矢量技术的影响。1999 年以后,采用激波矢量控制技术实现推力矢量的研究更多地集中在多孔喷射技术方面,以期以最小的发动机引气量,在降低发动机性能损失的同时,实现最大的矢量偏转角控制。

6.3.2　喉道偏移矢量技术

　　喉道偏移矢量(TS)技术(见图 6.34)实现推力矢量的原理是通过在喷管喉道位置附近喷射二次流控制声速面位置的方法实现主流的偏转。1995 年,Deere 在流体控制偏航矢量喷管的基础上,开展了喉道偏移矢量技术实现推力矢量的试验和数值计算研究,当时的研究仅仅是为了验证这种技术实现推力矢量的可能性。经过不断的试验和理论分析,Deere 和 Beerrier 等人在 2002 年提出了将收扩喷管的扩张段改成凹形腔形状的喷管,并利用 PAB3D 计算软件进行了详细的气动、几何参数的数值计算分析。计算结果表明,结合喉道偏移矢量技术和在凹形腔的流动分离控制技术可以有效增强推力矢量的效果,模型试验验证工作在 2003 年 3 月也已经完成,取得了与数值计算非常一致的效果和结论。

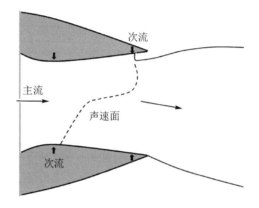

图 6.34　喉道偏移矢量(TS)技术原理

6.3.3　反流控制技术

　　反流控制(CF)技术(见图 6.35)实现推力矢量的概念是结合流体控制矢量喷管的结构简单和机械式矢量喷管可以实现推力矢量连续的优点而提出的。反流控制技术的主要特点是在喷管出口截面的外部加装一个外套,形成逆向流动的两股反流腔道。在需要主流偏转时,启动抽吸系统(负压源)。当上部腔道产生负压差时,主气流向上偏转;当下部腔道产生负压差时,主气流向下偏转。反流控制技术实现推力矢量的研究最早是在 1992 年由 Strykowski 和 Krothapalli 在小的喷管模型试验件上完成的。在 1995—1998 年间,NASA 兰利研究中心进行了大尺寸的反流控制技术实现推力矢量的试验研究。在 CFD 计算研究方面,首先也是唯一一个成功地完成反流控制技术计算研究的是 Hunter 在 1999 年采用 PAB3D 计算软件完成的。

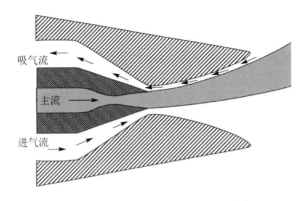

图 6.35 反流控制(CF)技术原理[21]

6.4 红外隐身技术

红外辐射是波长位于 $0.78 \sim 1\,000\ \mu m$ 之间的电磁辐射,其性质与可见光及无线电波完全一致,它在电磁频谱中的位置低于红色光带,而高于无线电的毫米波。红外光谱是不连续的,表现为带状散布,红外辐射在大气中传输时有相对透明的 4 个"大气红外窗口":近红外波段($0.76 \sim 3\ \mu m$)、中红外波段($3 \sim 6\ \mu m$)、远红外波段($6 \sim 15\ \mu m$)、超远红外波段($15 \sim 1\,000\ \mu m$),大气对这 4 个波段的红外辐射衰减较弱。一切温度高于绝对零度的物体均有其自身的红外辐射特性,这是红外探测系统侦察、探测和识别目标的客观基础,红外探测系统依靠因目标与背景的温度不同而引起的热辐射差异来探测目标。随着红外探测技术的发展,现代红外探测系统不但探测能力大大提高,而且具备了定向和定位的能力,红外探测系统已占到目前使用探测系统的 30% 左右。由此可见,为提高生存能力,军用飞机必须采取红外隐身技术措施,从而使其难以被发现、识别、跟踪和攻击。红外探测系统是无源的,其对于点源目标的探测距离与目标红外辐射强度的平方根值成正比,如果目标的红外辐射强度下降90%,则探测系统的作用距离下降 68%,因此飞机的红外隐身技术极为重要。

飞机红外隐身技术是指通过降低飞机的红外辐射强度使其低于红外探测系统的灵敏度,或者通过改变目标的红外辐射频率范围使其避开大气红外窗口,从而使其难以被发现、识别、跟踪和攻击的技术手段。飞机红外隐身主要是发动机后向的红外隐身,主要表现为:飞机的红外辐射源一般由发动机后腔体(一般由低压涡轮、加力燃烧室、喷管构成,见图 6.36)、高温喷流和飞机蒙皮组成(见图 6.37),其中气动加热引起的飞机蒙皮红外辐射主要与飞行马赫数有关,若飞行马赫数不高(一般小于 1.2),则飞机蒙皮的红外辐射可以不考虑;目前针对飞机的红外探测系统使用的探测波段集中在 $3 \sim 5\ \mu m$ 和 $8 \sim 14\ \mu m$ 两个波段,其中 $3 \sim 5\ \mu m$ 波段探测的主要是发动机后腔体和高温喷流,8~14 μm 波段探测的主要是发动机后腔体和飞机蒙皮;发动机后向的红外辐射强度一般均较大,例如:配装歼 5、歼 6、歼 7 的 3 种涡喷发动机最大状态的最大红外辐射强度在 700~1 300 W/sr 之间(见图 6.38),加力状态的最大红外辐射强度则会更大。由图 6.38 可见,发动机后向的红外辐射强度呈现方位特性,发动机后腔体中的低压涡轮、加力燃烧室以及喷管对发动机红外辐射强度的贡献与探测方位有关,其中喷管在方位角 20°~90°范围内起主要作用。喷管是发动机红外隐身最关键的部件,这不仅是因为喷管是发动机的重要红外辐射源,更重要的是发动机后腔体中其他热端部件和喷流的红外隐身可以通过它的遮挡、掺混等设计予以实现。

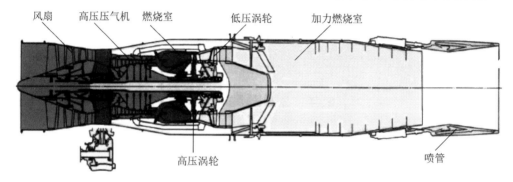

风扇　高压压气机　燃烧室　低压涡轮　加力燃烧室

高压涡轮　　喷管

图 6.36　典型的小涵道比涡扇发动机[13]

机体蒙皮　喷管

喷流

图 6.37　飞机红外辐射源的组成

在 20 世纪 60—70 年代,美国对红外隐身技术进行了有计划、有步骤的研究工作,基本上完成了红外隐身技术的基础研究和先期开发工作,例如:PW 公司发布了适用于 1.8~5.4 μm 波段的发动机喷管及喷流红外辐射强度计算软件的第一个版本。20 世纪 80—90 年代,美国 GE 公司发布了适用于 1~1.2 μm 波段的喷气发动机红外辐射特性的计算软件;美国国防部材料研究实验室于 1984 年研究了具有低发射率的红外隐身涂层;NASA 与 PW 公司开展了用于红外隐身的二元喷管研究,并研究了包括喷管在内的热端部件壁面气动冷却技术、机械遮挡技术、喷流强化掺混技术。此后,以二元喷管、壁面气动冷却为代表的红外隐身技术成果陆续在美国 F-117A 飞机/F404 发动机、B-2A 飞机/F118 发动机、F-22A 飞机/F119 发动机上得到应用,其中美国在 F-22A 飞机/F119 发动机综合应用了二元喷管、壁面气动冷却、低发射率红外隐身涂层、喷流强化掺混等红外隐身技术,并开展了 F-22A 飞机/F119 发动机的红外特征计算分析以及与飞行状态测量结果的比较工作。目前,美国在发动机红外隐身技术领域处于世界领先地位,并仍在进一步开展相关研究工作,例如:美国正在研制新一代的隐身战斗机,其中 PW 公司的三涵道自

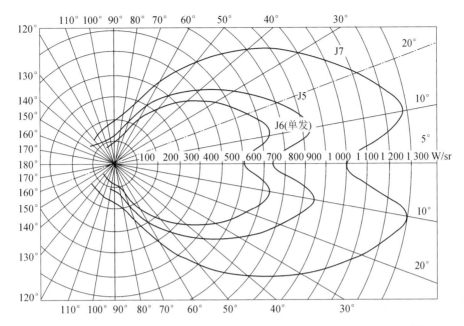

图 6.38　涡喷发动机红外辐射强度方位特性(最大状态,$\lambda=3\sim4.9\ \mu m$)[4]

适应发动机方案应用了 S 弯二元喷管(见图 6.39)等红外隐身技术。此外,其他一些国家也积极开展了发动机红外隐身技术的研究和工程应用工作,例如:德国某公司发明了一种半导体(或半金属材料),可进行有效的多光谱伪装,在红外波段具有低发射率,在高频波段具有高吸收率;俄罗斯研制的产品 30 发动机(见图 6.40)于 2017 年在苏-57 原型机上实现首飞,该发动机采用了轴对称矢量喷管,并应用了锯齿修形喷流强化掺混等红外隐身技术。

图 6.39　PW 公司自适应发动机
方案的 S 弯二元喷管

图 6.40　俄罗斯研制的
产品 30 发动机[20]

发动机后腔体和高温喷流产生的红外辐射通常占飞机后向总红外辐射的 95% 以上,为此隐身飞机对发动机提出了很高的红外隐身指标要求。与未采取隐身措施前相比,发动机红外隐身的指标一般比非加力状态的最大红外辐射降低 90% 以上,而发动机的工作温度高,热负荷大,降低发动机红外辐射不仅技术难度大,而且涉及面广。由于喷管的工作环境复杂恶劣,并且受到发动机推力性能、结构质量、长寿命、高可靠性等要求的限制,喷管的红外隐身技术研究及工程应用面临很大的难度和挑战。其技术难点是:喷管在通过采取各项红外隐身措施而获得发动机后向红外隐身性能的同时,必然要付出推力性能、结构质量等方面的代价,发动机在满足推力性能、结构质量的要求与满足红外隐身的要求之间存在一定的矛盾。为此,需要开展喷管气动/结构/红外隐身一体化设计技术研究,综合考虑发动机的推力性能、结构质量等限制以及长寿命、高可靠性等要求,力求推力性能、结构质量、红外隐身性能的平衡,以最小的代价获得最大的红外隐身收益。此外,红外隐身材料技术是最具潜力的发动机隐身技术,可以在不改变喷管结构设计的前提下降低喷管的红外辐射,但是喷管的调节片、密封片等零组件在严酷的高温、高速气流冲刷、振动等环境下工作,红外隐身材料的研发和应用十分困难。为此,研制出耐高温、长寿命、高可靠性的红外隐身涂层材料和结构材料是发动机红外隐身的重点工作。

作为发动机的重要红外辐射源和发动机后腔体中其他热端部件的红外辐射通道以及发动机高温喷流的出口,喷管红外隐身设计技术可以有针对性地分为热壁面红外隐身设计技术、机械遮挡技术、喷流红外抑制技术3类。这3类红外隐身技术又分为多种具体技术措施,而这些具体红外隐身设计技术措施均各有千秋,单一红外隐身技术措施的隐身效果有限,必须根据各项红外隐身技术措施对发动机红外隐身性能的贡献以及对发动机结构复杂性、可靠性、质量、推力性能、制造成本、维护成本等的影响,综合采取多种红外隐身技术措施,才有可能达到指标要求,即红外隐身技术是一项综合性的技术。例如:二元喷管就是机械遮挡技术、喷流强化掺混技术的集成,既可以对发动机后腔体中其他热端部件进行局部遮挡,又可以加强发动机喷流与外界大气的掺混。尽管如此,二元喷管还需要采用壁面气动冷却技术和红外隐身材料技术来降低自身热壁面的温度和红外发射率,从而降低自身的红外辐射。

6.4.1　热壁面红外隐身技术

发动机后腔体的热端部件具有连续的光谱辐射,在 $3\sim5~\mu m$ 波段和 $8\sim14~\mu m$ 波段均有较强的红外辐射,但 $3\sim5~\mu m$ 波段辐射的贡献占绝大多数。在非加力状态下发动机后腔体的红外辐射远大于发动机喷流,辐射范围在飞机的后半球,决定发动机后腔体红外辐射的主要因素有热端部件壁面的温度、面积、发射率、反射率等。喷管热壁面辐射主要来自隔热屏、调节片、密封片等内流道结构件内壁辐射。喷管的热壁面红外隐身技术一般有如下两种:

① 壁面气动冷却技术。因为热端部件在 $3\sim5~\mu m$ 波段的红外辐射强度一般与壁温成 $4\sim10$ 次方的关系(具体的方次值主要与壁温有关),与壁面的面积和发射率成线性关系,为此降低热壁面温度是喷管红外隐身最有效的技术措施。喷管的壁面气动冷却措施(参见 6.1 节)一般有两个:一是内冷,即利用来自发动机外涵的较冷气体冷却喷管热壁面(例如:调节片和密封片);二是外冷,即利用来自发动机舱的二次

流冷却喷管热壁面,例如:采取增大来自飞机进气道的二次流流量、在飞机后机身增设冲压型进气孔以及改用引射喷管等措施可以有效地对发动机喷管热壁面进行气动冷却。这种壁面气动冷却技术在考虑红外隐身的发动机设计中已经成为普遍采用的红外隐身技术,美国 B-2A 飞机/F118 发动机、F-117A 飞机/ F404 发动机、YF-23 飞机/F119 或 F120 发动机、F-22A 飞机/F119 发动机的二元喷管均采用了壁面气动冷却技术(见图 6.41~图 6.43),例如:B-2A 飞机/F118 发动机的 S 弯二元喷管可以通过机翼表面将外界冷空气导入发动机舱,从而冷却喷管热壁面;F-117A 飞机/F404 发动机大宽高比二元喷管采用的三级排气引射结构可以从发动机舱和飞机后机体的冲压型进气孔引入大量外界冷空气,用于冷却喷管热壁面;F-22A 飞机/ F119 发动机二元矢量喷管的调节片和侧壁采用了气膜冷却技术(见图 6.43),可以有效地降低喷管热壁面的温度。此外,隐身飞机/发动机之所以倾向于选择二元喷管,其中一个重要原因就是二元喷管便于设计冷却系统。壁面气动冷却技术需要付出的代价:一是需要额外设计冷却系统,结构复杂,会增加喷管的质量、制造成本和维护成本;二是内冷技术措施会降低发动机的推力性能,外冷技术措施则会增加飞机的阻力。

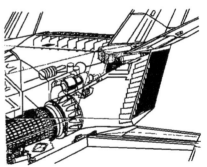

图 6.41　F-117A 飞机[21]/F404 发动机的二元喷管冷却设计[4]

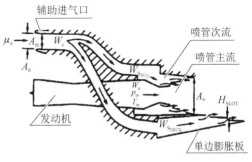

图 6.42　YF-23 飞机[22]/F119 或 F120 发动机的二元喷管壁面排气引射冷却设计[4]

② 红外隐身材料技术。虽然降低热壁面温度是喷管红外隐身最有效的技术措

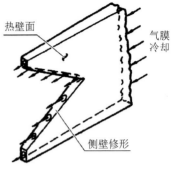

热壁面

气膜
冷却

侧壁修形

图 6.43　F－22A 飞机/F119 发动机的二元矢量喷管壁面气动冷却设计[23]

施,但是喷管与环境背景之间的温度差很难控制到最小,并且需要在结构质量和推力性能方面付出较大的代价,为此降低热壁面的发射率也是喷管红外隐身的重要途径。喷管热壁面喷涂低发射率红外隐身涂层、镀低发射率红外隐身薄膜(主要材料为贵金属)或采用低发射率红外隐身结构材料设计喷管隔热屏、调节片/密封片等零组件是很有发展潜力的红外隐身技术措施。其中对低发射率红外隐身涂层和低发射率红外隐身薄膜的要求是:① 满足热冲击性和热腐蚀性的要求(即高结合强度和耐高温);② 宽的红外吸收波段、高吸收、低反射、低发射率。因此,探索耐高温、耐热冲击、低发射率及多频段兼容性好的涂层体系,是发动机低发射率红外隐身涂层和低发射率红外隐身薄膜工程应用的重要发展方向。红外隐身材料抑制红外辐射的效果取决于它可以达到的低发射率和原壁面的发射率,例如:喷管原壁面的发射率为 0.7,在喷管壁面温度不变的情况下,采用发射率为 0.2 的红外隐身材料后可使红外辐射降低72%。研究人员以不采用红外隐身涂层的方案为基准,计算研究了发动机二元矢量喷管和后腔体中其他热端部件 3 种红外隐身涂层方案的后向红外辐射强度对比,计算时,将喷管内外涵进口简化设置为固体壁面边界条件,二元矢量喷管高度方向、3~5 μm 波段、0°~90°探测角的发动机后向红外辐射强度空间分布计算结果如图 6.44所示。低发射率红外隐身涂层的结构示意图和制备工艺如图 6.45 和图 6.46 所示,喷管密封片内表面喷涂红外隐身涂层的前后对比如图 6.47 所示。采用低发射率红外隐身涂层的代价:一是增加喷管的质量,增加的质量取决于涂层的密度、厚度和所需涂覆的表面积;二是增加喷管的制造成本和维护成本,例如:涂层本身的研制需要成本,并且涂层存在老化失效问题;涂层与喷管结构件表面的结合则需要非常严格的工艺和控制,否则涂层容易脱落。目前,耐高温的低发射率红外隐身涂层在 F119 发动机的二元矢量喷管和 F135 发动机的锯齿形轴对称收扩喷管上得到了应用。此外,F－117A 飞机/F404 发动机的大宽高比二元喷管出口端外部设计有一个向上倾斜的挡板(见图 6.41),挡板本身可能喷涂了低发射率红外隐身涂层或隔热涂层,用于抑制红外辐射。

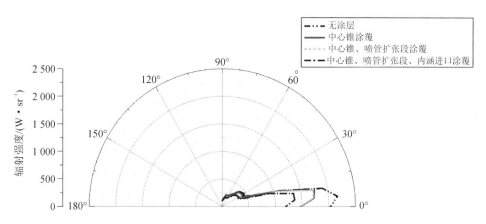

图 6.44　不同红外隐身涂层喷涂方案时发动机后向红外辐射强度空间分布

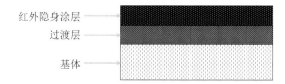

图 6.45　红外隐身涂层结构示意图/结构设计

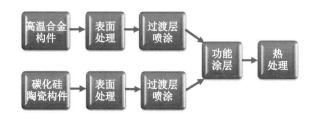

图 6.46　红外隐身涂层制备工艺

图 6.47　喷管密封片内表面喷涂红外隐身涂层的前后对比

6.4.2　机械遮挡技术

由于喷管是发动机后腔体中其他热端部件的红外辐射通道,发动机后腔体中其他热端部件的红外辐射只能在飞机后向某一方向角的圆锥扇形区内可探测。为此,可以利用喷管的特殊几何设计来遮挡发动机后腔体中其他热端部件的热壁面,使这些热壁面不被红外探测系统探测到。目前隐身飞机/发动机普遍使用的二元喷管(例如:如图 6.41～图 6.43 所示的 F-117A 飞机/F404 发动机的大宽高比二元喷管、YF-23 飞机/F119 或 F120 发动机的单边膨胀"深沟"式二元喷管、F-22A 飞机/F119 发动机的二元矢量喷管)就是这种技术最典型的应用,这种易与双发飞机匹配的喷管可对发动机后腔体中其他热端部件进行有效的遮挡(见图 6.48),减少热端部件暴露的面积以及可视角度,遮挡效果主要与喷管宽高比有关,宽高比越大,遮挡效果越好。就 F-117A 飞机/F404 发动机二元喷管而言,其缝式出口是一个宽高比达12:1 左右的狭长矩形,由于喷管出口的宽高比很大,可对发动机后腔体中其他热端部件(如低压涡轮)进行有效遮挡,显著减少其他热端部件暴露的面积以及可视角度;在宽达 1 800 mm 的喷管出口端内部安装有 11 片导流片,类似于"百叶窗帘",进一步有效地遮挡发动机后腔体中其他热端部件的红外辐射;在喷管出口端外部设计有一个向上倾斜的挡板,以遮挡喷管内部红外辐射向下方的传播。此外,美国还开展了S 弯二元喷管(见图 6.49)和 S 弯二元流体控制矢量喷管(见图 6.50)的研究工作,S弯二元喷管可以对发动机后腔体中其他热端部件进行大部分甚至全部的遮挡。大幅降低发动机后腔体的红外辐射,也是机械遮挡技术的最典型应用。S 弯二元喷管一般应用在非加力式发动机中,如 B-2A 飞机/F118 发动机上就采用了 S 弯二元喷管(见图 6.51)。

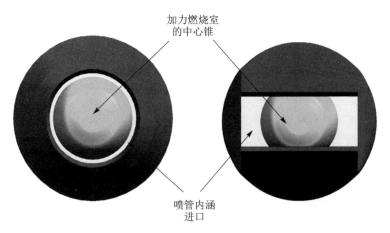

加力燃烧室
的中心锥

喷管内涵
进口

图 6.48　轴对称收扩喷管和二元收扩喷管对发动机后腔体高温壁面遮挡效果对比示意图

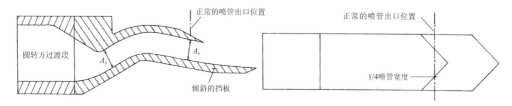

图 6.49　S 弯二元喷管及其锯齿形出口修形

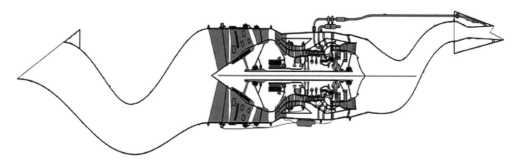

图 6.50　VAATE 计划中带 S 弯二元流体控制矢量喷管的发动机示意图[24]

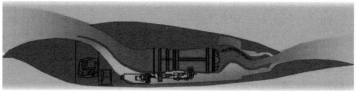

图 6.51　B-2A 飞机/F118 发动机及其 S 弯二元喷管[23,25]

6.4.3　喷流红外隐身技术

　　发动机喷流的气体辐射对波长是有选择性的,即气体常常只在某些波长范围内有辐射和吸收的能力,而在其他波长范围内既不吸收也不辐射能量。发动机喷流的主要辐射分子是燃烧产物中的二氧化碳和水蒸气,其红外辐射集中在 $3 \sim 5 \ \mu m$ 探测波段。决定喷流红外辐射的主要因素有喷流流量、静温以及二氧化碳、水蒸气、碳烟颗粒的浓度等,其中喷流在 $3 \sim 5 \ \mu m$ 波段的红外辐射强度一般与喷流静温成 $4 \sim 8.5$ 次方的关系(具体的方次值主要与喷流静温有关,喷流静温越高,方次值越低)。在发动机非加力状态,喷流的红外辐射虽然仅占发动机总辐射的 10% 左右,但其辐射范围可以扩展到飞机的前半球,为此需要对其红外辐射进行抑制;在加力状态,发动机喷流的长度长、温度高,其红外辐射急剧增大,远远超过发动机后腔体而一跃成为发动机红外辐射的主体,为此更需要对其红外辐射进行抑制。需要说明的是,发动机喷流在加力状态的红外辐射因为过大而难以抑制,为此发动机的红外隐身主要针对的是发动机非加力状态。喷管是发动机喷流的出口,可以通过喷管的特殊设计来降低发动机喷流的温度,从而抑制喷流的红外辐射。喷管可采用的主要技术如下:

① 强化掺混技术。通过喷管出口的特殊设计来强化发动机喷流与环境大气的掺混,可以缩短喷流核心区的长度,迅速降低喷流静温,减小喷流中二氧化碳、水蒸气和碳烟颗粒的浓度,从而抑制喷流的红外辐射。这种强化掺混技术是抑制喷流红外辐射的最基本技术措施,早已得到应用的二元喷管、喷管出口修形(例如:YF-23飞机/F119或F120发动机的锯齿形二元喷管、F-22A飞机/F119发动机的锯齿形二元矢量喷管、俄罗斯产品30发动机的锯齿形轴对称矢量喷管以及图6.52所示的F135发动机锯齿形轴对称收扩喷管)均体现了这种技术,其中二元收扩喷管和轴对称收扩喷管在不同截面处局部静温分布计算结果如图6.53所示。此外,喷管侧壁开槽、喷流加旋、多喷管掺混也是值得考虑的强化掺混技术。就圆转方二元喷管而言,气流流经圆转方的过渡段后会产生强烈的三维效应,形成很强的二次涡,并在喷管出口以后卷入大量环境大气;在相同的喷管出口面积情况下,二元喷管的出口边界要比轴对称喷管长,其喷流与环境大气有更大的接触面积;在高的喷管落压比条件下,喷流中的激波或马赫盘对红外辐射的影响很大,其波后气体往往是最大的红外辐射源,二元喷管可削弱近场激波强度,减小马赫盘数。采用二元喷管需要付出的代价:一是质量增加较多,二是推力损失增加。就锯齿形喷管而言,喷管出口的锯齿能在流场中产生成对的流向涡,可以加强喷流与环境大气的混合,并且优化设计的锯齿形喷管可以将推力损失控制在很小的范围内,因此锯齿形喷管是隐身飞机/发动机常见的喷管形式。

图 6.52　F135 发动机的锯齿形轴对称收扩喷管[26]

② 强迫混合/排气引射技术。采用波瓣形混合器来强制涡扇发动机内外涵气流的混合,有助于喷流核心区的缩短和喷流静温的降低,降低喷流中二氧化碳、水蒸气和碳烟颗粒的浓度,进而减少喷流的红外辐射。这种技术在国外民用涡扇发动机(例如:SWP14,见图6.54)上用于增加发动机推力、降低耗油率和抑制喷流噪声,在军用涡扇发动机(例如:俄罗斯的D-30KP)上也有应用。此外,早已得到应用的引射喷

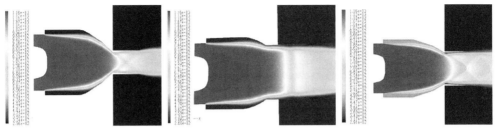

(a) 二元收扩喷管高对称面   (b) 二元收扩喷管宽对称面   (c) 轴对称收扩喷管

图 6.53 二元收扩喷管和轴对称收扩喷管在不同截面处局部静温分布

管也有助于减少喷流的红外辐射。例如:B-2A 飞机/F118 发动机(见图 6.51)采用的 S 弯二元喷管能将由机翼表面导入发动机舱的冷空气与发动机主流混合后排出,一方面降低了发动机喷流的静温,另一方面也冷却了喷管热壁面,从而降低发动机的红外辐射。再如:F-117A 飞机/F404 发动机二元喷管(见图 6.41)采用了三级排气引射结构,可以从发动机舱和飞机后机身的冲压型进气孔引入大量外界冷空气,通过与发动机主流混合,降低喷流的静温。

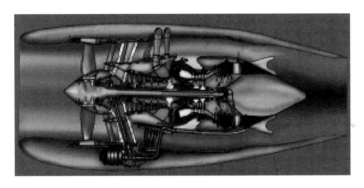

图 6.54 SWP14 发动机及其混合器

③ 喷流波反射激励技术。高温高速的发动机喷流与环境大气之间存在湍流度很高并具有某一固有湍流脉动频谱的边界层;如果能够人为地向该边界层施加周期性干扰,则当该外加干扰源的频率和相位与边界层自身的湍流脉动相耦合时,该边界层将发生共振,使湍流度明显提高,即边界层被激励。波反射激励技术是将一定形状和大小的固体表面安放在超声速喷流周围的适当位置,可把喷流边界层的湍流脉动波反射回超声速喷流内部。该反射波具有一定频率和能量,可以作为喷流的激励源,激励后的超声速喷流与环境大气之间的掺混将得到明显的加强,喷流的波系也会明显缩短,对抑制发动机超声速喷流的红外辐射有重要意义。美国 NASA、GE 公司等研究机构在喷流波反射激励技术方面开展过许多研究,国内尚守堂等研究者[27]也曾开展过初步的研究。

6.5　雷达隐身技术

电磁波在空间传播过程中遇到障碍物会发生散射,雷达利用这种特点来发现目标并测定目标。雷达是迄今为止最有效的远程电子探测设备,探测距离可达 200～400 km,它根据雷达目标对雷达波的散射能量来判断目标的存在并确定其位置和运动状态。雷达的作用距离受三个方面因素的影响:一是雷达系统各项性能参数,例如:发射机功率、天线扫描参数、接收机最小可检信噪比等;二是电磁波传播环境,例如:电磁波被大气折射及吸收的程度、被地面/海面的反射程度、受地面/海面杂波或空中体杂波干扰的程度等;三是目标特性,例如:目标的大小、形状、材料介电常数及电导率以及它们对入射波方向、频率及极化方向的反应等。这三个方面的影响因素可综合为一个物理量,即雷达散射截面(RCS)。RCS 是目标的一种假想面积,用来定量表征目标散射的强弱。RCS 可描述为:目标在单位立体角内向接收天线散射的功率与入射到目标处单位面积内功率之比的 4π 倍,即 RCS 与距离无关。RCS 不是一个独立的物理量,它随几个方面的因素而变化:一是目标的几何形状及材料的电性能;二是入射波的频率,即同一个目标,在不同频率的雷达波入射下,其 RCS 会有很大差别;三是雷达天线的极化方式,即天线所发射的电场方向及天线可接收的电场方向;四是目标相对于入射方向及雷达接收方向的姿态角(对于单站雷达,只受入射姿态角的影响)。对于已定的雷达探测系统和照射方位而言,RCS 主要取决于目标的几何外形和材料的物理特性。

飞机雷达隐身技术是指在一定的探测环境中,通过改变飞机的外形、采用雷达吸波材料等手段,控制和降低飞机的 RCS,从而降低雷达对飞机的探测能力,使飞机在一定范围内难以被发现、识别和攻击的技术。雷达的最大探测距离与飞机的 RCS 成 1/4 次方函数关系,飞机的 RCS 减小,则雷达最大探测距离也随之减小。假设飞机的 RCS 为 A,雷达的最大探测距离为 R,则飞机的 RCS 减小为 $0.01A$ 时,雷达的最大探测距离缩短为 $0.32R$;飞机的 RCS 减小为 $0.000\,1A$ 时,雷达的最大探测距离为 $0.10R$。由此可见,飞机雷达隐身设计就是采取措施使自身的 RCS 尽可能减小,缩短雷达或雷达制导武器的作用距离或在一定作用距离上降低它们的发现概率、跟踪概率、击中精度,从而提高飞机的生存力和突防率。雷达通常是厘米波段(1～20 GHz)雷达,但是为了应对隐身飞机,雷达的工作波段正在向米波段、毫米波段、红外波段和激光方面扩展。目前对军用飞机构成威胁的雷达波段主要有 Ku 波段(12～18 GHz,波长 2 cm)、X 波段(8～12 GHz,波长 3 cm)、C 波段(4～8 GHz,波长 5 cm)、S 波段(2～4 GHz,波长 10 cm)、L 波段(1～2 GHz,波长 25 cm),其中预警雷达和陆基火控雷达的工作频率大部分处在 L 波段和 S 波段,机载火控雷达的工作频率主要处在 X 波段和 Ku 波段。

发动机雷达隐身技术是飞机隐身技术的重要组成部分,飞机雷达隐身离不开发动机的雷达隐身设计。发动机的雷达散射分为前腔体(一般由进气道和风扇等构成)雷达散射和后腔体(一般由低压涡轮、加力燃烧室、喷管构成)雷达散射,其中发动机后腔体产生的雷达散射占整个飞机后向雷达散射的 95% 以上,为减少发动机后腔体的雷达散射,需要根据各种散射机理对后腔体采取综合的雷达隐身技术措施,以便获得最佳的 RCS 减缩效果。在发动机的各个雷达散射源中,喷管是发动机雷达隐身的关键部件,因为喷管的雷达隐身设计不仅可以减缩本身的 RCS,而且还可以对发动机后腔体中其他部件的雷达散射起遮挡作用。

　　飞机的隐身设计始于雷达隐身,美国的雷达隐身技术研究最早可以追溯到 20 世纪 50 年代,并于 20 世纪 60 年代研制了具有雷达隐身功能的 SR-71 高空高速侦察机。美国于 20 世纪 70 年代开始研制隐身战术实验飞机(XST),并在此基础上于 20 世纪 80 年代初研制出真正意义上的隐身飞机 F-117A。该飞机本身的雷达隐身主要是采用了外形技术和雷达吸波材料,配装的 F404 发动机也采用了以二元喷管为主的雷达隐身技术措施。此后,美国的飞机雷达隐身技术发展迅速,从专注高的隐身性能发展到注重隐身性能与其他性能的协调,先后研制出具备综合隐身作战能力的 B-2A、F-22A 和 F-35 飞机,其中用于 B-2A 飞机的 F118 发动机喷管、用于 F-22A 飞机的 F119 发动机喷管和用于 F-35 飞机的 F-135 发动机喷管均不同程度地采用了雷达隐身技术。此外,其他一些国家也积极开展了发动机雷达隐身技术的研究和工程应用工作,例如:俄罗斯研制的产品 30 发动机轴对称矢量喷管也采用了雷达隐身技术。

　　发动机后腔体是由管壁散射与其内部复杂结构件耦合作用形成的复杂散射源,并且这类凹腔体散射源属于复杂的多次反射型散射,其散射过程机理十分复杂;同时,喷管温度高、负荷大、结构复杂、工作状态极端多变,并且受到发动机推力性能、结构质量、寿命、可靠性等要求的限制。为此,喷管的雷达隐身技术研究及工程应用面临很大的难度和挑战。喷管雷达隐身技术的难点在于:通过采取多项雷达隐身技术措施,喷管可以有效地减缩自身的 RCS,遮挡发动机后腔体中其他部件的雷达散射,但会不可避免地付出结构质量、推力性能等方面的代价,同时也很可能会对发动机的寿命、可靠性等要求带来不利影响。为此,需要综合考虑发动机的结构质量、推力性能等限制以及寿命、可靠性等要求,通过喷管气动/结构/雷达隐身的一体化设计,获得满足各项要求的最佳喷管设计。此外,雷达吸波材料技术可以在不改变喷管结构设计方案的前提下减缩喷管的 RCS,是最具发展潜力的雷达隐身技术,但现在的雷达吸波材料很难全面达到耐温高、厚度薄、质量轻、吸波频段宽、力学性能好的要求。为此,喷管雷达吸波涂层和雷达吸波结构材料的研发和应用仍然任重而道远,是喷管雷达隐身技术研究的重点工作。

　　发动机后腔体产生的雷达散射一般占整个飞机后向雷达散射的 95% 以上,为此隐身飞机对发动机后腔体的雷达隐身提出了很高的指标要求。对发动机喷管而言,可应用的雷达隐身设计技术主要有修形隐身技术、雷达吸波材料技术和机械遮挡技术,只有将这些雷达隐身技术有机地结合起来,才能全面地发挥喷管雷达隐身设计的作用。例如:S 弯喷管虽然可以对发动机后腔体中其他部件的雷达散射进行局部甚至全部遮挡,但是 S 弯喷管还需要采用锯齿修形隐身技术和雷达吸波材料技术来减缩本身的 RCS,其中喷管出口设计成锯齿形状是为了降低雷达波在喷管出口边缘造成的反射或散射,而喷管内壁采用雷达吸波涂层则是为了吸收入射到喷管内壁的雷达波以及发动机后腔体中其他部件反射到喷管内壁的雷达波。

6.5.1　修形雷达隐身技术

修形雷达隐身技术就是通过合理的设计,有针对性地控制目标的外形及布局,使目标回波偏离雷达视向,降低目标在雷达主要威胁方向上的 RCS。当雷达波沿某一表面或棱边的法向及其附近以某角度入射时,会产生很强的法向镜面回波或法向边缘绕射回波。如果将被照射的表面或棱边斜置一个足够的角度,可使出现在重点方位角或俯仰角范围内的所有雷达波均能远离该表面或该棱边的法向,这种情况下回波的强度就会显著变弱。修形隐身技术是飞机及其发动机雷达隐身设计应用最广泛、最有成效的一种方法,例如:F119 发动机风扇帽罩和加力燃烧室中心锥采用了尖锥修形技术,喷管采用了锯齿修形技术。所谓的喷管锯齿修形技术就是进行喷管出口形状与飞机外形的一体化设计,将喷管出口设计成锯齿形状,锯齿角度需要与飞机外形匹配,将雷达波反射到非关键角度,并降低雷达波在喷管出口边缘造成的反射或散射,实现飞机 RCS 的减缩。喷管修形设计主要是为了提高雷达隐身能力,其次是有利于红外隐身。二元喷管的出口一般选用大锯齿修形,例如:用于 F-22A 战斗机的 F119 发动机二元矢量喷管和用于 B-2A 飞机/F118 发动机 S 弯单边膨胀二元喷管(见图 6.55)均采用了这种大锯齿修形技术;轴对称喷管的出口一般选用小锯齿修形,例如:用于 F-35 战斗机的 F135 发动机轴对称收扩喷管、俄罗斯的产品 30 发动机轴对称矢量喷管均采用了这种小锯齿修形技术。

图 6.55　B-2A 飞机/F118 发动机 S 弯单边膨胀二元喷管及其修形设计[25]

6.5.2　雷达吸波材料技术

雷达吸波材料按成型工艺和承载能力分为涂层吸波材料、结构吸波材料两大类，这两类材料均是利用其所含的吸收剂来吸收入射进来的雷达波，将雷达波能量转换为热能或其他形式的能量而耗散掉，从而可以在不改变现有结构形式的前提下达到降低雷达波的反射、实现减缩飞机 RCS 的目的。为了将雷达波引入吸波材料内部并将其耗散掉，吸波材料一般具备阻抗匹配特性和衰减特性，其中阻抗匹配特性就是创造一定的边界条件使入射雷达波在材料介质表面的反射率最小，从而尽可能地减少入射雷达波在吸波材料介质表面的反射，使之尽可能地进入吸波材料内部；衰减特性是指吸波材料对在其内部传播的雷达波的耗散特性，代表将进入吸波材料内部的雷达波能量耗散掉的能力。吸波材料按其对电磁的损耗机理分为电吸收吸波材料和磁吸收吸波材料，其中电吸收吸波材料的吸收剂大多数采用导电炭黑或石墨，而磁吸收吸波材料则通常采用铁的化合物和混合物。

雷达吸波涂层一般由透波层、吸波层、过渡层构成（见图 6.56），其中透波层用于减少涂层表面反射，增加透射；吸波层由吸收剂和黏合剂按一定配比组成，用于吸收雷达波，是雷达吸波涂层的核心；过渡层用于减小基体与吸波层的热膨胀系数差，增加结合强度。喷管对雷达吸波涂层的要求：一是高温环境下具有较宽吸收频带，高温下材料吸波性能稳定；二是满足热冲击性、热腐蚀性的要求。

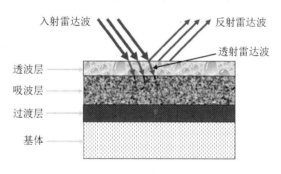

图 6.56　雷达吸波涂层结构示意图

雷达吸波涂层的制备方法与喷管结构件的基材有关，适用于镍基高温合金基材的耐高温（700～1 000 ℃）雷达吸波涂层可以采用等离子喷涂方法制备，适用于钛合金基材的耐中温（400 ℃ 以下）雷达吸波涂层可以采用刷涂烘烤法制备，图 6.57 为喷管密封片内表面涂覆雷达吸波涂层的前后对比。雷达吸波涂层的优点是吸收性能好、工艺简单、使用方便、易于更换、可以对任意形状的表面进行喷涂等，但也存在涂层厚、密度大、耐高温性差、剥离强度低、频宽窄、涂层表面粗糙等缺点，因而在应用上受到一定的限制。此外，在质量、制造成本和维护成本 3 个方面，采用雷达吸波涂层需要付出与低发射率红外隐身涂层同样的代价。结构吸波材料是在特种纤维增强的复合材料中按一定的配比直接加入吸收剂而制成的先进复合材料,具有承受载荷和吸收雷达波的双重功能,其优点是吸收性能好、吸波频带宽、质量轻、强度高、表面比较光滑、可设计性强,更能适应高速冲刷的气动环境;存在的问题是工艺复杂、难以修理、湿热环境易老化、需要添加阻燃剂、内部尽量不要有金属件(否则内部金属件的反射可能比同样尺寸的金属结构件还大)、成本较高。涂层吸波材料、结构吸波材料虽然在 F-117A、B-2A 和 F-22A 上均得到了大量应用,但在发动机上因受到温度等因素的限制而应用较少,其中耐中温雷达吸波涂层在发动机风扇、低压压气机和喷管外部结构(例如:外调节片)上已经得到应用,例如:YF-23 飞机/F119 或 F120 发动机的喷管应用了高温贴片雷达吸波材料(见图 6.58),F135 发动机轴对称收扩喷管(见图 6.52)的扩张调节片和外调节片采用了具有雷达吸波功能的复合材料,F119发动机二元矢量喷管(见图 6.43)采用了雷达吸波涂层技术。此外,B-2A 飞机/F118 发动机的 S 弯单边膨胀二元喷管(见图 6.51 和图 6.55)内壁可能也采用了雷达吸波涂层。

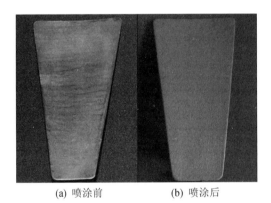

(a) 喷涂前   (b) 喷涂后

图 6.57　密封片内表面喷涂吸波涂层前后的对比

图 6.58　YF-23 飞机/F119 或 F120 发动机喷管的高温贴片雷达吸波材料[22]

6.5.3 机械遮挡技术

机械遮挡技术是一项在飞机和发动机上应用较多的雷达隐身技术,主要体现在发动机的安装方式及对进气道和喷管的处理上。作为发动机后腔体中其他部件雷达入射和雷达散射的通道,喷管可以通过自身的特殊几何设计(例如:二元喷管、S 弯喷管)来有效地遮挡雷达波对发动机后腔体中其他部件的入射以及发动机后腔体中其他部件对射入雷达波反射的传播,从而减缩发动机后腔体中其他部件的 RCS。例如:B‐2A 飞机/F118 发动机采用了 S 弯单边膨胀二元喷管(见图 6.51),喷管的出口为宽扁状的矩形,可以遮挡雷达波对发动机后腔体的入射以及低压涡轮对射入雷达波反射的传播;在二元喷管的基础上,喷管的 S 弯可以进一步地遮挡雷达波对发动机后腔体的入射以及低压涡轮对射入雷达波反射的传播;喷管的单边膨胀结构(即喷管出口端外向上倾斜的挡板)也可以遮挡来自下方的雷达波对发动机后腔体的入射以及低压涡轮对射入雷达波反射的向下传播。

对于二元喷管而言,宽高比越大,垂直方向和水平方向的雷达隐身效果越好。为此,在气动性能允许的情况下,二元喷管的宽高比应尽量选择大一些。例如:F‐117A 飞机/F404 发动机选用的是宽高比达 12∶1 的二元喷管。此外,F‐117A 飞机/F404 发动机喷管出口端内部安装的 11 片导流片(见图 6.41)可以进一步地遮挡雷达波对发动机后腔体的入射以及低压涡轮对射入雷达波反射的传播;喷管出口端外部向上倾斜的挡板还可以阻止雷达波进入发动机后腔体。

6.6 新材料新工艺应用技术

随着发动机性能的提高,喷管进口温度和压力也随之增高,喷管的调节片、密封片等零组件工作条件十分苛刻,要求这些零组件采用的材料具有足够的高温强度、刚度和寿命;随着喷管功能的不断扩展,其结构日益复杂,在发动机中的质量占比增加明显,耐高温轻质材料需求迫切;此外,喷管位于飞机的尾端,其质量对飞机的气动配平影响较大,要求材料具有较低的密度。为提高发动机的性能、安全性和可靠性,减轻发动机的结构质量,新材料新工艺的应用在喷管研制中显得十分重要。正在发展的新材料新工艺有:金属间化合物材料及其工艺、连续纤维增强陶瓷基复合材料及其工艺、聚酰亚胺树脂基复合材料及其工艺和金属材料的增材制造技术。

6.6.1 金属间化合物材料及其工艺应用技术

金属间化合物一般是由二元、三元或多元素金属元素组成的化合物,其微观结构既有金属键又有共价键,兼具金属和陶瓷两种特性,是处于高温合金与陶瓷材料之间的一种新型耐高温结构材料,在航空发动机高温结构应用方面具有巨大的潜力。目前,金属间化合物已经比较成熟,可以替换当前大量采用的镍基高温合金和钛基高温合金。与传统的镍基高温合金相比,金属间化合物的耐高温性能好,密度低,强度相当,耐磨,耐蚀,生产工艺基本相同,但脆性较大。金属间化合物结构材料主要有钛铝类、镍铝类和铁铝类,目前已在发动机喷管上得到应用的金属间化合物是前两类中的 Ti_3Al 和 Ni_3Al。

① Ti_3Al 的密度为 $4.7\sim4.85\ g/cm^3$,具有优异的高温强度和抗蠕变、抗疲劳及抗氧化性能,长期工作温度可达 $750\ ℃$,短期工作温度还可以更高,在作为喷管高温承力结构材料方面具有极大的潜力,既可以取代镍基高温合金($8.2\sim8.5\ g/cm^3$)板材,采用精密成型和电子束焊接工艺制造喷管筒体;也可以取代高温钛合金锻铸件,采用精密热模锻和无余量精密铸造工艺制造调节环、拉杆、调节片、密封片等。例如:F100 发动机收扩喷管密封片的材料就是 Ti_3Al。国内也采用 Ti_3Al 试制过喷管的协动装置和三角拉杆。

② Ni_3Al 是国内外开发较早且比较成熟的金属间化合物,已经进入工程应用阶段。Ni_3Al 的密度约为 $7.5\ g/cm^3$,屈服强度随着工作温度的升高而升高,长期工作温度可达 $1\ 000\ ℃$,短期工作温度可达 $1\ 100\ ℃$,高温抗氧化性能好,最低溶化点高达 $1\ 390\ ℃$,但缺口敏感性差,可取代镍基高温合金铸件,采用无余量精密铸造工艺制造喷管调节片和密封片(见图 6.59)。例如:F404 发动机收扩喷管的铸造调节片采用的就是这种材料。

(a) 调节片   (b) 密封片

图 6.59 Ni_3Al 收敛调节片和密封片

6.6.2 连续纤维增强陶瓷基复合材料及其工艺应用技术

连续纤维增强陶瓷基复合材料密度较小,耐高温能力好,具有高比强度、高比模量、优良的抗破损能力和耐腐蚀能力,尤其是具有较高的高温强度和高温稳定性,被认为是未来发动机热端部件理想的替代材料,可以降低 $15\%\sim25\%$ 的冷却空气流量,有利于提高发动机的性能;不足之处是硬度高,脆性大,在切削力的作用下容易产生毛刺、分层、撕裂、崩边等损伤,影响加工质量甚至导致零件报废,加工工艺性差。

目前研究较多的是连续非氧化物纤维增强碳化硅基复合材料，主要有碳纤维增强碳化硅基复合材料（简称 C_f/SiC 复合材料）和碳化硅纤维增强碳化硅基复合材料（简称 SiC_f/SiC 复合材料）两种；其次是氧化物纤维增强氧化物基复合材料（简称 O_x/O_x 复合材料）。

① C_f/SiC 复合材料的密度为 $1.8\sim2.1\ g/cm^3$，碳纤维 600 ℃开始氧化。碳纤维的高温易氧化的特性使其对裂纹十分敏感，为此 C_f/SiC 复合材料需要使用隔热涂层或保护性陶瓷涂层。C_f/SiC 复合材料主要应用于有限寿命领域的导弹和火箭上，在长寿命领域的航空发动机上也开展了包括调节片、密封片在内的挂片试车验证、整机试车和飞行试验在内的应用研究和试验验证工作。例如：GE 公司与 Goodrich 公司合作为 F414 发动机研制了 C_f/SiC 复合材料扩张调节片和扩张密封片（见图 6.60），并进行了整机试车和飞行试验；SNECMA 公司与 SEP 公司合作研制出 C_f/SiC 复合材料，于 1996 年将该材料成功地应用在 M88‐2 发动机喷管外调节片（见图 6.61）上。为解决高温条件下暴露出的碳纤维和碳化硅基体由于氧化损伤所造成的寿命较短的问题，SNECMA 公司开发了采用自愈合技术的新一代 C_f/SiC 复合材料，并在 M88‐2E4 发动机上成功地完成了喷管收敛调节片试验。采用自愈合技术的 C_f/SiC 复合材料具有在高温、应力、氧化环境下自行生成玻璃相封填孔隙和裂纹的功能，可阻止氧化介质扩散至内部。

图 6.60　F414 的 C_f/SiC 复合材料
扩张调节片和扩张密封片

图 6.61　M88‐2 的 C_f/SiC
复合材料外调节片

② SiC_f/SiC 复合材料的密度为 $2.4\sim2.6\ g/cm^3$，碳化硅纤维 1 000 ℃才开始氧化，碳化硅基体表面在高温干燥环境中会生成致密稳定的 SiO_2 薄膜作为保护层，可阻止进一步被氧化，所以 SiC_f/SiC 复合材料在 1 500～1 600 ℃的富氧环境中仍能保持良好的抗氧化性。与 C_f/SiC 复合材料相比，SiC_f/SiC 复合材料不仅具有更高的力学性能、更长的高温使用寿命，而且具有较高的氧化稳定性，但仍然需要隔热涂层或保护性陶瓷涂层。目前 SiC_f/SiC 复合材料已在航空发动机上得到试用或应用，其中在喷管上主要用于调节片和密封片。例如：SNECMA 公司与 SEP 公司合作研制出了 SiC_f/SiC 复合材料收敛调节片，并在 M53 发动机上进行了试车验证；国内先后完

成了 SiC_f/SiC 复合材料收敛调节片、收敛密封片、扩张密封片的制造。

③ O_x/O_x 复合材料具有天然的抗氧化优势,可以克服非氧化物纤维增强的陶瓷基复合材料高温抗氧化能力不足的问题,不必使用隔热涂层或保护性陶瓷涂层,从而大大简化加工工艺,降低研制和使用费用,是一种很有发展前途的新型耐高温抗氧化材料。其中,国内外研究最多的是连续氧化铝纤维增强的氧化铝基复合材料(即 Al_2O_{3f}/Al_2O_3 复合材料)。该复合材料具有优异的耐高温、抗氧化、耐腐蚀等性能,强度超过 350 MPa;缺点是力学性能(特别是抗高温蠕变性)差,密度相对较高。与 SiC_f/SiC 复合材料相比,该复合材料制备周期短,只需 2 个月,而 SiC_f/SiC 复合材料约为 4 个月;高温长时间氧化后,强度保留率相对较高;价格低,仅为后者的一半左右。国外已在航空发动机喷管的部分结构件上开展了该材料的应用研究,例如:波音公司、RR 公司等 4 家公司采用该材料联合研制了民用大涵道比发动机的喷管筒体和尾锥,并于 2014 年 10 月试飞(见图 6.62)。Al_2O_{3f}/Al_2O_3 复合材料在收扩喷管上有可能用于隔热屏、调节片和密封片。

图 6.62　Al_2O_{3f}/Al_2O_3 复合材料喷管筒体和尾锥及试飞现场

经过几十年的发展,连续纤维增强陶瓷基复合材料的制备工艺已经趋于成熟,部分技术成果已在包括喷管在内的航空发动机热端部件上应用,这些工艺主要包括化学气相渗透(Chemical Vapor Infiltration,CVI)、聚合物浸渍裂解(Polymer Infiltration and Pyrolysis process,PIP)、熔体浸渗(Melt Infiltration,MI)等。此外,该材料结构件的制备工艺成型能力相对较差,在保证外形结构和连接结构与金属结构件一致的前提下,全陶瓷结构实现较困难。为此,可采用机械紧固件法或胶合法实现自身的连接或与金属材料的连接,有时这两种方法可以组合使用。

6.6.3　聚酰亚胺树脂基复合材料及其工艺应用技术

聚酰亚胺树脂基复合材料是树脂基复合材料中耐温能力最高的一种,可耐中等工作温度并具有优异的热稳定性,目前使用最广泛的 PMR15 聚酰亚胺树脂基复合材料在 288～316 ℃范围内可使用 1 000～10 000 h。这种复合材料的优点是密度低(1.5～1.6 g/cm³),强度高,耐化学腐蚀,具有良好的抗疲劳性、减振性、破损安全性,可设计性强,可以制造大型整体结构件,在航空发动机上已得到较多的应用;在喷管上主要用于结构简单、工作温度较低的外调节片,以替代常用的不锈钢和钛合金,达到减轻质量的目的。此外,其也有用于喷管筒体和调节环的可能。例如:PW 公司于 1976 年开始尝试研制聚酰亚胺树脂基复合材料喷管外调节片(见图 6.63),并在 F-15 飞机/F100 发动机上成功地进行了地面试验和飞行试验,使外调节片质量减少 22%。经过多年的验证和发展,碳纤维增强的 PMR15 聚酰亚胺树脂基复合材料喷管外调节片于 20 世纪 90 年代应用到了 F100-PW-229 发动机上。目前聚酰亚胺树脂基复合材料的生产工艺主要是预浸料-热压罐成型工艺,国内外正在发展更为先进的生产工艺,例如:采用缝合预形或三维编织预形增强体的树脂转移模塑成型、树脂膜渗透成型、真空辅助树脂渗透成型、树脂膜熔浸法、预浸纤维束自动铺放、电子束固化及膜片成型等工艺。此外,在聚酰亚胺树脂基复合材料结构件制造中广泛采用金属件预埋技术,通过把金属连接件经电子束"毛化"后,与复合材料共固化成型,可以提高承载能力、提高连接效率、减轻结构质量,可以充分发挥复合材料的整体性能,避免传统的机械连接制孔带来的应力集中和纤维断裂的问题。

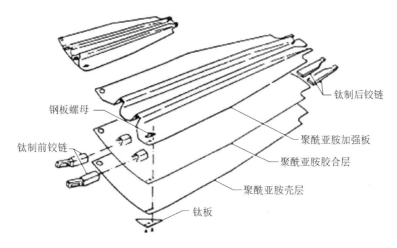

图 6.63　F100 发动机树脂基复合材料外调节片结构示意图

6.6.4　金属材料的增材制造技术

增材制造技术(俗称 3D 打印技术)是 20 世纪 90 年代中期发展起来的一项先进实体成型技术,该技术以全新的"离散＋堆积"成型思想为基础,根据三维计算机辅助设计(CAD)数据由计算机控制将材料逐层叠加来制造实体结构件,是一种"变革性"的低成本、短周期、高性能、"控形/控性"一体化、绿色、数字制造的技术,可实现设计引导制造、功能性优先设计和最优化设计,大大提升了结构件设计的自由度,是对传统制造工艺的一种全新补充和完善,为工业制造提供了一条新的技术途径。目前,在航空发动机中应用的主要是金属材料的增材制造技术,该技术在大型整体结构、复杂结构、薄壁类结构以及小批量多品种结构件的设计、制造等方面具有无可比拟的先天优势。金属材料的增材制造成型方法主要有激光选区熔化(SLM 铺粉式)、激光熔积成型(LDM 送粉式)、电弧送丝、粉末层喷头打印、电子束熔化等工艺,其中用于航空发动机的主要是前两种方法。在喷管研制中,金属材料的增材制造技术可用于 4 个方面:一是可用于大型整体结构、复杂结构、薄壁类结构件的制造加工,以取代铸造、锻造等传统工艺,例如:可用于制造调节片、密封片,以及种类多、外形结构复杂、非配合表面多的支架/接头类结构件;二是可用于提高结构件集成度的创新设计,引领革新,例如:对采用圆弧凸轮运动机构调节 A_8 的收扩喷管而言,收敛调节片(见图 6.64)一般由调节片底板、骨架以及二者的连接件组成,采用基于增材制造技术设计和制造方法则可以将其简化为一个结构件;三是可用于研发过程中的一些结构件的单件试制或小批量生产,实现快速反应、快速验证及定制生产;四是可用于调节片、密封片等高温合金精密铸件裂纹的修复。

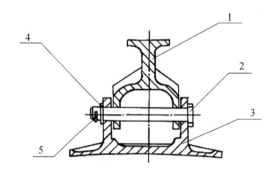

1—调节片骨架;2—销轴;3—调节片底板;4—垫圈;5—开口销

图 6.64　收敛调节片组成示意图

| 参考文献 |

[1] 刘永泉. 国外战斗机发动机的发展与研究. 北京:航空工业出版社,2016.

[2] 方昌德. 世界航空发动机手册. 北京:航空工业出版社,1996.

[3] 陈光,洪杰,马艳红. 航空燃气涡轮发动机结构. 北京:北京航空航天大学出版社,2010.

[4] 刘大响. 航空发动机设计手册:第 7 册. 北京:航空工业出版社,2000.

[5] Иноземцев А А, Сандрацкий В Л. Газотурбинные двигатели. Пермь: ОАО Авиадвигатель, 2006.

[6] Catt J A, Welterlen T J, Reno J M. Decreasing F-16 nozzle drag using computational fluid dynamics. AIAA 93-2572,1993.

[7] 方宝瑞.飞机气动布局设计. 北京:航空工业出版社,1997.

[8] 王占学,黄杰,唐狄毅.喷管/飞行器后体一体化数值模拟. 西北工业大学学报,

2000,18(4)：587-590.

[9] 徐嘉,蔡晋生,段焰辉.轴对称喷气式飞机后体减阻优化设计.航空工程进展,
2010,1(4)：356-360.

[10] 任超奇,王强,胡海洋.收-扩喷管与飞行器后体的一体化气动优化设计.航空
动力学报,2014,29(10)：2294-2302.

[11] 额日其太,王强,吴寿生,等.喷管超音段壁面排气引射冷却方案气动特性研究.
航空动力学报,2001,16(4)：376-380.

[12] 龚正真,马淑德.航空发动机可调喷管蜗杆型机械同步系统研究.航空发动机,
1986(3):36-42.

[13] 刘大响,陈光,等.航空发动机——飞机的心脏.北京:航空工业出版社,2003.

[14] Фомин A. Отклонение вектора тяги дает Миг－29м принципиально
новыевозможности. Взлет, 2005(8-9)：11-23.

[15] Bursey R, Dickinson R. Flight test results of the F-15 SMTD thrust vectoring/
thrust reversing exhaust nozzle, AIAA 90-1906, 1990.

[16] 梁春华,靳宝林,李雨桐.球形收敛调节片推力矢量喷管的发展.航空发动机,
2002(3)：55-58.

[17] Gutierrez J L, Davis C L, Hawkes T M. First full-scale engine evaluation of
an IHPTET exhaust nozzle technology demonstrator. AIAA 95-2747, 1995.

[18] 吉洪湖.飞发一体化设计中的发动机隐身问题.航空动力,2018(2)：67-71.

[19] 郭懋.先进概念战斗机气动性能飞发一体化初步研究.南京：南京航空航天大
学,2013.

[20] 何谦,王巍巍.俄罗斯第五代军用航空发动机的演进.航空动力,2018(1)：
19-22.

[21] 张志学,王强,邵万仁.航空发动机排气系统设计.北京:科学出版社,2022.

[22] 黄全军,刘志成.飞机后向红外隐身技术应用探讨.飞机设计,2013,33(1)：
10-14.

[23] 王殿磊.二元收扩喷管几何参数对气动与红外隐身特性影响数值研究.南京：
南京航空航天大学,2012.

[24] 张津,洪杰 陈光.现代航空发动机技术与发展.北京:北京航空航天大学出版
社,2016.

[25] 孙啸林.低可探测 S 弯喷管设计及性能评估方法研究.西安：西北工业大
学,2018.

[26] 梁春华.F135 推进系统的最新进展.航空发动机,2007,33(4).

[27] 尚守堂,张青藩.波反射激励效应抑制超声速射流红外辐射的试验研究.航空
发动机,2001(3)：25-28.

第 7 章
控制系统

航空发动机控制系统的作用是保证发动机在其工作包线范围内,在任何稳态/过渡状态下,根据油门杆指令和干扰信号,通过控制器改变可控变量(如燃油供油量、尾喷口面积等),以保证发动机被控量(如转速、压比等)按预定的控制规律变化,使发动机能够稳定、安全、可靠地工作,并充分发挥、不断优化其性能。航空发动机控制系统由对象(发动机)、反馈发动机状态和系统内外部信息的感受部分,对感受到的信息进行逻辑判断和控制运算及所需处理的运算部分,把运算结果以各种形式施加给控制对象的作动部分,以及在它们之间传递和输送信息的机械、电缆、光缆和管路部分等组成。在控制系统的设计与研制过程中,在各种工作状态及飞行条件下,既要保证发动机各主要参数不超出允许的安全极限,又要求最大限度地发挥发动机的性能,满足飞机的要求。控制系统最大的技术特点在于复杂性,系统的复杂性体现在功能复杂、结构复杂、接口复杂,其控制变量和采集变量的数量随着技术的进步呈现越来越多的趋势。在技术领域方面控制系统横跨机械、电子、控制、通信、计算机、测试等多个学科技术领域,是发动机的大脑、心脏和神经系统。本章在分布式控制系统、飞推综合控制、多变量控制、故障诊断、热管理、执行机构、采集系统、点火系统和数字电子控制器等方面进行介绍,为从事先进控制系统设计的人员提供技术参考。

7.1 控制系统的发展历史与发展趋势

航空发动机需要满足飞机在不同的飞行阶段对推力控制的要求,即发动机不同的状态需提供不同的推力,通过控制进入燃烧室的燃油流量和各几何面积的大小实现不同的控制计划。研制的初期,由于飞机的飞行速度不高,发动机推力不大,这时应根据测量的发动机出口压力调节燃油流量,保持发动机转速基本不变的开环控制方案。到了 20 世纪 50 年代初,随着发动机性能要求的提高及经典控制理论的发展,闭环反馈控制原理被成功地应用于发动机转速控制当中。闭环控制系统的控制精度和动态特性都得到了很大的改善,发动机的性能有了较大的提高。这种闭环控制系统较好地解决了单输入-单输出控制系统的设计问题,从而广泛地应用于发动机控制系统当中。60 年代以来发展的现代控制理论为多变量控制系统设计奠定了理论基础,并且很快在发动机控制系统的设计中得到了应用。

随着发动机设计制造技术水平的不断提高,对发动机控制系统功能和性能的要求也不断提高,发动机控制水平也不断发展,主要包括:由最初单纯控制燃油流量的单变量控制发展为控制燃油流量、可变几何角度(面积)、矢量推力等参数的多变量控制;由机械液压式控制发展为全权限数字电子式控制;由飞机、发动机独立控制发展为飞机/发动机一体化控制。

自 20 世纪 70 年代以来,随着飞机对发动机性能要求的不断提高以及科学技术的进步,尤其是电子技术的迅速发展和现代控制理论的日趋完善,发动机控制系统经历了从液压机械式控制系统,到液压机械-电子监控型控制系统的过渡,采用数字式电子控制器来完成控制系统所规定的全部任务,液压机械装置仅仅是它的执行机构,全权限数字式电子控制系统(Full Authority Digital Electronics Control,FADEC)是航空发动机控制系统为适应当今飞机发动机高水平综合控制发展的必然结果。随着战斗机发动机综合性能的不断提高和现代控制技术的飞速发展,FADEC 已经成为国内外第 4 代战斗机发动机的标准控制技术。先进航空发动机设计在军、民用方面均采用全权限数字式电子控制系统。本节对航空发动机控制系统现状、技术特点以及未来发展趋势等方面进行介绍。

7.1.1　发动机控制系统发展现状和水平

航空发动机问世初期,控制系统完全采用液压机械式控制系统。液压机械控制具有功率大、动作迅速、控制简单、位置精度高、抗干扰能力强、稳定性好等优点。随着航空技术的发展,机械液压控制系统已经能够实现较复杂的控制规律并具有较高的计算精度。以俄罗斯为代表的机械液压式控制系统在 20 世纪 80 年代发展到顶峰,但是随着发动机技术指标的不断提高,机械液压式控制系统已经很难满足发动机对控制系统功能和性能不断提高的要求。数字电子技术和计算机技术的发展促使发动机控制方式由机械液压式控制向全权限数字电子式控制不断发展。

20 世纪 80 年代末到 90 年代初,为了满足第 4 代战斗机的超声速巡航、过失速机动、隐身性能、短距起飞、垂直着陆、低寿命期费用和高可靠性等要求,对航空发动机提出了高推重比、低耗油率、无约束操纵能力、高可靠性、较长寿命和较低费用等指标,美国、英国、法国等航空发动机技术先进的国家设计并研制的 F119、F135、F136、EJ200、M88 等第 4 代战斗机发动机,采用了较多的先进控制理念和技术,获得了良好的性能、较低的耗油量、更高的可靠性、更好的维护和保障特性。其发展历程及各阶段的技术特点如图 7.1 所示。

国外早在 20 世纪 70 年代就已经开始了 FADEC 系统的研究,并已大量装备发

F119、F135、F136、
EJ200等发动机控制系统

第3代发动机控制系统

F100、F110、
F404/F414、
AL31F等发动机
控制系统

单变量控制

机械液压控制

飞机、发动机独立控制

J79、TF30、
Spey MK202
等发动机控制
系统

J57、BK-1、
PD-96等涡喷
发动机控制系统

第2代发动机控制系统

第1代发动机控制系统

第4代发动机控制系统

多变量控制

全权限数字电子控制

飞/推一体综合化控制

图 7.1　国外航空控制系统发展概况

动机,如表 7.1 所列。

表 7.1　国外全权限数字电子控制器一览表

国　　家	控制器	发动机	飞　机	研制进展
美国	EEC90	F100	F15S,F16S	1970 年开始研制; 1972 年第一批装机
	EEC106	F100 - PW - 220S PW1120	F15S,F16S,F - 4	1981 年研制; 1983 年进入飞行试验评价; 1984 年服役; 1985 年批量生产
	FADEC404	F404 - GE - 400D	F18	1987 年正式装备。 研制阶段:1976 年 8 月—1977 年 8 月, 1978 年—1980 年,共 5 年
	EEC104	PW2037	B757S	1983 年获飞行试航证; 1985 年投入航线使用
	EEC131	PW4000	A310	1987 年投入航线使用
	EEC150	V2500	A320	1989 年 5 月投入航线使用
	FADEC	F119	F22	2002 年美国空军验收合格; 2005 年批量生产
	FADEC	F135/F136	F35	2006 年美国空军验收合格; 2008 年开始小批量生产

国 家	控制器	发动机	飞 机	研制进展
英国	—	Pegasus （飞马）	Harrier GR-5（鹞式）	研制：1980—1983 年 投产：1983 年
	—	RB211-524	B747,B767	已投入航线使用
	DECU500	RB199	Tornado F·3	1976 年获合格证书
德国	DECU2000	—	Tornado F·3MK104	
法国	RENPAR		"幻影"2000	1986 年底完成台架试验
	SYREN	M53-P2	"幻影"2000	1981 年模拟式； 1985 年数字化； 1985 年批量生产
	FADEC	M88-2	"阵风"战斗机	1997 年投入使用
俄罗斯	FADEC	РД33	МГ-29	1976 年交付使用； 1981 年投入大批量生产
	CAY-90	Д90	图 204、 伊尔-96-300	已投入使用
	ACS-235S	AL-31F 改进型		已完成试飞验证
西班牙	FADEC	EJ200	欧洲 2000	20 世纪 90 年代末装机,为欧洲 4 国联合研制
日本	HIFEC	FJR710	"飞鸟"短距 起落运输机	1976 年获合格证书

7.1.2 全权限数字式电子控制系统的技术特点

1. 采用 FADEC,提高发动机的性能和可靠性

FADEC 在改善发动机工作稳定性、增大发动机推力、缩短加速时间、降低油耗、扩大点火范围、改善空中点火性能及放宽对加力燃烧室的工作限制等对提高发动机性能和可靠性、降低发动机维护和保障费用等方面优势突出,已经成为 EJ200、M88-2、F119 及 F135 发动机等第 4 代战斗机发动机的标准控制技术。

2. 采用容错控制技术,提高发动机可靠性和可维护性

容错控制技术是指在某些部件发生故障的情况下,系统仍能按原定性能或性能略有降低而安全地完成控制任务的技术。利用现代计算机强大的计算能力、逻辑判断能力和决策能力实现的容错控制技术在第 4 代战斗机发动机中得到普遍应用,并

取得了良好的效果。

（1）余度技术

余度技术是指同时设计几个控制通道，当其中的 1 个控制通道出现故障时，由其他的控制通道投入工作完成控制功能的技术。战斗机发动机控制系统采用多余度技术，在基本可靠性不变的前提下，可以提高可靠性。EJ200 和 M88 发动机的控制系统采用了双余度 FADEC，而 F119 和 F135 发动机则采用了双-双余度设计的 FA-DEC，都获得了必要的余度控制，大大提高了可靠性。此外，F119 发动机的部分传感器和作动装置也采用了余度设计，进一步提高了可靠性。

（2）重构技术

重构技术是指在多个硬件通道的多余度控制系统中，在多通道都有元件发生故障时，仍能将各通道的无故障元件重新组合起来构成一个新的控制通道，完成控制系统功能的技术。这能够进一步提高多余度控制系统的可靠性。M88-2 发动机控制系统就采用了这一技术。该控制系统可以在任何时间都能够在避开失效部件的同时很好地配置整个系统。在非冗余特征件出现故障或者 2 个 DECU（数字电子控制单元）都出现问题时，采用重构技术仍能使发动机保持最优的性能。

（3）内建自测试技术

内建自测试（BIT）技术是指在电子设备内部集成了对其自身故障进行自动检测并能向外报告故障状态的技术。F119、EJ200 等第 4 代战斗机发动机控制系统无一例外地采用初始 BIT 和连续 BIT 技术。初始 BIT 是在发动机工作前后按维护数据控制板的要求完成对硬件故障的探测；而连续 BIT 是在发动机工作期间完成对系统故障的判定和定位。BIT 技术集成在发动机数字控制器上。它负责传感器、电缆、输入通道、中央处理模块、输出通道、执行机构等部件的故障检测和定位，并为操作人员提供容错控制和故障指示与维护信息，从而大大提高故障诊断系统的能力，减少维护和保障费用。

3. 采用故障诊断与隔离技术，提高可靠性和可维护性

随着状态监控技术的不断完善，监控已经从有限监控发展到综合监控，从半自动监控发展到全自动监控，从独立监控发展到战斗机/发动机综合监控，并已经成为现代第 4 代战斗机发动机控制系统的基本特征。在第 4 代战斗机发动机中，M88-2 发动机控制器具有很强的维护和保障功能，EJ200 发动机采用状态监控系统，F119 发动机采用综合的诊断与健康管理技术，而 F135 发动机则采用带有燃气流路健康分析的机上预诊和健康管理技术，已经实现了视情维护，使发动机甚至战斗机的可利用性明显改善，可靠性大大提高，飞行时间明显延长。

4. 采用多变量控制，提高发动机的控制功能

随着发动机性能的提高和功能的增加，控制系统的受控变量不断增多。目前，多

变量控制系统仍采用变参数 PI 控制方法。尽管控制器的 PI 参数可变,在一定程度上能够适应飞行环境和发动机状态的变化,但是该方法本质上还是经典的 PI 控制,存在着各控制回路间的耦合与相互影响问题。因而,人们尝试开发并验证了先进的多变量控制方法。多变量控制方法在美国从 20 世纪 70 年代初就逐步发展成熟,经过在 J85、F100 等发动机上的成功验证后,于 20 世纪 90 年代后期已经应用到 PW 公司研制的 F135 发动机 FADEC 控制规律上,实现了升力风扇/滚转控制/飞机控制一体化,在 F35/F135 系统上进行了飞行验证。为此,F135 发动机也成为了第 1 种采用多变量控制的发动机。

5. 采用先进的数字计算机,提高电子控制装置的性能

随着计算机技术的飞速发展,战斗机发动机控制系统处理器也得到了快速发展。图 7.2 展示了 PW 公司军、民用发动机处理器的发展过程。加之战斗机发动机综合能力的提高,战斗机发动机的数字式控制系统的性能也得到了不断提高。第 4 代战斗机发动机的控制功能已经明显增多,如 M88 - 2 发动机控制器的功能数量由"阿塔"9C 的 6 个增加到 11 个。F119 发动机因增加推力矢量喷管等,其控制功能较前两代 FADEC 几乎增加了 1 倍,达到 16～22 个。输入/输出量几乎增加 3 倍,达到了 130/58 个。

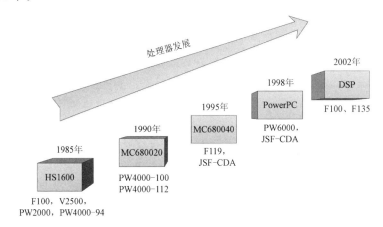

图 7.2 PW 公司航空发动机 FADEC 处理器的发展

6. 采用综合控制技术,提高整个战斗机系统的性能

飞行控制系统与发动机控制系统是战斗机系统的 2 个重要系统。随着战斗机性能的提高,这 2 个系统的关联作用日益增强,特别是推力矢量喷管的出现,发动机代替了部分飞行控制系统的功能,直接参与了飞行控制。因而,采用飞行/发动机综合控制,充分考虑和利用这 2 个系统的交联耦合作用或 2 个系统的信息,实现整个战斗机系统性能最优的控制,已经成为一种趋势。F119 发动机采用了包括推力矢量综合

控制的飞行/发动机综合控制,而由其衍生的 F135 发动机采用了包括升力风扇/主推进系统/滚转姿态的转换的多变量飞行/推进综合控制,都收到了提高战斗机作战性能和减轻飞行员工作负荷等效果。

7.1.3 未来航空发动机控制系统的发展趋势

发动机的工作包线涵盖的飞行高度下至海平面以下,上至数万英尺高空。在飞机从起飞到超声速飞行的过程中,随着飞行速度的变化,发动机参数也会随着速度改变,使发动机进口温度、进口压力和出口压力同时发生变化。除了发动机本身特性的复杂性外,大范围变化的工作条件、不断提高的推力控制精度和工作可靠性的要求,都对发动机控制提出了巨大的挑战。

未来航空发动机控制系统将向主动控制、多变量自适应控制、分布式控制、飞推综合控制和减轻控制系统质量的方向发展,将发展机载实时发动机模型,采用先进的控制逻辑、故障诊断逻辑和热管理技术,且发动机健康监视系统将与发动机控制系统实现更好的融合。通过采用电动燃油泵、作动器系统和先进的电子硬件,提高 FA-DEC 系统硬件的可靠性;通过采用先进的控制逻辑和设计方法,并与飞控、火控系统等相综合,以获得更好的系统性能和控制品质;同时,控制系统的寿命可进一步提高,以降低系统的研制和使用成本。随着微电子、微机电及控制技术的发展,航空发动机控制系统将继续朝小型化、综合化、高性能、高可靠性和低成本的方向发展,以满足先进航空发动机的要求。

小型化:通过采用先进器件、轻质材料、新工艺和先进系统构成(分布式、光纤、电驱动泵)大幅度减轻控制系统的质量和减小体积,使系统的质量减轻 50%。

综合化:采用高密度超高速集成电路及并行技术,提高系统的处理和存储能力,实现动力控制、状态监视、健康管理综合,进而实现飞行/推进综合控制。

高性能:以不断增强的 ECU 能力为依托,通过研究先进的进气道、发动机、矢量喷管的控制模态和逻辑,采用先进的控制理论和综合控制提高动力装置的性能。将发展机载实时发动机模型,采用先进的控制逻辑和设计方法,且发动机健康监视系统将与发动机控制系统实现更好的融合,并随发动机技术的发展,增加新的控制功能,如闭环叶尖间隙控制、风扇和压气机失速及喘振主动控制、燃烧室出口温度场主动控制、振动的主动控制和电磁轴承乃至全电发动机控制等,使发动机推力增加 10%、耗油率降低 5%。

高可靠性:把控制器安装在远离发动机的地方;采用分布式系统降低控制系统的复杂性,提高可靠性;采用砷化镓和碳化硅微电子器件制造 ECU 和智能传感器,采用复合材料制造油泵和计量部件,提高系统的耐高温、耐振动和抗电磁干扰能力,使耐温能力达 220 ℃。

低成本:通过采用新材料、新工艺和模块化设计简化结构,采用民用货架元器件产品,改善维修性,使系统采购和维修成本降低 50%~60%。

│7.2　分布式控制技术│

目前国内外航空动力控制普遍采用全权限数字式电子控制系统,简称 FADEC 系统,这是一种集中式控制系统。FADEC 系统中的传感器和执行机构通过导线汇聚到电子控制器,配线和接插件数量较多,连线复杂。导线传输的信号大多为模拟量信号,信号传输过程中极易受到干扰,降低了控制系统的可靠性。电子控制器完成发动机的全部控制功能,包括输入信号的采集和处理、执行控制规律和算法、控制信号输出以及完成数据通信和故障诊断等。航空发动机控制变量的增多和先进的控制规律和算法的应用,使得电子控制器的负担越来越重,系统越来越复杂,体积和质量逐渐增大,严重制约了 FADEC 系统的发展。

分布式控制系统又称集散控制系统,采用分布式控制技术,其基本思想是分散控制、集中操作、分级管理。它最初用于满足工业现场复杂的过程控制,目前分布式控制系统在民用工业控制领域已获得广泛成熟的应用。

本节介绍航空发动机分布式控制系统的特点和研制历程,以及分布式控制系统典型技术。

7.2.1　分布式控制系统的特点和研制历程

集中式控制系统和分布式控制系统结构对比如图 7.3 所示,集中式控制系统中的电子控制器在分布式控制系统中被称为中央控制器;分布式控制系统中传感器和执行机构与中央控制器不再采用硬线连接,而是通过数据总线连接。传感器和执行机构内部集成微处理器,使传感器和执行机构具有智能功能,能够独立完成信号的采

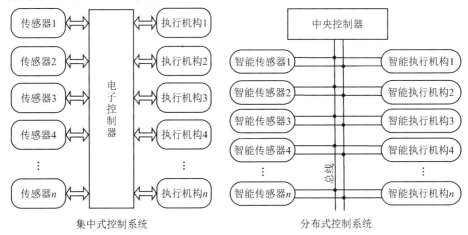

图 7.3　集中式和分布式两种控制系统结构对比

集和处理、自检、故障诊断等功能,这样可以有效地减轻中央控制器的负担,使得中央控制器有更多的资源完成先进的控制规律和算法,以及发动机实时在线模型的应用等。

分布式控制系统可减少机上引线和接插件数量,减轻控制系统的质量,提高发动机的推重比;通过各节点(智能装置)的自检,能够快速进行故障定位,缩短维修时间,降低维修成本;重要节点和总线采用余度设计,提高控制系统的可靠性;采用通用模板和标准接口,节点更换更具灵活性,便于控制系统的维修和升级;采用分层结构,中央控制器实现高级控制功能,智能装置实现低级控制功能,中央控制器有足够的资源完成先进的控制规律和算法,提高发动机性能;在满足发动机控制的同时,能够与发动机状态监视系统、飞机控制系统、火控系统相综合,通过数据总线,实现数据共享,达到动力装置与飞机各系统综合控制的目的。

美国和欧洲的航空技术先进国家对分布式控制系统的研究起步较早,自20世纪80年代末便开始对分布式控制系统关键技术进行研究,并取得了一定进展。在分布式控制系统中有相当一部分智能装置需要在极高的环境温度下工作,传统的军用硅半导体器件不能满足环境温度的要求,严重制约了分布式控制系统的应用和发展。20世纪90年代,美国为了解决耐高温电子装置的应用问题,专门由美国空军研究室牵头成立美国高温电子委员会,启动高温电子元器件计划。进入21世纪,美国空军在可控压比发动机项目(COPE)中成功验证了分布式控制系统的可行性。2007年成立了发动机分布式控制系统工作组,对分布式控制系统的结构进行优化设计,探讨分布式控制系统代替传统集中式FADEC系统的可行性。

7.2.2 分布式控制系统典型技术

分布式控制系统的关键部件就是智能传感器和智能执行机构,要想使传感器和执行机构具有智能功能,需要将CPU和处理电路集成到传感器和执行机构内部。航空发动机控制系统中有些传感器和执行机构工作的环境温度远高于目前军用级的电子元器件的最高工作温度125 ℃,目前部分高温环境下的传感器和执行机构暂时还不能智能化。因此在技术方案上可以选择部分分布式控制方案,待高温半导体元器件技术取得突破后,发动机使用的传感器和执行机构将全部智能化组成完全分布式控制系统方案。

分布式控制技术包括分布式控制系统总体架构、中央控制器、系统总线、电源总线、智能传感器设计和智能执行机构等方面。

1. 总体方案架构技术

部分分布式控制系统是将集中式控制系统功能分散,将控制功能相对独立的发动机部件组成智能控制模块,如图7.4所示。各智能模块工作在环境温度允许的条件下,独立完成控制功能,所需传感器和执行机构直接与智能模块点对点连接,通过总线与中央控制器连接起来,中央控制器通过专用网络与飞机连接,接收飞机指令,使发动机在全包线范围内稳定可靠地工作。

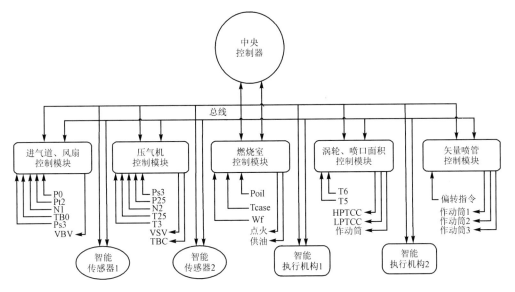

图 7.4　部分分布式控制系统原理框图

在部分分布式控制系统方案中,工作环境温度较低,满足军用电子元器件环境温度要求的传感器和执行机构可以设计成智能传感器和智能执行机构,通过总线与中央控制器或智能模块连接,独立完成数据采集、处理以及控制功能,无需中央控制器干预,验证分布式控制算法的可行性和可靠性。

通过部分分布式控制系统的验证并且待高温半导体元器件的应用技术取得突破后,可以进行完全分布式控制系统试验验证工作。完全分布式控制系统所有的传感器和执行机构都是智能的,通过总线与中央控制器相连。中央控制器只完成高级控制功能,如余度管理、控制规律和控制算法的执行等,中央控制器可以处于网络的任何位置。完全分布式控制系统中,发动机控制系统在功能上被划分为若干个功能独立的控制子系统,每个子系统都具有独立的控制器,完成自身调节规律和变量控制。每个子系统都有一定数量的智能传感器通过网络提供数据,经子系统控制单元处理后,向总线发出相应的动作命令,智能执行机构接到命令后完成开环或闭环控制功能。分布式控制系统可以通过网关与飞机网络系统相链接,由中央控制器与飞机系统交换数据。完全分布式控制系统原理框图如图 7.5 所示。

2. 中央控制器

部分分布式控制系统包含一定数量的智能控制模块、智能传感器和智能执行机构,它分担了中央控制器的一部分任务,中央控制器输入/输出通道相应减少,软硬件资源都能够有效地释放,使得中央控制器有足够的资源完成高级控制功能。考虑到

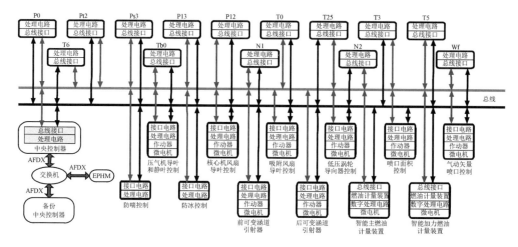

图 7.5 完全分布式控制系统原理框图

分布式控制系统的可靠性,中央控制器和总线还是应该采用双余度设计。借鉴现有国内外 FADEC 系统方案,可以考虑采用三机箱结构,即双余度的电子控制器和健康管理系统(EHPM)各自安装在独立的机箱内,三个机箱通过高速总线交换数据,采用此结构将大大提高战时控制系统的可靠性。

完全分布式控制系统中所有的传感器和执行机构都是智能的,传感器的数据采集处理由智能传感器独自完成,控制回路的闭环调节由执行机构和功能模块自动完成,中央控制器只执行余度管理、控制规律和控制算法等高级功能。由于输入信号的调理和输出信号的驱动全部由智能装置独自完成,因此可以大大简化中央控制器的结构设计,使中央控制器的大部分资源用于执行高级控制功能,如发动机在线实时发动机模型和部件模型的应用等。

3. 系统总线

总线技术是分布式控制系统的关键技术,因分布式控制系统就是要将物理位置和功能相互独立的各个智能模块通过总线连接起来,保持数据的共享,因此总线的可靠性关系到分布式控制系统的可靠性和集成度。目前航空领域普遍使用的通信总线主要有 1553B、ARINC429、IEEE1394、TTP/C、航空以太网 AFDX 等,工业用分布式控制系统采用的总线多为控制器局域网 CAN。ARINC429 和 IEEE1394 都是采用无主机结构点对点通信方式,不适合组建大中型网络,1553B 支持的确节点数最多为 31 个,并且网络拓扑结构为主从式,一旦主机出现故障,整个网络将瘫痪。作为航空控制总线,需要支持余度设计和数据传输延迟的确定性。TTP/C 和 AFDX 满足这两个条件,CAN 基础协议中对这两个条件没有规范,但 CAN 是开放性总线,其航空航天领域应用层协议支持这两个条件。由于 CAN 在工业领域应用较早,技术比较成熟,因此部分分布式控制系统方案中采用 CAN,完全分布式控制系统方案中采用

TTP/C 和 AFDX。

(1) CAN 总线

控制器局域网 CAN(Controller Area Network)是一种有效支持分布式控制的串行通信总线,它最初是由德国奔驰公司于 1983 年为汽车应用而开发的,属于现场总线(Field Bus)范畴。

CAN 的开放性允许 CAN 采用应用层协议解决航空领域的应用问题,近年来国外在 CAN 总线基础规范的基础上,开发出 CAN 总线应用于航空领域的高层协议,如 CANaerospace 和 ARINC825 协议。ARINC825 协议是在 CANaerospace 协议的基础上发展而来的,除了引入基于时间触发(TTA)的通信调度机制、支持系统冗余外,最重要的是在飞机级别上对系统级协议的多个方面进行标准化,从而使 CAN 在航空领域的应用提供有效技术支持。随着航空发动机分布式控制系统研究的深入,CAN 总线的诸多优点将被发挥出来。CAN 总线具有如下特点:

① CAN 采用多主竞发的工作方式,网络上任意节点在任意时刻遵循通信协议,主动地向网络上其他节点发送信息,不分主从;

② CAN 总线采用非破坏性总线仲裁技术,当多个节点同时向总线发送信息时,优先级较低的节点会主动地退出发送,从而大大节省了总线冲突仲裁时间;

③ 数据传输灵活,可实现点对点、一点对多点等多种数据传输方式,CAN 总线采用报文对节点编码,没有节点数量的限制,满足全分布式控制系统智能节点多的要求;

④ CAN 总线采用短帧结构,每帧信息都有 CRC 校验及其他校验措施,实时性强、可靠性高,并且当节点发生故障时自动关闭,有效地进行故障隔离,抗干扰性强;

⑤ 通信介质种类多,可采用双绞线、同轴电缆或光纤,现场安装方便,同时在不关闭总线的条件下可以增加或拆除故障节点,便于系统维护。

(2) ADFX 总线

航空全双工交换式以太网 AFDX(Avionics Full Duplex Switched Ethernet)是一种在工业以太网标准 IEEE 802.3 的基础上经过补充、修改和限定一些特殊功能而形成的适用于航空电子系统互联的确定性网络。国内已应用到军用飞机航电系统,主要用于动态图像的传输。在民机上空客 A380 和波音 B787 宽体客机上也使用。AFDX 传输数据量大、要求实时性高的数据。AFDX 主要包括终端、交换机和虚拟线路三部分,终端之间的数据传输是靠交换机完成的,它具有以下特点:

① 技术成熟、开放性好。AFDX 是在工业以太网的基础上发展起来的,开发工具丰富,费用低,采用星形拓扑结构,便于网络扩展。

② 传输速率高。AFDX 采用网络交换机来代替工业以太网中的集线器、网桥和路由器,克服了工业以太网传输链路共享造成的信道冲突,提高了传输速率。

③ 可靠性高。与工业以太网不同,AFDX 每个终端都与附近两个交换机进行双向连接,使得控制网络具有双冗余结构,提高了网络传输的可靠性;同时,采用专用航

空插件,保证了物理连接的可靠性。

④ 带宽更高。交换机为源端和目的端提供点对点连接,克服了工业以太网共享带宽的限制,交换机用存储转发方式工作,数据传输只会点对点,不会发生碰撞,大大提高了每个站点的实际带宽。

根据 AFDX 上述特点,可以应用到完全分布式控制系统中,用于双通道中央控制器、健康管理计算机与飞机相关设备及地面维护设备进行大量实时数据传输。

(3) TTP/C 总线

TTP/C(Time-Trigered Protocol/automotive class C)总线满足美国机动车工程师协会 SAE 的 C 类标准,是一种时间触发的具有高确定性、无主机、双余度、无总线冲突、多点串行、容错性好、可靠性高的总线规范,采用 TTP/C 总线可以大大简化分布式控制系统的设计。目前 TPP/C 总线已在国外宇航分布式控制领域得到广泛成熟的应用,是未来航空发动机分布式控制总线最优选择之一。

TTP/C 具有以下特点:

① 支持光纤传输,传输速率高,同步传输速率为 25 Mb/s,异步传输速率为 5 Mb/s,满足未来发动机控制系统总线高速数据传输的要求;

② 采用同步时钟,保证各节点传输延迟时间确定,并且延迟时间短,便于分布式控制系统闭环控制算法的实现;

③ 每个节点都包括一个 TTP/C 协议控制器和主机,主机和协议控制器之间通过通信网络接口 CNI(Communication Net Interface)交换数据,最多可以管理 64 个节点,节点或信道可以备份,满足分布式控制系统的可靠性要求;

④ 采用时分多路复用 TDMA(Time Division Multiple Address)的介质访问模式,在每个 TDMA 周期内各节点在预定的时间空隙内,采用固定的时间延时在总线上传输数据,避免总线冲突。

4. 电源总线

对于集中式控制系统,电源由安装在 FADEC 内部的电源模块提供,该模块占 FADEC 总体积的 25%～40%。电源模块之所以占用体积较大,是因为使用了一些保证电源品质的滤波电路和散热器等器件,这些器件是保证电源模块功率输出必不可少的。

分布式控制系统由中央控制器、智能传感器、智能执行机构等多个节点组成,每个节点都需要电源供给。如果分布式控制的每一节点都包含电源模块,则每个节点的体积和质量都将增大,违背了分布式控制降低成本的理念。比较可行的办法是采用集中式电源模块,该模块独立于中央控制器和各功能模块。该模块可不具备智能功能,只是输出各节点所需的电源功率。

由于各节点完成的功能千差万别,所需电源种类也各不相同,如果各节点所需各种电压源均由电源模块提供,则电源布线数量将增加,因此需根据电压类型进行分类。可以选定＋270 V DC 和＋28 V DC 两种电压作为电源总线,其他电源均可通过 DC/DC 变换得到。

5. 智能装置

分布式控制系统中包含一定数量的智能装置,包括智能传感器和智能执行机构,这是分布式控制系统中的关键部件。智能装置包含大量电子元器件,这些电子元器件必须同机械部件一样承受发动机相应部位恶劣的高温环境考核,现有的军用级电子元器件无法满足要求。目前工作温度达到 200 ℃的智能传感器和智能执行机构在技术上是可行的,但更高温度范围的智能装置只有依靠高温电子元器件技术取得突破后才能进行相关研究。

(1) 智能传感器

目前航空发动机控制系统相关的传感器包括转速传感器、温度传感器、压力传感器、位移传感器等。传统传感器输出信号为模拟量,而智能传感器在传统传感器输出模拟信号的基础上增加了信号调理、A/D 转换、总线控制和数据存储等电路,在 CPU 的控制下将传感器的模拟信号进行采样、滤波、非线性校正,最后转换成物理量存储在智能传感器的非易失性存储器中。当分布式控制系统中哪个节点需要该传感器数据时,该智能传感器将把存储的数据发送到总线上。智能传感器基本原理框图如图 7.6 所示。

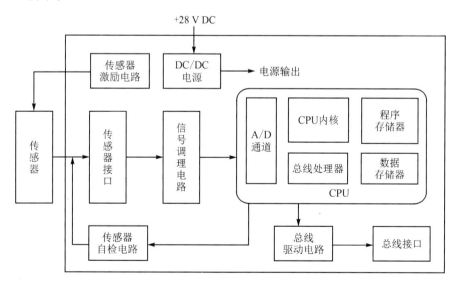

图 7.6 智能传感器基本原理框图

智能传感器与传统传感器比较具有以下特点:

① 自动补偿:通过软件对传感器的非线性、时漂、温漂、响应时间等进行自动补偿;

② 自动校准:通过软件对传感器零点和放大倍数进行在线校准,做到传感器自动标定;

③ 自动诊断:传感器可以进行上电自检和在线故障诊断,发现故障节点马上进行故障隔离;

④ 数据处理和存储:传感器可以自动进行数据处理,如数字滤波、数据统计、剔除异常数据值等,并对处理后的数据进行存储;

⑤ 数据通信:能够通过数据总线将传感器采集和处理完成的数据上传到中央控制器或其他智能节点。

为保证智能传感器产品的兼容性,实现智能传感器总线接口的标准化,IEEE 组织于 1993 制定针对网络化智能传感器的接口标准 IEEE 1451。该标准将不同生产厂家的智能传感器软硬件接口标准化,便于分布式控制系统的推广和应用。

(2) 智能执行机构

执行机构的广泛定义是一种能够提供直线或旋转运动的驱动装置,它利用某种驱动能源如气动、液压、电力等在某种控制信号作用下工作。航空发动机控制领域常用的执行机构有发动机叶片调节装置、喷口(含矢量喷口)调节装置、变循环发动机的可变涵道引射器、燃油计量装置等。这些执行装置一般采用液压作动筒、计量活门等,由电磁阀和电液伺服阀控制。传统的方法是由中央控制器控制电磁阀和电液伺服阀,以及液压作动筒或计量活门连接线位移传感器,由中央控制器完成液压作动筒或计量活门的位移闭环功能。这样的闭环控制回路在 FADEC 系统中有很多路,占用大量的中央控制器软硬件资源。智能执行机构独立完成位移闭环控制功能,这样能有效地减轻中央控制器的负担。智能执行机构的输入信号不再是传统的模拟信号或开关量信号,而是接收数字指令,连线数量少,抗干扰性强。智能执行机构具有自检和故障诊断等功能,包括执行机构的短路、断路检测等,提高了控制系统的可靠性。IEEE 1451 标准同样适用于智能执行机构。

7.3 飞推综合控制技术

传统的飞机控制系统设计和发动机控制系统设计是分别按照独立的设计原则设计的,对具体的飞行任务则需要协调飞行控制与发动机控制的指令,由飞行员按一定的顺序进行操作。现代飞机和发动机的性能越来越好,飞机与发动机的相互作用更为突出,依靠飞行员来解决各系统的交换影响,以达到综合控制的目的是不合适甚至是不可能实现的。飞机/发动机综合控制的目的就在于保证包括飞机、进气道、发动机和喷管在内的综合系统具有最佳性能和良好的稳定性,同时最大限度地减轻飞行员的负担。此外,现代作战飞机所追求的目标是具有短距起落、在大迎角过失速状态下亚声速机动飞行的能力。这需要推力矢量发动机,其矢量推力是通过改变尾喷管气流方向而获得的,这种喷管称为矢量喷管。矢量推力增加了飞机与发动机之间的强烈耦合效应,如果不加以综合控制,则会严重地影响飞机和发动机的性能和稳定性。因此推力矢量技术的出现,使推进系统直接参与了飞行控制,飞机与发动机的综合控制已是必然趋势。

飞机和发动机综合控制技术有两种技术途径:全局集中式控制和分散式控制。把飞机及动力装置作为统一的被控对象来设计一个全局的综合控制器进行控制,称全局集中式控制;利用分散设计以及分级设计的技术对飞机和动力装置分别设计控制器进行控制,称分散式控制。目前,普遍采用的是分散式控制方式。

7.3.1 几种典型的飞机/动力装置综合控制模式

1. 发动机自适应失速裕度控制模式

发动机自适应失速裕度控制模式有时也称为最大推力模式,其工作原理如图 7.7 所示。图中的飞机机体数据不仅被用来提供当前的攻角 α 及侧滑角 β,而且还能预估这些参数。用这些输入量来确定进气道畸变度 D,再根据进气道畸变及发动机当前的稳定裕度来生成发动机压比(EPR)的上调指令。上调指令再被转换成 DEEC 指令,并被发送到 DEEC,DEEC 使发动机控制变量动作而实现上调。许多由 DEEC 输出的发动机参数被用来确定剩余发动机稳定裕度,由计算得到的发动机空气流量被反馈回去以计算进气道畸变。当 α、β 变大时,发动机进口畸变增大,喘振边界下移,就及时下调 EPR,保证发动机安全工作。当 α、β 变小时,发动机进口畸变减小,喘振边界上移,就可以上调 EPR,保证发动机推力增大,充分发挥发动机的性能潜力。图 7.7 中 FTIT 为涡轮进口温度。

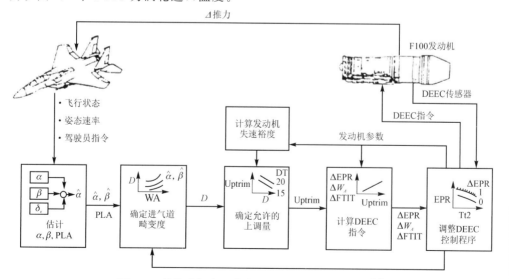

图 7.7 某发动机自适应失速裕度控制模式方块图[1]

2. 最小燃油消耗模式

在有些飞行任务段,例如巡航飞行时,不需要增加发动机推力,而要求减少燃油消耗,提高其经济性,此时可采用最小燃油消耗模式。最小燃油消耗模式是在保持净推力不变的条件下,通过控制量的控制作用,使发动机的单位耗油率最低,同时保证发动机运转安全(不超温、不超转、不喘振)。通常当飞机在巡航飞行时,发动机的喘振裕度比较大,此时可调小尾喷口面积,增大发动机增压比 EPR,可使发动机推力增大。此时,可降低燃油供油量,保持推力不变,也就降低了单位耗油率。当压气机或风扇导叶角可调时,则可调整导叶角度,此时使发动机处于效率更高的工况,便可使耗油率进一步降低。

3. 最低涡轮前温度控制模式

最低涡轮前温度控制模式是在发动机安全工作及保持推力不变的前提下,以降低涡轮出口温度为优化目标,达到延长发动机使用寿命的目的。最低涡轮前温度控制模式一般用于飞机巡航和加速。最低涡轮前温度控制模式的基本原理是通过减小主燃油流量,降低发动机转速和涡轮温度,同时通过调节尾喷管喉道面积、风扇及压气机进口可调叶片角度,提高发动机增压比,以保持推力不变;在加力状态下,还要增加加力燃油流量来补偿推力的损失。

4. 性能寻优控制

性能寻优控制是根据不同飞行任务段的需要而采用不同的综合控制模式。例如在飞机爬高或加速时采用最大推力模式;在飞机巡航时采用最小油耗模式;在需要延长发动机寿命或减少飞机可识别特征时采用最低涡轮前温度模式。

7.3.2 推力矢量综合控制

发动机喷管的面积对发动机的推力及稳定裕度有一定的影响,在不同的飞行条件下,可通过调整喷管面积来改变发动机的推力,因此喷管面积的控制本身就是飞机发动机综合控制的一部分。而推力矢量技术是通过改变发动机输出推力的大小和方向以生成操纵飞机所需力矩的技术,推力矢量一般是由矢量喷管实现的。

1. 矢量喷管

矢量喷管则是通过喷管的运动直接改变发动机的推力方向,使得发动机直接参与了飞行控制,使飞行与推力矢量综合控制进入了一个新的阶段。由于推力矢量发动机可以提供比以往的飞机操纵面大得多的控制力,因此可以在以下方面改善飞机的性能:

① 提供更大的俯仰力矩和偏航力矩;

② 扩大飞行包线；

③ 提高飞机的机动性及敏捷性；

④ 缩短起飞、着陆的滑跑距离；

⑤ 在极限复杂条件下，提升飞机的安全性。

矢量喷管涉及大迎角气动力、推力矢量发动机控制和矢量喷管研制、进气道/发动机匹配设计、飞行控制与推力矢量发动机交联控制、飞机结构动载荷技术等多学科和多领域，是一项跨领域、集综合控制和结构设计与发动机制造于一体的系统工程。应用推力矢量技术面临的风险表现为：大迎角气动特性与矢量喷流耦合特性，大迎角飞行与推力矢量综合控制技术、推力矢量故障安全技术等，尤其是大迎角进气道与发动机的匹配规律、大迎角气动力与喷管矢量喷流耦合特性是飞机/发动机综合推力矢量控制律的设计基础。现在矢量喷管的主要形式为二元矢量喷管和轴对称矢量喷管两种。美国在其 F-22 飞机用的 F119 发动机上配装了二元矢量喷管，最大可上下偏转±24°。俄罗斯重点围绕苏-27 飞机配装带轴对称矢量喷管的 AЛ-31Φ 发动机，开展推力矢量技术工程应用研制，获得成功后，在其苏-30MKI 飞机和苏-35 飞机上分别配置了 AЛ-31ΦP 和 117S 推力矢量发动机，可上下偏转±15°。

2. 短距起飞/垂直降落推进技术

短距起飞/垂直降落战斗机兼有常规固定翼飞机高速飞行和直升机垂直或短距起降的优势，具有对起降场地要求低，以及部署、作战使用灵活等特点，航空先进国家开展了技术研究并掌握了先进的短距起飞/垂直降落战斗机研制关键技术。诸多短距起飞/垂直降落战斗机型号中，较为典型的是英国的鹞式、苏联的雅克-141 和美国的 F-35B 战斗机。

飞机平台技术方面，与短距起飞/垂直降落特点相关的主要包括飞机的综合平衡与控制效应器布置技术、进排气系统设计、飞机结构布局与推进系统相容性设计技术、喷射气流效应抑制技术等。

推进系统技术方面，垂直/短距起降飞机的推进系统可分为：① 共用型推进系统，即起降/巡航共同使用一台或多台发动机；② 组合型系统，即起降用专门升力发动机，巡航用常规发动机；③ 复合型系统，即起降用专门升力发动机和升力/巡航发动机，巡航用升力/巡航发动机；④ 增强型推进系统，即起降用专门升力部件和升力/巡航发动机，巡航用升力/巡航发动机。

飞行与推力矢量综合控制技术方面，飞行控制方法主要包括两大类：线性控制器和非线性控制器。增益预置方法是线性控制器的代表，但该方法的设计复杂，且不适合应用于强耦合非线性系统。先进垂直/短距起降飞机动力系统及喷射气流效应相对于传统战斗机更加复杂，操纵模式也更加多样，线性控制器很难适用。非线性飞行控制包括反馈线性化（动态逆，将动态系统补偿为具有线性传递关系的系统）方法、自适应控制方法、模型预测控制方法、基于模糊逻辑的控制方法及神经网络控制方法等。动态逆是目前飞行器控制研究中应用最为广泛的非线性控制方法,公开资料显示,F-35B战斗机采用基于动态逆的飞行与推力矢量综合控制方法。该方法利用非线性系统的逆抵消系统非线性项,得到针对预控变量的线性系统,然后对该线性系统设计控制器,再转换为原控制变量的输入。

7.4 多变量控制技术

随着飞机性能的提高,对发动机性能的要求也逐渐提高;同时,由于经典控制理论的完善,到 20 世纪 50 年代初,在发动机控制中应用了经典控制理论的闭环反馈控制原理,并成功设计与实现了发动机转速反馈的闭环控制,使得控制系统的控制精度和动态性能得到了很大的改善,发动机性能有了较大的提高。

经典控制理论的闭环反馈控制原理仅解决了单输入/单输出控制,但是随着航空技术的进一步发展,飞机发动机的要求越来越高,现代航空发动机工作包线扩大,同时还要求发动机在整个飞行包线内都具备更高的控制精度、良好的稳定性、大的推力、低的耗油率等性能。在这种情况下,单输入/单输出控制系统显然是不可能满足这些要求的,必须要采用更多的控制变量以控制发动机更多的参数,这就催生了航空发动机多输入/多输出的多变量控制系统。20 世纪 60 年代以来发展的现代控制理论为解决航空发动机多变量控制系统设计奠定了理论基础,并且很快地在航空发动机中进行了应用研究。例如:美国的 F100 发动机的控制变量有 7 个,GE23 和 PW4000 已发展到 10 个控制变量,美国第 4 代发动机 F119 的控制回路更是多达 16 个以上。未来的变循环发动机在巡航时为降低耗油率,工作的热力原理为涡轮风扇发动机;而在起飞或超声速飞行时转为涡轮喷气发动机以产生最大推力,其控制变量往往在 20 个以上。

自 20 世纪 70 年代以来,多变量控制方法在航空发动机控制中的应用研究已经积累了相当多的理论成果。适合于多变量系统的控制算法很多,如 LQR、LQG/LTR、H_∞ 等多变量鲁棒控制方法,以及各种自适应控制方法,还有神经网络、模糊控制、专家控制等智能控制方法。开展多变量控制首先要建立被控对象的数学模型,然后选择多变量方法进行设计。本节对线性模型建模技术和 LQG/LTR 控制技术进行介绍。

7.4.1 线性模型的建立

多变量控制设计的基础是线性二次型最优控制方法,需要建立发动机线性模型。因此,建立航空发动机的线性状态变量模型是非常有必要的。航空发动机是一个复杂的非线性系统,但在某一给定平衡点处,当输入在小范围变化时,可以认为其动态响应是线性变化的。因此,我们可以建立航空发动机对应于某一具体平衡点的线性状态变量模型,即小偏差状态变量模型。

设航空发动机在某平衡点处的小偏差状态变量模型表示为

$$\dot{x}(t) = A_{n \times n} x(t) + B_{n \times m} u(t) \tag{7.1}$$

$$y(t) = C_{l \times n} x(t) + D_{l \times m} u(t) \tag{7.2}$$

式中,$x = [n_L, n_H]^T$,u 为输入变量,包括燃油流量、喷口面积、导叶角度等;y 为输出变量,包括高压转子转速、低压转子转速、落压比、低压涡轮排气温度等。

目前航空发动机小偏离状态变量模型的建立方法主要有两种:一种是偏导数法,另一种是拟合法。

偏导数法是依次对状态变量和控制变量中的某一个变量做小扰动,同时强制其他状态变量和控制变量不变,分别计算状态变量变化率及输出变量对该变量的偏导数,就能得到 A、B、C、D 矩阵中对应的元素。然而,对任何一个变量做小扰动都会使其他变量发生变化。所以偏导数法的建模误差很大,这种方法也只具有理论上的意义。

拟合法机理是首先采用所选的状态变量、输入/输出变量得出发动机小偏离状态变量模型形式,根据此模型的线性动态响应建立线性动态响应与系数矩阵各元素之间的解析关系式,然后求出发动机部件级模型的非线性动态响应,最后以线性动态响应应该与非线性动态响应吻合为原则建模,用非线性动态响应数据来拟合动态系数矩阵中的各元素,即得小偏差状态变量模型。这种方法使建模误差在最小二乘意义下最小,从而提高了建模精度,但是建立的解析关系式较为繁琐,不适合高阶对象。

在航空发动机的工作过程中,众多的不确定因素会对其参数产生影响,使得很难用精确的数学模型对其进行描述,可以说在某种程度上,航空发动机模型是不确定的,这就使得对航空发动机的控制变得复杂。航空发动机模型的不确定性主要有如下几方面的原因:

① 对航空发动机模型进行简化,使得研究更加方便。例如为了将线性控制理论运用到非线性的航空发动机,人为地将其模型进行线性化。

② 对航空发动机内部物理机制数学描述进行简化。例如在建模过程中,常常忽略高温燃气流与结构部件之间的热交换,忽略部件通道容腔内气体质量与能量的存储等。

③ 飞行条件的不确定性。航空发动机的工作参数在很大程度上受外界飞行条件的影响,飞行条件包括飞行高度、飞行马赫数、空气湿度以及进气角度等多方面的因素,但一般情况下只考虑前两者。

④ 结构参数的不确定性。在全飞行包线内,航空发动机在不同飞行状态下线性模型之间的参数相差很大,甚至某些飞行条件下的模型是不稳定的。

⑤ 模型结构的不确定性。针对研究人员的不同需求,在保证模型具备一定精度的前提下,根据航空发动机的不同工况,可以将发动机模型阶次取为不同值。

7.4.2 LQG/LTR 控制

线性二次型调节器(Linear Quadratic Regulator，LQR)是当系统受外力扰动时可以保持系统输出各控制变量或各状态变量接近平衡状态而不消耗过多控制能量的反馈调节器。为了提高该方法的鲁棒性，又发展了带回路反馈恢复的线性二次型高斯方法(Linear Quadratic Gaussian method with Loop Transfer Recovery，LQG/LTR)。该方法能够使输出准确复现指令，抑制干扰和噪声，具有强抗模型摄动能力。

典型的多变量反馈控制系统框图如图 7.8 所示，图中 $\boldsymbol{K}(s)$ 为 $p \times m$ 阶的控制器矩阵，$\boldsymbol{G}(s)$ 为 $m \times p$ 阶的对象名义模型矩阵，$\boldsymbol{r}(s)$ 为 m 维的系统参考输入向量，$\boldsymbol{u}(s)$ 为 p 维的控制向量，$\boldsymbol{y}(s)$ 为 m 维的输出向量，$\boldsymbol{e}(s)$ 为 m 维的误差向量，$\boldsymbol{d}(s)$ 为 m 维的干扰向量，$\boldsymbol{m}(s)$ 为 m 维的噪声向量。

$$\boldsymbol{y}(s) = \boldsymbol{G}(s)\boldsymbol{K}(s)[\boldsymbol{I} + \boldsymbol{G}(s)\boldsymbol{K}(s)]^{-1}[\boldsymbol{r}(s) - \boldsymbol{m}(s)] + [\boldsymbol{I} + \boldsymbol{G}(s)\boldsymbol{K}(s)]^{-1}\boldsymbol{d}(s)$$

$$(7.3)$$

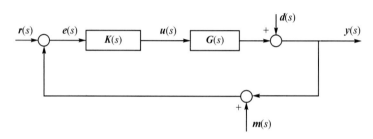

图 7.8 多变量反馈控制系统框图

上式意味着，如果希望获得理想的指令跟踪和扰动抑制能力，必须使系统的开环传递函数 $\boldsymbol{G}(s)\boldsymbol{K}(s)$ 尽可能大，即使得其最小奇异值 $\sigma_{min}[\boldsymbol{G}(s)\boldsymbol{K}(s)]$ 尽量大；但同时，为了获得理想的噪声抑制能力，必须使系统的开环传递函数 $\boldsymbol{G}(s)\boldsymbol{K}(s)$ 尽可能小，即使得其最大奇异值 $\sigma_{\max}[\boldsymbol{G}(s)\boldsymbol{K}(s)]$ 尽量小。可见，良好的指令跟踪、扰动抑制能力的设计要求与良好的噪声抑制能力的设计要求是相互矛盾的，在整个频域范围同时满足二者是不可能的，幸运的是，有如下事实成立：

① 参考输入向量 $\boldsymbol{r}$、干扰向量 $\boldsymbol{d}$ 在低频段能量大、高频段能量小；

② 测量噪声 $\boldsymbol{m}$ 在低频段能量小、高频段能量大。

基于以上事实，为获得期望的系统指令跟踪以及抑制干扰和噪声的能力，须折中设计控制系统，使其具有下列特性：

在低频段：$\qquad\qquad\qquad \sigma_{\min}[\boldsymbol{G}(s)\boldsymbol{K}(s)] > 1$

在高频段：$\qquad\qquad\qquad \sigma_{\max}[\boldsymbol{G}(s)\boldsymbol{K}(s)] < 1$

此外，为使系统获得良好的动态特性，需要使 $\sigma[\boldsymbol{G}(s)\boldsymbol{K}(s)]$ 在中频段具有一定的衰减率和带宽。

根据控制规律可知,对于发动机不开加力时的中间稳定状态,其控制器应为 SISO 系统;而对于加力状态,相应的控制器应该为 MIMO 系统。本书建立的是归一化处理后的发动机小偏离线性状态空间模型:

$$\begin{cases} \dot{x} = Ax + Bu \\ y = Cx + Du \end{cases} \tag{7.4}$$

归一化前的发动机小偏离状态空间模型为

$$\begin{cases} \dot{x}_p = A_p x_p + B_p u_p \\ y_p = C_p x_p + D_p u_p \end{cases} \tag{7.5}$$

上述两式中的系数矩阵之间有如下关系:

$$A = S_x^{-1} A_p S_x, \quad B = S_x^{-1} B_p S_u, \quad C = S_y^{-1} C_p S_x, \quad D = S_y^{-1} D_p S_u \tag{7.6}$$

式中,S_x、S_y、S_u 分别为归一化时所使用的稳态点数据矩阵。

容易推出归一化前后发动机线性模型传递函数之间的关系为

$$G = S_y^{-1} G_p S_u \tag{7.7}$$

其中

$$G = C(sI - A)^{-1} B + D \tag{7.8}$$

$$G_p = C_p (sI - A_p)^{-1} B_p + D_p \tag{7.9}$$

为满足设计要求中的常数指令零稳态误差的要求,需要在对象模型输入端添加一积分环节,并将其与对象模型 G 组成的对象系统称为增广系统,作为 LQG/LTR 控制的设计,对 G_a,即有

$$G_a = \frac{1}{s} G \tag{7.10}$$

对应的增广系统的状态空间模型为

$$\begin{cases} \dot{x}_a = A_a x_a + B_a u_a \\ y_a = C_a x_a \end{cases} \tag{7.11}$$

则对应系数矩阵为

$$x_a = \begin{pmatrix} x \\ u \end{pmatrix}, \quad u_a = \dot{u}, \quad y_a = y$$

$$A_a = \begin{pmatrix} A & B \\ 0 & 0 \end{pmatrix}, \quad B_a = \begin{pmatrix} 0 \\ I \end{pmatrix}, \quad C_a = (C \quad D) \tag{7.12}$$

式中,$x = (N_L \quad N_H)^T$,$u = (W_f \quad A_8)^T$,$y = (N_L \quad P_{31})^T$。

一般而言,一个典型的 LQG/LTR 控制系统框图如图 7.9 所示,在本书中,此处暂不考虑执行机构和传感器的动态特性,将其传递函数简单视为 1;对于图中的对象,采用的是增广化处理后的归一化小偏离线性模型 G_a。而实际未进行归一增广化的线性模型为 G_p,可以得出

$$G_a = \frac{1}{s} S_y^{-1} G_p S_u \tag{7.13}$$

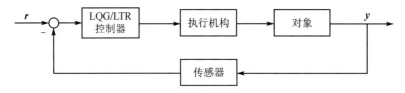

图 7.9　典型的 LQG/LTR 控制系统框图

　　虽然积分模块和模型归一化处理模块在设计时都作为设计模型 $\boldsymbol{G}_a$ 的一部分，但在实际物理意义上，它们则和 LQG/LTR 控制器一起构成了广义的涡扇发动机 LQG/LTR 控制器。故实际的涡扇发动机 LQG/LTR 控制系统框图如图 7.10 所示。

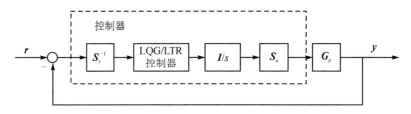

图 7.10　涡扇发动机 LQG/LTR 控制系统框图

　　设计目标回路传递函数奇异值曲线，其中关键之处在于可调参数的确定。对象输出端恢复，即目标传递函数为

$$\boldsymbol{G}_{KF} = \boldsymbol{C}_a (s\boldsymbol{I} - \boldsymbol{A}_a)^{-1} \boldsymbol{K}_F \tag{7.14}$$

　　当系统开环传递函数矩阵为正规矩阵时，受到摄动干扰后其特征量偏移最小，则相应系统的鲁棒性强。而从控制系统解耦的角度考虑，总期望开环传递函数矩阵为对角阵。基于如上两点考虑，设计时，理想的目标回路函数矩阵选取为对角阵。

　　对于增广对象，可以推出如下近似关系成立：

$$\sigma_i \left[\boldsymbol{C}_a (s\boldsymbol{I} - \boldsymbol{A}_a)^{-1} \boldsymbol{K}_F \right] \approx \frac{1}{\sqrt{\mu}} \sigma_i \left[\boldsymbol{C}_a (s\boldsymbol{I} - \boldsymbol{A}_a)^{-1} \boldsymbol{L} \right] \tag{7.15}$$

　　记 $\boldsymbol{G}_{FOL} = \boldsymbol{C}_a (s\boldsymbol{I} - \boldsymbol{A}_a)^{-1} L$，其中的可调参数为 $\mu, \boldsymbol{L}$，为了便于设计的进行，通常令 $\boldsymbol{L} = \begin{pmatrix} \boldsymbol{L}_H \\ \boldsymbol{L}_L \end{pmatrix}$，则有

$$
\begin{aligned}
\boldsymbol{G}_{FOL} &= \boldsymbol{C}_a (s\boldsymbol{I} - \boldsymbol{A}_a)^{-1} \boldsymbol{L} = (\boldsymbol{C} \quad \boldsymbol{D}) \begin{pmatrix} s\boldsymbol{I} - \boldsymbol{A} & -\boldsymbol{B} \\ \boldsymbol{0} & s\boldsymbol{I} \end{pmatrix}^{-1} \begin{pmatrix} \boldsymbol{L}_H \\ \boldsymbol{L}_L \end{pmatrix} \\
&= (\boldsymbol{C} \quad \boldsymbol{D}) \begin{pmatrix} (s\boldsymbol{I} - \boldsymbol{A})^{-1} & s^{-1}(s\boldsymbol{I} - \boldsymbol{A})^{-1}\boldsymbol{B} \\ 0 & s^{-1}\boldsymbol{I} \end{pmatrix} \begin{pmatrix} \boldsymbol{L}_H \\ \boldsymbol{L}_L \end{pmatrix} \\
&= \boldsymbol{C}(s\boldsymbol{I} - \boldsymbol{A})^{-1} \boldsymbol{L}_H + s^{-1} \left[\boldsymbol{C}(s\boldsymbol{I} - \boldsymbol{A})^{-1}\boldsymbol{B} + \boldsymbol{D} \right] \boldsymbol{L}_L
\end{aligned}
\tag{7.16}
$$

当 $s \to 0$ 时，即为

$$\boldsymbol{G}_{\mathrm{FOL}} \approx s^{-1} \left[\boldsymbol{C} (s\boldsymbol{I} - \boldsymbol{A})^{-1} \boldsymbol{B} + \boldsymbol{D} \right] \boldsymbol{L}_{\mathrm{L}} \qquad (7.17)$$

当 $s \to \infty$ 时，即为

$$\boldsymbol{G}_{\mathrm{FOL}} \approx s^{-1} (\boldsymbol{C}\boldsymbol{L}_{\mathrm{H}} + \boldsymbol{D}\boldsymbol{L}_{\mathrm{L}}) \qquad (7.18)$$

通过上式可以看出，目标回路奇异值曲线的形状完全取决于参数阵 $\boldsymbol{L}$ 的选取，而参数 μ 只影响奇异值曲线整体进行平移。选取 $\boldsymbol{L}$ 阵的常规经验公式如下：

$$\begin{cases} \boldsymbol{L}_{\mathrm{L}} = (\boldsymbol{D} - \boldsymbol{C}\boldsymbol{A}^{-1}\boldsymbol{B})^{-1} \\ \boldsymbol{L}_{\mathrm{H}} = \boldsymbol{C}^{+} (\boldsymbol{I} - \boldsymbol{D}\boldsymbol{L}_{\mathrm{L}}) \end{cases} \qquad (7.19)$$

式中，$\boldsymbol{C}^{+} = \boldsymbol{C}^{\mathrm{T}} (\boldsymbol{C}\boldsymbol{C}^{\mathrm{T}})^{-1}$ 为其广义逆，当 $\boldsymbol{C}$ 为方阵时 $\boldsymbol{C}^{+} = \boldsymbol{C}^{-1}$。可以使得目标回路在低频段与高频段都近似为 $\dfrac{1}{\sqrt{\mu}} \dfrac{\boldsymbol{I}}{s}$。当 $\boldsymbol{C}$ 不是方阵时，对应于 $s \to \infty$ 时 $\boldsymbol{L}_{\mathrm{H}}$ 的求解非唯一。基于此，另一种 $\boldsymbol{L}$ 阵的选取方法如下：

$$\begin{cases} \boldsymbol{L}_{\mathrm{L}} = (\boldsymbol{D} - \boldsymbol{C}\boldsymbol{A}^{-1}\boldsymbol{B})^{-1} \\ \boldsymbol{L}_{\mathrm{H}} = \boldsymbol{A}^{-1}\boldsymbol{B}(\boldsymbol{C}\boldsymbol{A}^{-1}\boldsymbol{B})^{-1}(\boldsymbol{I} - \boldsymbol{D}\boldsymbol{L}_{\mathrm{L}}) \end{cases} \qquad (7.20)$$

该选取方法最大的优点是能保证目标回路在整个频率范围均被近似为 $\dfrac{\boldsymbol{I}}{\sqrt{\mu}\,s}$，而不仅仅是在高、低频段内。

目标回路近似为 $\dfrac{1}{\sqrt{\mu}} \dfrac{\boldsymbol{I}}{s}$ 时，易知整个系统的闭环传递函数约为 $\dfrac{1}{\sqrt{\mu}\,s + 1}$，即为一时间常数为 $\sqrt{\mu}$ 的惯性环节。根据经典控制理论知识可得，此时系统的阶跃响应的调节时间 $T_{\mathrm{s}} \approx 5\sqrt{\mu}$。根据 1 s 的阶跃响应调节时间的设计要求，令 $T_{\mathrm{s}} = 1$ s，显然此时 μ 应选取为 0.04。

以描述的状态空间模型为例进行目标回路的设计。选定 μ 后，选取 $\boldsymbol{L}$ 阵，绘制其目标回路的奇异值曲线。图 7.10 中目标回路近似等价于 $\dfrac{5\boldsymbol{I}}{s}$，系统穿越频率为 5 rad/s，低频增益值远大于 1，高频增益值远小于 1，符合系统设计性能和鲁棒性要求。

以上讨论设计的结果是使得所有回路的穿越频率选取一致，实际工程中由于各物理结构实现的限制，各输出变量所对应的奇异值曲线穿越频率要求往往是各不相同的，且有时相差很大。此时，需要对 $\boldsymbol{L}$ 阵的定义作出如下修正：

令

$$\boldsymbol{L} = \begin{pmatrix} \boldsymbol{L}_{\mathrm{H}} \\ \boldsymbol{L}_{\mathrm{L}} \end{pmatrix} \boldsymbol{G}_{\mathrm{BW}}$$

式中，$\boldsymbol{G}_{\mathrm{BW}} = \begin{pmatrix} \lambda_1 & \\ & \lambda_2 \end{pmatrix}$，$\lambda_1$、$\lambda_2$ 分别为各通道回路的奇异值穿越频率的设计要求值，而 μ 取为 1，此时有

$$G_{\mathrm{FOL}} = \frac{1}{\sqrt{\mu}} C_{\mathrm{a}} (sI - A_{\mathrm{a}})^{-1} L = \begin{bmatrix} \dfrac{\lambda_1}{s} & \\ & \dfrac{\lambda_2}{s} \end{bmatrix} \qquad (7.21)$$

此时目标回路的各具体通道则都有相应的确切穿越频率值,利用 LTR 步骤后,各输出变量所对应的各奇异值曲线就有可能符合实际情况,因而系统才可能具有良好的性能和鲁棒性。

7.5 控制系统故障诊断与隔离技术

航空发动机数字电子控制系统由于长期工作在高温、高压、强振动环境,易造成数控系统传感器、执行机构产生故障,从而影响发动机控制的可靠性和安全性。因此,控制系统在发动机工作过程中应能够可靠地诊断出传感器和执行机构的故障,进行故障隔离并进行容错控制。

航空发动机故障诊断方法主要有 3 类:基于冗余技术、基于知识、基于信号处理技术。

基于冗余技术包括直接冗余、解析冗余、空间冗余和时序冗余技术。直接冗余技术又称硬件冗余,通常采用多个传感器测量同一个系统参数,取其测量结果的平均值或者是进行表决,获得更可靠的数据。这类方法原理简单、不依赖于软件,实现速度快,但存在工程造价较高,安装受限等缺陷。基于解析冗余技术的主要原理是通过系统不同输出量之间的解析关系来提供冗余信息,在硬件成本和质量不增加的前提下,以计算机软件实现的方式增加传感器的测量余度。用于实现解析冗余的方法主要可以分为基于状态估计、基于参数估计和等价空间故障的方法。参数估计法适用于渐进性故障,状态估计法更适用于突变故障。基于空间冗余的方法是利用系统内部的深层知识和传感器的关系实现的,而时序冗余则是用某传感器的时间序列输出得到的冗余信息来检测故障。支持向量机的传感器故障诊断方法可实现空间和时序冗余信息进行诊断。

基于知识的故障诊断方法是通过历史数据、故障信息和专家知识进行诊断的方法。例如基于专家系统和神经网络的方法。基于神经网络的故障诊断系统属"黑箱"系统,不需要对故障机理有明确的认识,基于故障数据就可以完成诊断。

基于信号处理的故障诊断方法主要基于小波变换和信息融合技术。利用小波变换对输入/输出信号进行处理,可以对噪声信号、故障信号进行区分,提取所需的信息进行故障诊断。基于信息融合的传感器故障诊断技术是对每个检测量采用多种诊断方法进行诊断,而后将各诊断方法所得结果加以综合,得到系统故障诊断的总体结果,这类方法主要还是应用在发动机健康管理系统上。

本节对航空发动机控制系统中有发展前景的几种故障诊断与重构方法进行阐述。

7.5.1　基于支持向量机的故障诊断与隔离技术

支持向量机 SVM 是基于冗余技术进行发动机故障诊断的一个重要研究方向，以支持向量机技术为核心的方法，近年来发展了回归型支持向量机、最小二乘支持向量机、自协调粒子群优化支持向量机、相关向量机、基于在线学习的支持向量机等方法，并通过了仿真或试验验证。

支持向量机的理论来自统计学，统计学属于人工智能领域的研究方法之一。在面临无法获取大量样本数据的情况下，Vapnik 等人在统计学的基础上，根据结构风险最小化原理，提出了支持向量机的方法。对于机器学习中常见的"维数灾难""过学习""欠学习"等问题，支持向量机都能进行很好的解决。支持向量机 SVM 在解决小样本、非线性及高维对象识别问题中表现出其他机器学习所没有的优点，并能够推广到多种机器学习问题中，因此发展比较迅速，并且已经在许多方面取得了成功的应用。

支持向量机的方法应用于航空发动机故障诊断方面的研究成果较多，包括用于发动机气路故障、机械故障、结构故障、传感器采集故障和控制系统执行机构故障。在这些研究中，有学者利用最小二乘支持向量机进行故障分类，然后再用卡尔曼滤波器进行故障信号估计；有学者用改进后的免疫优化算法对支持向量机进行参数寻优，从而设计航空发动机磨损故障的诊断模型；有学者将极端学习机（ELM）与支持向量机方法相结合，采用支持向量机进行故障识别，采用 ELM 进行故障定位；有学者将双子支持向量机引入航空发动机故障诊断，使用粒子群算法优化支持向量机的参数。然而，当前的研究中，在控制系统执行机构故障方面的研究成果较少，部分文献将支持向量机的方法应用于控制系统执行机构回路的故障诊断。基于支持向量回归机（SVR）建立了发动机主燃油执行机构回路故障诊断系统，系统利用 LVDT 传感器输出、执行机构简单数学模型输出和 SVR 模型输出三个量值，通过求取残差再与阈值比较的方法，判断执行机构回路是否发生了故障，同时该系统还能区分出执行机构故障和 LVDT 传感器故障。

7.5.2　基于神经网络的故障诊断与隔离技术

在基于知识的发动机故障诊断方法中，以神经网络技术为核心的航空发动机传感器故障诊断方法，由于具有全局逼近能力和自学习能力，获得了广泛的关注，经过多年的研究，发展出了多层感知机神经网络（MLP）、自组织神经网络（SOM）、径向神经网络（RBF）等诊断技术，并在一定范围内进行了验证。

神经网络用数学的形式对生物神经系统的结构进行模拟，使得神经网络具有人工智能的特性,由于其具有强大的学习能力,可模拟任意复杂的非线性系统,并且学习算法较为成熟,在模式识别、制动控制、系统优化、故障诊断等方面都具有广泛的应用。

最为经典的神经网络模型为 M-P 模型,在 1943 年被首次提出,从创立之初到现在,神经网络方面的研究成果和应用始终在不断进步,迄今为止大部分人工神经网络仍是以此为基础的。

将神经网络应用于发动机故障诊断可分为如下 4 个方面。

1. 用神经网络构造观测器

神经网络观测器方法是根据传统的观测器原理发展而来的。该方法根据观测器模型确定神经网络观测器输入/输出信号间的映射关系,用一组正常运行时的数据,对神经网络观测器进行训练。训练后的神经网络观测器即可用来产生故障残差,该方法属于基于模型故障诊断方法。

2. 用神经网络进行故障诊断与预测

用故障模式训练后的神经网络具有已知故障模式的诊断能力,而通过神经网络作为函数逼近器对系统的某些参数进行拟合预测,可实现预测功能。

3. 用神经网络进行模式识别

如果事先已确认发动机的故障模式,并且可以将发动机故障模式进行分类,比如软故障、硬故障,那么诊断问题就可以转化为模式分类和识别的问题。在诊断时,该神经网络在线得到当前系统的模糊模型描述,并将与各个离线得到的用以描述故障状态的模糊参考模型相匹配,从而得出正确的诊断结果。

4. 用神经网络构建故障诊断专家系统

将专家系统构成神经网络,将传统专家系统的符号的推理变成基于数值运算的推理,并利用其学习能力解决专家系统的学习问题,或者将神经网络与其他知识表达模式联合来表达领域专家的知识。其解决了故障诊断专家系统知识表达困难、推理能力弱的缺陷,适用于故障与特征量之间有耦合、故障特征难以准确提取的系统故障诊断。

基于神经网络的传感器故障诊断方法虽然具有鲁棒性好、对干扰的适应能力强、数据处理速度快等优点,但它也存在着一定的缺点,如模型结构的物理意义不明确、网络结构实现困难、用于训练网络的数据需精心挑选、用硬件的方式实现成本比较高等。然而由于神经网络的进一步发展,如 BP 网络、径向基函数网络、自组织网络,以及神经网络其他算法(模糊、遗传算法、优化算法和支持向量机等)的进一步结合,也为这一理论的发展注入了新的活力。

7.5.3　基于卡尔曼滤波的故障诊断与隔离技术

上述介绍的基于神经网络和支持向量机的方法,从另外一个方面划分均属于基于数据的诊断方法。而卡尔曼滤波方法属于基于模型的方法。以卡尔曼滤波技术为核心的故障诊断方法,由卡尔曼滤波方法进行传感器解析余度,或者通过设计卡尔曼滤波器组实现发动机执行机构和传感器的故障诊断与隔离,同样可以获得良好的诊断效果。

卡尔曼滤波技术划分为线性卡尔曼滤波和非线性卡尔曼滤波,或者划分为连续卡尔曼滤波和离散卡尔曼滤波。针对不同的需求选取不同的滤波形式。

常用离散卡尔曼滤波器的计算公式如下:

时间更新,包括一步预测和误差方差阵更新。

$$\begin{cases} \hat{\boldsymbol{x}}(k \mid k-1) = \boldsymbol{A}\hat{\boldsymbol{x}}(k-1) + \boldsymbol{B}\boldsymbol{u}(k-1) \\ \boldsymbol{P}(k \mid k-1) = \boldsymbol{A}\boldsymbol{P}(k-1)\boldsymbol{A}^{\mathrm{T}} + \boldsymbol{Q}(k) \end{cases} \tag{7.22}$$

测量更新,包括卡尔曼增益计算、滤波方程计算和滤波误差方差阵更新。

$$\begin{cases} \boldsymbol{K}(k) = \boldsymbol{P}(k \mid k-1)\boldsymbol{C}^{\mathrm{T}}\left[\boldsymbol{C}\boldsymbol{P}(k \mid k-1)\boldsymbol{C}^{\mathrm{T}} + \boldsymbol{R}(k)\right]^{-1} \\ \hat{\boldsymbol{y}}(k \mid k-1) = \boldsymbol{C}\hat{\boldsymbol{x}}(k \mid k-1) + \boldsymbol{D}\boldsymbol{u}(k) \\ \hat{\boldsymbol{x}}(k) = \hat{\boldsymbol{x}}(k \mid k-1) + \boldsymbol{K}(k)\left[\boldsymbol{y}(k) - \hat{\boldsymbol{y}}(k \mid k-1)\right] \\ \boldsymbol{P}(k) = \boldsymbol{P}(k \mid k-1) - \boldsymbol{K}(k)\boldsymbol{C}\boldsymbol{P}(k \mid k-1) \end{cases} \tag{7.23}$$

利用卡尔曼滤波估计对于航空发动机执行机构和传感器进行故障诊断时,通常设计卡尔曼滤波器组。例如存在 m 个可测参数进行传感器故障诊断,那么设计 m 个卡尔曼滤波器构成滤波器组。使得第 j 个卡尔曼滤波器输入的可测信号仅与其他的 $m-1$ 个可测参数相关,而与第 j 个测量参数无关,那么当第 j 个传感器出现故障时,第 j 个滤波器的估计值是不受影响的,而其他滤波器的结果出现了不同程度的误差,通过设计恰当的阈值将这一故障诊断出来。

基于卡尔曼滤波进行单一故障诊断的逻辑图如图 7.11 所示,以执行机构故障诊断为例。测量信号输入到 m 个滤波器中,进行残差平方和 WSSR 计算,根据各残差平方和进行信息综合,可以得到第 j 个执行机构的判定值(例如极大似然估计值等),然后进行阈值判定,若超出设定的阈值,则表示第 j 个执行机构出现故障。

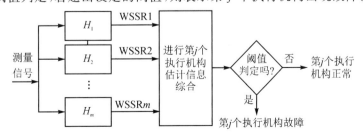

图 7.11　单一故障诊断逻辑图

然而上述的方法仅适用于单一故障,当同时发生多个故障时各个滤波器都受影响,无法满足诊断要求。对于航空发动机这样对安全性有较高要求的系统,虽然同时发生多个故障的概率不高,但是仍有必要研究适应双故障或者是多重故障的诊断与隔离技术。因此,一些学者研究了适用于双故障或多重故障的情况。

在利用卡尔曼滤波技术进行发动机控制系统的故障诊断时,要考虑到发动机性能的退化,可以采用混合卡尔曼滤波算法,在发动机性能退化后,通过更新发动机健康因子,保证诊断系统的持续有效。混合卡尔曼滤波算法是由 Takahisa Kobayashi 等人提出的将机载非线性模型与分段线性卡尔曼滤波器混合的结构,其主要结构由两部分组成:① 由机载非线性发动机模型作为基线模型;② 由状态变量模型和卡尔曼滤波增益矩阵组成卡尔曼滤波器进行参数估计。基于混合卡尔曼滤波算法在实际使用中对机载计算机的实时计算量需求较大。

| 7.6 燃油系统热管理技术 |

热管理指对系统内热量或温度的管理。此处的"系统"既可指飞机、卫星、汽车等相对完整的物理系统,也可指其内部的某一子系统。热管理技术已广泛应用于航天、汽车、电子等领域,在提升相关产品性能上发挥了重要作用。在航空领域,随着飞机和发动机性能的提高,发动机的整机热管理也日益受到关注。

热管理是系统热分配的顶层设计,是从系统的角度出发,在各子系统或部件之间进行能量的顶层分配与协调,即对系统、部件的热量使用、收集、输运、排散进行协同调配和转化利用,在保证系统安全可靠工作的前提下提高能量利用效率。

对航空发动机而言,其整机热管理的目标主要有:

① 保证发动机各部件、系统温度保持在允许范围内;

② 从热的角度对部件、系统进行匹配、优化,提高发动机整体性能。

本节立足于控制系统,尝试对整机热管理中的控制系统相关内容进行归纳和总结,一方面可供控制系统设计参考,另一方面也可供整机热管理借鉴。

7.6.1 温度的影响及限制

发动机控制系统所处的工作环境及其工作介质,通过热对流、热传导、热辐射直接与控制系统各部件进行热量交换,其温度对控制系统的工作状态有显著影响,是控制系统设计中需要考虑的重要问题。本节分析了温度对控制系统的影响,初步提出了对发动机控制系统燃油温度、环境温度的限制原则。

1. 温度对燃油介质的影响

(1) 对燃油密度的影响

燃油密度随温度的变化情况如表 7.2 所列。可见,随着燃油温度的升高,燃油密度降低。

表 7.2 燃油温度-密度表[2]

温度/℃	密度/(kg · m^{-3})				
	新疆 RP-1	胜利 RP-1	大庆 RP-2	大庆 RP-3	大庆 RP-4
−40	826.0	832.4	822.8	824.2	814.0
−30	818.5	824.9	815.4	816.8	806.5
−20	811.0	817.4	808.0	809.4	799.0
−10	803.5	809.9	800.6	802.0	791.5
0	796.1	802.3	793.2	794.6	783.8
10	788.5	794.7	785.7	787.1	776.2
20	780.9	787.1	778.2	779.6	768.2
30	773.3	719.5	770.7	772.1	761.3
40	765.7	771.8	763.1	764.6	754.0
50	757.9	764.1	755.5	757.0	746.5
60	750.3	756.4	747.9	749.4	739.0
70	742.7	748.7	740.3	741.8	—
80	735.0	740.9	732.6	734.2	—
90	727.3	733.1	724.9	726.5	—
100	719.6	725.3	717.2	718.8	—
110	711.8	717.4	709.5	711.1	—
120	704.0	709.5	701.8	703.4	—

燃油密度变化将影响控制系统供往发动机的计量燃油质量流量。原因是发动机控制系统通常以定压差原理计量燃油质量流量,此时计量燃油的质量流量为

$$\dot{m} = \mu \cdot A \sqrt{2\rho \cdot \Delta p} \tag{7.24}$$

式中,$\dot{m}$ 为质量流量;μ 为流量系数;A 为节流面积;ρ 为燃油密度;Δp 为压差。

显然,计量燃油的质量流量与燃油密度成正比。燃油温度的变化引起密度变化,最终将导致供给发动机的计量燃油质量流量发生变化。按式(7.24)及表 7.2 数据计算可知,由于密度的影响,RP-3 燃油在 120 ℃时的质量流量比−40 ℃时降低了 8%。

实际使用中,发动机在开环控制阶段(启动、加速、减速等),容易出现贫油或富油

问题,其原因之一就是控制系统未能兼顾燃油的高温和低温状态。

因此当燃油温度变化范围较大时,需考虑计量燃油质量流量随温度变化对发动机的影响。必要时,发动机控制系统应对燃油流量进行温度修正。

(2) 对燃油运动黏度的影响

燃油运动黏度随温度的变化情况如表 7.3 所列。可见,随着燃油温度的升高,燃油的黏度降低。

表 7.3 燃油温度–运动黏度表[2]

温度/℃	运动黏度/$(mm^2 \cdot s^{-1})$				
	新疆 RP–1	胜利 RP–1	大庆 RP–2	大庆 RP–3	大庆 RP–4
−40	5.52	4.70	5.69	5.84	4.31
−30	3.97	3.52	4.23	—	—
−20	3.12	2.74	3.16	3.27	—
−10	2.46	2.21	2.62	—	—
0	2.01	1.84	2.03	2.14	—
10	1.68	1.54	1.74	—	—
20	1.42	1.32	1.45	1.48	1.27
30	1.23	—	1.27	—	—
40	1.08	1.01	1.11	—	—
50	0.96	—	1.00	—	—
60	0.86	0.81	0.88	0.89	—
70	0.79	—	0.80	—	—
80	0.71	0.68	0.74	—	—
100	0.60	0.59	0.62	—	—
120	0.52	0.51	0.52	0.53	—

燃油黏度变化将影响燃油的润滑性和密封性。

机械液压类产品工作时,液体工作介质(燃油、滑油、液压油等)可在有相对运动的零件表面形成一层油膜,使其免于直接接触,起到润滑作用。

一般而言,黏度高的液体比黏度低的液体更容易形成油膜,因此润滑性更好。由表 7.3 数据可知,随着燃油温度的升高,其黏度降低、润滑性变差。

黏度降低除了使燃油的润滑性变差外,还使燃油更易于从密封部位渗出,增加了燃油类产品密封的难度。某型齿轮泵,燃油温度每提高 30 ℃,容积效率下降 10%。

因此,高温燃油黏度低,导致润滑性和密封性下降,是控制系统设计中需要考虑的问题。

(3) 对燃油比热容的影响

燃油比热容随温度的变化情况如表 7.4 所列。可见,随着燃油温度的升高,RP–3

燃油的比热容升高。

表 7.4　RP - 3 燃油比热容

温度/℃	—10	0	20	40	60	80	100	120	140
比热容/ [kJ・(kg・K)$^{-1}$]	1.89	1.93	2.01	2.10	2.19	2.28	2.36	2.45	2.54

　　燃油是发动机重要的冷却介质,相关系统设计中需考虑燃油比热容随温度的变化。

(4) 对燃油饱和蒸气压的影响

　　燃油饱和蒸气压随温度的变化情况如表 7.5 所列。可见,随着燃油温度的升高,燃油的饱和蒸气压升高。

表 7.5　燃油温度-饱和蒸气压表[2]

温度/℃	饱和蒸气压/kPa			
	新疆 RP - 1	胜利 RP - 1	大庆 RP - 2	大庆 RP - 3
30	5.25	4.97	5.20	4.25
40	6.21	5.93	5.96	6.00
50	7.46	7.17	6.92	8.00
60	9.14	8.80	8.20	10.40
70	11.45	10.98	9.92	13.60
80	14.73	13.96	12.33	17.00
90	19.52	18.12	15.94	21.60
100	25.25	23.66	20.54	26.66
110	32.65	30.69	26.39	32.79
120	41.82	39.56	33.8 9	39.99
130	53.52	50.68	43.46	47.99
140	68.28	64.53	55.49	—
150	86.78	81.67	70.82	—

　　燃油的饱和蒸气压过高对控制系统工作不利。

　　当局部的燃油压力低于饱和蒸气压(如增压泵进口、节流元件出口等位置)时,燃油将气化,既可能造成气塞使燃油流量中断或下降,又可能导致流路内元件表面气蚀。

　　因此,高温燃油容易气化,产生气塞、气蚀等问题,是控制系统设计中需要考虑的问题。

　　一般而言,燃油增压泵进口是控制系统中燃油压力最低的部位,应综合考虑此部位的压力及温度要求。例如,若飞机方要求燃油增压泵进口的来油温度最高为

80 ℃,查表 7.5 知此时 RP-3 燃油的饱和蒸气压为 17 kPa,则应考虑一定压力裕度,向飞机方提出油的最低压力要求。

(5) 对燃油热安定性的影响

热安定性又称热稳定性,指燃油在较高温度下,延缓发生分解、氧化和自行催化等反应的能力。

燃油处于高温时会发生氧化、裂解等反应并沉淀出胶质和颗粒物(结焦)。通常认为,RP-3 燃油温度高于 150 ℃左右时,氧化反应加剧;超过 480 ℃左右时,发生分解反应。

温度越高,燃油的热安定性越差,这是控制系统设计中需要考虑的问题。

(6) 对材料相容性的影响

材料相容性指两种材料长期接触而不变质的能力。

与燃油存在相容性问题的材料主要是各类橡胶和铜。镉与燃油并不存在直接的相容性问题,但由于发动机高温部件"镉脆"的原因,也可以认为镉与燃油不相容。

1) 橡　胶

某种橡胶材料对燃油相容性随温度的变化情况如表 7.6 所列。可见,随着燃油温度的升高,橡胶的耐油系数下降,即相容性降低。

表 7.6　燃油温度-橡胶相容性表[2]

燃油牌号	耐油系数	
	120 ℃	150 ℃
新疆 RP-1	—	0.63
胜利 RP-1	0.89	0.48
盘锦 RP-1	0.90	0.53
大港 RP-1	—	0.42
大庆 RP-1(加氢裂解)	—	0.32
潜江 RP-1(加氢精制)	0.93	0.65
大庆 RP-2	0.91	0.76
南阳 RP-2	0.95	0.59
玉门 RP-2	0.88	0.71
长庆 RP-2	0.90	0.70
大庆 RP-3	0.93	0.65
大港 RP-3	0.86	0.41
胜利 RP-3(加氢精制)	0.94	0.69
孤岛 RP-6	—	0.32

燃油与橡胶的相容性低将使橡胶硬化、失去弹性,使可靠性和寿命大大下降,甚至出现裂纹,导致密封失效,这些因素在控制系统内的橡胶材料选用时需要考虑。

2）铜

上文提到,燃油处于高温时会发生氧化、裂解等反应并沉淀出对燃油系统有害的胶质和颗粒物。

需要进一步指出的是,某些金属元素会显著提高燃油的氧化、裂解反应速率,这是由于某些金属元素对燃油反应具有催化作用的缘故。

研究表明,铜、铁、锌、铅等金属均对燃油的热安定性不利。即使铜、铁、锌和铅在燃油中的含量分别低至 15×10^{-6}、25×10^{-6}、100×10^{-6}、200×10^{-6},亦会严重影响燃油的热安定性。其中,铜的影响最为显著,与钛和铝相比,铜可将燃油的沉淀速率提高约 4.6 倍。

从这方面考虑,可以认为铜与燃油的相容性差,因此当燃油温度较高时,对系统中含铜元件的选择应慎重考虑。

3）镉

镉对燃油的氧化、裂解反应无明显催化作用。但镉为低熔点金属（熔点 320 ℃左右）,高温下易融化并进入与之接触的零件基体,使材料脆化进而断裂,此即"镉脆"。故含镉材料通常允许的最高使用温度为 230 ℃,对于强度较高的承力件和长寿命件,其允许使用温度应更低。

控制系统自身虽少有达到"镉脆"的温度环境,但若与燃油接触的元件含有金属镉,则镉磨损后随燃油进入燃烧室、涡轮和尾喷管,存在使上述高温部件发生"镉脆"的可能。

因此,可以认为发动机所用燃油与金属镉不相容。控制系统内与燃油接触的元件禁止使用镉。

(7) 对燃油流动性的影响

液态物质在一定温度、压力条件下将凝固,从而丧失流动性。

燃油的凝固与纯化合物的凝固有很大不同,燃油没有确定的凝固温度（冰点）,所谓"凝固"只是从整体看油液失去了流动性。所以对燃油而言,冰点只是一项表征其低温流动性的指标,具体数值与燃油的化学组成有关。

发动机控制系统基于液态燃油设计,若燃油凝固,则控制系统无法工作,故通常应保证最低燃油温度高于其冰点 5 ℃以上。航空发动机常用的 RP - 3 燃油冰点不高于 −47 ℃,通常要求其最低温度为 −40 ℃。

2. 温度对机械元件的影响

燃油及环境温度变化引起与之接触的机械元件温度变化,从而产生一定影响,需在控制系统设计中考虑以下因素。

（1）热膨胀

温度变化引起热膨胀系数不同的运动副之间间隙变化。间隙变小时，可能造成机械卡紧；间隙变大时，可能造成燃油泄漏。在温度对燃油黏度的影响中提到的高温下齿轮泵容积效率下降问题，热膨胀引起的间隙变化也是其重要原因之一。

温度变化引起热膨胀系数不同的零组件装配关系变化。控制系统中的燃油附件，广泛采用铝合金壳体，而内部零组件多为各种钢。铝合金的热膨胀系数远大于钢，在常温下装配完好的产品，高温时可能因壳体热膨胀而局部松脱，或者使弹簧的预紧力下降。作动筒作为典型的执行部件，内部的活塞大量使用橡胶作为密封件。橡胶的热膨胀系数一般为金属的 10 几倍，温度升高后其压缩量增大，将引起动密封的摩擦力增大。

温度变化引起热膨胀系数不同的基体与表面镀层出现裂纹。某些零件表面通过镀/涂其他材料来增强其性能，若二者热膨胀系数差异较大，在高温与低温的交替变换下，可能会导致零件表面镀层出现裂纹甚至剥落。

热膨胀除负面影响外，也有有益的一面。控制系统中，利用热胀冷缩原理，可实现多种功能。如：利用双金属片的变形补偿上述弹簧预紧力下降问题（压差活门中常用）；利用气体的热胀冷缩实现温度测量（温包原理）；利用材料的热胀冷缩实现开关量控制（温控活门原理）。

（2）强度变化

控制系统中的燃油附件，广泛采用铝合金材料壳体。铝合金在 120 ℃时，其抗拉强度较 20 ℃时下降 13％左右，降低了产品的抗压力冲击能力。

对弹簧而言，强度下降还意味着刚度的下降。对 50CrVA 材料的弹簧进行测试，结果表明：温度从 28 ℃升高到 140 ℃，弹簧刚度下降约 1.6％。

3. 温度对电子、电气元件的影响

燃油及环境温度变化引起与之接触的电子、电气元件温度变化，从而产生一定的影响，需在控制系统设计中考虑以下因素。

（1）电子元器件

环境温度对电子元器件的可靠性影响较大，大量统计数据显示，电子元器件的失效率随温度的升高呈指数增长，环境温度每升高 10 ℃，电子设备的失效率增大 1 倍以上。一般情况下，要求电子元器件的工作环境温度为：工业级，-20～+85 ℃；民用级，0～+70 ℃；军用级，-55～+120 ℃。

（2）电液伺服阀

电液伺服阀是常用的电液转换装置，其性能直接影响控制系统的控制精度，随着燃油温度的升高，电液伺服阀性能下降。

对某型电液伺服阀进行燃油温度试验，结果如表 7.7 所列。

表 7.7 燃油温度对电液伺服阀特性的影响[2]

温度/℃\\项目	25	130
零位漂移/%	±4	±12
额定流量/%	±10	±28
分辨率/%	1	2
滞环/%	2	6
内漏/(L·min^{-1})	0.6	1.4
频响特性/Hz	40	30
滑阀剪切力/N	8.23	7.82

从试验结果看,随着燃油温度的升高,电液伺服阀的零位漂移、额定流量、分辨率、滞环、内漏、频响特性、滑阀剪切力等各项性能指标均有不同程度的下降,从而导致控制系统在高温燃油条件下控制精度恶化。

(3) 电磁阀

电磁阀通过线圈通电后产生的电磁力实现控制功能,该电磁力与线圈电流成正比,但线圈的电阻随温度升高而增大,会导致电流下降。所以为了保证一定的电磁力,当温度升高时,电磁阀正常工作所需的最低电压变大,使电磁阀存在无法正常工作的隐患,降低了控制系统的可靠性。

表 7.8 为某型电磁阀温度试验的结果。

表 7.8 燃油温度对电磁阀特性的影响[2]

温度/℃\\项目	20	100	145
电阻值/Ω	50	66	75
最低工作电压/V	18	22	25

(4) 线位移传感器(LVDT)

控制系统中的 LVDT 用于测量计量活门、伺服作动筒等控制变量的位置,与电子控制器、电液转换元件共同构成闭环控制回路。随着燃油温度的上升,LVDT 的温漂使其精度变差。

选取同批次的两件某型 LVDT 产品进行温度试验,试验结果如图 7.12、图 7.13 所示。可见,随着温度的升高,LVDT 的精度变差,且同批次产品也具有一定的差异性,很难进行精确的温度补偿。

4. 温度限制原则

根据上述对温度的影响分析,为了保证控制系统工作的可靠性,初步提出以下温

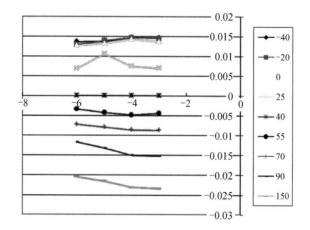

图 7.12 LVDT 温度试验结果之一[2]

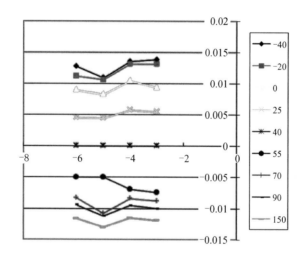

图 7.13 LVDT 温度试验结果之二[2]

度限制原则。

(1) 最低燃油温度限制

为了防止燃油凝固,应限制最低燃油温度高于其冰点 5 ℃以上。

通常,发动机进口(即与飞机来油的接口处)为发动机燃油温度的最低点,故应向飞机方明确提出对飞机来油的最低温度要求。

(2) 最高燃油温度限制

最高燃油温度的限制应考虑以下 3 方面:

① 对飞机来油最高温度的限制,目的是防止燃油增压泵气蚀;

② 对燃油附件工作介质最高温度的限制,目的是保证燃油附件工作的可靠性;

③ 对发动机燃烧室喷嘴前燃油最高温度的限制,目的是防止燃油在喷嘴处结焦。

飞机来油的最高温度限制值:应与压力综合考虑,并与飞机方协调确定,保证温度最高、压力最低时,燃油压力仍高于饱和蒸气压并留有一定裕度。

燃油附件工作介质最高温度限制值:应与燃油附件承制方协调确定。

喷嘴前燃油最高温度限制值:应根据所选燃油的氧化、结焦温度,并考虑发动机喷嘴导致的燃油温升,确定喷嘴前燃油的最高温度限制值。

(3) 环境温度限制

由于控制系统各部件可采用燃油冷却/加温、空气冷却、外部增加防护层等热防护措施,故对环境温度无明确的限制条件,系统设计中将环境温度与热防护方案综合考虑,保证系统在预期的环境温度下能够可靠工作即可。

7.6.2　热防护技术

燃油是热管理系统的主要冷却介质,这就要求发动机控制系统具备良好的耐温能力,能够在较高的燃油温度和环境温度下可靠工作。目前发动机控制系统的燃油附件耐温性能指标为:发动机的燃油进口最高温度为 110 ℃;燃油附件长期工作温度为 150 ℃。为了保证燃油附件长期可靠地工作,需要提高其耐温能力,而耐温能力来源于系统的热防护设计。

热防护指为了提升产品的耐温能力,保证产品正常工作,对极端环境、介质温度采取的防护措施,主要可分为主动热防护和被动热防护。

7.6.1 小节已经介绍了温度对控制系统的影响,并初步提出了对控制系统燃油温度、环境温度的限制原则。由于环境温度需与热防护方案综合考虑,本小节将在7.6.1 小节的基础上,概括介绍发动机控制系统中常用的热防护方法,具体设计方法或实现形式请查阅专业设计资料。

1. 主动热防护

主动热防护方案:环境传入的热量在产品外部结构中被冷却介质吸收、转移,从而降低对产品内部的影响。主动热防护有发汗冷却、气膜冷却和对流冷却等具体形式。发动机控制系统通常采用对流冷却形式实现某些产品的热防护。

(1) 通风冷却

某些产品在结构上设置通风通道,引入外部的冷却空气,实现产品的主动热防护。

(2) 通液冷却

通液冷却有两种形式:一种类似于通风冷却,在结构上设置独立的通液通道,引入外部的冷却液,实现主动热防护;另一种适用于燃油/液压类产品,是利用流经产品的工作介质实现主动热防护。

2. 被动热防护

被动热防护方案主要是环境或介质的热量被产品表面结构辐射出去或者吸收，而不需要冷却介质来转移热量。被动热防护有烧蚀冷却、隔热层、耐高温材料/结构和辐射冷却等具体形式。

（1）隔热屏

如图 7.14 所示，某些安装于发动机高温机匣/筒体上的产品，在产品与发动机之间设置隔热屏，实现对产品的被动热防护。

（2）隔热层

如图 7.15 所示，某些安装于发动机高温部位的产品，在产品外部涂覆隔热涂层或包裹石棉等隔热材料，实现对产品的被动热防护。

图 7.14　隔热屏示意图　　　　　　图 7.15　隔热层示意图

（3）耐高温材料及结构

某些产品，通过选用耐高温材料，合理设计相关结构直接耐受高温环境以及高温工作介质。此项技术是提高产品耐温能力的关键。

发动机控制系统中涉及的具体技术包括但不限于：

① 高温条件下燃油泵抗气蚀设计技术；
② 高温条件下摩擦副及涂覆材料设计技术；
③ 高温条件下滑动轴承设计技术；
④ 高温条件下运动副平衡支撑技术；
⑤ 高温条件下材料选择及热处理适应性技术；
⑥ 高温条件下计量流量补偿设计技术；
⑦ 高温条件下精密活门偶件设计技术；
⑧ 电气元件耐高温设计技术。

7.6.3　系统发热量控制

燃油是热管理系统的主要冷却介质，发动机控制系统除要求具备良好的耐温能力，能够在较高的燃油温度和环境温度下可靠工作外，还要求控制系统降低自身的发热量,将燃油的散热能力尽量留给飞机、发动机的其他系统。

飞机来油温度、环境温度影响控制系统温度,系统自身的机械损失、渗漏损失、压力损失等产生的热量对温度的影响也不可忽略。这些热量被发热处的部件或燃油吸收,将使其温度升高。假设全部发热均被燃油吸收,则燃油的温升(ΔT)可由下式计算:

$$\Delta T = \frac{\Delta W}{\dot{m} \cdot C} \qquad (7.25)$$

式中,ΔW 为损失的功率;$\dot{m}$ 为燃油的质量流量;C 为燃油的比热容。

因此,控制系统设计中需对自身的发热量进行控制。本章列举了控制系统的主要发热源,对其发热机理进行了分析,供控制系统设计参考。

1. 燃油泵机械损失发热

燃油泵负责将传动轴输入的机械能转换为燃油的压力能。在能量转换过程中,由于机械摩擦的存在,一部分能量不可避免地转换为热量,使机械部件及燃油的温度升高。

燃油泵的机械损失以机械效率(η_m)衡量:

$$\eta_m = 1 - \frac{P_m}{P_{in}} \qquad (7.26)$$

式中,P_m 为机械损失功率;P_{in} 为传动轴输入功率。

通常,齿轮泵机械效率为 $0.85 \sim 0.9$,柱塞泵机械效率为 $0.6 \sim 0.85$,离心泵机械效率为 $0.85 \sim 0.95$。

2. 燃油泵渗漏损失发热

燃油泵出口压力高于入口压力,因此燃油泵内部存在从出口到入口的燃油渗漏。渗漏造成的能量损失转换为热量,使机械部件及燃油的温度升高。

燃油泵的渗漏损失以容积效率(η_v)衡量:

$$\eta_v = 1 - \frac{\Delta Q}{Q_i} \qquad (7.27)$$

式中,ΔQ 为渗漏流量;Q_i 为理论流量。

通常,齿轮泵容积效率为 $0.8 \sim 0.9$,柱塞泵容积效率为 $0.92 \sim 0.98$,离心泵容积效率为 $0.75 \sim 0.95$。

3. 燃油压力损失发热

燃油压力可表征燃油蕴含的机械能。当燃油从高压部位流动到低压部位时,压力损失意味着能量的损失,能量损失转换为热量,使机械部件及燃油的温度升高。

对燃油而言,损失的功率(ΔW)为

$$\Delta W = \Delta p \cdot Q \tag{7.28}$$

式中，Δp 为压力损失；Q 为体积流量。

将式(7.23)代入式(7.26)，可得单一油路压力损失产生的燃油温升(ΔT)：

$$\Delta T = \frac{\Delta p}{\rho \cdot C} \tag{7.29}$$

式中，ρ 为燃油密度。

以流经计量活门的 RP‑3 燃油为例，若计量活门进口燃油温度为 20 ℃，计量活门压差为 0.8 MPa，经计算可知，燃油通过计量活门产生的温升约为 0.51 ℃。

压力损失发热的最严重情况通常存在于以齿轮泵为主燃油泵的系统内。下面举例说明。

如图 7.16 所示，某系统以定排量齿轮泵为主燃油泵，为了调节计量油流量，必须设置回油活门将齿轮泵出口的一部分高压燃油回流至进口。系统温度平衡后，可以认为这部分回油产生的热量被计量油吸收、转移至系统外部。

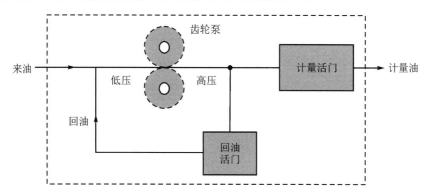

图 7.16 齿轮泵系统示意图

设发动机工作于某高空小表速状态，此时：

① 燃油：RP‑3；

② 计量油流量：2 000 L/h；

③ 回油流量：10 000 L/h；

④ 齿轮泵进出口压差：6 MPa；

⑤ 燃油温度：80 ℃。

计算可知，回油引起的计量油温升约为 17.9 ℃。

4. 电子、电气元件发热

控制系统内的电子、电气元件消耗的电能最终基本转换为热量，使自身温度升高，并可能影响附近的机械部件及燃油温度。不考虑对外做功，电子、电气元件的发热功率通常可近似为其消耗的电功率。

7.6.4　系统热匹配

热管理是系统热分配的顶层设计,是从系统的角度出发,在各子系统或部件之间进行能量的顶层分配与协调,即对系统、部件的热量使用、收集、输运、排散进行协同调配和转化利用,在保证系统安全可靠工作的前提下提高能量利用效率。

控制系统热管理属于发动机整机热管理的一部分,发动机整机热管理则属于飞机综合热管理的一部分,因此,控制系统热管理必须在飞机综合热管理的大环境中考虑。

飞机综合热管理系统以燃油和空气作为主要冷却介质吸收来自飞机和发动机相关系统所产生的热量,也即在燃油和空气之间分配各系统热量,防止发动机燃油温度过高。当飞机高速飞行时,发动机燃油消耗量较大,可以利用燃油充分吸收来自飞机和发动机相关系统所产生的热量,空气的散热比例可减小;当飞机低速飞行时,燃油消耗量较小,可将一定量的发动机热燃油返回飞机油箱或增加空气的散热比例。

因此,发动机控制系统热管理需考虑的内容如下:

① 提升系统自身耐热能力,承受较高的燃油温度,使发动机消耗的燃油能够带走尽可能多的热量;

② 降低系统自身发热量,将燃油的散热能力尽量留给飞机、发动机的其他系统;

③ 通过综合设计,在不同状态下,对飞机、发动机各系统的热量进行分配,实现系统的热匹配。

关于耐温能力和发热量控制,前文已有介绍,本章重点介绍系统热匹配。图 7.17 为考虑了飞机、发动机相关系统影响的控制系统热量传递示意图。

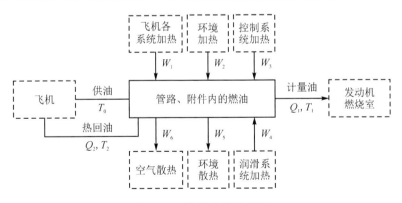

图 7.17　热量传递示意图

对发动机控制系统而言,系统间的热匹配关系可用燃油温度表征:一定温度的燃油自飞机流出后,与飞机、发动机的相关系统进行热交换(既有加热,也有散热),而后热燃油一部分进入发动机燃烧,一部分返回飞机(某些型号无返回飞机的热燃油)。

由能量守恒得

$$\sum W_i = \rho \cdot C \cdot (T_1 - T_0) \cdot Q_1 + \rho \cdot C \cdot (T_2 - T_0) \cdot Q_2 \qquad (7.30)$$

式中，W_i 为各系统与燃油的换热功率（加热为正，散热为负）；C 为燃油的比热容；ρ 为燃油的密度；T_0 为飞机油箱的供油温度；T_1 为进入发动机燃烧室的计量油温度；T_2 为返回飞机油箱的热回油温度；Q_1 为进入发动机燃烧室的计量油体积流量；Q_2 为返回飞机油箱的热回油体积流量。

由式(7.30)可知，系统热匹配就是协调各系统的发热或散热量，使 T_0、T_1、T_2 等温度在所有工作条件下，既不超出限制值，又有利于提高系统整体的能量利用率。

7.6.5　控制系统热管理验证

控制系统的热管理功能应开展附件级、子系统级（控制系统）、系统级（热管理系统）、发动机级等 4 级验证（见图 7.18），验证内容如表 7.9 所列。

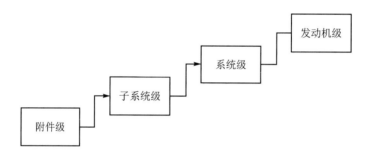

图 7.18　控制系统热管理分级验证示意图

表 7.9　验证内容

验证级别	验证内容
附件级	附件耐介质高温、环境高温能力； 附件高温条件下的功能、性能； 附件高温条件下的寿命和可靠性
子系统级	子系统高温条件下的功能、性能； 子系统匹配性
系统级	系统高温条件下的功能、性能； 系统匹配性
发动机级	热管理系统随整机进行地面、高空台、飞行验证

| 7.7　执行机构技术 |

执行机构是发动机控制系统中的重要环节,电子控制器的控制指令只有通过执行机构才能最终发挥作用。为了适应控制系统向主动控制、智能控制、分布式控制方向发展,对执行机构提出了"多电"和智能化等新要求。多电要求需要执行机构在现有技术基础上,降低对液压、气动和机械部件的依赖,更多地采用电气驱动技术,如电动燃油泵、电力作动器、电动调节器等。智能化要求需要执行机构在现有技术基础上,降低对电子控制器的依赖,能够独立实现一些简单的控制功能,如燃油计量活门的位置控制、导叶驱动作动筒的位置控制等。本节介绍上述新要求涉及的执行机构先进技术。

7.7.1　多电机械液压系统

多电机械液压系统技术是一门用电气化的动力传动系统取代传统机械液压驱动系统的新型技术。随着现代电力、电子技术的高速发展,多电机械液压系统技术已经使现代机械液压系统的面貌发生了深刻变化。

目前,在陆地和海洋,多电车辆和舰船已经进入了实用阶段,并将很快大规模使用,其优良的综合性能已经得到了证实。同时,随着航空技术的不断发展,要求航空发动机具备很高的性能指标、良好的操作性和维修性,且飞机使用了大量消耗电能的各类机载设备,导致其对航空发动机电功率的需求也越来越大,而多电机械液压系统技术的应用为解决上述问题提供了途径,并将引领整个航空工业进入一个全新的技术水平。

1. 多电机械液压系统技术在航空发动机上的应用

20 世纪 90 年代先后以整体启动/发电机技术和主动磁浮轴承技术为突破口,展开了多电机械液压系统技术在发动机技术中的研究,并实施了多电发动机的专项和综合性研究计划,开发和验证了主动磁浮轴承、整体式启动/发电机、分布式控制系统、电动燃油泵、电动滑油泵和电力作动装置等主要系统部件,为研制多电发动机进行了必要的技术筹备。

空客公司通过 A380 的研制,实施了"多电推进系统"计划,以传统发动机为基础,首次将电气反推力系统应用到民用飞机中。大量的飞行数据表明,相对于传统机械液压系统,采用了多电机械液压系统技术的发动机,其性能、质量和可靠性都得到了较大改善。

但需要指出的是,关于多电机械液压系统技术在航空发动机的应用成果较为零散,没有形成严密、有效的技术体系,部分研究还处于摸索阶段,技术成熟度低。

2. 多电机械液压系统技术特点

航空发动机作为飞机的推进装置,同时还需为飞机系统提供电源、环控引气以及液压装置驱动力。对于传统机械液压式的航空发动机,燃油泵、滑油泵以及发电机等附件通过附件机匣提取发动机功率,这种功率提取方式导致发动机结构变得复杂。有了多电机械液压系统技术,在传统机械液压式发动机基础上改进而成的多电发动机,采用内置式整体启动/发电机为发动机和飞机提供所需的电源,采用全电气化传动附件取代机械液压式传动附件,采用分布式控制系统取代集中式全权限数字电子控制系统,并且采用电力、电气驱动的方式驱动燃油泵、滑油泵和作动器等机械液压部件。

多电机械液压系统技术的应用不仅带来了航空发动机结构上的改动,同时也让航空发动机呈现出以下优点:

① 取消了液压系统,提高了发动机的可靠性、安全性,降低了结构的复杂性,减轻了发动机的质量并减少了安装和使用费用;

② 使用安装在发动机轴上的内置式整体启动/发电机,能够获得更高的功率,取消了功率提取轴、减速器和附件机匣,减小了发动机的迎风面积,降低了发动机的启动功率,特别是低温条件下启动;

③ 使用主动磁浮轴承系统,无须润滑和密封,减少了冷却系统,取消了润滑和密封结构,从而减轻了发动机的质量;

④ 使用电气驱动代替发动机引气系统,降低了引气系统的复杂程度;

⑤ 采用主动控制,减小了叶尖间隙,提高了部件与发动机的效率;

⑥ 因磁浮轴承能耐受更高温度,可根据需要,将其布置在接近燃烧室或涡轮的部位,使发动机结构更紧凑;

⑦ 降低了控制系统的复杂性,提高了可靠性,降低了寿命期成本;

⑧ 通过各类智能装置进行自检和诊断,降低了发动机的维修成本。

数据显示,多电机械液压技术在航空发动机的应用,能使发动机的成本降低15%,燃油费用降低5%,电气元件减少35%,电缆减少40%,附件质量减轻40%,并节省安装时间60%,可靠性提高20%,维护费降低5%。

总体而言,采用电力系统取代复杂机械系统的多电机械液压技术,可大大增强系统的功能性并降低系统的复杂程度,减轻系统的质量,节约成本,提高系统性能,优化系统的结构,以及获得更高的可靠性、维修性和安全性。

在竞争激烈的航空领域,多电机械液压系统的优势显得尤为重要,必须加快对多电机械液压系统技术的研究和应用。

3．多电机械液压系统关键技术

（1）整体启动/发电机技术

目前，美国和欧洲都在研究内置式整体启动/发电机，其为集启动机和发电机功能于一体的电机。在发动机稳定工作前作为电启动机工作，将发动机带转到一定转速，在发动机供油点火燃烧并进入稳定工作状态后，发动机反过来带动电机，使其成为发电机，向飞机和发动机用电设备供电。由于内置式整体启动/发电机直接安装于发动机转子轴上，取消了附件机械传动部分，使得发动机的质量大大减轻，迎风面积减小，同时也易于获得更大的电功率。该新技术的应用大大减轻了机载设备的质量，能满足现代飞机对功率电源的需求，因而是发动机附件的一个重要发展趋势。

内置式整体启动/发电机不仅需解决高温铁磁材料制作、涡流损失控制、电磁屏蔽、高可靠性和强容错能力问题，易于实现多余度的不中断供电问题，以及与发动机的综合控制等问题，而且还需具备对负载控制、状态检测、故障隔离及系统重构等能力。

（2）磁浮轴承技术

磁浮轴承利用电磁力，通过控制系统使得旋转轴的中心位置位于轴承作动器中心。由于主动磁浮轴承采用非接触式轴承，取消了滑油润滑系统、冷却系统和密封系统，简化了机械和空气动力设计，降低了轴承系统的复杂性，减轻了发动机的质量。由于轴与轴承间的摩擦力和磨损较小，使得发动机的尺寸减小，驱动力降低，维护成本较低，可靠性得到了改善。

主动磁浮轴承的关键基础技术包括：能适应高温环境下稳定工作的位移传感器；能在高温环境下保证线圈不会出现短路的绝缘材料；消除发动机和飞机上大量使用的电子设备带来的电磁干扰等。

（3）电动燃油泵技术

传统航空发动机增压泵和燃油泵均安装于附件机匣上，由发动机附件传动齿轮箱驱动，通过附件机匣从发动机转子上提取功率，这种功率提取形式下，其转速与发动机的转速直接相关。在某些飞行状况下，燃油泵所提供的供油量远大于发动机所需的油量，为保证根据发动机需求提供准确的燃油流量，需使燃油泵多余的燃油重新流回至燃油箱，导致了功率的损耗及油温的升高，同时也增加了燃油冷却装置，导致发动机附件结构复杂、质量大，可靠性及效率偏低。

具有智能控制器的电动燃油泵的驱动电机的转速与发动机的转速无关，可根据发动机的需要，通过电子控制器直接调整燃油泵的转速和燃油阀的位置，以获得发动机实际需求的燃油量，而无需或最大程度地减少燃油流回，这样既省掉了传动结构和相应的润滑系统，也降低了燃油控制系统的复杂性，同时，还提高了发动机的可靠性。

小型轻质化的变流量电动燃油泵和高精度可控步进电机的研制为其技术难点。

电动燃油泵技术国内外研究现状、工作原理及结构特点、控制方案等内容将在7.7.2 小节重点进行介绍。

（4）智能燃油计量装置技术

近年来，电子计算机技术的飞速发展，多电机械液压系统技术的广泛应用，推动了智能控制技术的迅猛发展。

智能燃油计量装置与传统燃油计量装置相比，其优势主要在于可实现流量自闭环，减轻了主控制器的控制任务，使主控制器可更多地进行控制算法等方面的工作。到目前为止，智能燃油计量装置尚未达到实际工程应用阶段，仍有几大关键技术需要突破。

智能燃油计量装置国内外研究现状、工作原理及结构特点、控制方案等内容将在7.7.3 小节重点进行介绍。

（5）智能作动装置技术

随着多电机械液压系统技术的迅猛发展，智能作动装置应运而生，其主要将电子控制器中进行作动的相关模块与作动装置进行集成。目前国外已开展了智能作动装置的研究及应用，主要应用在民用的大型飞机的舵面控制等方面，如 B787 飞机上的ACE（作动电子控制器）和 REU（远程电子控制装置）。国内逐步开展了相关基础研究，主要也在飞机舵面的作动控制方面，相关单位开展了理论样机的研制。

传统航空发动机所采用的作动装置需要独立液压源，可靠性差、易污染、质量重、维护性差，且通常都有泄漏的问题，当作动系统出现故障时，难以判断作动器的故障原因。采用智能作动技术，结合数字电子和控制系统容错设计技术，智能作动装置的工作状态、性能衰减都能够实时监测，在故障出现时能进行有效的识别和隔离，从而进一步提高了可靠性。由于智能作动装置使用的功率源为电力源，使得其对安装位置的要求更灵活，更易于使用和维护。

智能作动装置的工作原理、结构特点、关键技术等详细内容将在 7.7.4 小节重点进行介绍。

7.7.2　电动燃油泵

电动燃油泵是多电发动机的重要部件。电动燃油泵的优越性早已被公众认知，并在汽车和微型车等领域得到了广泛应用，但在航空发动机上却一直未能得到推广应用。其主要原因是：与地面上的电动燃油泵不同，航空用电动燃油泵具有可靠性好、功率密度高、响应快、流量测量和控制精度高及流量变化范围宽等要求。电动燃油泵目前的技术瓶颈是电机转动惯量大、动态响应性差，加之电机的温度升高，严重影响了电机效率。针对航空多电发动机用电动燃油泵特殊的工作环境和要求，国内外专家和学者就众多关键技术开展了研究，并取得了多项成果。

1.　电动燃油泵功能

电动燃油泵是一种机电液一体化的液压动力元件，其基本功能是为发动机提供连续不断的规定压力和流量的燃油。飞行过程中，电动燃油泵接收飞行员的指令（油门位置)信息和外界条件(高度、马赫数等)信息,按一定规律将一定流量和压力的燃油供给发动机燃烧室,保持或改变发动机工作状态。

2. 电动燃油泵工作原理及其结构

航空发动机用电动燃油泵系统主要由控制器、功率变换器、容错电机、燃油泵(齿轮泵、离心泵或组合泵等)、流量和温度传感器及其他相关液压元件组成。

如图 7.19 所示,航空发动机控制系统根据发动机当前工作参数,计算发动机所需燃油量,然后输出控制命令给电动燃油泵控制器,电动燃油泵控制器采集流量传感器和温度传感器的反馈信息计算出燃油泵输出的实际流量,经过比较计算,输出控制信号控制电机转速(转速闭环可使电机转速得到精确控制),从而使燃油泵按设定的转速运行,燃油泵供出的流量经过喷嘴等必要的液压元件后,输送到发动机燃烧室。

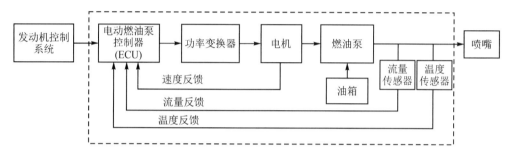

图 7.19　电动燃油泵供油系统原理图

目前电动燃油泵绝大部分为永磁有刷直流电动机带动泵结构,部分电动泵为了提高进口压力,采用二级泵。电动泵在出口处有限压溢流阀,当压力超过某一设定值时,进出口油路连通,使出口保证在一定压力之内。

飞机上的电源均为直流电源,因此驱动电机采用直流电动机。在自动控制系统中,常使用伺服电机作为执行元件。直流伺服电动机有永磁式和电磁式两种结构形式。电动燃油泵根据其结构特点一般采用改变电枢电压的方式对直流伺服电动机进行调速。

电动燃油泵供油特性主要取决于直流电机和转子泵的工作特性,应对二者的特性结合起来一同分析。由永磁直流电机和内啮合齿轮泵组成的电动燃油泵的燃油调节特性如图 7.20 所示。

变速组合泵能解决燃油调节器回油和燃油温度升高的问题,使发动机功率匹配更加合理,有效提高发动机的效率。变速组合泵可由变频高速低惯量电动机提供动力,启动过程中不受转速限制,能根据发动机状态需求随时调节电机转速,使出口压力满足燃油雾化要求。小流量状态工作时,可降低驱动电机转速,使出口压力等于负载所需值,无节流损失,提高了效率。如图 7.21 所示,在设计点 A 工作时,对应设计流量 Q_s 的压力 p_s 正好等于负载,A 点无压力损失。在 Q_1 点工作,则转速 n 时,泵

的供给压力为 p_1',而负载所需压力为 p_1,必将造成节流损失、效率降低、燃油温升提高。此时将转速由 n 降至 n_1,则泵的出口压力 p_1 正好等于负载所需压力,无节流损失,效率相对提高,燃油温升减小。若在 Q_2 点工作,效果更好。

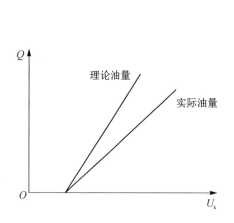

图 7.20　电动燃油泵的燃油调节特性

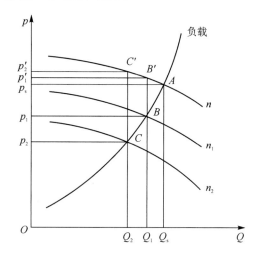

图 7.21　电动燃油泵流量压力特性曲线

3. 电动燃油泵的特点及关键技术

电动燃油泵与传统发动机燃油泵截然不同的驱动方式可以为航空发动机带来许多独特的技术优势,技术特点主要如下:

① 系统结构简单,空间使用少,布局灵活;
② 可简化传动机匣,减轻发动机的质量;
③ 控制方式简捷,控制精度高,抗污染强;
④ 燃油系统转速与发动机解耦,避免了小流量系统温升难题;
⑤ 降低机械磨损概率,提高可靠性和使用寿命。

结构方面,相对传统航空发动机增压泵和燃油泵,电动燃油泵直接由驱动电机提供功率,可根据发动机的需要调整电机和燃油泵的转速,实现按需供油,基本无须回油,故省去了复杂的机械传动结构、相应的润滑系统及额外的冷却装置,使发动机附件结构更加简单,节省了发动机上的安装位置,同时大幅减轻了系统的质量。

性能方面,由于电动燃油泵是主动供油,供油迅速,故可改善航空发动机的启动特性;实现按需供油,避免回油导致的燃油发热及功率浪费和温度升高,提高了发动机效率;电传操纵和电力操纵更容易协调、控制及故障辨识,易于与多电发动机匹配;电动燃油泵降低了系统的复杂性,同时提高了发动机的功率密度和可靠性。

不论电动燃油泵的供电电压是否下降,必须保证控制器发出的控制命令唯一对应一个物理的燃油流量(控制命令与电动燃油泵的流量一一对应)。对于采用变电压调速的直流伺服电机来说,就是无论外界负载如何变化,加在电机两端的端电压 U_a 与转速 n 都存在着一一对应的关系。通过对电动燃油泵供油特性的分析得知,在燃烧室压力波动,并且在电池的供电电压不断下降的情况下,实现控制命令与电动燃油泵的流量一一对应,进而保证电动燃油泵的供油调节特性曲线的重复性非常好。不考虑油泵进出口压力对容积效率的影响(容积效率的变化可由发动机控制系统的上位机进行调整),在测得电机转速的情况下,采用传统的转速负反馈控制方案即可以解决上述问题。然而,电动燃油泵由于其结构特点,很难直接测得电机转速,因此需要采取其他间接的方法对电机的转速进行控制。

关键技术主要包括以下几类。

(1) 可靠的电机技术

为了达到可靠性的要求,航空电动燃油泵的驱动电机必须具备很强的容错性能,比如:

① 电机不允许存在会导致危险的单一故障;

② 一切可能引起空中发动机停车的情况,其故障率必须小于 $10^{-7}/\mathrm{h}$;

③ 可能引起后续故障的不可测故障率要小于 $10^{-8}/\mathrm{h}$。

针对航空发动机对高可靠性如此严格的要求,国内外许多专家和机构对多种电机方案进行了研究,主要有开关磁阻电机和永磁容错电机。

开关磁阻电机具有容错性好、结构简单、成本低、装配容易等优点。但其缺点也很突出:

① 电机存在较大不可避免的转矩波动;

② 只能半周期工作,不利于效率和功率密度的提高。

因此开关磁阻电机在航空领域的应用受到限制。

为了克服开关磁阻电机的缺点,国外提出了永磁电机。永磁电机同样具有很好的容错性,但其在兼顾到容错设计时转矩密度会有所下降。

研究人员对两者进行了比较,得出结论:永磁电机尽管由于容错设计导致其转矩密度适当降低,但仍然大于开关磁阻电机的转矩密度,所以永磁电机更能胜任对功率密度要求很高的航空领域。

目前,永磁容错电机以其显著的优点成为目前航空用电动燃油泵驱动电机的首选,同时国内外许多学者也在从事新型电机的研究,如双凸极永磁电机、轴向磁场电机及超导电机等。

(2) 电机控制系统的余度容错技术

电动燃油泵兼具流体控制和运动控制两大特点,故其控制技术比较复杂。航空用电动燃油泵控制系统要满足高可靠性要求,主要有两种技术途径:一种是冗余技术,另一种是容错技术。

1) 双余度永磁电机控制系统

余度技术指的是通过为电机系统增加多项资源(硬件与软件),并对多项资源进行科学合理化管理,达到提高产品和系统可靠性的方法。余度技术系统分为双余度和多余度(双余度以上),双余度系统比较常用。余度控制的实现一般通过两种形式:冷备份和热备份。在电机的余度控制系统中,为了提高系统的利用率,一般采用双余度、热备份的控制方式。

虽然冗余技术可以使飞机电力系统具有容错特性,但其实质是通过增加资源备份的方式来实现可靠性的,资源备份会导致系统体积大、质量重、利用率低等问题,与航空发动机对高推重比、高功率密度的要求相悖,因此限制了其在航空领域的应用。

2) 非备份式永磁容错电机控制系统

永磁容错电机本体不仅拥有一般永磁电机体积小、功率密度大等优点,还具有很强的容错能力及磁、电、热和物理隔离能力。近年来,两种容错算法得到广泛关注及发展。一种是通过分析磁链、电流和转子位置之间的关系,利用查表的方式进行故障辨识和容错控制,该控制算法具有简单、易实现数字化的优点,但未能处理好故障后的输出转矩脉动;另一种是最优转矩控制,该算法不仅可以实现容错,还可实现电机铜耗和转矩脉动最小化,但要经过迭代计算,算法复杂。其中基于电流直接控制法的容错控制系统,在电机某一相绕组或功率管发生短路、断路故障时,无须硬件故障辨识及软件算法的切换就可实现系统的强容错功能,且保持电机的输出转矩及转速的平均值不变。对双余度永磁电机控制系统和非备份式永磁容错电机控制系统在利用率、故障隔离、体积、质量等方面进行比较,非备份式永磁容错电机控制系统在航空领域具有重要的应用价值和广阔的应用前景。

(3) 满足全流量范围内的流量精确测量及控制技术

电动燃油泵要满足按需供油要求,必须在全流量范围内对燃油的质量流量实现快速、精确的测量与控制。要实现流量控制,最直接有效的方法是通过流量测量,设计反馈闭环控制系统。流量测量装置可以采用具有较高精度和实时性的压差式流量传感器,并加入接触式温度传感器对体积流量进行修正。电动燃油泵流量的控制是通过对电机的转速调节来实现的,在设计面向多电发动机全流量范围的电动燃油泵流量控制策略时,要保证其在各控制流量下都具有规定的稳态和动态精度,除正常工作的流量控制规律,还包括流量控制器失效时的备份控制技术以及小流量工况下的流量精确控制技术。

(4) 电动燃油泵一体化结构设计技术

航空用电动燃油泵一体化结构的设计将直接影响到其功率密度及可靠性,设计时应遵循追求小型化、减轻系统质量、提高功率密度及便于系统巧妙布局等原则。在一体化结构设计时,电机与泵之间的驱动方式一般为直驱方式。与带有减速器的驱动方式相比,直驱方式可以简化密封,提高可靠性和寿命。

电动燃油泵一体化结构设计技术包括:

① 针对多电发动机对质量及体积的要求,结合给定的电动燃油泵技术参数要求,通过研究匹配的电机选型和外部控制技术,考虑散热结构壳体的高功率密度、高

可靠性一体化电动燃油泵设计技术。

② 研究面向多电发动机总体结构的电动燃油泵系统集成和优化设计方法，如电机功率密度和系统质量、可靠性的优化与分配、各部分接口与一体化设计方法。

（5）电动燃油泵冷却技术

由于电机温度升高会严重影响电机效率、寿命及其可靠性，为此必须对其进行冷却，一般冷却方式采用循油冷却，即通过流道里的介质油带走电机转动产生的热量。

电动燃油泵冷却技术主要包括：

① 冷却流道的设计，这对电机泵的散热及电机磁场的分布影响很大。

② 泵内温度场、电磁场分布的数值模拟技术。研究、分析主要结构参数对热、磁性能的影响规律。

7.7.3 智能燃油计量装置

航空发动机是一个复杂的非线性系统，要求的控制量越来越多，其控制系统越来越复杂。发动机控制技术逐步由简单的机械液压控制、机械液压＋电子控制，发展到现代航空发动机采用的全权限数字电子控制（FADEC）技术，并逐步向智能控制方向发展。

近年来，电子计算机技术的飞速发展，数字电子控制技术的广泛应用，推动了智能控制技术的迅猛发展。智能执行机构主要包括智能作动装置和智能燃油计量装置。本节重点介绍智能燃油计量装置。

1. 智能燃油计量装置的功能

燃油计量装置是控制系统中的重要部件。传统的燃油计量装置的主要功能是：接收发动机控制器的指令，控制计量活门移动或旋转，从而输出一定的燃油流量，供给燃烧室燃烧。

智能燃油计量装置在实现传统燃油计量装置基本功能的基础上，通过自带控制器实现流量闭环控制、自检、与主控制器通信等功能，概括起来有以下几点：

① 具有流量闭环控制功能；

② 接收主控制器的指令，完成相应控制功能；

③ 具有信号处理、故障检测、故障处理功能；

④ 具有为内部传感器提供激励电源的功能；

⑤ 具有自检功能；

⑥ 具有通信功能；

⑦ 具有将电能转换为液压能的功能；

⑧ 具有应急切断燃油流量的功能。

2. 智能燃油计量装置的组成及工作原理

传统的燃油计量装置一般由计量活门、压差回油活门、电液转换装置、位移传感器等组成,电液转换装置是其核心部件,一般采用电液伺服阀或高速占空比阀。

智能燃油计量装置的组成一般包括两个部分:一个是伺服控制器,另一个就是燃油计量阀。伺服控制器是其区别于传统燃油计量装置的显著特点。

现介绍电动燃油计量装置的组成及工作原理。

电动燃油计量装置的组成如图 7.22 所示。

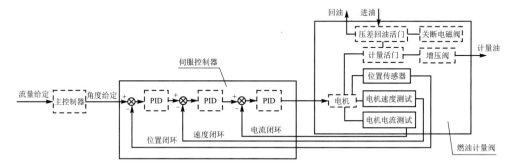

图 7.22　电动燃油计量装置的组成

其工作原理是:燃油计量阀的进口接收外高压泵供给的高压燃油,出口为计量后燃油,多余燃油从回油口返回。燃油计量采用定压差式流量计量方式,压差回油活门用于保证计量活门前后的压差恒定,以使流量与旋转计量活门的位置成线性关系。

主控制器发出控制指令给伺服控制器,伺服控制器驱动电机,电机旋转带动旋转计量活门打开一定角度,旋转计量活门的位置由位置传感器反馈给伺服控制器,从而实现燃油流量的闭环控制。

3. 关键技术

智能燃油计量装置与传统燃油计量装置相比,其优势主要在于可实现流量自闭环,减轻了主控制器的控制任务,使主控制器可更多地进行控制算法等方面的工作。到目前为止,智能燃油计量装置尚未到实际工程应用阶段,仍有如下关键技术需要突破:

① 高精度燃油计量活门组件的设计、制造技术;

② 低转速高转矩力矩电机设计、制造技术;

③ 角度位置伺服控制系统(伺服控制器、有限转角力矩电动机、高分辨率光电编码器或旋转变压器)设计、制造和试验技术。

7.7.4　智能作动装置

航空发动机作动装置主要是用于发动机可变导叶角度、喷管喉道面积和矢量喷管角度控制的机械装置。航空领域主要的作动装置是将电气部件、液压部件、机械部件与作动筒集成在一起的集成式作动装置,主要包括电液作动装置(EHA)、电动作动装置、带液压备份的电液作动装置(EBHA)。目前航空发动机作动装置主要应用的是电液作动装置。

随着分布式控制技术的迅猛发展,智能作动装置应运而生,其主要任务是将电子控制器中进行作动的相关模块与作动装置进行集成。目前智能作动装置的研究及应用,主要集中在民用大型飞机的舵面控制方面,如 B787 飞机上的作动电子控制器(ACE)和远程电子控制装置(REU),并逐渐在军用战斗机的舵面控制方面应用。随着高温元器件技术的不断成熟,智能作动装置将会在航空发动机上得到广泛应用。

本小节针对智能作动装置的工作原理、结构特点、关键技术进行说明。

1. 智能作动装置的功能

智能作动装置在实现传统作动装置基本功能的基础上,自带控制电子单元,可将所有必要的闭环回路和状态报告功能集于一身,同时可进行本地故障检测。智能作动装置的功能概括起来有以下几点:

① 具有位置闭环控制功能;
② 接收主控制器的指令,完成相应控制功能;
③ 具有信号处理、故障检测、故障处理功能;
④ 具有为内部传感器提供激励电源的功能;
⑤ 具有自检功能;
⑥ 具有通信功能。

2. 智能作动装置的组成及原理

智能作动装置按执行机构分类可分为电液作动装置和电动作动装置。其中电液作动装置主要包含以下几种:传统液压作动装置、直接驱动式电液作动装置、电静液作动装置。

(1) 传统液压作动装置

该装置使用传统电液伺服阀。传统伺服阀采用一个电驱动力矩马达偏转产生液体压力差以驱动阀芯,通过阀芯的液压放大功能,控制作动筒运动。其中主要包括电液伺服阀、作动筒、检测元件以及控制器。

(2) 直接驱动式电液作动装置

该装置采用直接驱动阀控制作动筒运动。直接驱动阀采用电驱动马达或其他方式直接驱动阀芯。相对传统电液伺服阀取消了液压驱动级,解决了困扰电液伺服阀已久的抗污染能力差的问题,并具有结构简单、可靠性高等特点。其中主要包括直接驱动液压阀、作动筒、检测元件以及控制器。

(3) 电静液作动装置

该装置内部有独立的液压源、电动机(一般为直流电机)、液压泵、液压阀组、作动筒。由电机带动定量泵、控制泵的转速,从而控制泵输出的压力和流量,由泵输送到作动筒活塞,最终达到控制作动筒位移输出的目的。其运动方向及速度通过双向电机进行调节。电静液作动装置具有电动机控制灵活和液压输出压力大的双重优点,由于无须使用中心液压油源,去掉了长长的管路和机械机构,减轻了液压系统的质量,提高了安全性,改善了维修性。其中主要包括电机、液压泵、作动筒、检测元件以及控制器。

(4) 电备份液压作动装置

电静液作动装置与传统液压作动装置结合可形成双余度的电备份液压作动装置。

(5) 电动作动装置

电动作动装置直接由电机驱动,完全取消了液压源。电机带动减速器,经减速后通过滚珠丝杠转换为输出杆的直线位移,并依靠内部的位置传感器形成闭环控制(见图 7.23)。机电作动器结构紧凑,便于安装,工作效率高,无污染,系统可靠性高,便于维护。其中主要包括电机、丝杠、作动筒、检测元件以及控制器。

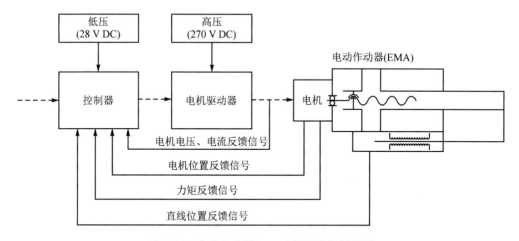

图 7.23 电动作动器(EMA)闭环控制原理图

3. 关键技术

目前基于多电技术的智能作动装置发展主要为电动作动装置(EMA),在航空发动机上的应用主要需要解决高温电子元器件、电机技术、驱动控制技术、机械传动技术问题。其中高温电子元器件、电机技术、驱动控制技术与电动燃油泵等装置相同。

机械传动技术主要解决(齿轮副)-蜗轮-蜗杆、齿轮-齿条、齿轮副-丝杠3种机械传动链的设计、制造技术问题,提高传动效率、工作可靠性、机构抗负载能力。

7.7.5　高频响燃油计量阀

流体传动技术是指利用压力流体产生、控制和传递动力的技术,而以矿物油、水和乳化液等液体作为工作介质的流体传动技术称为液压传动技术。液压技术主要是由于武器装备对高质量控制装置的需要而发展起来的。随着控制理论的出现和控制系统的发展,液压技术与电子技术的综合日臻完善,从而产生了广泛用于武器装备的高质量电液控制系统(高响应能力、高精度、高功率、高质量比和大功率的控制系统)。

1. 高频响数字式开关控制阀

高速开关阀只有两种工作状态,即开和关。对高速开关阀施加一系列幅值、频率相同(即采样周期恒定)的脉宽调制信号,使输出流量平均值与调制脉宽占空比成比例,从而控制下一级执行元件。其计算机编程方便、控制精度高、系统结构简单紧凑、价格低廉、对污染不敏感、抗干扰能力好,在某些特定领域(汽车的 ABS、发动机电喷系统)应用良好。

数字式控制是指控制信号的主要部分在进行处理和运算过程中,以数字量的形式来运行的控制形式。数字阀直接与计算机接口连接,无需 D/A 转换器,与伺服阀、比例阀相比,具有结构简单、工艺性好、工作稳定可靠、抗干扰及抗污染能力强、重复性好、功率小、价格低廉等优点。因此,数字阀的研发受到国内外液压/气压界的广泛关注,并相继开展这方面的研究。

采用数字式控制时要对脉冲控制信号进行调制。按调制的参数不同,调制可分为以下几种:脉宽调制 PWM(Pulse Width Modulation)、脉幅调制 APM(Pulse Amplitude Modulation)、脉码调制 PCM(Pulse Code Modulation)、脉频调制 PFM (Pulse Frequeney Modulation)和脉数调制 PNM(Pulse Numerieal Modulation)。

现阶段应用最成熟的脉宽调制(PWM)型数字开关阀的控制系统框图如图 7.24所示。由微型计算机产生脉宽调制的脉冲序列,经脉宽调制放大器放大后驱动数字开关阀,即高速开关阀,控制流量或压力。由于作用于阀上的信号是一系列脉冲,所

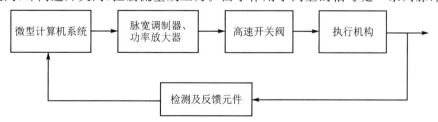

图 7.24　脉宽调制(PWM)型数字开关阀的控制系统框图

以高速开关阀也只有与之对应的快速切换的"开"和"关"两种状态,而以开启时间的长短来控制流量。在闭环系统中,由传感器检测输出信号反馈到计算机中形成闭环控制。

目前,用于 31.5 MPa 以下的高速数字开关阀,空载频响在 0.2 ms 以下;31.5 MPa 时频响在 2 ms 以下,达到了目前的最好水平。PWM/PNM 电液控制系统已逐渐推广应用,但电液数字阀仍处于试验研究阶段。

2. 高频响比例控制阀结构及原理

超高速电液比例直动式先导阀可单独使用于小流量控制环境,而直动式先导阀、叠加式单向节流阀和主控阀三者组合可为液压控制系统提供较大的控制流量。超高速比例阀在结构设计上为了防止预期系统压力的较大波动,在直动式先导阀与主控阀之间装有两个叠加式单向节流阀,用来调节超高速电液比例阀入口或者出口的压力,改善其动态性能。

对于小流量的电液比例控制环境,可仅采用超高速电液比例直动式先导阀控制。由于直动式先导阀运动部件惯性小,因此其响应速度较高,达到 350 Hz 以上。同时,因为先导阀阀芯开口度较小,使得其输出流量较小,在 40 L/min 左右。

对于需要大流量控制的液压环境,一般需要采用超高速电液比例直动式先导阀作先导控制,利用先导输出油液压力推动主控阀阀芯运动,从而打开阀口,输出流量。由于采用先导控制,运动部件较多,因此其响应速度一般不高,接近 100 Hz。但由于主控阀阀口开度较大,使得该液压控制阀输出流量较大,超过 300 L/min。

超高速电液比例阀控制原理如图 7.25 所示,输入信号电压 u_i 经放大器放大处理后,加载到控制线圈,载流线圈连同推力线圈骨架在永磁体产生的恒定磁场中,受到电磁力作用,与先导阀复位弹簧共同推动先导阀阀芯运动,产生与控制信号电压成比例的位移 x_p,导致先导阀阀口打开。当电磁力、弹簧力和先导阀液动阻力达到瞬态平衡时,先导阀阀口保持一定的开度,从而输出相应的先导流量。

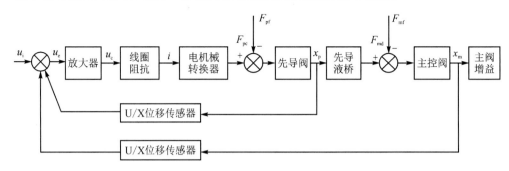

图 7.25　超高速电液比例阀控制原理图

先导阀阀芯和主控阀阀芯分别由两个位移传感器检测位置误差,然后转换成信号电压,补偿到输入信号电压 u_i,作为纠偏电压。经放大器处理后驱动动圈式电-机械转换器,以确保先导阀和主控阀阀芯都保持在所需要的正确位置。这样整个超高速电液比例阀由双闭环控制,从而提高了比例阀的响应速度和控制精度。

载流线圈连同推力线圈骨架在磁场中所受电磁力的大小和方向,取决于线圈中控制电流 i 的大小和方向。这样由线圈电流励磁,减小了磁回路中涡流的影响。动子无铁芯,从而使动子质量变轻,动态特性也有保证。另外,通过改变输入电压信号的方向,来改变线圈组件所受电磁力的方向,并控制先导阀阀芯或者主控阀阀芯的运动方向,从而实现超高速电液比例阀的方向控制功能。

超高速电液比例阀能实现液压控制系统流量方向和流量的控制功能,满足电液比例控制系统高速、高精度、大流量、低成本和抗污染的综合要求。超高速电液比例阀采用动圈式电气-机械转换器作为驱动装置,阀芯位置电反馈,控制性能很好,某些性能指标达到甚至还超过了电液伺服阀,在其他性能上也优于常规电液比例阀。另外,与传统电液伺服阀不同,其中不存在喷嘴一类的细小节流口,因此抗污染能力强,无需高成本的过滤措施,工作可靠性高。

3. 压电直动式伺服阀

压电效应根据电能、机械形变间的相互转换方向分为正压电效应与逆压电效应,它是因为压电材料电对称中心在晶体结构上不重合而产生的。按照晶体的群论来说,并不是每一种晶体都具有压电效应,晶体必须是 20 种点群的晶体之一才具有压电效应。当对电荷重心中心不重合的晶体材料施加力的作用,并使之发生形变,迫使晶体点群中电荷重心产生相对运动时,于晶体内部形成电势差,然后材料相对应的表面会形成等量相反的电荷,为正压电效应。相对地,若材料相对应的表面加载电压,使其产生电势差,迫使晶体点群中内部电荷重心产生相对运动而引起晶体形变的过程为逆压电效应。

压电器件作为阀体驱动器是随着压电材料性能大幅度提高而发展起来的。随着对响应速度快、控制精度高的电液伺服阀需求的增加,各国都在积极研制具有高速精密性能的电液伺服阀。由于压电驱动器具有快速响应、易于控制以及控制精度高的特点,因而成为高速精密电液伺服阀前置级驱动器(即电气-机械转换器)的首选。应用于伺服阀的压电驱动器主要有双压电晶片型驱动器和压电叠堆型驱动器两种,双晶片型主要用于喷嘴挡板阀,而压电叠堆型主要用于直接驱动式伺服阀。

直动式电液伺服阀是利用电气-机械转换器的输出力或位移直接驱动电液伺服阀的功率级滑阀,实现流体的伺服控制。压电陶瓷具有极高的能量密度,单位体积的输出力很大,每平方厘米大约能够产生 3 500 N 的力。通常力矩马达的输入电流为 $10\sim30$ A,输出力矩为 $0.02\sim0.06$ N·m;力矩马达的输入电流为 $150\sim300$ mA,输出力为 $3\sim5$ N。可以看出压电驱动器与力或力矩马达相比具有相当的优越性。

压电型直动式电液伺服阀具有如下的特点。

(1) 频响高

压电体的响应时间仅为几十微秒,频宽上万赫兹,加上合理的位移放大机构,其输出的频响可以达到几千赫兹。

(2) 分辨率高

压电驱动器的位移输出具有极高的分辨率,可以达到亚纳米级(10~100 nm)。对应操作电压的任意微小增量就会有一个相应的位移输出。压电驱动器通常用来作为精密驱动元件,因而由其控制的直动式电液伺服阀功率级滑阀可以达到非常高的位移分辨率,结合高精度的位移传感器以及高分辨率电源可以达到很高的控制精度,进而实现对流量、压力的精密伺服控制。

(3) 结构简单可靠

电液伺服阀常用的电磁马达为力矩马达,其结构由永磁体、线圈、导磁体以及非磁性体等构成,结构比较复杂,中间环节多。压电驱动器是通过逆压电效应将电能直接转换为机械能,没有中间环节,结构简单可靠。

(4) 抗污染能力强

直动式电液伺服阀采用前置级驱动器直接驱动滑阀的结构形式,省去了传统二级阀的液压先导部分。由于传统二级阀的液压先导级通常采用喷嘴挡板结构,对油液的清洁度要求非常高,最为频繁的故障为喷嘴堵塞,其可靠性大为降低,维护费用较高。压电型直动式电液伺服阀采用压电驱动器直接驱动滑阀,因而具有抗污染能力强的特性。

(5) 对外界不产生电磁干扰

一些精密昂贵的军用器材、仪器、航空器材等,对电磁干扰的要求极其严格,微小的电磁干扰也会导致整个系统的运行障碍。若采用电磁驱动形式,势必要增加干扰防护措施,加大了系统的复杂程度。压电型直动式电液伺服阀具有无电磁干扰、不受电磁干扰的特性,大大拓宽了应用场合。

| 7.8 传感器技术 |

航空发动机全权限数字式电子控制(FADEC)是现代战机飞行和推进系统综合控制的发展趋势,它主要运用计算机系统强大快速的数字运算能力和逻辑判断来实现系统控制。与传统的机械液压式控制系统相比,它具有更加可靠、先进的特点;另外,它也增加了控制的多样性,通过它的作用提高了对飞行以及综合系统的控制能力。传统传感器的模拟信号使用时为输出状态,整个飞行和推进综合系统的传感器输入信号能够超过30路,这种状况下中央处理器将花费巨大的资源用于模拟信号的数据处理以及故障诊断,严重地削弱了数字控制系统的优势。智能传感器运用在航空控制系统中,它不仅发送/接收数字信号,而且还要完成信号的采集和处理、故障自诊断、故障容错等工作。FADEC 系统的引入可以将繁重的低级任务进行分化,腾出了大量 CPU 资源来执行更加复杂和精确的控制算法和监控管理。传感器是信息系统最前端的作为获取信息的十分重要的工具,可以说整个系统质量的好坏,主要依赖于传感器特性的好坏和输出信息的可靠性。

7.8.1　概　述

1. 传感器的组成

传感器一般由敏感元件、转换元件、基本电路三部分组成。从信号与系统的角度讲,传感器就是一个系统,如图 7.26 所示。传感系统一般是连续时间系统。我们又将其理想化为线性时不变系统。

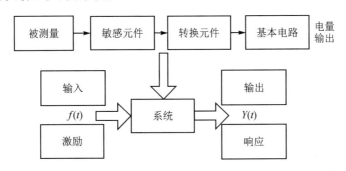

图 7.26　传感器与系统的关系

在工程应用中,任何测量装置性能的优劣都要以一系列的指标参数衡量,通过这些参数可以方便地知道其性能。这些指标又称为特性指标。传感器的特性主要是指输出与输入之间的关系。它通常根据输入(传感器所测量的量)的性质来决定采用何种指标体系来描述其性能。

当被测量(输入量)为常量或变化极慢时,一般采用静态指标体系,其输入与输出的关系为静态特性;

当被测量(输入量)随时间较快地变化时,则采用动态指标体系,其输入与输出的关系为动态特性。

2. 传感器的一般性能要求

传感器的一般性能要求包括:

① 线性度,输入和输出之间应具有较好的线性关系;

② 噪声小,并且具有抗外部噪声的性能;

③ 滞后、漂移误差小;

④ 动态特性良好;

⑤ 接入测量系统时对被测量产生的影响小;

⑥ 功耗小,复现性好,有互换性;

⑦ 防水及抗腐蚀等性能好,能长期使用;

⑧ 结构简单,容易维修和校正;

⑨ 低成本,通用性强。

3. 传感器技术指标

(1) 基本参数指标

① 量程指标:量程范围、过载能力等;

② 灵敏度指标:灵敏度、分辨力等;

③ 精度有关指标:精度、误差、线性、迟滞、重复性、灵敏度误差、稳定性;

④ 动态性能指标:固有频率、阻尼比、时间常数、频率响应范围、频率特性、临界频率、临界速度、稳定时间等。

(2) 环境参数指标

① 温度指标:工作温度范围、温度误差、温度漂移、温度系数、热滞后等;

② 抗冲击、振动指标:容许各向抗冲击、振动的频率、振幅及加速度所引入的误差;

③ 其他环境参数:抗潮湿、抗介质腐蚀能力,抗电磁场干扰能力等。

(3) 可靠性指标

工作平均寿命、平均无故障时间、保险期、疲劳性能、绝缘电阻、耐压及抗飞弧等。

(4) 其他指标

主要包括:

① 使用有关指标。

② 供电方式(直流、交流、频率及波形等)、功率。各项分布参数值、电压范围与稳定度等。

③ 外形尺寸、质量、壳体材质、结构特点等。

④ 安装方式、馈线电缆等。

4. 现有传感器的分类

(1) 按被测物理量分类

① 位移传感器(线位移、角位移);

② 速度传感器(线速度、角速度);

③ 加速度传感器(线加速度、角加速度);

④ 压力传感器(重力、应力、力矩);

⑤ 频率传感器(周期、计数、统计分布);

⑥ 温度传感器(热容、气体速度、涡流);

⑦ 光传感器(光通量与密度、光谱分布);

⑧ 湿度传感器(水气、水分、露点)。

(2) 按传感器工作原理分类

① 电阻式传感器;

② 电容式传感器;

③ 电感式传感器;

④ 电压式传感器;

⑤ 霍尔型传感器;

⑥ 光栅型传感器;

⑦ 光电型传感器;

⑧ 热电偶传感器。

下面将对航空涡扇发动机上经常使用的 3 种类型传感器——光电式、压电式和电容式传感器进行介绍。

7.8.2　光电式传感器

1. 概　述

光电式传感器(photoelectric sensor)是基于光电效应的传感器,其采用光电元件作为检测元件,把被测量的变化转换成光信号的变化,然后借助光电元件进一步将光信号转换成电信号。

光电式传感器的测量对象有可见光、不可见光。其中,不可见光主要有紫外线、近红外线等。

光电测量时不与被测对象直接接触,光束的质量又近似为零,在测量过程中不存在摩擦,对被测对象几乎不施加压力。因此,光电式传感器相较于其他传感器,具有非接触、体积小、质量轻、灵敏度高、功耗低、便于集成等优点。

2. 原　理

(1) 光电效应

按照粒子说,光可以认为是由一定能量的粒子(光子)所组成的。当某一光子照射到对光敏感的物质上时,它的能量可以被该物质中的某个电子全部吸收。电子吸收光子的能量后,动能立刻增加,如果动能增大到足以克服原子核对它的引力,就能迅速飞逸出金属表面,成为光电子,形成光电流。单位时间内,入射光子的数量越多,飞逸出的光电子就越多,光电流也就越强,这种由光能变成电能自动放电的现象,叫光电效应。

通常,光电效应分为三类,即外光电效应、内光电效应和光生伏特效应。

（2）外光电效应

光照射于某一物体上，使电子从这些物体表面逸出的现象称为外光电效应，亦称为光电发射。逸出来的电子称为光电子。

可以通过爱因斯坦光电方程来量化分析外光电效应，公式如下：

$$\frac{1}{2}mv^2 = h\gamma - \varphi \tag{7.31}$$

式中 m——光电子质量；

　　　v——光电子逸出物体表面时的初速度；

　　　h——普朗克常数，为 6.626×10^{-34} J·s；

　　　γ——入射光频率；

　　　φ——光电子逸出功。

根据爱因斯坦的假设，一个光子的能量只能给一个电子，因此一个光子将全部能量（$h\gamma$）传给物体中的一个电子，使电子能量增加 $h\gamma$，这些能量一部分用于克服逸出功 φ，一部分作为电子逸出时的初始动能 $E = \frac{1}{2}mv^2$，即

光子能量＝逸出一个电子所需的能量（逸出功）＋被发射电子的初始动能

公式如下：

$$h\gamma = \varphi + E \tag{7.32}$$

当材料选定后，光的波长需小于某一临界值（即光的频率大于某一临界值）时电子才能逸出（发射），临界值即极限波长和极限频率。临界值取决于材料特性，而发射电子的能量取决于光的波长，而非光的强度。只要光的频率高于材料的极限频率，光的亮度无论强弱，电子的产生几乎都是瞬时的。光的强度越大，逸出的电子数量越多，电路中的光电流也越大。

（3）内光电效应

当光照射物体表面时，使其导电性能发生改变，这种现象称为内光电效应，亦称为光电导效应。内光电效应的原理是物体受到光的照射，内部的受束缚电子受到激发，从而使物体的导电性能发生变化。光照的强度越大，被激发的电子数越多，这是与外光电效应的本质区别。许多半导体材料，例如硫化镉、硫化铟、硫化铅、硒化镉、硒化铟等，在光照的条件下都会出现电阻下降的现象，可以制成常用的光电器件——光导管，又称光敏二极管。

（4）光生伏打效应

当物体受到光的照射时，内部的电荷分布状态发生变化，产生电动势和电流的现象，称为光生伏打效应，简称光伏效应。从原理上来讲，光生伏打效应属于内光电效应。例如，光照射到 PN 结上时，产生电子-空穴对，在 PN 结内电场的作用下，空穴移向 P 区，电子移向 N 区，从而使 P 区带正电，N 区带负电，P 区和 N 区之间产生电压，即光生电动势。也就是说，光照使不均匀半导体或半导体与金属结合的不同部分

产生电位差的现象,其经历了光能量转化为电能量,继而形成电压的过程。如果两种材料连通,就会形成电流的回路。

具有光伏效应的材料有硅、硒、硫化镉、硫化镓等。光伏材料是能将太阳能转化为电能的材料,利用该材料可以制成各种光电池,因此光伏材料又称太阳能电池材料。

（5）光电器件

基于不同类型的光电效应,可以制成不同的光电转化器件,即光电器件。常用的光电器件有光电管、光电倍增管、光敏电阻、光敏二极管、光敏晶体管、光电池等。

1）光电管

光电管是基于外光电效应制成的光电转换器件。光电管的典型结构是将球形玻璃壳抽成真空,在内半球面上涂一层光电材料作为阴极,球心放置球形或环形金属作为阳极。当入射光照射在阴极时,光子的能量传递给阴极表面的电子,当电子获得的能量足够大时,就可能克服材料对它的束缚,逸出金属表面,发射电子。当入射光的频率高于此阴极材料的极限频率时,逸出电子的数量取决于光的强度,即光通量。光通量越大,逸出的电子数越多。

当在光电管的阳极和阴极之间施加正向电压时,从阴极表面逸出的电子被具有正向电压的阳极吸引,在回路中形成电流,光电流 I_ϕ 正比于光电子数,继而正比于光通量。

光电管分为真空光电管和充气光电管。

真空光电管由封装于真空管内的阴极和阳极组成,如图 7.27 所示。当入射光照射到阴极上时,光电子从阴极发射到真空。在电场的作用下,光电子在极间做加速运动,最后被阳极接收。

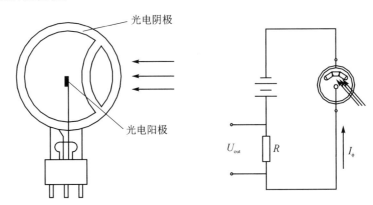

图 7.27　光电管典型结构

充气光电管由封装在充气管内的阴极和阳极组成。其与真空光电管的区别是,光电子在电场的作用下向阳极运动时与管中的气体原子碰撞而产生电离现象。由电离产生的电子和光电子一起被阳极接收,正离子反向运动被阴极接收。因此,在回路中产生数倍于真空光电管的电流。其缺点是工作过程中灵敏度衰减较快,原因是正离子轰击阴极使阴极的结构破坏。

2）光电倍增管

光电倍增管是进一步提高光电管灵敏度的光电转换器件,具有放大光电流的作用,线性度好,多用于微光测量,如图 7.28 所示。

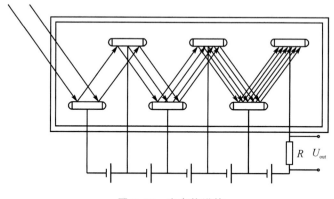

图 7.28　光电倍增管

光电倍增管内除阴极和阳极外,两极之间还放置多个倍增电极。使用时,相邻倍增电极之间均施加电压,以加速电子运动。当入射光照射到阴极上后,释放出光电子,在电场的作用下射向第一倍增极,引起光电子的二次发射,逸出更多的光电子。在电场的作用下,移向下一个倍增极,继而又逸出更多的光电子。如此递增,直到最后到达阳极。假设每个倍增极的倍增率固定为 δ,级数为 n,相较于光电管回路电流增大 δ^n 倍。

光电倍增管有两个缺点:一是灵敏度因强光照射或照射时间过长,导致降低;二是每个倍增极的阴极表面灵敏度不均匀。

3）光敏电阻

光敏电阻是基于内光电效应制成的光电转换器件。光敏电阻是通常采用硫化镉等半导体材料制成的特殊电阻器。这些半导体材料在特殊波长（频率）的光照下,阻值会迅速减小。这是因为光照产生的载流子参与导电,在电场的作用下运动,电子移向电源的正极,空穴移向电源的负极,使光敏电阻的阻值迅速下降。

光照越强,阻值越低。随着光照强度的增大,电阻值迅速减小。光照消失,电阻值逐渐恢复至原值,呈高阻状态。光敏电阻对光的敏感性（光谱特性）与人眼对可见光（波长 $0.4 \sim 0.76~\mu m$）的响应很接近,只要人眼可感受的光,均会引起它的阻值变化。

通常,光敏电阻制成薄片结构,以便吸收更多的光能。为了获得更高的灵敏度,光敏电阻的电极常采用梳状图案（见图 7.29）。但是,光敏电阻的响应速度较慢,例如:硫化镉光敏电阻从光照跃变开始到稳定电流的时间约为 $100~ms$。

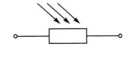

图 7.29 光敏电阻

4）光敏二极管

光敏二极管又称为光电二极管,如图 7.30 所示。在结构上,它与普通二极管类似,主要区别是管芯是一个具有光敏特性的 PN 结。光敏二极管具有单向导电性,在电路中处于反向偏置状态,工作时需施加反向电压。

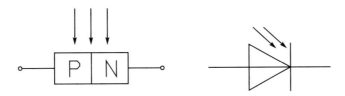

图 7.30 光敏二极管

在无光照射的条件下,光敏二极管的反向漏电流很小,处于截止状态,反向电流亦称为暗电流。当受到光照时,反向漏电流增大,形成光电流,光电流与入射光的强度成正比。

光敏二极管的工作原理是,当光照射到 PN 结上时,使 PN 结中产生电子-空穴对。在反向电压的作用下,发生漂移,使反向电流增大。

5）光敏晶体管

光敏晶体管又称为光敏三极管,是一种双极型晶体管,采用两个 PN 结,以便获得电流增益,如图 7.31 所示。在结构上,光敏晶体管与普通三极管类似,主要区别是集电极电流不只受基极电路和电流控制,同时也受光照强度的控制。

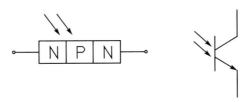

图 7.31 光敏晶体管

光敏晶体管的工作原理是当具有光敏特性的 PN 结受到光的照射时,形成光电流。由此产生的光电流由基极进入发射极,继而在集电极回路中产生一个放大了 β 倍的电流。因此,与光敏二极管相比,光敏晶体管具有很高的灵敏度。

6）光电池

光电池是基于光生伏特效应制成的光电转换器件,是一种在光的照射下能够产生电动势和电流的半导体元件。

光电池的工作原理是在光的照射下半导体的 PN 结产生新的电子-空穴对,电子和空穴在电场的作用下分别移向两极,形成附加电动势。如果光照是连续的,经短暂的时间,PN 结两侧可以建立一个稳定的光生电动势。

光电池的种类很多,常用的有硒光电池、硅光电池、砷化镓等。可以直接把太阳能转化为电能的光电池,称为太阳能电池。其较少受地域的限制,具有安全可靠、无污染、无噪声等优点,广泛用于航天、通信、气象、交通、家用电器等领域。

3. 应 用

(1) 火焰检测

发动机的点火系统用于在启动、加力接通等条件下点燃主燃烧室和加力燃烧室的燃气混合气。作为控制系统的关键部分,点火系统的可靠性和点火的成功率,直接影响着发动机的工作可靠性,对保证飞机的飞行安全具有重要意义。

由于点火系统的特殊性,常规的检查方法仅可以在发动机停止运行的状态(静态)下进行,很难在运转过程中对点火系统的故障或点火是否成功进行检查。火焰的检测,是一种可以判断点火成功与否、间接判断点火系统故障的有效手段。

目前,火焰检测有多种方法,例如红外检测,其易受到外界的干扰。而基于紫外技术的火焰检测具有较强的抗干扰能力,已经开始应用到发动机的控制系统当中。

图 7.32 紫外火探器外形

紫外火焰探测器(简称紫外火探器)的敏感元件是紫外光电管,如图 7.32 所示,是基于内光电效应制成的光电转换器件。

紫外火探器由玻璃壳体、充入的气体、阳极和光电阴极组成,其工作原理如图 7.33 所示。当火焰中的紫外线穿过玻璃壳体照射到光电阴极上时,部分阴极中的自由电子吸收光子的能量。当能量足够大时,自由电子就能够克服材料对其的束缚,逸出阴极表面,形成光电子。在阳极、光电阴极之间施加的电场的作用下,光电子以极高的速度碰撞它周围的气体分子,使气体分子电离。电离后的电子被阳极、光电阴极之间的电场加速并以极大的能量继续电离其他气体分子,最终射向阳极;而气体分子电离后产生的正离子,在电场的作用下也被加速,撞向光电阴极。这一过程循环往复,在阳极和光电阴极之间就会迅速形成较大的电流。

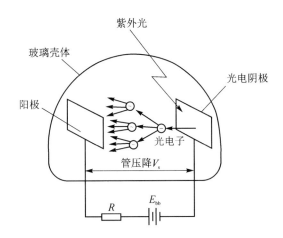

图 7.33　紫外火探器工作原理

紫外火探器具有灵敏度高、工作可靠等优点,在发动机上主要用于燃烧室火焰强度的探测。某型紫外火探器的主要技术指标如表 7.10 所列。

表 7.10　某型紫外火探器的主要技术指标

序　号	指标名称	技术指标
1	响应光谱	$1\,900 \sim 2\,600$ Å
2	工作电压	±24 V,$3\,000 \sim 4\,000$ Hz 方波
3	输出电压	$10 \sim 50$ V 交流信号

注:1 Å$=10^{-10}$ m。

(2) 转速测量

转速是表征发动机状态的一个重要参数。在控制系统中,作为被控量,不仅需要对转速进行监视,而且转速测量结果亦作为发动机控制的一个重要输入,用于控制指令等的计算。

发动机转速信号是通过转速传感器进行测量的。作为控制的基准环节,传感器的工作特性,例如精度、稳定性、线性度等要求较高,其性能直接关系到控制系统的性能,即控制效果。

转速传感器的类型较多,常用的有频率式和感应式。近几年,随着光电传感器技术的逐步发展,以及其所具有的线性度好、分辨率高、精度高的优点,光电式转速传感器开始应用到控制系统中。

光电式转速传感器是基于光敏二极管的工作原理制造的一种感应接收光强度变化的电子器件。当它发出的光被目标反射或阻断时,则接收器感应出相应的电信号。它包含调制光源、光敏元件等组成的光学系统、放大器、开关或模拟量输出装置,其工作原理如图 7.34 所示。

光电式转速传感器由独立且相对放置的光发射器和接收器组成。当被测物体通过光发射器和接收器之间并阻断光线时,传感器输出信号。

被测物体安装在发动机上,与发动机的传动部件相连,转速与发动机转速成固定的比例。当发动机运转时,被测物体同步转动。被测物体通常被称为测速齿轮,一般结构如图 7.35 所示。

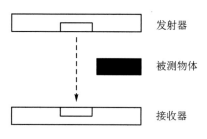

图 7.34　光电式转速传感器工作原理

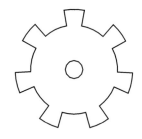

图 7.35　测速齿轮结构示意图

光电式转速传感器测试系统框图如图 7.36 所示。当发动机运转时,测速齿轮随之转动。齿轮上的齿牙通过传感器,传感器输出矩形脉冲。通过处理电路,对脉冲进行计数,最终实现转速的测量。

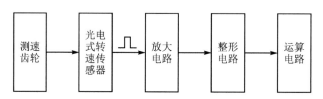

图 7.36　光电式转速传感器测试系统框图

发动机的转速 N 的计算公式如下:

$$N = \frac{i \cdot 60}{m} \tag{7.33}$$

式中　N——发动机转子转速,单位 r/min;

　　　i——光电式转速传感器测量的脉冲频率;

　　　m——测速齿轮的齿数。

7.8.3　压电式传感器

1. 概　述

压电式传感器是基于压电效应的传感器,是一种自发电式和机电转换式传感器。它的敏感元件由压电材料支撑。压电材料受力后表面产生电荷。此电荷经电荷放大器和测量电路放大及变换阻抗后就成为正比于所受外力的电量输出。

按照压电式传感器用途分类,压电式传感器可用于力、压力、速度、加速度、振动等许多非电量的测量等。压电式传感器的优点是频带宽、灵敏度高、信噪比高、结构简单、工作可靠和质量轻等。缺点是某些压电材料需要防潮措施,而且输出的直流响应差,需要采用高输入阻抗电路或电荷放大器来克服这一缺陷。

2. 原　理

压电传感器中的压电元件是利用压电材料制成的。它以压电晶体受外力作用在晶体表面上产生电荷的压电效应为基础,以压电晶体为力电转换器件,将力、压力、加速度和扭矩等被测量转换成电信号输出。压电传感器的工作原理是以某些介质的压电效应为基础的。压电效应是指某些电介质物体,在沿一定方向对其施加压力和拉力而使之变形后时,内部会产生极化现象,同时在其表面上就会产生电荷。当将外力去掉后,它们又重新回到不带电的状态。因此,压电效应是可逆的。

压电关系表达式:$Q = d \times F$,其中:d,压电常数;Q,当压电晶体受外力作用时,两表面产生等量的正、负电荷;F,作用力。

压电式传感器应用最多的是测力,尤其是对冲击、振动加速度的测量。据统计,在众多形式的测振传感器中,压电式加速度传感器约占 80%。下面以压缩型压电式加速度传感器为例来说明其工作原理。图 7.37 为压缩型压电式加速度传感器的结构原理图。压电元件一般由两块压电片(石英晶体或压电陶瓷片)串联或并联组成。在压电片的两个表面上镀银,并在银层上焊接输出引线,或在两压电片之间夹一片金属薄片,引线焊接在金属薄片上。输出端的另一根引线直接与传感器基座相连。质量块放置在压电片上,它一般采用密度较大的金属钨或高密度合金制成,以保证质量且减小体积。为了消除质量块与压电元件之间、压电元件自身之间因加工粗糙造成的接触不良而引起的非线性误差,并保证传感器在交变力作用下正常工作,装配时须对压电元件施加预压缩载荷。图 7.37 中所示就是利用硬弹簧对压电元件施加预压缩载荷的。也可以通过螺栓、螺母等对压电元件预加载荷。静态预载荷的大小应远大于传感器在振动、冲击测试中可能承受的最大动应力。这样,当压电片受力上移时,质量块产生的惯性力会使压电元件上的压应力增大;反之,当压电片受力下移时,质量块产生的惯性力会使压电元件上的压应力减小。

为了衡量压电式加速度传感器性能的优劣,通常引出灵敏度的概念。压电式加速度传感器的灵敏度是指传感器的输出电量(电荷或电压)与输入量(加速度)的比值:$K_q = q/a$,其中,K_q 为电荷灵敏度($C \cdot s^2/m$);q 为压电传感器输出电荷量(C);a 为被测加速度(m/s^2)。

以上是按压电元件的理想等效电路求得的,实际上还应考虑放大器的输入电容 C_i、连接电缆的分布电容 C_c 等的影响。

影响压电式传感器性能的主要参数包括以下几点:

① 压电常数是衡量材料压电效应强弱的参数,它直接关系到压电输出的灵敏度。

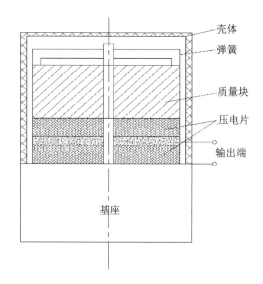

图 7.37　压缩型压电式加速度传感器的结构原理图

② 压电材料的弹性常数、刚度决定着压电器件的固有频率和动态特性。

③ 对于一定形状、尺寸的压电元件,其固有电容与介电常数有关;而固有电容又影响着压电传感器的频率下限。

④ 在压电效应中,机械耦合系数等于转换输出能量(如电能)与输入的能量(如机械能)之比的平方根;它是衡量压电材料电能量转换效率的一个重要参数。

⑤ 压电材料的绝缘电阻将减少电荷泄漏,从而改善压电传感器的低频特性。

⑥ 压电材料开始丧失压电特性的温度称为居里点温度。

压电传感器产生的电荷量甚微,输出信号非常微弱,而且内阻很高,不能直接记录和显示,压电传感器只有与合适的测量电路相连接,才能组成一个完整的测量系统。由于压电传感器的内阻极高,因此通常应当将传感器的输出信号输入到测量电路的高输入阻抗前置放大器中变换成低阻抗输出信号,然后再送到测量电路的放大、检波、数据处理电路或显示设备。由此看来,压电传感器测量电路中的关键部分是前置放大器,而这个前置放大器必须具有两个功能:一是放大,把压电传感器的微弱信号放大;二是阻抗变换,把压电传感器的高阻抗输出变换为前置放大器的低阻抗输出。

3. 应　用

压电传感器的种类很多,迄今为止,压电传感器已应用于工业、军事和民用等各个领域。它不但可以测单向力,还可以对空间多个力同时进行测量。压电式传感器应用范围广泛,可用于力、压力、速度、加速度、振动等许多非电量的测量,可以做成测力传感器、压力传感器、振动传感器、位移传感器、加速度传感器等。

7.8.4 电容式传感器

1. 概 述

电容式传感器是利用电容器原理,将非电量转化为电容量,进而转化为便于测量和传输的电压或电流量的器件。电容传感器与其他类型的传感器相比,具有测量范围大、精度高、动态响应时间短、适应性强等优点,在位移、压力、厚度、振幅、液位、成分分析等的测量方面得到了非常广泛的应用,是一种具有良好发展前景的传感器。

典型的电容式传感器由上下电极、绝缘体和衬底构成。当薄膜受压力作用时,薄膜会发生一定的变形,因此,上下电极之间的距离发生一定的变化,从而使电容发生变化。

2. 原 理

电容式传感器也常常被人们称为电容式物位计,电容式物位计的电容检测元件是根据圆筒形电容器原理进行工作的,电容器由两个绝缘的同轴圆柱极板内电极和外电极组成,在两筒之间充以介电常数为 e 的电解质时,两圆筒间的电容为

$$C = 2\pi eL/\ln(D/d) \tag{7.34}$$

式中,L 为两筒重合部分的长度;D 为外筒电极的直径;d 为内筒电极的直径;e 为中间介质的介电常数。在实际测量中,D、d、e 是基本不变的,故测得 C 即可知道液位的高低,这也是电容式传感器具有使用方便、结构简单、灵敏度高、价格低等特点的原因之一。

电容式传感器是以各种类型的电容器作为传感元件,由于被测量变化将导致电容器电容量变化,通过测量电路,可把电容量的变化转换为电信号输出。测知电信号的大小,可判断被测量的大小。这就是电容式传感器的基本工作原理。

3. 应 用

(1) 滑油磨粒检测

飞机发动机的异常摩擦、磨损会在滑油中产生大量的磨粒,通过对飞机滑油磨粒的检测,能及时监测发动机的故障状态,为发动机的故障诊断提供有效参考信息。中国民航大学何永勃、徐斌等人设计了一种基于电容传感器的飞机滑油磨粒检测系统。

系统以 MSP430 型号 MCU 为核心控制器,以交流电桥作为电容检测电路。将电容传感器上的两个电容器分别接入交流电桥的一侧桥臂上,测试前,通过调节另一侧桥臂的可调阻抗使其处于平衡状态。由 MSP430 控制信号发生器产生正弦激励信号,经调幅后加载在预先调至平衡状态的交流电桥两端,为其提供激励源。无滑油磨粒流经电容传感器时,电桥处于平衡状态;有滑油磨粒经过电容传感器时,产生电

容变化,电桥不再平衡。交流电桥电容检测电路完成 C/V 转换,输出电势差。该电势差经差分放大及二次可调放大处理后,送至模拟乘法器进行相敏解调,解调后的信号再经过低通滤波处理去除高频信号后,即可得到因电容变化引起的实际输出电压信号。通过对输出电压进行分析,能及时判断滑油磨粒的信息,进而为故障预测提供有效的参考。系统总体框架如图 7.38 所示。

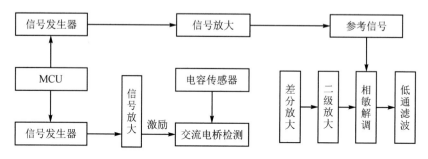

图 7.38 系统总体框图

滑油磨粒流经电容传感器时引起的电容变化非常小,且电容式传感器易受到外界干扰。因此,在设计时要考虑到一些因素,如减少边缘效应的影响,注意传感器的接地与屏蔽,减少杂散电容和寄生电容的影响等。系统设计了一个弧状极板式电容传感器,结构如图 7.39 所示,将两块弧状极板贴在圆柱形塑料绝缘管的外壁上,则两块极板间将形成一个电容器。本传感器中有两个电容器,极板 M/N 形成一个电容器,极板 P/Q 形成另一个电容器,两个电容器分别接到交流电桥一侧的桥臂上。为减小外部电磁场干扰,在电容传感器的外表面再加上一层圆柱形屏蔽罩。

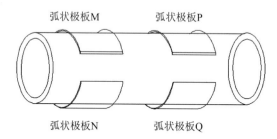

图 7.39 弧状极板式电容传感器结构图

该设计采用交流电桥法,使用方便,测量精度较高。在如图 7.40 所示的交流电桥示意图中,Z_1 表示图 7.39 中由 M、N 极板形成的电容 C_1 的阻抗;Z_2 表示图 7.39 中由 P、Q 极板形成的电容 C_2 的阻抗;Z_3、Z_4 为可调阻抗,用于电桥平衡调节。滑油磨粒流经 M、N 极板时,$C_1 > C_2$;流经 P、Q 极板时,$C_1 < C_2$;未流经极板时,可认为 $C_1 = C_2$。因此,当有滑油磨粒流经电容传感器时,C_1 和 C_2 之间的差值也在不断变化,电桥不再处于平衡状态。这种差分接入形式可有效减少外部干扰的影响,保证测量结果的准确性。信号发生器产生的 500 kHz 正弦信号作为交流电桥的激励源,当

电桥处于平衡状态时,图 7.40 中桥臂 a、b 两点之间无电势差;当有滑油磨粒流经电容传感器时,Z_1、Z_2 值将发生变化,电桥平衡被打破,图 7.40 中桥臂 a、b 两点之间将产生电势差。

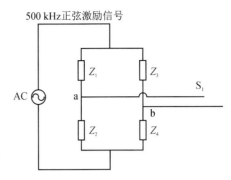

500 kHz正弦激励信号

图 7.40　交流电桥示意图

(2) 叶尖间隙测量

叶尖间隙对发动机的性能影响很大。因为随着叶尖间隙的增大,发动机输出动力也会显著下降,这将直接导致发动机的效率下降。所以为了提高发动机的性能和效率,就要使转子叶尖间隙尽可能小;然而,叶尖间隙过小将引发叶片与机匣之间的摩擦,致使转子叶片和机匣两者均受到损伤,同时影响发动机整体的运转安全。因此,必须对叶尖间隙进行实时监测,通过对高速运转的叶片与机匣之间的叶尖间隙分布情况的分析,控制叶尖间隙使其最佳,同时还可以对可能出现的故障进行诊断,这对提高发动机的性能和保障其安全来说都是非常重要的。

采用电容式传感器对叶尖间隙进行测量,其依据的基本原理是安装在机匣上的测头中心电极构成可变电容器的一个极板,转子叶尖构成可变电容器的另一个极板。可变电容器的电容值随着叶尖间隙变化而变化。

图 7.41 为基于电容法的叶尖间隙测量系统结构示意图。首先在机匣开孔,用于安装电容传感器,电容传感器的探头与叶片顶端构成可变电容器的两极,当叶尖间隙发生变化时,电容器的电容值随之改变。需要注意的是,在此结构中叶片尖端必须接地。叶片尖端可以通过密封装置、轴承与试验件壳体、齿轮系统等连接。

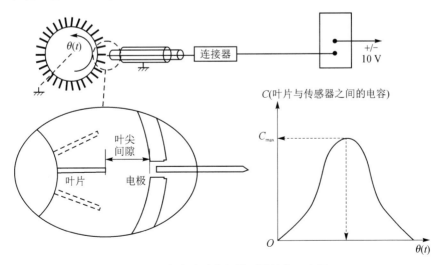

图 7.41　电容式叶尖间隙测量结构示意图

据有关资料报道,国外一般用调频式电容法测量压气机(或涡轮)与机匣的间隙。工作原理是:叶尖与探头电极之间的间隙发生变化引起电容变化,进而引起振荡频率的变化,这一变化信号对原载波信号进行频率调制,调频后的信号由振荡器输出,通过电缆送到信号处理器,最后将间隙的变化变成阶梯信号输出。

D. Muller 等人开发了一套以调频式电容技术为基础的叶尖间隙测量系统。探针的开发、系统集成和校准由 Te Chniche Group Ltd 完成,模拟电路部分由 Fylde 电气实验室完成,矿物绝缘电缆和柔性电缆由 Bice Thermoheat Lat 公司开发。校准技术的开发、测试方案、系统在燃气涡轮发动机上的测试以及数据评价由 BMW Rolls-Royce Gmbh 完成。经过多台发动机上的试验得出:发动机测量间隙不确定度优于 ± 0.06 mm,涡轮探针经过 100 h 严格试验后没有表现出明显的机械疲劳迹象,可用于发动机的压气机和涡轮叶尖间隙测量。

电容传感器具有高温工作能力,探头使用温度可达 1 350 ℃,成为目前间隙测量的一种有效手段。目前已被 RR、GE、PW、BMW-RR、ABB、NASA 等大量用于航空发动机涡轮间隙测量。但是电容法使用通道的可比造价较高,应采取措施降低成本。

(3) 热障涂层检测

随着喷涂技术的发展,涂层越来越多地被喷涂在金属或非金属的表面,用以增强器件的性能,延长器件的使用寿命;但涂层的厚度在很大程度上决定了涂层的使用效率,成为衡量涂层健康状况的主要指标之一。由于热障涂层陶瓷层的非导电性,使得许多利用电导率进行检测的方法均无法达到检测涂层厚度和缺陷的目的。随着无损检测技术的发展,平面电容传感器已越来越多地应用于复合材料和多层非金属材料缺陷的检测中;通过测量传感器的等效电容值及其变化量,可以得到材料的厚度以及材料因损伤而带来的介电常数等属性的变化,从而实现涂层厚度和缺陷的检测。

平面电容传感器普遍用于检测谷物的含水量、电缆绝缘层的破损等。平面电容传感器的电极均位于同一平面,利用电场线穿透待测物进行检测,具有单边渗透、穿透深度和信号强度可调、不损伤待测物等优点。

平面电容传感器是基于边缘电场检测原理的电容传感器,最简单的平面电容传感器是由两个电极放在同一平面上构成的。对其中一个电极施加激励,另一个电极上便会感应出一定的电荷,即产生感应电压,图 7.42 为平行板电容转变成平面电容的过程。

平面电容的结构有很多种,有圆盘型、回字型、圆电极叉指型、矩形交叉指型等。国防科技大学的代守强等人选择矩形交叉指型的电极结构作为传感器的电极。矩形交叉指型平面电容传感器的结构如图 7.43 所示,传感器由驱动电极、感应电极和保护电极组成。当给驱动电极施加一定的电压时(见图 7.44(a)),由于驱动电极与感应电极之间存在电势差,电场线会从驱动电极流向感应电极(见图 7.44(b)),当电极下方的检测物的属性发生变化(厚度的变化或缺陷的出现)时,会影响电场线的流向和分布,从而使感应电极上感应的电荷发生变化。通过测量感应电极电压的变化,就

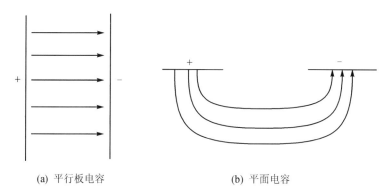

(a) 平行板电容　　　　　　　　(b) 平面电容

图 7.42　平面电容的形成示意图[3]

可以间接地检测出检测物属性的变化。

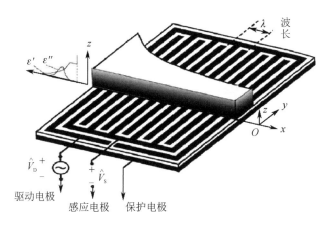

图 7.43　矩形交叉指型电极平面电容传感器结构示意图[3]

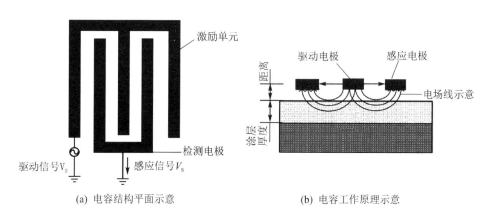

(a) 电容结构平面示意　　　　　　　(b) 电容工作原理示意

图 7.44　矩形交叉指型电极平面电容传感器工作原理示意图[3]

| 7.9 点火系统 |

7.9.1 概　述

对于每一台飞机发动机,不论是喷气式发动机还是活塞式发动机,都需要装备点火系统,其作用是在地面和空中启动发动机时,点火系统与启动系统协调共同工作,使燃烧室或气缸内的燃料混合气点火燃烧,以产生发动机正常工作的条件;在飞行时,点火系统单独工作。由此可见,点火系统是飞机发动机的核心部分。

现有航空发动机点火系统型号众多,技术参数复杂,没有通用性和互换性,其工作稳定性和可靠性差,给航空发动机使用和维护增加了技术难度,特别是对战机战时的出勤率有重大影响。

传统的发动机点火系统输入一直是直流或交流恒频的,输出高频低能量或是低频高能量,由于先进的发动机的需求越来越高,现介绍一种高频高能量点火系统的设计。

7.9.2 工作原理

点火系统的工作原理框图如图 7.45 所示。

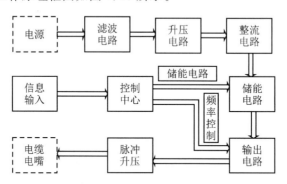

图 7.45　点火系统的工作原理框图

点火系统的放电原理:接通电源时,从电源传输来的低电压直流电通过电源连接器进入点火装置,经由滤波器电路滤波后传输到达到设定的储能电压值后,储能经过输出升压电路二次升压后,经点火电缆传输给点火电嘴,电嘴击穿放电,在发火端形成明亮的电火花;电能放完后,放电控制器件恢复关断,完成一次放电。整个电路重复上述过程,就形成持续的放电电火花。

滤波电路:采用滤波电路对电源逆变电路产生的干扰信号进行抑制,同时防止电磁传导干扰从电源线传入。

升压电路:采用中频电源变压器及保护电路,将进行升压。

整流电路:采用全波整流电路,由高压硅堆组成的整流网络,其作用是将交流电变成单极性电流,以满足给储能电容储能的要求,并通过反向偏置防止能量泄漏。

储能电路:每一路储能模块主要由专用高压电容组成,电容由驱动电路分别控制充电与放电及储能值。放电开关,控制其开关频率,从而控制火花频率。

输出电路:该电路由高压开关电路、反向电压抑制电路、开路保护电阻组成,完成对能量输出的控制,同时具有开路保护和非工作状态保护的功能。

脉冲升压电路:将输出电压进行二次变压,以满足点火电嘴的输出电压需求。

信息输入模块:用于接收工作或休息的信息,并将信息传输到控制中心。

控制中心:用于控制设定储能、点火频率,保证按规定的输出能量、点火频率工作。

控制中心大部分是由低电压器件及对电流脉冲敏感的芯片组成的,为了抵御试验器放电时带来电路上的电流冲击以及电磁辐射,整个控制中心和试验器的其他部分进行了隔离处理,采取的主要措施为:① 整个控制中心全部置于防电磁辐射盒中,与外界进行隔离。② 输出全部使用光隔离器件,使信号处理电路与其余电路有效隔离。

7.9.3　应　用

新型军用、民用发动机及燃气轮机点火系统,适用航空、航天等军工领域发动机点火系统。先进的点火系统控制技术,具备变频变能自检测功能,实现体积轻、点火可控、精确控制能量输出、稳定火花频率,同时提高了点火系统的工作寿命,进一步提升了控制与健康管理系统的集成度和智能化。

为了适应发动机的不同要求,从储能、输出电压、输出通道数、温度等级等,采用模块化设计,把内部元器件组合或集成为几个模块。

| 7.10　高可靠性控制器 |

20 世纪 70 年代以来,随着电子技术的飞速发展,发动机控制系统由机械液压控制向全权限数字电子控制发展,数字电子控制器作为发动机控制系统的核心部件,对发动机控制起到至关重要的作用,大幅提高了发动机控制系统和发动机性能设计能力。发动机各种控制功能也越来越依靠数字电子控制器。随着控制计划越来越复杂,与飞机系统交联功能也越来越多,对系统的安全性要求也越来越高,可以说数字控制器软硬件承载着发动机全部控制规律实现和故障诊断、处理等功能。

对于发动机控制器的重要程度,像早期一样,只是采用借鉴计算机技术和电子技术的发展经验实现发动机控制系统的数字化,是不能满足数字控制器在发动机研制中的需求的,必须以发动机特有的安全需求和任务特点、环境特点等为牵引,研究适合发动机的电子硬件设计方法,开发适合发动机控制的电子硬件和软件,才能满足航空发动机控制系统的需求。

本节对数字电子控制器的余度设计、通信以及元器件发展趋势进行简要介绍。

7.10.1 控制器架构

高可靠控制器最优先考虑的问题是余度架构的设计,其设计方案往往对系统可靠性起决定性作用,控制器余度架构设计需要考虑控制系统整体需求、故障模式、处理策略等多方面因素,典型的控制器余度架构包括双通道架构和双通道加备份架构。

1. 双通道架构

双通道 ECC(发动机电子控制器)物理结构如图 7.46 所示,CCDL 为交叉信道数据链路。

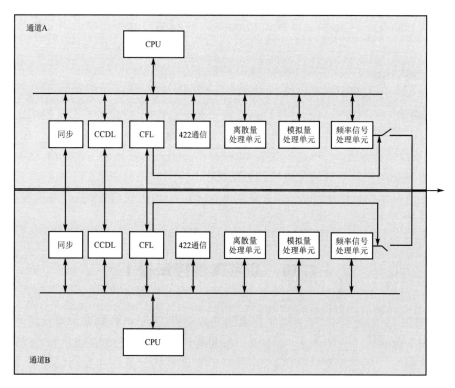

图 7.46 双通道 ECC 物理结构

双通道数字电子控制器可采用并行工作或主备工作方式,通过接口电路和 A/D 等实现对有关输入信号的采集,由 CPU 通过软件进行输入信息的余度管理,取表决值进行控制律计算,将计算结果通过高速数据通信进行通道之间的交叉数据传输,由软件进行输出信息的余度管理,取表决值作为控制指令输出给执行机构,实现发动机控制。通道故障逻辑(CFL)及切换逻辑用来实现通道之间故障的切换和通道切换工作的转换。

在硬件结构上,双通道控制器一般由两个完全一样的硬件通道组成,每个通道都具有下列模块:电源模块、输入信号处理模块、CPU 模块(包括 A/D、FD、DI、D/A、DO 等信号转换电路、数据存储、通信接口等)、余度管理模块、输出驱动模块等。

双余度控制器的优点是在一个通道控制出现问题时,可以由另一个通道完成所有控制任务,保证发动机正常工作。在部分输入信号出现问题时,也可以根据双通道硬件可用资源的情况进行重构,避免系统直接降级,减少致命系统故障出现的概率。但双余度架构的不足是,需要提供更复杂的监控和表决算法,避免出现 1:1 表决机制,防止信号表决结果出现不能识别哪个通道是故障信号的问题。

2. 双通道加备份架构

双通道加备份架构 ECC 的物理结构如图 7.47 所示,WDT 为警报显示终端。

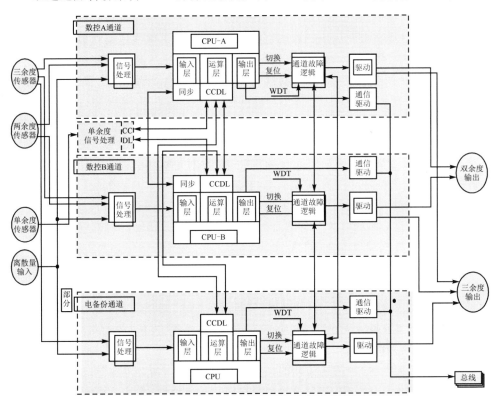

图 7.47　控制器硬件架构示意图

双通道加备份控制器采用两个完全一样的硬件通道加一个独立的备份通道组成,两个完全一样的通道类似双通道控制器,每个独立的通道都可以完成发动机全部控制功能。第三个备份通道在硬件和软件上较两个主通道简化,只提供发动机安全控制必需的功能。在工作过程中,先由两个完全相同的主控通道进行控制;当两个主控通道失效时,转为由备份通道控制。主控通道可实现发动机全状态控制、参数限制等功能,备份通道实现发动机中间及以下状态控制、参数限制等功能,以保证发动机对于安全起飞、着陆等控制需求。

双通道加备份控制器的优点是只对最关键的部分增加冗余设计,并且备份通道与主控通道软硬件不完全一致,减少了共性故障的发生概率,进一步提高了最后一个控制通道的安全可靠性,使发动机控制系统完全失效的可能性降低。双通道加备份控制器的不足是备份通道只能保证发动机最基本的工作状态,不能完成发动机全状态控制,同时外部双余度信号与控制器连接关系复杂。

7.10.2 通信技术

数字电子控制器的通信功能是发动机与飞机信息、状态交互的通道,也是控制器内部模块互连的通道,高可靠的通信技术是控制器实现高可靠性设计的基础。通信功能基于航空总线技术和通用计算机总线实现,是计算机网络技术在航空电子领域的衍生与应用。根据通信对象和应用场景,可分为控制器与飞机网络通信功能、控制器(控制系统)内部通信功能和控制器与地面维护设备通信功能,原理示意图如图7.48所示。

根据 OSI 7 层模型对总线技术的描述,控制器通信功能从物理层、链路层到应用层涉及驱动器与传输通道设计技术、数字编码技术、数据包解压技术、节点寻址技术、时钟及同步技术、信道复用技术、余度管理技术、数据完整性检查与容错设计技术等关键技术。

总线技术随计算机及网络技术发展,由于历史原因,几乎所有总线标准的提出和制定均由美国、欧洲的技术领先企业、协会和标准化组织完成。国内则采用技术追踪、仿制优化的方式实现本地化的应用。

控制器与飞机网络通信接口,随飞机航电系统架构的分立式、联合式、综合化、高度综合化等 4 个阶段演进,技术具有航空领域的专用性;典型总线从早期 RS‐422、ARINC429、Mil‐STD‐1553B,发展为军用 1394 总线、ARINC664 总线、ARINC825 总线等;随飞推综合化水平的提高,基于时间触发的光纤接口或以太网接口等总线技术在预研项目中加速成熟。

控制器(控制系统)内部通信功能根据产品架构确定,涉及范围广,通用计算机系统外设总线、芯片互连总线、背板总线以及分布式控制总线(现场总线)等技术领域均可采用。目前集中式控制器主要采用高速背板总线技术实现模块间互连,配套采用点对点型串行总线作为通道间交叉数据链路;分布式控制系统中则采用具有时间确

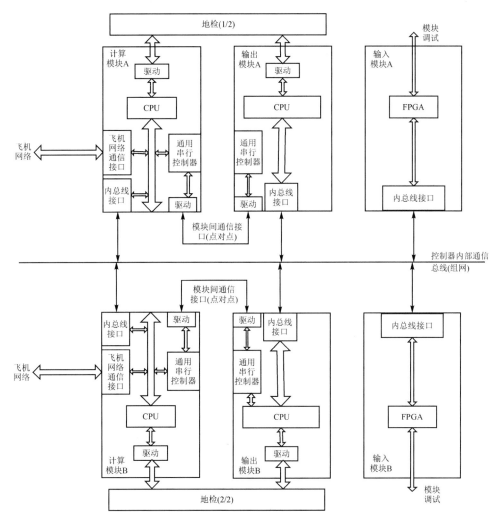

图 7.48 数字电子控制器通信原理图

定性和高可靠性的中(高)速串行总线实现子控制器间互连。典型背板总线包括 ISA 总线、PCI 总线、ARINC659 总线、PCI-Express 等,典型芯片互连总线包括 SPI、I2C 等,点对点串行总线包括 RS-422、LVDS 等,分布式架构总线包括 TTP/C、TTE 等。

控制器与地面维护设备通信功能要求为通用性,同时受处理器等核心器件特性影响,目前主要采用 RS-232、RS-422、ARINC429、100Base-TX 等通用以太网,未来随着发动机维护的数据吞吐量和可达性要求的提高,可能采用千兆以太网技术、无线通信技术,同时也可能与飞机数据网络融合。

新一代高可靠性数字式电子控制器技术研究中,开始采用 TTE 总线作为控制器与飞机网络通信接口,采用 TTP/C 总线作为主控制器与子控制器间的通信接口,采用 LVDS 作为通道间交叉数据链路通信接口，这些先进总线技术的应用，将进一步提高发动机数字控制系统的性能和可靠性。

7.10.3　控制器元件技术发展趋势

控制器主要由电子元器件组成，通过设计规则，对元器件在印制板上实现互连，从而实现功能，通过几年的专业发展，电路功能、性能已基本满足控制系统的要求。当前，电子控制器故障的主要原因为电子元器件失效和生产工艺问题。随着技术的进步和对可靠性要求的提高，控制器电子元器件逐渐向小型化、轻量化、高性能、集成化等方向发展。

1. 小型化和轻量化

在结构和外形尺寸方面，电子元器件逐渐向轻、薄、短、小方向发展。控制器产品作为电子产品的一种，也正向着体积更小、质量更轻、能源更省、成本更低、功能更多等方向发展，这就要求选用的电子元器件在保持性能的同时不断缩小元件尺寸，正朝着小体积、轻质量、片式化、低成本方向发展。

目前，电阻、电容等通用器件已实现片式化，集成电路正逐步从原有的双列直插式引脚封装（DIP）向四边引线扁平封装（QFP）、芯片尺寸封装（CSP）、倒装芯片互连、焊球阵列封装（BGA）等方向发展。

2. 高性能

在功能性能方面，控制器用电子元器件逐渐向高温、高频、高速、高精度、低功耗、低温漂等高性能方向发展。同时，数字化也是趋势。

SiC、GaN 宽禁带技术是近 10 年来被人们关注的研究方向，与高速发展的 Si 和 GaAs 技术相比显得还不成熟。但是其优异特性已使 SiC、GaN 器件在功率密度、高温和抗辐射等方面超越了传统半导体器件，甚至超过了 GaAs 微波功率器件的理论极限。SiC 材料具备禁带宽度大、击穿场强高、导通电阻小、热导率高、最大电子饱和速度大等特点，在功率器件应用上具有广阔的前景。

3. 集成化

在集成化方面，控制器用电子元器件正逐步向晶圆级封装、多芯片封装、系统封装和三维叠层封装等新型封装方式发展。在推动更高性能、更低功耗、更低成本和更小形状因子的产品上，先进封装技术发挥着至关重要的作用。晶圆级芯片尺寸封装（WCSP）应用范围在不断扩展，无源器件、分立器件、RF 和存储器的比例不断提高。随着芯片尺寸和引脚数目的增加，板级可靠性成为一大挑战。系统封装（SIP）已经开始集成 MEMS 器件、逻辑电路和特定应用电路。另外，使用 TSV 的三维封装技术可以为 MEMS 器件与其他芯片的叠层提供解决方案。

　　开展 SIP 研制工作,从电路系统分析,根据电路的成熟度、通用性和可实现性,采用先进成熟的封装技术进行电路的封装,是微电子技术发展的必然趋势。在研制过程中,立足于国产材料(管壳、裸芯等)和国内流片和封测的原则,实现自主保障,同时提升可靠性和实现小型化。

┃参考文献┃

[1] 孙建国. 现代航空动力装置控制. 北京:航空工业出版社,2001.

[2] 张东辉. 高温燃油对航空发动机控制系统的影响分析. 航空发动机,2013(1).

[3] 代守强,等. 用于热障涂层检测的柔性平面电容传感器. 无损检测,2013,39(1).

第 8 章
机械系统

　　航空发动机机械系统(以下称机械系统)又称为航空发动机动力传输系统,主要包括传动系统、滑油系统、主轴轴承、主轴密封 4 个部分。随着先进航空发动机的发展,对机械系统提出了更高、更新的要求,决定了其必须具有体积小、质量轻、安全性高、可靠性高等性能特性,而且其在发动机上实现的功能多、组成构件多,又决定了机械系统的可靠性相对偏低。公开资料显示,目前国内外在役发动机中,2/3 的故障产生于机械系统及燃油系统。业界已普遍达成共识:技术先进、性能可靠的机械系统,是先进航空涡扇发动机的重要标志之一。

　　上述现状及发展趋势,决定了国际先进机械系统的技术发展方向:充分提升传统结构的性能和可靠性,如附件机匣、膜盘联轴器、常规轴承、石墨密封等;研究与应用新结构、新材料、新工艺,如超高温润滑油、刷式密封、指尖形式封严、陶瓷轴承等;探索新原理、拓展新领域,如磁浮轴承、风扇减速器等,尤其是磁浮轴承及电气化附件的发展,将使机械系统技术的发展进入一个新时代。与此同时,不断推陈出新的设计分析技术、加工装配技术、试验测试技术等,也共同促进机械系统走向成熟。本章将据此对机械系统及其先进技术展开介绍。

| 8.1　传动系统 |

　　附件传动系统承担从发动机转子提取动力并驱动附件的任务,是航空发动机的重要部件之一,在发动机的工作过程中起着至关重要的作用。发动机正常工作时,传动系统仍是飞机的唯一动力源,一方面向飞机提供推进力,另一方面以驱动附件的形式向飞机和发动机提供电力、燃油、滑油和液压动力。传动系统至今仍以齿轮传动形式为主[1]。

　　附件传动系统的单元体布局与飞机和发动机的特点密切相关。战斗机/攻击机以小涵道比发动机作为动力装置,发动机内埋安装于机身后部,与机身融为一体。附件传动系统通常被分为 3 个较为独立的单元：中央传动机匣、发动机附件机匣、飞机附件机匣，如图 8.1(a)所示。运输机/客机/轰炸机以中、大涵道比发动机作为动力装置，发动机通常吊挂安装于机翼下方的短舱内，一般不设置飞机附件机匣。附件传动系统通常被分为 2 个较为独立的单元：中央传动机匣和附件机匣，如图 8.1(b)所示。附件机匣的角传动可单独作为一个机匣，称为转接齿轮箱。转接齿轮箱上可按需布置少量附件。

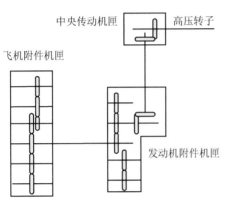

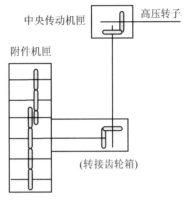

(a) 小涵道比发动机附件传动系统　　　　(b) 中、大涵道比发动机附件传动系统

图 8.1　典型附件传动系统结构示意图

随着航空发动机推重比的不断提高，附件传动系统的结构形式不断演进，主要表现为传动链整体结构趋于简化，附件机匣与附件趋于集成化，而且传动系统的功率密度、可靠性和视情维护能力大幅提高。未来的多电甚至全电发动机中，由于电驱动附件全面取代机械驱动附件，齿轮传动形式的附件传动系统失去了用武之地，但齿轮传动技术仍具有广阔的应用前景。例如齿轮驱动风扇发动机（Geared TurboFan，GTF），就是利用齿轮传动系统定传动比的工作特点，在风扇和低压压气机之间设置一个行星减速器，使二者均在自身的理想转速范围内工作，从而提高发动机效率，降低耗油率、废气排放和噪声。

基于上述发展趋势，本节内容主要介绍附件传动链、附件机匣、膜盘联轴器及风扇减速器设计研发中的技术要点。其中，传动链设计用于解决附件传动方案的整体布局问题，附件机匣设计则基于附件传动方案确定具体的齿轮箱结构，这里由于中央传动机匣的设计技术与附件机匣存在较多的共同之处，因此本书不详加介绍，而是介绍同时采用飞、发附机匣时的功率分出轴 PTO 结构——膜盘联轴器（又称柔性轴）。此外，针对传动技术应用的新领域——风扇减速器，介绍概念方案设计中的技术要点。

8.1.1 传动链布局技术

附件传动链决定了附件传动系统的整体传动方案,结构上表现为一系列齿轮组成的齿轮系,所述齿轮含有齿数、模数特征,所述齿轮系含有轴交角、齿轮相对位置特征。附件传动链决定了附件的转向、传动比,影响附件机匣的结构复杂程度甚至性能,也影响发动机外部管路敷设的难度。

设计中获取最佳传动链方案的技术难度比较大。附件传动系统是一个单输入、多输出的动力传输装置,设计变量多,如齿轮轴数量、齿轮参数、齿轮轴的相对位置、附件布置位置、传动链是否分叉等;设计约束复杂,如附件转向、转速比、可达性、外廓尺寸、附件特殊要求等。附件传动链的设计通常是一个反复迭代的过程,所需设计时间往往取决于设计部门的经验和历史数据,具有很强的不确定性。为了提高传动链设计的质量和效率,需要以传动链的体积和质量为关键评价指标,综合考虑附件特性、可达性以及传动链内部的载荷分布,发展传动链设计技术。

在第2、3、4代战斗机发动机中传动链结构存在鲜明的差异,这主要是由各时期发动机的技术特点决定的,同时也受到附件技术、电控技术发展水平的影响。

(1) 第 2 代战斗机发动机

第2代战斗机的发动机以涡轮喷气发动机为主,20世纪60年代初期服役,代表机型有 J79、TF30、Spey - MK202、M53 - P2 以及国内涡喷 13 发动机。该类飞机侧重高空、高速,飞机的液压动力和电力需求较小,发动机对液压动力的需求也较小,因此附件传动系统的传动功率较小。以国内某型发动机为例,受附件技术和电控技术的限制,附件呈现出以下特点:

- 附件功能单一,附件数量较多(多达 10 型);
- 部分附件对传动系统有特殊要求,例如启动机的两种工作状态要求传动系统提供两个传动比;
- 附件传动功率较小;
- 以低速附件为主。

前两个特点增加了附件传动系统的设计难度,使得此类发动机的传动链很复杂,以期安装更多附件、执行更多功能。后两个特点降低了附件传动系统的设计难度,设计中无须过多考虑齿轮、轴承等传动构件的承载能力,无须频繁增减速以适应附件转速差。

(2) 第 3 代战斗机发动机

第3代战斗机的发动机以小涵道比涡扇发动机为主,20世纪70年代中期至80年代初期服役,代表机型有 F100、F110、F404、AЛ - 31Ф 以及国内某型发动机。该类飞机侧重机动飞行能力,飞机的液压动力和电力需求较大,发动机对液压动力的需求也很高,因此附件传动系统的传动功率明显提升。以 AЛ - 31Ф 发动机为例,附件技术和电控技术已有一定的发展,附件呈现出以下特点:

- 附件功能有所集成,附件数量有所减少(减至 6 型);
- 附件对传动系统的特殊要求减少,例如离合等功能集成到了相应的附件内,开始出现数控系统;
- 附件传动功率明显增大;
- 部分附件高速化。

前两个特点降低了附件传动系统的设计难度,传动链结构趋于简单。后两个特点增加了附件传动系统的设计难度,设计中需重点考虑大功率附件对齿轮、轴承等传动构件的影响,尽量缩短大功率附件的传动链长度,高速附件和低速附件并存可能造成传动链频繁增减速。

(3) 第 4 代战斗机发动机

第 4 代战斗机的发动机仍以小涵道比涡扇发动机为主,21 世纪初期服役,代表机型有 F119、EJ200、AЛ–41Φ 以及国内某型发动机。该类飞机侧重超声速巡航、超机动能力、超信息能力、隐身等,飞机的液压动力和电力需求大幅提升,发动机对液压动力的需求也很高,因此附件传动系统的传动功率大幅提升。以 EJ200 发动机为例,附件技术和电控技术已有长足发展,附件呈现出以下特点:

- 附件功能高度集成,附件数量大幅减少;
- 附件对传动系统的特殊要求减少,全权限数控系统发展迅速;
- 附件传动功率大幅增大;
- 以附件高速为主。

前两个特点降低了附件传动系统的设计难度,传动链结构更加简化。后两个特点增加了附件传动系统的设计难度,高速重载的工作特点对齿轮、轴承等传动构件的寿命和可靠性影响较大。

需要说明的是,传动链结构的简化促使 EJ200 发动机实现了附件机匣与部分滑油附件的集成设计(见图 8.2),附件传动链延伸到了滑油箱,为滑油箱提供很低的驱动转速,使滑油箱具备了机动飞行时持续供油的能力。

对于小涵道比发动机,发动机附件通常由发动机附件机匣传动,飞机附件通常由飞机附件机匣传动。对于中、大涵道比发动机,发动机附件和飞机附件由同一个附件机匣传动,此时通常发动机附件布置在附件机匣的一侧,飞机附件布置在

图 8.2　EJ200 发动机
附件机匣示意图

附件机匣的另一侧。中央传动机匣内通常只设置一对锥齿轮,起到从发动机转子提取功率,并实现转速换向的作用,其具体齿数、模数特征可根据传动链整体方案适当调整。

成功的传动链设计通常具有如下特征,通过充分的附件特性评估与组合,减少传

动轴数量,控制传动链的体积和质量;附件转速、转向等工作特性得到充分考虑,驱动需求得到充分保障;传动链内部载荷相互抵消,降低齿轮、轴承等构件的设计难度。设计中的技术要点如下。

1. 附件特性评估

传动链最主要的功能是满足附件的驱动需求,为附件的稳定工作提供保障。附件的特性各不相同,有些附件不仅对动力和转速比有要求,而且对环境温度、安装姿态、振动环境也有要求。因此,传动链设计中首先需要综合考虑飞机相关系统、发动机外部系统、附件安装位置、外廓尺寸等要求,对附件进行分类。传动链设计中,通常根据工作特性将附件分成如下几类。

(1) 发电机类附件

飞机发电机一般分为直流发电机和交流发电机两类。飞机需要持续不断的电力供应,该附件的工作是不间断的。定频交流发电机只有在一定转速下才能正常工作,传动链需对其设计恒速传动装置。飞机交流发电机和直流发电机的正常工作范围很宽,一般不提供转速比要求,设计传动链时,应保证"慢车状态—极限状态"对应的转速在发电机正常工作范围内,且距边界有一定余量。发动机的发电机一般为交流发电机,向控制系统供电。

(2) 泵类附件

飞机和发动机的泵类附件较多,如飞机液压泵、燃油泵、滑油泵、加力泵等。如果个别泵的工作转速较低,与其他附件的转速相差较大,则不利于缩短传动链长度,应组织开展高速泵的研制。飞机液压泵是飞机液压系统的动力元件,间断性工作。介质出口压力可达 28 MPa,对管路走向有一定的设计要求。开展传动链设计时,应对液压泵外部管路的大致敷设方向进行预判,避免出现外部管路过于曲折的情况。

滑油泵和燃油泵的外部管路接口较多,附件机匣外部应留有足够的管路布置和维护空间。

(3) 其他附件

离心通风器是发动机附件,是发动机内部油气环境和外部空气环境通风的通道,以维持内部腔压。该附件体积小、功率小、转速高,对姿态无要求,布置在上方以保证分离效率。

启动机是发动机的启动动力,发动机正常工作时启动机脱开,停止工作。该附件的体积较大,应尽可能靠近输入轴,以减小启动传动链的长度。

2. 传动轴数量控制

附件传动链的设计难度与附件的数量正相关,每多一个附件,设计空间就可能增大数倍。数学上,当全局优化难以实现时,可考虑缩小设计空间,寻求局部最优解。按此思路,附件传动链设计时,可先剔除部分附件,完成局部方案后,再以此为基础将被剔除附件排进传动链。被剔除附件应具备体积小、功率小、无特殊技术要求等特点,比如 FADEC 交流发电机/ECU 发电机、离心通风器、转速传感器等。将被剔除附件排进传动链时,应优先利用已有齿轮轴或调整惰轮齿数、空间位置,不得已时才考虑增加传动链长度或增加分支。

将两个或几个特征相似的附件组合,也可达到减少传动轴数量的效果。组合方式分为两种:一种是将转速比基本相同、转向相反的附件布置在同一个齿轮轴上,例如 F119 发动机将加力泵和 FADEC 交流发电机布置在同一个齿轮轴的两端,国内某发动机将燃油泵调节器和滑油泵布置在同一个齿轮轴的两端;另一种是将转速比相近、转向相同的附件布置在两个相邻的齿轮轴上。

图 8.3 为传动链优化后的多附件齿轮轴结构,设计中首先将转速比基本相同、转向相反的燃油附件和电机附件布置在该轴的两端,再将体积小、功率小的油气分离装置和通风装置组合进来,达到同时传动多个附件、减少传动轴数量的目的。

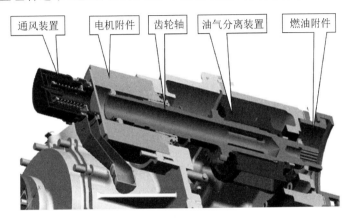

图 8.3　多附件齿轮轴结构

3. 转速和转向控制

将传动链沿齿轮轴中心线展开,形成平铺化的传动链方案,该方案决定附件的转速和转向。在此维度下,整个附件传动链由多条简单链(即由一系列直接啮合的齿轮组成的齿轮系,无双联齿轮)组成。简单链具有一定的独立性,可设置特定的齿轮参数,如模数、压力角。简单链的第一级齿轮转速由前一个简单链末级齿轮决定,简单链的第一级齿轮大小影响该链的整体尺寸,简单链之间靠公共齿轮轴连接,如图 8.4 所示。

简单链具有一定的独立性,只要公共齿轮轴的转速不变,各简单链之间就互不影响。公共齿轮轴为枢纽,有改变齿轮参数、调节附件间距、调节转速等作用。通过简单链与公共齿轮轴的组合设计,共同控制齿轮轴的转速和转向。

4. 轴间相对位置控制

传动链设计的另一个维度,是齿轮轴的相对位置方案,决定附件传动链的轮廓及附件相对位置。在附件之间空间一定的前提下,传动链的齿轮尺寸增大,有利于降低啮合力,提高齿轮强度。附件传动链中间的齿轮至少存在两处啮合,中心线夹角决定齿轮轴的受力,进而影响轴承载荷。图 8.5 所示齿轮轴的中心线夹角 β 大于 $180°$ 的一定范围内,齿轮受力处于较高水平;夹角小于 $180°$ 时,齿轮受力随夹角的减小显著降低。轴承是制约附件机匣寿命和可靠性的主要构件,轴承寿命是评估附件传动系统的一项重要指标,合理设计中心线夹角有助于降低齿轮受力,降低轴承载荷,提高轴承寿命。

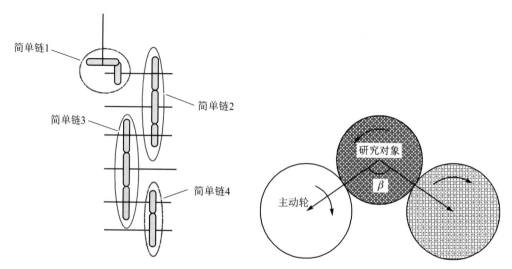

图 8.4 附件传动链的基本形式   图 8.5 中心线夹角对齿轮轴受力的影响

相比第 4 代战斗机,第 5 代战斗机将具有更高的飞行高度和速度、更远的航程、更长的航时、更好的生存力、更高的可靠性以及充分的视情维护能力。随着附件技术和电控技术进一步发展,附件呈现出以下特点:

- 部分附件电气化,即不再需要附件传动系统驱动;
- 附件功能高度集成,待传动的附件数量进一步减少;
- 附件传动功率进一步增大;
- 附件转速进一步提高。

前两个特点降低了附件传动系统的设计难度,传动链长度存在进一步缩短的可能。后两个特点增加了附件传动系统的设计难度,由高速、重载导致的传动构件寿命和可靠性问题更加突出。

充分发展传动链设计技术,不仅可以控制附件传动系统的体积和质量,而且可以优化传动链内部的载荷分布,在一定程度上缓解传动构件的寿命和可靠性问题,同时方便发动机外部管路敷设,提高附件可达性。

8.1.2　附件机匣集成技术

　　附件机匣又称外置传动机匣,是附件传动系统中直接安装附件的齿轮箱结构。在发动机工作状态,主机通过附件传动系统将动力传递给安装在附件机匣上的附件;在发动机启动状态,安装在附件机匣上的启动机按相反路线将动力传递给主机。附件机匣内部包括复杂的传力、支撑、润滑等结构,这些结构相互关联,功能上相互影响,一旦出现故障可能使附件传动功能失效,严重时会影响飞行安全。长寿命、高可靠性的附件机匣,一直是先进航空发动机追求的目标。图 8.6 为一种典型的大涵道比发动机附件机匣结构。

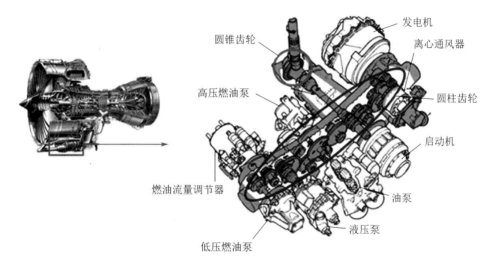

发电机
离心通风器
圆锥齿轮
高压燃油泵
圆柱齿轮
启动机
燃油流量调节器
油泵
液压泵
低压燃油泵

图 8.6　RR 公司的某型大涵道比发动机附件机匣结构

　　附件传动系统整体方案设计中,已经确定了附件机匣内部的齿轮系及其相互位置关系,附件机匣设计中需以传动链为基础,开展内部传力、支撑、润滑等结构的具体设计。设计中要考虑的因素非常复杂,不仅要保证齿轮、轴承、壳体等承力构件的强度和寿命,还要保证内部结构紧凑以提高附件机匣的功率密度,降低迎风面积,并按需实现与附件的集成设计,以充分利用齿轮箱内部空间。此外,为了保证结构的高可靠性,还要考虑提高齿轮啮合精度、提高润滑冷却效果、降低附件机匣整体振动水平,以及如何避免发动机常用工作转速范围存在有害共振。

　　俄罗斯和欧美国家在附件机匣设计理念上存在较大差异。俄罗斯设计的附件机匣结构较为复杂,零件数量多,寿命和可靠性优势不强;采用翻修期维修模式,从最初的 300 h 延长至现今的 750 h,通过定期检查更换磨损严重的零部件,寿命通常为 2 个翻修期。欧美国家的附件机匣结构设计巧妙,零件功能多、数量少,加之工艺先进,可实现更高的寿命和可靠性;采用视情维修模式,在整个寿命期内根据故障监测结果和部件的实际状态对其进行维修。俄罗斯和欧美国家典型的发动机附件机匣设计从 20 世纪 70 年代开始,有各自的设计思路,其间不断完善,形成各自的设计体系并一直沿用至今,在不同发动机上,技术特点没有改变,只是做适应性的设计[2]。

以俄罗斯具有代表性的 АЛ - 31Ф 附件机匣为例,壳体为剖分式结构,两个壳体之间通过多个圆柱销定位,并由过盈螺桩连接。壳体内部设计有加强筋,两个壳体在组件状态进行衬套孔组合加工,壳体与盖之间通过耐油橡胶石棉板密封,材料为铸镁。圆锥齿轮采用小螺旋角,双联圆柱齿轮采用机械连接形式,由螺纹销和圆柱销连接,齿轮模数为 3~4 mm,压力角为 25°,平齿根,挖根齿形,齿面粗糙度 $Ra = 0.4\ \mu m$;齿轮辐板厚度为齿厚的(1/4~1/5),轮缘厚度为 2 倍模数,齿轮辐板无减重孔;材料为渗碳钢 16Х3НВФМБ,齿轮轴多为双球轴承支撑,轴承采用标准的无安装边结构;内圈与齿轮轴之间为过盈配合,外圈与衬套之间为间隙配合。轴承与壳体之间用轴承衬套转接,轴承衬套与壳体之间用 3~4 个螺柱连接;重载处轴承衬套材料为 16Х3НВФМБ,内孔渗碳,与壳体过渡配合;轻载处衬套材料为 ВТ9 和 14Х17Н2,内孔镀镍,与壳体为间隙配合。重载齿轮采用喷射润滑,在载荷较大位置采用两个喷嘴加大供油量,滑油喷入从啮入侧和啮出侧的均有。轻载齿轮未进行强制润滑,采用油雾润滑。锥齿轮支撑轴承采用喷射强制润滑,圆柱齿轮轴承采用油雾润滑。

欧美国家发动机附件机匣壳体形式使用剖分式和整体式两种,中等涵道比发动机附件机匣通常设计成剖分式机匣壳体,材料多为铸镁,部分为铸铝;大涵道比发动机通常设计成整体式机匣壳体,材料使用强度更高的铸铝。圆锥齿轮采用大螺旋角,承载能力高。双联圆柱齿轮采用电子束焊连接,压力角为 20°,平齿根,齿面粗糙度 $Ra = 0.4\ \mu m$,齿轮表面喷丸,增加残余压应力。轴承采用带安装边形式,用螺桩直接固定在壳体上。齿轮均采用喷射润滑,轴承采用喷射或油雾润滑。此外,20 世纪 80 年代美国以三种飞机(战斗机、运输机、遥控飞行器)用的研究型发动机的传动系统及附件为对象,对机械、气动、液压、电气等几十种集成设计方案进行可行性研究,确定了以附件机匣为"相对总体"实现附件与传动系统集成设计的发展方向。目前常见的集成形式,除了前面介绍的 EJ200 发动机的"附件机匣-滑油附件"集成结构,还有"附件机匣-发电机"集成结构,典型代表是 LEAP - X 发动机(见图 8.7)。具体方案是:将飞机交流发电机的传动轴做成齿轮轴,并入发动机附件传动链中。飞机交流发电机的安装方式由传统的悬臂安装变成了插入式安装,飞机交流发电机内独立的滑油系统也与附件机匣的滑油系统合为一体,不仅降低了飞机交流发电机的悬臂力矩,也简化了发动机的滑油系统和散热系统。

国内发动机附件机匣设计从最初满足低载荷要求逐步走到承受重载荷阶段,而且呈现从仿制转自主设计的趋势,寿命和可靠性指标大幅提高,设计、分析技术逐步精细化。在这个发展过程中,通过结构优化、仿真分析、试验验证来适应并满足新指标要求。产品经历了部件试验、随发动机地面试验、试飞、交付使用的全过程,并在解

独立发电机

集成发电机

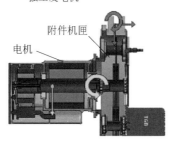

附件机匣

电机

(a) 外部视图

集成结构

(b) 剖视图

图 8.7　LEAP - X 发动机的交流发电机集成方案

决故障和问题过程中积累了大量的经验和教训。例如,从某锥齿轮断裂故障中认识到锥齿轮设计必须考虑由轴向力产生的节径型共振,可以通过调整辐板结构,优化振动特性,减小振动应力,避免有害共振;圆柱齿轮虽然没有轴向啮合力,但由于传递误差的存在,而且受齿轮系统影响,同样会发生振动破坏;从双联齿轮焊缝开裂故障中认识到如果采用焊接形式,应将大齿轮作为焊接齿轮,这样焊后能够磨削大齿轮保证组件啮合精度;从附件传动花键磨损故障中认识到附件花键相对安装止口应有跳动要求,而且应对花键采用强制润滑,减小微动磨损等。随着发动机装备飞机后使用时间的大量增加,人们更深刻地认识到不能只把功率、转速等设计指标作为重点,寿命和可靠性更是先进附件机匣的评价指标[3]。

　　附件机匣作为高精度、轻量化的齿轮箱结构,内部壳体、轴承、齿轮等构件在工作条件下相互影响,怎样将系统内各部件的设计协调统一起来,是设计成败的关键,也是实现附件机匣长寿命和高可靠性的重要途径。因此,下面先从功能出发介绍壳体、轴承、齿轮轴设计的要点,再从整体上介绍附件机匣振动特性分析,以及基于附件机匣整体变形协调关系的齿轮修形技术。

1. 壳体定位精度控制

　　附件机匣壳体的主要功能是为轴承及齿轮的旋转运动提供稳固的定位,设计中应尽量提高静态下同一根齿轮轴两端轴承安装孔之间的同轴度,提高壳体刚度以减小加载状态下的壳体弹性变形量。附件机匣壳体有剖分式和整体式两种,如图 8.8 所示。剖分式由两个以上的机匣壳体组成;整体式只有一个机匣壳体。剖分式机匣的特点是结构紧凑,适用于空间限制严格的小涵道比发动机,齿轮轴两端的轴承安装在不同的壳体上,需要采取措施保证齿轮轴具有较高的同心度。主要措施,一是合理设计壳体间的定位销数量,使不同壳体之间精确定位;二是壳体上齿轮轴两端的轴承孔要能实现组合加工,保证同一齿轮轴两端的轴承孔有较高的同轴度。整体式机匣的特点是周向展开空间大,适用于风扇直径较大的大涵道比发动机。此种结构比剖分式机匣定位精度更高。齿轮轴两端的轴承安装在同一壳体上,齿轮轴同心度高,而且可实现齿轮轴插入式装配,能在发动机上直接更换单元体组件,有良好的维护性。

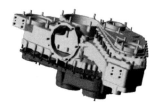

(a) 剖分式   (b) 整体式

图 8.8 附件机匣壳体结构

不论哪种壳体形式,都应合理设计壁厚和加强筋以增强局部壳体刚度,减小弹性变形。例如,壳体与附件安装座连接处,承受较大的附件载荷,应对此处加厚;在轴承受力处可设计加强筋。根据壳体结构计算工作载荷作用下的壳体弹性变形量及其内部啮合齿轮轴线不平行量,应用数理统计方法研究不平行量样本的分布特点,分析壳体结构的合理性并改进结构,如图 8.9 所示[4]。

(a) 加载约束方式   (b) 节点位移云图

图 8.9 附件机匣壳体弹性变形分析

2. 轴承安装结构优选

轴承的主要功能是支撑齿轮轴完成回转运动,常用的轴承结构有无安装边和带安装边两种,如图 8.10 所示。目前使用较多的是无安装边结构。无安装边轴承的结构特点是轴承外圈与壳体采用间隙配合,因此长时间工作后壳体内孔易产生磨损,为了避免更换壳体,在轴承和壳体之间使用轴承衬套转接。这种结构的潜在问题是由于材料不同,工作状态轴承与衬套的间隙值增加,当工作环境比较复杂时,设计给定的间隙值难以适应各种温度及载荷变化,衬套可能发生异常磨损。带安装边轴承结构的特点是轴承通过螺桩直接安装在壳体上,轴承与壳体间为间隙配合。带安装边轴承的显著优点是零件数量少,以减少基准转换次数,保证齿轮轴有较高的同心度;使用螺桩固定方式,当工作温度变化时,不会影响轴承正常工作状态。附件机匣内使用带安装边轴承可以大大提高可靠性,是今后附件机匣设计中的首选轴承安装方案。

(a) 无安装边轴承 (b) 带安装边轴承

图 8.10　典型轴承结构形式

3. 齿轮轴设计

(1) 双联齿轮结构选择

通常双联齿轮有一体化连接、机械连接和焊接连接 3 种形式,如图 8.11 所示。一体化连接设计条件是两个齿轮之间的距离大于磨齿砂轮退刀行程;机械连接是通过圆柱销和螺纹销将齿轮轮毂与轴相连;焊接连接是通过电子束焊将大齿轮连接到小齿轮轴上。推荐优先选用一体化连接形式,其结构简单,质量轻;如果空间有限,不能用一体化连接形式,推荐使用机械连接,其可靠性高,但结构相对复杂。焊接形式对焊接工艺水平要求较高,欧美国家多使用该种形式,国内由于工艺水平限制,不推荐使用。

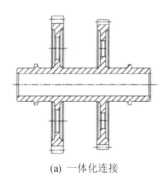 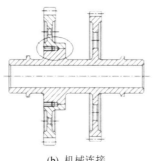 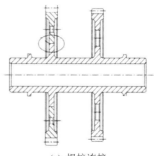

(a) 一体化连接 (b) 机械连接 (c) 焊接连接

图 8.11　双联齿轮连接形式示意图

(2) 齿轮轴支承形式

齿轮轴常用的支承形式有全固式和固游式两种,如图 8.12 所示。全固式支承两端均为球轴承,此种形式存在的潜在问题是当工作温度变化时,齿轮轴与壳体之间的间隙随之变化,如果间隙选取不合理,会产生附加应力,引起齿轮轴径向弯曲,从而影响齿轮啮合。固游式支承一端为球轴承,另一端为滚棒轴承,安装滚棒轴承的一侧在温度变化时能够自由伸缩,不会产生附加应力,可以避免工作中发生轴向干涉的隐患,提高传动系统工作的可靠性。固游式支承可实现齿轮轴单元体装配与分解,可实现齿轮轴外场实时装拆,能够比较容易地进行单个齿轮或轴承的更换。综合分析两种结构的特点,齿轮轴宜采用固游式支承形式。

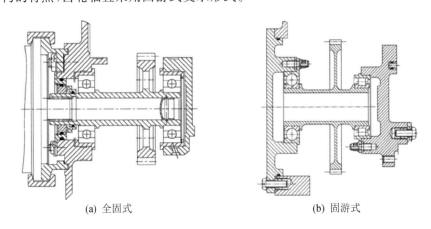

(a) 全固式   (b) 固游式

图 8.12　齿轮支承形式示意图

(3) 齿轮辐板设计

航空齿轮具有转速高、负荷重、质量轻等特点。以往设计中在齿轮辐板上开孔以达到减重的目的,在使用中由于孔边的应力集中,多次出现减重孔裂纹导致齿轮破坏的故障。采用无减重孔的薄辐板形式,可以避免这一弊端,有利于提高齿轮工作的可靠性,而且利于控制齿轮轴的动平衡精度。值得注意的是,如果采用带安装边轴承,为实现安装边螺母的装拆,齿轮辐板上要相应设计出装拆螺母的通孔,这时要对孔的位置、尺寸及孔边圆角的设计特别重视。齿轮辐板是重要的承力部位,应进行辐板的离心力、啮合力、变形、振动特性分析,选取最佳方案[5]。

4. 附件机匣系统振动特性分析

高速重载的工作条件使齿轮系统的振动水平提高,并严重影响附件机匣的疲劳强度、寿命和可靠性。以往受到传动系统的复杂性及分析手段的限制,仅能对单个的齿轮、轴等零件进行振动分析,无法考虑各部件(齿轮、轴、轴承及壳体)之间的耦合,更无法考虑系统中重要的内部激励——轮齿啮合传递误差的影响。随着系统级有限元分析软件的发展成熟,齿轮系统可以在方案阶段预估各级齿轮副的静啮合误差(位移)激励、附件机匣整体的振动噪声水平,以及疲劳强度和寿命。根据评估结果指导齿轮系统结构优化改进,并为合理选择附件机匣振动测点位置、确定附件机匣振动限制值提供依据。

附件机匣内的锥齿轮具有周期性轴向啮合分力,圆柱齿轮受到齿向误差及壳体弹性变形等因素的影响,也存在一定的轴向啮合分力,因此齿轮轮体存在行波共振失效的风险。基于附件机匣系统级振动噪声分析(NVH)结果,开展齿轮轮体转速-共振特性分析,尽量避免轮体在发动机常用工作转速范围内存在低阶(1、2、3 阶)节径型振动模态,如图 8.13 所示。对于无法避免的情况,应进行动应力计算或采取适当的减振措施(如在轮体上嵌入阻尼环结构),使其应力值相对许用值储备有一定裕度。

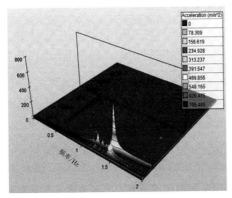

(a) 附件机匣振动噪声(NVH)分析结果

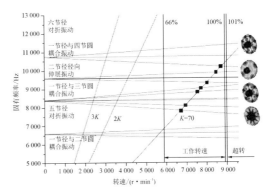

(b) 某齿轮行波共振分析Campbell图

图 8.13　某型发动机附件机匣振动特性分析结果

高集成度附件机匣中,普遍存在由一个齿轮轴传动多个附件或与附件共用传动轴的情况,齿轮轴具有细长的结构特点,此时应计算转子的临界转速,并避免齿轮轴的临界转速出现在发动机常用工作转速范围内。此外,对于加力泵、启动机等具有间歇性工作特性的附件传动轴,还应开展冲击强度校核。

5. 基于附件机匣系统变形协调关系的齿轮修形

附件机匣内常用的齿轮类型,包括渐开线圆柱齿轮和弧齿锥齿轮两种。高速重载的工作特点,要求两类齿轮均需进行齿面微观修形,以降低齿轮系统的振动水平,提高工作平稳性。其中,圆柱齿轮线接触的特点使其啮合齿面间产生了大量的摩擦热,可能导致轮齿热变形并破坏齿面共轭状态,而轮齿啮入、啮出过程中又带来一定的冲击,非修形或不良修形都可能导致齿轮啮合过程中出现边缘接触,使得局部应力超过材料屈服极限[6],形成齿面早期失效[6]。而弧齿锥齿轮的微观修形主要体现在对齿面接触区的设计上,通过优化齿面接触区,提高承载能力和运行平稳性。

现阶段比较先进的修形手段,是在系统级有限元分析软件的支持下,综合考虑附件机匣壳体、安装结构及各部件之间的变形协调关系,开展齿面加载接触分析 LTCA

(见图 8.14),获取一个啮合周期内随瞬时接触点变化的齿面接触应力、齿根弯曲应力、啮合区温度及轮体振动应力情况,建立齿面修形参数与齿轮弯曲疲劳强度、接触疲劳强度、胶合强度、轮体疲劳强度的关联模型。通过优化修形参数改善啮合性能,提高齿轮的承载能力及强度裕度,实现长寿命、轻量化设计。

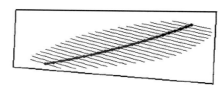

接触区到齿面边界的距离/mm
根锥　0.953 4　　小端　1.557 2
顶锥　0.633 7　　大端　0.454 2

图 8.14　某型发动机弧齿锥齿轮的 LTCA 分析结果

可以预见,在第 5 代战斗机、先进民用大涵道比发动机研制中,附件机匣仍然肩负着安装附件,并为附件提供驱动力的重任,高可靠性、长寿命仍然是发动机对附件机匣设计的首要要求,在此基础上附件机匣将逐步具备视情维护的能力。与此同时,附件机匣与附件的集成设计将成为结构上的主流形式,附件机匣的功率密度将进一步提高,内部结构将进一步紧凑,以利用节省的空间集成附件,这使附件机匣的工作条件更加严苛,设计技术也具有广阔的应用及发展前景。

在附件机匣结构设计中需以坚实的基础理论和基础数据做支撑,使设计者做到有据可依,有数可查。目前国内在此方面的工作已经起步,基础理论方面急需开展机匣壳体刚度评价标准制定、齿轮工作状态啮合精度分析、附件机匣安装方式设计等工作。基础数据的获得还需要大量的基础试验,例如齿轮零件的接触、弯曲疲劳 S - N 曲线测量、齿轮对流热系数测量等,以这些研究成果作为支撑,提高分析精度及准确性,才能使附件机匣设计技术最终走向成熟。

8.1.3　膜盘联轴器技术

战斗机/攻击机追求高速和机动性,动力通常采用小涵道比发动机。发动机外部设置发动机附件机匣(简称发附)和飞机附件机匣(简称飞附)两个传动单元体,二者之间通过功率输出轴 PTO 连接,以减小发动机的迎风面积,适应空间狭小的发动机舱。实现该类附件传动系统单元体布局的关键在于功率输出轴 PTO,它是一种挠性的膜盘联轴器结构。

图 8.15 为一种典型的膜盘联轴器结构。其工作原理是,以极薄的金属膜盘为弹性元件来传递飞附、发附之间的扭矩,并补偿两连接轴轴线间由于制造误差、安装误差、飞行过载及承载后的变形和温度变化的影响等引起的轴向、径向和角向偏移。该膜盘内、外径处有刚性的轮缘和轮毂,扭矩从轮缘输入、轮毂输出,或从轮毂输入、轮

缘输出,任一旋转方向的扭矩都能被传递。若连接轴线间为轴向偏移,则膜盘产生伞状挠曲变形;若为平行和角向偏移,则膜盘产生倾斜弯曲变形。设计中要以膜盘在三个方向的合适刚度来满足飞机的工况要求。为防止膜盘过载破损时中间件飞出[7]带来二次损伤,设计有保护罩。

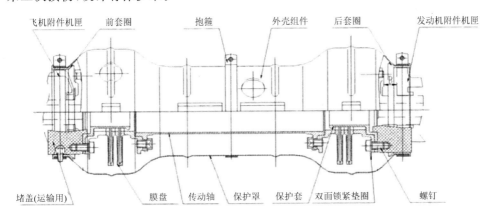

图 8.15　典型膜盘联轴器结构

膜盘联轴器的主要优势是:补偿能力大,且对连接轴、轴承的附加力和附加弯矩小;运行中金属膜片仅消耗很少的变形能量,克服了其他形式挠性联轴器在大功率工况下的发热问题,不需要润滑,使用期内也不需要维护保养;结构简单、质量轻、一经动平衡后就能在整个运行期内得以保持,可靠性高;使用范围宽广,可适应较恶劣的运行环境,如高低温、高海拔、振动、冲击及腐蚀性大气条件等;可实现破损安全设计。

虽然有记录的首次使用膜盘联轴器的历史可以追溯到 1922 年,但直到 19 世纪50 年代后期它才被逐渐广泛地应用于工业领域。

1947 年,美国本迪克(Bendix)公司首次将膜盘联轴器用作飞机、发动机附机匣的连接结构,应用的原因是大的不对中角度、高转速及高温度使原润滑式齿式联轴器及万向节无法适应。本次应用比较成功,也激发了膜盘联轴器的迅速发展。至1975 年,飞机及发动机上使用的金属膜式式挠性联轴器已超过 22 000 个,膜盘超过180 000 个。膜盘联轴器已经成为歼击机(如 AF - 101、F - 102、F - 106、F - 5A、F -5B、F - 15、F - 16、SAAB、YF - 17、G8A 等)、轰炸机(如 B - 1、B - 52、CF - 5A、XB -70、KC - 135 等)、垂直起落机(如 FH - 1100、M - 5、XC - 142 等)以及直升机(如BO - 105、CH - 3C、HO - 5CH - 6、OH - 6A 等)传动系统中的首选挠性连接结构,其使用的具体部位和功能为:功率分出轴、主传动轴、尾传动轴、辅助功率传动轴等。此外,俄罗斯生产的苏-27 歼击机也采用了膜盘联轴器,实现飞机、发动机附机匣的独立设置。

性能稳定、工作可靠的膜盘联轴器,促进了飞机、发动机附独立设置的附件传动系统的发展成熟,并对飞机和发动机的设计都有明显益处:

① 减少了发动机的迎风面积,易实现"钻山洞"式更换发动机方案,便于发动机在飞机上的安装,减少维护工作量;

② 使飞机附件远离发动机,可减少飞机附件受发动机振动和热的影响,提高其可靠性;

③ 满足飞机电传操作、主动控制技术、随机布局所需的余度电源和余度液压泵的要求,便于与辅助动力装置配合;

④ 便于发动机提前预研,适应发动机研制周期长于飞机研制周期的技术现状。

在国外,膜盘联轴器还广泛用在多种不同类型的燃气轮机系统上,如美国涡轮动力与船用系统公司的 FT-4、GE 公司的 LM-2500、莱康明公司的 TF-25A、艾利森公司的 501 等。工业上膜盘联轴器也展示出巨大技术优势。例如,美国太平洋动力与照明公司中央发电厂,有一个蒸汽轮机驱动的锅炉给水泵,用膜盘联轴器代替原齿式联轴器,使机组的水平振动降至原振幅的 20%;不对中弯矩由 34 600 kg·cm 降至 830 kg·cm。

膜盘联轴器的国外生产厂家主要有:美国本迪克公司(现为卢卡斯(Lucas)公司)、科普(Kopper)公司、日本 NSO 公司等。国内对膜盘联轴器的研究起步较晚。1977 年,高速大功率挠性联轴器国际会议召开,此后原中航工业 614 所、中船重工 703 所及上海交通大学、南京理工大学、大连理工大学等科研机构都开展了膜盘联轴器的研究工作。目前,614 所和 703 所生产的各种类型膜盘联轴器,已广泛用于国产航空发动机、燃气轮机的传动系统中。

图 8.16 示出了膜盘联轴器核心的膜盘组件及间隔套结构,膜盘联轴器的补偿能力主要取决于膜盘数、膜盘尺寸及间隔轴的长度。其中,增加膜盘数量可提高角向补偿能力,增大膜盘直径可提高轴向补偿能力,增加间隔轴长度可提高径向补偿能力。膜盘设计是该类联轴器的核心,因此下面针对膜盘着重介绍型面设计、材料选择、加工工艺的技术要点,针对膜盘联轴器整体介绍振动特性分析、试验的技术要点。

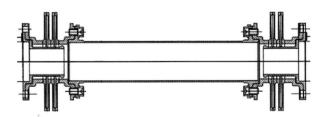

图 8.16 膜盘组件与间隔套结构

1. 膜盘型面设计

膜盘不仅要承受扭矩,而且要有良好的三向位移补偿能力,即要求膜盘的扭转刚度大,在不失稳、型面不起皱的前提下,轴向和角向刚度尽可能小。此外,选取合适的膜盘型面可使应力分布均匀、极值降低,并最终提升膜盘联轴器的使用寿命。

典型的膜盘型面包括等厚型面、梯形型面、双曲线型面三种。等厚型面和梯形型面的膜盘,主要是轮毂处弯曲应力、剪应力、安装应力均较大,因此危险截面靠近轮毂。双曲线型面膜盘的轮毂处弯曲应力较小,其最大弯曲应力位置由轮毂向轮缘移动,特别是剪应力沿半径方向是相等的,因此改变了轮毂处的应力状态,形成了较合理的应力分布。双曲线型面膜盘还具有弹性率低、补偿量较大、质量轻、转动惯量小的优势,且有助于提高系统的临界转速。因此,膜盘型面主要采用双曲线型面。影响双曲线型面膜盘性能的参数主要包括:

① 型面最薄厚度;

② 型面比,即双曲线型面两个极限点处所在半径的比值;

③ 型面最薄厚度处所在半径;

④ 过渡段长度系数,即过渡段长度与双曲线型面直径的比值。

此外,为了进一步改善支撑点上的附件弯矩,又衍生了一种波形膜盘联轴器,即膜盘型面仍为双曲线,但沿着膜盘厚度方向呈现一种波形。

2. 膜盘材料选择

通常要求膜盘材料具有高的机械性能、高的疲劳强度、好的韧性;良好的工艺性、锻造性、可焊性;能适应工作环境的特殊要求,如耐高温、耐腐蚀等。一般工作温度在315 ℃以下,可用真空自耗电极重熔(或电渣重熔)结构钢,如 40CrNiMoA;在高温下要求有抗腐蚀性能的可用耐热高温合金,如 GH4169;要求特高转速、特轻质量的可用钛合金,如 TC4 或 TC6。

航空发动机通常采用钛合金膜盘,这与材料本身的特点有关。膜盘在补偿轴向和角向变形时所产生的应力,与材料的抗拉弹性模量和剪切弹性模量成正比,钛合金较低的抗拉弹性模量和剪切弹性模量,使其的工作应力比钢制膜盘低 40% 以上;钛合金密度低、强度高,同样工作条件下可实现较小的结构尺寸和较轻的质量,符合航空发动机高推重比的需求;钛合金具有一定的耐腐蚀能力,能适应更恶劣的外部环境。

乌克兰一般选择钛合金 BT3 - 1 作为膜盘材料,该材料与我国的钛合金牌号TC6 性能接近。国内较为通用的钛合金材料牌号为 TC4,相对于 TC6,在弹性模量和耐腐蚀性方面性能接近,但室温性能和高温性能略低。因此,为了提高膜盘的强度和寿命,一般要求供货状态为"固溶+时效"态,通过"固溶+时效"处理,提高锻件强度。锻件毛坯要确保晶粒度细小,流线细密,且要保证所需的材料纤维方向。

3. 膜盘加工工艺

膜盘加工难点主要是由于膜盘型面为双曲线,最薄厚度只有 1.5～2 mm,且膜盘材料为钛合金。该材料由于弹性模量低,车削时硬化现象严重,因此膜盘在加工中型面厚度难以保证,同时易产生较大的变形,主要的工艺难点如下:

① 膜盘型面很薄,其轴向刚度很差,因此加工中型面厚度难以保证;

② 很薄的型面在切削力作用下,容易发生振动,精度和粗糙度难以保证;

③ 钛合金弹性模量小,仅为钢材的1/2,在同样夹紧力、切削力和内应力作用下,变形比钢材大得多;

④ 变形系数小,切削时在前刀面上滑动摩擦路程增大,加速刀具磨损;

⑤ 单位面积上的切削力大,刀具易崩刃,同时钛合金弹性模量小,加工时容易引起振动,加大刀具磨损并影响零件精度,因此要求工艺系统具有良好的刚性;

⑥ 由于钛合金导热系数小,切削产生的热量不易传出,集中在切削区和切削刃附近较小范围内,局部温度高,易损伤刀具。同时,钛合金的化学活性大,在高的切削温度下,很容易吸收空气中的氧和氮形成硬而脆的氧化层,切削过程中的塑性变形也会造成表面硬化,造成冷硬现象。这不仅降低零件的疲劳强度,而且加剧刀具磨损。

针对上述加工难点,需要从工艺、工装、刀具等多方面综合考虑解决方案。通过优化加工工艺路线、合理分配加工余量、进行反复加工,以使切削应力和变形都逐渐减小,并在粗加工和半精加工后进行去应力处理,尽可能消除锻件原有的内应力和切削加工产生的应力。精车时采用真空吸盘作为工装,应避免装卡变形并要降低刀具振动的影响。由于钛合金材料切削性能差,因此刀具选择也很重要,其中切削刀具通常选择 Yg 类硬质合金,铰刀等通常选择高钒、高钨、铝高速钢。

4. 膜盘联轴器动力学特性分析

膜盘联轴器的动力学特性重点关注两方面:一是膜盘联轴器与相联两齿轮轴形成一个转子后的临界转速问题(图 8.17 为膜盘联轴器与相联两齿轮轴的有限元模型);二是转子频率及齿轮啮合频率对膜盘行波共振的影响。通常要求,在工作转速及高于工作转速 20% 的范围内,膜盘联轴器不存在临界转速,膜盘不存在有害的行波共振。

图 8.17 膜盘联轴器与相联两齿轮轴的有限元模型

每个膜盘联轴器中可能包括多个膜盘,各膜盘的结构形式完全一致。在计算中各膜盘自身的固有频率相同,因此组装成整体后,可能产生大量耦合阵型且频率较为密集,并可能在周期激励下产生较大振动应力。常见耦合振型如图 8.18 所示。实际情况中,由于制造精度等原因,各膜盘的固有特性并不完全一致,因此安装时应根据膜盘的固有频率错位安装,即将固有频率相差较大的膜盘相邻安装,以减小膜盘之间振动的耦合,降低振动应力。

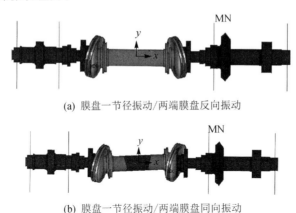

(a) 膜盘一节径振动/两端膜盘反向振动

(b) 膜盘一节径振动/两端膜盘同向振动

图 8.18　常见耦合振型

5. 膜盘联轴器试验

为考核和验证膜盘联轴器的性能、强度、寿命和可靠性,通常需要进行静态和动态两类试验。

(1) 静态试验

将金属弹性元件(单膜盘或多膜盘组件)在静态条件下,测取角向或轴向偏移时的角向刚度与应力、轴向刚度与应力,角向、轴向刚度变化规律,以及角向、轴向偏移时弹性元件上的应力分布情况。同样测取在扭矩作用下,扭转刚度、盘面上的应力分布和水平及型面屈曲等数据。试验结果可验证静应力计算结果。

(2) 动态试验

在开式或闭式功率试验台上进行膜盘联轴器的动态性能试验、结构完整性试验、持久性试验,膜盘联轴器还需要按 GJB 241A—2010《航空涡轮喷气和涡轮风扇发动机通用规范》要求,完成承受最大启动扭矩 3.33 倍瞬时载荷的验证试验。

膜盘联轴器动态性能试验(安装方案如图 8.19 所示),主要测取各种转速、扭矩、角向及轴向变形下膜盘联轴器型面上的应力水平与应力分布,并可根据极限状态下的应力绘制 GOODMAN 曲线,确定膜盘的安全工作范围;各种工作状态下,测取膜盘联轴器的振动频率,验证动力学特性分析结果;测取膜盘联轴器的阻尼滤波率,即在最大工作状态下,联轴器前后振动速度有效值的比值,验证膜盘联轴器的减振效果。结构完整性试验主要是低循环疲劳寿命试验和超转试验;持久性试验,可用模拟工况进行寿命试验或折合等效试验。

膜盘联轴器用作附件传动系统的功率分出轴具有独特的技术优势,随着功率和转速的提高,还将向高可靠性、高补偿能力的方向发展,结构形式上也将趋于多样化。如图 8.20 所示的关节轴承式膜盘联轴器,利用关节轴承的内外圈可以有一定程度自

图 8.19 膜盘联轴器试验安装结构

由转动的特点,使膜盘联轴器的安装端面能有一定的转动空间,从而增大了膜盘联轴器的角向补偿能力。

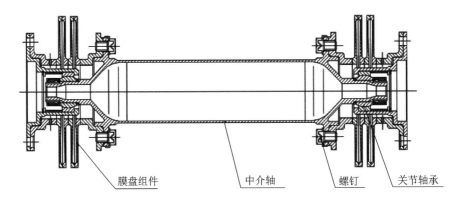

膜盘组件　　　　中介轴　　　　螺钉　　关节轴承

图 8.20 关节轴承式膜盘联轴器

在航空领域,固定翼飞机的功率分出轴、旋转翼飞机的主传动轴及尾传动轴都是膜盘联轴器的主要应用部位,并可以根据需要原位换装其他部位的齿式联轴器,解决齿式联轴器常见的磨损问题。在舰船及燃气轮机领域,膜盘联轴器是舰艇大偏摆、高载荷及振动工况下稳定实现动力传输的首选结构。此外,膜盘联轴器也广泛用于汽车、石油化工、风力发电等多个领域。

8.1.4　风扇减速器技术

降低耗油率和减少污染排放是下一代民用航空发动机的主攻发展方向和"卖点"。降低耗油率的主要方法有:提高整机热效率(增加压气机的出口压力、提高涡轮前温度)、提高发动机推进效率(降低排气速度、增大空气流量);增加航空发动机部件(压气机、燃烧室、涡轮)的效率需要设计水平、加工水平和材料能力的全面提升。限于当前的材料和冷却技术的水平,现有航空发动机涡轮前的温度已接近安全使用的极限值,很难进一步提高。因此,提高发动机推进效率(降低排气速度,增大空气流量)成为主要的发展方向,齿轮驱动风扇发动机(Geared TurboFan,GTF)是由此兴起的发动机类型之一。风扇减速器(Fan Drive Gear System,FDGS)是 GTF 发动机的标志性部件。

　　现役的民用大推力、高涵道比涡扇发动机的风扇均由涡轮直接驱动,由于强度和叶尖切线速度的限制,风扇的转速一般都在 4 000~5 500 r/min 之间,涵道比一般不能大于 8。较低的转速使得涡轮效率较低,必须采用 4~5 级的低压涡轮来驱动风扇和增压级压气机。齿轮驱动风扇发动机是在风扇后增加一个齿轮驱动系统(即风扇减速器),风扇不再由低压涡轮轴直接驱动,这样风扇和低压涡轮不需在同一个转速下工作,比如风扇工作在 3 000~4 000 r/min 的转速下,而增压级压气机和低压涡轮系统可以工作在 8 000~10 000 r/min 的转速下,这种设计可以使风扇、增压级压气机和低压涡轮都具有更高的效率,采用较少级数的增压级(2~3 级)和低压涡轮(2~3 级)就可以满足功率的要求。同时,齿轮驱动风扇发动机相对于直接驱动的发动机具有更大的涵道比,从而获得更高的推进效率、更低的耗油率,也会减少噪声。直接驱动风扇发动机与齿轮驱动风扇发动机的结构对比如图 8.21 所示。

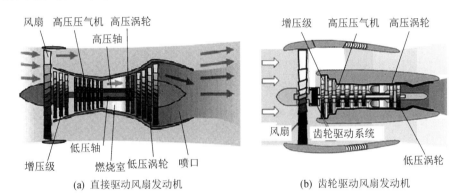

图 8.21　发动机结构对比示意图

　　齿轮驱动风扇发动机并不是一个新的概念。霍尼韦尔公司在 1970 年就将这种结构应用在了 ALF502 和 TFE731 发动机上,这两款发动机均取得了良好的市场反应。但是,霍尼韦尔公司在风扇减速器技术上并没有取得太大的突破,基本就是利用了原有涡轴/涡桨发动机主减速器的技术基础。然而,风扇减速器要求在更大功率、更小体积、更高效率下工作,结构更加复杂,工作环境更加恶劣。以当时的技术水平,无法保证风扇减速器工作的可靠性,这也导致霍尼韦尔公司没有在 GTF 发动机上走得更远。

　　PW 公司于 20 世纪 80 年代后期开展了风扇减速器的专项研究工作,成功研制出一台减速比约为 3∶1、传动功率为 23 860 kW、传动效率达 99.5% 的风扇减速器,并应用于 PW 8000 齿轮传动风扇发动机上。该发动机经过一系列改进,于 2008 年改称为"清洁动力 PW 1000G 系列发动机",获得了庞巴迪 CS100/300、空客 A320NEO、IrkutMC - 21 和三菱 MRJ70/90 等机型的订单。PW 公司向用户郑重承诺,风扇减速器的设计可以满足发动机两个大修循环间隔的使用要求,即风扇减速器不影响发动机大修间隔,没有寿命限制,也不需要特殊维护。对于用户来说,风扇减速器几乎是"隐身的",可以认为风扇减速器就是风扇和低压轴的一部分,因为在日常使用中它不用任何额外的维护。PW 公司的齿轮传动风扇发动机也参加了中国国产大飞机 C919 候选发动机的竞争,在技术指标及经济性上与 CFM 公司的 LEAP X 发动机各有千秋(见图 8.22),虽然在两者的竞争中最后落选,但其商业前景依然值得期待[8]。

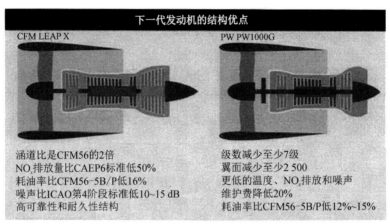

图 8.22　CFM LEAP X 发动机与 PW PW1000G 发动机主要参数对比

PW1000G 系列发动机安装的风扇减速器,是目前航空发动机上使用过的传动功率最大的减速器,采用了五路分流星形齿轮传动形式,如图 8.23 所示。该风扇减速器有一个由低压涡轮驱动的中心齿轮(太阳轮)作为动力输入,5 个固定的行星齿轮均匀围绕在太阳轮周边。这 5 个行星齿轮被一个内齿圈环绕着,并驱动齿圈转动。这个齿圈直接带动 $1.90 \sim 2.03$ m 直径的风扇,从而产生巨大的推力。传动构件具体形式上采用了人字齿齿轮、滑动轴承与柔性支承结构等,与 TFE731 - 50 采用的直齿圆柱齿轮和滚动轴承相比较,形式更简洁、承载能力更强、结构更紧凑。

风扇减速器是发动机技术发展的重点方向之一。中国航发沈阳发动机研究所、中国商用航空发动机有限责任公司均开展了齿轮驱动风扇发动机及风扇减速器的概念设计,探索并明确相关设计要点。北京航空航天大学、西北工业大学、上海交通大学等针对行星齿轮传动结构的动力学问题、润滑冷却问题、滑动轴承研制问题等开展了研究。

本书仅介绍概念设计中的主要技术要点。

1. 传动类型选择

常用减速器的种类很多,按传动类型一般可分为普通齿轮减速器、蜗杆减速器、行星减速器以及它们的组合;按传动级数可分为单级减速器和多级减速器;按齿形可

(a) 发动机

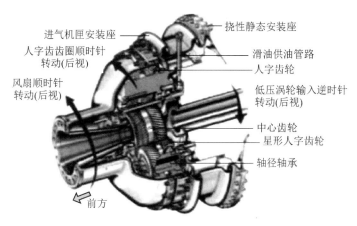

进气机匣安装座

人字齿齿圈顺时针
转动(后视)

风扇顺时针
转动(后视)

挠性静态安装座

滑油供油管路

人字齿轮

低压涡轮输入逆时针
转动(后视)

中心齿轮

星形人字齿轮

轴径轴承

前方

(b) 风扇减速器

图 8.23　PW1000G 发动机及其风扇减速器

分为圆柱齿轮减速器、圆锥齿轮减速器和圆柱-圆锥减速器;按布置形式可分为展开式减速器、分流式减速器和同轴式减速器。齿轮驱动风扇发动机的风扇减速器应为同轴式减速器。而同轴式减速器又可细分为普通同轴式减速器、同轴分流式减速器、行星减速器(单、多级)、星形减速器(单、多级),传动形式如图 8.24 所示。

　　与行星减速器、星形减速器相比,普通同轴式减速器、同轴分流式减速器的体积大,功率密度小,不适合用作涡扇发动机的体内减速器。而行星减速器的太阳轮输入转向和行星架输出转向相同,此时如果要求发动机低压转子和风扇转向相反,则星形减速形式是较为适合的选择。

2. 齿轮设计

(1) 齿形选择

　　星形轮系又属于圆柱齿轮传动形式,常用圆柱齿轮的齿型包括直齿、斜齿、人字齿等,如图 8.25 所示。与直齿轮相比,斜齿轮的重合度大,承载能力高,但啮合力存

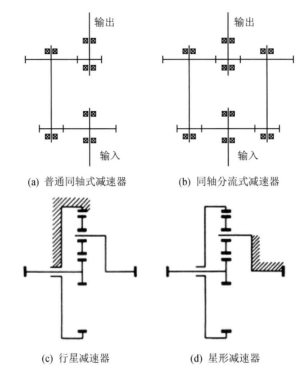

(a) 普通同轴式减速器   (b) 同轴分流式减速器

(c) 行星减速器   (d) 星形减速器

图 8.24　常用同轴式减速器的传动形式

在轴向分力,因此对支承的要求较高,受此限制螺旋角一般不能超过 15°。人字齿轮既有重合度大、承载能力高的优点,又不存在轴向分力,螺旋角最大可达 40°;缺点是加工难度较大。由于风扇减速器的传递功率很大,结构强度和可靠性问题是设计中首先要解决的,因此选择了承载能力最高的人字形齿轮。

(a) 直齿圆柱齿轮   (b) 斜齿圆柱齿轮(单斜齿)   (c) 人字齿圆柱齿轮(双斜齿)

图 8.25　常用圆柱齿轮的齿形

(2) 配齿方案设计

配齿方案设计中,通常需要确定行星轮数量及各齿轮的齿数、模数、压力角、螺旋角等宏观齿形参数。在确定星形齿轮传动的各轮齿数时,除了满足给定的传动比外,还应满足与其装配有关的条件,即同心条件、邻接条件和安装条件。

- 同心条件:太阳轮与行星轮的所有啮合副的实际中心距相等;
- 邻接条件:保证行星轮之间不产生碰撞;
- 安装条件:为了追求星形轮系的受力均衡,通常将行星轮均布,当行星轮个数大于 1 时,需要满足特定的条件才能均匀安装行星轮。

根据上述条件列出传动比大于且最接近 2.3:1 的方案,再选择太阳轮齿数与行星轮齿数最接近的几组作为备选方案。针对备选方案开展齿轮接触疲劳强度、齿轮弯曲疲劳强度、胶合强度及传动效率的对比分析,并综合考虑设计、制造、装配的难易性,完成配齿方案优选。优化后的风扇减速器具有 5 个行星轮,结构形式如图 8.26所示,各齿轮参数如表 8.1 所列。

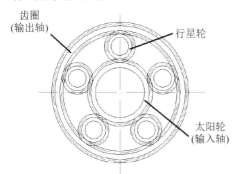

图 8.26　风扇减速器配齿方案示意图

表 8.1　风扇减速器齿轮参数

类　别	齿　数	总齿宽/mm	模　数	压力角/(°)	螺旋角/(°)
太阳轮	35				
行星轮	20	100	5	22.5	20
齿圈	75				

(3) 轮齿修形

兆瓦级的传动功率决定了轮齿修形是风扇减速器齿轮设计中必须采用的手段,通过修形减少啮合冲击和改善齿面润滑状态,获得较为均匀的载荷分布及更高的承载能力。对于一个星形齿轮传动系统,如果同时对太阳轮和行星轮进行轮齿修形,不仅设计难度大,加工也比较困难,且效果与仅对太阳轮修形相比差别不大,因此通常仅对太阳轮进行轮齿修形。

3. 轴承选型

轴承是风扇减速器中又一关键组件。根据使用经验,在星形齿轮传动系统的齿轮箱中轴承经常出现问题,约占全部故障的 2/3。这主要有两个原因:第一,轴承的安装和使用条件比齿轮箱内其他构件更为复杂和苛刻;第二,轴承对使用中的污染、振动等随机因素更为敏感。根据现有航空发动机的使用经验,预判滑动轴承和滚动轴承都可以用于风扇减速器,二者各具优缺点(见表 8.2)。

表 8.2 滑动轴承和滚动轴承对比

性能 轴承类型	寿命	使用速度范围	润滑要求
滑动轴承	无限寿命	$76\sim150$ m/s	对滑油的清洁度要求高,启动时必须有滑油润滑
滚动轴承	寿命不足	DN 值不大于 3×10^6	启动时可以短时间无滑油润滑

注:DN 值是轴承直径与转速的乘积,单位为 mm·r/min。

概念设计中为对比采用不同轴承对齿轮系统的影响,分别采用 3 种轴承(圆柱滚子轴承、球面滚子轴承、滑动轴承)设计齿轮系统的支撑方案,设计简图如图 8.27 所示。3 种支撑方案齿轮系统性能和结构尺寸对比如表 8.3 所列。

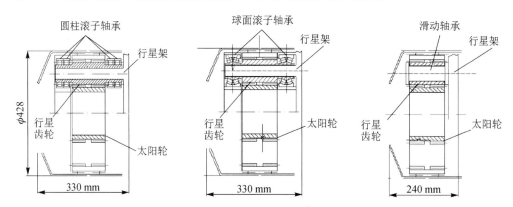

图 8.27 采用 3 种不同轴承的支撑方案设计简图

表 8.3 齿轮系统性能和结构尺寸对比

类别	圆柱滚子轴承方案	球面滚子轴承方案	滑动轴承方案
L5 寿命/h	4 238	9 847	无限寿命
功率损失/kW	45.1	75.2	36.2
摩擦力矩/(N·m)	30.8	45.5	24.8
齿轮驱动系统轴向尺寸/mm	330	330	240

概念设计结果表明:当风扇减速器采用人字形齿时,行星齿轮的轴承选择对整个系统的尺寸和性能有决定性的影响。采用人字形齿和滑动轴承组合的齿轮驱动系统具有最小的尺寸、最长的寿命、最小的功耗。

4. 传动效率分析

在起飞状态下,风扇减速器的传动功率约为 17 MW,即使传动效率在 99％(设计目标值)以上,也将产生上百千瓦的热量,这是以往直接驱动涡扇发动机整个滑油系统需要带走热量的几倍。因此风扇减速器设计中要采取一系列的设计手段提高传动效率,如提高齿轮加工精度,优化供油结构和热交换效果,还要精确评估传动效率,从而明确滑油系统热负荷,指导滑油系统设计。齿轮箱的传动效率由传动功率损失决定,而传动功率损失由 3 部分组成[9]:

- 齿轮啮合副中的摩擦损失;
- 轴承中的摩擦损失;
- 液力损失,如搅油、风阻等。

根据风扇减速器的传动效率和工作温度限制,发动机滑油系统需要在现有涡扇发动机基础上进行较大设计改进,比如采用散热效率较高的空气-滑油散热器,利用发动机风扇后或增压级后的空气来冷却滑油系统中的滑油。

风扇减速器作为齿轮驱动风扇发动机的"支点"已经撬动了整个发动机的性能。PW 公司表示,齿轮驱动风扇发动机技术上还有很大的进步空间,PW1000G 的改进型产品可使下一代单通道客机的燃油效率提高 22％～23％,最终耗油率将达到与开式转子发动机相当的水平,同时噪声更小。

而产品覆盖范围也将从民机领域扩展到军机领域,PW 公司针对下一代军用飞机启动了齿轮驱动风扇发动机 PW9000 研制计划。该发动机是风扇减速器技术与 F135 战斗机发动机的结合,既具有 F135 发动机的隐身特性,又达到很高的燃油经济性。由于 PW9000 发动机能够产生 44.5～134 kN 的推力,意味着它能够用于多种新型飞机。

8.1.5　传动系统典型案例分析

某型发动机列装部队以来,在外场使用过程中,频繁出现滑油光谱铁、铝元素含量超标问题,故障率高达 30％以上。从发动机分解检查情况看,滑油光谱金属含量超标问题主要是由附件机匣异常磨损造成的,主要体现为附件机匣内局部传动链的铝轴承衬套磨损、齿轮齿面擦伤。其中铝轴承衬套磨损形貌、齿轮齿面擦伤形貌如图 8.28 所示。

这里仅介绍本章所述传动技术在该故障排查中的应用,主要包括传动链布局分析、壳体定位精度及轴承安装结构分析、齿轮振动分析、齿轮及轴承衬套材料分析。

(1) 传动链布局分析

附件机匣结构示意图如图 8.29 所示。该附件机匣传递的总功率为 621.56 kW,其中故障侧传动链的传动功率为 451 kW(占总功率的 72.56％),该侧传动链转速在 9 280～27 045 r/min 之间,属于高速、重载传动链(如图 8.29 中矩形框部分所示)。

(a) 轴承衬套孔磨损形貌　　　　　　(b) 齿轮齿面擦伤形貌

图 8.28　故障形貌示意图

此外,根据传动轴间相对位置确定齿轮啮合力在故障侧壳体上的作用方向相对趋同(如图 8.30 中粗实线所示),作用范围(如图 8.30 中虚线所示)存在交叠。从传动链布局分析,局部载荷高度集中造成相关齿轮和轴承的工作条件异常苛刻;而各齿轮轴在壳体上的作用力相互叠加又将增大壳体弹性变形,恶化齿轮轴的定位精度。

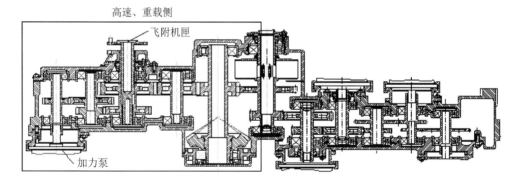

图 8.29　附件机匣结构示意图

(2) 壳体定位精度及轴承安装结构分析

该附件机匣采用剖分式壳体结构,分为前、中、后 3 个壳体,衬套通过 1 个螺纹销固定在壳体上,轴承装配在衬套中。在附件机匣装配中,以中壳体上的定位销钉保证齿轮轴两端的装配同轴度,基准转化之后故障侧齿轮轴两端的同轴度普遍高达 0.1 mm 以上,而且装配中没有相关壳体组合加工轴承衬套孔的工序,因此壳体对轴承的定位精度不高。

进一步考虑附件机匣受工作温度的影响。衬套和轴承外环之间由于热膨胀量的不同产生间隙,铝材料的线膨胀系数为 $24 \times 10^{-6}/{}^{\circ}\mathrm{C}$,轴承钢 Cr4Mo4V 材料的线膨胀系数为 $11.2 \times 10^{-6}/{}^{\circ}\mathrm{C}$,工作温度下二者之间的配合间隙高达 $0.08 \sim 0.15$ mm。衬套与壳体之间唯一的定位销钉,在此间隙下将衬套拉偏至一侧,从而进一步恶化齿轮轴的同轴度。

如果再叠加考虑工作载荷作用下附件机匣壳体的弹性变形(见图 8.31),则壳体

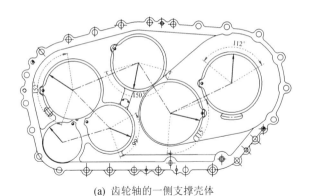

(a) 齿轮轴的一侧支撑壳体

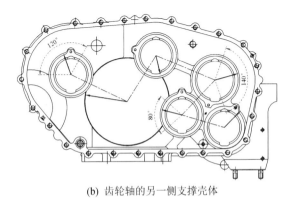

(b) 齿轮轴的另一侧支撑壳体

图 8.30　壳体受力方向和范围示意图

的定位精度又进一步下降,从而恶化齿轮啮合精度,恶化衬套局部载荷状态。

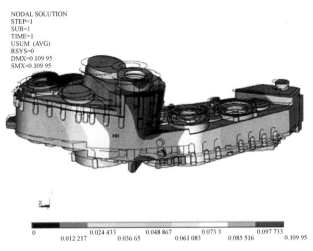

图 8.31　附件机匣壳体总体位移云图

（3）齿轮振动分析

对故障侧齿轮轴开展转速共振特性分析,结果表明,部分齿轮存在节径型共振（见图 8.32）。共振将进一步恶化齿轮啮合精度,加剧轴承衬套表面的交变载荷。

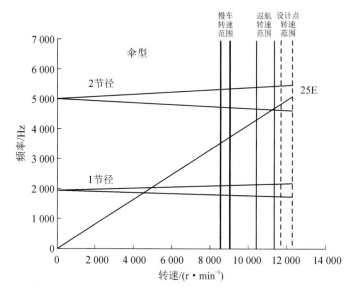

图 8.32　某故障齿轮分析的坎贝尔图

（4）齿轮及轴承衬套材料分析

附件机匣内圆柱齿轮均采用 12Cr2Ni4A 钢,该材料温度超过 125 ℃时,渗碳层中的马氏体会转变为奥氏体,拉伸强度会降低,同时渗碳层的硬度随之降低。附件机匣的工作温度可达到 150 ℃以上,在该温度下停留时间越长,渗碳层拉伸强度下降越多,渗碳层的硬度也随之降低,在负载及交变负载力的作用下会导致齿面出现擦伤,传动精度下降,传动链振动增大,加剧衬套的微动磨损。

附件机匣内所有轴承衬套均采用铝 2A12,该材料相对钢线性膨胀系数大,附件机匣的工作温度可达到 150 ℃以上。在该温度下,附件机匣与轴承外环产生较大间隙,轴承外环与轴承衬套发生相对运动;铝衬套耐磨性较弱,硬度低,在轴承外环的压力作用下,发生磨损。

综合上述分析,确定附件机匣存在设计缺陷,在高温重载状态下总体承载能力不足。齿轮和轴承衬套材料选择不当、轴承安装结构选择不当、壳体定位精度低、齿轮共振,是附件机匣衬套磨损、齿轮擦伤的主要原因。因此,基于先进的附件机匣设计技术开展全新结构附件机匣的研制,是彻底解决该故障的根本措施。

全新设计的附件机匣在后续大批量的使用中,未再出现类似故障,体现出了长寿命、高可靠性的工作特征;也从实践的角度,验证了传动系统的先进技术。

8.2 滑油系统

航空发动机是一种高度复杂和精密的热力机械,其工作条件十分苛刻,需要经受高转速、高温、高压的考验。由于轴承转速高,并处于发动机中心,结构紧凑,润滑与隔热、散热条件较差,出现打滑、磨损、积炭和支承座裂纹等故障的概率较高,需要滑油系统的润滑并冷却航空发动机各承力和传动部件,所以滑油系统的工作特性及可靠性直接关系到发动机的工作可靠性。

航空发动机滑油系统扮演着为发动机内部润滑、冷却的角色,其基本功能是:当发动机工作时,滑油系统连续不断地将一定量的清洁滑油输送至发动机各转动部件的轴承和传动齿轮啮合处进行润滑,以减少机械结合面的摩擦和磨损,防止它们腐蚀和表面硬化;带走摩擦所产生的热量和高温零件传给滑油的热量;带走结合面之间形成的硬夹杂物。

航空发动机滑油系统设计,应首要以主轴承、传动装置、密封装置等部位的润滑和冷却需求为基础,根据发动机结构、外部布局、使用维护等要求开展设计。航空发动机的滑油系统通常采用循环系统,除轴承、齿轮等被润滑冷却部位所处的腔室和连接各个部位的管路外,整个系统主要由滑油箱、滑油供油泵、滑油回油泵、燃滑油散热器、滑油滤、高空活门、调压活门及通风器等部件组成,上述所有构件又分别组成了滑油供油系统、滑油回油系统、滑油通风系统等三个主要子系统。滑油供油系统的主要功能为,由供油泵将滑油箱内滑油输送至发动机各润滑和冷却部位,为保证滑油具有适宜的温度、流量及清洁度,通常在供油系统中设置散热器、调压活门、滑油滤,且供油路上布置温度及压力监测点,用于监测供油系统的工作状况。滑油回油系统的主要功能为,由回油泵将供给各部位的滑油有效地抽回滑油箱,实现滑油的循环使用,为降低进入滑油箱滑油的含气量及温度,通常在回油系统中设置油气分离器、散热器,且回油路上布置温度、检屑器等监测点,用于监测各部位轴承及齿轮的工作状况。滑油通风系统的主要功能为,将发动机各密封漏入滑油系统的空气排出,为保证各滑油腔压力适宜、减小滑油消耗量,通常在通风系统中设置高空活门、通风器,且通风路上布置压力监测点,用于监测通风系统工作状况。典型滑油系统示意图如图 8.33 所示。

随着航空发动机推重比等性能的提升,对滑油系统的工作环境及工作性能提出了更为苛刻的要求,因此,滑油系统设计势必采用高精度仿真分析技术、高可靠性检测技术及高效轻质的部件设计技术等,以满足发动机发展的需求。滑油系统先进的设计技术主要包括滑油系统仿真分析技术、滑油系统健康管理技术、高温润滑油应用技术及高效轻质滑油系统部件技术[10-11]。

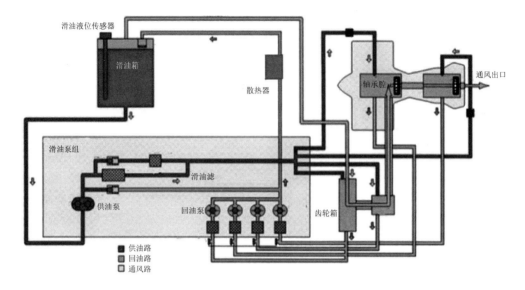

图 8.33 典型滑油系统示意图

8.2.1 滑油系统仿真分析技术

   航空发动机滑油系统的性能对发动机工作稳定性和可靠性产生直接的影响,建立模型模拟不同条件及工况下滑油系统的工作,不但对滑油系统设计和故障诊断具有重要参考价值,且系统特性仿真分析也是提升航空发动机滑油系统设计精度和设计效率的重要手段。滑油系统的仿真分析技术主要包括滑油流路特性分析、腔压及通风量分析、轴承腔两相流分析及系统热分析等。通过仿真分析可获取系统及滑油部件的流量、压力、流阻、换热特性,以及供回油、通风系统协调特性等。

   航空发动机设计仿真技术不但可以提高设计精度和设计效率,而且可以大大降低发动机的研制周期和成本。自 20 世纪 90 年代以来,欧美航空发动机研发水平先进的国家逐渐重视航空发动机滑油系统的预先研究以及先进设计技术,组建了滑油系统专门的研发机构,通过高校的试验室研究及与企业工程实践相结合,在近 20 年产生了大量基于试验的设计仿真技术成果及经验技术积累,已经掌握了科学、系统的滑油系统性能分析研究方法,其主要涵盖滑油系统的轴承腔内部壁面流动的流场及换热仿真,油气掺混流场仿真,滑油管路内部油气两相流动和换热仿真,滑油系统级流、固、热耦合的热平衡计算仿真,关键滑油部件的工作特性仿真等。例如欧洲多国联合开展的 ATOS 计划(Advanced Transmission and Oil System Concepts),项目团队来自国际航空产业的 13 个合作伙伴(包括 Avio、FAG Kugelfischer、MTU Aero-Engine、RR 等企业)及多家知名的大学(Karlsruhe、Liege、Nottingham、Southampton)。美国 NASA 刘易斯研究中心提出推进系统数值仿真(NPSS)项目计划,其目的是能快速、细致地对整个推进系统进行模拟,以解决发动机设计研制中多学科交叉影响和部件间相互干扰带来的问题,滑油系统数值仿真是该计划的重要组成部分。他们先后研制并开发了多种发动机滑油系统仿真设计和分析软件,如 SSME、GFSSP、FloModl 等,而且这些软件随着航空发动机技术的进步在不断更新。

与航空工业发达国家相比,国内航空发动机设计在发动机气动、传热、强度仿真方面开展得比较成熟,在航空发动机滑油系统及滑油附件的流量、压力、流阻特性、供回油协调特性的研究也进入了系统性的自主研究阶段。目前,国内对于航空发动机滑油系统性能分析技术的研究主要集中在几大航空院校和发动机研究所等。研究对象主要以滑油系统子系统性能和滑油部件特性为主,对航空发动机滑油系统综合性能的研究较少。对于滑油系统的性能研究,如开展了供油子系统流量特性研究、压力特性研究、回油子系统的油气两相流特性研究,以及通风系统特性研究,系统热分析及热平衡研究等。

1. 滑油系统滑油流路特性分析技术

润滑供油系统是航空发动机滑油系统的一个子系统,发动机工作时,供油泵将滑油箱内的滑油抽出并增压,滑油流经滑油滤后分若干油路流至各轴承及传动部件进行润滑和散热。供油系统的性能主要是由流路中的流量分配、压力及温度分布等变化耦合而成的,因此,流路中的压力、流量及温度等参数的特性直接决定滑油系统工作的可靠性。随着航空发动机滑油系统数值仿真技术的发展,建立供油系统模型,采用网格计算法,将系统的结构和腔室分解成由相应元件和节点组成的网格,用有限的元件和不同的流动介质类型描述各种结构的滑油系统,得出滑油系统在发动机各飞行状态下的流路流量、压力及温度分布,以及各喷嘴的滑油流量分配比例等参数。该仿真分析技术不仅取代了部分试验调试工作,缩短了研制周期,减少了研制费用,而且得到了详细的流路系统信息,可为滑油系统设计提供理论依据。

流体系统仿真软件已经广泛应用,其具有高效的计算效率、精确的求解能力、便捷快速的建模方法。例如,针对某型发动机滑油系统的供油系统,采用三维建模和仿真分析软件建立仿真分析模型,如图 8.34 所示。依据滑油系统实际工况,施加仿真分析的边界条件,对供油系统进行仿真计算,获得供油系统流路的滑油流量分配、压力分布以及流量/压力随温度变化趋势的结果[12],如图 8.35 所示。

2. 滑油系统腔压及通风量分析技术

润滑通风系统是航空发动机滑油系统的子系统之一,通风系统的主要功能为:保持轴承腔腔压低于密封增压空气压力以防止滑油的泄漏;保证轴承腔腔压不低于滑油泵最小入口压力以确保滑油泵可靠工作;保证低的通风流量以降低滑油消耗量。因此,通风系统中的压力、流量等参数的特性也影响滑油系统工作的可靠性。通风系统分析计算的目的在于获得各轴承腔的压力、封严装置的泄漏量、总通风量,并获得

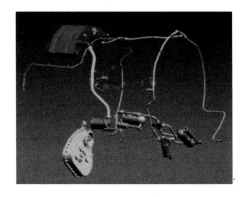

图 8.34 典型滑油系统仿真模型

封严装置的生热量或泄漏热,为发动机滑油系统的消耗量设计、回油能力设计等提供必备条件。实际上通风系统结构比较复杂,有些零部件无法用标准元件进行分析,所以需要单独对其进行分析,得到需要的特性数据,再进行整体网络模型的仿真计算。

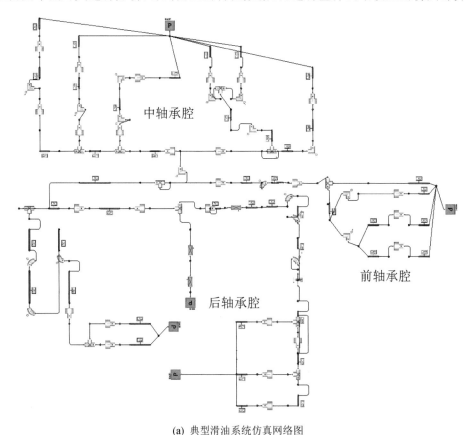

(a) 典型滑油系统仿真网络图

图 8.35 仿真分析结果

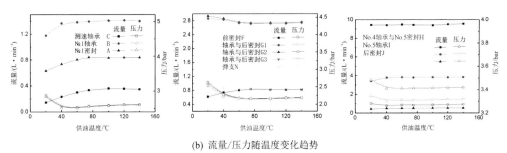

(b) 流量/压力随温度变化趋势

注：1 bar＝101 kPa。

图 8.35　仿真分析结果(续)

国外航空发达国家的研究机构已应用相应的分析计算软件开展了润滑通风系统仿真分析等工作。目前,国内也具备了通风系统一维网络节点的分析能力,并根据滑油系统设计需求,开发了润滑通风系统仿真分析软件,如按照某型发动机润滑通风系统降低通风量、平衡腔压的设计需求,建立通风系统单元节点网络图(见图 8.36(a));依据各单元(如箅齿、节流孔、通风器)流量阻力特性(见图 8.36(b)),并给定通风系统不同状态点实际工作及边界条件,应用仿真分析软件开展了通风系统仿真分析计算,获得了不同状态点下的滑油系统腔压参数,如表 8.4 所列。

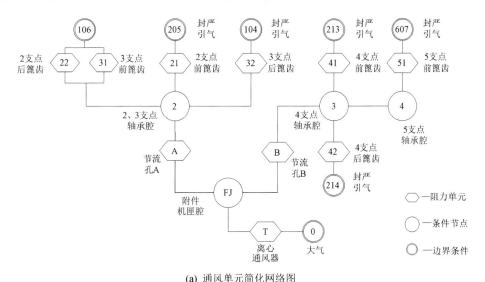

(a) 通风单元简化网络图

图 8.36　通风系统网络及部件特性示意图

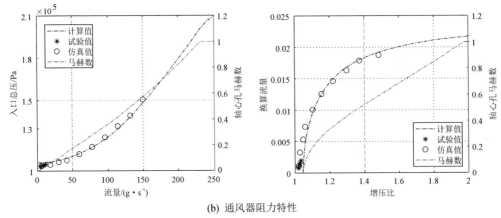

(b) 通风器阻力特性

图 8.36　通风系统网络及部件特性示意图(续)

表 8.4　典型状态点滑油系统腔压计算参数

状态序号	Q1	Q2	Q3	Q4	Q5	Q6
1 支点	303.3	303.3	303.3	377.3	377.3	36.1
2、3 支点	303.3	303.3	303.3	377.3	377.3	36.1
4、5 支点	311.1	311.1	311.1	387.5	387.5	35.8

3. 滑油系统油气两相流分析技术

　　轴承腔是滑油系统的重要组成部分,是滑油和空气接触并相互作用形成复杂两相流动的主要区域,滑油和封严空气在腔内接触并互相形成了复杂的两相流动,腔内高温高压及其回油特性对滑油系统的性能都有很大影响。目前,在轴承腔设计中,腔内的润滑油仍然被看作单相流体进行理论计算;而实际上,由于密封处存在空气泄漏以及进入腔体的滑油中混杂少量空气,轴承腔中将形成复杂的油气两相流动,这使得单相流的计算结果与实际情况差异较大。针对轴承腔内油气两相流动的计算,国外的相关研究大部分是围绕着轴承腔内油膜的形成和分布、液滴的产生和运动以及造成的影响展开,并没有从两相与多相流体动力学角度来分析腔内整个润滑介质的流动状态。国内的研究也已开展,主要集中在利用人工神经网络和编码技术对轴承腔气液两相润滑介质流动状态进行辨识研究,且分析模型也相对简单,与实际有较大差距。

　　随着数值模拟在解决单相流体的流动及传热问题中获得长足发展,计算多相流体力学方法日趋完善,特别是其中基于连续介质力学假设的方法在计算两相流场中得到广泛应用。针对某型发动机滑油消耗量降低需求开展了离心通风器结构优化工作,为分析通风器内部油气两相流场的部分情况,建立通风器三维模型,如图 8.37 所示。应用仿真分析软件对通风器内部滑油颗粒与空气之间的分离过程进行了仿真计算,从两相流体动力学角度来分析通风器内部整个润滑介质的流动状态,获得了油气两相流的流动及分布状况,如图 8.38 所示。

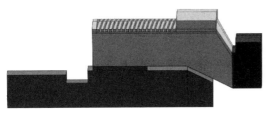
(a) 优化前通风器模型

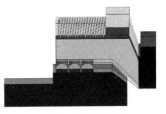
(b) 优化后通风器模型

图 8.37　通风器三维模型

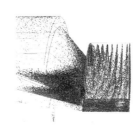

(a) 优化前流动迹线及进口油滴颗粒直径分布云图

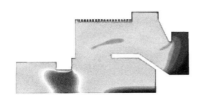

(b) 优化前颗粒速度和向心加速度分布云图

(c) 优化后颗粒速度和向心加速度分布云图

图 8.38　通风器内部流场

4. 滑油系统高精度热分析技术

滑油系统是航空发动机的关键系统之一,必须保持其合适的工作温度水平,才能保障发动机机械系统部件的可靠润滑和冷却。为了适应发动机热管理系统工作的要求,发动机滑油系统需要开展基于热管理技术的滑油系统热分析方法研究,通过协调匹配燃油冷却介质、燃滑油散热器散热能力、发动机总体外部结构设计、滑油温度与流量等参数要求,研究适合发动机热管理系统特点的发动机滑油系统热分析方法,为确定滑油系统散热方案奠定基础。滑油系统热分析包括两大部分,滑油冷却系统的计算和系统附件表面温度及轴承腔的温度场计算。热分析以能量守恒原理贯彻始终,与传热学定律一起进行系统的温度计算,系统的计算模型一般按滑油系统流路的原理图进行。通过滑油系统热分析计算,初步掌握发动机滑油系统在整个飞行包线内的滑油和冷却介质温度水平、主轴承工作温度及轴承腔温度场等,对最终确定系统循环量、系统冷却方案及轴承腔冷却隔热措施起重要的作用[13]。

目前,国内基本形成了滑油系统一维网络节点热分析和二维轴承腔换热分析的系统级仿真能力,并根据滑油系统设计需求,开发了滑油系统级换热仿真分析软件,且经过多个型号发动机整机使用的迭代和修正,滑油系统节点温度的计算误差不超过 10%。如按照某型发动机滑油系统设计需求,建立系统节点网络图及轴承腔边界图(见图 8.39、图 8.40),并根据滑油系统不同状态点实际工况及工作边界,应用仿真分析软件开展热分析计算,获得了不同状态点下滑油系统参数及轴承腔温度场分布云图,如表 8.5 所列及图 8.41 所示。

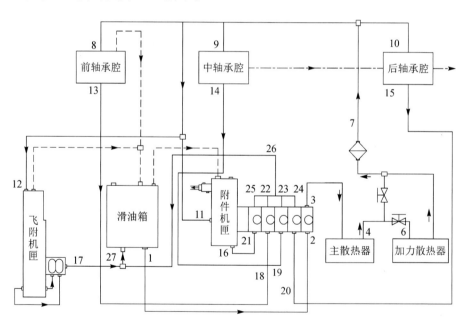

图 8.39　滑油系统节点图

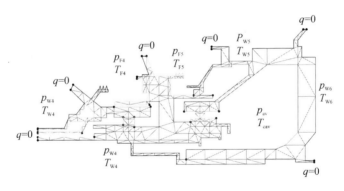

图 8.40　轴承腔边界分网示意图

表 8.5　典型状态点滑油系统计算参数

状态序号	Q1	Q2	Q3	Q4	Q5	Q6
轴承腔回油温度/℃	205.3	196.9	191.3	185.2	183.2	186.7
散热器滑油进口温度/℃	180.4	169	164.8	164	165.98	162.6
散热器滑油出口温度/℃	140	134.4	134.3	147.6	154.91	133.4
滑油供油温度/℃	140	117.6	118.0	125.8	131.2	117.4
滑油总回油温度/℃	180.6	169.2	164.8	164.1	165.9	162.6
总发热量/kW	73.9	92.9	86.8	72	62.27	83.6

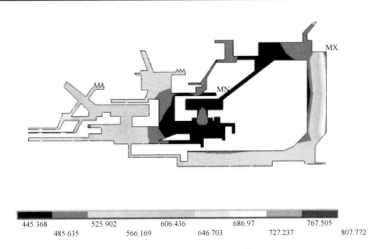

445.368		525.902		606.436		686.97		767.505	
	485.635		566.169		646.703		727.237		807.772

图 8.41　轴承腔温度场分布云图

滑油系统仿真分析技术已应用于先进航空发动机滑油系统设计,且随着航空发动机能力的提升及分析软件技术的发展,滑油系统的数值仿真分析技术得到了迅速的提升;应用范围涵盖了大、中、小涵道比的民用及军用发动机,尤其对下一代先进航空发动机滑油系统设计,仿真分析技术的应用尤为重要,不但缩短了设计周期,提高了设计效率,而且降低了设计及试验等成本。

8.2.2 滑油系统健康管理技术

航空发动机健康管理(Engine Health Management,EHM),根据 SAE - E32 的标准,定义为使用经验证准确的采集数据来决定发动机的健康程度。对航空发动机系统进行健康管理,需要解决的核心问题是如何实现对系统健康状态的评估以及故障的预测。与传统、单一的故障诊断方法不同,健康评估以其先进的状态监视手段、可靠的评价方法和完整的运行数据来判断发动机当前的实际健康状况,进行科学的故障诊断和隔离,以判断故障的部位、严重程度和发展趋势,识别故障发生的早期征兆,提高诊断准确性,降低虚警率。健康评估不仅能扩展故障诊断功能,辨识系统当前健康状态,而且能根据系统故障传播特性评估系统未来的传播趋势。

航空发动机包括很多系统,其中主要有燃油系统、滑油系统、控制系统、进排气系统及启动系统等。滑油系统为发动机提供清洁的滑油,用于轴承、传动齿轮、传动轴以及密封装置的润滑与冷却,滑油系统正常工作是发动机可靠工作的重要保证,一旦滑油系统出现故障而影响结构件的润滑和冷却,会对发动机工作产生极大危害,严重的可能导致重大事故的发生。因此,滑油系统工作状态(滑油压力、温度、流量、滑油液位等)监测技术、滑油碎屑监测技术和滑油理化性能监测技术作为发动机整机健康监测的重要组成部分,应开展深入研究及应用[14]。

国际上关于航空发动机健康管理的研究始于 20 世纪 60 年代末。在健康评估和故障预测方面,之前国外的研究主要集中在发动机的监控诊断系统上,一类是具有单元体诊断功能,另一类则是对整机性能衰退趋势进行监控。国外目前所开发的有关发动机健康管理系统,主要功能为:故障诊断、趋势分析、故障预测以及维修计划方面的规划与管理。基于这些,美国空军从 20 世纪 80 年代中期开始使用综合发动机管理系统(Comprehensive Engine Management System,CEMS)对发动机进行管理。随着技术的发展,综合发动机趋势及诊断系统(Comprehensive Engine Trending and Diagnostic System,CETADS)的出现,使之开始取代 CEMS。CETADS 系统的发展得益于该系统强有力的基于状态的发动机智能管理系统(Intelligent Condition-based Engine Management System,ICEMS),该系统功能更为全面,主要包括故障检验和隔离与报警、数据监控趋势及验证、故障预测、部/附件寿命评估、维修计划方面的规划与管理。

国内在航空发动机健康管理方面的研究相对国外来说起步较晚,从 20 世纪80 年代末开始,国内院校及发动机研究单位开始对航空发动机的健康管理进行广泛研究。北京航空航天大学联合国家科研院所及航空公司于 1988 年共同开发了具有故障诊断和趋势分析功能的软件(EMD)。1992 年国防科技大学研究了液体火箭发动机的健康管理系统 HMS,具有早期故障检测功能。中国民航大学基于数据挖掘技术研制了飞机健康管理系统,具有检测、分类和预报故障等功能。南京航空航天大学开发的 ECC 软件已投入到工程应用中,对航空发动机寿命预测与维修决策有着重要意义。中国航发沈阳发动机研究所依据发动机型号的研制需求,开展了发动机健康管理系统研究工作,实现了发动机状态监测、发动机故障诊断、发动机趋势分析、发动机寿命管理、飞参快速判读、滑油数据光谱监控、使用维护输出等功能,对发动机实时状态监测与故障诊断,预测发动机可能出现的故障,统计和计算发动机整机和关键部件的寿命,生成告警信息、处理意见、预测报告等维护信息,从而保证发动机安全可靠地运行,提高维修效率,成为发动机从定期维护转变为视情维护的前提和基础。

1. 滑油系统工作状态监测技术

滑油系统工作状态的监测参数主要包括滑油压力、滑油温度、滑油流量、滑油液位、滑油消耗量以及油滤堵塞指示等。通常的监测方法为参数超限告警和趋势分析。例如:滑油喷嘴堵塞、滑油滤堵塞或压力调整部件工作不正常等可能会引起滑油压力增高;而部件/附件及管路泄漏、滑油泵故障、压力调整部件工作不正常则会引起滑油压力下降。滑油温度过高结合其他滑油系统监视参数,可对滑油散热器以及发动机的密封装置、燃油系统等其他部件故障提供判断依据。监视滑油液位以及滑油加注量可获得滑油消耗量、滑油泄漏等信息。

2. 滑油系统屑末监测技术

滑油系统屑末监测技术主要监视接触滑油的发动机零部件的健康状态,及时发现零部件由于表面微粒磨损故障而产生的屑末,避免造成发动机损伤。滑油屑末监视包括机载监视和地面监视。机载监视使用滑油屑末在线监测传感器,如加拿大 GASTOPS 公司研制出的在线、全液流、大颗粒金属磨粒监控的金属扫描仪,能够检测 $125\sim1\,000\,\mu m$ 或更大的铁磁性和非铁磁性磨粒,并分别统计颗粒大小和数量,已被应用于多种战斗机动力系统。地面监视对地面采集的滑油样品中的屑末进行分析,主要采用滑油光谱分析、铁谱分析和自动磨粒分析检测方法相结合,实现发动机磨损故障的融合诊断。

3. 滑油系统油品监测技术

滑油油品监测可以提供滑油的状态以及某些发动机工作异常的信息。油品监测主要包括滑油污染度分析以及滑油理化性能分析[15]。滑油污染度分析可采用自动颗粒计数器对地面采集的滑油样品中的悬浮物或沉淀物的颗粒数量及大小进行统计;也可采用在线油液污染度检测技术实现发动机工作状态下的滑油污染度的实时监测,该项技术也是滑油油品监测的发展趋势。滑油理化性能主要包括黏度、酸值、闪点等性能参数。影响滑油理化性能的主要因素有温度、滑油消耗量、滑油系统容量和滑油成分。可对滑油的氧化性、附加损耗、胶体杂质含量、被燃油稀释、闪点和总酸值等理化性能进行测试,以确定滑油的可使用性。

4. 油液系统检测多项目综合分析系统技术

发动机油液系统检测的项目包含多种方法,分别检测油液系统的性能、油液自身的情况和与油液接触的零组件的磨损状况,各项的检测项目都有其各自的目的。一方面这些项目相对独立,依靠单一的项目有时很难作出较为合理的决策;另一方面这些项目在某种程度上又是关联的,只有将各方面的因素进行综合分析才能得出更为正确的决策,为此需建立油液系统检测多项目综合分析系统以及油液系统检测数据库,将滑油屑末的形状、大小、颜色、颗粒性质、数量所对应的故障模式等存入数据库,并建立故障诊断专家系统知识库,采用领域专家实际经验与大量数据定量分析相结合的方法,快速解决发动机故障问题,使其成为发动机健康管理系统的一部分,实现发动机滑油系统故障诊断、故障定位、趋势分析以及寿命管理等功能。

随着航空发动机健康管理技术的发展,滑油系统在状态监测和故障诊断方面的作用越来越大,利用滑油系统工作参数来监视滑油的理化性能以及发动机中所有接触滑油的零部件的健康状况,从而提供有关发动机健康状态的信息,对发动机的故障诊断、趋势分析、故障预测及维修计划等方面起着至关重要的作用,是发动机健康评估的重要手段。滑油系统健康管理技术已经应用于国外第 4 代机,并发挥了重要作用,势必成为未来先进航空发动机重要技术的发展方向之一。

8.2.3 超高温润滑油应用技术

随着航空发动机的推重比持续提高,滑油系统的热负荷也越来越大,使滑油系统的工作温度水平显著提升。发动机在提高推重比时,如果不能提高润滑油的工作温度水平,就得引入较冷的空气环绕主轴承腔,且位于燃烧室和涡轮部位的轴承腔处需采取热防护和隔热措施,轴承腔要采用高性能密封装置等措施防止过热封严气体进入,从而导致发动机的结构质量增大,冷却空气需求量增大,造成发动机性能损失。同时滑油系统用于冷却的滑油循环量也将增加,导致滑油系统的各组件体积增大、质量增大,而这恰恰与高推重比发动机减重和减少冷气量的要求背道而驰。为此应采用更高水平的高温型润滑油,也就是在现有冷却、隔热、密封措施等不增加甚至减少的基础上,提高整个滑油系统的工作温度水平。

现有的 II 型航空润滑油的应用已经基本上达到其使用温度的上限,不能满足未来更高推重比航空发动机的需要。研究资料表明,滑油的整体氧化安定性温度如从 227 ℃提高到 332 ℃,则机械部件系统的质量可减小 12%,可见提高润滑油的整体工作温度对机械系统的减重贡献巨大。航空润滑油在使用中引起其性能变化的最主要因素是温度,高温使用温度也代表了航空润滑油的发展水平。一般来说,温度每升高 10 ℃,化学反应速度增大 1 倍,润滑油的使用寿命将减半。目前酯类润滑油的使用温度极限是 204 ℃,而未来的高推重比发动机对航空润滑油的使用温度要求已超出了酯类油所能承受的高温极限,因此需要开发新型合成基润滑油。若采用高温润滑油,则可以使得滑油温度容限提高,能够有效避免热区轴承腔内的滑油结焦与着火,从而使热区轴承腔、轴承、支座等的热防护和隔热等结构简化,有利于减少冷却空气量、减少滑油流量、减轻整体机械系统的质量。

目前,航空发动机滑油的使用主流仍是传统的Ⅰ、Ⅱ型润滑油。Ⅰ型润滑油使用温度为 $-54 \sim +165$ ℃;Ⅱ型润滑油使用温度为 $-40 \sim +220$ ℃。其中Ⅰ型润滑油主要有美空军及民机使用的 MIL-L-7808 系列、俄制 ВНИЙ НП 50-1-4Ф、国产 4010、国产 4109 等,属于低黏度(100 ℃运动黏度 ≈ 3 mm^2/s)油;Ⅱ型润滑油主要有美海军使用的 MIL-L-23699 系列、国产 4106、国产 4050 等,属于中黏度(100 ℃运动黏度 ≈ 5 mm^2/s)油。Ⅰ、Ⅱ型润滑油基本可以满足目前的航空发动机要求,但滑油的性能也在不断地提升,美军使用的滑油 MIL-L-7808、MIL-L-23699 通过不断改进,最新型号为 MIL-L-7808L 及 MIL-L-23699G。在先进发动机滑油系统中还使用了黏度介于Ⅰ、Ⅱ型润滑油之间的滑油(Mobil Turbo 284,100 ℃运动黏度 ≈ 4 mm^2/s),其高、低温性能得以综合。

发达国家非常重视航空发动机高温润滑油的研制工作。例如美国 IHPTET 计划就将高温润滑油的研制列入其中。IHPTET 计划第一阶段研制出符合 MIL-L-7808L 的Ⅰ型润滑油,能承受较高温度而不结焦。在 IHPTET 第二阶段为了减重和满足飞行任务的要求,提出研制 $+330$ ℃润滑油。其主要热性能指标是主体油氧化温度 $+330$ ℃、热点安定性 $+510$ ℃、自燃温度 $+649$ ℃;在 $+330$ ℃时蒸汽压小于 267 Pa。如果采用这种高温润滑油,热区轴承腔、轴承、支座等不需要热防护与隔热,无需冷却空气,滑油流量亦可减少至目前发动机的 50%,整个机械系统可减重 12%,满足 IHPTET 计划第二阶段减重 10% 的要求。美国 PWA 公司为了兼顾 IHPTET 计划第三阶段任务要求的润滑油最低能力,进行 360 ℃润滑油的研制。

与美俄相比,我国在开发研究高温润滑油方面起步较晚,目前以Ⅱ型润滑油为基础的滑油系统,要想再大幅减轻其质量已无可能;或者说在下一代更高推重比的发动机研制中,滑油系统将基本无多大贡献。为此,必须在高温润滑油研制及其使用上取得突破。在航空发动机上应用高温润滑油[16](如Ⅲ型润滑油的主体使用温度达到 260 ℃,比现有的Ⅱ型润滑油高约 50 ℃),用于发动机冷却的润滑油流量可以减少,滑油系统可适应更高引气温度,减轻引气装置及轴承腔隔热结构的质量;近几年我国在Ⅲ型润滑油的研制方面也已经取得了较大突破,为我国更先进战斗机的研制打下了基础。中国科学院上海有机化学研究所研制出性能全面达到俄罗斯 BT301 指标的Ⅲ型润滑油,其基础油为氟硅油,添加了抗高温润滑剂、抗泡剂、抗摩剂等添加剂。

1. 高温型润滑油黏温特性研究

黏度是航空润滑油的主要理化性能指标,黏度的实质是指液体的内摩擦,即抵抗外力作用下产生流动的阻力,或者说是液体分子间相对运动时所产生的摩擦力,通常

使用动力黏度和运动黏度来度量。它们之间的关系为

$$\nu = \frac{\eta}{\rho}$$

式中　ν——运动黏度，cm^2/s；

　　　　η——动力黏度，$Pa \cdot s$；

　　　　ρ——密度，g/cm^3。

在航空发动机滑油系统设计中，通常使用润滑油的运动黏度。润滑油的黏温特性是影响发动机使用的重要性能。润滑油应具有适当的黏度和良好的低温流动性。从发动机滑油供油系统的工作原理和回油系统循环周期短的特点，以及采用喷嘴润滑的情况，可以得出润滑油应具有适当的黏度。黏度太小，不能在轴承表面形成良好的油膜，影响润滑性；黏度太大，会使热交换器中通过的润滑油量过少，降低滑油在系统中的流动速度，而且不能形成良好的喷雾，影响润滑效果，造成轴承过热。

在低温环境下润滑油黏度增大，发动机在低温环境启动时，滑油温度过低则滑油的黏度过大，可能会导致滑油供油泵无法从滑油箱内汲取滑油，也可能会因管路或喷嘴阻力过大导致供油滑油泵后压力过高，破坏管路的密封，发生破裂等故障，造成发动机启动困难，因此，在低温条件下航空发动机滑油系统要求润滑油黏度一般不大于 $13\ 000\ mm^2/s$。而在高温环境下润滑油黏度过小，油膜厚度过薄则会降低油膜的支撑能力，破坏摩擦面之间连续的润滑层，增加结构件的磨损。因此，通常航空发动机滑油系统高温工作条件下要求润滑油黏度不小于 $1\ mm^2/s$。

2. 高温型润滑油与材料的相容性研究

润滑油与其润浸部位的材料相容性对于其在发动机上的使用十分重要。如润滑油与发动机常用的材料发生腐蚀或相溶，将严重威胁润滑部件的正常工作。因此，润滑油不能腐蚀各种金属，且润滑油被氧化后也不能对金属件，特别对易反应的金属如铅、铜、镁等产生腐蚀破坏作用，要能够有效防止外来物质的腐蚀。同时，润滑油也不能与非金属材料相溶或引起用于密封作用的橡胶件过度地膨胀或收缩，从而可能引起润滑油的泄漏。因此，要求润滑油对非金属材料有良好的适应性。

发动机采用新型润滑油时，首先对发动机轴承腔及滑油系统流路的各个零部件的材料进行分类，比如结构钢、不锈钢、高温合金、钛合金、铜合金、橡胶、润滑脂及其他非金属材料等。然后针对不同大类的材料分别进行高温润滑油的材料相容性研究，对于不需要做试验的，需要进行论证和类比分析；对于不能通过论证和类比分析的，要专门进行材料的相容性试验，确保采用新型润滑油的发动机工作可靠。

3. 高温型润滑油的安全性研究

航空润滑油的安全性对发动机的使用十分重要，其安全与否将直接决定能否在飞机上使用。要研究高温润滑油的主要成分的毒性，并确定此润滑油的主要化学成

分的毒性。如某种成分确有毒性,则需要研究优化润滑油的成分配方,解决毒性问题,直到满足航空发动机的使用要求。要研究高温润滑油挥发物的毒性,确认挥发物被人体吸入后是否会造成健康危害,并通过相关部门进行安全评定。要研究高温润滑油高温裂解的主要成分毒性,确认人体吸入裂解物的潜在危害,给出这些裂解物不会对人体产生中毒反应的结论。如确有毒性裂解物产生,则需对润滑油的成分及添加物的配方进行调整和优化,确保不会产生严重危害人身健康的毒性裂解物,满足高温润滑油在航空发动机上的安全使用。

随着未来先进航空发动机的推重比、热负荷的不断提高,对滑油系统的温度要求越来越高,研制更高使用温度的润滑油也就成了必然的选择。研制并使用工作温度水平更高的高温型润滑油对未来高推重比发动机滑油系统的设计非常重要,高温润滑油的应用技术也是滑油系统先进设计技术之一。

8.2.4　高效轻质滑油系统部件技术

为适应未来先进航空发动机高转速、高功率及高热负荷的工作需求,滑油系统部件设计发展方向将是采用高效、轻质以及集成化设计等技术。通过采用提高部件转速、提升部件工作效率、改进部件材料以及采用集成化设计等技术,使部件结构小型化、布局紧凑、连接管路精简,不但可减少滑油系统冗余,大幅度减轻系统及部件质量,而且可使发动机的维护点较为集中,提高发动机的维护性、可靠性,是下一代军用发动机滑油系统的发展方向。

国外先进发动机已采用集成设计技术,将滑油系统多数部件与传动机匣设计为一个整体,减少各部件间的外部连接管路,实现减重的目的,且高度集成的单元体结构也提高了其维护性和可靠性,这是航空发动机滑油系统设计的发展趋势之一。如国外第 4 代机已经将滑油系统的滑油箱、滑油滤、离心通风器、高空活门、屑末检测器等设置在发动机附件机匣上,并与附件机匣集成化设计为一个整体。高效轻质部件设计技术也是航空发动机滑油系统部件设计的发展趋势之一,如高转速高效率滑油泵、多功能滑油箱、高性能滑油散热器及高精度滑油滤等设计技术的应用,不但提升滑油系统性能,而且减轻部件质量及减小结构空间,满足发动机高转速、高功率及高热负荷的工作需求。

目前国内航空发动机滑油系统设计已达到 3 代机的设计水平,系统及部件的结构布置基本上采用传统的结构方式,如附件机匣、滑油箱、散热器、滑油滤等分开布置,部件间用管路连接。同时,国内也开展了滑油系统集成设计及高效轻质润滑部件的研究与应用工作。

1. 轻质集成部件设计技术

随着高推重比发动机的发展,发动机的外形控制、质量要求更为严格,滑油系统部件的功能要求更为全面,因此,部件的功能、性能及结构设计技术也成为滑油系统的关键技术之一。部件采用轻质材料、应用一体化设计技术,使多功能零部件集成设计为一个整体,不但能减轻部件质量、减小安装空间,也能满足滑油系统多功能需求。如图 8.42(a)所示的滑油箱箱体与传动机匣壳体设计成为一个整体,并布置了加油装置、吸油装置、油气分离器、液位传感器及通风机构等;如图 8.42(b)所示的滑油滤应用多功能集成设计技术,将滑油滤与压力、温度、流量等传感器元件高度集成,实现滑油滤工作特性的实时监控与判断。

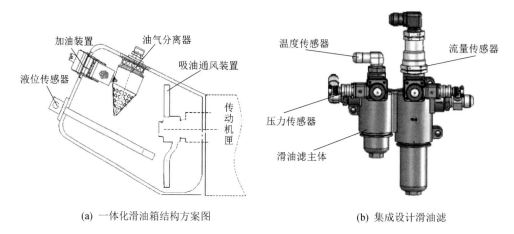

(a) 一体化滑油箱结构方案图   (b) 集成设计滑油滤

图 8.42　集成设计滑油部件示意图

2. 高转速部件设计技术

随着发动机性能的不断提升,高转速滑油部件研究技术已成为滑油系统的发展方向之一。提高部件转速,不但可以减小转子几何尺寸,使其体积减小,而且可以提升部件的效率。如图 8.43(a)所示的泛摆线滑油泵[17]转子的转速由约 4 000 r/min 提高至约 10 000 r/min 后,在相同的流量条件下不但可减小泵的体积及质量,而且在相同转子配合间隙条件下,可减小间隙泄漏,提高泵容积效率。如图 8.43(b)所示的离心通风器转速由 10 000 r/min 提高至约 30 000 r/min 后,流经通风器的油气混合物向心加速度增大,油滴承受的离心力增大,从而使油气分离效率显著提升。

3. 高效率部件设计技术

随着发动机性能的不断提升,对滑油系统部件的工作效率提出了更高的要求。先进的设计结构及工艺可提高部件的性能,如微通道换热器采用的新型流道结构及扩散焊工艺,不但具有较高的换热效率,而且耐压能力提升,外廓结构减小。滑油滤滤芯采用螺旋型滤芯技术,具有大过滤面积、高过滤精度、高纳污容量、低阻力的特性,在滑油温度、压力及流量变化时具有较好的稳定性。高效部件示意图如图 8.44所示。

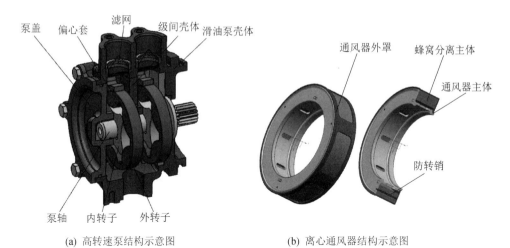

(a) 高转速泵结构示意图   (b) 离心通风器结构示意图

图 8.43 高转速滑油部件示意图

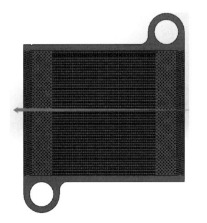   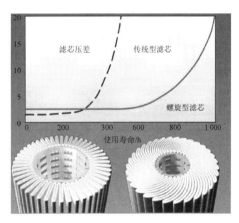

(a) 微通道散热器流道示意图   (b) 滑油滤滤芯示意图

图 8.44 高效率部件示意图

8.2.5 滑油系统典型案例分析

2019 年 8 月起,某型发动机配装飞机在初期使用飞行时出现飞机座舱异味问题,现象为发动机启动后使用过程中座舱内有刺激性异味,随着发动机状态提高,异味程度加重,甚至座舱内出现白烟现象,严重影响了飞行员的作训任务。

飞机座舱引气源于发动机高压压气机五级引气,对发动机内引气流路进行分析,并与发动机所使用滑油高温后的油气气味进行对比分析,经确认飞机座舱引气异味与滑油高温油气味道基本一致,因此,从发动机滑油系统滑油渗漏至引气流路的角度开展问题排除工作。

（1）滑油渗漏部位分析

对发生异味现象的发动机使用过程中滑油系统参数进行分析,滑油系统的温度、压力以及滑油消耗量水平等无异常,且与无异味现象发动机基本一致,说明发动机滑油系统渗漏量较少。根据发动机结构,当前轴承腔或中轴承腔的滑油(或油气)发生了渗漏,在受到高温部件或高温空气烘烤加热时,散发出异味油烟。油烟随空气进入内涵流道,进而随五级引气管进入座舱引气,导致飞机座舱有滑油异味现象。引气流路示意图如图 8.45 所示。

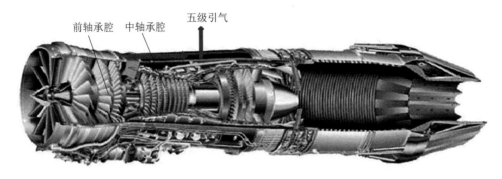

图 8.45　引气流路示意图

（2）滑油渗漏原因分析

根据发动机滑油系统工作原理及前轴承腔、中轴承腔结构特点,分别从滑油系统供油量适宜性、轴承腔回油结构、密封结构合理性等方面开展滑油渗漏原因分析工作。

1）滑油系统供油流量分析

为了满足发动机工作中主支点轴承、传动机匣齿轮,以及轴承润滑、冷却的需求,滑油系统需提供流量适宜的润滑油。如果滑油系统提供的滑油流量过多,则滑油会通过轴承腔的密封装置溢出,进入发动机空气系统流路,进而随发动机五级引气进入飞机座舱。为了分析发动机前轴承腔、中轴承腔滑油供给的适应性,采用 Flowmaster 软件对供油流量进行仿真分析。建立前轴承腔、中轴承腔供油流路仿真模型,如图 8.46 所示。通过仿真分析计算,前轴承腔、中轴承腔滑油供给流量满足发动机使用要求,无滑油过多溢出现象。

2）轴承腔回油结构分析

发动机轴承腔主支点密封结构采用接触式圆周石墨密封装置,如果轴承腔内滑油无法及时回收至滑油箱,则存在滑油淹没密封装置而渗漏的可能。复查轴承腔回油结构发现,中轴承腔齿轮箱三支点后圆孔回油通道面积较小(见图 8.47);对中轴承腔齿轮箱回油结构进行发动机非工作状态下静态仿真分析(见图 8.48(a))和发动机工作状态下的动态仿真分析(见图 8.48(b)),发现该部位易造成工作过程中三支点后的局部腔室油面偏高导致滑油渗漏至空气流路的问题。

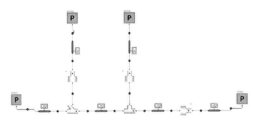

(a) 前轴承腔流路模型

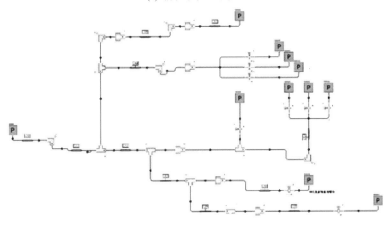

(b) 中轴承流路模型

图 8.46 供油流量仿真分析模型

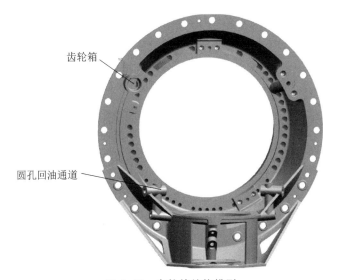

图 8.47 齿轮箱结构模型

航空涡扇发动机先进部件和系统技术

 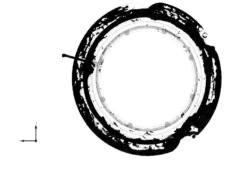

(a) 静态仿真分析   (b) 动态仿真分析

图 8.48　齿轮箱回油分析示意图

3) 轴承腔静密封结构分析

发动机轴承腔相对静止结构件之间采用橡胶圈的静密封形式(见图 8.49),为了判断发动机工作状态静密封是否存在渗漏滑油的现象,开展了发动机工作状态下轴承腔温度场对密封圈工作温度以及离心力作用对胶圈槽结构等的影响分析工作(见图 8.50)。经分析,橡胶圈满足中轴承腔工作温度环境使用要求,但发现发动机工作状态下该部位胶圈槽径向深度尺寸变化导致密封圈压缩量偏小,从而发生发动机工作状态下中轴承腔内滑油由橡胶圈密封部位渗漏至空气流路的现象。

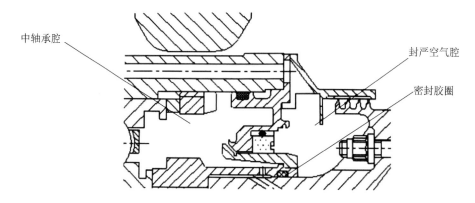

图 8.49　密封圈结构示意图

(3) 滑油渗漏改进措施

针对发动机中轴承腔三支点后回油不畅导致滑油液面高于密封面从而导致座舱引气异味产生的原因,分别从促进滑油快速回收、控制滑油渗漏等方面制定了改进措施。

① 中轴承腔齿轮箱采取增大回油通道面积改进措施(见图 8.51),改进后腰形孔回油通道面积为改进前圆孔回油通道面积的 3 倍,经发动机非工作状态下静态供油

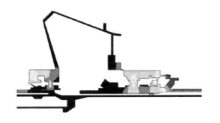
(a) 中轴承腔温度场示意图

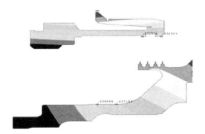
(b) 密封槽结构变化示意图

图 8.50　密封胶圈工作环境分析示意图

仿真分析(见图 8.52(a))和发动机工作状态下的动态仿真分析(见图 8.52(b)),可有效提高三支点后滑油的回油能力。

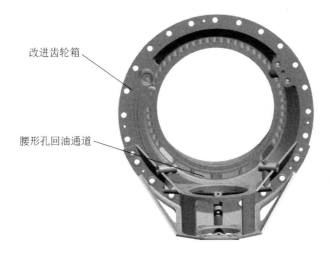

改进齿轮箱

腰形孔回油通道

图 8.51　齿轮箱改进结构模型

(a) 静态仿真分析

(b) 动态仿真分析

图 8.52　齿轮箱回油分析示意图

② 轴承腔密封橡胶圈截面直径增大 20%，提高发动机工作状态下密封橡胶圈压缩量，避免滑油渗漏。

（4）滑油渗漏改进措施验证

针对发动机配装飞机在初期使用飞行时出现飞机座舱异味的问题，采取的中轴承腔齿轮箱三支点后回油通道面积增大及橡胶圈截面直径增大改进措施已在 90 余台发动机落实贯彻，发动机配装飞机累计使用约 1 800 h，无座舱异味问题发生，措施有效。

8.3 主轴承

轴承是制造装备业中关键的基础零部件。所有机械旋转体都一定会用到轴承，因此轴承被称为制造工业的"关节"。轴承性能的优劣直接影响和决定高端装备的精度、寿命、极限转速、稳定性、可靠性和动态性能等关键指标，航空发动机领域对高质量轴承的需求尤其迫切。随着航空发动机技术的发展进步，装备的极限性能在不断突破和提升，相应地对轴承性能的要求也越来越苛刻。航空发动机主轴承的作用为给转子系统定位并传输转子载荷，保证发动机转子平稳运转，其可靠性对发动机至关重要。与一般工业轴承相比，航空发动机轴承的工作条件极为恶劣，具有高温、高速、载荷变化区间大等特点，因此为避免轴承在恶劣的工况下出现早期失效和确保发动机的使用安全，根据发动机的工况特点并结合轴承的典型失效模式，对轴承进行有针对性的优化设计和合理的应用，是我们的重点研究目标。

随着航空发动机性能的提升，在可预见的未来，轴承的使用温度、寿命等指标将会远高于现有的水平，现有的常规轴承将无法满足要求，而陶瓷轴承、磁浮轴承等新型轴承相对于常规轴承的诸多优势将会得以展现，因此陶瓷轴承等新型轴承研究成为未来发动机轴承发展的重点方向。

8.3.1 传统轴承技术

航空燃气涡轮发动机压气机-涡轮转子的轴承（一般称为主轴承）几乎无例外地均采用滚动轴承。这是因为滚动轴承具有摩擦系数低、启动力矩小、抗断油能力强、工作适应范围宽、更换方便等优点。航空发动机主轴承以钢制滚动轴承最为常用，常用的类型有双半内圈角接触球轴承和圆柱滚子轴承（见图 8.53）。

双半内圈角接触球轴承被用来承受发动机转子的径向和轴向联合负荷或者大的轴向负荷。承载能力由接触角的大小决定，接触角越大，可承受的轴向负荷越大。它是发动机转子支承和传递负荷与轴向限位的常用类型。为了多装滚动体，增大承载能力，通常内圈制造成分离型双半内圈，整体型保持架。它分三点接触式和四点接触式两种。常用的是三点接触式，即滚动体与双半内圈各有一个接触点，与外圈有一个

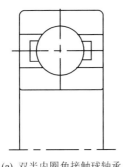　　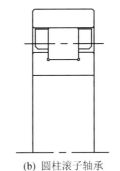

(a) 双半内圈角接触球轴承　　　　　　(b) 圆柱滚子轴承

图 8.53　主轴承常用类型

接触点。

圆柱滚子轴承用于承受发动机转子的径向负荷,由于该型轴承轴向不能限位,所以常用在热端部位,如涡轮轴支点,以利于转子随温升而轴向伸展。

随着航空技术的进步,航空涡扇发动机主轴承寿命不断提高。战斗机用小涵道比涡扇发动机主轴承的寿命已达到数千小时;运输机用大涵道比涡扇发动机主轴承的寿命已经达到上万小时;已基本形成主轴承技术推动、应用视情维护的良性发展模式。从技术层面来看,各主要轴承公司已普遍采用计算机优化设计,建立了完备的仿真分析能力,对轴承与整个支撑系统的动态性能、热效应、功率损耗等方面进行了全面的分析与计算。材料应用体系与基础数据完备,面向工况的响应能力强。制造装备自动化程度高,工艺技术转化彻底,产品稳定性好。性能试验考核评价体系完整,基础数据可支撑设计和开发。

航空燃气涡轮发动机主轴滚动轴承要在高温、高速、载荷宽幅变动的恶劣工况下工作,打滑蹭伤及反转轴间轴承滚子端面磨损是航空发动机主轴承最为常见的故障模式,对发动机的可靠工作带来威胁。避免此类故障是我们在主轴承研制过程中必须要重视的问题。

1. 滚动轴承防打滑技术研究

滚动轴承工作时,作用于保持架-滚子组合体的拖动力主要是轴承在外负荷作用下滚子在内、外环间的摩擦力;当采用内引导轴承(保持架定位于内环)时,保持架与内环间的滑油油膜黏性力还能产生部分拖动力。而阻碍保持架-滚子组合体运动的阻力则有:保持架-滚子组合体的质量惯性力、滑油的扰动力、外引导轴承保持架(保持架定位于外环)与外环滚道间的油膜黏性阻力等。

一般工程机械中使用的滚动轴承由于转速低,且始终有负荷作用其上,很少出现打滑现象。但是航空燃气涡轮发动机主轴承因其工况异常复杂,打滑蹭伤现象时有发生,其典型形貌如图 8.54 所示。

打滑蹭伤之所以在航空发动机主轴承较为常见,主要原因如下:

 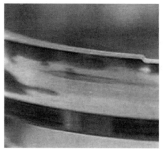 

图 8.54　轴承滑蹭典型形貌

① 转速高。在高速作用下,滚子在大的离心力作用下有脱离内环滚道接触的趋势[18]。

② 转子轻。航空发动机的转子质量较轻,作用于轴承上的径向负荷小,加上飞机做机动飞行时会在某些情况下进一步减小作用于轴承上的负荷,甚至出现零载,以及转子的不平衡力在某些情况下会抵消一些作用在轴承上的径向负荷,造成轴承的轻载或零载。

③ 轴向负荷不足。航空发动机主推力轴承一般为角接触球轴承,主要用于承受轴向负荷,正常情况下一般不易打滑;但是如果在飞行包线内,转子的轴向负荷减小甚至换向(见图 8.55)的话,则在变方向的前、后瞬间,轴承也会出现轻载、零载,引起打滑[18]。

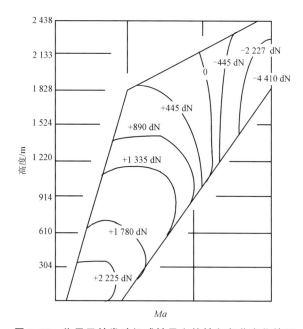

图 8.55　作用于某发动机球轴承上的轴向负荷变化情况

打滑蹭伤是细微磨损的一种特殊形式[19]，使轴承表面光洁度被破坏，出现所谓的"抹光"现象。当光洁度降低到一定程度时，滚动体与滚道接触部位油膜厚度将不能充分隔离滚动零件，滚动零件之间就会出现表面粗糙峰的相互作用，轴承发热量迅速增加，温度升高，套圈和滚动体的硬度降低，并导致塑性变形，严重者会发生轴承表面剥落、材料转移等现象，轴承噪声和振动增大，最终导致轴承零件破坏和轴承"咬死"。另外，轴承出现打滑蹭伤，会导致滚动体原有的运动姿态出现变化，加剧滚动体与保持架的撞击，严重者会导致保持架断裂，轴承失效，对发动机的使用安全构成威胁。因此，在航空燃气涡轮发动机主轴承上，防止轴承打滑蹭伤十分必要。为了减少轴承滑蹭，既可采用减小阻碍滚动体-保持架运动的阻力的方法，也可采用增加拖动力的方法，或两者同时采用。

（1）采用增加拖动力的措施防止轴承滑蹭

1）减小轴承的游隙

在充分考虑配合、温度、材料和离心力等的情况下，滚子轴承选用尽可能小的径向游隙，使承载滚子数增多，从而增加拖动力。但是，采用减少游隙的措施可能会带来其他严重问题，如果游隙控制不当，产生了过大的负游隙，则会造成轴承寿命急剧降低。

2）采用内引导轴承

多数轴承工作时采用外圈静止、内圈旋转的方式，采用内引导轴承，即将保持架定位于内圈，存在于内圈与保持架间的油膜在黏性的作用下将给滚动体-保持架组合体一个拖动力，使其做正常运动，增加了拖动力，减少滑蹭损伤的风险，当然这还须提高保持架的加工精度以提高其平衡度。内引导轴承示意图如图 8.56 所示。

3）对轴承施加"预载"

预先对轴承施加一附加载荷，即对轴承施加"预载"，使轴承工作时，始终在内、外环滚道与滚子间有负荷作用，避免出现轻载或零载，以增大拖动力。对轴承施加预载的办法如下：

① 采用非圆轴承。轴承外圈的外径为非圆形，而机匣安装轴承的座孔仍为圆形，将轴承装配到轴承座孔中时，在两处或三处椭圆的长轴处会产生内部预紧力，增加轴承的拖动力。非圆轴承外圈示意图如图 8.57 所示。

② 轴向弹簧对轴承施加预载。航空发动机工作过程中，在某些工况下可能出现转子轴向负荷轻载甚至换向，从而造成承受转子轴向负荷的角接触球轴承出现打滑现象。为避免这一问题的出现，可以采用轴向弹簧对该轴承施加一定的轴向预载，使轴承工作过程中始终处于轴向载荷作用下，从而避免出现打滑蹭伤。

4）调整对轴承的喷油方向

将滑油喷射方向设计成与轴承旋转方向一致。

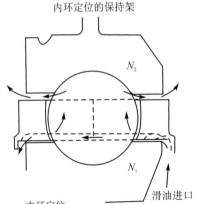

内环定位的保持架

N_2

N_1

滑油进口

内环定位
当处于轻载或零载时,
由内环提供了一个拖动力

图 8.56　内引导轴承示意图

(a) 椭圆轴承外圈　　(b) 三瓣式的轴承外圈

图 8.57　非圆轴承外圈示意图

(2) 采用减少阻碍滚子-保持架运动阻力的措施防止轴承滑蹭

① 在满足轴承寿命要求的前提下,尽量减少滚子的数量,以使滚子受到合理的接触应力;

② 优先选用小尺寸的滚子,以减少滚子加减速时产生的惯性力和滚子倾斜转动时产生的陀螺力矩;

③ 严格控制滚子倒角的偏心率,以避免滚子受到不平衡的倾斜力时产生拖曳现象;

④ 采用 Si_3N_4 滚子材料,以减轻滚子的质量;

⑤ 在保证保持架强度满足要求的前提下,选用轻型保持架;

⑥ 轴承设计应使润滑油顺利地流过轴承,减少滑油的扰动;

⑦ 提高轴承的加工精度,严格控制保持架的动不平衡;

⑧ 滚子与套圈挡边之间选用尽可能小的间隙(轴向游隙),以避免产生过大的倾斜和"刹车"效应。

2. 反转轴间轴承滚子端面防磨损技术研究

现代先进航空燃气涡轮发动机总体结构设计大都选用轴间支承的涡轮转子结构方案,而采用高低压涡轮转子反向旋转能提高发动机的气动性能,减轻质量,改善其振动特性。

反转滚子轴承(内外圈转向相反)的保持架速度很低,显著地减小了滚子对外圈跑道施加的离心载荷,但是反转滚子轴承中滚子的自转转速极高,滚子端面与跑道挡边的滑动速度非常高。极高的滚子自转转速可能引起滚子的回转摆动和振动,造成滚子失稳。滑动线速度过高,极易造成滚子端面和跑道挡边的过度磨损,典型形貌如

图 8.58 所示,磨损滚子端面呈蜗牛状,保持架上对应磨损滚子的兜孔端面磨损。

图 8.58 端面磨损典型形貌

滚子端面磨损是高速反转轴间滚子轴承的一个典型问题,滚子在高速运转过程中发生扭摆是造成端面磨损的根本原因。避免滚子端面磨损可从以下几方面入手。

(1) 严格控制轴承滚子与套圈挡边的间隙

对于高速滚子轴承,滚子的扭摆和负荷会变得很高,这就要求有高精密加工的引导法兰挡边。通常,滚子端面和引导挡边的间隙保持在极低值,为 0.025~0.05 mm,可以限制滚子扭摆的角度。所以,让滚子端面间隙保持一个相对较低的值,这样既可以限制滚子的运动姿态,又可以避免发生非正常的磨损。另外,在套圈引导挡边表面上加工小的斜度或附背角,也是经常采取的措施,可以增强油膜生成,对避免滚子端面磨损有利。

(2) 严格控制滚子设计加工精度

轴承滚子的设计加工精度不高(包括端面偏斜、直线度低、倒角跳动公差大)会引起滚子的动不平衡,影响滚子的稳定旋转,使滚子产生摆动,导致磨损。图 8.59 显示滚子的加工精度不高会导致滚子异常磨损。

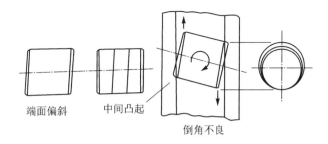

端面偏斜 中间凸起

倒角不良

图 8.59 滚子加工精度不高导致磨损示意图

滚子的不平衡将导致滚子的偏摆。影响滚子动不平衡的主要因素有:倒角半径跳动公差、端面对外径跳动、母线直线度误差等。其中倒角半径跳动公差被国外资料列为引起滚子动不平衡的关键因素,由于滚子为精密零件,除倒角外都采用了超精加工,其精度误差的数量级为 10^{-3} mm,且均为批量加工,一致性好,对整个滚子质量的不平衡影响很小;而倒角规定的精度误差的数量级为 10^{-1} mm,采用的是单件车加工,所以倒角尺寸变化大,一致性不好,对整个滚子质量的不平衡影响很大。当滚子倒角相对轴线的偏差,一端圆角径向偏心的高点(质量最大点)和另一端圆角径向偏心的高点近似相差 $180°$ 时,就形成了一个偏心力矩影响滚子动不平衡(临界条件),平衡能力最差的一粒滚子最易歪斜,造成恶性循环,形成滚子端面磨损。图 8.60 表示出了由于滚子倒角加工超差引起质量分布不均从而造成了偏转力矩。

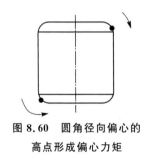

图 8.60 圆角径向偏心的
高点形成偏心力矩

另外,对于高速滚子轴承,滚道轮廓与滚子轮廓的直线度同样需要严格控制,避免几何形状的不一致造成接触应力分布不均,形成扭矩。采用带凸度滚子可以减小母线直线度对滚子扭摆的影响,以起到自我调整的作用。

(3)严格控制套圈设计加工精度

套圈精度也对滚子歪斜有着一定的影响。在轴承高速旋转时,必须保证滚道完好的几何形状和滚道斜度,以避免产生不均匀接触应力造成滚子歪斜。滚道直线度、滚道对基面的垂直度对滚子歪斜有一定的影响。

内圈挡边可以限制滚子歪斜的角度,所以滚子端面与挡边间隙保持在极低的范围内,滚子歪斜达到挡边约束的范围时,与挡边反复接触,挡边会给滚子一个校正力,使滚子恢复运转平衡。挡边对基面跳动是影响挡边间隙的重要指标,如挡边对基面跳动超出一定范围,造成挡边各位置间隙变化,则对滚子的约束不一致,造成动态失稳,影响滚子稳定旋转。

(4)严格控制保持架设计加工精度

高速轴间反转滚子轴承的保持架一般设计成整体式的。兜孔的形位公差精度对滚子的运动有一定影响,如果形位公差精度过低,可能会造成滚子的偏摆。采用保持架动平衡,严格控制兜孔倾斜度,保证保持架兜孔端面与保持架端面最小距离(厚度)差,都有利于轴承运行的稳定。

从发展趋势上看,发动机主轴轴承结构与相邻部件的结合将越来越紧密,异形结构的轴承已经越来越多地在发动机上得以应用,主轴承内环趋向于与发动机主轴一体化,主轴承外环与安装边一体化,这将有助于减少零件数量、减轻发动机质量、提高发动机可靠性。同时,完善和发展轴承计算机仿真分析能力,使之成为轴承设计与分析的实用工具,可以改进轴承的生产技术,提高轴承加工精度,从而更好地满足未来发动机的需求。此外,新材料轴承的研制应用使轴承可以承受更高的工作温度、更高的转速和更高的负载,适应发动机对轴承愈发严苛的要求。

8.3.2 陶瓷轴承技术

目前,提高发动机推力和燃油效率的直接方法依然是提高涡轮进口温度和转子转速,而这会直接挑战轴承的极限转速性能、耐温能力、润滑性能和承载能力等,未来高推重比发动机需要可以在更高温度、更高转速下稳定工作的轴承,传统钢制轴承将很难满足未来发动机的需求,而陶瓷混合轴承(简称陶瓷轴承)具有很多传统钢制轴承所不具备的优点:

- 陶瓷材料密度小,可以直接减轻滚动体的质量,并减小离心力,提高轴承寿命;
- 陶瓷滚动体与钢质套圈滚道之间的摩擦系数小,减少了轴承自身发热量,从而减小滑油流量需求,进而减轻了滑油系统的质量,并能降低轴承温度从而提高轴承寿命;
- 陶瓷轴承耐高温能力突出,且发热量较低,从而可以增加轴承无润滑工作时间;
- 陶瓷滚动体硬度高,因而耐滑油污染能力更强;
- 陶瓷是绝缘体,可以避免电流侵蚀和静电引起的故障。

正因为陶瓷轴承相比传统轴承具有诸多优势,因而已成为未来高推重比航空发动机主轴承的重点发展方向。

陶瓷轴承的发展大致可以分为三个阶段:第一阶段是指 20 世纪 60 年代,该阶段主要是探索哪种陶瓷材料适合作为轴承材料。初步探索出氮化硅陶瓷是作为轴承材料的最佳材料。第二阶段是指 70 年代至 80 年代末,该阶段解决了混合陶瓷轴承批量化制备的关键技术,混合陶瓷轴承开始得到应用。第三阶段是指从 90 年代初至今,该阶段主要是在试验基础上进行混合陶瓷轴承在航空航天领域的应用研究。近年来陶瓷轴承的研究已经取得了相当大的进展,其中采用陶瓷滚动体和双淬硬金属跑道的混合陶瓷轴承作为某发动机主推力轴承,可以满足 DN 值 270 万和 4 000 h 以上的寿命要求。为了验证混合陶瓷轴承是否可以满足航空发动机应用的要求,国外还进行了缩小比例和全尺寸的混合陶瓷轴承的极限工作条件下的试验测试工作。这些测试工作包括发热量、滑油中断、剥落扩展和耐久性测试。欧美国家在陶瓷轴承方面已达到技术成熟度 6 级以上,目前陶瓷轴承技术已陆续应用到发动机上,并为此开展更进一步的试验验证工作。

1. 陶瓷轴承的制备与质量控制技术

致密而匀质的 Si_3N_4 陶瓷具有良好的抗滚动接触疲劳特性,但与轴承钢相比,其低韧性、高硬度和中等弯曲强度依然是陶瓷材料对损伤和缺陷敏感的致命弱点。由于陶瓷材料的脆性和缺陷敏感性,损伤和缺陷降低了陶瓷球的可靠性,影响了陶瓷轴承的广泛应用。因而低缺陷毛坯、低损伤加工工艺和无损检测是保障陶瓷轴承质量一致性和工作可靠性的最直接手段,即使是采用热等静压制造氮化硅陶瓷滚动体亦如此。因此,高可靠性陶瓷轴承需要 100％的无损探伤来保证。陶瓷无损检测技术分为毛坯检测技术和成品检测技术,陶瓷球的表面缺陷来自球坯成型和机械加工两个阶段。材料缺陷包括气孔、增强相凝聚和异常大晶粒。处于表面附近的材料缺陷在加工中容易形成机械加工缺陷,在轴承工作中成为疲劳源。陶瓷球表面缺陷检测是其制造工艺面临的主要困难之一。

目前,主要采用光学检查、荧光检查和超声检查等检测方法控制其质量,其中光学检查依然是目前高可靠性陶瓷球的主要检查手段。近年来,高精度 X 射线无损探伤技术、声表面波成像技术和扫描电子声发射技术开始投入使用,使得无损探伤精度得到大幅度提高。

2. 陶瓷轴承的润滑技术

陶瓷轴承具有很好的润滑工况适应性。由于具有发热小,并与轴承钢的摩擦相容性好等优势,陶瓷轴承在固体润滑、薄膜润滑、脂润滑和贫油润滑等比较恶劣的条件下能够可靠地工作,而且由于抗磨损、热性能稳定,且不会出现高温熔化"咬死"等恶性失效,恢复润滑后仍能继续工作,这对航空轴承的断油能力要求是一个重要保障。陶瓷轴承和钢轴承在模拟航空发动机要求的断油试验过程的温升记录如图 8.61 所示。很显然陶瓷轴承在断油过程中温升较低,恢复供油后能迅速恢复到断油前的低温升稳定工作状态。分析认为,在断油过程中,由于结构尺寸变化小和接触区滑动摩擦变化小,从而增强了抗断油能力。而在英国 ACM 公司轴承高转速(50 000 r/min)下,达到了极限试验 117 min 断油条件的安全运行。在脂润滑条件下,305 陶瓷轴承正常高速条件下温升比全钢轴承低 40～50 ℃,如图 8.62 所示。图 8.62(b)表明钢轴承出现高温卡死不能继续工作时,陶瓷轴承依然能够继续可靠运行,大大提高了装备的极限生存能力。在正确润滑条件下,陶瓷轴承的长寿命和高可靠性指标更出色。

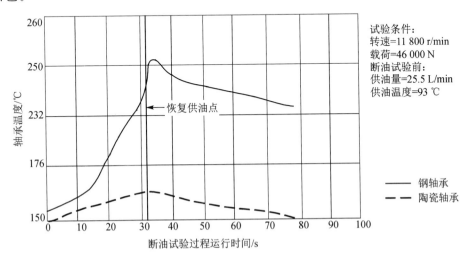

图 8.61　轴承断油运行试验

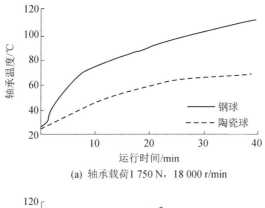

(a) 轴承载荷1 750 N，18 000 r/min

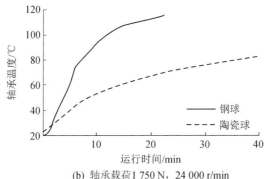

(b) 轴承载荷1 750 N，24 000 r/min

图 8.62 305 陶瓷轴承和全钢轴承的脂润滑温升试验

由于陶瓷的高度稳定性，目前使用的润滑油对陶瓷轴承都适应，喷油润滑、环下润滑和油气润滑等方式依然可以采用。由于温升小，润滑剂量可以适当减少，从而进一步减少润滑剂剪切发热，可通过极限工况综合试验确定具体用量需要[20]。

航空轴承技术的发展历史清楚地表明，每次轴承材料的改进都推动着航空轴承技术的快速发展。未来航空陶瓷轴承技术的发展趋势主要包括：

① 陶瓷轴承性能仿真分析技术；

② 低缺陷陶瓷轴承工艺优化技术；

③ 高韧高强材料制坯技术；

④ 陶瓷轴承在线状态监控技术；

⑤ 陶瓷轴承高精度无损检测技术。

大量的理论研究和实验测试证明，以氮化硅陶瓷球为滚动元件的混合陶瓷轴承具有优良的抗滚动接触疲劳性能，随着陶瓷轴承技术的不断发展成熟，可以预见，陶瓷轴承的优异性能，能够为航空装备领域发展提供重要保障，高性能的陶瓷轴承将是应对航空装备高速化发展的有效技术途径之一。

8.3.3 磁浮轴承技术

电磁轴承转子系统是利用可控磁场力提供无接触支承,使转子稳定悬浮于空间且其动力学性能可由控制系统调节的一种高性能轴承,如图 8.63 所示。传感器在线探测转子的位移信息,经过前置处理后送入控制器;控制器根据传感器送来的位移信号,经过控制算法得到控制信号;功率放大器根据控制信号将相应的控制电流输入到电磁铁线圈中,驱动电磁铁形成恢复力,使转子保持在平衡位置。

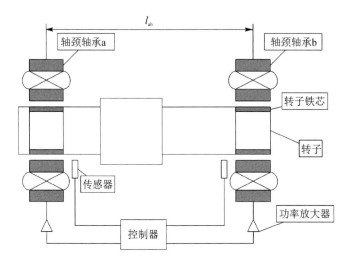

图 8.63 电磁轴承转子系统的基本结构

电磁轴承是集机械学、电磁学、电子学、转子动力学、控制工程和计算机科学于一体的最具代表性的机电一体化产品。与许多传统轴承相比,电磁轴承具备如下优点:

① 可以达到很高的转速,相同轴颈直径下比滚动轴承转速大约高 5 倍,比流体动压轴承大约高 2.5 倍;

② 摩擦功耗小,寿命长,无须润滑;

③ 工作温度范围宽,能够在一些极端高温或者低温环境下正常工作;

④ 具备在线可控可测性,控制精度高。

上述优点使得电磁轴承在空间技术、物理学研究、机械加工、振动控制、机器人、离心机、膨胀机等工业应用领域中都得到了广泛的应用,且作为新一代多电航空发动机转子的主要支承方式,引起各国研究机构和学者的高度关注。所谓航空多电/全电发动机,就是在航空发动机上用磁浮轴承取代传统的滚动轴承,用集成在发动机主轴上的启动发电机给发动机和飞机提供所需电源,并用全部电气化传动附件取代机械式传动附件,实现发动机和飞机的全电气化传动。由于不需要滑油系统,磁浮轴承可以提高多电发动机的可靠性并减轻其质量,可以提高轴承 DN 值并能够主动消除发动机的振动。

电磁轴承被国外列为 21 世纪先进航空发动机的关键高新技术之一,欧美国家投入了大量的资金,期望占领这个航空高技术领域的制高点,其中最具代表性的是 1988 年美国制定的综合高性能涡轮发动机技术(IHPTET)计划和 1997 年欧洲的航空发动机用主动磁浮轴承(AMBIT)研究计划,以及后来的灵巧航空发动机用磁悬浮轴承(MAGFLY)计划。美国德雷伯试验室、GE 公司、NASA Glenn 研究中心,瑞典 ETH 大学,日本 Ebara 公司等研究机构先后发表了航空发动机高温磁浮轴承技术方面的研究成果,如图 8.64、图 8.65 所示。

图 8.64　NASA Glenn 研究中心的高温磁浮轴承试验器

图 8.65　瑞典 ETH 大学高温磁浮轴承及试验设备

我国多电(全电)发动机的设计技术研究工作起步较晚,在“十五”和“十一五”期间国内科研院所和高校合作开展了磁浮轴承在航空发动机上的应用研究工作,在无人机用小型涡喷发动机上开展了多电发动机技术应用研究,在压气机/涡轮磁浮模拟转子试验台上实现了部分支点的磁悬浮(见图 8.66)。

1. 磁浮轴承(含传感器、控制器等)设计及控制技术

与传统轴承相比,电磁轴承在应用方面最大的特点是需要依靠主动控制才能正

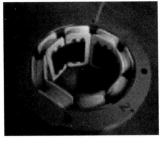
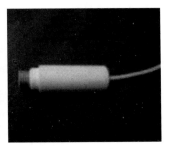

(a) 低压转子径向磁轴承　　　(b) 涡轮转子的高温径向磁轴承　　　(c) 高温涡流传感器

图 8.66　磁浮轴承与传感器

常工作,即必须人为地设定在正确的时机对转子施加合适大小支承力来保证转子的稳定悬浮。因此可以说即使能够制造出满足要求的轴承,没有相应的控制策略的支持,电磁轴承也无法在发动机上稳定地运行。这个特点给不断改善转子系统动态性能提供了空间,可以通过不断改进控制策略来抑制或削弱转子系统的振动;另外,对设计者和应用者提出了很高的要求,需要充分考虑转子系统的工作条件和特殊性,涵盖各种可能的情况来选择或设计合适的控制算法,以达到满意的动力学性能。在航空多电发动机上的应用使电磁轴承控制技术研究进入到一个崭新的领域,其中与以往地面应用最大的不同是轴承基座随飞机运动,在飞机机动飞行过程,转子系统会受到附加的机动载荷,这给转子系统动力学研究和控制设计提出了新的问题。

自从英国物理学家 Earnshaw 首次提出了磁悬浮轴承的概念,电磁轴承系统理论已发展了 150 多年的时间,几乎有一半与电磁轴承相关的研究文献在探讨控制问题,但其中大多数研究成果主要考虑轴承固定在稳定基座的情况。虽然近年来开始有人提出采用反馈控制、扰动前馈控制和滑模控制等方法解决电磁轴承安装在地面车辆上基座的振动问题,主要克服的是地面颠簸引起的小而持续的随机扰动,但无法用于解决电磁轴承在航空发动机上可能经受的剧烈的、瞬时冲击性的机动载荷。

航空发动机磁浮轴承系统工作在高载荷且剧烈变化的条件下,常规的磁浮轴承结构形式及控制方式无法满足要求,因此必须对磁浮轴承控制系统进行有针对性的设计,同时对轴承结构及永磁、电磁磁路进行优化设计。

2. 高性能高温磁性材料技术应用研究

常规磁性材料的性能随工作温度升高会有明显下降,在材料磁性能不足时,磁浮轴承需要庞大的体积和质量来满足高温状态支承载荷要求,也就难以在发动机框架中实现。因此为适应发动机高温工作环境,必须采用工作温度达到 550 ℃的高性能磁性材料。

① 永磁材料方面,现有常规钐钴永磁材料的使用温度可达 520 ℃,但 500 ℃时材料磁性能明显下降(见图 8.67),材料矫顽力值只有 0.17 T。因此国内外研究机构

对高温永磁材料开展研究,尝试通过调整材料成分和组织结构,降低材料磁性能随温度的下降幅度。

磁体牌号	最大磁能积		剩　磁		矫顽力		内禀矫顽力		最高工作温度
	MGOe	kJ/m³	kGs	mT	kOe	kA/m	kOe	kA/m	℃
钕铁硼 N48	48	382	13.9	1 390	10.5	836	>12	>955	70
钕铁硼 N40SH	40	318	12.5	1 250	11.6	923	>17	>1 353	150
钕铁硼 N30EH	30	239	11.0	1 100	10.2	812	>30	>2 388	200
钐钴 2:17-31	31.0	247	11.5	1 150	10.5	835	>25	>1 990	250
钐钴 2:17-27	27.5	219	10.8	1 080	10.1	803	>25	>1 990	300
T400	24.0	191	10.2	1 020	9.6	763	>25	>1 990	400
T450	21.5	171	9.6	960	8.9	708	>25	>1 990	450
T500	20.0	159	9.3	930	8.0	685	>25	>1 990	500
T550	16.0	127	8.5	850	7.5	598	>25	>1 990	550

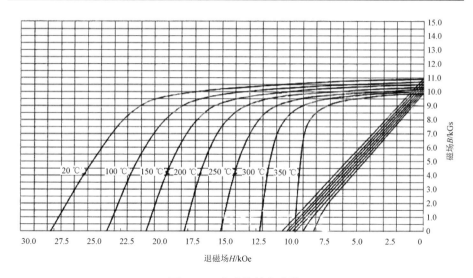

图 8.67　永磁体性能曲线

目前美国已研制出满足高温轴承要求的钐钴永磁材料,并已得到成功应用(见图 8.68);国内已研制高温永磁材料实验室样品,在 500 ℃ 条件下,矫顽力达到 0.8 T,磁能积达到 58 kJ/m³,可以基本满足轴承设计需求。

② 软磁材料方面,高温磁浮轴承主要采用铁钴合金材料,在已有高温铁钴合金成分研究,以及高纯净合金熔炼、热处理技术研究的基础上,开展高温铁钴合金的宽幅板材热轧技术、薄带冷轧技术研究,实现合金尺寸规格方面的技术指标;开展零件成型加工工艺研究,实现无应力整体组装要求;最后开展零件电磁场热处理工艺研究,提高并稳定零件磁性能。

图 8.68　高温磁浮轴承应用

3. 辅助轴承系统设计技术

　　在航空发动机上的应用原则上要求磁浮轴承具有极高的可靠性,除了在控制系统中采用具有一定容错功能的控制策略之外,还必须研究高性能的辅助轴承。辅助轴承采用高温脂润滑滚动轴承,轴承与转子之间保持一定间隙,该间隙小于磁浮轴承与转子之间的径向间隙,如图 8.69 所示。当磁浮轴承承载能力不足或失效时,辅助轴承临时支承转子,保护系统不受损坏。

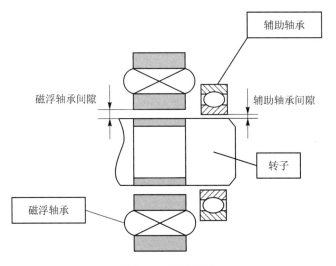

图 8.69　辅助轴承

　　由于航空发动机对质量和体积的要求严格,磁浮轴承受结构限制,承载能力和抗冲击能力就显得更弱,特别是在飞机起降和做机动飞行时必定有一部分载荷要通过辅助轴承来分担;更为重要的是,辅助轴承在磁浮轴承失效后提供一定的工作时间以保证飞机能够安全地返回地面。所以研制具有大阻尼抗冲击的辅助轴承不仅是十分必要的,而且是增强磁浮轴承支承系统可靠性的一个重要途径。目前辅助轴承系统研究主要集中在两个方向。

(1)磁浮轴承的转子在着陆过程中的动力学特性研究

辅助轴承最重要的功能就是当磁浮轴承掉电失去支撑能力时保护转子安全平稳停下来,防止出现转子高速失稳导致系统出现损伤。因此,从转子跌落至停转过程中的动态特性必须非常仔细地设计和分析,包括高速跌落时转子轴颈在轴承内表面摩擦力作用下的抛射反弹行为,以及跌落过程中的极限响应,为轴承设计、热分析和优化提供依据。

目前辅助轴承设计时采用传统转子动力学分析中的有限元法建立磁浮轴承-转子系统-带有固定间隙滚动轴承形式的辅助轴承系统的动力学模型,研究了在磁浮轴承失效后辅助轴承的各种参数对转子在坠落过程中碰撞过程的影响,获得了辅助轴承最佳的刚度和阻尼等参数。

(2)辅助轴承专用高温润滑脂研究

在环境高温、轴承高速和重载、转子过载或者跌落冲击等多重苛刻条件下,固体润滑剂的剥落、氧化、断裂等无法避免,摩擦系数降低有限,且长期保持低摩擦系数十分困难,仅仅依赖固体润滑无法达到预期的目的。目前通过选取高温基础油、无液化高性能稠化剂润滑脂进行筛选,获得耐高温、析油少、保持能力强的优异润滑脂;采取初次装填和后期补充的措施,研制智能化的小型储脂补脂装置,根据轴承状态自动补脂,弥补轴承高热、高速环境下的润滑脂缺失,以保持良好的润滑状态。

磁浮轴承是新一代多电航空发动机转子的主要支承方式,多电发动机由于取消了传统的接触式滚动轴承、滑油系统、功率提取轴、减速器和有关机械作动附件,减小了发动机迎风面积,在减轻发动机质量、提高发动机可靠性、优化发动机结构方面比传统发动机有明显优势。因此航空发动机用磁浮轴承研究是具有前沿性和良好应用前景的技术领域,但目前国内技术基础比较薄弱,技术成熟度较低,还需要突破关键技术,为磁浮轴承在多电(全电)发动机的应用打好基础。

8.3.4 主轴承典型案例分析

1. 滚动轴承应用典型案例

某型发动机高压转子止推轴承采用双半内圈角接触球轴承,用于承受转子轴向力和部分径向力,轴承结构形式如图 8.70 所示。在发动机正常工作时,轴承在轴向负荷作用下,滚动体与套圈之间应为两点接触,即滚动体与承力半内圈和外圈之间各有一个接触点,而与非承力半内圈之间存在间隙。

在某型发动机试车后进行分解检查时,发现轴承内圈及钢球出现打滑蹭伤现象,如图 8.71 所示。对轴承工作痕迹进行检查,非承力半内圈有明显的工作痕迹,对发动机转子轴向力进行测量,结果表明,发动机在个别工作状态下,轴向力存在轻载甚

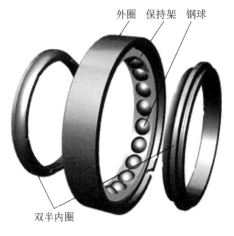

图 8.70　某轴承结构示意图

至换向的情况,轴向力实测结果与轴承工作痕迹完全吻合。

通过计算分析以及故障机理研究试验可知,当轴向载荷偏小甚至为零时,角接触球轴承会出现三点接触(即滚动体与双半内圈均接触)或者两点接触和三点接触之间不断变换的情况,轴承滚动体与套圈之间滑动增加。当滑动摩擦生热导致润滑油膜被破坏时,润滑油膜不能完全将滚动体与套圈接触表面分隔开,滚动体与套圈之间发生直接接触而造成蹭伤。

研究人员针对问题原因制定了提高某型发动机高压转子轴向力的措施,经后续发动机试车验证,轴承打滑蹭伤现象未再发生,问题原因定位准确,措施有效。

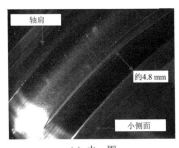

(a) 内　圈

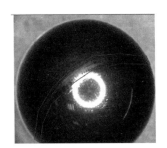

(b) 滚动体

图 8.71　某轴承打滑蹭伤形貌

2. 磁浮轴承设计典型案例

根据某核心机验证平台的设计需求,设计一型径向高温磁浮轴承,轴承工作温度不低于 500 ℃,轴承承载力和体积指标与约束如表 8.6 所列。

表 8.6　承载力与体积约束表

类　别	项　目	要　求	备　注
径向磁浮轴承	承载力	>6 000 N	1. 转子质量:约 300 kg; 2. 每个径向磁浮轴承至少承受 2 倍重力
	转子外径	64 mm×2	与电机转子外径一致
	定子叠层外径	<100 mm×2	1J22 材料,最大外径<200 mm
	转子叠层内径	50 mm×2	606 所初步要求

若要满足最高温度不低于 500 ℃的指标要求,必须考虑永磁体、线圈、软磁材料在高温下的磁性能、电性能等的变化,使得磁浮轴承在常温及高温下都能满足承载力等的要求。

在结构方面,径向磁浮轴承采用 8 极异极性方案,如图 8.72 所示,八磁极的永磁偏置径向磁轴承,4 个片状永磁体在 8 个磁极上形成了 NS 交替变化的磁极排列,为异极性的结构形式。该种磁浮轴承由于其偏置磁通和控制磁通是共面,漏磁较小。

图 8.72　8 极异极性径向磁浮轴承方案示意图

对轴承内部结构参数进行设计,并通过仿真分析计算轴承的承载能力,反复迭代后得到最终轴承设计结构(见图 8.73),轴承最大承载能力达到 10 544 N,满足指标要求。

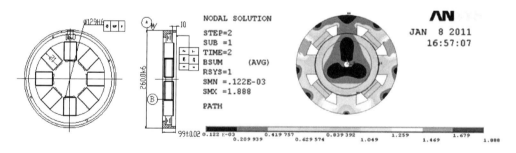

图 8.73　结构设计及仿真结果

| 8.4　密　封 |

随着航空发动机的增压比和循环温度等性能提升到新水平,密封装置的泄漏已变成影响发动机性能和可靠性的主要因素,高性能的密封可以提高发动机效率,减少污染物的排放。在高转速、高环境温度和高增压比的条件下保持高性能、高可靠性和长寿命的密封技术成为发动机的关键技术之一。

先进航空发动机的技术要求是密封技术进步的巨大推动力,也是严峻挑战。传统的密封形式受现阶段材料性能和加工精度的限制很难满足发动机越来越极端的工作环境、增大的工况范围和苛刻的性能/寿命要求。一套密封需要在不同的工作条件下表现出不同的工作状态,为复杂的发动机工况提供最合适的密封形式。一些具有创新结构和机理的新型密封受到关注,而复合型密封更代表着密封技术的发展方向。

现阶段对航空发动机动密封的研究主要集中在空气流路密封、主轴承腔滑油密封和附件传动轴密封等领域。近几年来技术先进国家的技术进展表明,在当前情况下密封技术必须进行材料、加工、结构、机理等多方面的开创性设计变革,也只有这样才能适应航空发动机的发展需要。

8.4.1 空气流路密封技术

航空发动机空气流路密封的功能是减少主流路气体的泄漏和回流,并作为流阻元件控制内部冷却空气系统。流路空气密封性能的提高可以显著地提高发动机的性能,降低燃油消耗。这类密封需承受高温、高压、强振动、大窜动等苛刻工况及工况变化剧烈的挑战。在今天的航空发动机中,篦齿密封仍然有着最广泛的应用,但其较高的泄漏和寿命期内性能的显著下降,使人们需要更积极地开发具有新的密封机理和密封形式的密封装置,如刷式密封、指尖密封等。

在最受到关注的篦齿密封的替代者中,刷式密封在许多方面具有优势,并在先进航空发动机、地面燃气轮机上得到广泛的应用。刷式密封是一种能显著减少航空发动机空气流路系统气体泄漏的新型密封装置。发动机的实际应用证明,仅在发动机一处或几处关键部位用刷式密封代替原有的篦齿密封,就可使发动机推力提高 1% ～ 3%,燃油消耗率下降 3% ～ 5%。刷式密封对提高发动机性能具有较大潜力。

刷式密封装置由一个或几个刷密封和相应的密封跑道组成。刷密封由背板、前板和夹于两者之间的刷丝束并采用熔焊或其他工艺沿外径将三者连在一起构成(见图 8.74)。其中背板、前板是金属环形件,刷丝束是由直径为 0.05 ～ 0.15 mm 的金属丝按与刷密封直径成一定角度密集排列组成,并具有一定的厚度。刷丝束的有序排列、紧密程度、均匀性和角度都是影响密封性能的主要因素。

英国 RR 公司在 20 世纪 70 年代中期首先提出刷式密封的概念并开始研制,80 年代在设计、制造领域取得突破性进展,开展了试验研究和发动机应用试验,于 1988 年在其 RB199 发动机上进行了首次成功应用。至今,该公司已将刷式密封广泛应用于 RB199、RB211 等发动机中。英国从事刷式密封的研究机构主要包括 RR 公司、SUSSEX 热流动力学研究中心以及 CROSS 公司等。多年来,美国通过综合高性能涡轮发动机计划(IHPTET)等的大力支持,对刷式密封的分析、设计、材料、工艺等方面开展了全面大量的研究工作,在刷式密封技术上取得领先地位,并成功将相关

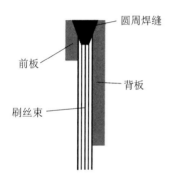

图 8.74 刷式密封

技术应用到 F119 等先进军用发动机和 PW4000 系列等先进民用发动机上,积累了数万小时的飞行时数。这充分证明刷式密封是一种长寿命、高可靠性、高性能的新型先进密封部件,而且在地面燃气轮机、舰用燃气轮机等领域具有极大的推广价值。近年来英美等国新研制的发动机纷纷采用刷式密封。

近年来,在刷式密封方面的研究主要集中在解决密封的"滞后效应"以及刷丝束的"刚化效应"和"压力闭合效应"。密封的"滞后"使密封在转子发生摆动时的泄漏大大增加,而刷丝的"刚化"与"压力闭合"或称作"吹伏"则会造成磨损增加,并同时产生更多的功率损耗。

"吹伏"是气流流过刷丝时产生的一种现象。气流顺着刷丝流动会对刷丝产生一个指向轴心的径向力,因此增加了刷丝朝向密封跑道的运动趋势。这种趋势在一定程度上是我们所希望的,因为它可以减小刷丝端部与密封跑道之间的缝隙,从而减少泄漏。但是特别是在密封用于大压差的情况下,这种趋势会造成刷丝与跑道的接触力过大引起过度磨损,进而使泄漏增加。试验显示,在刷丝前增加遮流板能有效地减少气流对刷丝的"吹伏",因此增加遮流板是解决这个问题的一个途径(特别是在采用低刚度刷丝的情况下),同时遮流板还能减缓密封上游高速气流吹向刷丝时对刷丝造成的"扰乱"。

密封的"滞后"与刷丝的"刚化"都是由密封所承受的高压差造成的,气体不平衡力将刷丝压在背板上,并使之与背板间产生较大摩擦力。当转子发生径向偏移时刷丝被转子压向外侧,而当转子转离刷丝时,由于刷丝与背板间的摩擦力使刷丝难以复位,产生较大密封间隙,使泄漏增加,直到压力降低使摩擦力减小后,刷丝才能跟随转子保持贴合,减少泄漏,这样就造成了"滞后"。刷丝与背板间的摩擦力还使刷丝随转子浮动时需要承受更大的接触力,使刷丝"相对刚度"大大增加造成"刚化",进而增加了密封磨损。因此,研究表明,密封元件所承受的气体不平衡力造成刷丝与背板间的摩擦力过大,是密封"滞后"与"刚化"的根本原因。

相类似,指尖密封也存在"滞后"和"刚化"的问题。为有效地改善普通指尖密封在"滞后"问题上的不足,研究人员开发了一种压力平衡型指尖密封(见图 8.75)。它的结构与普通指尖密封相类似,只是除了前隔环以外,压力平衡型指尖密封在指状元件与背板之间又增加了一个后隔环,使指状元件与背板之间形成一个缝隙,同时又在靠近密封内径的位置布置了一个窄密封坝,这样就形成了一个平衡腔。平衡腔通过一些小孔与密封上游高压侧相通,使其压力始终与上游压力保持一致。这种结构使作用在指状元件上的气体不平衡力大为降低,从而减少指状元件与背板间的摩擦力,使指尖密封垫在全部工况下都能保持在合适的位置,有效地防止"滞后"的发生,这样指尖密封的泄漏无论是在稳态还是过渡态均能保持在较低水平。

采用类似低滞后结构并另外带有遮流板以防止"吹伏"和"扰乱"的低滞后刷密封(见图 8.76)也已经进行了全尺寸的试验器试验,并在 GE90 发动机的发展型上进行了发动机试验,单级低滞后刷密封发动机试验进行了 385 h 共 1 300 个低周疲劳循环,试验后的刷密封磨痕平滑,未出现刷丝的扰乱。尽管由于密封跑道的径向偏移,使刷密封内径有偏磨的痕迹,但其内径仍然保持光顺。同时单级低滞后型刷密封的性能与一个双级的传统型刷密封相比显示出明显的优势。试验前两者的泄漏率相当,但试验后单级低滞后型刷密封的泄漏率只增大了 16%,而传统型双级刷密封增大了 110%。

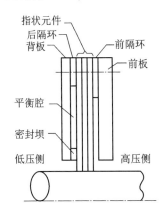

图 8.75 压力平衡型指尖密封

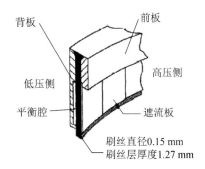

刷丝直径0.15 mm
刷丝层厚度1.27 mm

图 8.76 带遮流板的低滞后刷密封

功率损失也是刷式密封和指尖密封等类似接触式密封遇到的共同问题,它随着密封线速度以及密封压差的增大而增大。试验表明,对于一个初始过盈量 16.5 μm 的指尖密封和初始过盈量 96.5 μm 的刷式密封而言,当密封线速度达到 366 m/s,密封压差分别为 70 kPa、275 kPa 和 517 kPa 时的功率损失分别为 1.5 kW、6 kW 和 10 kW。刷式密封的功率损失略高于指尖密封,二者功率损失的水平基本相当。

由于刷丝数量过多,内部介质流动路径复杂多变,刷式密封的数值分析多采用以多孔介质模型为代表的简化模型。但是在工作过程中刷式密封的刷丝密度、倾角等结构特征随工作状态不同而变化,孔隙率、黏性阻力系数、惯性阻力系数等特性参数随之改变,需以实验数据进行修正,使得计算模型缺少普适性。近年来,随着流固热耦合分析软件的发展和计算能力的提升,通过实体建模建立多物理场耦合求解模型成为可能,但不可避免地会产生巨大的计算量。从工程应用的角度出发,实体模型和简化模型的结合可能是发展的方向。

除了刷式密封、指状密封以外,鉴于在高摩擦线速度、高工作温度、高密封压差等工况下所具有的出色工作能力,气膜密封成为密封技术的重要发展方向。

端面气膜密封在转子运转较平稳的地面旋转机械中得到大量的成功应用。但航空发动机转子系统剧烈的振动和变形使密封面在工作时的位移和跳动可以达到气膜厚度的几十倍,因此尽管对端面气膜密封的研究与开发已进行了几十年,也发展了流体静压、流体动压、动静压混合等多种形式,以及包括吸气式端面密封在内的多种创新结构,但由于密封端面的过度磨损或是过大泄漏等原因,迄今为止在航空发动机上的实际应用仍很少。

同端面气膜密封相比,柱面气膜密封在结构上可以有较高的径向柔性并可以避免端面跳动对密封的影响,因此被认为更适于在航空发动机上应用。

8.4.2　主轴承腔滑油密封技术

主轴承腔滑油密封的主要功能是将发动机转子系统的轴承腔与发动机的气流环境有效地隔离,一般需要从发动机压气机适当的位置引出少量空气(封严引气)对主轴承腔滑油密封增压,利用封严引气来保护轴承和润滑油免受发动机高温气流环境损害,限制进入轴承腔的气体,防止滑油泄漏,封严引气应具有合适的温度和压力。主轴承腔密封设计就是利用现有密封装置,将密封形式、封严引气、轴承腔通风以及轴承腔结构统筹考虑(见图 8.77),来满足发动机对密封的要求。

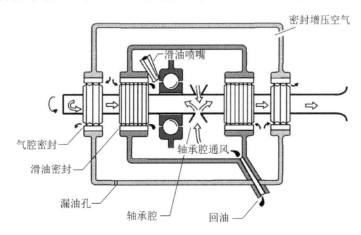

图 8.77　典型的发动机主轴承腔密封设计

主轴承腔滑油密封的主要密封形式包括非接触式的篦齿密封和接触式的石墨圆周密封、金属(石墨)涨圈密封以及石墨端面密封。从减少滑油消耗量和降低轴承腔温度的方面考虑,发动机主轴承腔密封最好采用接触式密封,现阶段应用最广泛的是石墨圆周密封(见图 8.78)。

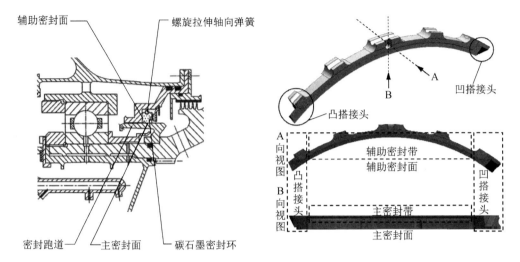

图 8.78　石墨圆周密封在轴承腔的应用

石墨圆周密封的主要构件是沿轴向分成若干等分弧形段的高精度碳石墨材料密封环,碳石墨密封环内孔表面与转轴上具有高光洁度的外圆柱面相接触,构成主密封面,承受着高速摩擦,碳石墨密封环装在静子上的密封座内,其端面与密封座内伸凸边端面相贴合,构成辅助密封面。碳石墨密封环与密封跑道的初始接触负荷是靠紧箍在碳石墨分段环外径沟槽中的螺旋拉伸周向弹簧实现的,碳石墨密封环的各弧形段,以其凹槽嵌入密封座辅助密封端面伸出的圆柱销上,防止密封环跑道旋转,但能径向浮动,以适应偏心和跟随跑道移动。碳石墨密封环的主密封表面和辅助密封表面上,靠近低压力一侧设计有密封凸缘、径向槽与周向槽(或卸荷槽),将高压力一侧的气体引到密封凸缘处,以减小气体作用的接触负荷。石墨圆周主要的密封构件是沿轴向分成若干等分弧形段的高精度石墨材料密封环。石墨圆周密封具有气体泄漏少、密封压差高、结构紧凑、质量轻、易装配、对转子轴向窜动适应能力强等特点。

石墨圆周密封作为经典密封结构在航空发动机轴承腔密封中有着广泛的应用,早期的 F404、F110、M88、AЛ-31Ф 等美、欧、俄发动机均使用了石墨圆周密封。其技术水平也随着材料、工艺技术的提升和结构优化不断提高,发展出了单环、双环、三环(见图 8.79)等多种密封结构;而由两个单环密封组成的双联石墨圆周密封(见图 8.80)自身即可形成一个由接触式密封组成的密封腔,可大大降低周围环境对密封腔的影响,减少引气量。当今最先进的 F119 发动机就将双联石墨圆周密封作为主轴承腔转静子间滑油密封的首选。

随着先进航空发动机中弹性支撑及齿轮驱动风扇(GTF)发动机等新技术的广泛应用,对石墨圆周密封的要求除了更高的抗氧化温度、高摩擦线速度外,又增加了

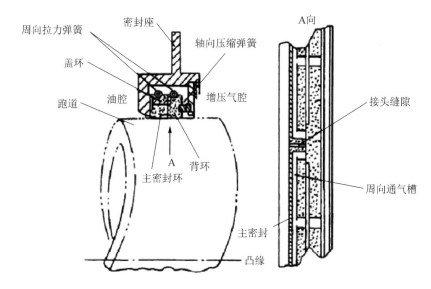

图 8.79　三环圆周密封结构

对大径向跳动和一定的角向偏差的承受力要求。

　　STEIN 公司曾为 PW 公司提供了两种用于 GTF 发动机风扇轴的石墨圆周密封方案（见图 8.81），这种密封在承受 2.5 mm 径向跳动的同时还要承受 0.5°的角向偏差，并且要有 30 000 h 的平均翻修间隔时间。这两种方案都以浮动背环设计为基础，这种设计能够使石墨环作为一个整体部件随轴一起做径向运动。第一种方案放弃了传统设计中的接头和定位槽，石墨环的改动在于内径增加了轴向背板。第二种方案稍微复杂一些，它通过"摇臂环"减

图 8.80　双联石墨圆周密封

少石墨轴向垫板与石墨环密封面间的相对运动，径向相对运动被转移到摇臂环与密封座之间。这两种方案都能在不对石墨装置进行大的改动的情况下，显著地提高密封适应转子大径向跳动的能力；但也都存在一定难点，例如浮动背板与定位背板间的磨损、浮动背板及浮动衬套的防转等。尽管如此，它也为我们对石墨圆周密封这种较传统的结构提供了一种改进的新思路和新方向。

　　现阶段对石墨圆周密封的研究主要集中在通过对密封结构的进一步优化，以提升密封在复杂工况下满足长寿命、高可靠性要求等方面。主要研究重点包括密封摩擦副摩擦学特性研究、热–结构耦合分析研究以及径向跳动和角向偏摆对石墨圆周密封的影响研究等。

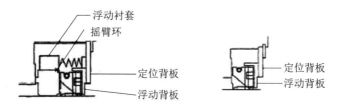

图 8.81 可承受大径向跳动的石墨圆周密封

航空发动机石墨圆周密封用石墨材料,具有低密度、高强度、高导热性及低热胀性等性能,与常规石墨材料的各项性能指标有较大不同。掌握全工况范围内的摩擦磨损性能参数对进行密封热-结构耦合分析、寿命分析至关重要。针对航空发动机的宽工况范围,可以利用均匀设计法进行摩擦学实验测试的方案设计,开展针对载荷、温度和滑动速度的单因素和三因素及连续升温实验测试。对国内常用石墨材料的初步研究结果表明:摩擦系数随载荷增大呈现为先减小、后增大的变化规律,石墨材料磨损率随载荷增大而增大;摩擦系数随着滑动速度的增大呈现为先增大、后减小的变化规律,石墨材料磨损率随滑动速度的增大而降低;摩擦系数随着温度升高呈现为先增大、后减小、再增大的变化规律,磨损率随温度升高先增大、后减小。对摩擦副减摩耐磨性能影响的次序为温度、载荷和滑动速度;石墨材料的磨损机理主要表现为黏着磨损、疲劳断裂、撕裂和无序的滑移痕迹。

对于石墨圆周密封的热-结构耦合分析可以通过有限元方法进行,以接触特性分析、热分析为基础进行热-结构耦合分析。针对国内典型单环石墨圆周密封结构的初步热-结构耦合分析(见图 8.82)表明:石墨密封环主密封面应力分布比较均匀,沿轴

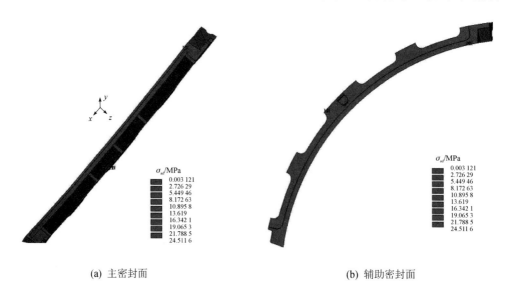

(a) 主密封面   (b) 辅助密封面

图 8.82 热-结构耦合密封面应力云图

向呈梯度分布,且应力值沿轴承腔指向气腔的方向衰减,在接头处的主密封面上应力较大,辅助密封面应力分布也比较均匀,应力在径向上呈梯度分布,沿密封跑道外法线方向逐渐衰减。当考虑热效应时,在密封环同一位置上的应力值和最大应力值都增大了近一个数量级,密封跑道、密封座和密封环的热膨胀使接触密封的接触压力增大,导致应力值产生较大的升高,并且由热分析得知在密封环主密封面接头中心处温升最高,使得较大应力的区域产生一个由边缘向中心转移的现象,热效应对密封性能的影响不可忽略。

在热-结构耦合分析的基础上建立径向跳动和偏摆条件下石墨圆周密封的力学模型,研究密封环最大应力、变形量与径向跳动和角向偏摆的关系。通过模态分析,获取石墨圆周密封环固有频率和对应的正面与侧面振型,分析密封结构对高转速下转子径向跳动和角向偏摆的响应,从而实现对径向跳动和角向偏摆对石墨圆周密封性能及结构稳定性的影响分析。

除了在结构上优化外,石墨材料要以高弯曲强度和低弹性模量为选材标准,密封跑道材料则选择高热传导率的低合金钢,以便能将摩擦密封表面产生的热量快速地散发出去。同时为适应更高的密封温度和其他应用环境(例如盐雾环境),需要采用新工艺取代高温抗氧化石墨一直采用的浸渍无机盐的处理工艺。美国在 IHPTET计划中,已开发验证了用 BN 作为高温抗氧化石墨添加剂的材料,这类石墨密封材料优良的高温耐磨损性能,不但可以延长高温密封的使用寿命,而且能够提高发动机密封在海洋等潮湿环境下工作的可靠性,并大大减少因浸渍物析出所带来的维护成本。

先进发动机主轴承腔转/静子间的密封基本可以通过石墨圆周密封的技术进步,实现采用接触式密封的愿望,但反转轴间密封由于过高的密封线速度和复杂的工况,仍是先进双转子对转发动机所面临的技术难题。现阶段发动机在相应位置仍采用非接触式篦齿密封,或通过中间机匣将其转换为转/静子间密封。

国内外研究机构针对反转轴间密封进行了多种方案的研究。以石墨涨圈为基础的准接触式浮动气膜轴间密封方案就是其中之一。这是一种新概念设计,密封结构与石墨涨圈密封相近,利用气体动压和气体静压原理将接触式的涨圈密封转换为准接触的浮动气膜密封,大大提高了密封许用线速度,并预期可将气体泄漏控制在现有篦齿密封的 20% 以内。

8.4.3 附件传动轴密封技术

附件传动轴密封的功能是防止齿轮箱传动轴的滑油泄漏。采用的密封形式主要是唇式密封(皮碗)和机械端面密封。

唇式密封(见图 8.83)通过柔性唇的作用,不仅可以防止润滑油泄漏,还可以防止外界灰尘等物质侵入,因其结构简单紧凑、安装方便、性能可靠,广泛用于汽车、机床及工程机械等。随着橡胶材料性能的提高和填充聚四氟乙烯的橡塑体密封唇的采用(见图 8.84),国内常规产品的使用限制已从线速度 15 m/s 提高到 30 m/s。

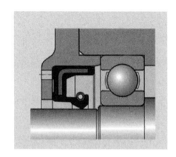

图 8.83　典型唇式密封应用

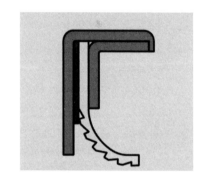

图 8.84　填充聚四氟乙烯的橡塑唇式密封及唇口结构

从 20 世纪 60 年代起,国内外研究者开展了大量关于唇式密封机理的研究,提出了张力理论、边界润滑理论等。但直到 20 世纪 80 年代中期,钱德森、Kammüller 和 Müller 在大量试验基础上先后提出核心内容相同的泵送理论,之后唇式密封的密封机理才得到普遍认同。泵送理论认为:轴旋转时,液膜的切向剪应力使得刃口表面粗糙组织发生切向变形,由于最大应力位置靠近贮油侧,由贮油侧流向空气侧的润滑油流量小于从空气侧吸入贮油侧的流量,从而通过将润滑油从空气侧反向泵送到贮油侧实现零泄漏。自 20 世纪 90 年代至今,研究者基于泵送理论针对密封唇刃口粗糙度等唇口微观形貌对密封性能影响的研究已经取得大量成果。由于密封界面由柔性唇和轴接触面共同构成,因此轴表面微观形貌也会影响泵送效应。轴表面微观形貌不仅会通过改变密封圈唇部的微观形貌间接影响泵送率,而且也会通过影响密封区域流体动压分布直接影响泵送率。研究表明,通过加工表面微观结构主动改变轴表面形貌的方法可以改变摩擦副界面的润滑特性。因此,利用表面微加工技术,如激光刻槽技术,在轴表面加工微螺旋槽产生泵送效应,成为提高油封密封性能的一种新途径。

随着发动机附件向小型化、高速化发展,机械端面密封(见图 8.85)仍然是不可或缺的选择。机械端面密封是一种应用广泛的旋转轴动密封结构,其工作原理是靠一对或数对垂直于轴线做相对滑动的端面,在流体压力和补偿机构的弹力(或磁力)作用下保持贴合,并配以辅助密封而达到阻止介质泄漏的目的。其密封性能可靠、泄漏量小、使用寿命长、维护要求低,能在各种温度、压力及腐蚀性介质、含颗粒介质等工况条件下使用。目前发达工业国家旋转机械密封装置 90% 以上采用机械端面密封。近年来国内机械密封技术发展很快,在石油、化工、轻工、冶金、机械、航空和核能等工业部门获得了广泛的应用,已成为流体密封技术中极其重要的动密封形式。

图 8.85 典型机械端面密封

从 1885 年英国出现第一个端面密封专利开始,20 世纪初期机械密封就已在家用冷冻压缩机和汽车水泵上得到应用;20 世纪中期,随着工艺和材料技术的进步,石墨、陶瓷、硬质合金等新型功能材料出现在机械密封上,密封面表面粗糙度 Ra 也由 $0.2~\mu m$ 提高到 $0.1~\mu m$,出现了平衡型高压高速机械密封;六七十年代,随着流体动压、流体静压理论的发展和碳化硅、优质石墨等材料的应用,开发了波纹管机械密封、螺旋-机械密封、浮环-机械密封、螺旋槽密封等新型及组合机械密封来满足航空航天、核电、化工等领域的特殊需求;20 世纪末至今,以数值仿真为代表的设计分析技术和激光加工、离子注入等加工技术飞速发展,密封表面变形协调技术、密封表面改形及改性技术、密封材料匹配技术等得到充分应用,机械密封理论、技术和产品不断创新,在包括航空发动机在内的各种流体机械和设备中得到广泛应用,已形成标准化、规模化的完整工业体系。

随着密封技术的进步,密封设计技术也由传统经验设计向数值仿真分析系统设计转变。经验设计(考虑压力 p,或压力×速度,即 pV 值)是一种传统设计方法,根据经验确定密封的几何参数和弹簧比压,依次计算出密封端面的接触压力、线速度、摩擦功耗、摩擦热、冲洗量。而系统设计(综合考虑压力 p、速度 V、温度 T、端面间隙形貌 h、动态时间变量 t 等因素及其相互影响)是以计算机为工具,根据具体的工艺条件,采用完善的专业数据库和专业软件,对密封进行性能分析、动态仿真、结构优化、参数化设计,尽可能在设计阶段使密封的实用性能达到最优,实现设计的合理准确和快捷高效,满足密封的专业化和规模化生产中的需要。

进行 p-V-T-h-t 系统设计的主要内容是根据具体工况条件和原始数据,分析端面几何形态、流体相态、摩擦状态等,选择合适的理论模型,选择材料、几何形状和尺寸、计算闭合力,反复迭代分析计算密封性能指标,并对密封性能进行评估和寿命预测,最终确定摩擦副、弹性元件和辅助密封件等的材料以及它们的几何结构尺寸,最终给出密封所需冲洗量等。其核心是密封静态性能和动态性能的分析与计算。

在密封静态性能分析过程中主要考虑温度场、流场、结构场相互作用下的热–流–固耦合问题。温度在摩擦副结构中的不均匀分布导致结构(摩擦副)变形产生热应力,降低材料的使用性能,并影响端面间液膜的黏度及相变;结构变形改变端面间流场形状而影响压力分布及液膜相态;流场中压力的分布直接影响端面受力状态及承载能力,从而导致摩擦副结构变形并因摩擦状态的改变而影响端面温度。

在动态性能分析中主要计算因轴向或角向强迫振动等引起的动态响应、不可避免的周期振动条件下密封性能、运转稳定性判断。考虑航空领域密封运行的特点,确定轴向和角向随机强迫振动时密封性能参数随时间变化的响应,计算密封系统刚度与阻尼系数,分析因不对中安装或转子固有振动条件下动环周期性振动时的密封性能;对瞬态不稳定工况下端面温升引起液膜相变做出稳定性判断(温度超限、开启失稳、相变失稳),得到动力学(避免静环系统轴向振动和角向振动)失稳判据。

此外,密封在高速、高温等工况下,端面液膜压力的变化会导致空化现象(液膜气化),进而影响密封性能;密封系统在高速下运行时,易造成动环随转轴围绕轴承中心进行涡动,从而出现不稳定行为,如间歇振荡开启,它与空化现象同时作用,会加速密封失效等。这些都是密封系统设计技术需要研究的问题。

提高机械密封性能的措施包括密封结构的改进、高性能材料的使用,以及表面涂层的使用等方面。除此之外,可以针对高速运动条件下的密封,在密封表面设计特殊形状的沟槽、凹坑等微结构,这些结构由于动、静环之间的相对高速运动而产生升力将摩擦副分开,在密封面上形成一个完整的流体动压膜,从而使摩擦副处于全膜润滑状态。这种使端面"浮起"实现非接触的思路,已被证明是大幅提高密封性能,特别是降低磨损、延长使用寿命的一个有效手段。

密封表面的微米尺度的微小沟槽已被证明是实现密封表面流体润滑的关键措施。常用的流体动压结构包括对数螺旋槽、人字槽、T形槽、雷利台阶、楔形与雷利台阶复合型结构等形式。这些沟槽或凹坑,都具有微小收敛楔的特征,在高速运动过程中可以产生附加流体动压效果,在密封表面之间产生流体膜,防止密封面的直接接触;存储在微织构中的润滑油还有二次润滑的效果,在启动等低速条件下提供润滑以减小接触区磨损;而且,微织构还有存储磨屑的作用,可以减少磨屑对表面磨损的促进作用。所以,带有这种微结构的机械端面密封可以工作在更高的压力和速度下,既可以提高密封效果,又可以防止因磨损产生的损坏,延长使用寿命。这种密封在国外已开始广泛应用(见图8.86)。

从国内外应用来看,机械密封的密封线速度快速增大的同时寿命要求大幅提高,由此表现出的高故障率则是急需解决的问题,所以对机械密封的研究重点是提高高

图 8.86　具有表面沟槽结构的机械端面密封

线速度条件下的寿命和可靠性,其途径应该是在大量实验的基础上研究失效机理,对内部构件进行分析和优化,开发新的高转速、长寿命附件传动密封。

8.4.4　密封典型案例分析

　　磁力端面密封主要应用于旋转机械的轴端密封。它的主要结构元件是动环、磁性静环和二次密封环(O 形橡胶圈),其安装及结构如图 8.87 所示。它通过磁性静环与动环间的磁性吸引力保证密封面的贴合力,二者组成摩擦副,实现转静子间的密封。动环与轴之间以及静环与壳体之间通过 O 形橡胶圈传递扭矩并实现二次密封。O 形橡胶圈在轴上不应滑动,而应通过其自身的弹性扭转和角向浮动自动补偿密封面的磨损并适应轴的窜动。

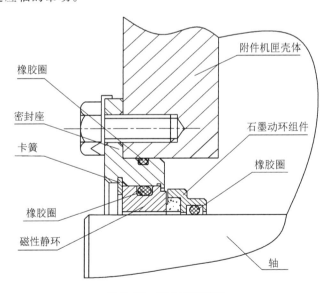

图 8.87　磁力密封装置

　　静环是由永磁材料制造的,动环由碳石墨环镶入软磁材料中构成。在工作过程中密封介面接触负荷基本为常数且分布均匀,其接触负荷可设计得较小(仅为普通端面密封的 25％～50％），这能大大减少密封面的磨损、发热量以及热变形。同时因为密封面摩擦阻力产生的扭矩较小，可以取消专门的传动件，通过二次密封环的摩擦力起到传动作用。但这种密封中动环的随动性是通过 O 形圈的轻微弹性扭曲变形来实现的，因此其适应轴窜动的能力较机械式端面密封小。

某型发动机采用的磁力端面密封是自行研制的一种新型密封结构，应用于发动机附件机匣的飞附输出轴、离心通风器轴、主泵轴和喷口油源泵轴。在发动机使用的初期曾发生过泄漏故障，在完善装配技术要求后，虽故障率有所降低，但仍多次发现有泄漏现象。

据统计，可以发现故障件主要有以下几个特征：

① 磁环表面呈犁沟状磨损，且有烧伤痕迹，碳环磨损严重；

② 磁环及碳环表面只有极轻微摩擦痕迹；

③ 其他构件（二次密封圈、密封座）损坏或吸有外来杂质。

为排除故障，研究人员进行了理论分析、故障件检测及故障原因分析，并据此制定了排故措施。

（1）理论分析

磁力密封是一种以磁性吸力做接触力加载的内装非平衡型端面密封，其主要设计计算包括以下几个方面。

① 端面比压 p_b——密封端面单位面积上所受的力称为端面比压，它是影响密封性能和寿命的主要因素之一。通过对密封动环的受力分析可以得到密封的端面比压。对于弹簧加载的非平衡型密封，弹簧力形成的接触比压一般设计范围为 0.1～0.25 MPa，磁力密封接触比压应是弹簧加载接触比压的 50％～75％。

② pV 值——密封接触比压与表面滑动平均速度之积。它的许用值 $[p_cV]$ 是按一定的摩擦材料在规定的使用寿命和允许磨损量的情况确定的，一般通过试验和使用经验确定。它是密封主密封面摩擦副的摩擦磨损性能的重要指标。磁性材料与石墨组成的摩擦副的 $[p_cV]$ 尚无推荐值。

③ 随动性能——密封动环的主密封端面在工作过程中会相对于转轴产生轴向的摆动或窜动，为保证动静环密封面始终保持贴合，必须使闭合力大于开启力。

④ 传动力矩——在磁力密封装置中，动环是通过它的二次密封圈摩擦力传动的，因此其 O 形圈对轴的压缩力产生的摩擦力矩 M_0 必须大于密封端面比压形成的摩擦力矩 M_b。

通过端面比压、随动性能和传动力矩三个方面的计算发现，在各个力中，磁力及转子轴向窜动时通过 O 形圈传递的力对密封性能的影响最大，而其他力的影响较小。应该注意的是，随着转子轴向窜动方向的不同，该力的方向也是不同的，因此当磁力一定时它对密封工作能力范围的影响较大。

（2）故障件检测

在故障件的三个主要故障特征中，如果说第一条是密封以外的因素造成的，那么

第二条和第三条则主要是密封本身内在的原因造成的。显然,前者是因为端面比压过大或者说是密封摩擦副对偶材料的摩擦磨损性能较差,即$[p_cV]$值太小。后者则是因为端面比压过小,或动环随动性较差,工作中动静环分离。而磁力和转子轴向窜动时通过 O 形圈传递的力对密封性能影响最大。基于此种分析,研究人员对故障件的磁力和动环在转子上轴向窜动需要的力进行了测量。

① 磁力的测量结果如下:

- 故障件的磁力普遍偏小;
- 在库存件中,经长期不当存放或经表面研磨的零件,其磁力多数达不到设计值的要求;
- 在库存件中,半年以内到货且未与其他导磁体接触的零件,其磁力基本可以达到或超过设计值。

上述结果说明,故障件磁力普遍偏小,且在长期保存不当或与其他导磁体有过多接触时磁性能下降较大。

② 动环在转子上轴向窜动需要的力 F_a 的实际测量结果表明,动环在转子上轴向窜动所需的轴向力大大高于原始设计值。

③ 对密封件加工质量进行检测。磁力密封装置的动、静环摩擦对偶表面的加工质量会严重影响密封性能和寿命。经检查发现,故障件的磁性静环未采用研磨方法加工,表面粗糙度不合格,且在试车及试验器试验后发现磁性静环密封端面有呈周向三点均布的磨损,说明表面存在三处波状凸起,不能满足平面度的要求,使密封面接触面积减小,接触应力明显增大,影响密封性能和寿命。此外,在对库存磁性静环的探伤检查中发现,个别件内部存在条状疏松缺陷、线状表面缺陷甚至有穿透性裂纹,这些均有可能造成故障。

另外,通过对密封对偶件摩擦表面的分析可以看到,无论是故障件还是未发现漏油故障的试验件或其他装机件,磁性静环摩擦表面均未发现有石墨扩散层,其磨损形貌都属于犁沟状磨损,只是磨损轻重各有不同。这说明密封对偶件的摩擦磨损性能较差,二者不能很好地匹配。

(3) 故障原因分析

由前面的理论分析和故障件检测分析,可以得出主要故障原因如下:

① 由于磁性能的稳定性较差,在保存和其他因素的影响下,磁性静环装机时的磁力与设计值相比偏小,使端面比压及动环随动性能不能满足使用要求,造成漏油。

② O 形圈压缩率明显高于推荐值,当轴向窜动量一定时,通过动环上 O 形圈传递的轴向力明显大于设计值,因为轴的窜动方向不固定,该力对密封工作能力的影响较大。

③ 磁性静环与石墨动环组成摩擦副的摩擦匹配性不好,使密封的$[p_cV]$许用值较低,容易产生磨损,工作能力下降。

④ 磁性静环的质量控制不好,装机件有外部或内部缺陷,成为故障隐患。

⑤ 密封件清洗、装配、储运不当，造成密封装置损伤或磁力下降，成为故障隐患。

显然故障的发生不是其中某个因素单独造成的，而是它们互相影响、综合作用的结果。另外，除了上述密封内在原因以外，密封腔过小、回油不通畅、转子轴向窜动较大、滑油内有杂质等外界不利因素也对密封的工作可靠性有一定的影响。需要特别指出的是，由于磁力密封具有的磁力，会将滑油中铁磁性杂质吸附到密封表面造成非正常磨损，因此滑油清洁对密封能够正常工作非常重要。

(4) 排故措施

针对前面分析得出的故障原因，对密封件本身采取了如下排故措施。

1) 采用稳磁工艺，确保磁力满足要求

磁性静环采用的是径向饱和充磁。在材料磁性能一定时，相同零件在充磁后的磁极方向、磁感应分布及磁通量是一定的，其中磁通量是其所能达到的最大值。磁力检测说明，饱和充磁后的磁力略高于所需磁力，但容易受时间因素和外界影响而降低。因此决定采取饱和充磁后稳磁处理工艺，使其磁通量的稳定性得到大大提高，从而获得稳定的磁力。

2) 完善 O 形圈的设计，提高动环的随动性

动环相对转子轴向窜动所需的力与其 O 形圈的压缩率有很大关系，为尽量减小该力对密封的影响，对 O 形橡胶圈及相应胶圈槽做了修改设计，降低 O 形圈压缩率，提高拉伸率，在满足传动要求的基础上提高随动性。

3) 增加耐磨涂层，提高耐磨损性能

磁性静环材料与石墨组成的摩擦副耐摩擦磨损性能较差，是故障的主要原因之一。而改进磁性材料的难度较大、周期较长。为解决这一问题，决定采用磁性静环工作表面爆炸喷涂碳化钨涂层的方法解决耐磨性问题。

4) 严格质量控制，杜绝故障隐患

磁性静环用磁性材料，因其为专门研制且应用于特殊的密封领域，在研制初期很难提出十分完善的技术要求和检验依据，这就为质量控制增加了难度。为此制定专门标准，详细规定磁性静环的材料、磁性能、磁通量及磁感应分布以及外观和内部缺陷等技术要求，并规定了检验和验收方法。该标准的制定为严格控制质量提供了依据。

5) 完善各项要求，减少中间环节损伤

磁性静环既是密封件也是磁性件，这两种性质均对零件从检验合格到装机的中间过程有特殊的要求，其中包括包装、存储、运输、清洗、装配等各个环节。密封件要求绝对清洁，其密封面精度较高，不允许有任何磕碰划伤。而磁性材料对其与铁磁物质的接触有严格的规定。磁力密封中间环节的损伤，是装机件发生故障的主要原因之一，为将这种隐患降到最低，需对各中间环节均做出明确要求。

| 参考文献 |

[1] 林基恕. 航空燃气涡轮发动机机械系统设计. 北京:国防工业出版社,2005.

[2] 郭梅,陈聪慧,胡兴海,等. 航空发动机附件机匣结构设计方法研究. 机械传动, 2017,41(3)：211-215.

[3] 陈聪慧. 航空发动机机械系统常见故障. 北京：国防工业出版社,2013.

[4] Shi Yanyan, Yang Rong, Li Jinhua, et al. Research on Shell Body Rigid of Accessory Gearbox of Aviation Engine. 2014 International Conference on Mechanics and Materials Engineering（ICMME 2014）, XiAn, China, 2014，4：1-7.

[5] Shi Yanyan, Yang Rong, Kong Xiangfeng, et al. Study on Optimization Design Technique of Aviation Gear Body，2013 Materials and Diverse Technologies in Industry and Manufacture，HongKong，China，2013，6：371-378.

[6] Shi Yanyan, Yang Rong, Kong Xiangfeng, et al. Study on stochastic nature of the bulk temperature of high-speed gears. The 2015 International Conference on Energy and Mechanical Engineering(EME2015)，WuHan，China，2016，6：815-822.

[7] 衡井武,陆际午. 膜盘式功率分出轴(PTO)的研究.第十届航空发动机动力传输学术讨论会会议论文集,2002：202-208.

[8] 陈聪慧,信琦. 风扇齿轮驱动系统的概念设计.航空科学技术,2011,4：8-11.

[9] 史妍妍,杨荣,孔祥锋.附件机匣热平衡温度研究.机械杂志,2017,44(8)：12-16.

[10] 李国权.航空发动机润滑系统现状及未来发展. 航空发动机,2011,37(6)：49-52.

[11] 苏立超,刘振侠,吕亚国.航空发动机润滑系统滑油压力仿真计算.科学技术与工程,2012,12(1)：97-101.

[12] 郁丽,李国权.某型航空发动机滑油供油系统压力和流量仿真.航空发动机, 2009,35(6)：14-17.

[13] 苏壮.基于热管理技术的航空发动机滑油系统热分析方法.航空发动机,2016, 42(2)：44-50.

[14] 姜彩虹.航空发动机预测健康管理系统设计的关键技术.航空动力学报,2009, 24(11)：2589-2594.

[15] 毛福荣.航空发动机润滑系统油液测试技术及发展趋势. 先进空天动力油料发展,2018：232-238.

[16] 陈磊.高热安定型航空发动机润滑油性能评定研究.润滑油,2018,33(2)：

28-34.

[17] 浦志理. 航空油泵设计. 北京：国防工业出版社, 1983.

[18] 陈光. 国外航空发动机轴承的滑蹭损伤与防止措施//航空发动机结构设计分析. 北京：北京航空航天大学出版社, 2006.

[19] 孔德龙, 林国昌. 航空发动机主轴轴承主要损伤模式及原因分析. 航空科学技术, 2011, 5：22-24.

[20] 王黎钦, 贾虹霞, 郑德志, 等. 高可靠性陶瓷轴承技术研究进展. 航空发动机, 2013, 39(2).

[21] 李宏新, 李国权. 航空发动机动力传输系统的技术发展思考. 航空发动机, 2013, 39(2)：1-5.